PRAKTISCHE IMMOBILIENBEWERTUNG

Jürgen-Wilhelm Streich

Regierungsvermessungsamtmann a.D.
Öffentlich bestellter und vereidigter Sachverständiger

2. Auflage

THEODOR OPPERMANN VERLAG

OPPERMANNS BEWERTUNGSBÜCHER

Jürgen-Wilhelm Streich

Praktische Immobilienbewertung

„Mit der ganzen Algebra ist man oftmals ein Narr,
wenn man nicht noch etwas anderes weiß"

Friedrich der Große

Dieses Buch ist dem Bausachverstständigen
Architekt Dipl.-Ing. Erich Schulz († 1994)
gewidmet

ISBN 3-87604-019-1

Technische Gestaltung: Reiner Kanning
Fotoquelle Einband: „üstra Archiv“
Gesamtherstellung: Hahn-Druckerei Hannover
Printed in Germany

Inhaltsverzeichnis

Vorwort

Angeregt durch die große Nachfrage nach dem 1972 in unserem Verlag erschienenen Buch „Rationelle Baubewertung" von Carl-Günther Jastram wurde 1995 das Buch „Praktische Immobilienbewertung" mit dem Autor J.-W. Streich herausgegeben.

Weiterhin besteht große Nachfrage nach Bewertungsliteratur, in denen anhand praktischer Beispiele Bewertungsprobleme aufgezeigt werden. Der Verlag und Autor haben deshalb eine 2. Auflage herausgegeben, auch um den weiter gestiegenen Anforderungen an Gutachten Rechnung zu tragen. Der Verkehrswert einer Immobilie ist nicht nur vom Ergebnis her richtig zu ermitteln, vielmehr sollen die Bewertungsschritte nachvollziehbar und überprüfbar dargestellt werden. Der Autor stellt 17 neue Original-Gutachten aus der Praxis vor, die lediglich bezüglich der Namen und Grundstücksbezeichnungen geändert (anonymisiert) wurden. Der Autor hält es für erforderlich, dass in Gutachten nicht nur allgemeine, sondern konkrete Hinweise zum angewandten Schrifttum gegeben werden sollten. Die einzelnen Gutachten schließen daher eigentlich mit Fundstellenhinweisen ab. Um Wiederholungen zu vermeiden, wurden für dieses Buch die Fundstellenhinweise jedoch am Ende des Buches zusammengefasst und einheitlich nummeriert.

Die Darstellung und Kommentierung der Gutachten soll dazu beitragen, dass Sachverständige Denkanstöße zur individuellen Gutachtengestaltung erhalten und Gutachtennutzer zur kritischen Prüfung vorgelegter Gutachten angeregt werden.

Die dargestellten Gutachten sind überwiegend im Jahr 2002 erarbeitet worden.

Insbesondere möchte der Autor deutlich machen, dass jeder Sachverständige einen persönlichen Stil in der Gutachtengestaltung entwickeln sollte. Durch Computerprogramme vorgefertigte Gutachten können dabei allenfalls als grobes Gerüst dienen.

Die in dem Buch dargestellten Gutachten mögen auch verdeutlichen, dass wertrelevante Ansätze umfangreich zu begründen, weniger bedeutsame Einflussgrößen entsprechend geringer zu würdigen und Gutachten von unnützem Ballast zu befreien sind. Zum Beispiel kann auf seitenweises Abdrucken von Gesetzen und Verordnungen getrost verzichtet werden.

Dieses Buch mit seinen Gutachtendarstellungen erhebt keinen Anspruch auf Absolutheit, es soll Anregung sein und als eine von zahlreichen Möglichkeiten der Gestaltung verstanden werden. Dieses Buch ist auch keinesfalls als ein Grundlagenwerk zu betrachten, es soll vorhandene Werke nicht ersetzen, sondern ergänzen. Wie der Titel des Buches schon verrät, steht die praktische Arbeit des Gutachters im Vordergrund und die Gutachten mögen verdeutlichen, dass es sich bei jeder Verkehrswertermittlung nicht nur um mathematisch exakt nachvollziehbare Rechnerei handelt, sondern auch um Ermessensfragen und Schätzwerte, die auf dem Sachverstand des Gutachters basieren.

Wir sind davon überzeugt, dem Praktiker (Gutachter) und dem Verbraucher (Gutachtennutzer) nützliche Hinweise geben zu können, die die praktische Arbeit erleichtern und ihr neue Impulse geben.

Zahlreiche Gutachten lassen erkennen, dass Sachverständige immer noch den Verkehrswert unter Sachwert- oder Ertragswertaspekten betrachten ohne ausreichende Beachtung des Marktgeschehens. Die Gutachten in diesem Buch mögen verdeutlichen, dass der Verkehrswertermittler ein Marktbeobachter ist, der das Marktgeschehen in seinen Gutachten so fokussiert, dass der Verkehrswert marktgerecht abgebildet wird.

An dieser Stelle sei auch Herrn Dipl.-Ing. Reiner Kanning („Mr. Mac“) aus Lübeck gedankt, der für technische Realisierung und Lektoriatsarbeit verantwortlich zeichnet.

Oppermann-Verlag Hannover	Frühjahr 2003	Jürgen-Wilhelm Streich Lübeck

GUTACHTEN

des öffentlich bestellten und vereidigten Sachverständigen

JÜRGEN-WILHELM STREICH

aus Lübeck

. Ausfertigung

VERKEHRSWERTGUTACHTEN

SONNENWEG 42

23456 LÜBECK

Gutachten vom 17. Februar 2002
Nr. 1/152/01

- Dieses Gutachten umfaßt 59 Seiten -

JÜRGEN-WILHELM STREICH

Regierungsvermessungsamtmann a.D.

Von der Industrie- und Handelskammer zu Lübeck öffentlich bestellter und vereidigter Sachverständiger für die Bewertung von bebauten und unbebauten Grundstücken, für Mieten und Pachten sowie für Erbbaurechte

- 2 -

1. Auftrag

Der Verkehrswert des Bewertungsobjektes ist wegen anstehender Zwangsversteigerung durch ein Sachverständigengutachten zu ermitteln.

Verkehrswert

Anm. 1, S. 46

2. Verkehrswert

Der Verkehrswert ist im BauGB [1] - Fundstellen siehe Anlage 13 - als der Wert definiert, der im gewöhnlichen Geschäftsverkehr ohne Berücksichtigung persönlicher oder ungewöhnlicher Umstände beim Verkauf zu erzielen ist. Die Wertermittlung führe ich in Anlehnung an die Regularien der WertV [2] durch.

3. Auftraggeber

Amtsgericht Lübeck
52 K XX/01
Zwangsversteigerung./. XXXXX
Beschluß vom 17. Juli 2001

4. Bewertungsobjekt

Sonnenweg 42, 23456 Lübeck

4.1 Kurzbeschreibung

Freistehendes Einfamilienhaus mit Anbau (Bj. ca. 1943, Anbau 1972) auf 771 m^2 großem Eckgrundstück im OT St. Gertrud - Siedlung Hanseatenweg (6 km bis zum Stadtzentrum), in mittlerer bis guter Wohnlage, ausgebaute Straßen,
1 1/2-gesch. teilunterkellerter Massivbau mit Garagenanbau (Einzel- zzgl. Doppelgarage), rundum verblendet, Sattel- bzw. Krüppelwalmdach, Wohn- und Kaminzimmerbereich ca. 37 m^2 Wfl., recht großzügige Dielengestaltung mit erneuerter Innentreppe, insgesamt 5 2/2 Zimmer und Nebenräume,
ca. 150 m^2 Wfl., Gaszentralheizung, tlw. Isolierverglasung, erheblicher Investitionsbedarf aufgrund baulicher Mängel/Schäden,

VERKEHRSWERT: 185.000,- €

4.2 Katasterbezeichnung (Katasteramt Lübeck)
Gemeinde Hansestadt Lübeck, Gemarkung St. Gertrud,
Flur XX, Flurstück 1/234
Größe: 771 m²
Bestand Nr.: wird nicht mehr geführt

4.3 Grundbuchbezeichnung (Amtsgericht Lübeck)
Grundbuch von Lübeck, Blatt XX XXX

4.4 Eingetragene Eigentümerin
Frau XXXXXXX, geb. XXXXXXX

5. Ortsbesichtigung und Bewertungsstichtag
9. Februar 2002

Bewertungsstichtag

Anm. 2, S. 46

6. Mieter/Nutzer
Das Objekt wird eigengenutzt

7. Beschreibung des Bewertungsobjektes

7.1 Lage - regional

Hansestadt Lübeck, Stadt mit ca. 213.000 Einwohnern im südlichen Teil des Bundeslandes Schleswig-Holstein, unmittelbar an Mecklenburg-Vorpommern angrenzend, landeinwärtsliegende Hafenstadt, die durch den Flußlauf der Trave an die Ostsee angebunden ist.
Landesplanerisch als Oberzentrum eingestufter Ort an der Vogelfluglinie Hamburg-Fehmarn-Dänemark.

Über die BAB A 1 besteht sehr günstige Verkehrsanbindung nach Hamburg. Lübeck ist Eisenbahnknotenpunkt mit Verkehr nach Hamburg, Kiel, Kopenhagen, Rostock und Lüneburg.

7.2 Lage - örtlich

Lage im OT St. Gertrud im Bereich der Siedlung Hanseatenweg. Entfernung zur Stadtmitte ca. 6 km, der OT liegt östlich des Stadtteils St. Jürgen in Richtung OT Travemünde. Zum Ostseebad beträgt die Entfernung ca. 11 km.
Der Sonnenweg zweigt von der Haupterschließungsstraße des Ortsteils ab (Hanseatenweg), wo auch eine Bushaltestelle (Stadtbusverkehr) vorhanden ist.
Nennenswerte infrastrukturelle Versorgung ist in dem Ortsteilbereich nicht mehr anzutreffen.
Vorteilhaft ist die Nähe von Wald- und Freiflächen zu erwähnen, auch ist der Ortsteil bei „normalen" Verkehrsverhältnissen schnell erreichbar, da die BAB A 226 (wenn nicht die Herrenbrücke geöffnet ist) sehr zügig erreichbar ist.
Das Wohnumfeld wird durch Ein- und Zweifamilienhausbebauungen in offener Bauweise geprägt, wobei es sich teils um freistehende Häuser und tlw. auch um Doppelhausbebauungen handelt. Überwiegend sind die Baulichkeiten im Umfeld schon 40 Jahre und älter und weisen insoweit - aus heutiger Sicht - relativ einfache Bebauungsstrukturen auf.

Sowohl der Sonnenweg als auch der abzweigende Mondweg sind voll ausgebaute Straßen mit beidseitig befestigten Bürgersteigen, wobei beide Straßen vorwiegend dem Anliegerverkehr dienen.
Zusammengefaßt bewertet der Sachverständige die Wohnlage auch im Hinblick auf die Bebauungsstrukturen im Wohnumfeld als „gut bis mittel" (mit Tendenz zu mittel).

Im Mietspiegel 1999 der Hansestadt Lübeck sind sowohl der Sonnenweg als auch der Mondweg als gute Wohnlage klassifiziert, wobei allerdings darauf hinzuweisen ist, daß die Einordnung im Mietspiegel nicht sehr sensibel erfolgte, da insgesamt der Bereich der Hansestadt Lübeck (incl. OT Travemünde) nur in drei Lageklassen aufgeteilt wurde.

7.3 Grundstück

Eckgrundstück, das mit etwa 21 m an den Sonnenweg anstößt und ca. 30 m Frontbreite zum Mondweg besitzt. Das zu bewertende Grundstück weist einen nicht ganz rechteckigen Zuschnitt auf, wobei ich diesbezüglich auf die Anlage 3 zu diesem Gutachten verweise. Die Oberflächengestalt ist als ebenerdig zu beschreiben. Das zu bewertende Grundstück ist erschlossen und bebaut.

7.4 Bebauung

1 1/2-geschossiger Baukörper, dessen Ursprungsbebauung 1943 erfolgte. Eine nicht unerhebliche Erweiterung des Wohnhauses erfolgte 1972 und 1989 wurde eine große Garagenanlage errichtet, die vom ursprünglichen Wohnhaus bis zur östlichen Grundstücksgrenze reicht. Im Zusammenhang mit dem Bau dieser Garage wurde rundum eine Außenverblendung (Kalksandstein-Bruchstein-Mauerwerk) angebracht.

Das Wohnhaus ist nur tlw. unterkellert (Kappendecke, im Neubaubereich Betondecke) und ist mit einem im Winkel verlaufenden Satteldach versehen (tlw. Krüppelwalm).

Die Geschoßdecke zum Dachgeschoß ist als Holzbalkendecke erstellt. Der Spitzboden ist überwiegend nicht ausgebaut.

Der Sachverständige geht davon aus, daß das Gebäude auf Streifenfundamente gegründet ist und als Ziegelmauerwerkhaus errichtet wurde.

Bezüglich der Erweiterung des Hauses im Jahr 1972 habe ich der Bauakte auszugsweise entnommen: Betonfundamente und Betonplatte, Ziegelmauerwerk, Außenwände im Erdgeschoß Gasbeton (verputzt), Zwischenwände ebenfalls Gasbeton, Kellerdecke und Wohnungstrenndecke: „Bartikowski-Decke", Pfettendach mit Betonpfannen, Spitzboden mit Holzbalkendecke.

Der Garagenanbau wurde 1-geschossig ohne Unterkellerung errichtet. Das Gebäude ist mit Flachdach (Holzbalkendecke mit Pappdeckung und abgehängter Decke) versehen.

Zu erwähnen ist noch, daß das Gebäude nur teilunterkellert ist, wobei der Ursprungskeller gut 30 m^2 und die Unterkellerung im 1972 vorgenommenen Erweiterungsbau etwa 20 m^2 umfaßt.

Der Garagenanbau wird durch eine größere Garage für einen Pkw und eine Doppelgarage mit abgeteilter Abstellecke genutzt. Zugänglich ist das Gebäude durch zwei elektrisch betriebene Kipptore sowie eine FH-Tür zum Gartenbereich. Wie bereits erwähnt, ist auch dieses Gebäude im Stil des Wohnhauses verblendet worden, so daß sich ein einheitliches Gesamtbild entwickelt.

Die Kubatur der Bebauung habe ich mit ca. 710 m^3 Umbauter Raum (DIN 277/50) berechnet (Anlage 8). Der Umbaute Raum des Garagengebäudes beträgt ca. 215 m^3 (Anlage 11).

7.5 Nutzung

Das Gebäude wird als Einfamilienhaus und tlw. auch zu Bürozwecken genutzt. Die Konzeption des Gebäudes ist so gestaltet, daß das Dachgeschoß auch als Einliegerwohnung genutzt werden könnte, doch ergibt sich dann im Erdgeschoß eine nicht abgeschlossene Wohnung, so daß davon auszugehen ist, daß die Mehrzahl möglicher Nachfrager die Immobilie als reines Einfamilienhaus - evtl. mit tlw. gewerblicher Nutzung (z.B. Freiberufler) - nutzen würde.

<u>Erdgeschoß</u>

Etwa 27 m^2 großes Wohnzimmer, das durch Zusammenlegung zweier kleinerer Zimmer entstanden ist, wobei dieses Wohnzimmer offenen Zugang durch einen Rundbogen zum Kaminzimmer hat. Zusammen mit dem Kaminzimmer ergibt sich eine etwa 37 m^2 große Nutzeinheit.

Außerdem sind im EG Windfang, Diele, Zwischenflur, ein weiteres Zimmer, Bad/WC, Küche und ein Abstellraum vorhanden, wobei von diesem Abstellraum auch eine großflächige Terrasse im nördlichen Bereich des Grundstücks erreichbar ist.

Vom Wohnzimmer aus besteht direkte Zugangsmöglichkeit zu einer Terrasse im westlichen Grundstücksbereich (zum Mondweg hin orientiert).

Außerdem sind im EG, wie bereits berichtet, 2 Garagen vorhanden, wobei es sich um eine größere Garage für ein Fahrzeug und um eine Doppelgarage handelt. Im abgeschrägten

Bereich zum Nachbargrundstück (Flurstück 9/87) wurde auch noch eine Abstellfläche abgeteilt.
Der Zugang zu dem Wohnhaus erfolgt durch einen überdachten loggienähnlichen Hauseingangsbereich.
In der Diele ist eine großzügige Holztreppenanlage zur Erschließung des Dachgeschosses eingebaut worden. Von der Diele ist auch der Keller erreichbar, wobei darauf hinzuweisen ist, daß eine Kelleraußentreppe nicht vorhanden ist. Durch den offenen Luftraum ergibt sich ein großzügiger Raumeindruck mit einer galerieähnlichen Nutzung im Dachgeschoß.
Der Zuschnitt der Wohnung ist als durchaus großzügig und auch gehobenen Wohnansprüchen gerecht werdend zu bezeichnen, wenn auch das Badezimmer relativ kleinteilig dimensioniert ist. Die Eßküche ist so geschnitten, daß diese nur bedingt als solche Verwendung finden kann.

Dachgeschoß

Im Dachgeschoß sind zwei größere, ein kleineres und ein sehr kleines Gästezimmer vorhanden, wobei die Erschließung durch eine recht großzügige Treppenanlage erfolgt. Der Flur ist, wie bereits zuvor erläutert, galerieähnlich gestaltet. Von dem Flur aus zugänglich ist auch eine großzügig dimensionierte Loggia (nach Süden), die zusätzlich durch Dachflächenfenster (nach Westen) belichtet wird.
Zu erwähnen ist außerdem noch ein Bad/WC, das direkt vom Schlafzimmer aus erreichbar ist.
Der Zuschnitt auch dieser Räumlichkeiten ist durchaus nicht ohne Reiz, wobei die Loggia mit positiv den Wohnwert beeinflußt.
Das kleine Zimmer (in Anlage 6 als Gäste-Zimmer bezeichnet) besitzt nach Auskunft der Eigentümerin auch Anschlüsse, so daß hier eine weitere Küche eingebaut werden könnte, sofern man eine Nutzung dieser Ebene als Einliegerwohnung anstreben wollte.
Zu erwähnen ist außerdem, daß durch eine Einschubtreppe der Spitzboden erreichbar ist, wobei ein kleiner Teil des Spitzbodens ausgebaut wurde und durch eine Raumspartreppe vom Wohnzimmer aus zugänglich ist. (Dieser Raum wurde vom Sachverständigen nicht besichtigt).

7.6 Wohn- und Nutzflächen

Der Sachverständige hat ein überschlägiges Teilaufmaß vorgenommen und die Wohn- und Nutzflächen des Hauses wie folgt ermittelt:

EG:	98,25 m^2
DG:	52,91 m^2
	151,16 m^2
ca.	150 m^2

Dabei verweise ich auch auf die Anlagen 9 - 11. Die Wohn- und Nutzflächen habe ich - überschlägig - nach den Regularien der DIN 283 berechnet. Die DIN 283 ist zwar vom Normenausschuß zurückgezogen worden, hat sich jedoch als anerkannte Regel der Technik bewährt. Deshalb bestehen keine Bedenken, die DIN 283 weiter anzuwenden. Die II. BV [3] ist schon deshalb weniger hilfreich, da in Einzelfällen aufgrund unterschiedlicher Interpretationsmöglichkeiten individuelle Ergebnisse möglich sind. Die II. BV ist nur im sozialen Wohnungsbau verbindlich anzuwenden.

7.7 Ausstattung

Beheizung der Räume durch eine Gaszentralheizungsanlage vom Keller aus, Wärmeabgabe tlw. durch Radiatoren, tlw. Fußleistenheizung, im Abstellraum im EG Fußbodenheizung und in der Küche Konvektoren integriert in die Einbauküche,
Fenster tlw. mit Isolierverglasung, tlw. Verbundfenster, einige Fenster auch noch einfachverglast,
Küche mit Einbauküche mit Ceranherd und Dunstabzugshaube (ca. 15 Jahre alte Einrichtung),
Badezimmer im EG mit Wannen- und Duschbad, WC, Bidet und Waschtisch, Wand- und Bodenfliesen, wobei der Ausstattungsstandard dem der 70er Jahre entspricht, weiteres Badezimmer im DG mit Duschbad, WC, Waschbecken, Wand- und Bodenfliesen aus den 80er Jahren,

zu erwähnen sind als weiteres Ausstattungsmerkmal u.a. eine Kaminanlage im Wohnzimmer, tlw. Marmorfliesen, tlw. Parkettfußboden und Deckenpaneele,
Kipptore der Garage mit el. Antrieb,
Partykeller (lichte Raumhöhe ca. 1,95 m), Belichtung nur durch Kellerlichtschächte (keine Wohnfläche),
Terrassen sowohl nach Westen als auch im nördlichen Bereich des Grundstücks,
umfangreicher Bewuchs auch mit sichtschützenden Hecken, die den Nachteil der Ecklage stark dämpfen.

7.8 Beschaffenheit

Für das Alter der Ursprungsbebauung grundsätzlich recht ordentliche bauliche und dekorative Beschaffenheit, soweit im Rahmen einer Begehung feststellbar. Es besteht jedoch in Teilbereichen nicht unerheblicher Investitionsbedarf wegen Baumängeln/Bauschäden: im Bereich der Außenwände haben sich starke Risse entwickelt, so daß sich auch schon Fensterstürze abgesenkt haben. Die Schubkräfte haben u.a. möglicherweise auch zu der Verschiebung der Terrassenplatten geführt und bewirkt, daß sich im Dachgeschoß durch Verschiebungen Undichtigkeiten entwickelt haben. An mehreren Stellen im Hause sind Leckagen eingetreten. Zu erwähnen ist auch, daß der Schornstein stark versottet ist, jedoch nach Auskunft der Eigentümerin eine Querschnittsverengung zwischenzeitlich bereits durchgeführt worden ist.

Wegen des Investitionsbedarfs ist bei der Wertermittlung ein Abschlag in Ansatz zu bringen, dessen Höhe in Bezug auf eine Restnutzungsdauer von 40 Jahren (Restnutzungsdauer unter Berücksichtigung wirtschaftlicher Aspekte) mit 15 bis 25 % (i.M. rd. 20 %) des Gebäudesachwertes angenommen wird.

Zerstörende Untersuchungen wurden jedoch nicht durchgeführt. Nicht alle Gebäudeteile wurden besichtigt bzw. untersucht. Auch wurde die Haustechnik nicht überprüft. Eine verbindliche Beschaffenheitsbeschreibung und Beurteilung der Bauschäden/Baumängel setzt eine detaillierte Untersuchung eines Bauschadens- oder Hochbausachverständigen voraus.

Die Höhe des Abschlages ist nicht identisch mit dem Investitionsbedarf, er dient lediglich der Angleichung an den Wert im altersgemäßen Normalzustand unter Beachtung einer marktüblichen Akzeptanz.

Außerdem ist darauf hinzuweisen, daß in dem Gebäude Modernisierungsbedarf besteht, da in Teilen nicht mehr die Ausstattungsmerkmale heutigen gehobenen Wohnansprüchen gerecht werden (z.B. Bad im EG).

7.9 Hinweis

Die Beschreibung der Bauteile, Beschaffenheit und Ausstattung erfolgt ohne Anspruch auf Vollständigkeit. Abweichungen im Detail sind möglich. Eine umfassende und verbindliche Beschreibung würde eine spezielle Bauaufnahme voraussetzen, die jedoch den Rahmen einer Verkehrswertermittlung überschreiten würde.

7.10 Konzeption

Zusammenfassend ist festzustellen, daß aufgrund der guten bis mittleren Wohnlage durchaus eine positive Verkäuflichkeit erkennbar wird. Auch der umfangreiche Bewuchs und die gut nutzbaren Garagen fördern die Verkäuflichkeit. Dabei ist auch zu bemerken, daß durch die Garagen und die Lage des Wohnhauses ein recht abgeschlossener atriumähnlicher Innengartenbereich geschaffen wurde, insbesondere im Hinblick auf die Abschirmung durch Hecken zu den Nachbarbebauungen.

Allerdings besteht, wie bereits im Gutachten zuvor erläutert, nicht unerheblicher Investitionsbedarf, zum einen wegen Baumängeln/Bauschäden und zum anderen auch wegen Modernisierungsbedarf (z.B. Bad und Küche).

Die Verkäuflichkeit der Immobilie wird durch die zu erwartenden bzw. erforderlichen Investitionen wegen der Baumängel/Bauschäden und auch der Modernisierung nicht unerheblich beeinflußt. Der Investitionsbedarf, dessen Höhe erst nach umfangreichen baulichen Untersuchungen näher eingegrenzt werden kann, stellt insoweit einen Vermarktungsnachteil dar, da nicht wenige mögliche Interessenten nur ein Gebäude erwerben wollen, bei dem erforderliche Investitionen im Voraus sicher kalkulierbar sind. Auch sind nicht alle möglichen Interessenten geneigt, sich dem Streß auszusetzen, der mit umfangreichen Sanierungsmaßnahmen verbunden ist.
Die zuvor geschilderten Umstände sind bei der Wertzusammenfassung und Wertfindung mit zu würdigen.

8. Bewertung

8.1 Bodenwert

8.1.1 Bauleitplanung

Das zu bewertende Grundstück liegt im Geltungsbereich einer verbindlichen Bauleitplanung (Bebauungsplan = B.Plan).
Im B.Plan Nr. 12.34.56 von 1962 ist das Areal als Wohnbaufläche ausgewiesen. Detailfestlegungen sind nicht erfolgt.

8.1.2 Richtwert

Der Gutachterausschuß für Grundstückswerte in der Hansestadt Lübeck hat zonale Bodenrichtwerte ermittelt.
Das Grundstück liegt in einer Zone, wo der Richtwert

130,- €/m²

zum Stichtag 31.12.2000 beträgt.

Dieser Richtwert bezieht sich auf 600 m² große unbebaute und erschlossene Grundstücke, die mit Individualbauten neu bebaubar sind.
Wegen der Größe von 771 m² ist der Ansatz eines Abschlages erforderlich, da kleinere Grundstücke regelmäßig höhere Preise per m² als größere Grundstücke erzielen.

8.1.3 Modifizierung des Richtwertes

Im RDM-Info [4] ist in eine Untersuchung über die Abhängigkeit der Bodenwerte von der Grundstücksgröße veröffentlicht worden, die sich in folgender Gleichung ausdrückt:

$$KF = 8{,}36\ GF^{-0{,}307}$$

KF = Korrekturfaktor
GF = Grundstücksfläche

Es ergeben sich folgende Korrekturfaktoren:

bei 771 m² : 1,086
bei 600 m² : 1,173

$$130{,}-\ €/m^2 \times \frac{1{,}086}{1{,}173} = 120{,}-\ €/m^2$$

8.1.4 Richtwertverbesserung

Der zuvor dargestellte modifizierte Richtwert in Höhe von 120,- €/m² bezieht sich auf Grundstücke mit „normalen" Eigenschaften. Die himmelsrichtungsmäßige Ausrichtung (Vorgärten nach Westen bzw. Süden) stellen einen Nachteil dar. Die Hauptgartenfläche liegt nördlich bzw. östlich des Baukörpers. Auch ist in der Ecklage (ca. 50 m Frontbreiten) grundsätzlich eher ein Nach- als ein Vorteil zu erkennen.

Bei dem Bewertungsobjekt ergab sich allerdings durch die Ecklage der Vorteil, daß der relativ große Garagenbaukörper so erreichtet werden konnte, daß er jetzt eine wirtschaftliche Verwertbarkeit positiv fördert.

Der Ecklagenabschlag ist deshalb zusammengefaßt maßvoll zu dimensionieren. Der Sachverständige schätzt den Bodenwert als unbebautes Grundstück auf

115,- €/m².

8.1.5 Bebauungsabschlag

Es ist zu berücksichtigen, daß das zu bewertende Grundstück bebaut ist. Die Bodenrichtwerte beziehen sich, wie bereits berichtet, auf unbebaute Grundstücke, die mit einem modernen und zeitgemäßen Gebäude neu bebaubar sind.
Die Marktteilnehmer, die die recht hohen Kaufpreise für unbebaute Grundstücke zahlen, vereinbaren diese Preise demzufolge nur in Verbindung mit dem Gedanken, das unbebaute Grundstück zukünftig neu zu bebauen und zu nutzen.
Erwerber einer „Gebrauchtimmobilie" können zwar im Detail Änderungen vornehmen, sind jedoch konzeptionell an die vorhandene Bebauungsstruktur gebunden. Schon aus diesem Grunde ist der Bodenwert bei bebauten Grundstücken zu dämpfen, zumindest ist das die Auffassung des Sachverständigen. Hier darf allerdings nicht unerwähnt bleiben, daß in Sachverständigenkreisen diese Meinung kontrovers diskutiert wird.

Fest steht jedoch, daß die Kaufpreise, die für unbebaute Grundstücke gezahlt werden, einem anderen Teilmarkt zuzuordnen sind als dem Teilmarkt der bebauten Grundstücke. Es handelt sich schlichtweg um andere Marktteilnehmer, um andere Immobilien und somit entwickeln sich auch unterschiedliche Marktmechanismen.

Die „Dämpfung" des Bodenwertes bei bebauten Grundstücken kann vereinfacht auch mit der eingeschränkten Verfügbarkeit des Grund und Bodens - solange die Altbebauung nicht abgerissen wird - begründet werden.

Die Höhe des Abschlages kann nicht exakt mathematisch berechnet oder nachgewiesen werden und wird im Regelfall in einer Bandbreite von 10 bis 25 % für angemessen erachtet.

Im Hinblick auf die vorliegende Bebauungsstruktur schätzt der Sachverständige den Abschlag im mittleren Bereich der üblichen Bandbreite und nimmt deshalb den Abschlag mit 15 % (= × 0,85) an.

Zusammengefaßt ergibt sich folgende Rechnung:

115,- €/m² × 0,85 = 98,-- €/m²

Es darf hier der Hinweis nicht unterbleiben, daß gesicherte Erkenntnisse bezüglich der Höhe der Bodenwertdämpfung nicht vorliegen.

8.1.6 Bodenwertschätzung

Der Bodenwert kann bei bebauten Grundstücken im Übrigen sowieso nicht exakt errechnet werden. Es ergeben sich bei bebauten Grundstücken schon deshalb Probleme, da es sich bei dem Bodenwert um einen rein theoretischen Wertansatz handelt. Die Marktteilnehmer differenzieren die Kaufpreise nicht nach Boden- und Gebäudeanteil, sondern bilden vielmehr Kaufpreise als Gesamtbetrag („en bloc").
Der Sachverständige schätzt bei freier Abwägung aller Vor- und Nachteile den Bodenwert als bebautes Grundstück auf

100,- €/m²

771 m² × 100,- €/m² = 77.100,- €
= ca. 77.000,- €

8.2 Sachwertverfahren

8.2.1 Normalherstellungskosten (NHK)

8.2.1.1 NHK 1995

Der Bundesminister für Raumordnung, Bauwesen und Städtebau hat durch Hinweise vom 1. August 1997 Tabellen mit Normalherstellungskosten per 1995 herausgegeben. Die dort für verschiedene Gebäudearten tabulierten NHK werden dann mit verschiedenen Korrekturfaktoren multipliziert.
Diese NHK 1995 habe ich in mehreren Gutachten bereits angewandt, jedoch dabei festgestellt, daß die Ergebnisse - zumindest für den Raum, wo ich regelmäßig Gutachten erstatte - häufig nicht plausibel sind. Der Sachverständige verzichtet deshalb in diesem Gutachten auf die detaillierte Anwendung der NHK 1995-Tabellen des Bundesbauministers. Vielmehr wende ich in meinem Gutachten empfohlene NHK an, die sich aus der Tabelle 27 in [5] ergeben. Die dort tabellierten NHK DM/m^3 habe ich - gerundet - auf €/m^2 umgerechnet.

Die schematische Vorgabe von Korrekturfaktoren für Länder und Gemeindegrößen dürfte nach Einschätzung des Sachverständigen ein gewichtiger Grund sein für die Abweichungen zwischen den Hinweisen der WertR [6] und den Empfehlungen der Fachliteratur.

8.2.1.2 Normalherstellungskosten 1958

NHK 1958*:	52,50 €/m^3
umgerechnet auf 2002**:	325,- €/m^3

* bezogen auf Umbauten Raum gem. DIN 277/50

** Der derzeitige Baupreisindex (1958 = 100) liegt bei 618,6 Punkten (per Nov. 2001). Ich gehe in meinem Gutachten von einem gerundeten Index von 620 Punkten aus.

Der Ansatz von NHK 52,50 €/m^2 per 1958 entspricht einem Ansatz von rd. 29,50 M/m^3 per 1913 bzw. 646,- DM/m^3 per 1995

8.2.2 Wertminderung wegen Alters

Baujahr:	1943
Alter (2002):	59 Jahre
gewöhnliche Gesamtnutzungsdauer:	80 Jahre
Restnutzungsdauer:	21 Jahre

Es verbleibt jedoch bei jedem Gebäude altersunabhängig immer eine Mindest-Restnutzungsdauer, sofern eine gewisse wirtschaftliche Verwertbarkeit noch erkennbar ist.
Selbst bei bereits „abgeschriebenen" Baulichkeiten ist deshalb in der Regel immer noch eine etwa 30 - 40-jährige Restnutzungsdauer, je nach Beschaffenheit und wirtschaftlicher Verwertbarkeit, zu erwarten. Der Ansatz einer solchen Restnutzungsdauer von 30 - 40 Jahren ist nur möglich, wenn auch eine Ertragsfähigkeit für den prognostizierten Zeitraum gesichert erscheint. Der Sachverständige nimmt unter wirtschaftlichen Gesichtspunkten die Restnutzungsdauer nach Durchführung erforderlicher Investitionen mit 40 Jahren an. Bei dieser Unterstellung ergibt sich insoweit ein „fiktives Alter" von 40 Jahren. Bei der Schätzung der Restnutzungsdauer war auch dem Umstand Rechnung zu tragen, daß umfassend Bauteile erneuert worden oder aber baujahrsjünger als die Ursprungsbebauung sind. Maßgebend ist jedoch, wie bereits erläutert, die wirtschaftliche Verwertbarkeit (Marktfähigkeit in Bezug auf Vermietung oder Verkauf). Die Wertminderung wegen Alters kann wie folgt berechnet werden.

lineare Wertminderung:

$$\frac{100\ \%}{80} \times 40 = 50\ \%$$

Abschreibung nach Methode Ross:

$$1/2\ (50\ \% + \frac{50\ \%^2}{100}) = 37{,}5\ \%$$

8.2.3 Zeitwert

Neuwert (8.2.1.2):	325,- €/m³
- 37,5 % Wertminderung wg. Alters:	122,- €/m³
	203,- €/m³

8.2.4 Sachwertberechnung

rd. 710 m³* × 203,- €/m³	rd.	144.000,- €
zzgl. 13,75 % Baunebenkosten	rd.	20.000,- €
	rd.	164.000,- €
zzgl. 215 m³** × 100,- €/m³ (100,- €/m³ = geschätzter Zeitwert der Garage incl. Baunebenkosten)	rd.	22.000,- €
zzgl. Außenanlagen und besondere Bauteile (frei geschätzt)***	rd.	12.000,- €
zzgl. Bodenwert (8.1.6):	rd.	77.000,- €
Sachwert-Zwischenwert:		275.000,- €
- 20 % Abschlag vom Gebäudesachwert (siehe 7.8) = 33.000,- €		33.000,- €
Sachwert:	ca.	242.000,- €

* siehe Anlage 8

** siehe Anlage 11

***Der Wert der Außenanlagen und besonderen Bauteilen wurde frei vom Sachverständigen geschätzt. Dabei bin ich von einem Wertansatz von ca. 5 bis 10 % des Gebäudesachwertes ausgegangen. Hier ist zu berücksichtigen, daß die Werte der Außenanlagen und die Werte der Bebauung in einem gegewissen Verhältnis stehen. Auch unter Berücksichtigung der Hinweise der Fachliteratur [7] habe ich den zuvor erwähnten Prozentsatz gewählt. VOGELS erläutert hierzu: *„In der Regel reichen diese Prozentzahlen zur Bestimmung des Wertes der Außenanlagen aus. Bei sehr aufwendigen Anlagen ist ohnehin zu prüfen, ob sie überhaupt allgemein werterhöhend sind; ob sie von einem durchschnittlichen Erwerber übernommen werden."*

8.2.5 Marktanpassung des Sachwertes

Kaufpreise von Immobilien sind in der Regel nicht identisch mit dem Sachwert. Es ist deshalb erforderlich, daß der Sachwert an die Marktlage angepaßt wird. Dieses setzt voraus, daß Marktanalysen durchgeführt werden, bei denen die Sachwerte und die Kaufpreise verknüpft werden, um daraus Markttendenzen abzuleiten. Solche Marktanalysen sind teilmarktspezifiziert und möglichst zeitnahe vorzunehmen.

Bezüglich Einfamilienhausgrundstücken haben der Sachverständige Dipl.-Ing. Reiner Kanning aus Lübeck und ich aus 68 Kaufpreisen aus dem Jahr 2000 eine solche Marktanalyse vorgenommen und veröffentlicht [8]. Die Analyse führt zu folgender Regressionsgleichung:

$$y = 3{,}816\ x^{-0{,}2486}$$

y = Marktfaktor

x = Sachwert in 1.000,- DM

bzw.

$$y = 3{,}229\ x^{-0{,}2486}$$

y = Marktfaktor

x = Sachwert in 1.000,- €

Wendete man diese Formel an, ergäbe sich bei einem Sachwert von 242.000,- € ein Marktfaktor von 0,82, d.h. der Sachwert wäre um etwa 18 % zu reduzieren.

Dieser Marktfaktor beruht auf einer Analyse, die im Großraum Lübeck durchgeführt wurde. Er bezieht sich auf Einfamilienhäuser mit durchschnittlichen Eigenschaften. Die nicht ungünstige Lage spricht für eine gewisse Reduzierung des Marktanpassungsfaktors. Die Kombination (Wohnhaus und größere Garagenanlage) weicht allerdings von den Eigenschaften eines „normalen" Einfamilienhauses ab. Auch der Investitions- und Modernisierungsbedarf dürfte die allgemeine Vermarktungsfähigkeit - eher negativ - beeinflussen.

Da Kaufpreise und Sachwerte in der Regel nie übereinstimmen, ist es unumgänglich, Marktanpassungskorrekturen vorzunehmen. Wenn diese nicht gesichert ermittelt werden können, ergibt sich insoweit eine reduzierte Aussagekraft bezüglich des Sachwertes. Es muß eingeräumt werden, daß exakte Erkenntnisse über die erforderliche Marktanpassung nicht vorliegen, so daß die Höhe des Marktanpassungsabschlages nur geschätzt werden kann.

Auch unter Beachtung nicht berechenbarer Einflußgrößen hält der Sachverständige einen Marktanpassungsabschlag in einer Größenordnung zwischen

10 und 20 %

für marktkonform und schätzt dessen Höhe auf

15 %.

Sachwert:	242.000,- €
15 % Marktanpassungsabschlag:	36.000,- €
Marktangepaßter Sachwert:	206.000,- €

8.3 Ertragswertverfahren

Ertragswertverfahren
Anm. 3, S. 47

8.3.1 Nachhaltig erzielbarer Mietertrag (Netto-Kalt-Miete)

Allgemeines

Maßgebend für die Wertermittlung ist der nachhaltig erzielbare Mietertrag.

Nachhaltig erzielbar bedeutet, daß nicht der höchstmögliche, aber auch nicht ein Mietertrag im unteren Bereich möglicher Bandbreite zugrunde gelegt wird.

Als nachhaltig erzielbar im Sinne § 16 der WertV ist ein durchschnittlicher Mietzins zu verstehen, der nach einer Neuvermietung bei ordnungsgemäßer Bewirtschaftung auch sicher erzielbar sein dürfte, und zwar in Bezug auf die unterstellte Restnutzungsdauer von 40 Jahren unter der Voraussetzung, daß die Ertragsfähigkeit durch lfd. Instandhaltung gesichert bzw. durch Investitionen wg. Baumängel/Bauschäden ermöglicht wird.

Zukünftige konjunkturelle Mietpreisentwicklungen bleiben bei dieser Betrachtungsweise ohne Berücksichtigung.

Der Ring Deutscher Makler (RDM) hat in seinen Preisspiegeln auch für 70 m² große Wohnungen in Nachkriegs-Geschoßbauten Mietwerte ausgewiesen.

Der Abschätzung des nachhaltig erzielbaren Mietertrages lege ich in Anlehnung an das Vierte Mietrechtsänderungsgesetz [9] einen Zeitraum von 4 Jahren zugrunde:

	Wohnwert		
	einfach	mittel	gut
	DM/m²	DM/m²	DM/m²
1998:	8,50	11,00	13,00
1999:	8,50	10,50	13,00
2000:	8,50	10,50	13,00
2001:	8,50	11,00	13,00
Mittel:	8,50	10,75	13,00

Auf €/m² umgerechnet ergeben sich folgende - gerundete - Ausgangswerte:

	Wohnwert		
	einfach	mittel	gut
	€/m²	€/m²	€/m²
1998:	4,35	5,60	6,65
1999:	4,35	5,35	6,65
2000:	4,35	5,35	6,65
2001:	4,35	5,60	6,65
Mittel:	4,35	5,48	6,65

Im Hinblick auf die Lage gehe ich von einem mittleren bis guten Wohnwert aus, wobei ich mittel : gut mit 2 : 1 gewichte:

$$1/3\ (5{,}48\ €/m^2 \times 2 +\ 6{,}65\ €/m^2 \times 1) \quad = \quad 5{,}87\ €/m^2$$

Bezüglich der Ausstattung und Struktur gehe ich ebenfalls von einem mittleren bis guten Wohnwert aus (gewichtet hier 4 : 1):

$$1/5\ (5{,}48\ €/m^2 \times 4 + 6{,}65\ €/m^2 \times 1) = 5{,}71\ €/m^2$$

Da die Mietpreise relativ unsensibel auf die Lagequalität reagieren, mittele ich die Wohnwertkomponenten Lage und Ausstattung im Verhältnis 3 : 7.

$$1/10\ (5{,}87\ €/m^2 \times 3 + 5{,}71\ €/m^2 \times 7) = 5{,}76\ €/m^2$$

Individuelle Korrekturen:

a) Abschlag wegen Größe (die RDM-Werte beziehen sich auf 70 m² Wfl. große Wohnungen)
   Abschlag: 16 % (unter Bezugnahme auf eine diesbezügliche Marktanalyse [10], (= × 0,84)

b) Zuschlag wg. Lage der WE im Einfamilienhaus (unter Bezugnahme auf eine diesbezügliche Marktanalyse [11]
   Zuschlag: 15 % (geschätzt) (= × 1,15)

c) Zuschlag für Nutzungsmöglichkeit der Garagen
   Zuschläge (geschätzt): 40,- und 70,- € = 110,- €

$$150\ m^2\ \text{Wfl.} \times 5{,}76\ €/m^2 \times 0{,}84 \times 1{,}15 + 110{,}-\ € = 944{,}-\ €$$

Den nachhaltig erzielbaren Mietertrag der Immobilie schätze ich incl. Kellerräume und Gartennutzung bei freier Abwägung - auch unter Beachtung allgemeiner Marktkenntnisse - nach Durchführung von Investitionen abgerundet auf

mtl. 925,- €

(= ca. 5,44 €/m² Wfl. zzgl. 110,- € Garagen)

Dabei war auch zu berücksichtigen gewesen, daß die vom RDM tabellierten Mietwerte eher im oberen Bereich des Spektrums der Marktmieten sich bewegen.

jährlich:

925,- € × 12	=	11.100,- €
		ca. 11.000,- €

8.3.2 Bewirtschaftungskosten

Die angemessenen Bewirtschaftungskosten schätze ich unter Anlehnung an die Erfahrungssätze, die sich aus der II. BV [3] und den WertR [6] sowie der Fachliteratur [12] ergeben:

Instandhaltungskosten		
Pauschale (siehe Anlage 12)	=	rd. 2.200,- €
Verwaltungskosten		
mtl. 40,- € × 12 = 480,- €	=	rd. 500,- €
Mietausfallwagnis		
3 % vom Brutto-Rohertrag (incl. geschätzter Nebenkosten von 1,00 €/m² Wfl.) = 12.800,- €*	=	rd. 384,- €
		rd. 3.084,- €

*150 m² × 1,00 €/m² × 12 + 11.000,- €

$$\frac{3.084,-\text{ €}}{11.000,-\text{ €}} \times 100 = 28,0\ \%$$

gerundet = 27,5 %

Dabei bin ich davon ausgegangen, daß Betriebskosten zzgl. zur Nettomiete zu zahlen wären.

8.3.3 Liegenschaftszinssatz

Der Liegenschaftszinssatz ist in der WertV [2] im § 11 wie folgt definiert: „*Der Liegenschaftszinssatz ist der Zinssatz, mit dem der Verkehrswert von Liegenschaften im Durchschnitt marktüblich verzinst wird.*"

Daraus folgt, daß der Liegenschaftszinssatz aus geeigneten Kaufpreisen iterativ durch Rückwärtsrechnung eines Ertragswertverfahrens abzuleiten ist.

Wenn man nicht nur bei einem, sondern bei mehreren Kaufpreisen von Objekten, die sich einem bestimmten Teilmarkt zuordnen lassen, solche Ableitungen vornimmt, können die Ergebnisse ausgemittelt werden und führen so zu einem marktüblichen Zinsfuß. Das Problem bei der Ableitung der Zinsfüße besteht darin, daß diese teilmarktspezifiziert und zeitaktuell zu ermitteln sind.

In den WertR [6] wird bei Einfamilienhäusern von einem Liegenschaftszinssatz von 4,0 % ausgegangen. Die aktuellen Zinsfüße liegen erfahrungsgemäß jedoch niedriger als die in den WertR mitgeteilten Zinssätze, die noch auf Erfahrungswerte aus den 70iger Jahren beruhen. Die Fachliteratur [13] weist bei einem Einfamilienhaus einen Liegenschaftszinssatz von 2,5 - 3,5 % (i.M. 3,0 %) aus.

Eine überregionale Marktanalyse [14] führt zu einer Zinsfußbreite von

2,0 - 3,5 %.

Es ist festzustellen, daß die regionalen und überregionalen Erkenntnisse zumindest tendenziell harmonieren.

Als Trendwert gehe ich zunächst von einem Liegenschaftszinssatz von etwa

2,75 %

aus.

Auch im Hinblick auf die Ecklage, Struktur und besonderen Eigenschaften der hier zu bewertenden Immobilie nehme ich einen Zuschlag an, dessen Höhe auf 0,25 bis 0,5 % geschätzt wird. Es ergibt sich insoweit eine Liegenschaftszinssatzbandbreite von

3,0 bis 3,25 %.

Ich lege zusammengefaßt auch unter Berücksichtigung des Ergebnisses eigener diesbezüglicher Marktanalysen einen Zinsfuß von

3,0 %

der Ertragswertberechnung zugrunde.

Der guten Ordnung halber sei noch erwähnt, daß der örtlich zuständige Gutachterausschuß für Grundstückswerte keine aktuellen Liegenschaftszinssätze abgeleitet bzw. veröffentlicht hat.

8.3.4 Ertragswertberechnung

Nachhaltig erzielbarer Jahresrohertrag:	11.000,- €
- 27,5 % Bewirtschaftungskosten:	3.025,- €
Jahresreinertrag des Grundstücks:	7.975,- €
- 3,0 % Verzinsung des Bodenwertes:	2.310,- €
Jahresreinertrag des Gebäudes:	5.665,- €

Der Jahresreinertrag des Gebäudes ist mit dem Vervielfältiger (VV) 23,11 zu multiplizieren, der sich bei Ansatz eines 3,0 %igen Liegenschaftszinssatzes und einer Restnutzungsdauer von 40 Jahren nach der Rentenbarwertformel ergibt:

$$VV = \frac{q^n - 1}{q - 1} \times \frac{1}{q^n}$$

$$q = 1 + \frac{p}{100}$$

p = Liegenschaftszinssatz
n = Restnutzungsdauer

5.665,- € × 23,11	=	131.000,- €
zzgl. Bodenwert (8.1.6):	=	77.000,- €
Ertragswert-Zwischenwert:		208.000,- €
- Abschlag wg. Investitionsbedarf (siehe 7.8 und 8.2.4)	=	33.000,- €
Ertragswert:		175.000,- €

8.4 Vergleichswertverfahren

8.4.1 Allgemeines

Vergleichswertverfahren

Anm. 4, S. 49

Der Sachverständige hat folgend 8 Kaufpreise von Einfamilienhäusern aus Lübeck aufgelistet. Die im folgenden Tableau aufgeführten Kaufpreise habe ich einer Kaufpreissammlung entnommen, die mehrere hundert Kaufpreise umfaßt. Bei der Selektion habe ich mich bemüht, weitestgehend auf Vergleichbarkeit mit dem Bewertungsobjekt zu achten.

Es handelt sich um Kaufpreise von Einfamilienhäusern, die im Zeitraum 2000 bis 2001 getätigt wurden. Die Objekte befinden sich überwiegend in etwa vergleichbaren Lagen (z.B. in der Travemünder Allee, am Normannenweg, in der Borkumstraße oder am Koppelbarg). Objekte mit besonderen Vor- oder Nachteilen (z.B. Grundstücke mit Wasseranstoß oder Wasserblick) haben keine Berücksichtigung gefunden. Die Objekte sind überwiegend unterkellert und mit einer Garage ausgestattet.

Bei der Auswahl der Vergleichsobjekte habe ich nur solche herangezogen, bei denen die Baujahre bzw. Bebauungsstrukturen tendenziell einen Vergleich zulassen. Auch wurden nur Objekte berücksichtigt, die von der Dimensionierung her durchschnittlich etwa vergleichbar sind: extrem kleine oder große Objekte wurden deshalb ausgeschlossen. Auch bezüglich der Beschaffenheit wurde auf Vergleichbarkeit - soweit möglich - geachtet.

So ist festzustellen, daß im Durchschnitt - zumindest tendenziell - eine gewisse Vergleichbarkeit gegeben ist, obwohl es sich naturgemäß bei sämtlich verkauften Objekten um Individualobjekte handelt.

Die Kaufpreise sind zwar nur bedingt repräsentativ, können dennoch aus sachverständiger Sicht zur Wertfindung beitragen. Acht „schlechte" Kaufpreise sind besser als gar keine Vergleichspreise.

8.4.2 Vergleichspreise

Lfd.Nr.	Kaufpreis €	Wfl. / Areal m²	Baujahr	Kaufpreis €/m²	Verkaufsjahr
1	138.000,-	140 / 820	1958	986,-	2001
2	182.000,-	123 / 995	1960	1.480,-	2001
3	143.000,-	80 / 708	1965	1.788,-	2000
4	179.000,-	100 / 599	1914*	1.790,-	2001
5	156.000,-	120 / 700	1936	1.300,-	2001
6	179.000,-	135 / 897	1963	1.326,-	2001
7	194.000,-	130 / 635	1963	1.492,-	2001
8	161.000,-	90 / 928	1960	1.789,-	2000

*teilmodernisierter Altbau

8.4.3 Bandbreite der Kaufpreise

986,- DM/m² bis 1.790,- DM/m²

8.4.4 Auswertung der verbesserten Kaufpreise

Arithmetisches Mittel als Tendenzwert:

$$\overline{x} = \frac{\sum x_i}{n}$$

$$\overline{x} = \frac{11.951,-€}{8} = 1.494,-€/m^2 \text{ Wfl.}$$

Einzelpreise, die den Mittelwert um mehr als ± 20 % überschreiten, sind üblicherweise als Extremwerte („Ausreißer") auszusondern, da bei kleineren Stichproben Extremwerte das Ergebnis einseitig verzerren können.

Da die hier vorliegende Stichprobe nicht vollständig homogen ist, halte ich eine Vergrößerung der Variationsbreite von ± 20 % auf ± 33,3 % für sachgerecht:

996,- DM/m² Wfl. bis 1.992,- DM/m² Wfl.

Es ist demzufolge festzustellen, daß alle Kaufpreise innerhalb der Variationsbreite liegen, wenn man von der geringfügigen Abweichung bei Kaufpreis lfd.Nr. 1 absieht, so daß keiner der Kaufpreise als Extremwert zu eliminieren ist.

8.4.5 Statistische Prüfmaße

Je nach Anzahl und Streuung der Daten einer Stichprobe ergibt sich eine unterschiedliche Qualität bezüglich des Mittelwertes. Es sind verschiedene Prüfmaße für die Qualität einer Stichprobe entwickelt worden, von denen ich hier die Standardabweichung, den Mittleren Fehler des Mittels und den Variationskoeffizienten berechne.

Standardabweichung (Mittlerer Fehler eines Einzelwertes):

$$s_x = \sqrt{\frac{\sum (x_i - \bar{x})^2}{n - 1}}$$

$$s_x = \pm\ 289,- \ €/m^2$$

Mittlerer Fehler des Mittels:

$$s_{\bar{x}} = \frac{s_x}{\sqrt{n}}$$

$$s_{\bar{x}} = \pm\ 102,- \ €/m^2$$

Variationskoeffizient:

$$v = \frac{s_x}{\bar{x}} = \frac{\pm 289,-}{1.494,-} = \pm\ 0,193$$

Der Variationskoeffizient von ± 0,193 sagt aus, daß die Güte der Streuung als „recht bedenklich" zu werten ist. Daraus folgt, daß die Aussagekraft der angewandten Statistik nur begrenzt sein kann.
Ich verweise bezüglich des Variationskoeffizienten auch auf die Anlage 13 dieses Gutachtens.

8.4.6 Korrektur (Wohnfläche)

Die Kaufpreise €/m² Wfl. beziehen sich auf Häuser mit durchschnittlich 115 m² Wohnfläche. Wegen der Größe von 150 m² Wfl. beim Bewertungsobjekt ist ein Abschlag in Ansatz zu bringen. Die erforderliche Umrechnung nehme ich mittels Umrechnungskoeffizienten vor, die sich aus der Abhängigkeit der Miethöhe und der Wohnungsgröße ergeben. Diese Umrechnungskoeffizienten sind hilfsweise auch bei der Kaufpreisumrechnung wegen abweichender Wohnflächen ansetzbar. Mittels folgender Gleichung lassen sich die Umrechnungskoeffizienten errechnen:

$$y = 2{,}9526\ x^{-0{,}2351}$$
$$y = \text{Umrechnungskoeffizient}$$
$$x = \text{Wohnfläche}$$

Ich verweise auch auf meine diesbezügliche Veröffentlichung [10].

Umrechnungskoeffizient bei 150 m^2 : 0,9091
Umrechnungskoeffizient bei 115 m^2 : 0,9677

$$1.494,- \text{€}/m^2 \times \frac{0{,}9091}{0{,}9677} = 1.404,- \text{€}/m^2\ \text{Wfl.}$$

Bandbreite unter Beachtung des Mittleren Fehlers des Mittels:

1.302,- €/m^2 bis 1.506,- €/m^2

Multipliziert mit 150 m^2 Wfl.:

195.000,- € bis 226.000,- €

8.4.7 Korrektur (Grundstücksgröße)
Die 8 zum Preisvergleich herangezogenen Kaufpreise beziehen sich auf im Durchschnitt 785 m^2 große Parzellen und sind insoweit gut vergleichbar mit der Grundstücksgröße (771 m^2) der hier zu bewertenden Immobilie.

8.4.8 Vergleichswerteinschätzung
Auch unter Berücksichtigung der individuellen Gegebenheiten (z.B. Eckgrundstück, Garagenanbau, Investitionsbedarf) nehme ich den direkten Vergleichswert im unteren Bereich der Bandbreite mit

200.000,- €

an.

9. Ergebnis

Marktangepaßter Sachwert:	206.000,- €
Durch den Liegenschaftszinssatz marktorientierter Ertragswert:	175.000,- €
Vergleichswert:	200.000,- €

Die Ergebnisse der drei angewandten Wertermittlungsverfahren stimmen nicht gut, aber ausreichend überein.

Der Verkehrswert einer Immobilie kann im Hinblick auf zahlreiche Imponderabilien jedoch nicht exakt mathematisch errechnet werden, letztendlich handelt es sich um eine Schätzung.
Es ist hier nochmals zu bemerken, daß zahlreiche Einflußgrößen nicht berechenbar sind. Auch ist die aktuelle konjunkturelle Entwicklung und „Schwäche" des Immobilienmarktes zu berücksichtigen.

Bei freier Abwägung aller Vor- und Nachteile *schätzt* der Sachverständige den Verkehrswert des Bewertungsobjektes auf

185.000,- €
(Einhundertfünfundachtzigtausend EURO)

Ob Grenzüberschreitungen stattgefunden haben, habe ich nicht überprüft.

Ich gehe davon aus, daß Altlasten (z.B. Bodenverunreinigungen) nicht vorhanden sind.

Belastungen im Grundbuch (Abt. II) sind bei diesem Gutachten nicht zu berücksichtigen.

Eine Baugrundanalyse wurde nicht vorgenommen oder veranlaßt. Der Sachverständige geht von normalen Baugrundverhältnissen aus.

Im Baulastenbuch liegen lt. mündlicher Mitteilung der zuständigen Behörde keine Eintragungen vor. Der Sachverständige geht deshalb von einem lastenfrei Baulastenbuch aus.

Nähere Angaben zur Identität der Vergleichswohnungen kann ich unter Hinweis auf Vertrauens- und Datenschutz nicht machen. Ich verweise diesbezüglich auch auf § 203 StGB sowie § 15 der Sachverständigenverordnung der IHK Lübeck. Da mein Gutachten auf statistisch erfaßtes Tatsachenmaterial aufbaut, teilanonymisiere ich gemäß Beschlüssen [15], [16] des Bundesverfassungsgerichts - wie z.B. auch ein Mietspiegelersteller - die Befundtatsachen.

Gerichtlich bestellter
Sachverständiger:

....
(Streich)

<u>Anlagen:</u>

Anlage 1	- Seite 32:	Ausschnitt Kreiskarte	1 : 75.000
Anlage 2	- Seite 33:	Stadtplanausschnitt	1 : 21.000
Anlage 3	- Seite 34:	Katasterlageplan	1 : 1.000
Anlage 4	- Seite 35:	Bauzeichnung, KG	
Anlage 5	- Seite 36:	" ", EG	
Anlage 6	- Seite 37:	" ", DG	
Anlage 7	. Seite 38:	Gebäudeschnitt	
Anlage 8	- Seite 39:	Umbauter Raum	
Anlage 9	- Seite 40:	Wohnflächenberechnung, EG	
Anlage 10	- Seite 41:	" ", DG,	
Anlage 11	- Seite 42:	Wohnflächenzusammenstellung	
Anlage 12	- Seite 43:	Instandhaltungskostenermittlung	
Anlage 13	- Seite 44:	Hinweise zur stat. Auswertung	
Anlage 14	- Seite 45:	Fundstellenhinweise	
Anlage A - N	- Seite 46: - 59:	28 Fotos	

Sonnenweg 42, 23456 Lübeck

Instandhaltungskostenberechnung

Gebäudeneuwert (Herstellungskosten bezogen auf den Wertermittlungsstichtag)

710 m^3 (Anlage 8) × 325,- €/m^3 *	= 231.000,- €
13,75 % Baunebenkosten	= 32.000,- €
	263.000,- €

Instandhaltungskosten in Anlehnung an VOGELS [12]:

1,0 % von 263.000,- €	= 2.630,- €
0,5 % von 263.000,- €	= 1.315,- €
geschätzte Instandhaltungskosten:	ca. 2.000,- €
zzgl. Garage	ca. 2.200,- €

Umrechnung auf m^2 Wohnfläche:
2.000,- € : 150 m^2 = 13,35 €/m^2

* siehe Abschnitt 8.2.1.2

Anlage 12

DER VARIATIONSKOEFFIZIENT

Dieser Koeffizient ergibt sich aus dem Quotienten aus Standardabweichung und Mittelwert:

$$v = \frac{s_x}{\bar{x}}$$

Mit seiner Hilfe kann die Güte einer Streuung als Prozentsatz vom Mittelwert anschaulich vergleichbar gemacht werden.

Je kleiner der Koeffizient, desto besser ist der errechnete Mittelwert als Vergleichswert geeignet.

In der Praxis der Grundstücksbewertung mit ihren generell weniger präzisen Daten haben sich dabei Maßstäbe entwickelt, die liberaler sind als streng statistische Beurteilungen. Es gilt für die Aussagekraft des Mittelwertes folgendes System des Variationskoeffizienten:

0,00 bis 0,05:	sehr gut
0,05 bis 0,10:	gut
0,10 bis 0,15:	noch ordentlich
0,15 bis 0,20:	recht bedenklich
über 0,20:	absolut zu verwerfen

Entnommen und in Anlehnung wiedergegeben aus dem Aufsatz PETERSEN: Statistik in der Wertermittlung [17]

Anlage 13

Verkehrswert – Anm. 1

Der Verkehrswert einer Immobilie ist im BauGB [1] als eine Funktion des Immobilienmarktes definiert. Maßgebend ist demzufolge, wie die Mehrzahl möglicher Marktteilnehmer den Wert eines Objektes im gewöhnlichen Geschäftsverkehr beurteilt. Ein Wertermittler hat den Immobilienmarkt nachzuvollziehen (nachzurechnen) und zu berücksichtigen, dass sich die Preise im Regelfall nicht „sachverständig" bilden, sondern durch das Gesetz von Angebot und Nachfrage bestimmt werden.

Ein Wertermittler hat zu akzeptieren, dass in einigen Teilmärkten Kaufpreise sich nicht in vernunftmäßig nachvollziehbaren Kategorien entwickeln: ein Einfamilienhaus in einer begehrten und exklusiven Lage einer Großstadt (z.B. Objekt mit Elbblick in Hamburg) erzielt einen bestimmten Preis, wobei der bauliche Zustand beispielsweise sich nur bedingt auswirkt. Ein Bauschaden oder Baumangel, dessen Beseitigungskosten möglicherweise 25.000,– € beträgt, wäre im Zusammenhang mit der Bewertung einer solchen exklusiven Immobilie nicht wesentlich ergebnisrelevant (gleichwohl müsste der Gutachter – schon aus haftungsrechtlichen Gründen – einen Hinweis im Gutachten platzieren).

In einigen Teilmärkten (z.B. im Bereich der Hansestadt Lübeck) erzielen Erbbaurechte (mit niedrigen Erbbauzinsen und noch längeren Restlaufzeiten) Kaufpreise, die sich nicht signifikant von den Kaufpreisen von Eigentumsobjekten unterscheiden (z.B. Reihenhäuser aus den 60er Jahren mit Erbbauzinsen von jährlich 50,– € und einer Restlaufzeit von z.B. ca. 50 Jahren). Wendete man stur (d.h. nicht sachverständig) die üblichen Methoden und Wertfaktoren an, die sich aus den WertR [6] ergeben, ist das Ergebnis der Begutachtung zwar rechnerisch beeindruckend, dennoch falsch, da nicht marktkonform. Allein schon dieses Beispiel verdeutlicht, dass ortsspezifische Marktkenntnisse unverzichtbar sind und mit bundesrepublikanisch allgemein anwendbaren Wertermittlungsprogrammen „Pannen" kaum vermeidbar sind.

Die in der WertV [2] vorgegebenen Wertermittlungsmethoden zur Ableitung des Verkehrswertes von bebauten Grundstücken stellen zwar eine hilfreiche Normierung dar, doch ersetzen die Methoden nicht den Sachverstand und Bezug zu den örtlichen Marktgepflogenheiten. Bezüglich „unvernünftiger" Preisbildungen verweise ich auch auf Beispiele der Fachliteratur [18]. Im Übrigen ist der Begriff „Verkehrswert" streng abzugrenzen von anderen Wertbegriffen, wie z.B. „Verkaufswert" (Beleihungswert gem. § 12 Hypothekenbankgesetz oder dem „Einheitswert", einem steuerrechtlichen Wertbegriff.

Bewertungsstichtag – Anm. 2

Jede Verkehrswertermittlung ist stichtagsbezogen vorzunehmen, d.h., der festgestellte Verkehrswert bezieht sich nur auf den angegebenen Bewertungsstichtag, wobei dieser natürlich nicht identisch mit dem Tag der Ortsbesichtigung und dem Tag der Erstellung des Gutachtens sein muss.

Durch nicht versicherten Feuerschaden, Kündigung eines wertrelevanten Mietverhältnisses oder Tod eines Wohnrechtsberechtigten kann umgehend eine erhebliche Wertveränderung eintreten. Auch verhält sich der Immobilienmarkt bekanntlich nicht statisch: die Preise sind ständig in Bewegung. In Zeiten mit z.B. 20%igen Preisanstiegen oder Rückgängen innerhalb eines Jahres wirkt sich schon eine vierteljährliche Stichtagsverschiebung aufgrund der konjunkturellen Entwicklung spürbar aus.

Die Anlage 11 bei Gutachten Nr. 6 verdeutlicht beispielsweise die Preisentwicklung bei Eigentumswohnungen im Bereich der Hansestadt Lübeck.

Ertragswertverfahren – Anm. 3

Vorherrschende Auffassung im Schrifttum bezüglich der Anwendung des Ertragswertverfahrens ist, dass dieses üblicherweise nur bei Renditeobjekten möglich ist:

„... *Hier wird man präzisieren müssen, dass das Ertragswertverfahren generell dann anzuwenden ist, wenn der Grundstücksmarkt das betreffende Grundstück als Renditeobjekt ansieht. Bei diesen Grundstücken wird der Grundstückswert im wesentlichen durch den nachhaltig erzielbaren Grundstücksertrag bestimmt. Das gilt vor allem für die sogenannten Rentenhäuser. Dem Käufer eines derartigen Grundstücks kommt es in erster Linie darauf an, welche Verzinsung ihm das investierte Kapital einbringt ...*" [20].

Dieser Auffassung kann zunächst grundsätzlich zugestimmt werden, dennoch bin ich aufgrund meiner praktischen Erfahrung zu dem Ergebnis gekommen, dass das Ertragswertverfahren auch bei Einfamilienhäusern als zusätzliche Stütze anwendbar ist. Dieses setzt allerdings voraus, dass marktorientierte Liegenschaftszinssätze bekannt sind. Jedes Wertermittlungsverfahren ist als ein Hilfsmittel zu betrachten, mit dem versucht wird, den Verkehrswert abzuleiten. Weder das Sachwert- noch das Ertrags- oder auch das Vergleichswertverfahren führen unmittelbar zum Verkehrswert. Zu viele Unwägbarkeiten lassen sich nicht exakt mathematisch erfassen, so dass bei jeder Wertermittlung ein nicht unerhebliches Maß an Schätzung verbleibt. Da keines der Wertermittlungsverfahren geeignet ist den Verkehrswert mit letzter Genauigkeit zu begründen, halte ich es für unverzichtbar, dass Sachverständige mehrere Wertermittlungsverfahren anwenden.

So wie ein Tisch mit drei Beinen nicht wackelt, so können auch drei Wertermittlungsverfahren die Standfestigkeit (Ergebnisgenauigkeit) steigern.

Das Sachwertverfahren leidet bekanntlich darunter, dass eine erheblich größere Anzahl von Variablen das Ergebnis beeinflusst, wenn man das Sachwert- mit dem Ertragswertverfahren vergleicht. Allein schon die

Frage, welche Wertminderungsmethode angewendet werden soll, führt zu nicht unerheblichen Ergebnisunterschieden. Wenn ein Sachverständiger die Gesamtnutzungsdauer einer Baulichkeit mit 80 Jahren annimmt und die Restnutzungsdauer mit 40 Jahren anzusetzen ist, so dass das Alter bzw. fiktive Alter sich ebenfalls zu 40 Jahren errechnet, dann führt der Ansatz einer linearen Wertermittlung wegen Alters zu einer Wertminderung in Höhe von 50 %. Wenn jedoch eine quadratische Abschreibung bevorzugt würde, ergäbe sich nur 25 %. Üblicherweise bzw. vorherrschend wird die ROSS'sche Abschreibung angewendet, die, um bei dem Beispiel zu bleiben, dann zu 37,5 % führt.

Auch ist das Problem der Bodenwerte hier zu berücksichtigen, denn der Bodenwert eines bebauten Grundstückes ist in vielen Fällen relativ schwierig sicher ermittelbar, zumindest dann, wenn es sich um Bereiche handelt, die weitgehend bebaut sind, wo gar keine Vergleichspreise für unbebaute Grundstücke sich am Markt gebildet haben. Da sich der Sachwert als Summe von Bau- und Bodenwert errechnet, sind hier Marktverzerrungen kaum vermeidbar, da die Marktteilnehmer im Regelfall die Kaufpreise nicht differenziert nach Bau- und Bodenwert bilden, sondern die Kaufpreise als Gesamteinheit aushandeln. Das Ertragswertverfahren weist hier – zumindest ist dies die Auffassung des Autors dieses Buches – erhebliche Vorteile auf, da, zumindest bei Objekten mit längeren Restnutzungsdauern, der Bodenwert eine untergeordnete Bedeutung bezüglich des Ergebnisses aufweist. Außerdem ist das Problem der Marktorientierung durch Ermittlung von Liegenschaftszinssätzen leichter „in den Griff zu bekommen", als die Marktanpassung von Sachwerten.

Auch wenn die Mehrzahl namhafter Fachbuchautoren und Dozenten nach wie vor die Auffassung vertritt, dass Einfamilienhäuser nicht mittels des Ertragswertverfahrens bewertbar sind, möchte ich dennoch die Anwendung des Ertragswertverfahrens auch bei Einfamilienhäusern empfehlen, da zumindest nach meinen Erfahrungen die Marktorientierung sich leichter ableiten und darstellen lässt als bei dem Sachwertverfahren.

In einer Gutachtenkommentierung wird von der Redaktion des RDM-Informationsdienstes für Sachverständige angemerkt:

„So hätte sich der Gutachter bei diesem reinrassigen Sachwertobjekt zumindest die Ermittlung des Ertragswertes sparen können. (...) Aus welchen Gründen auch immer (HOAI?) der Ertragswert bei Einfamilienhäusern ermittelt wird, eine marktrelevante Rolle spielt er nicht." [21]

Auch wenn der Ertragswert von der Mehrzahl der Marktteilnehmer zugegebenermaßen nicht als marktrelevante Größe ermittelt wird, so lässt sich doch rechentechnisch durch Anwendung des Ertragswertverfahrens – Voraussetzung sind, wie bereits erwähnt, marktorientierte Zinsfüße – der Verkehrswert in vielen Fällen schneller, sicherer und präziser als durch Anwendung des Sachwertverfahrens ableiten.

Das Ergebis einer Ertragswertberechnung hängt bei Standardimmobilien (Objekte ohne Bauschäden, Baumängel, besonderer mietrechtlicher Eigenschaften usw.) von fünf Variablen ab, die sich mit unterschiedlichem Gewicht auf das Ergebnis auswirken. Eine jeweils 10%ige Änderung einer Variablen führt – je nach Gewicht – zu Ergebnisunterschieden zwischen 0,3 und 9,7 %.

Miete	BWK	BW	LZ	RND	EW	Ergebnis-änderung
12.000 €	25,0 %	60.000 €	3,50 %	60 J.	232.119 €	0,0 %
13.200 €	25,0 %	60.000 €	3,50 %	60 J.	254.569 €	9,7 %
12.000 €	*22,5 %*	60.000 €	3,50 %	60 J.	239.602 €	3,2 %
12.000 €	25,0 %	*66.000 €*	3,50 %	60 J.	232.880 €	0,3 %
12.000 €	25,0 %	60.000 €	*3,25 %*	60 J.	245.088 €	5,6 %
12.000 €	25,0 %	60.000 €	3,50 %	*66 J.*	236.786 €	2,0 %

Die Tabelle zeigt, dass bei Objekten mit einer längeren Restnutzungsdauer das Ertragswertverfahren mehr oder weniger als bodenwertneutral betrachtet werden kann. Wenn also beispielsweise ein Einfamilienhaus zu begutachten ist und das Grundstück nicht noch teilbar und mit einem 2. Einfamilienhaus bebaubar ist, dann wirkt sich die Höhe des Bodenwertes unbedeutend auf das Ergebnis aus. Hier wird aus meiner Sicht ein erheblicher Vorzug des Ertragswert- gegenüber dem Sachwertverfahren deutlich, da – wie bereits erwähnt und bekannt – beim Sachwertverfahren der Bodenwert voll zu Buche schlägt.

Vereinfacht kann formuliert werden, dass sich der Ertragswert – auch bei einem Einfamilienhaus – schon sehr verkehrswertnah errechnet, wenn „nur" der nachhaltig erzielbare Mietertrag und der Liegenschaftszinssatz marktorientiert ermittelt wurden. Wenn diese beiden Einflussgrößen richtig (marktkonform) der Ertragswertberechnung zugrunde gelegt wurden, führt das Ertragswertverfahren „automatisiert" zu einem marktnahen Ertragswert.

Vergleichswertverfahren – Anm. 4

„Die Schätzung der Grundstücke geschieht nach dem gemeinen Werte. Als gemeiner Wert im Sinne dieses Gesetzes ist der Wert anzusehen, den das Grundstück für jeden Besitzer hat. Bei der Feststellung dieses Wertes sind

unter Berücksichtigung der dauernden Eigenschaften des Grundstücks zum Anhalte zu nehmen in erster Linie der Ertrag, den das Grundstück bei ordnungsgemäßer Bewirtschaftung jedem Besitzer nachhaltig gewähren kann, so wie die im gewöhnlichen Verkehre für Grundstücke in gleicher oder gleichwertiger Lage gezahlten Kaufpreise, letztere insbesondere bei Grundstücken, die keinen oder einen verhältnismäßig geringen Ertrag haben." [22]

Die Forderung nach Anwendung des Vergleichswertverfahrens durch Berücksichtigung von Kaufpreisen, die für andere ähnliche Objekte gezahlt wurden, ist demzufolge eine sehr alte Forderung und das Bundesbaugesetz bzw. Baugesetzbuch haben im Grunde nur das fortgeschrieben und manifestiert, was auch schon in der Vergangenheit an Erfahrungswissen sich gebildet hat. Die zuvor niedergelegten Formulierungen von Dr. W. Rothkegel kann man sogar so interpretieren, dass gerade bei Einfamilienhäusern (Grundstücke mit einem verhältnismäßig geringem Ertrag) das Vergleichswertverfahren prädestiniert ist.

Unstrittig hat sich im Schrifttum die Auffassung verfestigt, dass bei unbebauten Grundstücken, bei Reihenhäusern und Eigentumswohnungen das Vergleichswertverfahren das Verfahren ist, das am sichersten zum Verkehrswert führt. Nach meinen Erfahrungen kann allerdings das Vergleichswertverfahren durchaus auch in anderen Teilmärkten erfolgreich die Wertermittlung abstützen, so dass ich mich regelmäßig auch bei der Begutachtung von Einfamilienhäusern um Anwendung des Vergleichswertverfahrens bemühe. Durch die Novellierung der WertV [2] wurde die Bedeutung des Vergleichswertverfahrens spürbar gesteigert. Die Aufgaben der Gutachterausschüsse sind in diesen Bereichen vergrößert worden, wobei hier auf die §§ 8 - 12 der WertV [2] hinzuweisen ist.

Allerdings muss hier berichtet werden, dass nicht alle Gutachterausschüsse bzw. deren Geschäftsstellen die gestellten Aufgaben zur Zufriedenheit lösen. Bei einigen Gutachterausschüssen besteht die Kaufpreissammlung mehr oder weniger wortwörtlich aus einer Sammlung von Kaufpreisen, doch es sind keine Einzelauswertungen oder Ableitungen vorgenommen worden. Hier tun sich erhebliche regionale Unterschiede – selbst in so einem kleinen Flächenland wie Schleswig-Holstein – auf. Nicht unerwähnt lassen möchte ich hier die Arbeit des Gutachterausschusses für Grundstückswerte in der Hansestadt Lübeck, der, trotz geringer Personalstärke, auch die Kaufpreise bebauter Grundstücke im Detail auswertet, so dass Sachverständige auf Antrag – und gegen Gebühr – Listen mit Kaufpreisen vergleichsgeeigneter Objekte abfordern können. Die zur Verfügung gestellten Kaufpreisübersichten sind so umfangreich, so ergiebig und vor allem so zeitaktuell, dass eigentlich kein Sachverständiger auf diesen Fundus verzichten sollte. Leider greifen nur wenige Sachverständige auf diese Vergleichspreise zurück, so dass es nicht verwundern darf, dass doch zahlreiche Gutachter das Ziel ihrer Bemühungen (Verkehrswert) verfehlen.

Die nachfolgende Grafik zeigt beispielhaft eine auf Antrag erstellte Kaufpreisliste mit den wichtigsten wertrelevanten Informationen. Um den Datenschutz sicher zu gewährleisten, sind für den Abdruck im Buch die Straßennamen durch Phantasienamen ersetzt worden.

Bei dem Vergleichswertverfahren handelt es sich letztendlich um die Anwendung statistischer Methoden, wobei auf zu strenge mathematische Rechenmodelle verzichtet werden kann, da letztendlich auch in dem Vergleichswertverfahren nur eines mehrerer Hilfsmittel zu erkennen ist. Da Kaufpreise auch bei völlig identischen Objekten in großen Bandbreiten streuen (etwa ± 20 %), lassen sich Verkehrswerte auch mittels des Vergleichswertverfahrens nicht exakt auf „Heller und Pfennig" bzw. „Cent und Euro" errechnen. Sachverständige sollten nicht außer Acht lassen, dass sich zahlreiche Marktmechanismen paradox entwickeln und verschiedene Markteinflüsse letztendlich nicht berechenbar sind. Wichtig erscheint dem Autor hier der Hinweis, dass die angewandten Rechenmethoden auch noch für einen durchschnittlich gebildeten Nutzer des Gutachtens nachvollziehbar sein sollten. Gutachten, die sich mehr oder weniger ausschließlich in endlosen Zahlenkolonnen und Formeln begnügen, wo versucht wird, alleine mittels multipler Regressionsanalysen den Verkehrswert niederzulegen, sind als nicht nachvollziehbar und somit wenig überzeugend abzulehnen. Hier muss ich insbesondere meinen geodätischen Berufskollegen ins Stammbuch schreiben, dass man immer wieder berücksichtigen sollte, dass der Verkehrswert einer Immobilie nicht so exakt ermittelt werden kann, wie den Winkel oder die Strecke zwischen zwei Punkten. Das allgemeine Erfahrungswissen, resultierend aus dem Umstand, dass Kaufpreise, wie zuvor schon formuliert, sich nicht immer plausibel bilden, führt zur Unberechenbarkeit verschiedener Einflussgrößen. Auch die Statistik kann immer nur ein Hilfsmittel sein mit dem ein verkehrswertnaher Vergleichswert, aber jedoch noch nicht der Verkehrswert direkt berechenbar wird. Friedrich der Große hat das Problem wie folgt auf einen Nenner gebracht:

„Mit der ganzen Algebra ist man oftmals nur ein Narr, wenn man nicht noch etwas anderes weiß."

Der Verordnungsgeber hat auch die Möglichkeit vorgegeben, dass nicht ein unmittelbarer Preisvergleich stattfindet, sondern dass durch „Vergleichsfaktoren" eine indirekte Vergleichbarkeit hergestellt wird. Ich verweise hier beispielsweise auf Vergleichsfaktoren (Gebäudefaktoren), die der Gutachterausschuss für Grundstückswerte in der Stadt Wuppertal veröffentlicht hat [23].

Vergleichskaufpreise für 1-2 Fam.häuser

aus der Kaufpreissammlung des
Gutachterausschusses für Grundstückswerte in der Hansestadt Lübeck

Register	Straße	Baujahr	Gesamt-kaufpreis in DM	WohnNutzfläche in qm	Kaufpreis in DM/qm inkl. BW, ohne Garagen	Gebäudetyp (3=EFH 4=DHH 5=ZFH 8=REH 9=RMH 10=VIL)	Gebäude-zustand (0=unbek. 1=sehr gut 2=gut 3=mittel 4=schlecht)	Grundstücks-größe in qm	Erbbaurecht (0=nein 1=ja)	Heizung (1=Zentral 2=Fernwärme 3=Etagen 4=Fußboden 5=Nachtspeicher 6=Warmluft 7=Gasofen 8=Kohleofen)	Sanitär (0=unbekannt 1=B/WC + GäWC 2=B/WC 3= Du/WC 4=nur WC 5=WC außen 6=keine 7=versch.)	Fenster (0=unbekannt 1=Isoliervergl. 2=Einfachvergl. 3=Doppelvergl. 4=keine 5=versch.)	DG-Ausbau in %	Keller in %	Garagen	Carports	Durchschn. Bodenwert	Vollgeschosse	bebaute Fläche
	Ergebnisbereich	Anzahl:	18																
	Mittelwerte:		371.889	119	3.065														
	Standardabweichung Einzelwert:		179.906	42	891														
	Standardabweichung Mittelwert:		43.634	10	216														
20011234	Ratstr.	1900	180.000	74	2.432	4	2	177	0	1	2	1	-	50	0	0	285	2	48
20011235	Eimerweg	1954	480.000	120	3.917	3	3	1.264	1	1	1	1	100	100	1	0	425	1	98
20011236	Igelhorst	1720	900.000	200	4.500	3	3	4.012	0	1	1	1	100	100	0	0	100	1	160
20011237	Nasenstr.	1922	260.000	80	3.250	4	3	583	1	1	1	1	80	100	0	0	160	1	68
20011238	Erbsenkamp	1968	300.000	106	2.830	3	3	610	0	1	1	3	-	40	0	0	150	1	128
20011239	Rasensteiner Weg	1960	400.000	97	4.021	3	3	743	1	1	1	3	100	100	1	0	150	1	68
20011240	Kalauer Str.	1940	233.000	85	2.741	4	3	656	0	1	2	1	100	100	0	0	130	1	59
20011241	Alter Weg	1990	390.000	120	3.208	4	2	321	0	1	1	1	100	-	0	0	175	1	72
20011242	Natternstieg	1958	260.000	100	2.550	4	3	306	1	1	2	5	100	100	0	0	220	1	72
20011243	Norbert-Blüm-Str.	1952	300.000	110	2.636	3	2	578	1	1	2	3	70	100	1	0	160	1	87
20011244	Inselstr.	1975	580.000	143	3.916	3	2	526	0	1	1	1	80	100	2	0	210	1	113
20011245	Neue Str.	1920	330.000	120	2.583	5	2	370	0	1	1	1	70	100	1	0	175	1	102
20011246	Gassenhauer Weg	1967	600.000	170	3.441	3	3	823	0	1	1	1	100	40	1	0	300	1	139
20011247	Sonnenallee	1919	220.000	110	1.909	3	3	380	0	1	2	1	100	50	1	0	180	1	77
20011248	Honighof	1886	156.000	65	2.400	4	3	121	0	1	2	1	100	20	0	0	300	1	49
20011249	Bienenkoppel	1900	360.000	210	1.614	3	3	3.743	0	1	2	1	30	10	0	3	50	1	250
20011250	Spielstr.	1930	365.000	75	4.867	3	3	902	0	1	2	2	100	90	0	0	195	1	61
20011251	Kachelallee	1895	380.000	158	2.361	4	2	510	0	5	2	1	100	40	0	1	125	2	78

GUTACHTEN

des öffentlich bestellten und vereidigten Sachverständigen

JÜRGEN-WILHELM STREICH

aus Lübeck

. Ausfertigung

VERKEHRSWERTGUTACHTEN

MONDWEG 33

12345 OTTENSTEDT

Gutachten vom 25. Februar 2002
Nr. 1/138/01

- Dieses Gutachten umfaßt 45 Seiten -

1. Auftrag

Der Verkehrswert des Bewertungsobjektes ist wegen bevorstehender Eheauseinandersetzung durch ein Sachverständigengutachten zu ermitteln.

2. Verkehrswert

Der Verkehrswert ist im BauGB [1] - Fundstellen siehe Anlage 10 - als der Wert definiert, der im gewöhnlichen Geschäftsverkehr ohne Berücksichtigung persönlicher oder ungewöhnlicher Umstände beim Verkauf zu erzielen ist. Die Wertermittlung führe ich in Anlehnung an die Regularien der WertV [2] durch.

3. Auftraggeber

Herr Paul August
Mondweg 33
12345 Ottenstedt
vertreten durch
Herrn Rechtsanwalt Dr. A. Schlau

4. Bewertungsobjekt

Mondweg 33, 12345 Ottenstedt

4.1 Katasterbezeichnung (Katasteramt Preberg)

Gemeinde und Gemarkung Ottenstedt,
Flur 8070, Flurstück 205/13
Größe: 943 m^2
Liegenschaftsbuch Nr.: 999

4.2 Grundbuchbezeichnung (Amtsgericht Wiesenstadt)

Grundbuch von Ottenstedt, Blatt 2.323

4.3 Eigentümer
Herr Paul August
und
Frau Adelheid August, geb. Müller,
je zur ideellen Hälfte

5. Ortsbesichtigung und Bewertungsstichtag
16. Januar 2002

6. Beschreibung des Bewertungsobjektes

6.1 Lage - regional

Lage in der Gemeinde Ottenstedt im Kreis Preberg, einer amtsfreien Gemeinde mit tlw. städtischer Struktur, die direkt an die Hansestadt Lübeck und an die Stadt Williburg angrenzt. Über die BAB A 20 und B 230 besteht günstige Verkehrserschließung.
Ottenstedt bietet recht umfangreiche infrastrukturelle Versorgung, z.B. Läden, Arztpraxen, Kirche, Schulen, div. Läden, Gastronomie.

6.2 Lage - örtlich

Lage in einem Neubaugebiet aus den 80iger Jahren, das östlich der Aalallee gelegen ist und durch freistehende Einfamilienhäuser in offener Bauweise geprägt wird. Der Mondweg ist als Anliegerstraße ohne abgeteilte Bürgersteige gestaltet. Die Straße dient vorwiegend dem Durchgangsverkehr, wird allerdings fußläufig als durchgehende Wegeverbindung zum Schulgrundstück der angrenzenden Gesamtschule genutzt.
Die Entfernung zur Ortsmitte beträgt nur ca. 1 km. Ein erheblicher Lagenachteil ergibt sich aus der unmittelbaren Nähe der zuvor bereits erwähnten Schule und einer großvolumigen - auch Freizeitzwecken dienenden Halle - auf dem Flurstück 60/31.

Wie auch die Fotos der Anlage C dieses Gutachtens zeigen, „erdrückt" der wuchtige Baukörper der Halle die angrenzenden Individualbebauungen. Großräumig gesehen ist die Lage - in Bezug auf den Großraum der Hansestadt Lübeck - als gute bis mittlere Lage zu qualifizieren.
Unter Beachtung des unmittelbaren Wohnumfeldes gehe ich allerdings nur von einer mittleren Lagequalität aus.

6.3 Grundstück

Das Grundstück ist abgesehen von der nördlichen Grenze etwa rechteckig geschnitten. Der Anstoß an den Mondweg mißt ca. 30 m. Die mittlere Tiefe der Parzelle beträgt etwa 27 m. Das Flurstück 205/13 weist eine Hanglage nach Westen auf, was durchaus als positiv zu würdigen ist. Durch die Hanglage ergibt sich eine verbesserte Belichtung eines Teils des Kellergeschosses des Hauses.
Ein Lagenachteil ergibt sich aus dem Verlauf eines Fußweges auf dem Grundstück der Gesamtschule (an der südlichen Grenze des zu bewertenden Grundstücks). Aus dieser Gegebenheit entwickelt sich nahezu der Charakter eines Eckgrundstücks. Der Nachteil aus dieser Lagesituation wird zumindest tlw. durch einen Knick an der südlichen Grenze ausgeglichen.

6.4 Bebauung

Freistehendes Einfamilienhaus, Baujahr 1983, 1-geschossiger voll unterkellerter Massivbau mit Satteldach: Plattenfundament, Gasbetonmauerwerk, im EG Gasbeton und Verklinkerung mit Luftschicht, Betondecken, zum Spitzboden Holzbalkendecke, Satteldach (Holzkonstruktion, Betondachsteine in Pappdocken, Spanplatten, Giebel Gasbeton mit Verblendung).
An das Wohnhaus ist eine Doppelgarage angebaut worden (Gasbetonmauerwerk, innen unverputzt, Flachdach (Holzbalkendecke) mit Pappdeckung, keine Wärmedämmung, Kipptor).

6.5 Nutzung

Das Wohnhaus wird als Einfamilienhaus genutzt. Im Erdgeschoß stehen folgende Räume zur Verfügung: ca. 40 m^2 großes Wohnzimmer mit direktem Gartenzugang, zwei weitere Zimmer, Windfang und Flur (Windfang und Flur offen miteinander verbunden) sowie Küche und Badezimmer.

Bezüglich der Raumaufteilung verweise ich auch auf die Anlage 5 dieses Gutachtens. Die Raumaufteilung ist grundsätzlich nicht unzweckmäßig, „gefangene" Räume sind nicht vorhanden. Allerdings handelt es sich nur um ein 3-Zimmer-Haus.

Da das Haus voll unterkellert ist, steht umfangreich Nebengelaß zur Verfügung. Die Räume im KG werden auch beheizt und durch die Hanglage besteht tlw. eine vorteilhafte Belichtung. Die Raumhöhe ist im KG mit 2,4 m relativ großzügig.

Der größte Raum des Kellergeschosses wird als „Bar" bzw. Partykeller genutzt. Im KG ist auch ein 2. Badezimmer vorhanden.

6.6 Ausbaureserve

Außerdem ist darauf hinzuweisen, daß Ausbaureserve im Dachgeschoß vorhanden ist. Der Dachboden stellt sich als ein Großraum mit ca. 70 m^2 Nfl. (Abstellraum) dar (70 m^2 Nutzfläche unter Berücksichtigung der Dachschräge). Das Dachgeschoß ist durch eine (steile) stationäre Treppe zugänglich.

Über eine Bodentreppe besteht Zugang zum Spitzboden, der allerdings nicht verbrettert ist.

6.7 Wohnfläche

Der Sachverständige hat ein überschlägiges Aufmaß vorgenommen und die vorliegende Wohnflächenberechnung (Anlage 8) überprüft. Bestehende Abweichungen sind nicht wesentlich wertrelevant, so daß von

<u>ca. 100 m^2</u>

ausgegangen werden kann.

Die Wohnfläche wurde nach den Regularien der DIN 283 berechnet. Die DIN 283 ist zwar vom Normenausschuß zurückgezogen worden, hat sich jedoch als anerkannte Regel der Technik bewährt. Deshalb bestehen keine Bedenken, die DIN 283 weiter anzuwenden. Die II. BV [3] ist schon deshalb weniger hilfreich, da aufgrund unterschiedlicher Interpretationsmöglichkeiten individuelle Ergebnisse möglich sind. Die II. BV ist nur im sozialen Wohnungsbau verbindlich anzuwenden.

6.8 Ausstattung

Beheizung durch eine Gaszentralheizungsanlage im Keller,
zentrale Warmwasserversorgung,
Wärmeabgabe durch Fußbodenheizung (kleines Zimmer und Bad/WC sowie Raum im KG mit Beheizung durch Radiatoren),
Fenster mit Isolierverglasung, überwiegend Außenjalousien (tlw. el. betrieben),
Einbauküche (Erstausstattung),
Badezimmer mit Wannen- und Duschbad, WC und Waschbecken,
Wand- und Bodenfliesen (Erstausstattung),
2. Bad im KG,
Fußböden mit Bodenfliesen bzw. Auslegware,
Terrasse mit Markise (el. Antrieb),
Gartenterrasse,
Garten mit Zierteich.

6.9 Beschaffenheit

Investitionsbedarf

Anm. 5, S. 79

Das Gebäude befindet sich weitgehend in einer dem Alter entsprechenden normalen Beschaffenheit. In Teilbereichen besteht allerdings Investitionsbedarf (z.B. sichtbare Rißbildung im KG, Restarbeiten im Heizungsraum).

Wegen des Investitionsbedarfs ist bei der Wertermittlung ein kleiner Abschlag in Ansatz zu bringen. Es liegen Kostenvoranschläge namhafter Baufirmen vor, nach denen die

Kostenhöhe zur Beseitigung der Baumängel/Bauschäden mit etwa 9.000,- € anzunehmen ist. Unter Berücksichtigung wirtschaftlicher Aspekte schätzt der Sachverständige die Abschlagshöhe auf 6.000,- € und weist darauf hin, daß die Höhe des Abschlages nicht identisch ist mit dem tatsächlichen Investitionsbedarf. Der Abschlag dient lediglich der Angleichung an den Wert im altersgemäßen Normalzustand unter Beachtung einer marktüblichen Akzeptanz.

Zerstörende Untersuchungen wurden jedoch nicht durchgeführt. Nicht alle Gebäudeteile wurden besichtigt bzw. untersucht. Auch wurde die Haustechnik nicht überprüft. Eine verbindliche Beschaffenheitsbeschreibung und Beurteilung der Bauschäden/Baumängel setzt eine detaillierte Untersuchung eines Bauschadens- oder Hochbausachverständigen voraus.

6.10 Hinweis

Die Beschreibung der Bauteile, Beschaffenheit und Ausstattung erfolgt ohne Anspruch auf Vollständigkeit. Abweichungen im Detail sind möglich. Eine umfassende und verbindliche Beschreibung würde eine spezielle Bauaufnahme voraussetzen, die jedoch den Rahmen einer Verkehrswertermittlung überschreiten würde.

7. Bewertung

7.1 Bodenwert

7.1.1 Bauleitplanung

Das zu bewertende Grundstück liegt im Geltungsbereich einer verbindlichen Bauleitplanung (Bebauungsplan = B.Plan).
Im B.Plan Nr. 52 ist das Areal als Wohnbaufläche (Allgemeines Wohngebiet) ausgewiesen.

Bodenrichtwert

Anm. 6, S. 82

7.1.2 Richtwert

Der Gutachterausschuß für Grundstückswerte im Kreis Preberg hat zonale Bodenrichtwerte ermittelt.
Das Grundstück liegt in der Zone 2 von Ottenstedt, wo der Richtwert

82,- €/m²

zum Stichtag 31.12.2000 beträgt.

Dieser Richtwert bezieht sich auf 800 m² große unbebaute und erschlossene Grundstücke, die mit Individualbauten neu bebaubar sind.
Wegen der Größe von 943 m² ist der Ansatz eines Abschlages erforderlich, da kleinere Grundstücke regelmäßig höhere Preise per m² als größere Grundstücke erzielen.

7.1.3 Modifizierung des Richtwertes

Grundstücksgröße

Anm. 7, S. 84

Im RDM-Info [4] ist in eine Untersuchung über die Abhängigkeit der Bodenwerte von der Grundstücksgröße veröffentlicht worden, die sich in folgender Gleichung ausdrückt:

$$KF = 8{,}36\ GF^{-0{,}307}$$

KF = Korrekturfaktor
GF = Grundstücksfläche

Es ergeben sich folgende Korrekturfaktoren:

bei 943 m² : 1,021
bei 800 m² : 1,074

$$82,-\ €/m^2 \times \frac{1,021}{1,074} = 78,-\ €/m^2$$

7.1.4 Richtwertkorrektur

Der zuvor ermittelte modifizierte Richtwert in Höhe von 78,- €/m² wird vom Sachverständigen als nicht plausibel erkannt. Schon häufiger habe ich festgestellt, daß die Bodenrichtwerte des Gutachterausschusses für Grundstückswerte im Kreis Preberg als nicht marktkonform zu qualifizieren sind. Dabei nehme ich Bezug auf dem Sachverständigen bekannte Vergleichspreise, Bodenrichtwerte im Bereich der Hansestadt Lübeck und eine vom Ring Deutscher Makler (RDM) herausgegebene Preisübersicht. Der RDM hat für Baugrundstücke in normalen Wohnlagen Lübecks für 700 m² große Grundstücke einen Durchschnittswert von

260,- DM/m² = 133,- €/m²

ermittelt.

Wenn man dem vom RDM tabellierten Wert auch auf eine Grundstücksgröße von 943 m² umrechnet, führt dieses zu einem Betrag von

121,- €/m².

Die Bodenwerte in Ottenstedt liegen etwas niedriger als im Bereich der Hansestadt Lübeck, jedoch nicht in dem Maße, wie es sich aus den Richtwerten widerspiegelt. Es wird beispielsweise darauf hingewiesen, daß selbst schon in dörflichen Lagen der Hansestadt Lübeck (z.B. OT Krummesse) Bodenpreise von 130,- €/m² realisiert werden.

Aus den zuvor genannten Gründen hält der Sachverständige einen Zuschlag für erforderlich und schätzt den Ausgangswert auf

100,- €/m².

7.1.5 Richtwertverbesserung

Der zuvor dargestellte modifizierte Richtwert in Höhe von 100,- €/m² bezieht sich auf Grundstücke mit „normalen" Eigenschaften. Die unmittelbare Nähe einer Schule und die Mehrzweckhalle stellen Nachteile dar, die durch einen Abschlag auszugleichen sind.

Die Höhe des Abschlages wird auf 15 % geschätzt. Gesicherte Erkenntnisse über die Abschlagshöhe liegen dabei jedoch nicht vor. Die Abschlagshöhe kann lediglich durch empirisch gewonnene Erfahrungswerte begründet werden.

Auch die Fachliteratur kann hier nicht weiterhelfen [24]: *„Alle Versuche, den Einfluß der Lage zu quantifizieren, müssen als gescheitert angesehen werden".*

Die von KLOCKE [25] angegebenen Lagefaktoren können auch nur einen sehr groben Anhalt geben:

sehr günstige Lage	=	1,4
günstige Lage	=	1,2
normale Lage	=	1,0
ungünstige Lage	=	0,8
schlechte Lage	=	0,6

Wenn man den Ausgangswert als normale Lage betrachtet und die individuelle Lage als „weniger günstig" klassifiziert, läßt sich so nach KLOCKE ein Abschlag von max. 20 % nachweisen. Den Abschlag von „nachgewiesenen" 20 % habe ich jedoch auf 15 % (= × 0,85) reduziert, da der Lagenachteil geringer eingestuft wird, als wenn das Bewertungsobjekt in einer insgesamt gesehen nur einfachen Lage sich befände.

Der Sachverständige stellt hier nochmals klar, daß es sich bei dem Abschlag letztendlich nur um einen geschätzte Korrektur handelt.

7.1.6 Bebauungsabschlag

Es ist zu berücksichtigen, daß das zu bewertende Grundstück bebaut ist. Die Bodenrichtwerte beziehen sich, wie bereits berichtet, auf unbebaute Grundstücke, die mit einem modernen und zeitgemäßen Gebäude neu bebaubar sind.

Die Marktteilnehmer, die die recht hohen Kaufpreise für unbebaute Grundstücke zahlen, vereinbaren diese Preise dem-

zufolge nur in Verbindung mit dem Gedanken, das unbebaute Grundstück zukünftig neu zu bebauen und zu nutzen.
Erwerber einer „Gebrauchtimmobilie" können zwar im Detail Änderungen vornehmen, sind jedoch konzeptionell an die vorhandene Bebauungsstruktur gebunden. Schon aus diesem Grunde ist der Bodenwert bei bebauten Grundstücken zu dämpfen, zumindest ist das die Auffassung des Sachverständigen. Hier darf allerdings nicht unerwähnt bleiben, daß in Sachverständigenkreisen diese Meinung kontrovers diskutiert wird.
Fest steht jedoch, daß die Kaufpreise, die für unbebaute Grundstücke gezahlt werden, einem anderen Teilmarkt zuzuordnen sind als dem Teilmarkt der bebauten Grundstücke. Es handelt sich schlichtweg um andere Marktteilnehmer, um andere Immobilien und somit entwickeln sich auch unterschiedliche Marktmechanismen.

Die „Dämpfung" des Bodenwertes bei bebauten Grundstücken kann vereinfacht auch mit der eingeschränkten Verfügbarkeit des Grund und Bodens - solange die Altbebauung nicht abgerissen wird - begründet werden.

Die Höhe des Abschlages kann nicht exakt mathematisch berechnet oder nachgewiesen werden und wird im Regelfall in einer Bandbreite von 10 bis 25 % für angemessen erachtet.

Im Hinblick auf die vorliegende Bebauungsstruktur schätzt der Sachverständige den Abschlag im unteren Bereich der üblichen Bandbreite und nimmt deshalb den Abschlag mit 10 % (= × 0,9) an.

7.1.7 Bodenwertkorrekturen

Zusammengefaßt ergibt sich folgende Rechnung:

100,- €/m² × 0,85 × 0,9 = 76,50 €/m²

Es darf hier der Hinweis nicht unterbleiben, daß gesicherte Erkenntnisse bezüglich der Höhe der Bodenwertdämpfung nicht vorliegen.

7.1.8 Bodenwertschätzung

Der Bodenwert kann bei bebauten Grundstücken im Übrigen sowieso nicht exakt errechnet werden. Es ergeben sich bei bebauten Grundstücken schon deshalb Probleme, da es sich bei dem Bodenwert um einen rein theoretischen Wertansatz handelt. Die Marktteilnehmer differenzieren die Kaufpreise nicht nach Boden- und Gebäudeanteil, sondern bilden vielmehr Kaufpreise als Gesamtbetrag („en bloc").

Der Sachverständige schätzt bei freier Abwägung aller Vor- und Nachteile den Bodenwert als bebautes Grundstück auf

75,- €/m²

943 m² × 75,- €/m² = 70.725,- €

= ca. 70.000,- €

7.2 Sachwertverfahren

7.2.1 Normalherstellungskosten (NHK)

7.2.1.1 NHK 1995

Der Bundesminister für Raumordnung, Bauwesen und Städtebau hat durch Hinweise vom 1. August 1997 Tabellen mit Normalherstellungskosten per 1995 herausgegeben. Die dort für verschiedene Gebäudearten tabulierten NHK werden dann mit verschiedenen Korrekturfaktoren multipliziert.

Diese NHK 1995 habe ich in mehreren Gutachten bereits angewandt, jedoch dabei festgestellt, daß die Ergebnisse - zumindest für den Raum, wo ich regelmäßig Gutachten erstatte - häufig nicht plausibel sind. Der Sachverständige verzichtet deshalb in diesem Gutachten auf die detaillierte Anwendung der NHK 1995-Tabellen des Bundesbauministers. Vielmehr wende ich in meinem Gutachten empfohlene NHK an, die sich aus der Tabelle 27 in [5] ergeben. Die dort tabellierten NHK DM/m³ habe ich - gerundet - auf €/m² umgerechnet.

Die schematische Vorgabe von Korrekturfaktoren für Länder und Gemeindegrößen dürfte nach Einschätzung des Sachverständigen ein gewichtiger Grund sein für die Abweichungen zwischen den Hinweisen der WertR [6] und den Empfehlungen der Fachliteratur.

7.2.1.2 Normalherstellungskosten 1958

NHK 1958*:	45,-- €/m³
umgerechnet auf 2002**:	279,- €/m³

* bezogen auf Umbauten Raum gem. DIN 277/50

** Der derzeitige Baupreisindex (1958 = 100) liegt bei 618,6 Punkten (per Nov. 2001). Ich gehe in meinem Gutachten von einem gerundeten Index von 620 Punkten aus.

Der Ansatz von NHK 45,-- €/m² per 1958 entspricht einem Ansatz von rd. 25,50 M/m³ per 1913 bzw. 554,- DM/m³ per 1995

7.2.2 Wertminderung wegen Alters

Baujahr:	1983
Alter (2002):	19 Jahre
gewöhnliche Gesamtnutzungsdauer:	80 Jahre
Restnutzungsdauer:	61 Jahre

lineare Wertminderung:

$$\frac{100\ \%}{80} \times 19 = 23,75\ \%$$

Abschreibung nach Methode Ross:

$$1/2\ (23{,}75\,\% + \frac{23{,}75\,\%^2}{100}) = 14{,}7\,\%$$

$$= \text{rd. } 15\,\%$$

7.2.3 Zeitwert

Neuwert (7.2.1.2):	279,- €/m³
- 15 % Wertminderung wg. Alters:	42,- €/m³
	237,- €/m³

7.2.4 Sachwertberechnung

rd. 850 m³* × 237,- €/m³	rd.	201.000,- €
zzgl. 13,75 % Baunebenkosten	rd.	28.000,- €
	rd.	229.000,- €
zzgl. Garage (frei geschätzt)	rd.	12.000,- €
zzgl. Außenanlagen und besondere Bauteile (frei geschätzt)**	rd.	12.000,- €
zzgl. Bodenwert (7.1.8):	rd.	70.000,- €
Sachwert-Zwischenwert:		323.000,- €
- 2,5 % Abschlag vom Gebäudesachwert (siehe 6.9) = 6.000,- €		6.000,- €
Sachwert:	ca.	317.000,- €

* siehe Anlage 7

** Der Wert der Außenanlagen und besonderen Bauteilen wurde frei vom Sachverständigen geschätzt. Dabei bin ich von einem Wertansatz von ca. 5 bis 6 % des Gebäudesachwertes ausgegangen. Hier ist zu berücksichtigen, daß die Werte der Außenanlagen und die Werte der Bebauung in einem gegewissen Verhältnis stehen. Auch unter Berücksichtigung der Hinweise der Fachliteratur [7] habe ich den zuvor erwähnten Prozentsatz gewählt. VOGELS erläutert hierzu: *„In der Regel reichen diese Prozentzahlen zur Bestimmung des Wertes der Außenanlagen aus. Bei sehr aufwendigen Anlagen ist ohnehin zu prüfen, ob sie überhaupt allgemein werterhöhend sind; ob sie von einem durchschnittlichen Erwerber übernommen werden."*

7.2.5 Marktanpassung des Sachwertes

Marktanpassung des Sachwertes

Anm. 8, S. 86

Kaufpreise von Immobilien sind in der Regel nicht identisch mit dem Sachwert. Es ist deshalb erforderlich, daß der Sachwert an die Marktlage angepaßt wird. Dieses setzt voraus, daß Marktanalysen durchgeführt werden, bei denen die Sachwerte und die Kaufpreise verknüpft werden, um daraus Markttendenzen abzuleiten. Solche Marktanalysen sind teilmarktspezifiziert und möglichst zeitnahe vorzunehmen.

Bezüglich Einfamilienhausgrundstücken haben der Sachverständige Dipl.-Ing. Reiner Kanning aus Lübeck und ich aus 68 Kaufpreisen aus dem Jahr 2000 eine solche Marktanalyse vorgenommen und veröffentlicht [8]. Die Analyse führt zu folgender Regressionsgleichung:

$$y = 3{,}816\ x^{-0{,}2486}$$

y = Marktfaktor

x = Sachwert in 1.000,- DM

bzw.

$$y = 3{,}229\ x^{-0{,}2486}$$

y = Marktfaktor

x = Sachwert in 1.000,- €

Wendete man diese Formel an, ergäbe sich bei einem Sachwert von 317.000,- € ein Marktfaktor von 0,77, d.h. der Sachwert wäre um etwa 23 % zu reduzieren.

Dieser Marktfaktor beruht auf einer Analyse, die im Großraum Lübeck durchgeführt wurde. Er bezieht sich auf Einfamilienhäuser mit durchschnittlichen Eigenschaften.
Aus der Bebauung und der Nutzung der Baulichkeiten im Wohnumfeld ergeben sich, wie zuvor im Gutachten bereits erläutert, Lagenachteile, die sich auch auf den Marktanpassungsabschlag auswirken. Der Sachverständige hält es deshalb für erforderlich, den Abschlag höher als mit 23 % (Trendwert) in Ansatz zu bringen. Wenn es sich um eine Immobilie in einer einfachen bzw. schlechten Lage handelte, wäre nach Erfahrung des Sachverständigen ein Abschlag in einer Größenor-

dnung von 33,33 bis 35 % durchaus als marktkonform anzunehmen. Bei der hier zu bewertenden Immobilie ist der Marktanpassungsabschlag zwischen dem zunächst ermittelten Betrag von 23 % und der Spanne von 30 - 35 % (schlechte Lage) zu erwarten. Der Sachverständige schätzt deshalb die Höhe des Marktanpassungsabschlages auf

30 %.

Es muß hier eingeräumt werden, daß mathematisch-statistisch gesicherte Erkenntnisse über die Höhe des Marktanpasungsabschlages nicht vorliegen.

Sachwert:	317.000,- €
30 % Marktanpassungsabschlag:	95.000,- €
Marktangepaßter Sachwert:	222.000,- €

7.3 Ertragswertverfahren

7.3.1 Nachhaltig erzielbarer Mietertrag (Netto-Kalt-Miete)

Allgemeines

Maßgebend für die Wertermittlung ist der nachhaltig erzielbare Mietertrag.
Nachhaltig erzielbar bedeutet, daß nicht der höchstmögliche, aber auch nicht ein Mietertrag im unteren Bereich möglicher Bandbreite zugrunde gelegt wird.

Als nachhaltig erzielbar im Sinne § 16 der WertV ist ein durchschnittlicher Mietzins zu verstehen, der nach einer Neuvermietung bei ordnungsgemäßer Bewirtschaftung auch sicher erzielbar sein dürfte, und zwar in Bezug auf die unterstellte Restnutzungsdauer von 61 Jahren unter der Voraussetzung, daß die Ertragsfähigkeit durch lfd. Instandhaltung gesichert bzw. durch Investitionen wg. Baumängel/Bauschäden ermöglicht wird.

Zukünftige konjunkturelle Mietpreisentwicklungen bleiben bei dieser Betrachtungsweise ohne Berücksichtigung.

Der Ring Deutscher Makler (RDM) hat in seinen Preisspiegeln auch für 70 m^2 große Wohnungen in Nachkriegs-Geschoßbauten Mietwerte ausgewiesen.

Der Abschätzung des nachhaltig erzielbaren Mietertrages lege ich in Anlehnung an das Vierte Mietrechtsänderungsgesetz [9] einen Zeitraum von 4 Jahren zugrunde:

	Wohnwert		
	einfach	mittel	gut
	DM/m^2	DM/m^2	DM/m^2
1998:	8,50	11,00	13,00
1999:	8,50	10,50	13,00
2000:	8,50	10,50	13,00
2001:	8,50	11,00	13,00
Mittel:	8,50	10,75	13,00

Auf €/m^2 umgerechnet ergeben sich folgende - gerundete - Ausgangswerte:

	Wohnwert		
	einfach	mittel	gut
	€/m^2	€/m^2	€/m^2
1998:	4,35	5,60	6,65
1999:	4,35	5,35	6,65
2000:	4,35	5,35	6,65
2001:	4,35	5,60	6,65
Mittel:	4,35	5,48	6,65

Im Hinblick auf die Lage gehe ich von einem mittleren Wohnwert aus:

5,48 €/m^2.

Bezüglich der Ausstattung und Struktur lege ich einen mittleren bis guten Wohnwert zugrunde (gewichtet 2 : 3):

$$1/5\ (5{,}48\ €/m^2 \times 2 + 6{,}65\ €/m^2 \times 3) = 6{,}18\ €/m^2$$

Da die Mietpreise relativ unsensibel auf die Lagequalität reagieren, mittele ich die Wohnwertkomponenten Lage und Ausstattung im Verhältnis 3 : 7.

$1/10\ (5{,}48\ €/m^2 \times 3 + 6{,}18\ €/m^2 \times 7) = 5{,}97\ €/m^2$

Individuelle Korrekturen:

a) Abschlag wegen Größe (die RDM-Werte beziehen sich auf 70 m^2 Wfl. große Wohnungen)
Abschlag: 8 % (unter Bezugnahme auf eine diesbezügliche Marktanalyse [10], (= × 0,92)

b) Zuschlag wg. Lage der WE im Einfamilienhaus (unter Bezugnahme auf eine diesbezügliche Marktanalyse [11]
Die Höhe des erforderlichen Zuschlages ist im Durchschnitt mit etwa 20 % anzunehmen. Bei der hier zu bewertenden Immobilie ist allerdings auch die zusätzliche Nutzungsmöglichkeit der Räumlichkeiten im KG sowie die Ausbaureserve im DG zu berücksichtigen, deshalb wird der Zuschlag auf 30 % erhöht.
Zuschlag: 30 % (geschätzt) (= × 1,3)

c) Zuschlag für Nutzungsmöglichkeit der Garage
Zuschlag (geschätzt): 60,- €

$100\ m^2\ \text{Wfl.} \times 5{,}97\ €/m^2 \times 0{,}92 \times 1{,}3 + 60{,}-\ € = 774{,}-\ €$

Wenn man den zuvor unter b) vorgenommenen Zuschlag nicht mit 30, sondern mit 40 % annehmen würde, errechnete sich ein Mietwert von 829,- €.

Den nachhaltig erzielbaren Mietertrag der Immobilie schätze ich incl. Kellerräume, Garage, Gartennutzung und Ausbaureserve bei freier Abwägung - auch unter Beachtung allgemeiner Marktkenntnisse - nach Durchführung von Investitionen gerundet auf

mtl. 800,- €

(= ca. 7,40 €/m^2 Wfl. zzgl. 60,- € Garage)

Mithin jährlicher Jahresrohertrag:

800,- € × 12	=	9.600,- €
		ca. 9.500,- €

7.3.2 Bewirtschaftungskosten

Die angemessenen Bewirtschaftungskosten schätze ich unter Anlehnung an die Erfahrungssätze, die sich aus der II. BV [3] und den WertR [6] sowie der Fachliteratur [12] ergeben:

Instandhaltungskosten		
Pauschale (siehe Anlage 12)	=	rd. 2.000,- €
Verwaltungskosten		
mtl. 40,- € × 12 = 480,- €	=	rd. 500,- €
Mietausfallwagnis		
3 % vom Brutto-Rohertrag (incl. geschätzter Nebenkosten von 1,00 €/m² Wfl.) = 10.700,- €*	=	rd. 321,- €
		rd. 2.821,- €

*100 m² × 1,00 €/m² × 12 + 9.500,- €

$$\frac{2.821,- €}{9.500,- €} \times 100 = 29,7\ \%$$

gerundet = 30 %

Dabei bin ich davon ausgegangen, daß Betriebskosten zzgl. zur Nettomiete zu zahlen wären.

7.3.3 Liegenschaftszinssatz

Der Liegenschaftszinssatz ist in der WertV [2] im § 11 wie folgt definiert: *„Der Liegenschaftszinssatz ist der Zinssatz, mit dem der Verkehrswert von Liegenschaften im Durchschnitt marktüblich verzinst wird."*

Daraus folgt, daß der Liegenschaftszinssatz aus geeigneten Kaufpreisen iterativ durch Rückwärtsrechnung eines Ertragswertverfahrens abzuleiten ist.

Wenn man nicht nur bei einem, sondern bei mehreren Kaufpreisen von Objekten, die sich einem bestimmten Teilmarkt zuordnen lassen, solche Ableitungen vornimmt, können die Ergebnisse ausgemittelt werden und führen so zu einem marktüblichen Zinsfuß. Das Problem bei der Ableitung der Zinsfüße besteht darin, daß diese teilmarktspezifiziert und zeitaktuell zu ermitteln sind.

In den WertR [6] wird bei Einfamilienhäusern von einem Liegenschaftszinssatz von 4,0 % ausgegangen. Die aktuellen Zinsfüße liegen erfahrungsgemäß jedoch niedriger als die in den WertR mitgeteilten Zinssätze, die noch auf Erfahrungswerte aus den 70iger Jahren beruhen. Die Fachliteratur [13] weist bei einem Einfamilienhaus einen Liegenschaftszinssatz von 2,5 - 3,5 % (i.M. 3,0 %) aus.

Eine überregionale Marktanalyse [14] führt zu einer Zinsfußbreite von

2,0 - 3,5 %.

Es ist festzustellen, daß die regionalen und überregionalen Erkenntnisse zumindest tendenziell harmonieren.

Als Trendwert gehe ich zunächst von einem Liegenschaftszinssatz von etwa

2,75 %

aus.
Auch im Hinblick auf die individuelle Laesituation der hier zu bewertenden Immobilie nehme ich einen Zuschlag an, dessen Höhe auf 0,25 bis 0,5 % geschätzt wird. Es ergibt sich insoweit eine Liegenschaftszinssatzbandbreite von

3,0 bis 3,25 %.

Ich lege zusammengefaßt auch unter Berücksichtigung des Ergebnisses eigener diesbezüglicher Marktanalysen einen Zinsfuß von

3,0 %

der Ertragswertberechnung zugrunde.

Der guten Ordnung halber sei noch erwähnt, daß der örtlich zuständige Gutachterausschuß für Grundstückswerte keine aktuellen Liegenschaftszinssätze abgeleitet bzw. veröffentlicht hat.

7.3.4 Ertragswertberechnung

Nachhaltig erzielbarer Jahresrohertrag:	9.500,- €
- 30 % Bewirtschaftungskosten:	2.850,- €
Jahresreinertrag des Grundstücks:	6.650,- €
- 3,0 % Verzinsung des Bodenwertes:	2.100,- €
Jahresreinertrag des Gebäudes:	4.550,- €

Der Jahresreinertrag des Gebäudes ist mit dem Vervielfältiger (VV) 27,84 zu multiplizieren, der sich bei Ansatz eines 3,0 %igen Liegenschaftszinssatzes und einer Restnutzungsdauer von 61 Jahren nach der Rentenbarwertformel ergibt:

$$VV = \frac{q^n - 1}{q - 1} \times \frac{1}{q^n}$$

$$q = 1 + \frac{p}{100}$$

p = Liegenschaftszinssatz

n = Restnutzungsdauer

4.550,- € × 27,84	=	127.000,- €
zzgl. Bodenwert (7.1.8):	=	70.000,- €
Ertragswert-Zwischenwert:		197.000,- €
- Abschlag wg. Investitionsbedarf (siehe 6.9 und 7.2.4)	=	6.000,- €
Ertragswert:		191.000,- €

7.4 Vergleichswertverfahren (indirektes Verfahren)

Der RDM veröffentlicht jährlich einen Preisspiegel, aus dem sich auch der durchschnittliche Preistrend bei Einfamilienhäusern entnehmen läßt.

Für freistehende Einfamilienhäuser im Bereich Lübeck (mit Garage, mit ortsüblichem Grundstück) mit mittlerem Wohnwert wurde 2001 ein durchschnittlicher Marktwert (vermietungsfrei) von

380.000,- DM

ermittelt.
Dieser Tendenzwert von 380.000,- DM bezieht sich auf Objekte mit 125 m² Wfl. . Der Betrag ist auf 100 m² Wfl. umzurechnen.

Die erforderliche Korrektur nehme ich anhand von aus Mietpreisen abgeleiteten Umrechnungskoeffizienten vor, die sich hilfsweise auch anwenden lassen bezüglich der Abhängigkeit von Kaufpreisen von der Objektgröße.

Mittels folgender Formel werden die Umrechnungskoeffizienten berechnet [10]:

$$y = 2{,}9526\ x^{-0{,}2351}$$

y = Umrechnungskoeffizient
x = Wohnfläche (m^2)

Umrechnungskoeffizient bei 100 m^2 : 1,0000
Umrechnungskoeffizient bei 125 m^2 : 0,9489

$$380.000,- \text{ DM} \times \frac{100\ m^2 \times 1{,}0000}{125\ m^2 \times 0{,}9489} = 320.000,- \text{ DM}$$

Für Grundstücke mit gutem Wohnwert hat der RDM 2001 ein mittleres Preisniveau von

520.000,- DM

festgestellt (bezogen auf Objekte mit ca. 150 m² Wfl.).

Auch dieser Ausgangswert ist auf 100 m² Wfl. umzurechnen.

Umrechnungskoeffizient bei 100 m² : 1,0000
Umrechnungskoeffizient bei 150 m² : 0,9091

$$520.000,- \text{ DM} \times \frac{100 \text{ m}^2 \times 1,0000}{150 \text{ m}^2 \times 0,9091} = 381.000,- \text{ DM}$$

Wohnwertanteil (Lage):
mittel:

320.000,- DM.

Wohnwertanteil (Ausstattung/Struktur):
mittel : gut (Gewicht 2 : 3):
1/5 (320.000,- DM × 2 + 381.000,- DM × 3) = 357.000,- DM

Bei Kaufpreisen ist allerdings eine andere Gewichtung (Lage : Ausstattung = 6 : 4) als bei Mietpreisen vorzunehmen, da diese erheblich sensibler als Mieten auf die Lagequalität reagieren. Dabei beziehe ich mich auch auf die Erkenntnisse von PETERSEN [26]:

1/10 (320.000,- DM × 6 + 357.000,- × 4) = 335.000,- DM

Der zuvor ermittelte Vergleichswert ist im Hinblick auf die Ausbaureserve und gute Nutzbarkeit des Kellergeschosses zu erhöhen.
Bei Ansatz eines 15 %igen Zuschlages ergibt sich ein Betrag von

335.000,- DM × 1,15 = 385.000,- DM.

Unter Berücksichtigung des Abschlages für Investitionsbedarf reduziert sich der indirekte Vergleichswert auf

373.000,- DM bzw. <u>191.000,- €.</u>

8. Ergebnis

Marktangepaßter Sachwert:	222.000,- €
Durch den Liegenschaftszinssatz marktorientierter Ertragswert:	191.000,- €
Vergleichswert:	191.000,- €

Die Ergebnisse der drei angewandten Wertermittlungsverfahren stimmen nicht gut, aber ausreichend überein.

Der Verkehrswert einer Immobilie kann im Hinblick auf zahlreiche Imponderabilien jedoch nicht exakt mathematisch errechnet werden, letztendlich handelt es sich um eine Schätzung.
Es ist hier nochmals zu bemerken, daß zahlreiche Einflußgrößen nicht berechenbar sind. Auch ist die aktuelle konjunkturelle Entwicklung und „Schwäche7 des Immobilienmarktes zu berücksichtigen.

Bei freier Abwägung aller Vor- und Nachteile *schätzt* der Sachverständige den Verkehrswert des Bewertungsobjektes auf

200.000,- €
(Zweihunderttausend EURO)

Ob Grenzüberschreitungen stattgefunden haben, habe ich nicht überprüft.

Ich gehe davon aus, daß Altlasten (z.B. Bodenverunreinigungen) nicht vorhanden sind.

In Abt. II des Grundbuchs ist eine Auflassungsvormerkung wegen bedingten Anspruchs für die Gemeinde Ottenstedt eingetragen. Der Sachverständige geht davon aus und unterstellt, daß aus dieser Belastung keine wertrelevanten Einflüsse sich ergeben.

Eine Baugrundanalyse wurde nicht vorgenommen oder veranlaßt. Der Sachverständige geht von normalen Baugrundverhältnissen aus.

Im Baulastenbuch liegen lt. mündlicher Mitteilung der zuständigen Behörde keine Eintragungen vor. Der Sachverständige legt deshalb der Begutachtung ein lastenfreies Baulastenbuch zugrunde.

Abschließend weist der Sachverständige darauf hin, daß in den eingesehenen Akten der Bauaufsichtsbehörde ein Bauantrag oder eine Baugenehmigung für die Garage nicht vorgefunden wurde. Der Sachverständige hat der Begutachtung unterstellt, daß die Garage ggf. nachträglich genehmigt würde. Katasteramtlich ist die Garage erfaßt worden (siehe Anlage 3).

Der Sachverständige:

gez. Streich

....

(Streich)

<u>Anlagen:</u>

Anlage 1	- Seite 26:	Ausschnitt Kreiskarte	1 : 100.000
Anlage 2	- Seite 27:	Stadtplanausschnitt	1 : 21.000
Anlage 3	- Seite 28:	Katasterlageplan	1 : 2.000
Anlage 4	- Seite 29:	Bauzeichnung, KG	
Anlage 5	- Seite 30:	" ", EG	
Anlage 6	. Seite 31:	Gebäudeschnitt	
Anlage 7	- Seite 32:	Umbauter Raum	
Anlage 8	- Seite 33:	Wohnflächenberechnung	
Anlage 9	- Seite 34:	Instandhaltungskostenermittlung	
Anlage 10	- Seite 35:	Fundstellenhinweise	
Anlage A - J	- Seite 36: - 45:	20 Fotos	

JÜRGEN-WILHELM STREICH

Regierungsvermessungsamtmann a.D.

Von der Industrie- und Handelskammer zu Lübeck öffentlich bestellter und vereidigter Sachverständiger für die Bewertung von bebauten und unbebauten Grundstücken, für Mieten und Pachten sowie für Erbbaurechte

Mondweg 33, 12345 Ottenstedt

Instandhaltungskostenberechnung

Gebäudeneuwert (Herstellungskosten bezogen auf den Wertermittlungsstichtag)

850 m^3 (Anlage 7) × 279,- €/m^3 *	=	237.000,- €
13,75 % Baunebenkosten	=	33.000,- €
		270.000,- €

Instandhaltungskosten in Anlehnung an VOGELS [12]:

bei 1,0 % von 270.000,- €	=	2.700,- €
bei 0,5 % von 270.000,- €	=	1.350,- €
geschätzte Instandhaltungskosten:		ca. 2.000,- €

Umrechnung auf m^2 Wohnfläche:

2.000,- € : 100 m^2 = 20,-- €/m^2

* siehe Abschnitt 7.2.1.2

Anlage 9

Investitionsbedarf (Baumängel/Bauschäden) – Anm. 5

Jeder Wertermittlungssachverständige ist glücklich, wenn er ein Gebäude besichtigt hat, das sich in einem „altersgemäßen Normalzustand" befindet. Gewisser altersbedingter Verschleiß und Abnutzungen werden durch die Wertminderung wegen Alters erfasst, so dass hier im Grunde nicht weiter im Gutachten darauf eingegangen zu werden braucht. Problematisch wird es jedoch, wenn Baumängel und/oder Bauschäden bzw. unterlassene Instandhaltung so umfangreich sind, dass diese möglicherweise gravierend den Verkehrswert beeinflussen könnten.

Bauingenieure und Architekten, die als Wertermittler tätig sind, sehen hier häufig einen Vorteil ihres Berufsstandes bei der Verkehrswertermittlung. Unstrittig sind Bauingenieure und Architekten anderen Wertermittlern, die aus anderen Berufsgruppen sich rekrutieren, im Vorteil, da sie die Höhe der Kosten zur Beseitigung der Baumängel bzw. Bauschäden sicherer abschätzen können als Nichtbausachverständige. Doch häufig kann beobachtet werden, dass dann die Höhe des Abschlages zu „üppig" dimensioniert wird. Entscheidend ist letztendlich nicht die Kostenhöhe, sondern die Höhe eines möglichen Abschlages, wie sie die Mehrzahl möglicher Marktteilnehmer beurteilen würde. Es darf nicht außer Acht gelassen werden, dass der Verkehrswert als Marktfunktion zu betrachten ist und insoweit das übliche Marktverhalten auch die Höhe diesbezüglicher Abschläge reguliert. SCHULZ hat zu dieser Problematik treffend formuliert:

„Baumängel und Bauschäden werden bei der Wertermittlung im Sachwertverfahren nach § 24 berücksichtigt. In der amtlichen Begründung ist darauf hingewiesen, dass die Wertminderung sich nach Erfahrungssätzen des (Grundstücks)Marktes richten soll oder auf der Grundlage der für die Beseitigung des Mangels oder des Schadens erforderlichen Kosten ermittelt wird. Dabei muss die Wertminderung nicht den für die Beseitigung des Mangels oder des Schadens aufzuwendenden Kosten entsprechen. (...) Als Anhalt für die Bemessung der Wertminderung kommt nur das Marktgeschehen in Frage. (...) Nicht anders ist die Aufgabe eines Wertermittlungssachverständigen, der einen Reparaturstau zu schätzen hat. Auch hier wird regelmäßig nicht daran gedacht, solche Baumaßnahmen tatsächlich zu verwirklichen. Man benötigt lediglich eine Bemessungsgrundlage. Weil sich im Sinne § 24 WertV die Erfahrungssätze nach dem Grundstücksmarkt richten sollen, kommt es also darauf an, was Käufer und Verkäufer miteinander aushandeln und nicht, was Bautechniker aufgrund von Preisen des Baumarktes errechnen." [27]

PETERSEN fokussiert die Problematik wie folgt:

„Reparaturkosten sind ein technischer Begriff. Der Verkehrswert ist eine marktorientierte Größe. Es ist unzulässig, von einem Marktbegriff einen technischen Begriff abzuziehen, wenn man zu einem marktorienten Ergebnis kommen will. Vom Verkehrswert des reparaturfreien Hauses (...) kann man nicht die Kosten der Reparatur (...) abziehen, um zum Verkehrswert

des reparaturbetroffenen Objektes (...) zu kommen. An die Stelle des Kostenbegriffs muss ein Marktbegriff treten, der des marktmäßigen Reparaturanstaus. (...)

Ob ein Verkäufer für ein vorhandenes bauliches Defizit tatsächlich eine entsprechende Kaufpreisminderung hinnehmen muss, hängt in praxi auch noch von der Marktlage ab.

Gibt es Miethäuser in Hülle und Fülle zu kaufen, wird der Käufer eine reparaturbegründete Kaufpreisminderung wahrscheinlich durchsetzen können. (...) Gibt es dagegen kaum Angebote am Markt, werden die Käufer im Mittel elastischer reagieren, d.h. zusätzlich zum Preis werden sie einen Reparaturanstau bis zu einem gewissen Betrag als nicht kaufpreismindernd akzeptieren, um überhaupt ein Haus zu bekommen.

Die Zahl der getätigten Verkäufe kann dabei zurückgehen, da einige Käufer oder – je nach Marktlage – Verkäufer zu diesen Bedingungen nicht kaufen resp. nicht verkaufen wollen. (...)

Je nachdem, wo die Konjunktur sich zwischen den beiden Extrempunkten bewegt, werden Reparaturnotwendigkeiten auf den Käufer voll, mehr oder weniger bis gar nicht überwälzbar sein." [28]

Erfreulicherweise stimmen in den zuvor zitierten Beiträgen sowohl der Bausachverständige (SCHULZ) als auch der Makler, Hausverwalter und Dipl.-Volkswirt (PETERSEN) in ihren Auffassungen überein, so dass ich als Geodät „nur noch hinzufügen" brauche, dass im Idealfall der Wertermittler das Problem nahezu negieren kann, zumindest dann, wenn es ihm gelingt, eine ausreichend große Anzahl vergleichsgeeigneter Objekte – auch was die bauliche Beschaffenheit betrifft – im Vergleichswertverfahren zusammenzutragen. Dieses ist in einigen Teilmärkten realisierbar, doch leider nicht immer bzw. eher selten die Bewertungswirklichkeit. Wenn ich als Sachverständiger beispielsweise eine Altbauvilla in der Vorstadt St. Jürgen der Hansestadt Lübeck zu begutachten habe, dann liegen – von Ausnahmen abgesehen – ausreichend viele Kaufpreise anderer Villen mit ähnlicher Beschaffenheit zugrunde, so dass Baumängel/Bauschäden bzw. Reparaturstau (z.B. typische Feuchtigkeit im Keller) „automatisiert" im Vergleichswertverfahren erfasst wird. Natürlich dürfen dann bei der Begutachtung einer Altbauvilla im „altersgemäßen Normalzustand" keine Kaufpreise von „durchgreifend sanierten Objekten" zum Preisvergleich herangezogen werden. In einer relativ kleinen Stadt, wie der Hansestadt Lübeck und einem solchen begrenzten Teilmarkt, ist dieses Problem durch das Vergleichswertverfahren insoweit durchaus lösbar. Allerdings, das muss eingeräumt werden, ist eine solche „automatisierte" Berücksichtigung von Baumängeln/Bauschäden und/oder Reparaturanstau bzw. unterlassener Instandsetzung nicht immer so elegant lösbar.

Meine langjährigen Beobachtungen des Immobilienmarktes haben allerdings dazu geführt, dass häufig bzw. überwiegend die Abschläge, die für

Baumängel/Bauschäden usw. in Gutachten gemacht werden, eher zu groß als zu klein dimensioniert werden. In den Fällen, wo umfangreiche Kenntnisse über die Beschaffenheit verkaufter Immobilien vorlagen, konnte überwiegend beobachtet werden, dass die Marktteilnehmer Abschläge bei den Kaufpreisen für Baumängel/Bauschäden usw. nicht so intensiv durchsetzen konnten, wie dieses sicherlich aus Käufersicht wünschenswert gewesen wäre. Der Markt reguliert letztendlich hier das Geschehen und solange, zumindest in beliebten Wohnlagen, die Nachfrage häufig immer noch größer ist als das Angebot, lassen sich eben auch dann Kaufpreise realisieren, wenn das Gebäude erkennbar Investitionsbedarf aufweist.

Sicherlich spielt hier auch der Umstand eine erhebliche Rolle, dass die Qualitätsansprüche heutiger Immobilienerwerber sehr ausgeprägt sind und trotz aller Klagen über die schlechte konjunkturelle Lage, Käufer von Immobilien überwiegend – selbst dann, wenn die Objekte in einem funktionsfähigen Zustand sich befinden – umfangreiche bauliche Maßnahmen (Modernisierungsmaßnahmen) durchführen, so dass sowieso nicht unerhebliche Kosten zusätzlich zum Kaufpreis investiert werden und insoweit die Beseitigung von Baumängel/Bauschäden usw. als Nebenprodukt mit abfällt.

Die Bemessung von Abschlägen wegen Baumängeln und Bauschäden ist sicherlich eines der größten Probleme in der Verkehrswertermittlung und ich bin mir sicher, dass auch dieses Problem nicht exakt lösbar sein wird, da in den unterschiedlichen Teilmärkten einer Gemeinde sich eben doch sehr unterschiedliche Marktmechanismen entwickeln. Zudem weist der Markt, wie allgemein bekannt, keine statischen Eigenschaften auf, so dass diesbezügliche Erfahrungswerte schon wenige Jahre später wieder Makulatur sein können, da sich der Markt nicht unerheblich gewandelt hat. Wenn ein Käufer- zu einem Verkäufermarkt sich entwickelt (oder umgekehrt), sind Erfahrungswerte der Vergangenheit intensiv zu überdenken und möglicherweise komplett zu revidieren. Hier ist die Sensibilität des Wertermittlers gefragt und man sollte auch ehrlicherweise einräumen, dass hier letztendlich die allgemeine Erfahrung, das Wissen „aus dem Bauch heraus" durch keine noch so ausgeklügelten Rechenverfahren ersetzbar ist.

Die hier formulierten Gedanken bezüglich von Abschlägen wegen Baumängel/Bauschäden usw. treffen natürlich unter umgekehrten Vorzeichen im gleichen Maße zu. Wenn ein älteres Gebäude umfassend renoviert und modernisiert wurde, so führt dieses unzweifelhaft auch zu einer Werterhöhung, wobei die Art und Weise der Renovierung und Modernisierung maßgebend ist. Nur wenn dem Geschmack der Mehrzahl möglicher Nachfrager Rechnung getragen wurde, werden sich hier signifikante Preiserhöhungen gegenüber Normalobjekten am Markt durchsetzen lassen.

Probleme bezüglich der Abschläge werden nun zu Problemen möglicher Zuschläge. Die schematisierte Berechnung einer rechnerischen Restnutzungsdauer aus der Differenz zwischen Gesamtnutzungsdauer und Alter kann hier zu falschen Ergebnissen führen. Hier muss der Sachverständige begründet in seinem Gutachten auch einmal eine Reduzierung der Wertminderung wegen Alters vornehmen, indem er beispielsweise ein fiktives (reduziertes) Alter in die Wertermittlung einführt. Wie auch immer der Sachverständige das Problem löst, entscheidend ist, dass die marktmäßige Akzeptanz der vorgenommenen baulichen Maßnahmen ausreichend erkannt wird und in der Wertermittlung Berücksichtigung findet.

Hier wird deutlich, dass eine „gepflegte" Kaufpreissammlung eines Gutachterausschusses bzw. des Sachverständigen auch Aussagen treffen sollte über die bauliche Beschaffenheit der jeweils analysierten Kaufpreise. Ich verweise insoweit auf die Vergleichswerttabelle in Anmerkung 4, wo deutlich wird, dass die Geschäftsstelle des Gutachterausschusses im Bereich der Hansestadt Lübeck vorbildlich auch Aussagen trifft bezüglich der baulichen Beschaffenheit (Gebäudezustand).

Bodenrichtwert – Anm. 6

In der überwiegenden Anzahl der Begutachtungsfälle stützt der Sachverständige die Ableitung des Bodenwertes auf die Bodenrichtwerte, die gem. § 196 BauGB [1] vom Gutachterausschuss für Grundstückswerte zu ermitteln sind. Hier muss leider vermerkt werden, dass die Qualitäten der Gutachterausschüsse sehr unterschiedlich sind. Nicht überall werden Richtwerte mit der Präzision abgeleitet, dass diese bedenkenlos in ein Gutachten übernommen werden können.

Bodenrichtwerte, die z.B. bezüglich Einfamilienhausbauplätzen keine Angaben zur Bezugsgröße oder bei Geschossbaugrundstücken keine Angaben zur GFZ aufweisen, haben nur bedingt einen Informationswert.

Schließlich sollte nicht unerwähnt bleiben, dass häufig Bodenrichtwerte mehr oder weniger vom Gutachterausschuss frei geschätzt werden, da häufig in Teilmärkten nicht genug Kaufpreismaterial vorliegt oder ausreichend ausgewertet wurde.

Dem Richtwert haftet ein „Behördenbonus" an, dennoch sollte ein Sachverständiger kritisch und mit Sachverstand den Richtwert auf Plausibilität überprüfen. In dem Gutachten 2 habe ich mich vom Richtwert gelöst, da dessen Höhe offensichtlich nicht plausibel war. In dem betreffenden Landkreis habe ich schon häufiger festgestellt, dass die Bodenrichtwerte als nicht marktkonform zu beurteilen sind. Ein Sachverständiger, der zu diesem Ergebnis kommt, ist verpflichtet, dann andere Erkenntnisquellen heranzuziehen und den Bodenwert „richtig" abzuleiten und zu begründen. Kein Sachverständiger darf sich hinter dem Richtwert „verstecken", und auf eigene bzw. Plausibilitätsprüfungen verzichten. Manchmal – das sei hier kritisch vermerkt – ist es sogar von Vorteil, wenn ein Gutachterausschuss für einen fraglichen Bereich keinen Richtwert bekannt gegeben hat, da dann der Sachverständige von vornherein auf eigene Bodenwertermittlungen zurückgreifen muss und er dann allerdings auch den Vorteil hat, dass er einen möglicherweise „falschen" Richtwert nicht noch zu kommentieren hat.

Allerdings ist hier anzumerken, dass, wenn ein Richtwert vorhanden ist, auch wenn dieser möglicherweise als nicht marktkonform erkannt wird, grundsätzlich der Richtwert in der Begutachtung mit zu erwähnen und zu kommentieren ist. Hier kann eine Parallele erkannt werden zu Mietspiegeln, denn, wenn ein Mietensachverständiger die ortsübliche Vergleichsmiete abzuleiten hat, dann hat er auch generell den Mietspiegel mit anzuwenden, auch wenn er möglicherweise sich dann vom Ergebnis des Mietspiegels löst und aufgrund eigener Marktbeobachtungen und statistischer Auswertungen zu einem anderen Ergebnis kommen sollte. Die Rechtsprechung hat aber klar herauskristallisiert, dass Mietspiegel zumindest nicht unerwähnt bleiben dürfen.

Ich möchte hier allerdings abschließend nochmals klarstellen, dass ich hier nicht als genereller Gutachterausschusskritiker mißverstanden werden möchte, vielmehr kommt es mir darauf an, die Sensibilität des Sachverständigen zu fördern, um ggf. auch von Bodenrichtwerten abweichende Bodenwerte in eine Begutachtung einfließen zu lassen, wenn dieses erforderlich erscheint. Auch muss hier nochmals erwähnt werden, dass – wie der Mehrzahl der Leser dieses Buches sicherlich bekannt sein dürfte – die Qualitäten der Gutachterausschüsse in der Bundesrepublik Deutschland extrem unterschiedlich sind. Selbst in einem kleinen Flächenland wie Schleswig-Holstein sind schon erhebliche Unterschiede in den Produkten der Gutachterausschüsse zu beobachten. Es sei hier noch der Hinweis gestattet, dass in Schleswig-Holstein die Geschäftsstellen der Gutachterausschüsse unterschiedlich organisiert sind (Geschäftsstellen tlw. bei den Katasterämtern, tlw. bei den Kreisbauämtern, z.T. auch bei städtischen Vermessungsbehörden).

Bodenrichtwerte können – ähnlich wie Mietspiegel – nur in groben Rastern Informationen liefern. Der Sachverstand des Gutachters beginnt nicht bei der Nachfrage nach dem Richtwert, sondern bei dessen Interpretation und individueller Würdigung.

Abschließend soll nicht unerwähnt bleiben, dass die exakte Höhe des Bodenwertes letztendlich nur beim Sachwertverfahren und beim Ertragswertverfahren (bei Objekten mit einer kurzen Restnutzungsdauer) wesentlich wertrelevant ist (siehe hierzu auch Anmerkung 3).

Schon wegen der Problematik des Bodenwertes bei bebauten Grundstücken (siehe auch Anmerkung 8) sind Wertermittlungsverfahren zu bevorzugen, bei denen auf die mehr oder weniger theoretische Aufsplittung des Gesamtwertes in Boden- und Gebäudewertanteil entfällt. Das Vergleichswertverfahren bietet verschiedene Möglichkeiten des Kaufpreisvergleichs und da hat sich insbesondere bei Eigentumswohnungen die Umrechnung auf Quadratmeter Wohnfläche als Vergleichsmaßstab bewährt. Üblicherweise wird bei den Umrechnungen pro Quadratmeter Wohnfläche auf eine Abspaltung des theoretischen Bodenwertanteils verzichtet, so dass diesbezügliche Verzerrungen hier keinen Einfluss nehmen. Marktteilnehmer bilden Kaufpreise „en bloc", so dass die theoretische Aufteilung in Boden- und Gebäudewert in vielen Bewertungsfällen eine Quelle von Wertverzerrungen sein kann.

Grundstücksgröße – Anm. 7

Die Faustformel „je kleiner – desto teurer" ist in zahlreichen Marktfunktionen anzutreffen. Beim Bodenwert (Grundstücke des individuellen Wohnungsbaus, die nur mit einem Einfamilienhaus bebaut bzw. bebaubar sind), wird die Abhängigkeit der Höhe des Quadratmeterpreises von der Grundstücksgröße besonders deutlich.

Die früher bevorzugte Aufteilung in Vorder- und Hinterland kann häufig entfallen, da es als eleganter und marktorientierter zu bezeichnen ist, auf direkt aus dem Markt abgeleitete Erfahrungswerte zurückzugreifen. Die Bildung von Wertzonen hat zudem den Nachteil, dass die geschätzten Ansätze leichter angreifbar sind und häufig von den Sachverständigen durch nichts als „ihr Gefühl" und „Erfahrungen" begründet werden können.

Ist für das Vorderland eine Tiefe von 35 m, 40 m oder 45 m richtig? Mit welchem Prozentsatz (25 %, 33,3 %, 50 %) ist der Bodenwert des Hinterlandes zu taxieren?

Die Anwendung von Formeln, die den Marktmechanismus ausgleichen, bietet sich an.

Bemerkenswert ist, dass verschiedene diesbezügliche Analysen im wesentlichen zu doch gleichen bzw. ähnlichen Ergebnissen führen.

Die aus Hamburger Kaufpreisen abgeleitete Gleichung (veröffentlicht von SCHNOOR in [29] harmoniert stark mit einer von SCHUBERT [4] vorgenommenen Regressionsanalyse, obwohl diese sich auf die Kleinstadt Bad Doberan bezieht. Da auch anderenorts, z.B. in Halle [30] oder Wuppertal [31] ähnliche Abhängigkeiten festgestellt wurden, darf hier von einem bundesweit mehr oder weniger einheitlichen Marktmechanismus gesprochen werden.

Ein wesentlicher Vorteil ist insbesondere auch in der Möglichkeit zu sehen, Zuschläge (bei kleinen Grundstücken) nachvollziehbar zu begründen.

Wie bei allen Statistiken darf der Sachverständige nicht kritiklos diese in seine Begutachtung übernehmen. Plausibilitätskontrollen sind in jedem Fall angezeigt. Es ist durchaus denkbar, dass in extrem schlechten oder auch in extrem guten Lagen sich andere Marktmechanismen entwickeln. Auch sind Abhängigkeiten vom Bodenpreisniveau nicht auszuschließen.

Bei der Wertermittlung unter Bezugnahme auf Bodenrichtwerte ist es deshalb unumgänglich, dass die Richtwert-Bezugsgröße bekannt ist (und auch vom Sachverständigen abgefragt wird). In der Regel werden heute von den Gutachterausschüssen entsprechende Aussagen getroffen, so dass, wie in dem Bewertungsbeispiel (Gutachten Mondweg 33, 12345 Ottenstedt), ein Hinweis auf die Normgröße (in dem Beispiel 800 m^2) gegeben ist.

Es darf hier nicht unerwähnt bleiben, dass die Bodenwertreduzierung um 4,– €/m² bei dem Gutachtenbeispiel doch relativ gering ist, so dass man auf diese möglicherweise auch im Gutachten hätte verzichten können. Die Differenz liegt im Grunde innerhalb der Bewertungstoleranzen, dennoch hatte ich mich in dem Gutachten entschlossen, auf die Anwendung der Statistik nicht zu verzichten. Wäre die Umrechnung nicht mit der Gleichung vorgenommen worden, die SCHUBERT entwickelt hat, sondern hätte ich die Marktuntersuchung von KRÄMER aus Halle/Saale angewendet, dann wären folgende Rechenoperationen erforderlich geworden:

$$KF = 58{,}48\ GF^{-0{,}589}$$

KF = Korrekturfaktor
GF = Grundstücksfläche

$$82,-\ €/m^2 \times \frac{1{,}035}{1{,}140} = 74,-\ €/m^2$$

Es ergeben sich folgende Korrekturfaktoren:

bei 943 m² : 1,035
bei 800 m² : 1,140

Wendete man die von SCHNOOR veröffentlichte Gleichung an, hätte dieses zu folgender Korrektur geführt:

$$KF = 14{,}51\ GF^{-0{,}387}$$

KF = Korrekturfaktor
GF = Grundstücksfläche

$$82,-\ €/m^2 \times \frac{1{,}024}{1{,}092} = 77,-\ €/m^2$$

Es ergeben sich folgende Korrekturfaktoren:

bei 943 m² : 1,024
bei 800 m² : 1,092

Die verschiedenen Rechenergebnisse zeigen, dass selbst bei Vorhandensein einer mehr oder weniger gesicherten Statistik, dennoch Bemessungsspielräume verbleiben.

Wenn man unterstellt, dass das zu bewertende Grundstück nicht 943 m², sondern 1.200 m² groß gewesen wäre, dann hätte sich ein Ausgangswert von 82,– €/m² wie folgt reduziert:

72,– € (SCHUBERT)
65,– € (KRÄMER)
70,– € (SCHNOOR)

Die Ergebnisse weichen zwar im Detail voneinander ab, dennoch ergibt sich ein eindeutiger Trend, so dass durch die Anwendung entsprechender Regressionsgleichungen die Ergebnisqualität in dem Gutachten nicht unerheblich gesteigert werden kann.

Marktanpassung des Sachwertes – Anm. 8

Die Erkenntnis, dass der Sachwert und der Verkehrswert einer Immobilie bei der Mehrzahl der zu bewertenden Objekte nicht gleich groß sind, ist nicht neu. Es ist deshalb eine Marktanpassung beim Sachwertverfahren erforderlich. Verwunderlich ist nur, dass in der Mehrzahl der Gutachten diesem Umstand überhaupt nicht Rechnung getragen wird.

In Anlehnung an die WertV [2] stellt sich das Schema des Sachwertverfahrens wie folgt dar:

Normalherstellungskosten		§ 22 (1) WertV	1. Teil
×	Umbauter Raum		
+	Baunebenkosten	§ 22 (2) WertV	
×	Baupreisindex		
=	Gebäudewert (Neuwert)		
–	Wertminderung wg. Alters	§ 23 WertV	
–	Wertminderung wg. Baumängel/ Bauschäden	§ 24 WertV	
=	Gebäudesachwert		
+	Aussenanlagen	§ 21 (4) WertV	
+	Bodenwert	§ 13. 14 WertV	
=	Immobiliensachwert		
±	Marktanpassungszu-/abschlag	§ 7. 25 WertV	2. Teil
=	Marktangepasster Sachwert		
±	Schätzung sonstiger wertrelevanter Kriterien		
=	**Verkehrswert**		

Zahlreiche Gutachten enden bei dem Immobiliensachwert, d.h. es werden im Gutachten nur die Aspekte gewürdigt, die ich im zuvor dargestellten Schema als 1. Teil bezeichnet habe.

Was nützt es, wenn der Sachwert mit einer (scheinbaren) Genauigkeit von z.B. 823.700,– € ermittelt wurde, wenn sich dann herausstellt, dass der am

Markt erzielbare Kaufpreis allenfalls z.B. 600.000,– € beträgt.

Hier soll nicht unerwähnt bleiben, dass es auch zahlreiche Teilmärkte gibt, in denen die Kaufpreise regelmäßig über den Sachwerten liegen.

Der Sachwert ist – bis auf den Bodenwertanteil – nur bedingt marktangepasst bzw. marktorientiert. Gewisse Marktorientierung fließt insoweit in den Sachwert ein, dass die Wertminderung wegen Alters nicht mehr in Bezug auf die technische Lebensdauer, sondern in Bezug auf die wirtschaftliche Gesamtnutzungsdauer und dem Verhältnis zur wirtschaftlichen Restnutzungsdauer bestimmt wird. In diesem Zusammenhang sollte nicht unerwähnt bleiben, dass in Sachverständigenkreisen zunehmend erkannt wird, dass die Restnutzungsdauer bzw. Gesamtnutzungsdauer heute kürzer als in der Vergangenheit üblich in Ansatz zu bringen ist. Dieses wird auch im Schrifttum deutlich. In dem Grundlagenwerk von SIMON/KLEIBER [5] wird in der dortigen Tabelle 27 für freistehende Ein- und Zweifamilienhäuser (erbaut ab 1948) die Gesamtnutzungsdauer mit 60 - 80 Jahren empfohlen. Vergleicht man diese Angabe mit der entsprechenden Tabelle in der 6. Auflage des zuvor erwähnten Fachbuches, wird man feststellen, dass die Lebensdauer noch mit 80 - 100 Jahren tabelliert war. Bei rein gewerblich genutzten Immobilien sind die Ansätze der Gesamtnutzungsdauer und daraus resultierender Restnutzungsdauer heute sogar noch stärker zu reduzieren.

Der Sachwert ist – was die Marktmechanismen betrifft – ohne Aussagekraft. Besonders problematisch wird es, wenn auch der Bodenwertanteil des bebauten Grundstücks nicht einmal andeutungsweise die Marktgepflogenheiten berücksichtigt, und zwar dann, wenn der Bodenwert eines bebauten Grundstücks dem Bodenwert eines unbebauten Grundstücks gleichgesetzt wird. Hier ergeben sich zusätzliche Verzerrungen, da die Marktmechanismen des Teilmarktes „unbebaute Grundstücke" sich nicht ohne Korrektur auf den Teilmarkt „bebaute Grundstücke" übertragen lassen. Bezüglich dieser Problematik verweise ich auf die Anmerkung 9.

Da der Gebäudewertanteil (Bauwert) lagewertunabhängig errechnet wird, ist es durchaus nachvollziehbar, dass der Sachwert schon deshalb selten mit dem Verkehrswert harmoniert.

Wie bereits erwähnt, wird die Problematik der Marktanpassung in zahlreichen Gutachten ignoriert. Es ist schon erfreulich, wenn der Sachverständige überhaupt in irgendeiner Weise das Problem aufgreift und erläutert.

In vielen Gutachten wird dann ein Zu- oder Abschlag – mehr oder weniger frei geschätzt – in Ansatz gebracht. Die objektive und nachvollziehbare Gestaltung des 1. Teils der Sachwertberechnung wird dann häufig durch einen 2. Teil ergänzt, der jedoch in sich nicht nachvollziehbar ist und somit eine rein subjektive Einflussgröße darstellt.

Jeder Sachverständige sollte sich bemühen, wenn schon das Sachwertverfahren angewandt wird, was ich im Regelfall auch für sinnvoll halte, dann auch Gedanken über die Marktanpassung in das Gutachten einfließen zu lassen.

Nicht in allen Teilmärkten stehen dem Sachverständigen so viele Kaufpreise zur Verfügung, dass diese eine mathematisch-statistisch sichere Ableitung eines Marktanpassungsfaktors ermöglichen.
Im Gutachten Nr. 2 (Mondweg 33, 12345 Ottenstedt) habe ich im Abschnitt 7.2.5 eine mathematische Gleichung angewandt, mit der die Höhe eines Marktanpassungsfaktors berechnet werden kann (bezogen auf Einfamilienhäuser in Lübeck und in den an Lübeck angrenzenden Gemeinden mit städtischer Struktur, Objekte gelegen in mittlerer (normaler) Wohnlage (als Häufigkeitslage)). Die Details der angewandten Analyse wurden im RDM-Sv.-Info [8] veröffentlicht. Solche Analysen sind periodisch zu wiederholen, da der Immobilienmarkt bekanntlich keine statischen Eigenschaften aufweist, sondern ständig in Bewegung ist. Wenn das Preisniveau der bebauten Grundstücke sich entsprechend verändern würde, wie sich auch der Baupreisindex und die Bodenwerte verändern, bliebe das Verhältnis zwischen Sachwert und Kaufpreis (Verkehrswert) in sich konstant. Da sich die einzelnen Teilmärkte jedoch sehr differenziert entwickeln, ist es unumgänglich, sich ständig neu mit den Fragen einer Marktanpassung zu beschäftigen.

Jeder Sachverständige sollte, wenn möglich, ggf. auch im Verbund mit anderen Kollegen, versuchen, den örtlichen Markt „in den Griff" zu bekommen. Es soll hier nicht unerwähnt bleiben, dass ein Sachverständiger sich naturgemäß auch einen gewissen Wettbewerbsvorsprung verschaffen kann, wenn seine Erkenntnisse auch von anderen Kolleginnen und Kollegen angewandt werden.

Kritisch muss hier vermerkt werden, dass nicht alle Gutachterausschüsse ihren aus § 8 WertV [2] resultierenden Pflichten nachkommen und z.B. Marktanpassungsfaktoren ermitteln – und auch dem Bürger zugänglich machen. Andererseits sollte auf übertriebene Genauigkeiten verzichtet werden und es ist dem Autor dieses Buches nicht verständlich, dass in Deutschland Geschäftsstellen von Gutachterausschüssen mit einer Personalstärke von 50 Personen eingerichtet sind und dass diese dann auch noch auf Personalmangel verweisen. Wie bereits in diesem Buch mehrfach erläutert, sind die Gutachterausschüsse sehr unterschiedlich organisiert und ich möchte hier auch einmal auf kleine Geschäftsstellen im ländlichen Bereich hinweisen, die mit geringster Personalstärke (1 Sachbearbeiter) es immerhin schaffen, einen Marktbericht, Richtwerte und auch Marktanpassungsfaktoren abzuleiten und zu veröffentlichen [32].

Aber auch in den Fällen, wo Marktfaktoren ermittelt und veröffentlicht werden, bleibt der Sachverstand des Sachverständigen gefragt, denn naturgemäß lassen sich die Marktgepflogenheiten nur in groben Rastern ableiten, so dass der eigentliche Sachverstand darin besteht, die Höhe des Marktanpassungsfaktors zu modifizieren, da z.B. in guten Lagen der Marktanpassungsabschlag in der Regel niedriger und in einfachen Lagen höher als im Durchschnitt sich darstellt.

Bei der Anwendung von veröffentlichten Marktanpassungsfaktoren, also solchen Faktoren, die der Sachverständige nicht selbst erarbeitet hat, ist generell nachzufragen, auf welcher Basis die Marktanpassungsfaktoren berechnet wurden. Wenn beispielsweise mit den NHK 95-Tabellen gerechnet wurde, ist nachzufragen, welche Regionalisierungs- und Ortsgrößenfaktoren Eingang gefunden haben. Es ist ferner zu erkunden, welche Rechenmodelle vorrangig in die Vergleichsdaten eingeflossen sind: wenn beispielsweise ein Gutachterausschuss oder eine andere Institution Marktuntersuchungen durchführt und generell die Gesamtnutzungsdauer bei Einfamilienhäuser mit 100 Jahren annimmt, dann ergeben sich andere Faktoren, als wenn generell nur beispielsweise mit 80jähriger Gesamtnutzungsdauer gerechnet würde. Auch ist zu hinterfragen, welches Wertminderungsmodell Anwendung gefunden hat. Zwar hat sich die ROSS'sche Wertminderung wegen Alters vorwiegend durchgesetzt, doch ist diese ja nicht verbindlich und allgemein gültig. Wenn z.B. die Gesamtnutzungsdauer mit regelmäßig 80 Jahren angesetzt wird, ergibt sich bei einem fiktiven Alter von 40 Jahren bzw. einer Restnutzungsdauer von 40 Jahren eine lineare Wertminderung wegen Alters von 50 %. Wenn nun bei der Markterhebung ein quadratisches Abschreibungsmodell bevorzugt wird, reduziert sich die Wertminderung wegen Alters von 50 auf 25 %. Wie bekannt, ergibt sich bei der ROSS'schen Abschreibung – als Mittel zwischen linearer und quadratischen Abschreibung – dann 37,5 %. Hier sind sehr unterschiedliche Rechenergebnisse möglich und es wird deutlich, dass auch der Sachwert, je nach dem, welche Parameter einfließen, unterschiedliche Größen annehmen kann. Diese Tendenzen sind zu berücksichtigen, wenn man „fremde" Marktanpassungsfaktoren verwerten will. Sehr deutlich werden die Modellvorgaben für abgedruckte und veröffentlichte Faktoren, wie sie beispielsweise SPRENGNETTER [33] veröffentlicht hat.

Dieser Beitrag soll primär dazu anregen, dass Sachverständige überhaupt Gedanken zur Marktanpassung entwickeln, um diese in das Gutachten einfließen zu lassen.

Abschließend möchte ich hier noch auf Grenzen sinnvollen Handelns hinweisen. Ich meine, dass Marktkorrekturen ein gewisses Maß (z.B. 30, 35 oder 40 %) nicht überschreiten dürften, andernfalls ist auf die Anwendung des Sachwertverfahrens gänzlich zu verzichten.

Es darf jedenfalls nicht ein solches Gutachten erstellt werden, in dem der Sachwert durch einen Abschlag von 90 % (neunzig) an die Marktlage angepasst wird. Ein solches Gutachten ist – der Gutachter möge mir verzeihen – absolut wertlos, zumindest was den marktangepassten Sachwert angeht.

Im Gutachten Nr. 2 habe ich die Regressionsgleichung zitiert, die in Lübeck aus dem Kaufpreismaterial des Jahres 2000 abgeleitet wurde. Ergänzend habe ich in dem Gutachten 2 im Abschnitt 7.2.5 auch die Gleichung, umgerechnet auf Euro, niedergelegt.

Anleitung für eine Umformung einer Gleichung von DM auf Euro:

$$y = 3{,}816\, x^{-0{,}2486}$$
y = Marktanpassungsfaktor
x = Sachwert in 1.000,– DM

Da der eigentliche Kurvenverlauf sich durch die Umformumg nicht ändern darf, ist lediglich die Regressionskonstante k (in der DM-Formel 3,816) zu verändern. Y – also der Markanpassungsfaktor – soll in der DM- und in der Euro-Formel bei äquivalenten Sachwerten gleich sein:

$$3{,}816 \times x^{-0{,}2486} = k \times \left(\frac{x}{1{,}95583} \right)^{-0{,}2486}$$

Besonders einfach gestaltet sich die Umrechnung, wenn man für x den Euro-Umrechnungsfaktor 1,95583 einsetzt, da dann der in Klammern stehende Term auf der rechten Seite der Gleichung und somit auch der exponierte Klammerinhalt 1 ergibt ($1^x = 1$). Zu berechnen ist daher lediglich:

$$3{,}816 \times 1{,}95583^{-0{,}2468} = k$$

$$k = 3{,}229$$

Neue Regressionsgleichung (währungsumgestellt):

$$y = 3{,}229\, x^{-0{,}2486}$$
y = Marktanpassungsfaktor
x = Sachwert in 1.000,– €

Die hier zuvor niedergelegten Berechnungen braucht man im Regelfall natürlich nicht selbst durchführen, wenn entsprechende Rechenprogramme zur Verfügung stehen. Der Autor dieses Buches führt die erforderlichen Berechnungen mit einem programmierbaren Taschenrechner (HP 17 B II) durch. Dieser Taschenrechner ist – das ist zumindest meine Erfahrung – als fast „unbezahlbar" zu bezeichnen, da er die Sachverständigentätigkeit ganz erheblich vereinfacht. Sämtliche Gleichungen, Formeln, Programme lassen sich als Gleichung in einem „Lösungsgleicher" eintippen, ohne dass komplizierte Programmiersprachen beherrscht werden müssen. Die Marktanpassungsgleichung wird einfach als Formel in den Rechner eingegeben und dieser rechnet dann automatisiert iterativ auch Unbekannte mit Exponenten aus. Auch können die Unbekannten im Exponenten stehen, da der Rechner jede korrekte mathematische Gleichung nach jedem Glied einer Gleichung automatisiert auflöst.

GUTACHTEN

des öffentlich bestellten und vereidigten Sachverständigen

JÜRGEN-WILHELM STREICH

aus Lübeck

. Ausfertigung

VERKEHRSWERTGUTACHTEN

ABC-STRASSE 68, 23456 LÜBECK

ERBBAURECHT

Gutachten vom 19. März 2002
Nr. 1/222/01

- Dieses Gutachten umfaßt 53 Seiten -

1. Auftrag

Der Verkehrswert des Erbbaurechts ist wegen anstehender Teilungsversteigerung durch ein Sachverständigengutachten zu ermitteln.

2. Verkehrswert

Der Verkehrswert ist im BauGB [1] - Fundstellen siehe Anlage 12 - als der Wert definiert, der im gewöhnlichen Geschäftsverkehr ohne Berücksichtigung persönlicher oder ungewöhnlicher Umstände beim Verkauf zu erzielen ist. Die Wertermittlung führe ich in Anlehnung an die Regularien der WertV [2] durch.

3. Auftraggeber

Amtsgericht Lübeck
52 K XXX/01
Teilungsversteigerung XXXXX./. XXXXX
Beschluß vom 1. November 2001

4. Bewertungsobjekt

ABC-Str. 68, 23456 Lübeck, Erbbaurecht

4.1 Kurzbeschreibung

Freistehendes Einfamilienhaus, (Bj. 1967) auf 653 m² großem Grundstück (Erbbaurecht) in der Buchstabensiedlung. Das Erbbaurecht endet am 31. Mai 2065. Objekt in mittlerer bis guter Wohnlage an ausgebauter Straße, rechteckig geschnittene Parzelle mit rückwärtigem Garten in Nord-Ost-Richtung.

1 1/2-gesch. unterkellertes Wandtke-Fertighaus (verblendet) mit Satteldach und kleinem Anbau, Terrasse und Garage, relativ kleinteilige Raumgestaltung, insgesamt 4 1/2 Zimmer und Nebenräume, einfache Sanitärausstattung, ca. 95 m² Wfl., Gaszentralheizung, Verbundfenster, tlw. Isolierverglasung, Investitionsbedarf aufgrund baulicher Mängel/Schäden, vermietete Immobilie.

VERKEHRSWERT: 130.000,- €

4.2 Katasterbezeichnung (Katasteramt Lübeck)
Gemeinde Hansestadt Lübeck, Gemarkung XXXXXX,
Flur 12, Flurstück 38/28
Größe: 653 m^2
Bestand Nr.: wird nicht mehr geführt

4.3 Grundbuchbezeichnung (Amtsgericht Lübeck)
Erbbaugrundbuch von Lübeck, Blatt XXXXX

4.4 Eingetragene Erbbauberechtigte
Frau XXXX XXXX, geb. XXXX
und
Frau XXXX XXXX, geb. XXXX

5. Ortsbesichtigung und Bewertungsstichtag
19. März 2002

6. Mieter/Nutzer
Das Bewertungsobjekt ist seit dem 1. Juni 2000 vermietet an die Eheleute XXXXX . Das Mietverhältnis endet lt. Vertrag am 31. Mai 2010. Als Mietzins wurde mtl. 1.400,- DM zzgl. Betriebskosten vereinbart.
Die Miethöhe ist nicht wertgesichert.

7. Beschreibung des Bewertungsobjektes
7.1 Lage - regional
Hansestadt Lübeck, Stadt mit ca. 215.000 Einwohnern im südlichen Teil des Bundeslandes Schleswig-Holstein, unmittelbar an Mecklenburg-Vorpommern angrenzend, landeinwärtsliegende Hafenstadt, die durch den Flußlauf der Trave an die Ostsee angebunden ist.

Landesplanerisch als Oberzentrum eingestufter Ort an der Vogelfluglinie Hamburg-Fehmarn-Dänemark.

Über die BAB A 1 besteht sehr günstige Verkehrsanbindung nach Hamburg. Lübeck ist Eisenbahnknotenpunkt mit Verkehr nach Hamburg, Kiel, Kopenhagen, Rostock und Lüneburg.

7.2 Lage - örtlich

Lage im OT Rammsee in der Buchstabensiedlung an der Haupterschließungsstraße des Ortsteilbereichs, etwa 4 bis 5 km vom Stadtzentrum gelegene Wohnsiedlung, ausgebaute Straße mit beidseitig befestigten Bürgersteigen, durch Einfamilienhausbebauungen in offener Bauweise geprägter Bereich (Bebauungsstrukturen aus den 60iger Jahren). Bushaltestellen befinden sich nicht weit entfernt, umfassende infrastrukturelle Versorgung ist im Stadtteil anzutreffen.
Die ABC-Straße dient dem Anlieger- und innerörtlichen Erschließungsverkehr.
Zusammengefaßt bewertet der Sachverständige die Wohnlage auch im Hinblick auf die Bebauungsstrukturen im Wohnumfeld als „mittel" mit Tendenz zu „gut".

Im Mietspiegel 1999 der Hansestadt Lübeck ist die Edelsteinstraße als gute Wohnlage klassifiziert, wobei allerdings darauf hinzuweisen ist, daß die Einordnungen im Mietspiegel nicht sehr sensibel erfolgten, da insgesamt der Bereich der Hansestadt Lübeck (incl. OT Travemünde und Dorflagen) nur in drei Lageklassen aufgeteilt wurde, zudem schematisiert nach statistischen Bezirken.

7.3 Grundstück

Rechteckig geschnittenes Grundstück, das mit gut 18 m Frontbreite an die Edelsteinstraße anstößt, mittlere Tiefe etwa 36 m. Die Oberflächengestalt ist als relativ ebenerdig zu beschreiben. Das zu bewertende Grundstück ist erschlossen und bebaut. Die himmelsrichtungsmäßige Ausrichtung ist nicht besonders vorteilhaft, da der rückwärtige Gartenbereich nach Osten bzw. Nord-Osten orientiert ist, so daß der Vorgarten die bevorzugte Süd-West-Lage aufweist.

7.4 Bebauung

Freistehendes 1 1/2-geschossiges Einfamilienhaus, Baujahr 1967, voll unterkellertes Wandtke-Fertighaus mit Satteldach. Den vorliegenden Bauakten bei der Bauaufsichtsbehörde habe ich auszugsweise entnommen und ergänzt: Betonfundamente, Keller Kalksandsteinmauerwerk, ab EG Tafelbauweise mit Wandtke-Platten und halbsteiniger Verblendung, Keller mit Betondecke, sonst Holzbalkendecken, Satteldach (Holzkonstruktion, Betonpfannen mit Verstrich, keine nachträgliche Wärmedämmung, Fußboden tlw. verbrettert).
Außerdem sind nachträglich eine Terrasse und ein Windfang angebaut worden. Offenbar ohne Baugenehmigung wurde ein kleiner rückwärtiger Anbau auf der ehemaligen rückwärtigen Terrasse errichtet.
Schließlich ist noch auf eine Garage hinzuweisen, die in Form einer Grenzbebauung errichtet wurde. Der Gebrauchsabnahmeschein der Garage datiert vom 28. August 1969.

Die Kubatur der Bebauung habe ich mit 475 m^3 Umbauter Raum (DIN 277/50) der Anlage 8 entnommen. Einschließlich des kleinen rückwärtigen Anbaus gehe ich gerundet von ca.

490 m^3

als Umbauten Raum aus.

7.5 Nutzung

Erdgeschoß

Windfang, Flur, Wohnzimmer und Eßplatz (zusammen etwa 27 m^2 Wfl.), 2. Zimmer, Küche, kleines Badezimmer und Abstellraum im rückwärtigen Anbau mit zusätzlichem Hofausgang, auch vom Wohnzimmer besteht Ausgangsmöglichkeit, und zwar zur nachträglich errichteten seitlichen Terrasse.
Die lichte Raumhöhe habe ich mit ca. 2,5 m ermittelt.

Dachgeschoß

Im ausgebauten Teil des Dachgeschosses sind 2 weitere Zimmer, Flur und eine Toilette anzutreffen. Bedingt durch die Dachform ergeben sich hier Dachschrägen. Balkone oder Loggien sind im DG nicht vorhanden. Die lichte Raumhöhe beträgt nur rd. 2,35 m.

Außerdem ist auf umfangreichen Nebengelaß im Kellergeschoß hinzuweisen, da, wie bereits berichtet, das Einfamilienhaus voll unterkellert ist. Die Räumlichkeiten im Kellergeschoß sind jedoch schon wegen nicht ausreichender lichter Höhe nicht als Wohnfläche anrechenbar (lichte Höhe 2,05 m).

7.6 Wohn- und Nutzflächen

Aus der Anlage 9 ergeben sich die Wohn- und Nutzflächen des Hauses wie folgt:

EG:	57,66 m^2
DG:	35,12 m^2
	92,78 m^2

Die vorstehende Wohn- und Nutzfläche ist nach den Regularien der II. BV [3] in Verbindung mit der DIN 283 berechnet worden. Die DIN 283 ist zwar vom Normenausschuß zurückgezogen worden, hat sich jedoch als anerkannte Regel der Technik bewährt. Deshalb bestehen keine Bedenken, die DIN 283 weiter anzuwenden. Die II. BV [3] ist schon deshalb für sich alleine angewandt weniger hilfreich, da in Einzelfällen aufgrund unterschiedlicher Interpretationsmöglichkeiten individuelle Ergebnisse möglich sind. Die II. BV besitzt nur im sozialen Wohnungsbau Verbindlichkeit.

Unter Einbeziehung des rückwärtigen Anbaus gehe ich - gerundet - von

ca. 95 m^2

als Wohnfläche aus.

7.7 Ausstattung

Beheizung der Räume durch eine Gaszentralheizungsanlage vom Keller aus, Wärmeabgabe durch Radiatoren, zentrale Warmwasserversorgung, Verbundfenster, tlw. Isolierverglasung, Anbau tlw. mit Glasbausteinen, Küche mit Einbauküche (mieterseitig erstellt), kleines Badezimmer im EG mit Wannenbad, WC und Waschbecken, Wand- und Bodenfliesen, wobei der Ausstattungsstandard dem der 60/70er Jahre entspricht, zusätzliche Toilette im DG, Parkettfußboden bzw. Auslegware, Holztreppen, Auffahrt, Wegebefestigung, Einfriedigung, Aufwuchs, Kelleraußentreppe, Aufgangsstufen, seitliche Terrasse mit Brüstung u.a..

7.8 Beschaffenheit

Für das Alter normale bzw. durchschnittliche bauliche und dekorative Beschaffenheit, soweit im Rahmen einer Begehung feststellbar. Es besteht jedoch in Teilbereichen Investitionsbedarf wegen Baumängeln/Bauschäden, z.B. wegen Feuchtigkeit im Keller.

Wegen des Investitionsbedarfs ist bei der Wertermittlung ein Abschlag in Ansatz zu bringen, dessen Höhe in Bezug auf eine Restnutzungsdauer von 35 Jahren (Restnutzungsdauer unter Berücksichtigung wirtschaftlicher Aspekte) mit 5 bis 10 % (i.M. rd. 7,5 %) des Gebäudesachwertes angenommen wird.

Zerstörende Untersuchungen wurden jedoch nicht durchgeführt. Nicht alle Gebäudeteile wurden besichtigt bzw. untersucht. Auch wurde die Haustechnik nicht überprüft. Eine verbindliche Beschaffenheitsbeschreibung und Beurteilung der Bauschäden/Baumängel setzt eine detaillierte Untersuchung eines Bauschadens- oder Hochbausachverständigen voraus.

Die Höhe des Abschlages ist nicht identisch mit dem Investitionsbedarf, er dient lediglich der Angleichung an den Wert im altersgemäßen Normalzustand unter Beachtung einer marktüblichen Akzeptanz.

Außerdem ist darauf hinzuweisen, daß in dem Gebäude Modernisierungsbedarf besteht, da in Teilen die Ausstattungsmerkmale nicht mehr heutigen gehobenen Wohnansprüchen gerecht werden (z.B. Bad im EG).

7.9 Hinweis

Die Beschreibung der Bauteile, Beschaffenheit und Ausstattung erfolgt ohne Anspruch auf Vollständigkeit. Abweichungen im Detail sind möglich. Eine umfassende und verbindliche Beschreibung würde eine spezielle Bauaufnahme voraussetzen, die jedoch den Rahmen einer Verkehrswertermittlung überschreiten würde.

8. Bewertung

8.1 Bodenwert

8.1.1 Bauleitplanung

Das zu bewertende Grundstück liegt im Geltungsbereich einer verbindlichen Bauleitplanung (Bebauungsplan = B.Plan).
Im B.Plan Nr. 01.23.45 von 1965 ist das Areal als Wohnbaufläche ausgewiesen.

8.1.2 Richtwert

Der Gutachterausschuß für Grundstückswerte in der Hansestadt Lübeck hat zonale Bodenrichtwerte ermittelt.
Das Grundstück liegt in einer Zone, wo der Richtwert

130,- €/m²

zum Stichtag 31.12.2000 beträgt.

Dieser Richtwert bezieht sich auf 600 m² große unbebaute und erschlossene Grundstücke, die mit Individualbauten neu bebaubar sind. Bezüglich der Grundstücksgröße besteht insoweit eine gute Übereinstimmung mit dem Richtwertgrundstück. Größenbezogene Korrekturen sind deshalb nicht in Ansatz zu bringen.

8.1.3 Richtwertverbesserung

Der zuvor dargestellte Richtwert in Höhe von 130,- €/m² bezieht sich auf Grundstücke mit „normalen" Eigenschaften. Die himmelsrichtungsmäßige Ausrichtung (Vorgarten nach Süd-Westen) stellen einen Nachteil dar. Die Hauptgartenfläche liegt nordöstlich des Baukörpers.

Der Sachverständige schätzt den Bodenwert als unbebautes Grundstück deshalb leicht reduziert auf

125,- €/m².

8.1.4 Bebauungsabschlag

Bodenwert bebauter Grundstücke

Anm. 9, S. 124

Es ist zu berücksichtigen, daß das zu bewertende Grundstück bebaut ist. Die Bodenrichtwerte beziehen sich, wie bereits berichtet, auf unbebaute Grundstücke, die mit einem modernen und zeitgemäßen Gebäude neu bebaubar sind.

Die Marktteilnehmer, die die recht hohen Kaufpreise für unbebaute Grundstücke zahlen, vereinbaren diese Preise demzufolge nur in Verbindung mit dem Gedanken, das unbebaute Grundstück zukünftig neu zu bebauen und zu nutzen.

Erwerber einer „Gebrauchtimmobilie" können zwar im Detail Änderungen vornehmen, sind jedoch konzeptionell an die vorhandene Bebauungsstruktur gebunden. Schon aus diesem Grunde ist der Bodenwert bei bebauten Grundstücken zu dämpfen, zumindest ist das die Auffassung des Sachverständigen. Hier darf allerdings nicht unerwähnt bleiben, daß in Sachverständigenkreisen diese Meinung kontrovers diskutiert wird.

Fest steht jedoch, daß die Kaufpreise, die für unbebaute Grundstücke gezahlt werden, einem anderen Teilmarkt zuzuordnen sind als dem Teilmarkt der bebauten Grundstücke. Es handelt sich schlichtweg um andere Marktteilnehmer, um andere Immobilien und somit entwickeln sich auch unterschiedliche Marktmechanismen.

Die „Dämpfung" des Bodenwertes bei bebauten Grundstücken kann vereinfacht auch mit der eingeschränkten Verfügbarkeit des Grund und Bodens - solange die Altbebauung nicht abgerissen wird - begründet werden.

Die Höhe des Abschlages kann nicht exakt mathematisch berechnet oder nachgewiesen werden und wird im Regelfall in einer Bandbreite von 10 bis 25 % für angemessen erachtet.

Im Hinblick auf die vorliegende Bebauungsstruktur schätzt der Sachverständige den Abschlag im oberen Bereich der üblichen Bandbreite und nimmt deshalb den Abschlag mit 20 % (= × 0,8) an.

Zusammengefaßt ergibt sich folgende Rechnung:

$$125,- \text{ €/m}^2 \quad \times \quad 0{,}8 \quad = \quad 100,-- \text{ €/m}^2$$

Es darf hier der Hinweis nicht unterbleiben, daß gesicherte Erkenntnisse bezüglich der Höhe der Bodenwertdämpfung nicht vorliegen.

8.1.5 Bodenwertschätzung

Der Bodenwert kann bei bebauten Grundstücken im Übrigen sowieso nicht exakt errechnet werden. Es ergeben sich bei bebauten Grundstücken schon deshalb Probleme, da es sich bei dem Bodenwert um einen rein theoretischen Wertansatz handelt. Die Marktteilnehmer differenzieren die Kaufpreise nicht nach Boden- und Gebäudeanteil, sondern bilden vielmehr Kaufpreise als Gesamtbetrag („en bloc").

Der Sachverständige schätzt bei freier Abwägung aller Vor- und Nachteile den Bodenwert als bebautes Grundstück auf

$$\underline{100,- \text{€}/m^2}$$

$$653\ m^2 \times 100,- \text{€}/m^2 = 65.300,- \text{€}$$
$$= \underline{ca.\ 65.000,- \text{€}}$$

8.2 Wert des Erbbaurechts

Erbbaurechtswert

Anm. 10, S. 131

Erbbaurechtsausgeberin ist die Hansestadt Lübeck. Durch den Erbbaurechtsvertrag vom 21. Juni 1966 wurde eine Laufzeit des Erbbaurechts bis zum 31. Mai 2065 vereinbart.
Der Erbbauzins beträgt 653,- DM (bzw. 334,- €) jährlich (10 % Erbbauzins eines mit 10,- DM/m^2 angenommenen Bodenwertes). Eine Wertsicherung wurde nicht vereinbart.

Der heute angemessene Erbbauzinssatz beträgt 5 % des aktuellen Bodenwertes (5 % von 65.000,- € = 3.250,- €).
Die Differenz zwischen angemessenem Erbbauzins (3.250,- €) und gezahltem Erbbauzins (334,- €) stellt einen Wertvorteil dar (2.916,- €), der auf die Restlaufzeit des Erbbaurechts (ca. 63 Jahre) zu kapitalisieren ist.
Vervielfältiger bei 5 % und 63-jähriger Laufzeit: 19,08.

$$2.916,- \text{€} \times 19,08 = \text{rd. } 56.000,- \text{€}.$$

Der Zinsvorteil ist mit einem Wertfaktor zu multiplizieren, der in den Wertermittlungsrichtlinien des Bundes [6] mit 0,3 bis 0,8 - in Einzelfällen auch 0,9 - empfohlen wird.

Der Gutachterausschuß für Grundstückswerte in der Freien und Hansestadt Hamburg hat aus Kaufpreisen die Abhängigkeit der Höhe des Wertfaktors von der zum Bewertungsstichtag sich ergebenden Realverzinsung des Grund und Bodens (des mit dem Erbbaurecht belasteten Grundstücks) abgeleitet (veröffentlicht von VOGEL [37]).

Dieser Wertfaktor soll die sonstigen Nachteile eines Erbbaurechts ausgleichen. Auch kann mittel- oder langfristig nicht die Möglichkeit einer Erbbauzinserhöhung ausgeschlossen werden, auch wenn keine Wertsicherung vereinbart wurde. Der BGH hat für Recht erkannt, daß bei einer Äquivalenzstörung - auch bei fehlender Wertsicherung - eine Erbbauzinserhöhung möglich sein kann. Hier handelt es sich um eine juristische Frage, die im Rahmen dieses Gutachtens nicht geklärt werden kann. Der Sachverständige weist nur vorsorglich auf die Eventualität einer Erbbauzinserhöhung hin.

Regressionsformel:

$$WF = 0{,}63 \text{ mal } P_R^{-0{,}106}$$

WF = Wertfaktor

P_R = Rendite in %

$$P_R = \frac{334{,}- €}{65.000{,}- €} \times 100 = 0{,}51\,\%$$

$$WF = 0{,}63 \text{ mal } 0{,}51^{-0{,}106}$$

$$WF = 0{,}68$$

56.000,- € × 0,68 = rd. 38.000,- €

Der Erbbaurechtswert kann jedoch nicht streng finanzmathematisch berechnet werden. In den Wertermittlungsrichtlinien des Bundes (WertR 91) wird der Wertfaktor, wie bereits erwähnt, mit

0,3 - 0,8

empfohlen (in Einzelfällen auch 0,9 als Wertfaktor).

Legt man den obersten Wert zugrunde, der in den WertR tabelliert ist (0,9), dann errechnet sich der Erbbaurechtswert wie folgt:

56.000,- € × 0,9 = 50.400,- €

Bei der Schätzung des Erbbaurechtswerts wird das Ergebnis durch den Sachverständigen aufgerundet, um dem Umstand Rechnung zu tragen, daß Erbbaurechte mit längeren Laufzeiten und relativ günstigen Erbbauzinsen im Bereich der Hansestadt

Lübeck nach wie vor eine recht gute Verkäuflichkeit aufweisen, wobei die Kaufpreise sich kaum statistisch signifikant nachweisbar von den Kaufpreisen von Eigentumsobjekten unterscheiden. Deshalb hält es der Sachverständige für erforderlich, den Wert des Erbbaurechtes noch über dem Rechenwert in Ansatz zu bringen, der bei schematischer Anwendung der Vorgaben der (unverbindlichen) Wertermittlungsrichtlinien sich ergäbe.

Ich schätze den Wert des Erbbaurechts auch unter Berücksichtigung allgemeiner Erfahrungswerte - zwecks Vermeidung der Vortäuschung einer exakten Genauigkeit - aufgerundet auf

55.000,- €.

8.3 Sachwertverfahren

8.3.1 Normalherstellungskosten (NHK)

8.3.1.1 NHK 1995

Der Bundesminister für Raumordnung, Bauwesen und Städtebau hat durch Hinweise vom 1. August 1997 Tabellen mit Normalherstellungskosten per 1995 herausgegeben. Die dort für verschiedene Gebäudearten tabulierten NHK werden dann mit verschiedenen Korrekturfaktoren multipliziert.
Diese NHK 1995 habe ich in mehreren Gutachten bereits angewandt, jedoch dabei festgestellt, daß die Ergebnisse - zumindest für den Raum, wo ich regelmäßig Gutachten erstatte - häufig nicht plausibel sind. Der Sachverständige verzichtet deshalb in diesem Gutachten auf die detaillierte Anwendung der NHK 1995-Tabellen des Bundesbauministers. Vielmehr wende ich in meinem Gutachten empfohlene NHK an, die sich aus der Tabelle 27 in [5] ergeben. Die dort tabellierten NHK DM/m^3 habe ich - gerundet - auf €/m^2 umgerechnet.

Die schematische Vorgabe von Korrekturfaktoren für Länder und Gemeindegrößen dürfte nach Einschätzung des Sachverständigen ein gewichtiger Grund sein für die Abweichungen zwischen den Hinweisen der WertR [6] und den Empfehlungen der Fachliteratur.

8.3.1.2 Normalherstellungskosten 1958

NHK 1958*:	40,-- €/m³
umgerechnet auf 2002**:	248,- €/m³

* bezogen auf Umbauten Raum gem. DIN 277/50

** Der derzeitige Baupreisindex (1958 = 100) liegt bei 618,6 Punkten (per Nov. 2001). Ich gehe in meinem Gutachten von einem gerundeten Index von 620 Punkten aus.

Der Ansatz von NHK 40,-- €/m² per 1958 entspricht einem Ansatz von rd. 22,50 M/m³ per 1913 bzw. 492,- DM/m³ per 1995

8.3.2 Wertminderung wegen Alters [Anm. 11]

Baujahr:	1967
Alter (2002):	35 Jahre
gewöhnliche Gesamtnutzungsdauer:	70 Jahre
Restnutzungsdauer:	35 Jahre

Die Wertminderung wegen Alters kann wie folgt berechnet werden:

lineare Wertminderung:

$$\frac{100\ \%}{70} \times 35 = 50\ \%$$

Abschreibung nach Methode Ross:

$$1/2\ (50\,\% + \frac{50\,\%^2}{100}) = 37{,}5\,\%$$

Da es sich bei dem zu bewertenden Gebäude nicht um einen konventionell errichteten Massivbau handelt, sondern um ein in Tafelbauweise erstelltes Fertighaus, wird es unter Berücksichtigung der wirtschaftlichen Gegebenheiten für angezeigt gehalten, die Wertminderung wegen Alters zu erhöhen. Deshalb mittelt der Sachverständige die Ergebnisse der linearen und der Ross'schen Abschreibungsmethoden aus und kommt so zu folgender Wertminderung wegen Alters:

$$1/2\ (50\,\% + 37{,}5\,\%) = 43{,}75\,\%$$
$$= \text{rd. } 44\,\%$$

Es muß hier allerdings deutlich darauf hingewiesen werden, daß irgendwelche mathematisch-statistisch gesicherten Erkenntnisse über die Höhe der anzubringenden Wertminderung wegen Alters nicht vorliegen. Dieses Problem wird, so die Auffassung des Sachverständigen, auch rechnerisch nicht lösbar sein, da zu viele andere Einflußgrößen sich auf die Kaufpreis- und damit Werthöhen auswirken. Die hier skizzierte Problematik kann deshalb nur im sachverständigen Schätzwege gelöst werden.

8.3.3 Zeitwert

Neuwert (8.3.1.2):	248,- €/m³
- 44 % Wertminderung wg. Alters:	109,- €/m³
	139,- €/m³

8.3.4 Sachwertberechnung

rd. 490 m³* × 139,- €/m³	rd.	68.000,- €
zzgl. 15 % Baunebenkosten	rd.	10.000,- €
	rd.	78.000,- €
zzgl. Garage (frei geschätzt)	rd.	8.000,- €
zzgl. Außenanlagen und besondere Bauteile (frei geschätzt)**	rd.	8.000,- €
zzgl. Erbbaurechtswert (8.1.6):	rd.	55.000,- €
Sachwert-Zwischenwert:		149.000,- €
- 7,5 % Abschlag vom Gebäudesachwert (siehe 7.8) = 78.000,- €		6.000,- €
Sachwert:	ca.	143.000,- €

* siehe Abschnitt 7.4

** Der Wert der Außenanlagen und besonderen Bauteilen wurde frei vom Sachverständigen geschätzt. Dabei bin ich von einem Wertansatz von ca. 10 % des Gebäudesachwertes ausgegangen. Hier ist zu berücksichtigen, daß die Werte der Außenanlagen und die Werte der Bebauung in einem gegewissen Verhältnis stehen. Auch unter Berücksichtigung der Hinweise der Fachliteratur [7] habe ich den zuvor erwähnten Prozentsatz gewählt. VOGELS erläutert hierzu: *„In der Regel reichen diese Prozentzahlen zur Bestimmung des Wertes der Außenanlagen aus. Bei sehr aufwendigen Anlagen ist ohnehin zu prüfen, ob sie überhaupt allgemein werterhöhend sind; ob sie von einem durchschnittlichen Erwerber übernommen werden."*

8.3.5 Marktanpassung des Sachwertes

Kaufpreise von Immobilien sind in der Regel nicht identisch mit dem Sachwert. Es ist deshalb erforderlich, daß der Sachwert an die Marktlage angepaßt wird. Dieses setzt voraus, daß Marktanalysen durchgeführt werden, bei denen die Sachwerte und die Kaufpreise verknüpft werden, um daraus Markttendenzen abzuleiten. Solche Marktanalysen sind teilmarktspezifiziert und möglichst zeitnahe vorzunehmen.

Bezüglich Einfamilienhausgrundstücken haben der Sachverständige Dipl.-Ing. Reiner Kanning aus Lübeck und ich aus 68 Kaufpreisen aus dem Jahr 2000 eine solche Marktanalyse vorgenommen und veröffentlicht [8]. Die Analyse führt zu folgender Regressionsgleichung:

$$y = 3,816\ x^{-0.2486}$$

y = Marktfaktor

x = Sachwert in 1.000,- DM

bzw.

$$y = 3,229\ x^{-0.2486}$$

y = Marktfaktor

x = Sachwert in 1.000,- €

Wendete man diese Formel an, ergäbe sich bei einem Sachwert von 143.000,- € ein Marktfaktor von 0,94, d.h. der Sachwert wäre um etwa 6 % zu reduzieren. Allerdings ist zu berücksichtigen, daß die Verkäuflichkeit von Einfamilienhäusern in nachgefragten Lagen sich besser darstellt als in durchschnittlichen Lagen, so daß ein kleiner Zuschlag in Ansatz zu bringen ist, was bei dem Bewertungsobjekt zu einer Minderung der Abschlagshöhe führt bzw. sogar rechtfertigt, daß man auf den Ansatz eines Abschlages gänzlich verzichtet.

Auch unter Berücksichtigung allgemeiner Marktkenntnisse hält es der Sachverständige deshalb für vertretbar, bei der hier zu bewertenden Immobilie den zuvor ermittelten Sachwert auch als marktangepaßten Sachwert in die Begutachtung zu übernehmen.

Sachwert:	143.000,- €
± Marktanpassungszu- oder Abschlag:	-,- €
Marktangepaßter Sachwert:	143.000,- €

8.4 Ertragswertverfahren

8.4.1 Nachhaltig erzielbarer Mietertrag (Netto-Kalt-Miete)

Allgemeines

Maßgebend für die Wertermittlung ist der nachhaltig erzielbare Mietertrag.
Nachhaltig erzielbar bedeutet, daß nicht der höchstmögliche, aber auch nicht ein Mietertrag im unteren Bereich möglicher Bandbreite zugrunde gelegt wird.

Als nachhaltig erzielbar im Sinne § 16 der WertV ist ein durchschnittlicher Mietzins zu verstehen, der nach einer Neuvermietung bei ordnungsgemäßer Bewirtschaftung auch sicher erzielbar sein dürfte, und zwar in Bezug auf die unterstellte Restnutzungsdauer von 35 Jahren unter der Voraussetzung, daß die Ertragsfähigkeit durch lfd. Instandhaltung gesichert bzw. durch Investitionen wg. Baumängel/Bauschäden ermöglicht wird.

Zukünftige konjunkturelle Mietpreisentwicklungen bleiben bei dieser Betrachtungsweise ohne Berücksichtigung, diese schlagen sich im Liegenschaftszinssatz nieder.

Der Ring Deutscher Makler (RDM) hat in seinen Preisspiegeln auch für 70 m² große Wohnungen in Nachkriegs-Geschoßbauten Mietwerte ausgewiesen.

Der Abschätzung des nachhaltig erzielbaren Mietertrages lege ich in Anlehnung an das Vierte Mietrechtsänderungsgesetz [9] einen Zeitraum von 4 Jahren zugrunde:

	W o h n w e r t		
	einfach	mittel	gut
	DM/m²	DM/m²	DM/m²
1998:	8,50	11,00	13,00
1999:	8,50	10,50	13,00
2000:	8,50	10,50	13,00
2001:	8,50	11,00	13,00
Mittel:	8,50	10,75	13,00

Auf €/m^2 umgerechnet ergeben sich folgende - gerundete - Ausgangswerte:

	Wohnwert		
	einfach	mittel	gut
	€/m^2	€/m^2	€/m^2
1998:	4,35	5,60	6,65
1999:	4,35	5,35	6,65
2000:	4,35	5,35	6,65
2001:	4,35	5,60	6,65
Mittel:	4,35	5,48	6,65

Im Hinblick auf die Lage gehe ich von einem mittleren bis guten Wohnwert aus, wobei ich mittel : gut mit 3 : 2 gewichte:

$$1/5\ (5{,}48\ €/m^2 \times 3 + 6{,}65\ €/m^2 \times 2) = 5{,}95\ €/m^2$$

Bezüglich der Ausstattung und Struktur gehe ich ebenfalls von einem mittleren bis guten Wohnwert aus (gewichtet hier 5 : 1):

$$1/6\ (5{,}48\ €/m^2 \times 5 + 6{,}65\ €/m^2 \times 1) = 5{,}68\ €/m^2$$

Da die Mietpreise relativ unsensibel auf die Lagequalität reagieren, mittele ich die Wohnwertkomponenten Lage und Ausstattung im Verhältnis 3 : 7.

$$1/10\ (5{,}95\ €/m^2 \times 3 + 5{,}68\ €/m^2 \times 7) = 5{,}76\ €/m^2$$

Individuelle Korrekturen:

a) Abschlag wegen Größe (die RDM-Werte beziehen sich auf 70 m^2 Wfl. große Wohnungen)
   Abschlag: 7 % (unter Bezugnahme auf eine diesbezügliche Marktanalyse [10], (= × 0,93)

b) Zuschlag wg. Lage der WE im Einfamilienhaus (unter Bezugnahme auf eine diesbezügliche Marktanalyse [11]
   Zuschlag: 25 % (geschätzt) (= × 1,25)

c) Zuschlag für Nutzungsmöglichkeit der Garage
   Zuschlag (geschätzt): 40,-€

$$95\ m^2\ \text{Wfl.} \times 5{,}76\ €/m^2 \times 0{,}93 \times 1{,}25 + 40{,}\text{-}\ € = 676{,}\text{-}\ €$$

Den nachhaltig erzielbaren Mietertrag der Immobilie schätze ich incl. Kellerräume und Gartennutzung bei freier Abwägung - auch unter Beachtung allgemeiner Marktkenntnisse - nach Durchführung von Investitionen gerundet auf

mtl. 675,- €
(= ca. 6,70 €/m² Wfl. zzgl. 40,- € Garage)

Dabei war einerseits auch zu berücksichtigen gewesen, daß die vom RDM tabellierten Mietwerte sich eher im oberen Bereich des Spektrums der Marktmieten bewegen, andererseits muß eingeräumt werden, daß gerade der Mietwert von Einfamilienhäusern nicht streng mathematisch berechenbar ist. Diese Feststellung trifft bei Häusern mit einer relativ geringen Wohnfläche und zudem in einer relativ stadtnahen und beliebten Wohnlage gelegen im erhöhten Maße zu.

jährlich:

675,- € × 12	=	8.100,- €
		ca. 8.000,- €

8.4.2 Bewirtschaftungskosten

Die angemessenen Bewirtschaftungskosten schätze ich unter Anlehnung an die Erfahrungssätze, die sich aus der II. BV [3] und den WertR [6] sowie der Fachliteratur [12] ergeben:

Instandhaltungskosten		
Pauschale (siehe Anlage 10)	=	rd. 1.300,- €
Verwaltungskosten		
mtl. 40,- € × 12 = 480,- €	=	rd. 500,- €
Mietausfallwagnis		
3 % vom Brutto-Rohertrag (incl. geschätzter Nebenkosten von 1,00 €/m² Wfl.) = 9.140,- €*	=	rd. 274,- €
		rd. 2.074,- €

*95 m² × 1,00 €/m² × 12 + 8.000,- €

$$\frac{2.074,-\ €}{8.000,-\ €} \times 100 = 25,9\ \%$$

$$\text{gerundet} = 27,5\ \%$$

Dabei bin ich davon ausgegangen, daß Betriebskosten zzgl. zur Nettomiete zu zahlen wären.

8.4.3 Liegenschaftszinssatz

Der Liegenschaftszinssatz ist in der WertV [2] im § 11 wie folgt definiert: *„Der Liegenschaftszinssatz ist der Zinssatz, mit dem der Verkehrswert von Liegenschaften im Durchschnitt marktüblich verzinst wird."*

Daraus folgt, daß der Liegenschaftszinssatz aus geeigneten Kaufpreisen iterativ durch Rückwärtsrechnung eines Ertragswertverfahrens abzuleiten ist.

Wenn man nicht nur bei einem, sondern bei mehreren Kaufpreisen von Objekten, die sich einem bestimmten Teilmarkt zuordnen lassen, solche Ableitungen vornimmt, können die Ergebnisse ausgemittelt werden und führen so zu einem marktüblichen Zinsfuß. Das Problem bei der Ableitung der Zinsfüße besteht darin, daß diese teilmarktspezifiziert und zeitaktuell zu ermitteln sind.

In den WertR [6] wird bei Einfamilienhäusern von einem Liegenschaftszinssatz von 4,0 % ausgegangen. Die aktuellen Zinsfüße liegen erfahrungsgemäß jedoch niedriger als die in den WertR mitgeteilten Zinssätze, die noch auf Erfahrungswerte aus den 70iger Jahren beruhen. Die Fachliteratur [13] weist bei einem Einfamilienhaus einen Liegenschaftszinssatz von 2,5 - 3,5 % (i.M. 3,0 %) aus.

Eine überregionale Marktanalyse [14] führt zu einer Zinsfußbreite von

2,0 - 3,5 %.

Es ist festzustellen, daß die regionalen und überregionalen Erkenntnisse zumindest tendenziell harmonieren.

Als Trendwert gehe ich zunächst von einem Liegenschaftszinssatz von etwa

3,0 %

aus.

Im Hinblick auf die geringe Objektdimensionierung und die doch relativ nachgefragte Lage hält es der Sachverständige für angezeigt, den zuvor ermittelten Liegenschaftszinssatz zu reduzieren. Bei einer Reduzierung zwischen 0,25 und 0,5 % ergäbe sich dann eine Bandbreite von

2,5 - 2,75 %.

Der Sachverständige wählt hier den unteren Betrag der zuvor dargestellten Bandbreite, um auch dem Umstand Rechnung zu tragen, daß es sich bei dem Bewertungsobjekt um ein Erbbaurecht handelt und hier ein Fremdnutzungszuschlag zu berücksichtigen sein wird, den der Erbbaurechtsausgeber verlangen kann, da das Objekt zur Eigennutzung herausgegeben worden war. Die erhöhten Bewirtschaftungskosten, die sich aus dem Fremdnutzungszuschlag ergeben, führen zu einem reduzierten Ertragswert, wobei allerdings auf dem Immobilienmarkt kaum zu beobachten ist, daß entsprechend sich auch die Werte reduzieren. Deshalb ist ein gewisser Ausgleich zu beachten, indem der Liegenschaftszinssatz angepaßt wird.

Ich lege zusammengefaßt auch unter Berücksichtigung des Ergebnisses eigener diesbezüglicher Marktanalysen einen Zinsfuß von

2,5 %

der Ertragswertberechnung zugrunde.

Der guten Ordnung halber sei noch erwähnt, daß der örtlich zuständige Gutachterausschuß für Grundstückswerte keine aktuellen Liegenschaftszinssätze abgeleitet bzw. veröffentlicht hat.

8.4.4 Ertragswertberechnung

Nachhaltig erzielbarer Jahresrohertrag:	8.000,- €
- 27,5 % Bewirtschaftungskosten:	2.200,- €
- Erbbauzinsen	334,- €
- Fremdnutzungszuschlag*	368,- €
Jahresreinertrag des Erbbaurechts:	5.098,- €
- 2,5 % Verzinsung des Erbbaurechtswertes:	1.375,- €
Jahresreinertrag des Gebäudes:	3.723,- €

Der Jahresreinertrag des Gebäudes ist mit dem Vervielfältiger (VV) 23,14 zu multiplizieren, der sich bei Ansatz eines 2,5 %igen Liegenschaftszinssatzes und einer Restnutzungsdauer von 35 Jahren nach der Rentenbarwertformel ergibt:

$$VV = \frac{q^n - 1}{q - 1} \times \frac{1}{q^n}$$

$$q = 1 + \frac{p}{100}$$

p = Liegenschaftszinssatz

n = Restnutzungsdauer

3.723,- € × 23,14	=	86.000,- €
zzgl. Erbbaurechtswert (8.2):	=	55.000,- €
Ertragswert-Zwischenwert:		141.000,- €
- Abschlag wg. Investitionsbedarf (siehe 7.8 und 8.2.4)	=	6.000,- €
Ertragswert:		135.000,- €

* Der Fremdnutzungszuschlag resultiert aus dem § 10 des Erbbaurechtsvertrages vom 21. Juni 1966 (UR 55/66, Notar Dr. XXXX XXXXXX), in dem geregelt ist, daß das Objekt der Eigennutzung zu dienen hat. Die Bürgerschaft der Hansestadt Lübeck hat durch Beschluß vom 30. September 1993 festgelegt, daß bei vergleichbaren Erbbaurechten ein Fremdnutzungszuschlag von mtl. 60,- DM zu zahlen ist. Daraus resultiert auf das Jahr gerechnet ein Fremdnutzungszuschlag in Höhe von 720,- DM bzw. 368,- €. Der Fremdnutzungszuschlag ist insoweit höher als der Erbbauzins, ob dieses rechtlich nachhaltig durchsetzbar

ist, vermag der Sachverständige nicht zu beurteilen. Dem Sachverständigen ist - ohne Gewähr - nicht bekannt, ob diese Frage auch bislang einmal gerichtlich überprüft wurde. Der Sachverständige geht in seinem Gutachten davon aus, daß der Fremdnutzungszuschlag auch in dieser Höhe weiter seine Berechtigung haben wird.

8.5 Vergleichsverfahren

8.5.1 Allgemeines

Der Sachverständige hat folgend 7 Kaufpreise von Einfamilienhäusern aus Lübeck aufgelistet. Die im folgenden Tableau aufgeführten Kaufpreise habe ich einer Kaufpreissammlung entnommen, die mehrere hundert Kaufpreise umfaßt. Bei der Selektion habe ich mich bemüht, weitestgehend auf Vergleichbarkeit mit dem Bewertungsobjekt zu achten.

Es handelt sich um im Jahr 2001 getätigte Kaufpreise von Einfamilienhäusern, und zwar ausschließlich um Erbbaurechte. Die Objekte befinden sich überwiegend in etwa vergleichbaren Lagen (z.B. im Normannenweg oder in der Straße Am Koppelbarg, tlw. auch in der Buchstabensiedlung). Objekte mit besonderen Vor- oder Nachteilen (z.B. Grundstücke mit Wasseranstoß oder Wasserblick) haben keine Berücksichtigung gefunden. Die Objekte sind überwiegend unterkellert und mit einer Garage ausgestattet.

Bei der Auswahl der Vergleichsobjekte habe ich nur solche herangezogen, bei denen die Baujahre bzw. Bebauungsstrukturen tendenziell einen Vergleich zulassen. Auch wurden nur Objekte berücksichtigt, die von der Dimensionierung her durchschnittlich etwa vergleichbar sind: extrem kleine oder große Objekte wurden deshalb ausgeschlossen. Auch bezüglich der Beschaffenheit wurde auf Vergleichbarkeit - soweit möglich - geachtet.

So ist festzustellen, daß im Durchschnitt - zumindest tendenziell - eine gewisse Vergleichbarkeit gegeben ist, obwohl es sich naturgemäß bei sämtlich verkauften Objekten um Individ-

ualobjekte handelt.
Die Kaufpreise sind zwar nur bedingt repräsentativ, können dennoch aus sachverständiger Sicht zur Wertfindung beitragen. Sieben „schlechte" Kaufpreise sind besser als gar keine Vergleichspreise.

8.5.2 Vergleichspreise

Lfd.Nr.	Kaufpreis €	Wfl. / Areal m²	Baujahr	Kaufpreis €/m²	Verkaufsjahr
1	138.000,-	140 / 820	1958	986,-	2001
2	138.000,-	73 / 548	1961	1.890,-	2001
3	179.000,-	93 / 677	1964	1.925,-	2001
4	179.000,-	135 / 897	1963	1.326,-	2001
5	161.000,-	90 / 928	1960	1.789,-	2001
6	110.000,-	75 / 850	1950	1.467,-	2001
7	138.000,-	65 / 618	1964	2.123,-	2001

8.5.3 Bandbreite der Kaufpreise

986,- €/m² bis 2.123,- €/m²

8.5.4 Auswertung der verbesserten Kaufpreise
Arithmetisches Mittel als Tendenzwert:

$$\overline{x} = \frac{\sum x_i}{n}$$

$$\overline{x} = \frac{11.506,- €}{7} = 1.644,- €/m^2 \text{ Wfl.}$$

Einzelpreise, die den Mittelwert um mehr als ± 20 % überschreiten, sind üblicherweise als Extremwerte („Ausreißer") auszusondern, da bei kleineren Stichproben Extremwerte das Ergebnis einseitig verzerren können.

Da die hier vorliegende Stichprobe nicht vollständig homogen ist, halte ich eine Vergrößerung der Variationsbreite von ± 20 % auf ± 33,3 % für sachgerecht:

1.096,- €/m² Wfl. bis 2.192,- €/m² Wfl.

Es ist demzufolge festzustellen, daß der Kaufpreis lfd. Nr. 1 außerhalb der Variationsbreite liegt, so daß dieser Kaufpreis als Extremwert zu eliminieren ist.

8.5.5 Arithmetisches Mittel ohne Extremwert

$$\overline{x}_2 = \frac{11.506,- €/m^2 - 986,- €/m^2}{7 - 1} = 1.753,- €/m^2$$

8.5.6 Statistische Prüfmaße

Je nach Anzahl und Streuung der Daten einer Stichprobe ergibt sich eine unterschiedliche Qualität bezüglich des Mittelwertes. Es sind verschiedene Prüfmaße für die Qualität einer Stichprobe entwickelt worden, von denen ich hier die Standardabweichung, den Mittleren Fehler des Mittels und den Variationskoeffizienten berechne.

Standardabweichung (Mittlerer Fehler eines Einzelwertes):

$$s_x = \sqrt{\frac{\sum (x_i - \overline{x})^2}{n - 1}}$$

$$s_x = \pm\ 300,-\ €/m^2$$

Mittlerer Fehler des Mittels:

$$s_{\overline{x}} = \frac{s_x}{\sqrt{n}}$$

$$s_{\overline{x}} = \pm\ 122,-\ €/m^2$$

Variationskoeffizient:

$$v = \frac{s_x}{\overline{x}} = \frac{\pm\ 300,-\ €/m^2}{1.753,-\ €/m^2} = \pm\ 0,171$$

Der Variationskoeffizient von ± 0,171 sagt aus, daß die Güte der Streuung als „recht bedenklich" zu werten ist. Daraus folgt, daß die Aussagekraft der angewandten Statistik nur begrenzt sein kann.

Ich verweise bezüglich des Variationskoeffizienten auch auf die Anlage 11 dieses Gutachtens.

8.5.7 Korrektur (Wohnfläche)

Die Kaufpreise €/m² Wfl. beziehen sich auf Häuser mit durchschnittlich 88 m² Wohnfläche. Wegen der Größe von 95 m² Wfl. beim Bewertungsobjekt ist ein kleiner Abschlag in Ansatz zu bringen. Die erforderliche Umrechnung nehme ich mittels Umrechnungskoeffizienten vor, die sich aus der Abhängigkeit der Miethöhe und der Wohnungsgröße ergeben. Diese Umrechnungskoeffizienten sind hilfsweise auch bei der Kaufpreisumrechnung wegen abweichender Wohnflächen ansetzbar. Mittels folgender Gleichung lassen sich die Umrechnungskoeffizienten errechnen:

$$y = 2{,}9526\ x^{-0.2351}$$

y = Umrechnungskoeffizient

x = Wohnfläche

Ich verweise auch auf meine diesbezügliche Veröffentlichung [10].

Umrechnungskoeffizient bei 95 m² : 1,0121

Umrechnungskoeffizient bei 88 m² : 1,0305

$$1.753,\text{-}\ €/m^2 \times \frac{1{,}0121}{1{,}0305} = 1.722,\text{-}\ €/m^2\ \text{Wfl.}$$

Bandbreite unter Beachtung des Mittleren Fehlers des Mittels:

1.600,- €/m² bis 1.844,- €/m²

Multipliziert mit 95 m² Wfl.:

152.000,- € bis 175.000,- €

Es ist hier nochmals zu bemerken, daß zahlreiche Einflußgrößen nicht berechenbar sind. Auch ist die aktuelle konjunkturelle Entwicklung und „Schwäche" des Immobilienmarktes zu berücksichtigen.

Im Regelfall wäre der Verkehrswertzwischen 135.000,- und 155.000,- € in Ansatz zu bringen.

10. Verkehrswert unter Berücksichtigung des Mietvertrages
Es ist allerdings ergänzend bei der hier zu bewertenden Immobilie zu berücksichtigen, daß ein Mietvertrag besteht und insoweit ein Erwerber bzw. Ersteigerer des Objektes nicht ohne weiteres die freie Verfügbarkeit über das Objekt hätte. Da es sich um ein Teilungsversteigerungsverfahren handelt, ist gem. § 183 ZVG [38] das in § 57a ZVG vorgesehene Sonderkündigungsrecht des Erstehers ausgeschlossen. Der Umstand der Vermietung ist deshalb bei dem hier zu ermittelnden Verkehrswert zu berücksichtigen.

Da die Mehrzahl möglicher Nachfrager bei vergleichbaren Objekten diese unter Eigennutzungsaspekten erwerben, ergibt sich aus dem Umstand der Vermietung eine erschwerte Verkäuflichkeit, d.h. eine zusätzliche Wertminderung. Gesicherte Erkenntnisse über die Höhe des erforderlichen Abschlages liegen jedoch nicht vor. Wenn man von den Konditionen des bestehenden Mietvertrages ausgeht und unterstellt, daß am 31. Mai 2010 das Mietverhältnis beendet sein wird, hat dieses zur Folge, daß auf einen Zeitraum von 8 Jahren bezogen das Einfamilienhaus vom „normalen" Teilmarkt der (unvermieteten) Einfamilienhäuser ausgeschlossen ist. Man könnte den Verkehrswert (angenommen 150.000,- €) auf einen Zeitraum von 8 Jahren diskontieren und den Betrag um den kapitalisierten Reinertrag der Mieteinnahmen erhöhen. Bei dieser Überlegung ist dann allerdings nicht mit dem Liegenschaftszinssatz von 2,5 % zu rechnen, sondern mit einem höheren Liegenschaftszinssatz, da es sich um einen anderen

Es ist hier nochmals zu bemerken, daß zahlreiche Einflußgrößen nicht berechenbar sind. Auch ist die aktuelle konjunkturelle Entwicklung und „Schwäche" des Immobilienmarktes zu berücksichtigen.

Im Regelfall wäre der Verkehrswertzwischen 135.000,- und 155.000,- € in Ansatz zu bringen.

10. Verkehrswert unter Berücksichtigung des Mietvertrages

Es ist allerdings ergänzend bei der hier zu bewertenden Immobilie zu berücksichtigen, daß ein Mietvertrag besteht und insoweit ein Erwerber bzw. Ersteigerer des Objektes nicht ohne weiteres die freie Verfügbarkeit über das Objekt hätte. Da es sich um ein Teilungsversteigerungsverfahren handelt, ist gem. § 183 ZVG [38] das in § 57a ZVG vorgesehene Sonderkündigungsrecht des Erstehers ausgeschlossen. Der Umstand der Vermietung ist deshalb bei dem hier zu ermittelnden Verkehrswert zu berücksichtigen.

Da die Mehrzahl möglicher Nachfrager bei vergleichbaren Objekten diese unter Eigennutzungsaspekten erwerben, ergibt sich aus dem Umstand der Vermietung eine erschwerte Verkäuflichkeit, d.h. eine zusätzliche Wertminderung. Gesicherte Erkenntnisse über die Höhe des erforderlichen Abschlages liegen jedoch nicht vor. Wenn man von den Konditionen des bestehenden Mietvertrages ausgeht und unterstellt, daß am 31. Mai 2010 das Mietverhältnis beendet sein wird, hat dieses zur Folge, daß auf einen Zeitraum von 8 Jahren bezogen das Einfamilienhaus vom „normalen" Teilmarkt der (unvermieteten) Einfamilienhäuser ausgeschlossen ist. Man könnte den Verkehrswert (angenommen 150.000,- €) auf einen Zeitraum von 8 Jahren diskontieren und den Betrag um den kapitalisierten Reinertrag der Mieteinnahmen erhöhen. Bei dieser Überlegung ist dann allerdings nicht mit dem Liegenschaftszinssatz von 2,5 % zu rechnen, sondern mit einem höheren Liegenschaftszinssatz, da es sich um einen anderen mehr oder weniger begrenzten Teilmarkt mit deutlich geringerer Nachfrage als bei dem der mietvertragsfreien Einfamilienhäuser handelt. Die geringere Nachfrage bewirkt nach dem Gesetz von Angebot und Nachfrage eine Reduzierung des Wertes, der durch eine Erhöhung des Liegenschaftszinssatzes ausgeglichen werden kann. Der Sachverständige hält als Rechenzins z.B. 5 % für vertretbar, muß allerdings darauf hinweisen, daß gesicherte Erkenntnisse bezüglich dieser Frage nicht vorliegen. Bei einem Ansatz von 5 % ist dann wie folgt rechnerisch zu verfahren:

Verkehrswert: 150.000,- €
Diskontfaktor bei 5 % und
8 Jahren: $1{,}05^{-8} = 0{,}6768$

150.000,- € × 0,6768	=	102.000,- €
Reinertrag des Erbbaurechts: jährlich 5.432,- € Vervielfältiger mit 5 % und 8 jähriger Laufzeit: 6,46		
5.432,- € × 6,46	=	35.000,- €
		137.000,- €
Abschlag wg. Investitionsbedarf		6.000,- €
Reduzierter Verkehrswert:		131.000,- €

Abschlagsreduzierend ist dem Umstand Rechnung zu tragen, daß die derzeitig vereinbarte Miete etwas höher liegt als der Mietertrag, der als nachhaltig erzielbar der Ertragswertberechnung zugrunde gelegt wurde. Wie zuvor schon formuliert, läßt sich die Abschlagshöhe jedoch nicht exakt berechnen. Unter Bezugnahme auch auf allgemeines Erfahrungswissen und auch einige Veröffentlichungen in der Fachliteratur zu dieser Thematik wird ein Abschlag in einer Größenordnung von 10 bis 15 % für durchaus marktgerecht erkannt. Unter Berücksichtigung dieser Ansätze ist von einer Bandbreite auszugehen, die etwa zwischen

128.000,- € und 135.000,- €

zu erwarten ist.

Diese Überlegungen führen zu einer Bandbreite, in der sich auch das Ergebnis des Rechenmodells befindet, das zuvor angewendet wurde. Es muß hier allerdings nochmals darauf hingewiesen werden, daß zahlreiche Unwägbarkeiten gegeben sind, da z.B. die Mieter möglicherweise vorzeitig auszugswillig sein könnten oder aber auch, daß die Mieter eine weitere Verlängerung des Mietvertrages verlangten. Da vermietete Einfamilienhäuser nur in relativ geringer Zahl auf dem Immobilienmarkt gehandelt werden, lassen sich - zumindest im Großraum Lübeck - keine gesicherten Erkenntnisse gewinnen über die möglichen Abschlagshöhen, so daß dessen Quantifizierung letztendlich nur im Schätzwege vorgenommen werden kann.

Bei freier Abwägung aller Vor- und Nachteile *schätzt* der Sachverständige den Verkehrswert des Bewertungsobjektes - als vermietetes Objekt - auf

130.000,- €
(Einhundertdreißigtausend EURO)

Ob Grenzüberschreitungen stattgefunden haben, habe ich nicht überprüft. Die Garage ist katasteramtlich nicht erfaßt.

Ich gehe davon aus, daß Altlasten (z.B. Bodenverunreinigungen) nicht vorhanden sind.

Belastungen im Grundbuch (Abt. II) haben in diesem Gutachten Berücksichtigung gefunden (Erbbaurecht) oder sind als nicht wesentlich wertrelevant zu qualifizieren (Vorkaufsrecht). Der Zwangsversteigerungsvermerk und eine daraus möglicherweise resultierende Wertminderung sind in diesem Gutachten nicht zu berücksichtigen.

Eine Baugrundanalyse wurde nicht vorgenommen oder veranlaßt. Der Sachverständige geht von normalen Baugrundverhältnissen aus.

Im Baulastenbuch liegen lt. mündlicher Mitteilung der zuständigen Behörde keine Eintragungen vor. Der Sachverständige geht deshalb von einem lastenfrei Baulastenbuch aus.

Nähere Angaben zur Identität der Vergleichswohnungen kann ich unter Hinweis auf Vertrauens- und Datenschutz nicht machen. Ich verweise diesbezüglich auch auf § 203 StGB sowie § 15 der Sachverständigenverordnung der IHK Lübeck. Da mein Gutachten auf statistisch erfaßtes Tatsachenmaterial aufbaut, teilanonymisiere ich gemäß Beschlüssen [15], [16] des Bundesverfassungsgerichts - wie z.B. auch ein Mietspiegelersteller - die Befundtatsachen.

Gerichtlich bestellter
Sachverständiger:

....
(Streich)

Anlagen:

Anlage 1	- Seite 34:	Ausschnitt Kreiskarte	1 : 100.000
Anlage 2	- Seite 35:	Stadtplanausschnitt	1 : 21.000
Anlage 3	- Seite 36:	Katasterlageplan	1 : 1.000
Anlage 4	- Seite 37:	Bauzeichnung, KG	
Anlage 5	- Seite 38:	" ", EG	
Anlage 6	- Seite 39:	" ", DG	
Anlage 7	. Seite 40:	Gebäudeschnitt	
Anlage 8	- Seite 41:	Umbauter Raum	
Anlage 9	- Seite 42:	Wohnflächenberechnung	
Anlage 10	- Seite 43:	Instandhaltungskostenermittlung	
Anlage 11	- Seite 44:	Hinweise zur stat. Auswertung	
Anlage 12	- Seite 45:	Fundstellenhinweise	

Anlage A - Seite 46:
- H - 53: 15 Fotos

Immobilienfachleute waren, sind und werden sich auch in der Zukunft nicht einig sein, wie der Bodenwert eines bebauten Grundstücks zu bemessen ist. Das BauGB [1] führt in § 196 (1) u.a. aus:

„in bebauten Gebieten sind Bodenrichtwerte mit dem Wert zu ermitteln, der sich ergeben würde, wenn der Boden unbebaut wäre".

Aus der zitierten Formulierung schließen zahlreiche Wertermittler, dass auch bei der individuellen Begutachtung eines bebauten Grundstücken der Bodenwert so anzusetzen wäre, als wenn das Grundstück unbebaut wäre. Dieser im Schrifttum vorherrschenden Auffassung kann ich mich allerdings nicht anschließen, da hier Daten aus unterschiedlichen Teilmärkten miteinander vermischt werden, die aufgrund unterschiedlicher Marktmechanismen jedoch differenziert zu betrachten sind. Eine solche Vorgehensweise steht nicht im Widerspruch zu den gesetzlichen Normierungen, da das Abstellen auf den gewöhnlichen Geschäftsverkehr individuelle Interpretationen zulässt.

Bei der Mehrzahl der Verkaufsfälle von bebauten Grundstücken werden die Kaufpreise als Gesamtpreis ausgehandelt. Die Marktteilnehmer (Verkäufer und Käufer) machen sich in der Regel überhaupt keine Gedanken darüber, wie groß wohl der Bodenwert- und andererseits der Gebäudewertanteil am Gesamtwert sein mag. Die Marktteilnehmer „feilschen" am Markt und Angebot und Nachfrage bestimmen bekanntlich den Preis. Nur in einer verschwindend geringen Anzahl von Kauffällen, möglicherweise dort, wo auch professionelle Verkäufer und Käufer den Markt bestimmen, sind andere Vorgehensweisen und Preisbildungen denkbar. Bei der großen Vielzahl der Verkäufe, insbesondere „normaler" Grundstücke (Reihen-, Siedlungs-, Einfamilien-, kleine Mietwohnhäuser usw.), spielt die theoretische Aufteilung in Boden- und Gebäudewert am Markt keine Rolle. Bei Eigentumswohnungen wird dieses noch deutlicher, denn hier hat sich völlig unstrittig als alleiniger Vergleichsmaßstab der Preis pro m² Wfl. (incl. theoretischem Bodenwertanteil) herauskristallisiert.

Da die Nachfrager nach unbebauten Grundstücken einem anderen Teilmarkt zuzuordnen sind als die Nachfrager nach bebauten Grundstücken, ist es nicht verwunderlich, dass sich hier sehr unterschiedliche Marktmechanismen entwickeln können. Im Großraum Lübeck kann aktuell beobachtet werden, dass im Teilmarkt der bebauten Grundstücke – zumindest überwiegend – Preisrückgänge bzw. Stagnation die Preisentwicklung bestimmen. Bei unbebauten Grundstücken wurden dagegen nach wie vor Preissteigerungen festgestellt, so dass schon dadurch deutlich wird, dass es sich hier um verschiedene Teilmärkte mit unterschiedlichen Marktmechanismen handelt. Wenn nun der Bodenwert eines unbebauten Grundstücks – unkritisch – in die Begutachtung eines bebauten Grundstücks übernommen wird, sind Verzerrungen nicht auszuschließen. Ich halte deshalb die Differenzierung der Bodenwerte nach bebauten und unbebauten Grundstücken nach wie vor für erforderlich. VOGELS führt hierzu aus:

'Es ist zwar einfach, sachlich jedoch nur in Ausnahmefällen richtig, bei der Bodenwertermittlung zu unterstellen, dass das Grundstück unbebaut wäre. Diese Ausnahmen beschränken sich auf Neubauten, durch die ein Grundstück optimal ausgenutzt wird. Bei Grundstücken mit Altbauten liegt der Bodenwert i.d.R. niedriger als bei vergleichbaren unbebauten Grundstücken.

Gewerbe- und Industriegrundstücke dürfen niemals mit benachbarten Wohn- oder Geschäftsgrundstücken verglichen werden, wenn die Bausubstanz noch berücksichtigt werden soll. Wo nach Abbruch der vorhandenen Bebauung eine höherwertige Nutzung möglich ist, sollten zwei Berechnungen durchgeführt werden. Einmal ermittelt man den Bodenwert unter Berücksichtigung der vorhandenen Nutzung und addiert hierzu den Wert der Aufbauten, und zum anderen berechnet man den Bodenwert aufgrund der höherwertigen Nutzung, zieht jedoch von diesem Wert die Abbruch- und Aufschließungskosten ab. Der höhere Wert sollte zur Ableitung des Verkehrswertes benutzt werden.“ [34]

Das Problem der Bodenwerte unbebauter und bebauter Grundstücke zeigt sich sehr deutlich, wenn man als Sachverständiger den Auftrag erhält, zwei nebeneinanderliegende Grundstücke zu begutachten, wobei eines unbebaut und das andere bebaut ist. Der Planausschnitt mit den Grundstücken A und B bezieht sich auf ein reines Wohngebiet in einem Stadtteil von Lübeck, etwa 4 km vom Stadtzentrum (Lübecker Altstadt) entfernt.

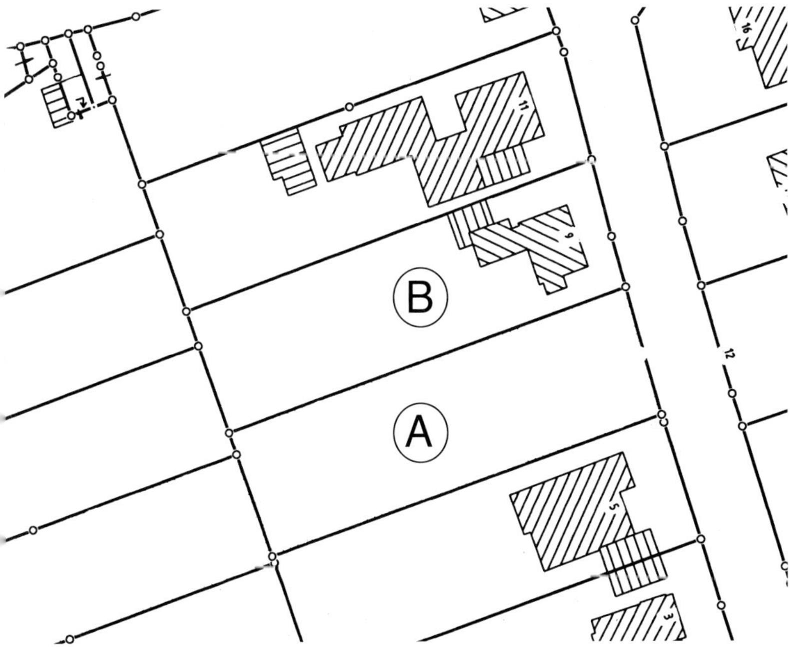

Der Bodenwert für das unbebaute Grundstück (Grundstück A) kann nicht ohne „Dämpfung“ auf das Grundstück B übertragen werden, sofern man dieses als bebautes Grundstück bewerten will, denn hier handelt es sich um eine relativ einfache Bebauung, die eher als siedlungshaustypisch charakterisiert werden kann. Wenn man nun die Bodenrichtwerte aus anderen Siedlungshausgebieten – mit ähnlicher Entfernung zur Stadtmitte – heranzieht, lässt sich feststellen, dass die dortigen Bodenwerte niedriger (z.B. 120,– €/m²) liegen als in dem hier fraglichen Bereich. Die Differenz zwischen 120,– und 155,– €/m² beträgt 22,5 % (bezogen auf den höheren Wert gerechnet), so dass ein Abschlag in einer Größenordnung von 10 - 20 % durchaus sachgerecht erscheint. Durch einen solchen Abschlag würde sich eine gewisse Bodenwertdämpfung ergeben, ohne dass der Lagevorteil, der sich aus dem fraglichen Gebiet ergibt, völlig eliminiert worden wäre. Das Grundstück A ist unbebaut und wurde anhand von Vergleichspreisen, die für andere unbebaute Grundstücke in Lübeck aktuell vereinbart worden sind, mit 135.000,– € bewertet. Dieser – für Lübecker Verhältnisse recht hohe Bodenwert – wird von Interessenten gezahlt, die dann dieses Grundstück mit einem modernen Ein- oder Zweifamilienhaus bebauen und 250.000,– 300.000,– oder sogar 350.000,– € für den Neubau zu investieren bereit sind. Dieses sind andere Marktteilnehmer als die, die beispielsweise am Erwerb des Grundstücks B Interesse hätten, denn dort handelt es sich um ein Siedlungshaus, das durch zahlreiche Um- und Anbauten erweitert, umgestaltet und teilmodernisiert worden ist. Selbst wenn weitere Modernisierungen vorgenommen werden, wird man niemals bei den Baulichkeiten auf dem Grundstück B eine solche Qualität erreichen, wie sie bei einem Neubau auf dem Grundstück A realisiert werden kann: trotz aller nachträglichen Investitionen werden die Baulichkeiten auf dem Grundstück B nur bedingt heutigen gehobenen Wohnansprüchen gerecht werden. Der Grundriss, die Raumhöhen, die Fenstergrößen sind in vielen Bereichen nicht veränderlich und wenn, dann immer nur in Teilaspekten. Die Nachfrager, die das unbebaute Grundstück A zu kaufen gedenken und dafür 135.000,– € ausgeben, um dann noch einen weiteren erheblich größeren Betrag für einen Neubau zu investieren, sind, wie bereits erwähnt, andere Nachfrager als die, die eine Gebrauchtimmobilie (Siedlungshausbebauung) erwerben. Etwas blumig formuliert kann sogar gesagt werden, dass die Nachfrager nach dem Grundstück A andere Verhaltensweisen entwickeln, andere Kleidung tragen, andere Autos fahren und tlw. sich sogar eines anderen Wortschatzes bedienen als die Erwerber, die ein Siedlungshaus erwerben, um dieses dann weiter um- und auszubauen (möglicherweise auch in Eigenleistung durch „Muskelhypothek“). In den unterschiedlichen Teilmärkten entwickeln sich unterschiedliche Marktmechanismen und deshalb ist es erforderlich, dass auch bei der Bodenwertermittlung differenziert vorgegangen werden muss, so wie dieses auch von VOGELS formuliert wurde.

Anhand theoretischer Rechenmodelle kann der Bodenwert bei bebauten Grundstücken aus Kaufpreisen abgeleitet werden. Mit verschiedenen (in sich logischen) Modellen kann allerdings nahezu jeder Bodenwertanteil in beliebiger Höhe errechnet werden, wobei der Nachweis durch den Grundstücksmarkt nicht erbracht werden kann, da sich die Kaufpreise bebauter

Grundstücke – wie zuvor bereits formuliert – en bloc bilden (d.h. nicht aufgesplittet nach Boden- und Gebäudewertanteilen).

In guter Wohnlage erwirbt ein Bauwilliger einen Einfamilienhaus-Bauplatz für 150.000,– €. Es wird ein aufwendiges Einfamilienhaus für 300.000,– € erstellt.

Unterstellt man, dass die Baukosten angemessen (Normalherstellungskosten) waren, ergibt sich ein Sachwert von 450.000,– €.

Aufgrund der örtlichen Marktlage dürfte diese Immobilie z.B. nur für 380.000,– € veräußerlich sein.

Extrem 1:	Verkehrswert	380.000,– €
	- Gebäudesachwert	300.000,– €
	Bodenwert	80.000,– €

Extrem 2:	Verkehrswert	380.000,– €
	- Bodenwert, unbebaut	150.000,– €
	Gebäudesachwert	230.000,– €

Die in den Finanzverwaltungen übliche Praxis führt schon zu überzeugenderen Ergebnissen:

Bodenwertanteil des bebauten Grundstücks, abgeleitet aus dem Verhältnis Verkehrswert: Bodenwert (mit Bodenwert unbebaut):

150.000,– € × 380.000,– € ÷ 450.000,– € = 127.000,– €

Eine andere Möglichkeit der Bodenwertermittlung bei bebauten Grundstücken wurde z.B. von HAGEDORN [35] angewandt. Bei diesem Rechenmodell findet die Tabelle über den Anteil des Bodenwertes am Gesamtwert zum Neubauzeitpunkt nach NAEGELI Anwendung [36], z.B.:

Bodenwert-Anteil BWA = 22 % (22 Punkte)
Baukosten-Anteil BKA = 78 % (78 Punkte)

Es liegt für ein bebautes, 400 m² großes Grundstück ein Kaufpreis von 230.000,– € vor.

Die Restnutzungsdauer des Gebäudes wird auf 30 Jahre geschätzt. Bezüglich der Gesamtnutzungsdauer wird von z.B. 100 Jahren ausgegangen.
Altbau (nach 70 Jahren bei 100 Jahren Gesamtnutzungsdauer, lineare Wertminderung wegen Alters WwA):

BKA 78 Punkte reduziert um 70 % WwA = 23,4 Punkte (lineare Abschreibung)

Altbau:	BWA 22,0 Punkte	=	48,5 %
	BKA 23,4 Punkte	=	51,5 %
	45,4 Punkte		100,0 %

Bei einem Kaufpreis von z.B. 230.000,– € für ein 400 m² großes Grundstück errechnet sich der Bodenwert wie folgt:

Kaufpreis: 230.000,– € × 0,485 = 111.550,– €
111.550,– € ÷ 400 m² = 279,– €/m²

Das Ergebnis dieser Analyse weicht erheblich ab, wenn man sich nicht für eine lineare, sondern z.B. für die ROSS'sche Abschreibung entscheidet:
BKA 78 Punkte reduziert um 59,5 % WwA = 31,6 Punkte

Altbau:	BWA 22,0 Punkte	=	41,0 %
	BKA 31,6 Punkte	=	59,0 %
	53,6 Punkte		100,0 %

Kaufpreis: 230.000,– € × 0,41 ÷ 400 m² = 236,– €/m²

Je nach Rechenmodell können unterschiedliche Bodenwerte „nachgewiesen" werden. Die unterschiedlichen Bodenwerte können auch damit begründet werden, dass nur bei unbebauten Grundstücken der Erwerber die freie Verfügbarkeit über das Grundstück besitzt und im Rahmen der Rechtsnormen individuell ein Gebäude gestalten kann, während bei einem bebauten Grundstück die freie Verfügbarkeit, solange das vorhandene Gebäude nicht abgerissen wird, nicht gegeben ist.Auch die Kaufpreise von Eigentumswohnungen können mit zur Begründung differenzierter Bodenwerte herangezogen werden. Üblicherweise unterscheidet man in Kaufpreissammlungen bei Eigentumswohnungen zwischen Erstverkäufen und den Weiterverkäufen Die Erstverkäufe (vom Bauträger) führen in der Regel zu deutlich höheren Preisen (nach meinen Beobachtungen 10 - 20 %) als die Preise, die im gewöhnlichen Geschäftsverkehr gebrauchter, aber ansonsten neuwertiger Eigentumswohnungen erzielt werden. Bei der Ermittlung des Verkehrswertes einer Eigentumswohnung werden regelmäßig auch nur die Kaufpreise herangezogen, die im Weiterverkauf von Privat an Privat erzielt wurden Der Umstand, dass beim Erstverkauf höhere Preise erzielt werden, hat keine Auswirkung auf den Verkehrswert einer Eigentumswohnung, wenn die später dann begutachtet wird. Hier wird eine Parallele zum Sachwertverfahren deutlich, denn auch Sachwerte von Neubauten lassen sich häufig nicht auf dem Markt realisieren. Der Abschlag zwischen Erstverkaufs- und Weiterverkaufspreisen liegt, wie bereits erwähnt, bei 10 bis 20 %, so dass auch hier ein Argument für eine Bodenwertreduzierung bei bebauten Grundstücken gefunden werden kann, da ansonsten die Preisdifferenz sich – zumindest theoretisch – alleine auf den Gebäudewertanteil niederschlagen würde.

Es soll hier nicht unerwähnt bleiben, dass der Gutachterausschuss für Grundstückswerte in der Hansestadt Lübeck in der Vergangenheit auch Bodenwerte für bebaute Grundstücke (gedämpfte Bodenwerte) abgeleitet hatte. Diese Vorgehensweise ist allerdings inzwischen aufgegeben worden. Bei der Richtwertermittlung per 31. Dezember 2000 wurden die ehemaligen Bodenwerte bebauter Grundstücke umgewandelt in Bodenwerte unbebauter Grundstücke, indem mehr oder weniger pauschal Zuschläge von etwa 15 % in Ansatz gebracht wurden. Dieses mag sicherlich kritisch hinterfragt werden, doch andererseits ist zu bemerken, dass es sich, egal wie man vorgeht, bei den Bodenrichtwerten in Teilbereichen, die überwiegend bebaut sind, immer um problematische Bodenwerte (Richtwerte) handeln wird, da, wie bereits erwähnt, Kaufpreise en bloc gestaltet werden und die Aufteilung in Boden- und Gebäudewert mehr theoretischer Natur ist.

Letztendlich spielt die Frage für die Bewertung, was das Endergebnis angeht, nur eine untergeordnete Bedeutung, wenn der Sachverständige seine Gutachten systemkonform durchrechnet. Wenn ein Sachverständiger Marktanalysen vornimmt und Kaufpreise und Sachwerte vergleicht, um daraus Marktanpassungsfaktoren abzuleiten, muss natürlich einheitlich vorgegangen werden und generell entweder mit bebauten (gedämpften) oder mit unbebauten Bodenwerten gerechnet werden. Eine gemischte Vorgehensweise würde zu nicht vertretbaren Verzerrungen innerhalb des Datenmaterials führen und insoweit die Aussagekraft einer Statistik reduzieren. Ich verweise insoweit auf die Anmerkung 8, wo über eine entsprechende Marktuntersuchung berichtet wurde. Die dort veröffentlichte Gleichung ist abgestellt auf die Bodenwerte bebauter Grundstücke (gedämpfte Bodenwerte), so dass diese Gleichung von anderen Kolleginnen und Kollegen nur angewendet werden könnte, wenn auch diese entsprechende Vorgehensweisen für marktgerecht halten. Bei der Mehrzahl der Bewertungsfälle von bebauten Grundstücken handelt es sich – zumindest beim Ertragswertverfahren – um eine rein akademische Frage ohne praktische Bedeutung, da das Ergebnis einer Ertragswertberechnung bei Objekten mit längerer Restnutzungsdauer (z.B. 50 Jahre) praktisch bodenwertneutral ist. In der Regel ist es demzufolge unerheblich, mit welchem Bodenwert (bebaut oder unbebaut) gerechnet wird, aber es treten nicht selten Bewertungsfälle auf, wo mit gedämpften Bodenwerten eine Ertragswertberechnung sinnvoll gerechnet werden kann, und zwar immer dann, wenn ein hoher Bodenwert (Bodenwert unbebauter Grundstücke) zu einem negativen Gebäudeertragsanteil führen würde.

Schließlich ist generell mit gedämpften Bodenwerten zu arbeiten, wenn das Vergleichswertverfahren angewendet wird und beispielsweise 15 Kaufpreise vergleichbarer Einfamilienhäuser gefunden werden, die, was die Lage-, Ausstattungs- und Strukturqualität angeht, vergleichbar sind, jedoch im Durchschnitt z.B. nur 700 m² groß sind, während das zu bewertende Objekt z.B. 1.000 m² Größe aufweist. Erfahrungsgemäß wirkt sich die Zunahme der Grundstücksfläche nur sehr maßvoll auf den Verkehrswert aus und es wäre hier völlig marktfern, die Differenz zwischen 700 und 1.000 m² in voller Höhe mit dem Bodenwert unbebauter Grundstücke zu korrigieren: hier wäre eine Dämpfung unverzichtbar, da sonst der Vergleichswert den Immobilienmarkt nicht marktkonform widerspiegelte („*Man wird weiter feststellen, dass die Grundstücksgröße am Markt nicht die Rolle spielt, die ihr das Sachwertverfahren beimisst ...*“ [39]).

Trotz aller Bewertungsunsicherheiten, die aber ja auch in anderen Bewertungsbereichen unvermeidbar sind, sollte der Bodenwert bebauter Grundstücke nicht unkritisch aus der Marktsituation unbebauter Grundstücke übernommen werden.

Die Differenzierung des Bodenwertes nach bebauten und unbebauten Grundstücken und die unterschiedlichen Teilmärkte ergeben sich auch deutlich aus den anliegenden Kurven, die aus dem RDM-Preisspiegel der Hansestadt Lübeck abgeleitet wurden.

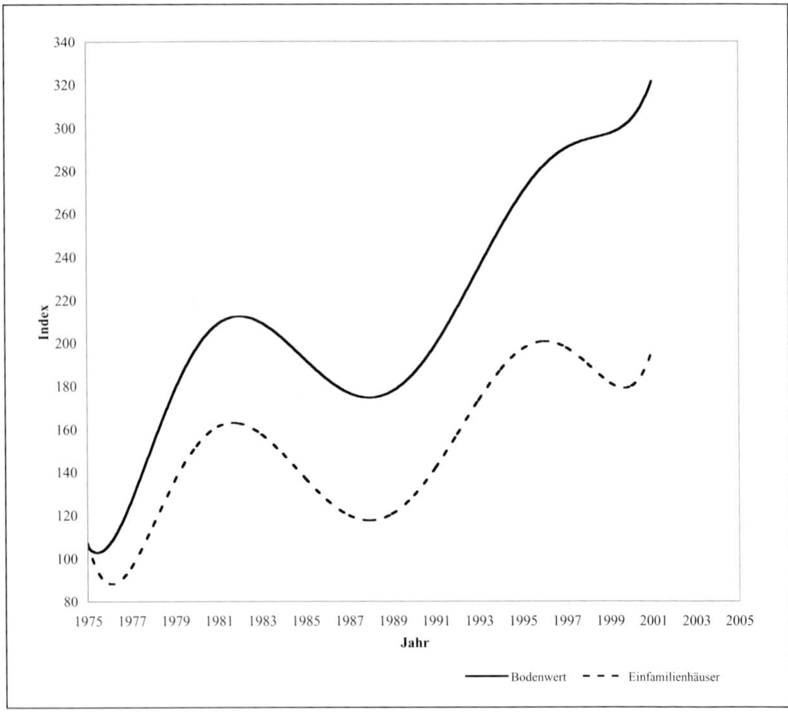

Erbbaurechtswert – Anm. 10

Bei der Bewertung des Erbbaurechts ist es erforderlich, dass der Sachverständige sämtliche den Erbbauvertrag betreffende Information einholt. Einsicht in die Erbbaugrundbuchakte alleine reicht nicht aus. Zusätzlich ist also auch die Handakte auf wertrelevante Informationen zu überprüfen. Auch schuldrechtliche Vereinbarungen sind zu würdigen. Bei komplizierten Vertragsgestaltungen kann es sehr zeitaufwendig sein, bis alle erforderlichen Vereinbarungen gefunden wurden. Falls irgendwelche Verträge oder Informationen nicht vollständig beschafft werden konnten, ist dieses im Gutachten zu vermerken. Das Hauptproblem bei der Bewertung von Erbbaurechten liegt m.E. darin, dass die in den WertR [6] niedergelegten Vorgaben (Nr. 5.2.2.3.1) häufig zu nicht marktgerechten Werten führen. Die Berechnung des Zinsvorteils kann für sich alleine schon problematisch sein, sofern der Sachverständige in einem Ort zu agieren hat, wo Erbbaurechte nicht zur Normalität des Marktes gehören.

Zunächst ist die Frage zu beantworten, wie hoch üblicherweise der Erbbauzins überhaupt anzunehmen ist. Dieses kann letztendlich nur durch örtliche Recherchen oder Schätzungen beantwortet werden, denn auch die Fachliteratur kann hier nicht weiterhelfen. VOGELS [40] führt z.B. auf, dass bei Wohngrundstücken (Einfamilienhausobjekte) der übliche Erbbauzins zwischen 4,5 und 5,0 % liegt. KLEIBER [41] dagegen gibt Hinweise auf eine Bandbreite von 2,0 bis 3,0 %. ALTMEPPEN [42] hat einen Zinsfuß von 4 % mitgeteilt. Hier wird deutlich, dass örtliche Recherchen unumgänglich sind, da offenbar die örtlichen Gegebenheiten doch sehr unterschiedlich sind.

Wenn nun der Zinsvorteil in Bezug auf die Restlaufzeit des Erbbaurechtes kapitalisiert wird, ist generell mit dem gleichen Zinsfuß zu rechnen, der auch als üblicher Erbbauzins angewandt wurde. Wenn hier unterschiedliche Zinssätze Anwendung fänden (z.B. der Liegenschaftszinssatz eingeführt würde), könnte das zu einem Kuriosum führen, dass sich der Erbbaurechtswert höher als der Bodenwert errechnet.

Der kapitalisierte Zinsvorteil ist mit einem Wertfaktor zu multiplizieren, der die Nachteile des Erbbaurechts gegenüber Eigentum ausgleichen soll. Hier ist z.B. an nicht auszuschließende Vermögensverluste zu denken, wenn der Erbbaurechtsvertrag vorsieht, dass bei Beendigung des Erbbaurechts nur ein Teilwert (z.B. 2/3) des Verkehrswertes (bzw. – wie häufig formuliert wird – des gemeinen Wertes) zu entschädigen ist. Auch die erschwerte Beleihbarkeit durch Kreditinstitute und Beschränkungen in der Verfügbarkeit (z.B. Beleihungsgenehmigungen durch den Erbbaurechtsausgeber) sind hier zu berücksichtigen.

Die WertR empfehlen eine Schätzung des Wertfaktors zwischen 0,3 und 0,8. Diese große Spanne ermöglicht eine mathematisch exakte, dennoch möglicherweise unsinnige Berechnung fast jeden beliebigen Ergebnisses.

Die WertR empfiehlt deshalb zu Recht, dass die Wahl des Wertfaktors zu begründen ist. Nahezu alle Wertermittler – auch eine sehr große Anzahl behördlicher Wertermittlungsstellen – ist jedoch nicht in der Lage, die erforderliche Begründung zu geben. Eine vom Hamburger Gutachterausschuss veröffentlichte Untersuchung kann hier möglicherweise weiterhelfen, insoweit verweise ich auf das Gutachten 3, wo die von VOGEL [37] veröffentlichte Untersuchung angewandt wurde. Die Begründung wird in vielen Fällen nur verbal möglich sein, d.h. auf mathematisch exakte Begründungen wird häufig zu verzichten sein.

Entscheidend bei der Wahl des Marktfaktors ist letztendlich die Marktlage in dem Ort bzw. in dem Teilmarkt, dem das zu bewertende Erbbaurecht zuzuordnen ist. Die Hansestadt Lübeck kann als eine Hochburg der Erbbaurechte bezeichnet werden, denn hier hat alleine schon die Hansestadt Lübeck über 12.000 Erbbaurechte im Laufe der Jahre herausgegeben. Unter Berücksichtigung noch anderer Erbbaurechtsausgeber schätze ich die Anzahl der Erbbaurechte im Großraum Lübeck auf mindestens 15.000 Objekte. Da Erbbaurechte im Großraum Lübeck relativ häufig anzutreffen sind, ergibt sich hier eine gewisse Normalität im Immobilienmarkt und eine höhere Akzeptanz von Erbbaurechten als dieses möglicherweise in Orten ist, wo diese als "Exoten" behandelt werden. Im Bereich der Hansestadt Lübeck lässt sich beobachten, dass bei Erbbaurechten mit noch längeren Restlaufzeiten (z.B. 35 bis 40 Jahre) und mit niedrigen Erbbauzinsen (z.B. 60,– € p.a.) die Kaufpreise solcher Erbbaurechte sich nicht signifikant unterscheiden von den Kaufpreisen von Eigentumsobjekten. Zwar wird zunehmend von Marktinsidern, insbesondere von Immobilienmaklern, beobachtet, dass Erbbaurechte sich zunehmend schwieriger verkaufen lassen, dass aber letztendlich doch noch ein Käufer gefunden wird, der dann den geforderten Preis bezahlt. Diese Preise weichen dann statistisch nicht signifikant von den Preisen der Eigentumsobjekte ab. Allerdings können sich größere Differenzen ergeben, wenn die Restlaufzeit nur noch relativ kurz ist und insoweit eine Beleihbarkeit des Erbbaurechtes mehr oder weniger unmöglich wird.

Schließlich ist auf den „Fremdnutzungszuschlag" hinzuweisen, so wie dieses in dem Gutachten Nr. 3, ABC-Straße 68, 23456 Lübeck dargestellt wurde. Der Erbbaurechtsvertrag ist, wie zuvor schon erläutert, sorgfältig zu studieren und es ist zu überprüfen, ob sich aus dem Erbbaurechtsvertrag eine Eigennutzungsverpflichtung ergibt. Wenn dieses der Fall ist, und das ist sehr häufig, kann der Erbbaurechtsausgeber möglicherweise eine Erhöhung des Erbbauzinses verlangen bzw. zzgl. zum Erbbauzins einen Fremdnutzungszuschlag fordern. Hier ist zu bemerken, dass im Bereich der Hansestadt Lübeck sich sogar die Bürgerschaft der Stadt mit diesem Problem beschäftigt und einen entsprechenden Beschluss gefasst hat, der nun für die Verwaltung verbindliche Wirkung hat. Dieses führt zu dem Kuriosum, dass wie in dem Bewertungsbeispiel, der Fremdnutzungszuschlag höher als der eigentliche Erbbauzins ist. Ob dieses Rechtens ist, kann ich nicht beurteilen. Mir ist auch nicht bekannt, dass diese Frage einmal gerichtlich überprüft wurde. Ich könnte mir vorstellen, dass eine gerichtliche Prüfung möglicherweise zu einer Korrektur der in Lübeck praktizierten Vorgehensweise führen könnte, da die Vertragspartner (Erbbaurechtsnehmer) gar nicht die

Möglichkeit des Aushandelns eines Fremdnutzungszuschlages haben, weil dieser durch den Beschluss der Bürgerschaft vorgegeben wird.

Entscheidend ist, und so soll dieser Hinweis hier verstanden werden, dass der Wertermittler das Problem erkennt und zumindest in dem Gutachten erläutert. Eine exakte rechnerische Lösung wird kaum möglich sein.

Das sorgfältige Analysieren des Erbbaurechtsvertrages ist auch deshalb unumgänglich, da geprüft werden muss, ob sich das Erbbaurecht auf die Erstellung *eines* Gebäudes erstreckt oder ob der Erbbaurechtsvertrag möglicherweise auch den Bau eines 2. oder weiteren Gebäudes zuließe. Wenn letzteres der Fall ist, würde, sofern die Bauleitplanung dieses hergibt, die aus der Bebauungsverdichtung resultierende Bodenwertsteigerung zumindest partiell auch dem Erbbaurechtsnehmer zufallen. Wenn das Erbbaurecht nur zur Erstellung *eines* Gebäudes herausgegeben wird, würde der größte Teil des Wertzuwachses beim Erbbaurechtsausgeber verbleiben.

Der Sachverständige, der sich mit Erbbaurechten beschäftigt, kann auf zuvor erwähnte sorgfältige Recherchen nicht verzichten. Zudem sollte im Idealfall versucht werden, durch Vergleichspreise, die für andere Erbbaurechte gezahlt wurden, das Ergebnis der Begutachtung abzusichern. Auch hier muss erneut die Bedeutung des Vergleichswertverfahrens unterstrichen werden.

GUTACHTEN

des öffentlich bestellten und vereidigten Sachverständigen

JÜRGEN-WILHELM STREICH

aus Lübeck

. Ausfertigung

VERKEHRSWERTGUTACHTEN

TANNENSTR. 20, 23456 BAD NEUSTADT

EIGENTUMSWOHNUNG NR. 2

Gutachten vom 24. April 2002
Nr. 1/131/01

- Dieses Gutachten umfaßt 49 Seiten -

JÜRGEN-WILHELM STREICH

Regierungsvermessungsamtmann a.D.

Von der Industrie- und Handelskammer zu Lübeck öffentlich bestellter und vereidigter Sachverständiger für die Bewertung von bebauten und unbebauten Grundstücken, für Mieten und Pachten sowie für Erbbaurechte

Wohnfläche

Anm. 11, S. 164

1. Auftrag
Der Verkehrswert des Bewertungsobjektes ist wegen anstehender Teilungsversteigerung durch ein Sachverständigengutachten zu ermitteln. Der Sachverständige soll auch die Wohnfläche ermitteln.

2. Verkehrswert
Der Verkehrswert ist im BauGB [1] - Fundstellen siehe Anlage 11 - als der Wert definiert, der im gewöhnlichen Geschäftsverkehr ohne Berücksichtigung persönlicher oder ungewöhnlicher Umstände beim Verkauf zu erzielen ist. Die Wertermittlung führe ich in Anlehnung an die Regularien der WertV [2] durch.

3. Auftraggeber
Amtsgericht Bad Neustadt
8 K 9/01
Teilungsversteigerung ./. XXXXX
Beschluß vom 26. November 2001

4. Bewertungsobjekt
Lübecker Landstr. 40, 23456 Bad Neustadt, ETW Nr. 2

4.1 Kurzbeschreibung

Abgeschlossene 1 1/2-Zimmer Eigentumswohnung mit Flur, Küche, Bad/WC und einer Dachterrasse im Dachgeschoß eines freistehenden Zweifamilienhauses, 1993 genehmigter Ausbau, der bis auf Restarbeiten fertiggestellt ist. Lage auf einem 1.052 m^2 großen Grundstück, wobei den beiden Eigentumswohnungen keine Freiflächen als Sondernutzungsrechte zugeordnet worden sind.
Die ETW Nr. 2 umfaßt incl. einem separaten Zugang im EG ca. 66 m^2 Wfl..
Das Objekt befindet sich in mittlerer Lage in der Kreisstadt Bad Neustadt an einer Straße auch mit Durchgangsverkehr gegenüber einem gewerblich genutzten Grundstück.

VERKEHRSWERT: 90.000,- €

4.2 Katasterbezeichnung (Katasteramt Bad Neustadt)
Kreis Stormarn, Stadt Bad Neustadt, Gemarkung Neustadt,
Flur 7, Flurstück 19/17
Größe: 1.052 m^2
Liegenschaftsbuch Nr.: wird nicht mehr geführt

4.3 Grundbuchbezeichnungen (Amtsgericht Bad Neustadt)
Wohnungsgrundbuch von Bad Neustadt, Blatt 3.278
40/100 Miteigentumsanteil an dem Grundstück, verbunden mit dem Sondereigentum an der im Obergeschoß gelegenen Wohnung im Aufteilungsplan mit Nr. 2 bezeichnet.

4.4 Eigentümer
Eheleute XXXX XXXX
und XXXXX XXXXX, geb. XXXX,
je zur Hälfte

4.5 Verwalter nach WEG-Gesetz
Ein Verwalter wurde nicht bestellt.

5. Ortsbesichtigung und Bewertungsstichtag
29. Januar 2002

6. Mieter/Nutzer
Das Objekt wird vom Eigentümer XXXXX XXXX genutzt. Der Sachverständige geht davon aus, daß ein Mietvertrag nicht besteht.

7. Beschreibung des Bewertungsobjektes

7.1 Lage - regional

Kreis Stormarn, Kreisstadt Bad Neustadt (ca. 20.000 Einwohner), landesplanerisch als Mittelzentrum eingestufter Ort an der Achse Hamburg - Lübeck mit Eisenbahnstrecke, Bundesstraßen (B 78, B 218, B 504 bzw. BAB A 20) und Bundesautobahn (BAB A 2 mit Anschlußstelle).
Der Bahnhof von Bad Neustadt ist Haltestelle auch von IC-Zügen nach Hamburg. Es bestehen Bahnverbindungen auch nach Lübeck, Kiel und Bad Oldesloe.

7.2 Lage - örtlich

Das zu bewertende Grundstück befindet sich an der Lübecker Landstraße etwa 1,5 - 2 km östlich der Stadtmitte. Die Lübecker Landstraße ist eine Straße auch mit Durchgangsverkehr, sie ist ausgebaut und beidseitig mit Bürgersteigen versehen. Auf der Straßenseite, auf der sich das zu bewertende Grundstück befindet, sind Einfamilienhäuser in offener Bauweise anzutreffen, wobei es sich überwiegend um Bebauungen mit relativ einfacher Siedlungshausstruktur handelt.
Auf der dem Grundstück gegenüberliegenden Straßenseite (nördliche Straßenseite) befindet sich gewerbliche bzw. industrielle Nutzung. Hinzuweise ist auch auf die Bahnstrecke von Hamburg nach Kiel, die etwa 150 m nördlich des Bewertungsobjektes sich befindet.
Zusammenfassend bei Abwägung der Vor- und Nachteile ist die Lage als eine mittlere Wohnlage mit Tendenz zu einer einfachen Wohnlage zu qualifizieren.

7.3 Grundstück

Das zu bewertende Grundstück ist lang und schmal geschnitten. Die Breite kann der Anlage 4 mit etwa 15 m abgegriffen werden, während die Tiefe der Parzelle ca. 69 m mißt. Vorteilhaft ist die himmelsrichtungsmäßige Ausrichtung von Norden nach Süden, d.h. der Garten ist nach Süden gelegen bzw. südöstlich ausgerichtet. Nach Süden hin ergibt sich

auch ein Gefälle, was auch durch die Höhenlinien in der Anlage 3 deutlich wird.
Das Grundstück ist erschlossen und bebaut.

7.4 Bebauung
Das Gebäude (Zweifamilienhaus) ist in mehreren Bauabschnitten erstellt worden, wobei der Ausbau der hier zu bewertenden Eigentumswohnung Nr. 2 1993 genehmigt wurde.
Die ETW Nr. 2 befindet sich im Dachgeschoß eines freistehenden 1 /2-geschossigen Wohnhauses, und zwar im Satteldachbereich, das mit Gauben gestaltet wurde.
Der Baubeschreibung der Bauakten bei der Bauaufsichtsbehörde habe ich auszugsweise entnommen und ergänzt: Streifenfundamente, Gasbetonmauerwerk, Thermohaut mit Außenputz, Zwischenwände als Gasbetonwände bzw. Metallständerwerk mit Gipskarton beplankt, Stahlbetondecke mit schwimmendem Estrich, Satteldach, Betondachsteine, Spitzboden verbrettert.

7.5 Nutzung
Fast 30 m^2 großes Wohnzimmer (36,5 m^2 Grundfläche), kleines Zimmer („halbes" Zimmer), da weniger als 10 m^2 Wfl.), Flur, Küche, Bad/WC und eine Dachterrasse auf dem Dach des rückwärtigen 1 geschossigen Baukörper, der mit zur ETW Nr. 1 im EG gehört.
Bedingt durch die Lage im Dachgeschoß ergeben sich Wohnwertnachteile, z.B. Dachschrägen und Belichtung tlw. nur durch Dachflächenfenster. Die lichte Raumhöhe beträgt ca. 2,5 m, im Bereich der Schrägen tlw. unter 1 m. Das Wohnzimmer ist atelierartig bis in die Dachspitze ausgebaut (Höhe ca. 4,15 m).
Die vorgefundene Raumaufteilung ergibt sich aus der Skizze zum Aufmaß (Anlage 6), wobei kleinere Abweichungen gegenüber der Bauzeichnung bezüglich der Baugenehmigung zu bemerken sind.
Die Dachterrasse ist nicht genehmigt und entspricht auch nicht den Ausweisungen der Teilungserklärung vom 27.

Teilungserklärung, Aufteilungsplan

Anm, 12, S. 168

Januar 1993 (UR 27/93, Notar ...). Ein kleiner Abstellraum innerhalb der Wohnung wurde nicht realisiert, vielmehr wurde dafür der Flur vergrößert.
Der Zugang zur Wohnung erfolgt - abweichend vom Aufteilungsplan - durch einen separaten Zugang im EG mit kleinem Flur. Der Zugang zur ETW Nr. 1 im EG erfolgt an anderer Stelle.

Im rückwärtigen Bereich sind Garten- und Freiflächen anzutreffen, auch befindet sich dort eine Doppelgarage, die dem Vernehmen nach alleine vom Eigentümer der ETW Nr. 1 genutzt wird. Da gem. Teilungserklärung keine Sondernutzungsrechte vereinbart wurden, befindet sich die Doppelgarage - so wie die Garten- und Freiflächen - im Gemeinschaftseigentum.

Der Sachverständige geht in seinem Gutachten davon aus, daß die Nutzung der Doppelgarage nicht mit zum Bewertungsobjekt gehört, so wie dieses offenbar den tatsächlichen Nutzungsgepflogenheiten entspricht. Auch gehe ich bei der Begutachtung davon aus, daß die vorhandene Wohnungszugangssituation - trotz Abweichung vom Aufteilungsplan - weiter Bestand haben wird. Dieses trifft auch für die Nutzung der Dachterrasse zu, obwohl auch diesbezüglich Planausweisungen bzw. eine Baugenehmigung nicht vorliegt.
Der Sachverständige weist auch darauf hin, daß die statischen und technischen Eigenschaften bezüglich des Flachdaches des 1-gesch. Baukörpers, den die Dachterrasse trägt, nicht überprüft wurden.

7.6 Wohnfläche

Der Sachverständige hat ein eigenes Aufmaß vorgenommen und die Wohnfläche nach den Regularien der DIN 283 berechnet und die Wohnfläche mit

ca. 66 m^2

ermittelt.

Die DIN 283 ist zwar vom Normenausschuß zurückgezogen worden, hat sich jedoch als anerkannte Regel der Technik bewährt. Deshalb bestehen keine Bedenken, die DIN 283 weiter anzuwenden. Die II. BV [3] ist schon deshalb für weniger hilfreich, da in Einzelfällen aufgrund unterschiedlicher Interpretationsmöglichkeiten individuelle Ergebnisse möglich sind. Die II. BV besitzt nur im sozialen Wohnungsbau Verbindlichkeit.

7.7 Ausstattung

Beheizung durch eine Gaszentralheizungsanlage,
el. Warmwasserbereiter,
Wärmeabgabe durch Radiatoren,
Fenster mit Isolierverglasung, tlw. Dachflächenfenster,
Fußböden tlw. mit Parkett,
Badezimmer mit Wannen- und Duschbad, WC und Waschbecken,
Küche mit Einbauküche (relativ einfache Einbauküche mit Plattenherd),
Wohnzimmer mit Sichtbalken,
Dachterrasse mit Holzverbretterung,
Einbauschrank im Eingangsbereich im Erdgeschoß.

7.0 Beschaffenheit

Der bauliche Zustand des Objektes ist, soweit im Rahmen einer Inaugenscheinnahme feststellbar, als für das Alter ordentlich zu bezeichnen. Die dekorative Beschaffenheit der Anlage ist recht gut.

Zerstörende Untersuchungen wurden nicht durchgeführt. Die Haustechnik wurde nicht überprüft.
(Wie bei der Bewertung von Wohnungseigentum üblich, wurde nicht die gesamte Anlage im Detail besichtigt).
Wie zuvor im Gutachten schon erläutert, stehen noch Restarbeiten aus: z.B. Anbau eines Handlaufs im Treppenhaus, Versiegeln des Parkettfußbodens, Verlegen fehlender Bodenbeläge. Wegen der erforderlichen Restarbeiten wird ein Abschlag in Höhe

von 3.000,- € in Ansatz gebracht. Dabei handelt es sich um einen pauschalierten Schätzbetrag, der nicht identisch ist mit dem tatsächlichen Investitionsbedarf. Die geschätzte Pauschale dient lediglich der Angleichung an den Wert im altersgemäßen Normalzustand.

7.9 Hinweis

Die Beschreibung der Bauteile, Beschaffenheit und Ausstattung erfolgt ohne Anspruch auf Vollständigkeit. Abweichungen im Detail sind möglich. Eine umfassende und verbindliche Beschreibung würde eine spezielle Bauaufnahme voraussetzen, die jedoch den Rahmen einer Verkehrswertermittlung überschreiten würde.

8. Bodenwert

8.1 Bauleitplanung

Das zu bewertende Grundstück liegt nicht im Geltungsbereich einer verbindlichen Bauleitplanung (Bebauungsplan), so daß die Bebaubarkeit sich nach § 34 BauGB [1] richtet. Da auch die benachbarten Grundstücke keine rückwärtigen Bebauungen aufweisen, ist davon auszugehen, daß eine Teilung des Grundstücks und eine weitere Bebaubarkeit im rückwärtigen Bereich gegenwärtig nicht zulässig wäre.

8.1.1 Richtwert

Der Gutachterausschuß für Grundstückswerte im Kreis Stormarn hat in Bad Neustadt zonale Bodenrichtwerte ermittelt. Das Bewertungsobjekt liegt in der Zone 3 (Stadtrand-Ost). Dort liegt der Richtwert bei

148,- €/m²

zum Stichtag 31.12.2000

Dieser Richtwert bezieht sich auf 500 m² große unbebaute und erschlossene Grundstücke, die mit Individualbauten bebaubar sind.

Wegen der Größe von 1.052 m^2 ist der Ansatz eines Abschlages erforderlich, da mit zunehmender Grundstücksgröße regelmäßig die Preise per m^2 abnehmen.

8.1.2 Modifizierung des Richtwertes

Im RDM-Info [4] ist in eine Untersuchung über die Abhängigkeit der Bodenwerte von der Grundstücksgröße veröffentlicht worden, die sich in folgender Gleichung ausdrückt:

$$KF = 8{,}36\ GF^{-0{,}307}$$

KF = Korrekturfaktor

GF = Grundstücksfläche

Es ergeben sich folgende Korrekturfaktoren, wobei ich von 500 m^2 als Normalgröße ausgehe:

bei 1.052 m^2 : 0,987

bei 500 m^2 : 1,241

$$148{,}-\ €/m^2 \times \frac{0{,}987}{1{,}241} = 118{,}-\ €/m^2$$

8.1.3 Lage in der Richtwertzone

Die Richtwertzone 3 (Stadtrand-Ost) umfaßt einen größeren Stadtteilsbereich mit unterschiedlichen Lagequalitäten. Hier ist zu bemerken, daß die Lage an der Lübecker Landstraße einfacher als z.B. im Bereich „Roseneck/Rosenstraße" zu beurteilen ist. Der Richtwert ist als ein zonaler Mittelwert zu verstehen, so daß hier wegen der einfacheren Lagequalität an der Lübecker Landstraße ein Abschlag in Ansatz zu bringen ist, wobei ich dessen Höhe mit 10 % (= × 0,9) aus den vorliegenden Bodenrichtwertlisten ableite.

8.1.4 Zuschnitt

Der Zuschnitt der Parzelle ist - wie schon im Abschnitt 7.3 beschrieben - als nachteilig zu bewerten. Die himmelsrichtungsmäßige Ausrichtung ist jedoch vorteilhaft. Der Sachverständige hält zusammengefaßt den Ansatz eines weiteren Abschlages von 5 % (= × 0,95) für angezeigt.

8.1.5 Verbesserter Richtwert

$$118,- \text{ €/m}^2 \times 0{,}9 \times 0{,}95 = 101,- \text{ €/m}^2$$

8.1.6 Bebauungsabschlag

Es ist zu berücksichtigen, daß das zu bewertende Grundstück bebaut ist. Die Bodenrichtwerte beziehen sich, wie bereits berichtet, auf unbebaute Grundstücke.
Die Marktteilnehmer, die die recht hohen Kaufpreise für unbebaute Grundstücke zahlen, vereinbaren diese Preise demzufolge nur in Verbindung mit dem Gedanken, das unbebaute Grundstück zukünftig neu zu bebauen und zu nutzen.
Erwerber einer „Gebrauchtimmobilie" können zwar im Detail Änderungen vornehmen, sind jedoch konzeptionell an die vorhandene Bebauungsstruktur gebunden. Schon aus diesem Grunde ist der Bodenwert bei bebauten Grundstücken zu dämpfen, zumindest ist das die Auffassung des Sachverständigen. Hier darf allerdings nicht unerwähnt bleiben, daß in Sachverständigenkreisen diese Meinung kontrovers diskutiert wird. Fest steht jedoch, daß die Kaufpreise, die für unbebaute Grundstücke gezahlt werden, einem anderen Teilmarkt zuzuordnen sind als dem Teilmarkt der bebauten Grundstücke. Es handelt sich schlichtweg um andere Marktteilnehmer, um andere Immobilien und somit entwickeln sich auch unterschiedliche Marktmechanismen.

Die „Dämpfung" des Bodenwertes bei bebauten Grundstücken kann vereinfacht auch mit der eingeschränkten Verfügbarkeit des Grund und Bodens - solange die Altbebauung nicht abgerissen wird - begründet werden.
Aufgrund von Erfahrungswerten wird ein Abschlag in einer Höhe von regelmäßig 10 bis 25 % für angemessen erachtet. Im Hinblick auf die vorliegende Altbebauung schätzt der Sachverständige den Abschlag im unteren Bereich der üblichen Bandbreite und nimmt deshalb den Abschlag nur mit 10 % (= × 0,9) an.
Zusammengefaßt ergibt sich folgende Rechnung:

101,- €/m² × 0,9 = 91,-- €/m²

Unterstellt man eine ± 10 %ige Unsicherheit in der Bodenwertermittlung, so ergibt sich eine Bandbreite von

82,- €/m² bis 100,- €/m².

8.1.7 Bodenwertschätzung

Der Sachverständige *schätzt* bei freier Abwägung aller Vor- und Nachteile den Bodenwert des bebauten und erschlossenen Grundstücks - auf

90,- €/m².

8.1.8 Bodenwertberechnung

1.052 m² × 90,- €/m²	=	94.680,- €
davon 40/100 Miteigentumsanteil	=	37.872,- €
	=	ca. 38.000,- €

Im übrigen ist zu bemerken, daß der Bodenwert einer bebauten Immobilie - auch bei Eigentumswohnungen - sich nicht exakt errechnen läßt. Bei bebauten Grundstücken ergeben sich schon deshalb Probleme, da es sich bei dem Bodenwert um einen rein theoretischen Wertansatz handelt. Die Marktteilnehmer differenzieren die Kaufpreise in der Regel nicht nach Boden- und Gebäudeanteil, sondern bilden vielmehr Kaufpreise als Gesamtbetrag („en bloc").

8.2 Sachwertverfahren

8.2.1 Normalherstellungskosten (NHK)

8.2.1.1 NHK 1995

Der Bundesminister für Raumordnung, Bauwesen und Städtebau hat durch Hinweise vom 1. August 1997 Tabellen mit Normalherstellungskosten per 1995 herausgegeben. Die dort für verschiedene Gebäudearten tabulierten NHK werden dann mit verschiedenen Korrekturfaktoren multipliziert.
Diese NHK 1995 habe ich in mehreren Gutachten bereits angewandt, jedoch dabei festgestellt, daß die Ergebnisse - zumindest für den Raum, wo ich regelmäßig Gutachten erstatte - häufig nicht plausibel sind. Der Sachverständige verzichtet deshalb in diesem Gutachten auf die detaillierte Anwendung der NHK 1995-Tabellen des Bundesbauministers. Vielmehr wende ich in meinem Gutachten empfohlene NHK an, die sich aus der Tabelle 27 in [5] ergeben. Die dort tabellierten NHK DM/m^3 habe ich - gerundet - auf €/m^2 umgerechnet.

Die schematische Vorgabe von Korrekturfaktoren für Länder und Gemeindegrößen dürfte nach Einschätzung des Sachverständigen ein gewichtiger Grund sein für die Abweichungen zwischen den Hinweisen der WertR [6] und den Empfehlungen der Fachliteratur.

8.2.1.2 Normalherstellungskosten 1958

NHK 1958*:	50,- €/m³
umgerechnet auf 2002**:	310,- €/m³

* bezogen auf Umbauten Raum gem. DIN 277/50

** Der derzeitige Baupreisindex (1958 = 100) liegt bei 618,6 Punkten (per Nov. 2001). Ich gehe in meinem Gutachten von einem gerundeten Index von 620 Punkten aus.

Der Ansatz von NHK 50,- €/m² per 1958 entspricht einem Ansatz von rd. 28,-- M/m³ per 1913 bzw. 615,- DM/m³ per 1995

8.2.2 Wertminderung wegen Alters

Ausbaujahr:	1993
Alter (2002):	9 Jahre
gewöhnliche Gesamtnutzungsdauer:	70 Jahre
rechnerische Restnutzungsdauer:	61 Jahre

lineare Wertminderung:

$$\frac{100\ \%}{70} \times 9 = 12,86\ \%$$

Abschreibung nach Methode Ross:

$$1/2\ (12,86\ \% + \frac{12,86\ \%^2}{100}) = 7,3\ \%$$

Als rechnerische Abschreibung nach der Methode Ross hat sich, wie zuvor errechnet, ein Betrag von 7,3 % ergeben. Der Sachverständige ist allerdings der Auffassung, daß die Wertminderung wegen Alters höher in Ansatz zu bringen ist, da selbst schon bei Neubauten eine gewisse Mindestabschreibung in einer Größenordnung von 7,5 - 10 % durchaus als sachgerecht zu bezeichnen ist. Hier ist zu bemerken, daß bei Weiterverkäufen die Erstverkaufspreise generell nicht marktfähig sind. Unter Berücksichtigung der Marktgepflogenheiten wird bei dem zu bewertenden Objekt deshalb eine höhere Wertminderung - zwischen dem Ergebnis der Ross'schen und der linearen Wertminderungsmethode - für marktgerecht gehalten und mit

10 %

angenommen.

Unter Anwendung der zuvor dargestellten Abschreibungsmethode, die von Ross entwickelt wurde, errechnet sich bei einer gewöhnlichen Gesamtnutzungsdauer von 70 Jahren eine Wertminderung wegen Alters von 10 % bei einem Alter von 12 Jahren, so daß aus der Differenz zwischen dem fiktiven Alter und der Gesamtnutzungsdauer sich eine wirtschaftliche Restnutzungsdauer von 58 Jahren ergibt.

8.2.3 Zeitwert

Neuwert (8.2.1.2):	310,- €/m^3
- 10 % Wertminderung wg. Alters:	31,- €/m^3
	279,- €/m^3

8.2.4 Sachwertberechnung

rd. 260 m^3* × 279,- €/m^3	rd.	73.000,- €
zzgl. 13,75 % Baunebenkosten	rd.	10.000,- €
	rd.	83.000,- €
zzgl. anteilige Außenanlagen und besondere Bauteile (frei geschätzt)*	rd.	5.000,- €
zzgl. Bodenwertanteil (8.1.9):	rd.	38.000,- €
Sachwert-Zwischenwert:		126.000,- €
- Abschlag pauschal 3.000,- € wg. Restarbeiten (siehe 7.8)	rd.	3.000,- €
Sachwert:		123.000,- €

* siehe Anlage 10

** Der Wert der Außenanlagen und besonderen Bauteilen wurde frei vom Sachverständigen geschätzt. Dabei bin ich von einem Wertansatz von ca. 6 % des Gebäudesachwertes ausgegangen. Hier ist zu berücksichtigen, daß die Werte der Außenanlagen und die Werte der Bebauung in einem gegewissen Verhältnis stehen. Auch unter Berücksichtigung der Hinweise der Fachliteratur [7] habe ich den zuvor erwähnten Prozentsatz gewählt. VOGELS erläutert hierzu: *„In der Regel reichen diese Prozentzahlen zur Bestimmung des Wertes der Außenanlagen aus. Bei sehr aufwendigen Anlagen ist ohnehin zu prüfen, ob sie überhaupt allgemein werterhöhend sind; ob sie von einem durchschnittlichen Erwerber übernommen werden."*

8.2.5 Sachwertbeurteilung

Der im Abschnitt zuvor mitgeteilte Sachwert ist mehr der Vollständigkeit halber hier in dem Gutachten niedergelegt worden. Der Sachwert führt bei der Verkehrswertermittlung einer Eigentumswohnung nicht unbedingt zu einem marktnahen Wert. Die Marktteilnehmer bilden die Kaufpreise weniger unter Kostengesichtspunkten, also durch Berechnung über die Kubikmeter, sondern durch Preisvergleich mit anderen ähnlichen Objekten oder durch Ertragswertüberlegungen. Der Sachwert ist deshalb hier von einer untergeordneten Bedeutung und dem Ertrags- und Vergleichswert, der in den folgenden Abschnitten errechnet wird, ist ein höheres Gewicht beizumessen.

Beim Sachwertverfahren besteht ein wesentliches Problem auch darin, daß die Höhe des Bodenwertes sehr stark sich im Ergebnis niederschlägt und, wie zuvor im Gutachten schon erläutert, die Marktteilnehmer die Preise nicht gesplittet nach Gebäude- und Bauwerten bilden, sondern die Kaufpreise als eine wirtschaftliche Einheit betrachten. Schon deshalb ist das Sachwertverfahren ein relativ marktfernes Verfahren. Hinzu kommt das Problem, daß bei Eigentumswohnungen der

Miteigentumsanteil am Grundstück - hier 40/100 - mehr oder weniger willkürlich vom Aufteiler festgelegt werden kann. Es gibt keine gesetzliche Normierung, wie man die Miteigentumsanteile zu quantifizieren hat. Wenn beispielsweise der Aufteiler die Wertanteile nicht mit 60/40, sondern mit 70/30 für richtiger gehalten hätte, dann läge der Bodenwertanteil beim Bewertungsobjekt nicht bei 38.000,- €, sondern nur bei 28.000,- €. Hier wird deutlich, daß das Ergebnis des Sachwertverfahrens auch abhängt von der Dimensionierung des Miteigentumsanteils, obwohl die Zahlenhöhe letztendlich nicht entscheidend ist, sondern die tatsächliche wirtschaftliche Verwertbarkeit. Unabhängig davon, ob nun 40/100 oder 30/100 Miteigentumsanteil festgelegt wurden, steht das Gemeinschaftseigentum den beiden jeweiligen Eigentümern voll - gemeinschaftlich - zur Nutzung zur Verfügung. Hier ist nochmals auf das Fehlen der Zuweisung von Freiflächen (Sondernutzungsrechte) hinzuweisen.
Zusammenfassend ist festzustellen, daß der Sachwert durch eingeschränkte Aussagekraft geprägt ist.

8.3 Ertragswertverfahren

8.3.1 Nachhaltig erzielbarer Mietertrag (Netto-Kalt-Miete)

Allgemeines

Maßgebend für die Wertermittlung ist der nachhaltig erzielbare Mietertrag.
Nachhaltig erzielbar bedeutet, daß nicht der höchstmögliche, aber auch nicht ein Mietertrag im unteren Bereich möglicher Bandbreite zugrunde gelegt wird.

Als nachhaltig erzielbar im Sinne § 16 der WertV ist ein durchschnittlicher Mietzins zu verstehen, der nach einer Neuvermietung bei ordnungsgemäßer Bewirtschaftung auch sicher erzielbar sein dürfte, und zwar in Bezug auf die unterstellte Restnutzungsdauer von 58 Jahren* unter der Voraussetzung, daß a) die Ertragsfähigkeit durch lfd. Instandhaltung gesichert wird und b) Investitionen wegen Restarbeiten vorgenommen werden.

Zukünftige konjunkturelle Mietpreisentwicklungen bleiben bei dieser Betrachtungsweise ohne Berücksichtigung.

Der Ring Deutscher Makler (RDM) hat in seinen Preisspiegeln auch für 70 m^2 große Wohnungen in Nachkriegs-Geschoßbauten Mietwerte ausgewiesen.
Der Abschätzung des nachhaltig erzielbaren Mietertrageslege ich in Anlehnung an das Vierte Mietrechtsänderungsgesetz [9] einen Zeitraum von 4 Jahren zugrunde:

* siehe Abschnitt 8.2.2

	Wohnwert		
	einfach	mittel	gut
	DM/m^2	DM/m^2	DM/m^2
1998:	8,50	11,00	13,00
1999:	8,50	10,50	13,00
2000:	8,50	10,50	13,00
2001:	8,50	11,00	13,00
Mittel:	8,50	10,75	13,00

Auf €/m^2 umgerechnet ergeben sich folgende - gerundete - Ausgangswerte:

	Wohnwert		
	einfach	mittel	gut
	€/m^2	€/m^2	€/m^2
1998:	4,35	5,60	6,65
1999:	4,35	5,35	6,65
2000:	4,35	5,35	6,65
2001:	4,35	5,60	6,65
Mittel:	4,35	5,48	6,65

Im Hinblick auf die Lage gehe ich von einem einfachen bis mittleren Wohnwert (gewichtet 1 : 3) aus:

$$1/4\ (4{,}35\ €/m^2 \times 1 \ + \ 5{,}48\ €/m^2 \times 3) \ = \ 5{,}20\ €/m^2$$

Bezüglich der Ausstattung und Struktur lege ich einen mittleren bis guten Wohnwert zugrunde (gewichtet 2 : 3):

$$1/5\ (5{,}48\ €/m^2 \times 2\ +\ 6{,}65\ €/m^2 \times 3)\ =\ 6{,}18\ €/m^2$$

Da die Mietpreise relativ unsensibel auf die Lagequalität reagieren, mittele ich die Wohnwertkomponenten Lage und Ausstattung im Verhältnis 3 : 7.

$$1/10\ (5{,}20\ €/m^2 \times 3\ +\ 6{,}18\ €/m^2 \times 7)\ =\ 5{,}89\ €/m^2$$

Individuelle Korrekturen:

a) Zuschlag wegen Größe (die RDM-Werte beziehen sich auf 70 m^2 Wfl. große Wohnungen)
Zuschlag: 1,5 % (unter Bezugnahme auf eine diesbezügliche Marktanalyse [10], (= × 1,015)

b) Zuschlag wg. Lage der WE im Zweifamilienhaus (unter Bezugnahme auf eine diesbezügliche Marktanalyse [11]
Die Höhe des erforderlichen Zuschlages ist bei einem EFH mit etwa 20 % anzunehmen. Bei der hier zu bewertenden Immobilie ist allerdings die Zuschlagshöhe zu reduzieren, da es sich um eine WE im Zweifamilienhaus handelt, deshalb wird der Zuschlag auf 10 % ermäßigt.
Zuschlag: 10 % (geschätzt) (= × 1,1)

c) Nutzungsnachteil wg. Lage im Dachgeschoß
Abschlag 2,5 % (geschätzt) (= × 0,975)

$$66\ m^2\ \text{Wfl.} \times 5{,}89\ €/m^2 \times 1{,}015 \times 1{,}1 \times 0{,}975\ =\ 423{,}-\ €$$

Wenn man den zuvor unter b) vorgenommenen Zuschlag nicht mit 10, sondern mit z.B. nur 7,5 % annehmen würde, errechnete sich ein Mietwert von 414,- €.

Den nachhaltig erzielbaren Mietertrag der Immobilie schätze ich bei freier Abwägung - auch unter Beachtung allgemeiner Marktkenntnisse - nach Fertigstellung gerundet auf

mtl. 415,- €
(= ca. 6,30 €/m² Wfl.)

Bei der Mietwertschätzung war auch zu beachten, daß die vom RDM tabellierten Erfahrungswerte sich eher im oberen Bereich üblicher Bandbreiten bewegen.

Mithin jährlicher Jahresrohertrag:

415,- € × 12	=	4.980,- €
		ca. 5.000,- €

8.3.2 Bewirtschaftungskosten

Die angemessenen Bewirtschaftungskosten schätze ich unter Anlehnung an die Erfahrungssätze, die sich aus der II. BV [3] und den WertR [6] sowie der Fachliteratur [12] ergeben:

Instandhaltungskosten 66 m² × 12,- €/m²	=	rd. 792,- €
Verwaltungskosten mtl. 35,- € × 12 = 420,- €	=	rd. 420,- €
Mietausfallwagnis 3 % vom Brutto-Rohertrag (incl. geschätzter Nebenkosten von 1,00 €/m² Wfl.) = 5.792,- €*	=	rd. 174,- €
		rd. 1.386,- €

*66 m² × 1,00 €/m² × 12 + 5.000,- €

$$\frac{1.386,- €}{5.000,- €} \times 100 = 27,7\ \%$$

gerundet = 27,5 %

Dabei bin ich davon ausgegangen, daß Betriebskosten zzgl. zur Nettomiete zu zahlen wären.

8.3.3 Liegenschaftszinssatz

Der Liegenschaftszinssatz ist in der WertV [2] im § 11 wie folgt definiert: *„Der Liegenschaftszinssatz ist der Zinssatz, mit dem der Verkehrswert von Liegenschaften im Durchschnitt marktüblich verzinst wird."*

Daraus folgt, daß der Liegenschaftszinssatz aus geeigneten Kaufpreisen iterativ durch Rückwärtsrechnung eines Ertragswertverfahrens abzuleiten ist.

Wenn man nicht nur bei einem, sondern bei mehreren Kaufpreisen von Objekten, die sich einem bestimmten Teilmarkt zuordnen lassen, solche Ableitungen vornimmt, können die Ergebnisse ausgemittelt werden und führen so zu einem marktüblichen Zinsfuß. Das Problem bei der Ableitung der Zinsfüße besteht darin, daß diese teilmarktspezifiziert und zeitaktuell zu ermitteln sind.

In den WertR [6] wird bei Einfamilienhäusern von einem Liegenschaftszinssatz von 4,0 % ausgegangen. Die aktuellen Zinsfüße liegen erfahrungsgemäß jedoch niedriger als die in den WertR mitgeteilten Zinssätze, die noch auf Erfahrungswerte aus den 70iger Jahren beruhen. Die Fachliteratur [13] weist bei einem Einfamilienhaus einen Liegenschaftszinssatz von 2,5 - 3,5 % (i.M. 3,0 %) aus.

Eine überregionale Marktanalyse [14] führt zu einer Zinsfußbreite von

2,0 - 3,5 %.

Der örtlich zuständige Gutachterausschuß hat aus Kaufpreisen von Einfamilienhäusern im Bereich Bad Neustadt/Einfeld einen Liegenschaftszinssatz von

2,94 %

mit einer Bandbreite von

2,29 bis 3,15 %

ermittelt.

Es ist festzustellen, daß die regionalen und überregionalen Erkenntnisse zumindest tendenziell harmonieren.

Als Trendwert gehe ich zunächst von einem Liegenschaftszinssatz von etwa

3,0 %

aus.

Auch im Hinblick auf die individuelle Lagesituation und Nutzungsstruktur der hier zu bewertenden Immobilie nehme ich einen Zuschlag an, dessen Höhe auf 0,25 bis 0,75 % geschätzt wird. Dabei war auch zu beachten, daß es sich bei dem Bewertungsobjekt nicht um ein Einfamilienhaus, sondern um eine Wohnung im Zweifamilienhaus handelt. Es ergibt sich insoweit eine Liegenschaftszinssatzbandbreite von

3,25 bis 3,75 %.

Ich lege zusammengefaßt auch unter Berücksichtigung des Ergebnisses eigener diesbezüglicher Marktanalysen einen Zinsfuß von

3,5 %

der Ertragswertberechnung zugrunde.

8.3.4 Ertragswertberechnung

Nachhaltig erzielbarer Jahresrohertrag:	5.000,- €
- 27,5 % Bewirtschaftungskosten:	1.375,- €
Jahresreinertrag des Grundstücks:	3.625,- €
- 3,5 % Verzinsung des Bodenwertanteils:	1.330,- €
Jahresreinertrag des Gebäudes:	2.295,- €

Der Jahresreinertrag des Gebäudes ist mit dem Vervielfältiger (VV) 24,69 zu multiplizieren, der sich bei Ansatz eines 3,5 %igen Liegenschaftszinssatzes und einer Restnutzungsdauer von 58 Jahren nach der Rentenbarwertformel ergibt:

$$VV = \frac{q^n - 1}{q - 1} \times \frac{1}{q^n}$$

$$q = 1 + \frac{p}{100}$$

p = Liegenschaftszinssatz
n = Restnutzungsdauer

2.295,- € × 24,69	=	57.000,- €
zzgl. Bodenwertanteil (8.1.9):	=	38.000,- €
Ertragswert-Zwischenwert:		95.000,- €
- Abschlag wg. Investitionsbedarf (siehe 8.9 und 9.2.4)	=	3.000,- €
Ertragswert:		92.000,- €

8.4 Vergleichswertverfahren (indirektes Verfahren)

Ich ziehe unterstützend den Preisspiegel 2001 des RDM heran, der auch Aussagen trifft bezüglich der Marktsituation bei Eigentumswohnungen in Lübeck.

Der RDM-Spiegel weist durchschnittliche Kaufpreise für ca. 70 m^2 große 2 1/2- bis 3-Zimmer-Wohnungen ohne Pkw-Stellplatz aus, und zwar für vermietungsfreie Wohnungen. (Kaufpreise incl. Bodenwertanteil).

Im RDM-Spiegel wird differenziert:

Einfacher Wohnwert: *z.B. WC in der Wohnung, mit einfachem Bad, heizbar, jedoch keine zentrale Beheizungsanlage, Einfachverglasung, in wenig bevorzugter Wohnlage, z.B. Industrievorort.*

Mittlerer Wohnwert: *z.B. Bad und WC, Verbundglasfenster, Zentralheizung, in gemischtbebauter Wohnlage mit normaler verkehrsmäßiger Erschließung und guter Bausubstanz, ausgeglichene Bevölkerungsstruktur.*

Guter Wohnwert: *z.B. modernes Bad, WC, Zentralheizung, Isolierverglasung, Balkon, gegebenenfalls Fahrstuhl, gute Wohnlage.*

Sehr guter Wohnwert: *modernste, überdurchschnittliche Ausstattung und Bausubstanz, erstklassige Wohnlage.*
Gerundet umgerechnet auf EURO:

Einfacher Wohnwert:	700,- €/m²
Mittlerer Wohnwert:	1.000,- €/m²
Guter Wohnwert:	1.350,- €/m²
Sehr guter Wohnwert:	1.800,- €/m²

Die hier zu bewertende Wohnung erfüllt lagemäßig die Ansprüche eines einfachen bis mittleren Wohnwertes (gewichtet 1 : 3):

$1/4\ (700,\text{-}\ €/m^2 \times 1 + 1.000,\text{-}\ €/m^2 \times 3) = 925,\text{-}\ €/m^2$

Ausstattungskomponente
(mittel : gut mit der Gewichtung 2 : 3):
$1/5\ (1.000,\text{-}\ €/m^2 \times 2 + 1.350,\text{-}\ €/m^2 \times 3) = 1.210,\text{-}\ €/m^2$

Bei der Mietwertermittlung im Abschnitt 8.3.1 habe ich die Wohnwertkomponenten Lage und Ausstattung im Verhältnis 3:7 gewichtet. Da Kaufpreise sensibler als Mietpreise auf die Lagequalität reagieren, gewichte ich bei der Vergleichspreisableitung im Verhältnis 6 : 4 (Lage zu Ausstattung).

$1/10\ (925,\text{-}€/m^2 \times 6 + 1.210,\text{-}\ €/m^2 \times 4) = 1.039,\text{-}\ €/m^2$

Der Betrag von 1.039,- €/m² ist zu verbessern, da die zu bewertende Wohnung 66 m² Wfl. aufweist.

Wie zuvor bereits erwähnt, bezieht sich der RDM-Preisspiegel auf 70 m² Wfl. große Wohnungen.
Bei abnehmender Wohnungsgröße (hier: 66 m²) erhöht sich markttypisch der Wert per m².

Aus Kaufpreisen von Eigentumswohnungen wurde mittels einer Regressionsanalyse folgender Marktmechanismus abgeleitet:

$$y = 1{,}7299 \text{ mal } x^{-0{,}129}$$

y = Umrechnungskoeffizient

x = Wohnfläche (m^2)

Diese Analyse ist 1996 im Bereich der Stadt Kiel vorgenommen und von PETERSEN [39] veröffentlicht worden.

Das Ergebnis dieser Marktbeobachtung kann durchaus auch in Bad Neustadt angewandt werden.

Umrechnungskoeffizient bei 66 m^2: 1,0076
Umrechnungskoeffizient bei 70 m^2: 1,0000

Bezogen auf 66 m^2 ergibt sich folgende Korrektur:

$$1.039,- \text{ €}/m^2 \times \frac{1,0076}{1,0000} = 1.047,- \text{ €}/m^2$$

Wegen der Lage der ETW Nr. 2 in einem Zweifamilienhaus ist auch hier, ähnlich wie bei der Mietwertschätzung, ein Zuschlag in Ansatz zu bringen. Die Höhe des Zuschlages ist allerdings wegen der Lage im Dachgeschoß zu relativieren. Bezüglich der Mietwertschätzung (Abschnitt 8.3.1) hatte ich zusammengefaßt einen Zuschlag von 7,25 % ermittelt. Bei der Wertableitung bezüglich des Vergleichswertes ist der Zuschlag zu erhöhen, da Kaufpreise anders als Mietpreise auf wertrelevante Einflüsse reagieren. Der Sachverständige hält deshalb beim Vergleichswertverfahren den Ansatz eines Zuschlages von 15 % (= × 1,15) für marktkonform. Außerdem ist die Lage des Objektes in Bad Neustadt und nicht im Bereich der Hansestadt Lübeck zu beachten. Das Kaufpreisniveau in Bad Neustadt ist dabei eher als etwas höher als in Lübeck zu beobachten. Ein maßvoller Zuschlag von 5 % (= × 1,05) erscheint als durchaus angezeigt:

$$1.047,- \text{ €}/m^2 \times 1,15 \times 1,05 = 1.264,- \text{ €}/m^2$$

$$66 \text{ } m^2 \text{ Wfl.} \times 1.264,- \text{ €}/m^2 = 83.424,- \text{ €}$$

Unterstellt man eine ± 10 %igen Unsicherheit in der Ableitung des Vergleichswertes, errechnet sich eine Spanne von

75.000,- € bis 92.000,- €.

Der Sachverständige schätzt den Vergleichswert innerhalb der Spanne liegend - auch im Hinblick auf das geringe Alter des Dachausbaus - auf

90.000,- €

bzw. reduziert wegen Investitionsbedarf (Restarbeiten) auf

87.000,- €.

9. Ergebnis

Sachwert:	123.000,- €
Durch den Liegenschaftszinssatz marktorientierter Ertragswert:	92.000,- €
Vergleichswert:	87.000,- €

Die Ergebnisse der drei angewandten Wertermittlungsverfahren stimmen bis auf den Sachwert gut überein.
Bezüglich der Würdigung des Sachwertes verweise ich auf Abschnitt 8.2.5 dieses Gutachtens.

Der Verkehrswert einer Immobilie kann im Hinblick auf zahlreiche Imponderabilien sowieso nicht exakt mathematisch errechnet werden, letztendlich handelt es sich um eine Schätzung.

Es ist hier nochmals zu bemerken, daß zahlreiche Einflußgrößen nicht berechenbar sind. Auch ist die aktuelle konjunkturelle Entwicklung und „Schwäche" des Immobilienmarktes zu berücksichtigen. Die aktuelle Marktentwicklung wird sich auch im RDM-Preisspiegel 2002 niederschlagen, der voraussichtlich in zahlreichen Teilmärkten geringere Werte aufweisen wird als im Jahr 2001. Dieser Hinweis erfolgt aufgrund meiner Erkenntnisse, die ich als Sachverständiger im RDM gewonnen habe. Endgültige und verbindliche Erkenntnisse liegen noch nicht vor, da die RDM-Werte per 2002 sich noch in der Bearbeitung befinden.

Bei freier Abwägung aller Vor- und Nachteile *schätzt* der Sachverständige den Verkehrswert des Bewertungsobjektes (Eigentumswohnung Nr. 2 im Dachgeschoß eines Zweifamilienhauses) auch im Hinblick auf die aktuelle Marktsituation auf

90.000,- €

(Neunzigtausend EURO)

Ob Grenzüberschreitungen stattgefunden haben, habe ich nicht überprüft. Diese sind augenscheinlich nicht erkennbar.

Ich gehe davon aus, daß Altlasten (z.B. Bodenverunreinigungen) nicht vorhanden sind.

Belastungen, die im Grundbuch (Abt. II) eingetragen sind, wurden in diesem Gutachten nicht berücksichtigt.
Der zuvor ermittelte Verkehrswert bezieht sich auch auf eine mietvertragsfreie Situation.

Eine Baugrundanalyse wurde nicht vorgenommen oder veranlaßt. Der Sachverständige geht von normalen Baugrundverhältnissen aus.

Im Baulastenbuch liegen lt. mdl. Mitteilung der zuständigen Behörde keine Eintragungen vor.

Gerichtlicht bestellter
Sachverständiger:

....
(Streich)

Anlagen:

Anlage 1 - Seite 28:	Ausschnitt Kreiskarte	1 :	75.000
Anlage 2 - Seite 29:	Stadtplanausschnitt	1 :	12.500
Anlage 3 - Seite 30:	Deutsche Grundkarte	1 :	5.000
Anlage 4 - Seite 31:	Katasterlageplan	1 :	1.000
Anlage 5 - Seite 32:	Bauzeichnung, DG (Aufteilungsplan)		
Anlage 6 - Seite 33:	Skizze zum Aufmaß (DG)		
Anlage 7 - Seite 34:	Wohnflächenberechnung, DG		
Anlage 8 - Seite 35:	Bauzeichnung, EG (Aufteilungsplan)		
Anlage 9 . Seite 36:	Gebäudeschnitt		
Anlage 10 - Seite 37:	Umbauter Raum		
Anlage 11 - Seite 38:	Fundstellenhinweise		
Anlage A - Seite 39: - K - 49:	22 Fotos		

JÜRGEN-WILHELM STREICH

Regierungsvermessungsamtmann a.D.

Von der Industrie- und Handelskammer zu Lübeck öffentlich bestellter und vereidigter Sachverständiger für die Bewertung von bebauten und unbebauten Grundstücken, für Mieten und Pachten sowie für Erbbaurechte

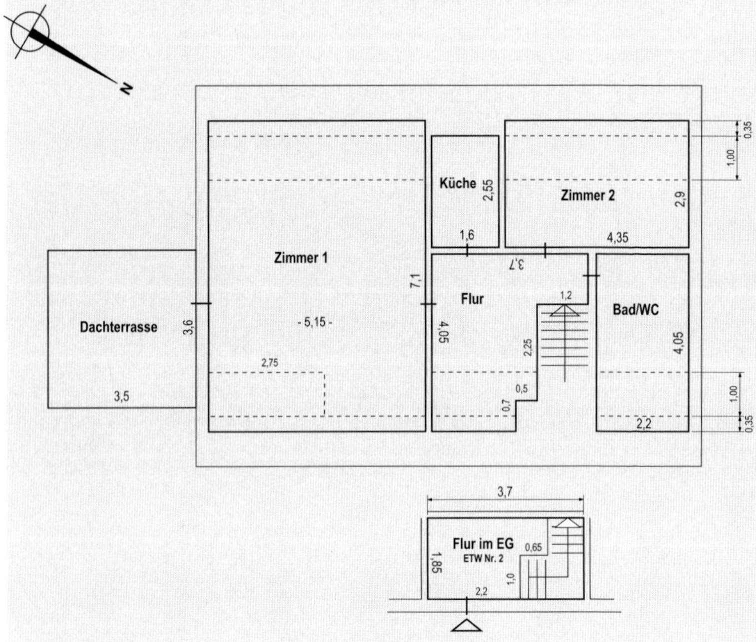

Tannenstr. 20, 23456 Bad Neustadt
Dachgeschoss, ETW Nr. 2
Skizze zum Aufmaß (keine Bauzeichnung)
Maßstab ca. 1: 100

Anlage 6

JÜRGEN-WILHELM STREICH

Regierungsvermessungsamtmann a.D.

Von der Industrie- und Handelskammer zu Lübeck öffentlich bestellter und vereidigter Sachverständiger
für die Bewertung von bebauten und unbebauten Grundstücken, für Mieten und Pachten
sowie für Erbbaurechte

Tannenstr. 20, 23456 Bad Neustadt

Wohnflächenberechnung *(überschlägig nach DIN 283)*

Dachgeschoss, ETW Nr. 2

Zimmer 1			5,15 ×	7,10	=	36,57 m²			
	-	1/1 ×	5,15 ×	0,35	=	-1,80 m²			
	-	1/2 ×	2,75 ×	1,00	=	-1,38 m²			
	-	1/1 ×	5,15 ×	0,35	=	-1,80 m²			
	-	1/2 ×	5,15 ×	1,00	=	-2,58 m²			
						29,01 m²	=	29,01 m²	
Küche			1,60 ×	2,55			=	4,08 m²	
Zimmer 2			4,35 ×	2,90	=	12,62 m²			
	-	1/1 ×	4,35 ×	0,35	=	-1,52 m²			
	-	1/2 ×	4,35 ×	1,00	=	-2,18 m²			
						8,92 m²	=	8,92 m²	
Bad/WC			2,20 ×	4,05	=	8,91 m²			
	-	1/1 ×	2,20 ×	0,35	=	-0,77 m²			
	-	1/2 ×	2,20 ×	1,00	=	-1,10 m²			
						7,04 m²	=	7,04 m²	
Flur			3,70 ×	4,05	=	14,99 m²			
	-		1,20 ×	2,95	=	-3,54 m²			
	-		0,50 ×	0,70	=	-0,35 m²			
	-	1/1 ×	2,00 ×	0,35	=	-0,70 m²			
	-	1/2 ×	2,50 ×	1,00	=	-1,25 m²			
						9,15 m²	=	9,15 m²	
Flur im EG			3,70 ×	1,85	=	6,85 m²			
	-		0,65 ×	1,00	=	-0,65 m²			
	-		1,85 ×	0,85	=	-1,57 m²			
						4,63 m²	=	4,63 m²	
Dachterrasse		1/4 ×	3,50 ×	3,60			=	3,15 m²	
								65,98 m²	
							ca.	66 m²	

Anlage 7

Wohnfläche – Anm. 11

Das zuständige Amtsgericht hatte bei der Begutachtung bezüglich der Eigentumswohnung Nr. 2 (Gutachten Nr. 4) auch die Ermittlung der Wohnfläche beauftragt. Hintergrund war der Umstand, dass außergerichtlich ein Sachverständiger ein Parteigutachten erstellt und dort die Wohnfläche mit 90 m² ausgewiesen hatte. Der Verfasser dieser Anmerkung bewertet den Gerichtsauftrag mit dem Zusatz, dass auch die Wohnfläche ermittelt werden soll, schon beinahe als „ehrenrührig", da es eigentlich doch selbstverständlich ist, dass alle wesentlichen Werteinflussgrößen einer Überprüfung unterzogen werden. Wenn auch nicht immer ein komplettes Aufmaß gemacht wird, so sollte doch zumindest eine Plausibilitätskontrolle vorgenommen werden, damit die Größenordnung zumindest tendenziell richtig Eingang findet in die Begutachtung (siehe auch Anmerkung 30).

Durch ein Aufmaß mit einem Laser-Messgerät (Leica-Disto) hatte ich die Wohnfläche mit rd. 66 m² berechnet. Die Abweichung zu den im Vorgutachten ermittelten 90 m² ist also mehr als deutlich und es zeigt sich, dass der Vorgutachter offenbar nur wenig Sachverstand hat, denn er hätte schon ohne große Rechnerei merken müssen („aus dem Bauch heraus"), dass die Wohnfläche nicht 90 m² erreichen kann, da die bebaute Fläche des Hauses (Gebäudegrundfläche) nur 105 m² beträgt (12,0 m × 8,75 m). Bei einem Haus mit 45°-Satteldach kann sich bei einer solchen Konstellation niemals eine Wohnfläche von 90 m² ergeben.

Hilfreich und nahezu unverzichtbar sind Tabellen über die Verhältnisse zwischen der bebauten Fläche, dem umbauten Raum und der Wohnfläche. Diese Faktoren sind – differenziert nach Gebäudearten mit und ohne Keller und nach Geschossanzahl – zu berechnen. Da insbesondere in der Lübecker Innenstadt (historische Altstadt) ortstypisch besondere Gebäude (z.B. so genannte Ganghäuser) recht zahlreich sind, kann es empfehlenswert sein, ggf. auch ortsspezifische Erfahrungswerte zu tabellieren.

Bei „normalen" 1½-geschossigen Ein- oder Zweifamilienhäusern, die nach dem Kriege gebaut wurden (keine aufwendigen Gebäude, sondern mehr Häuser mit Siedlungshaus-Charakter), wurde ein Erfahrungswert zwischen 1,35 und 1,40 festgestellt. Da bei dem zu bewertenden Objekt die bebaute Fläche 105 m² beträgt, kann also sehr schnell erkannt werden, dass eine Wohnfläche von 90 m² im Dachgeschoss (mit Schrägen, 45° Dachneigung) nicht zutreffend sein kann.

Es hat sich bei der Mehrzahl der Begutachtungen als sinnvoll erwiesen, komplette Aufmaße zu machen, wobei sich diese mit den modernen Laser-Messgeräten doch sehr schnell bewerkstelligen lassen. Erst bei größeren Objekten wird der Einsatz eines Messgehilfen erforderlich.

Als Geodät darf ich hier den Hinweis geben, dass jedes Maß kontrolliert sein muss, so dass die Fehlerquelle minimiert wird. In den von mir erstellten Gutachten wird in der Regel eine „Skizze zum Aufmaß" dem Gutachten beigefügt, wobei es völlig ausreicht, diese grob maßstäblich anzufertigen. Da inzwischen auch entsprechende Computerprogramme zur Verfügung stehen, können diese Skizzen recht zügig aufgestellt werden. Als Anlage 6 ist dem Gutachten Nr. 4 eine entsprechende Skizze beigefügt. Die Anlage 7 beinhaltet die erforderliche Wohnflächenberechnung.

Ich habe es mir zur Regel gemacht, die Wohnfläche generell in Anwendung der Regularien der DIN 283 durchzuführen. Die DIN 283 ist zwar vom Normenausschuss zurückgezogen, hat sich jedoch als „anerkannte Regel der Technik" bewährt. Ich verweise insofern auch auf den Abschnitt 7.6 des Gutachtens Nr. 4.

Die Anwendung der DIN 283 hat den großen Vorzug, dass der Wohnflächenermittler nicht schon vorgreifend Bewertungsfragen zu klären hat, denn wenn die II. BV [3] Anwendung findet, kann beispielsweise bei der Ermittlung der Wohnfläche eines Balkons dessen Grundfläche *bis* zur Hälfte in Ansatz gebracht werden, d.h. er kann auch mit 1/3, 1/4, weniger oder sogar gar nicht berücksichtigt werden. Hier hat sich teilweise die Meinung gebildet, dass z.B. bei einem Balkon nach Norden die Grundfläche geringer als Wohnfläche zu berücksichtigen ist als bei einem Balkon, der nach Süden gelegen ist. Dieser Auffassung kann ich mich überhaupt nicht anschließen, im Gegenteil warne ich dringend vor solchen Vorgehensweisen. Bei einer solchen Handhabung wird die „technische" Ermittlung der Wohnfläche mit Bewertungsfragen verquickt. Die Frage, ob der Balkon nach Norden oder Süden gelegen ist, ist eine Frage des Wohnwertes, der dann bei der Ermittlung des Mietwertes/m^2 oder bei den Kaufpreisen/m^2 zu berücksichtigen ist. Es haben sich bei mehreren tausend Gutachten, die ich bisher erstellt habe, noch keinerlei Probleme bezüglich dieser Interpretationen entwickelt, so dass zumindest im Großraum Lübeck hier von einer gefestigten Beurteilung der Wohnflächenberechnungsproblematik auch durch die Gerichte gesprochen werden kann.

Immer wieder liest man in der Fachliteratur von Urteilen und Aufsätzen, wo sich dieser Fragen angenommen wurde und es ist für mich völlig unverständlich, dass hier Sachverständige nicht einheitlich „eine Sprache sprechen". Wenn man der „Unsitte" folgte und den Balkon, beispielsweise je nach Himmelsrichtung, unterschiedlich als Wohnfläche ermittelte, müsste man konsequenterweise auch bei dem Umbauten Raum, je nach Himmelsrichtung, unterschiedliche Wertansätze anbringen. Auf diese absurde Idee kommt allerdings auch niemand.

Bei der Ermittlung der Wohnfläche sollte der Sachverständige keine übertriebene Genauigkeit vorlegen, denn selbst mit präzisen Messwerkzeugen ergeben sich auch bei sorgfältiger Anwendung Messtoleranzen und Messungenauigkeiten. Diese sind unvermeidbar schon im Hinblick darauf, dass nicht alle Räume exakt rechtwinkelig sind und alle Wände immer gleichmäßig senkrecht erstellt wurden. Geringfügige Versprünge und Schräglagen führen dazu, dass, je nach dem, wo man das Maß nimmt, sich natürlich unterschiedliche Messbeträge ergeben können. Ich habe es mir angewöhnt, in meinen Gutachten deshalb die Messergebnisse auf volle und halbe Dezimeter gerundet anzugeben. Das Ergebnis wird auf volle und halbe Quadratmeter gerundet mitgeteilt und genauere Messangaben wären zwar möglich, auch die m² könnten genauer ermittelt werden, dieses würde jedoch den erforderlichen Messaufwand erheblich steigern, ohne dass das Endergebnis dadurch eine nennenswerte Qualitätssteigerung erreichen würde.

Die Wohnfläche ist eine technische Grundlage und verschiedene Bewertungsfragen beinhalten so zahlreiche Unwägbarkeiten, dass es keinen Sinn macht, die Ausgangsgröße übertrieben genau festzustellen. Hier darf ich auf Parallelen hinweisen: es wäre genauso absurd, den Sachwert einer Immobilie exakt auf Euro und Cent zu berechnen, wenn im Anschluss große Unsicherheiten bezüglich der Frage anstehen, ob der Marktanpassungsabschlag nun mit 20 oder mit 30 oder gar mit 40 % in Ansatz zu bringen ist.

Bei der Ermittlung der Maße sollten, das habe ich bereits erwähnt, generell Kontrollmaße genommen werden, dieses können beispielsweise Streben sein, Pythagorasproben oder Wiederholungsmessungen.

Schließlich sind übertriebene Messgenauigkeiten zu vermeiden, da sich schon aus den Vorgaben (DIN 283 oder auch II. BV) Genauigkeitsgrenzen ergeben. Ich verweise hier beispielsweise auf Schornsteinversprünge hin, die nur dann einen Abzug erfahren, wenn deren Fläche größer als 0,1 m² ist. Auch werden, wie bekannt, Fensternischen nur berücksichtigt, wenn diese tiefer als 13 cm sind. Auch können sich bei der Ermittlung der Wohnfläche absurde Ergebnisse entwickeln, wenn die Vorgaben sklavisch Anwendung finden. Das Beispiel der Skizze auf der folgenden Seite möge dieses verdeutlichen. Die Wohnfläche der Wohnung ohne Balkon ist (in dem Beispiel) größer als die Wohnfläche der Wohnung mit Balkon, da bei der Wohnung mit Balkon die Fensternische sich zu einer Türnische entwickelt und die Wohnfläche von Türnischen generell keinen Ansatz findet. Das Ergebnis ist also absurd und müsste bei der Ermittlung des Wertes pro m² eliminiert werden.

Abschließend soll hier noch der Hinweis nicht unterbleiben, dass die Wohnfläche zwar akkurat zu ermitteln ist, dennoch diese nicht überzubewerten ist. Viel wichtiger als die Flächengröße ist die Flächenqualität und diese ist sehr schwer quantifizierbar. Ein 10 m langer und 1 m breiter Flur (10 m² Wfl.) weist einen deutlich geringeren Nutzwert auf als ein Flur mit den Maßen 2,5 m × 4,0 m, der möglicherweise auch als Essplatz Verwendung finden könnte. Die Flächenqualität ist allerdings, wie bereits erwähnt, schwerer allgemeingültig quantifizierbar, und schon deshalb sollte der Sachverständige es bei den technischen Grunddaten mit Genauigkeiten nicht übertreiben. Resümee: nicht so genau wie möglich – sondern so genau wie nötig.

Wohnfläche ohne Balkon

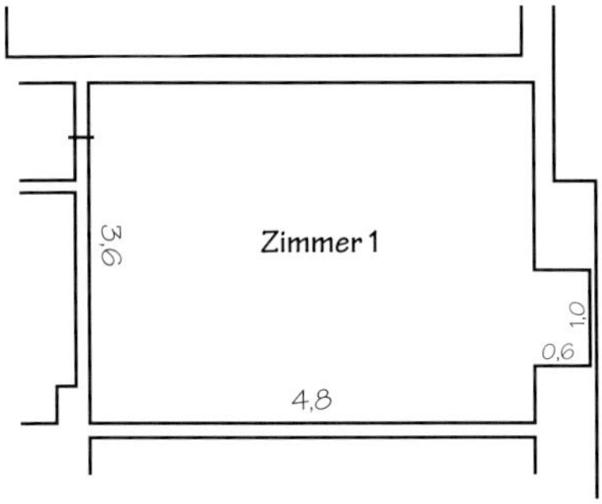

4,8 m	×	3,6 m	=	17,3 m²
0,6 m	×	1,0 m	=	0,6 m²
				17,9 m²

Wohnfläche mit Balkon

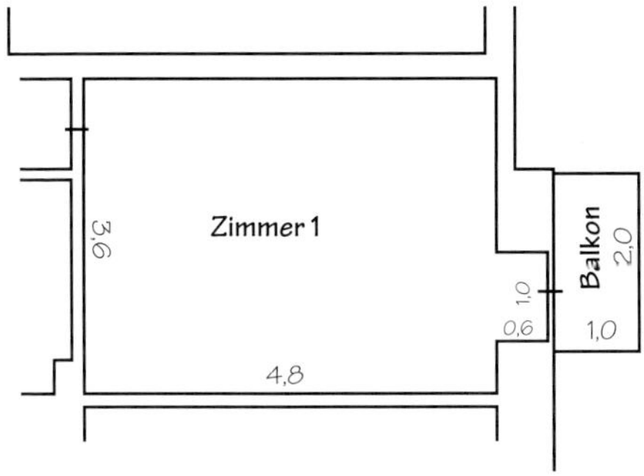

4,8 m	×	3,6 m	=	17,3 m²
0,6 m	×	1,0 m	=	keine Wfl.
¼ × 1,0 m	×	2,0 m	=	0,5 m²
				17,8 m²

Teilungserklärung, Aufteilungsplan – Anm. 12

Bei der Ermittlung des Verkehrswertes einer Eigentumswohnung muss der Sachverständige häufig mehr Aufwand betreiben als bei der Bewertung eines üblichen Objektes z.B. eines Einfamilienhauses. Der Blick in das Grundbuch reicht alleine nicht aus, vielmehr müssen auch die Teilungserklärung und der Aufteilungsplan studiert werden. Außerdem ist es in der Regel ratsam, auch die Kopien des Aufteilungsplans auszugsweise dem Gutachten beizufügen. So wie bei dem Gutachten Nr. 4 ist häufig festzustellen, dass Abweichungen zwischen den tatsächlichen Nutzungen und den in der Teilungserklärung und dem Aufteilungsplan vorgesehenen Nutzung gegeben sind. Die Zugangssituation im Erdgeschoss zur ETW Nr. 2 (Gutachten Nr. 4) ist im Aufteilungsplan als Gemeinschaftsfläche deklariert, ist jetzt aber alleine der Nutzung der ETW Nr. 2 zugeschlagen. Auch die Dachterrasse der ETW Nr. 2 auf dem Flachdach des erdgeschossigen Anbaus der ETW Nr. 1 entspricht nicht den Regelungen in den entsprechenden Unterlagen. Ein Sachverständiger, der auf diese Dinge nicht hinweist, arbeitet meiner Auffassung nach grob fahrlässig.

Gerade bei Ein- und Zweifamilienhäusern oder Reihenhäusern, die nach dem Wohnungs- und Teileigentumsgesetz geteilt worden sind, ist die Zuordnung von Freiflächen nicht unerheblich wertbestimmend. Deshalb sollte diesen Dingen unbedingt nachgegangen werden. Bei Fehlen von Sondernutzungsrechten können sich durchaus Wertnachteile ergeben. Es ist schon erstaunlich, wie leichtfertig zahlreiche Sachverständige über diese Dinge hinweggehen.

In der Regel haben die Eigentümer, auch wenn keine entsprechenden Vereinbarungen in der Teilungserklärung und im Aufteilungsplan vorliegen, sich arrangiert und die Nutzungen intern – inoffiziell – zugeordnet. In den meisten Fällen wird man davon ausgehen können, dass es auch nach einer Veräußerung bei diesen Nutzungen verbleibt. Dieses kann dann auch eine Vorgabe sein, die in das Gutachten eingearbeitet wird. Allerdings darf der Hinweis auf die Problematik nicht unterbleiben bzw. es muss im Gutachten erkennbar werden, dass es sich dabei nur um eine Unterstellung und Annahme handelt. Es ist nicht auszuschließen, dass ein späterer Erwerber auf die Einhaltung der ursprünglichen Regelungen pocht, so dass ggf. auch Haftungsansprüche gegenüber dem Sachverständigen bei fehlenden Hinweisen nicht auszuschließen sind.

GUTACHTEN

des öffentlich bestellten und vereidigten Sachverständigen

JÜRGEN-WILHELM STREICH

aus Lübeck

. Ausfertigung

VERKEHRSWERTGUTACHTEN

SEESTR. 168, 23669 TIMMENDORFER STRAND

EIGENTUMSWOHNUNG NR. XX

Gutachten vom 27. April 2002
Nr. 1/0000/01

- Dieses Gutachten umfaßt 48 Seiten -

JÜRGEN-WILHELM STREICH
Regierungsvermessungsamtmann a.D.
Von der Industrie- und Handelskammer zu Lübeck öffentlich bestellter und vereidigter Sachverständiger für die Bewertung von bebauten und unbebauten Grundstücken, für Mieten und Pachten sowie für Erbbaurechte

1. Auftrag

Der Verkehrswert des Bewertungsobjektes ist wegen anstehender Zwangsversteigerung durch ein Sachverständigengutachten zu ermitteln.

2. Verkehrswert

Der Verkehrswert ist im BauGB [1] - Fundstellen siehe Anlage 12 - als der Wert definiert, der im gewöhnlichen Geschäftsverkehr ohne Berücksichtigung persönlicher oder ungewöhnlicher Umstände beim Verkauf zu erzielen ist.
Die Wertermittlung führe ich in Anlehnung an die Regularien der WertV [2] durch.

3. Auftraggeber

Amtsgericht Lübeck
52 K xx/01
Beschluß vom xx. xxx 2001

4. Bewertungsobjekt

Seestr. 168, 23669 Timmendorfer Strand, ETW Nr. xx

4.1 Kurzbeschreibung

Abgeschlossene 2-Zimmer-Eigentumswohnung mit Flur, Duschbad/WC und einem Balkon (nach Süden) sowie einer Abstellkammer in einem Appartementhaus (Bj. 1994) im Ostseebad Timmendorfer Strand, Lage etwa 1,5 km vom Zentrum/Ostseestrand entfernt.
Die ca. 47,5 m² Wfl. große Wohnung befindet sich im Dachgeschoß (= 3. Ebene).
Ausstattung: Sammelheizung, Isolierverglasung, Einbauküche (Kochnische im Wohnzimmer), Auslegware, Kfz.-Stellplatz in der Tiefgaragenanlage.
Im Wesentlichen ordentlicher baulicher und dekorativer Zustand der Anlage, tlw. jedoch auch Investitionsbedarf. Lagebedingt keine besonders gute Vermietbarkeit.

VERKEHRSWERT 82.500,- €

4.2 Katasterbezeichnung (Katasteramt Ostholstein, Außenstelle Eutin)
Gemarkung Klein Timmendorf
Flur x, Flurstück xxx/xx
Größe: 5.803 m^2
Liegenschaftsbuch Nr.: 3.210

4.3 Grundbuchbezeichnung (Amtsgericht Bad Schwartau)
Wohnungsgrundbuch von Timmendorfer Strand, Blatt x.xxx
234/10.000 Miteigentumsanteil an dem Grundstück, verbunden mit dem Sondereigentum an Wohnräumen Aufteilungsplan Nr.xx.

4.4 Wohnungseigentümer
Herr xxxxx xxxxx

4.5 Insolvenzverwalter
xxxxx & xxxxxxx
xxxxxxxxxxxxxxxx
xxxxxxxxxx 11, 23456 Lübeck
Az.: xxxxxx

5. Ortsbesichtigung und Bewertungsstichtag
30. Januar 2002

6. Mieter
Die ETW Nr. xx wird sporadisch eigengenutzt.

7. Verwalter nach WEG
xxxxxxxxx GmbH
xxxxxx Str. 15, 23808 Lübeck
mtl. Wohngeld: 145,- € (Angabe ohne Gewähr)

8. Beschreibung des Bewertungsobjektes

8.1 Lage - regional

Ostseebad Timmendorfer Strand im Kreis Ostholstein, 18 km bis zur Hansestadt Lübeck, über Autobahn gute Verkehrsanbindung nach Lübeck und Hamburg, Gemeinde mit städtischer Struktur und gemäß landesplanerischer Einstufung mit den Funktionen eines „Unterzentrums", sehr hoher Wohn- und Freizeitwert.

8.2 Lage - örtlich

Lage westlich der See- bzw. Lübecker Straße und südlich der Bäderstraße (B 76) im OT Klein Timmendorf.
Das Ortszentrum und die Ostsee mit Strand und Promenade sind etwa 1,5 km weit entfernt. Im Umfeld des Bewertungsobjektes stehen sowohl weitere Geschoßbauten als auch Individualbebauungen in offener Bauweise. Im weiteren Umfeld sind auch gewerbliche Nutzungen anzutreffen.
Das Ortszentrum und der Strandbereich sind über einen Fußweg am Mühlengraben mit Fußgängerbrücke über die Seestraße und Bäderstraße relativ bequem erreichbar (ca. 20 min. Fußweg).
Die Seestraße ist eine Straße mit nicht unerheblichem innerörtlichen Erschließungs- und Anliegerverkehr.
Im Bebauungsplan (B.Plan) Nr. 40 ist das Areal als Mischgebiet (Geschoßflächenzahl (GFZ) = 0,4) ausgewiesen. Das Gebiet liegt außerhalb des Geltungsbereichs einer Satzung der Gemeinde Timmendorfer Strand zur Sicherung der Fremdenverkehrsfunktion nach § 22 BauGB [1].

Die Lage ist zusammengefaßt - bezogen auf Timmendorfer Strand - eher als einfach zu beschreiben.

8.3 Grundstück

Das zu bewertende Grundstück ist 5.803 m² groß. Der Grundstückszuschnitt ist genähert rechtwinkelig, die Oberflächengestelt leicht coupiert. Das Grundstück ist voll erschlossen und bebaut.

8.4 Bebauung

Appartementhaus als Beherbergungsbetrieb mit Rezeption genehmigtes und 1994 errichtetes Objekt mit 40 Ferienappartements und 5 Dauerwohnungen sowie eine Tiefgaragenanlage mit 45 Stellplätzen für Pkw.
2 2/2-geschossige Massivbauten, überwiegend mit Unterkellerung, Streifenfundamente/Fundamentplatte, 24 cm Hintermauerung (Gasbeton), Dämmung und Verblendmauerziegel, Stahlbetondecken, Krüppelwalmdach (Holzkonstruktion, Dachpfannen),
Tiefgaragenanlage mit Flachdach.
Die 45 Eigentumswohnungen verteilen sich auf 3 Gechosse. Das Gebäude ist durch 3 Hauseingänge/Treppenhäuser gegliedert.

8.5 Wohnung

Abgeschlossene 2-Zimmer-Wohnung (Wohnzimmer mit Kochnische) mit Flur, Duschbad/WC, einer Abstellkammer und einem Balkon, der nach Süden orientiert ist. Die Wohnung liegt im Dachgeschoß.

Der Zuschnitt der Wohnung ist grundsätzlich nicht ungünstig: „gefangene" Räume sind nicht vorhanden. Das Badezimmer ist außenliegend mit Fenstern für natürliche Belichtung und Belüftung angeordnet. Reizvoll ist ein Runderker im Wohnzimmer.

Nachteilig ist das Fehlen einer separaten Küche, da nur eine Kochnische im Wohnzimmer vorhanden ist.
Die lichte Raumhöhe beträgt ca. 2,5 m. Bedingt durch die Lage im Dachgeschoß ergeben sich Wohnwertnachteile (z.B. Dachschrägen)

Gemäß Teilungserklärung dürfen die Wohnungen grundsätzlich nur zu Wohnzwecken genutzt werden, eine gewerbliche oder berufliche Nutzung ist nur mit Einwilligung des Verwalters zulässig, der vorher einen Beschluß der Eigentümerversammlung herbeiführen *kann*. Zulässig ist die gewerbliche Vermietung zur Wohnnutzung (Feriengäste).

8.6 Wohnfläche

Die Wohnungsgröße habe ich der Anlage 9 mit

53,43 m²

entnommen.

Zwecks Überprüfung habe ich ein Aufmaß und eine Wohnflächenberechnung durchgeführt.

Die Wohnfläche habe ich nach den Regularien der DIN 283 berechnet. Die II. Berechnungsverordnung [3] habe ich nicht berücksichtigt, da die II. BV nur im sozialen Wohnungsbau verbindlich anzuwenden ist. Die Anwendung der II. BV kann zu unterschiedlichen Ergebnissen aufgrund individueller Interpretationsmöglichkeiten führen, schon deshalb ist die II. BV wenig hilfreich. Bei Anwendung der DIN 283 (die zwar vom Normenausschuß zurückgezogen worden ist, jedoch sich als anerkannte Regel der Technik bewährt hat) ergibt sich eine Wohnfläche von nur

ca. 47,5 m².

Diesbezüglich verweise ich auf die Anlage 8 dieses Gutachtens.

8.7 Ausstattung

Zentralheizung, Wärmeabgabe durch Radiatoren,
zentrale Warmwasserversorgung,
Fenster mit Isolierverglasung,
Kochnische mit Einbauküche (Herd ohne Backofen, Spüle, Kühlschrank, Dunstabzugshaube, keine Geschirrspülmaschine),
Badezimmer (Duschbad, WC, Waschbecken, Wand- und Bodenfliesen),
Fußboden mit Auslegware,
kein Keller- oder Bodenabstellraum,
Waschküche, Sauna und Fahrradkeller als Gemeinschaftseigentum (Saunabenutzung gegen Entgelt),
Klingel-, Türöffner- und Sprechanlage.
Ein Kfz-Stellplatz ist der ETW Nr. xx gemäß Teilungserklärung bzw. Aufteilungsplan als Sondernutzungsrecht zugeordnet.

8.8 Inventar

Eßtisch mit 5 Stühlen, einfacher Korbsessel, einfacher Couchtisch, Couch mit Ruheplatz, Beistelltisch, Kommode mit TV, 1 Doppelbett, 1 kleiner Schlafzimmerschrank, 1 ausziehbare Liege, Kleinmobiliar.

8.9 Beschaffenheit

Der bauliche Zustand des Objektes ist, soweit im Rahmen einer Ortsbegehung feststellbar, im wesentlichen als dem Alter entsprechend ordentlich zu bezeichnen. Die dekorative Beschaffenheit der Wohnung im Innern ist als altersgemäß normal zu beschreiben. Die Bausubstanz weist in Teilbereichen Investitionsbedarf auf, es ist z.B. auf einige Rißbildungen und Feuchtigkeitsprobleme in der Tiefgarage hinzuweisen.

Wie bei der Bewertung von Wohnungseigentum üblich, wurde nicht die gesamte Anlage im Detail besichtigt.
Zerstörende Untersuchungen wurden nicht durchgeführt.
Die Haustechnik wurde nicht überprüft.

Im übrigen wäre, wie bereits erwähnt, für eine exaktere und verbindliche Bestimmung der Beschaffenheit ein eingehendes detailliertes Bauschadensgutachten erforderlich.
Die äußere dekorative Beschaffenheit - auch die der Außenanlagen - ist im wesentlichen positiv zu würdigen.

8.10 Hinweis

Die Beschreibung der Bauteile, Ausstattung und Beschaffenheit erfolgt ohne Anspruch auf Vollständigkeit. Abweichungen im Detail sind möglich. Eine umfassende und verbindliche Beschreibung würde eine spezielle Bauaufnahme voraussetzen, die jedoch den Rahmen einer Verkehrswertermittlung überschreiten würde.

9. Bewertung

9.1 Bodenwert

Der Gutachterausschuß für Grundstückswerte im Kreis Ostholstein hat per 31.12.2000 für den fraglichen Bereich für Geschoßbaugrundstücke einen Richtwert von

150,- €/m²

festgestellt.

Diesen Bodenwert übernehme ich ungeprüft und unmodifiziert in meine Begutachtung.

5.803 m² × 150,- €/m²	=	870.450,- €
davon 234/10.000 Miteigentumsanteil:	rd.	20.000,- €

Da sich die Höhe des Bodenwertsanteils nur marginal auf das Ergebnis auswirkt, habe ich in diesem Gutachten auf eine detaillierte und nachvollziehbare Bodenwertermittlung verzichtet.

9.2 Ertragswertverfahren

9.2.1 Nachhaltig erzielbarer Mietertrag

Maßgebend für die Ertragswertberechnung ist der Mietertrag, von dem man annimmt, daß dieser nachhaltig erzielbar ist. Ich unterstelle dabei, daß das Anwesen nicht einer Mietbindung unterliegt.

Der Preisspiegel des Ringes Deutscher Makler (RDM) weist 2001 bei Neuvermietungen für 70 m² große Wohnungen in Geschoßbauten (Neubau) für Wohnraum mit mittlerem Wohnwert im Bereich der Lübecker Bucht durchschnittliche Mietzinse (Netto-Kalt-Miete) von 11,- DM/m² aus.
Für Objekte mit gutem Wohnwert wurden 14,- DM/m² festgestellt.

Wegen der Lage in Timmendorfer Strand ist zunächst eher vom oberen Betrag auszugehen. Andererseits ist die dezentrale Lage südlich der Bäderstraße zu beachten. Auch ist negativ das weitere Wohnumfeld zu berücksichtigen.
Der Sachverständige legt deshalb einen Orientierungswert von nur 12,50 DM/m² bzw. abgerundet 6,25 €/m² der Ertragswertberechnung zugrunde.

Korrekturen:

a) Zuschlag wegen Größe (errechnet unter Bezugnahme auf eine diesbezügliche Marktanalyse [10])
ca. 10 % (= × 1,1) - geschätzt
b) Abschlag wegen ungünstiger Raumgestaltung im Hinblick auf eine Dauernutzung (Kochnische)
ca. 2,5 % (= × 0,975) - geschätzt
c) Abschlag wegen Lage der ETW im Dachgeschoß
ca. 2,5 % (= × 0,975) - geschätzt
d) Zuschlag für Stellplatz in der Tiefgarage
mtl. 30,- € - geschätzt

47,5 m² × 6,25 €/m² × 1,1 × 0,975 × 0,975 + 30,- € = <u>340,- €</u>

Der Mietwert von Wohnraum kann jedoch nicht mathematisch exakt berechnet werden, letztendlich handelt es sich um eine Schätzung. Den nachhaltig erzielbaren Mietertrag (Netto-Kalt-Miete) nehme ich deshalb abgerundet incl. Tiefgaragenstellplatz mit

mtl. 330,- €

(300,- € = rd. 6,30 €/m² Wfl. + 30,- € (Stellplatz))

an.

Nachhaltig erzielbarer Jahresrohertrag:

330,- € × 12	=		3.960,- €
		rd.	4.000,- €

Dabei war auch zu berücksichtigen, daß die RDM-Werte bezüglich Wohnraummieten sich eher im oberen Bereich üblicher Bandbreiten bewegen. Auch sind eher stagnierende Mietpreisentwicklungen zu beachten. Insbesondere war auch die erschwerte Vermarktungsfähigkeit im Hinblick auf die Raumgestaltung (keine separate Küche) zu beachten.

Außerdem wird unterstellt, daß Betriebskosten zzgl. zur Netto-Kalt-Miete von Mietern getragen würden (Nebenkosten).

Es ist darauf hinzuweisen, daß diese Mietschätzung nicht identisch mit der ortsüblichen Vergleichsmiete im mietrechtlichen Sinn und auch nicht geeignet ist, ein Mietveränderungsverlangen zu begründen.

9.2.2 Bewirtschaftungskosten

Die angemessenen Bewirtschaftungskosten schätze ich unter Anlehnung an die Erfahrungssätze, die sich aus der II. BV [3] und den Wertermittlungsrichtlinien des Bundes [6] sowie der Fachliteratur [12] ergeben.

Instandhaltungskosten		
47,5 m^2 Wfl. × 11,50 €/m^2	=	546,- €
zzgl. Tiefgaragenstellplatz	=	30,- €
Verwaltungskosten		
mtl. 25,- € × 12	=	300,- €
Tiefgaragenstellplatz	=	20,- €
Mietausfallwagnis		
4 % vom Brutto-Rohertrag (incl. geschätzter Nebenkosten von 2,25 €/m^2 Wfl. = 5.282,- €*)	=	211,- €
		1.107,- €

$$\frac{1.107,-\ €}{4.000,-\ €} \times 100 = 27,7\ \%$$

gerundet: 27,5 %

Dabei bin ich davon ausgegangen, daß Betriebskosten zzgl. zur Nettomiete zu zahlen wären.

*47,5 m^2 Wfl. × 2,25 €/m^2 × 12 + 4.000,- €

9.2.3 Liegenschaftszinssatz

Der Liegenschaftszinssatz ist in der WertV [2] im § 11 wie folgt definiert: *„Der Liegenschaftszinssatz ist der Zinssatz, mit dem der Verkehrswert von Liegenschaften im Durchschnitt marktüblich verzinst wird."* Daraus folgt, daß der Liegenschaftszinssatz aus geeigneten Kaufpreisen iterativ durch Rückwärtsrechnung eines Ertragswertverfahrens abzuleiten ist. Wenn man nicht nur bei einem, sondern bei mehreren Kaufpreisen von Objekten, die sich einem bestimmten Teilmarkt zuordnen lassen, solche Ableitungen vornimmt, können die Ergebnisse ausgemittelt werden und führen so zu einem marktüblichen Zinsfuß. Das Problem bei der Ableitung der Zinsfüße besteht darin, daß diese teilmarktspezifiziert und zeitaktuell zu ermitteln sind.

Der Liegenschaftszinssatz bei Eigentumswohnungen ist zwischen dem von Einfamilienhäusern und dem von Geschoßbauten zu erwarten.
In den WertR [6] wird bei Einfamilienhäusern von einem Liegenschaftszinssatz von 4,0 % und bei Geschoßbauten von 5,0 % ausgegangen. Die aktuellen Zinsfüße liegen erfahrungsgemäß jedoch niedriger als die in den WertR mitgeteilten Zinssätze, die noch auf Erfahrungswerte aus den 70iger Jahren beruhen. Die Fachliteratur [13] weist bei einem Einfamilienhaus einen Liegenschaftszinssatz von 2,5 - 3,5 % (i.M. 3,0 %) und bei Mietwohngrundstücken eine Spanne von 3,5 - 4,5 % (i.M 4,0 %) aus.
Folgt man diesen Hinweisen, errechnet sich bei einer Eigentumswohnung ein Durchschnittszins von

3,5 %.

Eine überregionale Marktanalyse [14] führt zu einer Zinsfußbreite von

3,0 - 4,0 %.

Nach der Analyse ist bei Objekten mit mehr als 3 WE der Liegenschaftszinssatz in der oberen Hälfte der Bandbreite, also zwischen

3,5 % bis 4,0 %

in Ansatz zu bringen.

Da das Angebot größer als die Nachfrage ist, wird eine Orientierung an der oberen Grenze der Bandbreite empfohlen, demzufolge

4,0 %.

Als Trendwert gehe ich zunächst von einem Liegenschaftszinssatz von durchschnittlich

3,75 %

aus.

Wegen der besonderen Lagesituation (Ostseenähe) ist der Zinsfuß jedoch wieder zu reduzieren. Geht man von einer Reduzierung von 0,5 - 1,0 % aus, ergibt sich eine Bandbreite von

2,75 % bis 3,25 %.

Da mathematisch-statistisch gesicherte Erkenntnisse bezüglich der Frage nicht vorliegen, kann der Liegenschaftszinssatz letztendlich nur geschätzt werden. Dabei sind sowohl die regionalen als auch die überregionalen Erkenntnisse zu würdigen.

Ich lege zusammengefaßt, auch im Hinblick auf die Wohnungsstruktur, einen Zinsfuß von

3,0 %

der Ertragswertberechnung zugrunde.
Der guten Ordnung halber ist darauf hinzuweisen, daß der örtlich zuständige Gutachterausschuß für Grundstückswerte keine Liegenschaftszinssätze am Markt abgeleitet bzw. veröffentlicht hat.

9.2.4 Restnutzungsdauer

Baujahr:	1994
Alter (2002):	8 Jahre
Gewöhnliche Gesamtnutzungsdauer:	70 Jahre
rechnerische Restnutzungsdauer:	62 Jahre

9.2.5 Ertragswertberechnung

Jahresrohertrag:	4.000,- €
- 27,5 % Bewirtschaftungskosten:	1.100,- €
Jahresreinertrag:	2.900,- €
- 3,0 % Verzinsung des Bodenwert-anteils (20.000,- €):	600,- €
Jahresreinertrag des Gebäudeanteils:	2.300,- €

Der Jahresreinertrag der Wohnung ist mit dem Vervielfältiger (VV) 28,00 zu multiplizieren, der sich bei Ansatz eines 3,0 %gen Liegenschaftszinssatzes und einer Restnutzungsdauer von 62 Jahren nach der Rentenbarwertformel ergibt:

$$VV = \frac{q^n - 1}{q - 1} \times \frac{1}{q^n}$$

$$q = 1 + \frac{p}{100}$$

p = Liegenschaftszinssatz
n = Restnutzungsdauer

2.300,- € × 28,00	=	rd. 64.000,- €
+ Bodenwertanteil	=	rd. 20.000,- €
Ertragswert:		rd. 84.000,- €

9.3 Alternative Ertragswertberechnung

Ferienwohnungsnutzung

Anm. 13, S. 195

Geht man von einer Ferienwohnungsnutzung aus, ist folgende Berechnung möglich:

Denkbarer Umsatz:

Hauptsaison		
75,- € pro Tag × 90 Tage × 0,55 Belegung	=	3.712,- €
Nebensaison		
55,- € pro Tag × 60 Tage × 0,15 Belegung	=	495,- €
Vorsaison		
35,- € pro Tag × 215 Tage × 0,10 Belegung	=	752,- €
		4.959,- €
		ca. 5.000,- €

Die zugrunde gelegten Tagessätze schließen eine Stellplatznutzung mit ein. Eine Gewähr für die Erreichung des zuvor prognostizierten Umsatzes wird vom Sachverständigen ausgeschlossen.

Die Bewirtschaftungskosten liegen bei dieser Nutzungsart deutlich höher als bei einer Dauervermietung, insbesondere sind noch die Betriebskosten (die denkbare Einnahme versteht sich als Brutto-Warm-Mietertrag) und die Wartungs- und Verwaltungskosten (Durchführung der Vermietung, Organisation von Anreise/Abreise, Wartung, Bearbeitung von Reklamationen, Unternehmensgewinn usw.) zu berücksichtigen.

Betriebskosten (Wasser, Energie)		
47,5 m² Wfl. × 2,25 €/m² × 12 × 80/365	=	281,- €
Instandhaltungskosten (erhöht)		
47,5 m² Wfl. × 15,- €/m²	=	712,- €
zzgl. Stellplatz	=	30,- €
Verwaltungs-, Vermietungs- und Werbungskosten		
25 % der Bruttoeinnahme	=	1.250,- €
Stellplatz	=	20,- €
Mietausfallwagnis		
5 % vom Umsatz	=	250,- €
Abschreibung für Möblierung (20 % von 5.000,- €)	=	1.000,- €
		3.543,- €

$$\frac{3.543,-\text{€}}{5.000,-\text{€}} \times 100 = 70,8\,\%$$

gerundet : 70 %

Bei einer quasi gewerblichen bzw. gewerblich-ähnlichen Nutzung ist allerdings mit einem höheren Zinsfuß zu rechnen.

Geht man von 5.000,- € Umsatz, 70 % Bewirtschaftungskosten, einem Bodenwertanteil von 20.000,- €, einem erhöhten Liegenschaftszinssatz von 3,25 % und einer wegen gewerblicher Nutzung verkürzten (halbierten) Restnutzungsdauer von 31 Jahren aus, so errechnet sich der Ertragswert zu

rd. 36.000,- €.

Diese Rechnung ist allerdings nur als Hilfsrechnung zu verstehen, da mit kleinen Änderungen der Rechenansätze das Ergebnis auffällig geändert werden kann.

Problematisch ist bei dieser Rechenmethode auch, daß statistisch gesicherte Erkenntnisse bezüglich der einzelnen Rechenansätze nicht vorliegen.

Schließlich ist zu beachten, daß der individuelle unternehmerische Einsatz zu erheblich abweichenden Einzelergebnissen führen kann. Die „Unternehmensbewertung" wirkt sich jedoch im Hinblick auf die Nachhaltigkeit der Rechenmethode nur bedingt auf das Ergebnis aus bzw. sollte sich nur bedingt auswirken.
Reduziert man die Bewirtschaftungskosten von 70 % auf 60 % und den Liegenschaftszinssatz von 3,25 % auf 3,0 %, so ergäbe sich ein Ertragswert von rd. 48.000,- €. Wenn man die Restnutzungsdauer nicht von 62 auf 31 Jahre verkürzen würde, errechnete sich der Ertragswert zu 59.000,- €.

Wie man auch rechnet, man kommt zu keinem wirtschaftlich zufriedenstellendem Ergebnis. Die Auslastung (Vermietungstage) ist im fraglichen Teil der Gemeinde Timmendorfer Strand einfach zu gering. Eine wirtschaftlich sinnvolle Nutzung (Vermietung) der ETW Nr. xx als Ferienwohnung ist kurz- oder mittelfristig nicht erkennbar.

Der Ertragswert der Eigentumswohnung ist deshalb unter Aspekten einer Dauervermietung zu betrachten. Diesbezüglich hatte ich im Abschnitt 9.2.5 einen Betrag von

84.000,- €

ermittelt.

9.4 Vergleichswertverfahren (indirektes Verfahren)

Ich ziehe unterstützend den Preisspiegel 2001 des RDM heran, der auch Aussagen trifft bezüglich der Marktsituation bei Eigentumswohnungen an der Lübecker Bucht.

Der RDM-Spiegel weist durchschnittliche Kaufpreise für ca. 70 m² große 2 1/2- bis 3-Zimmer-Wohnungen ohne Pkw-Stellplatz aus, und zwar für vermietungsfreie Wohnungen. (Kaufpreise incl. Bodenwertanteil).

Im RDM-Spiegel wird differenziert:

Einfacher Wohnwert: *z.B. WC in der Wohnung, mit einfachem Bad, heizbar, jedoch keine zentrale Beheizungsanlage, Einfachverglasung, in wenig bevorzugter Wohnlage, z.B. Industrievorort.*

Mittlerer Wohnwert: *z.B. Bad und WC, Verbundglasfenster, Zentralheizung, in gemischtbebauter Wohnlage mit normaler verkehrsmäßiger Erschließung und guter Bausubstanz, ausgeglichene Bevölkerungsstruktur.*

Guter Wohnwert: *z.B. modernes Bad, WC, Zentralheizung, Isoliorvcrglaoung, Balkon, gegebenenfalls Fahrstuhl, gute Wohnlage.*

Sehr guter Wohnwert: *modernste, überdurchschnittliche Ausstattung und Bausubstanz, erstklassige Wohnlage.*

Einfacher Wohnwert:	(2.000,- DM/m²)	bzw.	(1.025,- €/m²)
Mittlerer Wohnwert:	3.200,- DM/m²	bzw.	1.635,- €/m²
Guter Wohnwert:	4.800,- DM/m²	bzw.	2.450,- €/m²
Sehr guter Wohnwert:	7.000,- DM/m²	bzw.	3.580,- €/m²

(in Klammern: vom Sachverständigen geschätzter Wertansatz)

Die hier zu bewertende Wohnung erfüllt ausstattungsmäßig die Ansprüche eines mittleren bis guten Wohnwertes.

Als Ausgangswert ergibt sich demzufolge ein Betrag von ca. 2.040,-€/m² . Dagegen ist bei der Lage von einem einfachen bis mittleren Wohnwert (1.330,- €/m²) auszugehen. Da Kaufpreise sensibler als Mietpreise auf die Lagequalität reagieren, gewichte ich hier mit 4 : 6 (Ausstattung : Lage):

$$1/10(2.040,\text{-}\ €/m^2 \times 4 + 1.330,\text{-}\ €/m^2 \times 6) = 1.614,\text{-}\ €/m^2$$

Der Betrag von 1.614,- €/m² ist zu verbessern, da die zu bewertende Wohnung 47,5 m² Wfl. aufweist.

Wie zuvor bereits erwähnt, bezieht sich der RDM-Preisspiegel auf 70 m² Wfl. große Wohnungen.
Bei abnehmender Wohnungsgröße (hier: 47,5 m²) erhöht sich erfahrungsgemäß der Wert per m².

Aus Kaufpreisen von Eigentumswohnungen wurde mittels einer Regressionsanalyse folgender Marktmechanismus abgeleitet:

$$y = 1{,}7299 \text{ mal } x^{-0{,}129}$$
y = Umrechnungskoeffizient
x = Wohnfläche (m²)

Diese Analyse ist 1996 im Bereich der Stadt Kiel vorgenommen und von PETERSEN [39] veröffentlicht worden.
Das Ergebnis dieser Marktbeobachtung kann durchaus auch in Lübeck bzw. Timmendorfer Strand angewandt werden.

Umrechnungskoeffizient bei 47,5 m² : 1,0513
Umrechnungskoeffizient bei 70 m² : 1,0000

Bezogen auf 47,5 m² ergibt sich folgende Korrektur:

$$1.614,\text{-}\ €/m^2 \times \frac{1,0513}{1,0000} = 1.697,\text{-}\ €/m^2$$

Da das Bewertungsobjekt erst 8 Jahre alt ist, ist der indirekte Vergleichswert zu erhöhen. Ein Zuschlag von etwa 5 % dürfte durchaus vertretbar sein. Andererseits ist wertreduzierend der zuvor in diesem Gutachten schon erwähnte Raumaufteilung- und Nutzungsnachteil zu würdigen. Diese haben bei der Ertragswertberechnung in Abschnitt 9.2.1 zu Abschlägen von 2 × 2,5 % geführt. Da Kaufpreise sensibler als Mietpreise auf Nutzungsnachteile reagieren, erhöhe ich hier den Abschlag auf 7,5 % (= × 0,925).

1.697,- €/m² × 1,05 × 0,925 = 1.648,- €/m²

47,5 m² × 1.648,- €/m²	=	rd. 78.000,- €
zzgl. Stellplatz in der Tiefgaragenanlage:	=	rd. 8.000,- €
indirekter Vergleichswert:		rd. 86.000,- €

9.5 Vergleichswertverfahren (Vergleichspreisauswertungen)

9.5.1 Allgemeines

Dem Sachverständigen sind zahlreiche Kaufpreise bekannt, die für andere Wohnungen an der Lübecker Bucht gezahlt worden sind. Hier wird der Verkehrswert (Vergleichswert) direkt aus Kaufpreisen vergleichsgeeigneter Objekte abgeleitet.

Beim Preisvergleich berücksichtige ich auch Kaufpreise von Wohnungen aus dem Ostseebad Travemünde. Objekte mit Ostseeblick oder an anderer exponierter Lage wurden ausgeschlossen. Es handelt sich bei den verkauften Objekten um solche aus dem unmittelbaren Umfeld des Bewertungsobjektes oder vergleichbaren Lagen, z.B. der Nordmeerstraße in Travemünde, der Straße „Rose" in Travemünde oder der Dornkampstraße in Timmendorfer Strand.

Die nachfolgend aufgeführten Preise beziehen sich auf - zumindest überwiegend - vermietungsfreie Wohnungen und schließen Stellplätze/Garagen nicht mit ein. Preise von Zwangsversteigerungserlöse fanden überwiegend keine Berücksichtigung.

Erstverkäufe, Weiterverkäufe

Anm. 14, S. 197

Kaufpreise aus Erstverkäufen fanden keine Berücksichtigung, es handelt sich demzufolge ausschließlich um Weiterverkäufe.

9.5.2 Vergleichspreise

Lfd.Nr.	Kaufpreis €/m²	Wfl. m²	Verkaufsjahr	Baujahr
1	1.067,-	46	2001	1995
2	1.461,-	38	2001	1995
3	1.432,-	50	2000	1994
4	1.550,-	62	2001	1975
5	1.449,-	48	1999	1994
6	1.779,-	71	1999	1986
7	1.278,-	60	2001	1970
8	1.545,-	47	2001	1981
9	1.507,-	57	2001	1981
10	1.784,-	43	2001	1979
11	1.979,-	62	2001	1985

Mittels eines aus dem Preisspiegel des Ringes Deutscher Makler (RDM) abgeleiteten Preisindex (Anlage 10 bzw. [19]) werden die Kaufpreise auf das Preisniveau 2002 umgerechnet.

Der Index für 2002 wird vom Sachverständigen mit 122 Punkten erwartet, so daß zum Bewertungsstichtag ein Index von 124 Punkten (geschätzt) zugrunde gelegt wird.

lfd. Nr.	Kaufpreis €/m²	Umrechnung	verbesserter Kaufpreis €/m²
1	1.067,-	: 126 × 124	1.050,-
2	1.461,-	: 126 × 124	1.438,-
3	1.432,-	: 132 × 124	1.345,-
4	1.550,-	: 126 × 124	1.525,-
5	1.449,-	: 135 × 124	1.331,-
6	1.779,-	: 135 × 124	1.634,-
7	1.278,-	: 126 × 124	1.258,-
8	1.545,-	: 126 × 124	1.520,-
9	1.507,-	: 126 × 124	1.483,-
10	1.784,-	: 126 × 124	1.756,-
11	1.979,-	: 126 × 124	1.948,-

9.5.3 Auswertung der verbesserten Kaufpreise
Arithmetisches Mittel als Tendenzwert:

$$\bar{x} = \frac{\sum x_i}{n}$$

$$\bar{x} = \frac{16.288,-\text{€}}{11} = 1.481,-\text{€/m}^2\ \text{Wfl.}$$

Einzelpreise, die den Mittelwert um mehr als ± 20 % überschreiten, sind üblicherweise als Extremwerte („Ausreißer") auszusondern, da bei kleineren Stichproben Extremwerte das Ergebnis einseitig verzerren können.
Da die hier vorliegende Stichprobe nicht vollständig homogen ist, halte ich eine Vergrößerung der Variationsbreite von ± 20 % auf ± 33,3 % für sachgerecht:

987,- €/m² Wfl. bis 1.975,- €/m² Wfl.

Es ist demzufolge festzustellen, daß alle Kaufpreise innerhalb der Variationsbreite liegen, so daß keiner der Kaufpreise als Extremwert zu eliminieren ist.

9.5.4 Statistische Prüfmaße

Je nach Anzahl und Streuung der Daten einer Stichprobe ergibt sich eine unterschiedliche Qualität bezüglich des Mittelwertes. Es sind verschiedene Prüfmaße für die Qualität einer Stichprobe entwickelt worden, von denen ich hier die Standardabweichung, den Mittleren Fehler des Mittels und den Variationskoeffizienten berechne.

Standardabweichung (Mittlerer Fehler eines Einzelwertes):

$$s_x = \sqrt{\frac{\sum (x_i - \overline{x})^2}{n - 1}}$$

$$s_x = \pm\ 245,- \text{ €/m}^2$$

Mittlerer Fehler des Mittels:

$$s_{\overline{x}} = \frac{s_x}{\sqrt{n}}$$

$$s_{\overline{x}} = \pm\ 74,- \text{ €/m}^2$$

Bandbreite des Mittelwertes:

1.407,- €/m² bis 1.555,- €/m²

Variationskoeffizient:

$$v = \frac{s_x}{\overline{x}} = \frac{\pm 245,- \text{ €/m}^2}{1.481,- \text{ €/m}^2} = \pm\ 0,165$$

Der Variationskoeffizient von ± 0,165 sagt aus, daß die Güte der Streuung als „recht bedenklich" zu qualifizieren ist. Daraus folgt, daß auch die Aussagekraft der angewandten Statistik nur begrenzt überzeugend sein kann. Ich verweise bezüglich des Variationskoeffizienten auch auf die Anlage 11 dieses Gutachtens.

9.5.5 Wohnungsgrößenkorrektur

Außerdem ist zu beachten, daß die zum Vergleich herangezogenen 11 Wohnungen im Durchschnitt rd. 53 m² groß sind. Die zu bewertende Wohnung dagegen ist nur 47,5 m² groß, so daß ein Zuschlag in Ansatz zu bringen ist. Diesbezüglich verweise ich auf meine Ausführungen im Abschnitt 9.4 dieses Gutachtens.

Umrechnungskoeffizient bei 47,5 m² : 1,0513
Umrechnungskoeffizient bei 53 m² : 1,0365

$$1.481,- €/m^2 \times \frac{1,0513}{1,0365} = 1.502,- €/m^2$$

Auch dieser Ausgangswert bedarf wegen der individuellen Nutzungsnachteile der Wohnung eines Abschlages, der auch hier mit 7,5 % (= × 0,925) angenommen wird (siehe auch Abschnitt 9.4 dieses Gutachtens).

$$1.502,- €/m^2 \times 0,925 = 1.389,- €/m^2$$

Bandbreite unter Beachtung des Mittleren Fehlers des Mittels:

1.315,- €/m² bis 1.463,- €/m²

Multipliziert mit 47,5 m² Wfl.:

62.000,- € bis 69.000,- €

Unter Ansatz eines Zuschlages von 8.000,- € für den Kfz.-Stellplatz ergibt sich eine verbesserte Bandbreite von

70.000,- € bis 77.000,- €.

9.5.6 Vergleichswerteinschätzung

Schon im Hinblick auf die Streuung der Vergleichspreise verbietet sich eine scheingenaue Ableitung des Vergleichswertes. Verschiedene wertbeeinflussende Kriterien lassen sich nicht exakt mathematisch erfassen. Die Lage in einem Mischgebiet, zudem etwa 1,5 km von der Ostsee entfernt, sei hier beispielsweise erwähnt.

Die Nutzung als Ferienwohnung ist im Hinblick auf nicht ausreichende Jahresdurchschnittsbelegung problematisch. Da die Wohnung für eine Dauerwohnnutzung nicht optimal geeignet ist, ergibt sich auch unter diesem Gesichtspunkt ein deutlicher Vermarktungsnachteil.

Der Sachverständige setzt deshalb den aus Vergleichspreisen abgeleiteten Vergleichswert im unteren Bereich der zuvor berechneten Bandbreite in einer Höhe von

72.000,- €

an.

10. Ergebnis

Durch Liegenschaftszinssatz marktorientierter Ertragswert:	84.000,- €
Ertragswert als Ferienwohnung (ohne Inventar):	-,- €
Vergleichswert (indirektes Verfahren):	86.000,- €
Vergleichswert (aus Vergleichspreisen):	72.000,- €

Die Ergebnisse der drei angewandten Wertermittlungsverfahren stimmen nicht optimal, jedoch ausreichend überein.

Der Verkehrswert einer Eigentumswohnung kann im Hinblick auf zahlreiche Imponderabilien auch nicht exakt berechnet werden. Letztendlich handelt es sich um eine Schätzung.

Auch ist bei der Bewertung das vorhandene Inventar (Abschnitt 8.8), dessen Standwert ich mit ca. 5.000,- € angenommen habe, zu berücksichtigen. Da der Verkehrswert nicht durch die Möglichkeit der Ferienwohnungsnutzung bestimmt wird, kann bei der Verkehrswertermittlung nur der Herausnahmewert Berücksichtigung finden. Dieser liegt erfahrungsgemäß nur bei etwa 20 % des Standwertes, so daß sich ein Betrag von ca. 1.000,- € ergibt, der in Bezug auf den Gesamtwert als kaum noch wertrelevant zu würdigen ist.

Bei freier Abwägung aller Vor- und Nachteile *schätze* ich den Verkehrswert der Eigentumswohnung Nr. xx incl. Stellplatz in der Tiefgarage und incl. Inventar auf

<u>82.500,- €</u>
(Zweiundachtzigtausendfünfhundert EURO)

Ich bin dabei davon ausgegangen, daß Altlasten (z.B. Bodenverunreinigungen) nicht vorhanden sind.

Die Bewertung bezieht sich auf ein grundbuchlich (Abt. II) lastenfreies Objekt.

Eine Baugrundanalyse wurde nicht vorgenommen oder veranlaßt. Der Sachverständige geht von normalen Baugrundverhältnissen aus.

Nähere Angaben zur Identität der Vergleichsobjekte kann ich unter Hinweis auf Vertrauens- und Datenschutz nicht machen (§ 203 StGB, § 15 Sachverständigenordnung, Neutralitätsverpflichtung gegenüber Informanten).

Da mein Gutachten auf statistisch erfaßtes Tatsachenmaterial aufbaut, anonymisiere ich gemäß Rechtsprechung des Bundesverfassungsgerichts - wie z.B. ein Mietspiegelersteller - die Befundtatsachen [15] und [16].

Gerichtlich bestellter
Sachverständiger

....

(Streich

<u>Anlagen:</u>

Anlage 1 - Seite 27: Ausschnitt Kreiskarte 1 : 100.000
Anlage 2 - Seite 28: Stadtplanausschnitt 1 : 20.000
Anlage 3 - Seite 29: Katasterlageplan 1 : 2.000
Anlage 4 - Seite 30: Katasterlageplan (Vergrößerung mit Ergänzungen) 1 : 1.000
Anlage 5 - Seite 31: Auszug Aufteilungsplan, DG
Anlage 6 - Seite 32: " ", UG
Anlage 7 - Seite 33: Gebäudeschnitt
Anlage 8 - Seite 34: Wohnflächenberechnung (eigene Berechnung)
Anlage 9 - Seite 35: " " (Bauakte)
Anlage 10 - Seite 36: Preisindex
Anlage 11 - Seite 37: Hinweise zur statistischen Auswertung
Anlage 12 - Seite 38: Fundstellenhinweise

Anlage A - Seite 39:
- J - 48: 19 Fotos

Ertragswert aus Ferienwohnungsnutzung – Anm. 13

Die im Gutachten 5 bewertete Eigentumswohnung ist als typische Ferienwohnung konzipiert. Zur Wohnung gehören weder ein Keller- noch ein Bodenabstellraum. Eine separate Küche ist ebenfalls nicht vorhanden, vielmehr ist nur im Wohnzimmer eine Kochnische mit Einbauküche abgeteilt, wobei die Einbauküche auch wiederum auf eine Ferienwohnungsnutzung (z.B. Herd ohne Backofen) abgestellt ist.

Bei einer solchen Bewertung ist auf eine Berechnung des Ertragswertes unter Berücksichtigung der Ferienwohnungsnutzung nicht zu verzichten. Häufig, so auch bei dem Bewertungsobjekt, stellt sich heraus, dass eine Wirtschaftlichkeit weder gegenwärtig noch nachhaltig erkennbar ist. Der Sachverständige, der laufend „vor Ort" tätig ist, wird aus seiner Markterfahrung und aus den Kontakten zu Maklern, Hausverwaltern, Ferienwohnungsbetreibern usw. genug Erkenntnisse haben, um die Ertragsfähigkeit als Ferienwohnung sicher beurteilen zu können. Problematisch ist es sicherlich für Sachverständige, die überregional Gutachten erstellen, da nicht immer „auf den ersten Blick" erkennbar wird, ob es sich um eine nachgefragte oder weniger bevorzugte Anlage handelt. Bei dem Bewertungsobjekt dürfte allerdings die Erkenntnis relativ leicht zu gewinnen sein, da schon die Lage in einem Mischgebiet nicht gerade für die Nutzbarkeit als Ferienwohnung spricht. Auch das nähere Umfeld und die dortigen Bebauungen, auf die ich hier aus Datenschutzgründen nicht näher eingehen möchte, sprechen für die schwierige Verwertbarkeit der Wohnung.

Bezeichnend ist, dass die Ferienwohnung und auch die übrigen Ferienwohnungen in der Anlage – so wie auch bei zahlreichen anderen Anlagen in der näheren Umgebung – fast ausschließlich von Kapitalanlegern erworben wurden, die jedoch nicht aus Timmendorfer Strand, Lübeck oder Hamburg stammen, sondern überwiegend aus weiter entfernten Bereichen in West- und Ostdeutschland. Die Lage in einem Ostseebad wurde sicher in Hochglanzprospekten als besonders begehrt und vorteilhaft beschrieben. Beim Erstverkauf wurden Preise zwischen 5.500,– und 6.000,– DM/m² erzielt.

Der Standort hat sich allerdings als sehr schwer vermarktungsfähig entwickelt, schon im Hinblick auf allgemein rückgängige Belegungen von Ferienwohnungen an der Ostseeküste Schleswig-Holsteins, so auch im Ostseebad Timmendorfer Strand. Die zunehmende Konkurrenz der „neuen Bundesländer" darf hier nicht unerwähnt bleiben.

Da die zu bewertende ETW in dem Objekt Seestr. 168 zudem so weit vom Ostseestrand entfernt ist, dass dieser nicht mehr bequem fußläufig erreicht werden kann, ist es durchaus nachvollziehbar, dass zunächst die Wohnungen direkt am Strand bzw. in Strandnähe vermietet werden und die weiter entfernt gelegenen Wohnungen erst nachgefragt werden, wenn die besser gelegenen Quartiere belegt sind. Aufgrund der Lagesituation tun sich die Vermieter hier sehr schwer Stammkundschaft zu akquirieren.

Leider ist zu beobachten, dass nicht nur Kapitalanleger, sondern gelegentlich auch „Sachverständige" dem Fehler unterliegen Brutto und Netto zu verwechseln. Die aus einer Ferienwohnungsvermietung erzielbaren Mietererträgnisse sind naturgemäß als Brutto-Mieten zu verstehen, die ganz erheblich um die Bewirtschaftungskosten zu reduzieren sind, um den Nettoertrag zu ermitteln, insoweit verweise ich auf die einzelnen Ansätze im Gutachten im Abschnitt 9.3 (alternative Ertragswertberechnung).

Wie dort erkennbar, habe ich die diversen Kosten einzeln aufgeführt und dann pauschaliert mit 70 % angenommen. Aber wie das Gutachten auch zeigt, führt selbst eine Reduzierung auf 60 % zu keiner Rentabilität, so dass letztendlich aus der Feriennutzungsmöglichkeit kein wirtschaftlich sinnvoller Ertrag ableitbar ist.

Hier ist auch das Problem der Möblierung bzw. Inventarbewertung zu erwähnen. Obwohl ich als Gutachter für die Bewertung von Inventar weder sachverständig noch öffentlich bestellt und vereidigt bin, habe ich dennoch auf das Einschalten eines diesbezüglichen Experten verzichtet, da die zusätzlichen Kosten in keinem Verhältnis zu der Genauigkeitssteigerung des Gutachtens ständen.

Da der Verkehrswert des Objektes letztendlich nicht durch die Ferienwohnungsnutzung bestimmt wird, war auch der Inventarwert im Grunde nicht wesentlich wertrelevant. Bei der Inventarbewertung ist – so wie auch bei Hotel- und Restaurantbewertungen – zu berücksichtigen, dass zwischen Stand- und Herausnahmewert ein erheblicher Unterschied besteht. Wenn die Ferienwohnungsnutzung zu einem rentablen Ertragswert geführt hätte würde auch der Inventarwert gewichtig zu Buche schlagen. Da letztendlich aber der Verkehrswert durch eine Dauereigennutzung bzw. Dauervermietung geprägt wird, spielt der Inventarwert bei dem Bewertungsobjekt nur eine untergeordnete Rolle. Wie in dem Gutachten erkennbar, habe ich den Herausnahmewert lediglich mit 20 % des Standwertes beziffert.

Zwecks Erläuterung darf ich hier auf Parallelen – beispielsweise zu Einbauküchen in „normalen" Eigentumswohnungen – verweisen: solange die Einbauküche in einer Eigentumswohnung nutzbar ist, mag diese den nachhaltig erzielbaren Mietertrag steigern. Sobald die Einbauküche aus der Wohnung herausgenommen wird, hat diese nur noch einen sehr geringen Restwert, häufig wird ein Vermieter schon zufrieden sein, wenn eine alte Einbauküche ohne Kosten ausgebaut wird. Wenn überhaupt, ist auch dort der Herausnahmewert im Regelfall äußerst gering.

Abschließend ist hier noch der Hinweis zu anzubringen, dass bei Ferienwohnungen, so wie auch bei Hotels, Restaurants, Gaststätten, Kneipen usw das persönliche Engagement nicht unerheblich sich auf den Wert auswirken kann. Da es sich um eine Immobilien- und nicht um eine Unternehmensbewertung handelt, kann immer nur auf das durchschnittliche und normale Engagement abgestellt werden. Es ist nicht auszuschließen, dass ein sehr rühriger, tüchtiger und ortsansässiger Vermieter weit überdurchschnittliche

Belegungen erreicht – möglicherweise auch im Verbund mit der Vermietung von anderen Wohnungen. Dieses ist jedoch dann nicht bei der Begutachtung einer einzelnen Wohnung zugrunde zu legen. Es ist immer auf einen durchschnittlich üblichen unternehmerischen Einsatz abzustellen.

In dem Gutachten habe ich die Position Verwaltungs-, Vermietungs- und Werbungskosten mit 25 % der Brutto-Einnahme veranschlagt. Hier rechnen sich Eigentümer von Wohnungen oft etwas vor, da diese Leistungen zumindest teilweise auch in Eigenleistung erbracht werden. Bei einer Begutachtung sind dennoch auch diese Kostenpositionen zu beachten, auch wenn diese Kosten eigenleistungsbedingt nicht anfallen.

Das Ergebnis einer Ferienwohnungsbegutachtung steht und fällt meist mit der Frage der Belegungstage. Im Gutachten habe ich – ortstypisch – die möglichen Tagespreise saisonal gegliedert und Beträge von 75,– /55,– bzw. 35,– €/Tag in Ansatz gebracht. Die Belegungstage sind naturgemäß in der Hauptsaison am größten und wenn man die Tage mit den Belegungsziffern multipliziert, führt dieses zu einer Belegung von 80 Tagen (ca. 22 % auf das Jahr gerechnet). Selbst diese Ansätze sind – selbstkritisch angemerkt - schon eher positiv beurteilt, da dem Sachverständigen bekannt ist, dass zahlreiche Wohnungen nicht einmal diese Belegungszeiten erreichen – trotz Lage in einem Ostseebad, trotz Lage in Timmendorfer Strand.

Bei dem Bewertungsbeispiel handelt es sich also um ein Beispiel einer typischen Fehlinvestition. Erheblich anders gestalten sich naturgemäß die Ertrags- und damit auch die Verkehrswerte bei Objekten in 1. oder 2. Reihe.

Erstverkäufe, Weiterverkäufe – Anm. 14

Wenn das direkte Vergleichswertverfahren bei Eigentumswohnungen angewendet werden soll, ist bei der Selektion der Vergleichspreise darauf zu achten, ob es sich um Erst- oder um Weiterverkäufe handelt. Die Erstverkäufe (in der Regel Verkäufe von Bauträgern) bilden einen eigenen Teilmarkt und sind nicht direkt vergleichbar mit den Kaufpreisen, die bei einem Weiterverkauf (von Privat an Privat) später erzielbar sind. Man kann beobachten - zumindest in dem Raum, wo ich regelmäßig Gutachten erstatte –, dass die Kaufpreise der „Gebrauchtimmobilien" 10 bis 20 % unter den Erstverkaufspreisen sich bewegen. Sachverständige, die bei Gutachterausschüssen Vergleichspreise abfragen, müssen demzufolge auf die entsprechenden Hinweise bestehen, da sonst das Vergleichspreismaterial im Grunde nicht verwertbar ist.

Eine gewisse Parallele kann hier möglicherweise zu den Kaufpreisen von Automobilen gezogen werden, denn wenn ein fabrikneues Auto erworben und erstmalig zugelassen wird, verliert dieses in der Regel schon durch die Zulassung sofort erheblich an Wert, obwohl es technisch einen Tag nach der Erstzulassung nicht weniger wert ist als vorher.

Sachverständige, die sich mehr oder weniger ausschließlich an den Erstverkaufspreisen orientieren, ermitteln dann nicht den objektiven Verkehrswert, sondern einen „Erstverkaufswert". Eine solche Vorgehensweise würde aus Sicht des Verfassers als fahrlässig zu bezeichnen sein, denn die Erstverkaufspreise liegen eben höher als die Weiterverkaufspreise. In der Vergangenheit bzw. in Zeiten mit steigenden Preisen überholen dann die Weiterverkaufspreise die Erstverkaufspreise, doch in zahlreichen Teilmärkten stagnieren die Preise oder zeigen bereits langjährig negative Preistendenzen auf.

GUTACHTEN

des öffentlich bestellten und vereidigten Sachverständigen

JÜRGEN-WILHELM STREICH

aus Lübeck

. Ausfertigung

VERKEHRSWERTGUTACHTEN

GEWERBESTR. 11, 23599 WALDSTADT

ERBBAURECHT

Gutachten vom 27. Juli 2002
Nr. 1/999/01

- Dieses Gutachten umfaßt 72 Seiten -

JÜRGEN-WILHELM STREICH

Regierungsvermessungsamtmann a.D.

Von der Industrie- und Handelskammer zu Lübeck öffentlich bestellter und vereidigter Sachverständiger für die Bewertung von bebauten und unbebauten Grundstücken, für Mieten und Pachten sowie für Erbbaurechte

1. Auftrag

Der Verkehrswert des Erbbaurechts ist durch ein Sachverständigengutachten zu ermitteln.

2. Verkehrswert

Der Verkehrswert ist im BauGB [1] - Fundstellen siehe Anlage 13 - als der Wert definiert, der im gewöhnlichen Geschäftsverkehr ohne Berücksichtigung persönlicher oder ungewöhnlicher Umstände beim Verkauf zu erzielen ist. Die Wertermittlung führe ich in Anlehnung an die Regularien der WertV [2] durch.

3. Auftraggeber

Amtsgericht Lübeck
Zwangsversteigerung ./. XXXXX
52 K 999/00
Beschluß vom 25. Dezember 2001

4. Bewertungsobjekt

Gewerbestr. 11, 23599 Waldstadt, Erbbaurecht

4.1 Katasterbezeichnung (Katasteramt Lübeck)

Gemeinde Waldstadt, Gemarkung Waldstadt,
Flur 12, Flurstück 129/19
Größe: 2.991 m²
Bestand Nr.: 1.299

4.2 Grundbuchbezeichnung (Amtsgericht Lübeck)

Erbbaugrundbuch von Waldstadt, Blatt 9.876

4.3 Eingetragener Erbbauberechtigter

Herr Paul XXXXXX

5. Ortsbesichtigungen

21. Februar und 26. Juli 2002

6. Bewertungsstichtag

21. Februar 2002

7. Mieter/Nutzer

Das Bewertungsobjekt wird eigengenutzt.

8. Beschreibung des Bewertungsobjektes

8.1 Lage - regional

Landkreis Ostholstein, Waldstadt, ca. 11.000 Einwohner, landesplanerisch als Mittelzentrum eingestufter Ort, überregionale Anbindung durch die B 409 und Bahnstrecke Kiel - Lübeck, Entfernung zur BAB-Anschlußstelle an der A 7 etwa 10 km.

8.2 Lage - örtlich

Lage im Gewerbegebiet südlich der Innenstadt westlich der Schönberger Landstraße.
Höherwertiges Gewerbegebiet, in dem auch zahlreiche Einzelhandelsbetriebe (z.B. Sky-Markt, Kloppenburg, Dänisches Bettenlager oder ein Aldi-Markt) sich etabliert haben.
Die Entfernung zur Stadtmitte beträgt nur ca. 1 km.
Die Gewerbestraße ist in großzügiger Breite mit Bürgersteigen ausgebaut.
Das zu bewertende Objekt liegt am Kurvenverlauf der Gewerbestraße gegenüber der Einbindung der Daimlerstraße. Durch die Lage im Eck- bzw. Kurvenbereich ergibt sich - für eine gewerbliche Nutzung - durchaus ein gewisser Lagevorteil.

8.3 Grundstück

Wie die Anlage 3 zeigt, ist der Zuschnitt der zu bewertenden Parzelle als ungleichmäßig zu beschreiben. Er tendiert zu einer Form, die als „Viertelkreisfläche" beschrieben werden könnte, allerdings nur näherungsweise. Wie die Anlage 3 zeigt, ergibt sich eine sehr große Straßenfrontbreite, was im Hinblick auf eine gewerbliche Nutzung durchaus nicht nachteilig ist, da so z.B. die Werbemöglichkeiten erhöht werden. Die Straßenfrontbreite mißt etwa 115 m. Die max. Tiefe erreicht das Grundstück mit etwa 50 m. Nachteilig ist das rückwärtige Hineinragen des Flurstücks 77/7 in das zu bewertende Grundstück.
Die Oberflächengestalt ist eben.
Das Grundstück ist voll erschlossen und bebaut.

8.4 Erbbaurecht

Zu bewerten ist hier nicht das Grundstück, sondern das Erbbaurecht. Auf die Erbbaurechtskonditionen gehe ich im Abschnitt 9.2 näher ein.

8.5 Bebauung

Im wesentlichen ist die Bebauung in zwei Bauabschnitten - von kleineren Baumaßnahmen abgesehen - entwickelt worden.
Zunächst wurde eine Kfz.-Werkstatt mit Ausstellungsraum gebaut (Baugenehmigung Nr. 24.283 vom 6. Oktober 1981).
Etwa 1988 erfolgte der Anbau eines Ausstellungs- und Bürogebäudes mit Betreiberwohnung (Baugenehmigung Nr. 23.456 vom 30. Dezember 1987).
Außerdem wurden 1991 veränderte Grundrisse und Ansichten genehmigt.
Zu erwähnen ist außerdem noch die Genehmigung einer Feuerungsanlage (Kaminofen) und die Aufstellung eins Containers (im Jahr 2001).
Den eingesehenen Bauakten der Bauaufsichtsbehörde wurde auszugsweise entnommen und ergänzt:

Kraftfahrzeug-Werkstatt mit Ausstellungsraum (Bj. 1981/82): Plattengründung mit Frostschürze, Stahlbetonfundamente, Sockel aus Beton, Stahlskelettbau, 20 cm Gasbetonplatten, Trenn- und Zwischenwände Kalksandsteinmauerwerk, Trapezdach (Wärmedämmung, Bitumenbahnen als Außenhaut).
Ausstellungs- und Bürogebäude mit Betreiberwohnung (Bj. 1988):
Streifenfundamente, Gasbetonmauerwerk, Putzbau, Betondecke, Satteldach (nicht ausgebaut, Holzkonstruktion, Dachpfannen als Außenhaut).
Die Gebäude sind katasteramtlich erfaßt worden, so daß die Außenmaße auch dem maßstäblichen Katasterlageplan entnommen werden konnten. Da hier gegenüber den Berechnungen in den Bauakten tlw. Abweichungen feststellbar waren, hat der Sachverständige eine eigene überschlägige Berechnung der Kubatur vorgenommen.
Der Anlage 7 können - überschlägig - die Kubaturen der einzelnen Bauteile entnommen werden:
Kfz-Werkstatt u. Ausstellung (1. Bauabschnitt):ca. 1.630 m^3
Ausstellungs- und Wohngebäude (2.Bauabschnitt):ca. 1.050 m^3

Außerdem sind rückwärtig Lager- und Abstellräume angebaut worden. Diese Bauteile sind allerdings bauamtlich nicht genehmigt und aus sachverständiger Sicht nicht genehmigungsfähig, da diese innerhalb der Abstandsflächen zum Flurstück 128/2 gelegen sind, es sei denn, daß dort eine Baulast zu Gunsten des Bewertungsobjektes eingetragen würde. Der Sachverständige geht davon aus, daß diese Baulichkeiten dennoch weiter Bestand haben dürften, wenn auch ein gewisses Restrisiko besteht, daß eine Nutzungsuntersagung oder sogar Abbruchverfügung erteilt werden könnte.
Zu erwähnen ist noch, daß eine Hebebühne und ein Container als Abstellraum erstellt wurden, ansonsten sind umfangreiche Oberflächenbefestigungen und Entwässerungen mit bei den Außenanlagen zu berücksichtigen.

8.6 Nutzung

Kfz.-Werkstatt und Ausstellungsraum

Bei der Kraftfahrzeug-Werkstatt handelt es sich um einen bodenniveaugleichen Raum, der durch ein elektrisch betriebenes Rolltor direkt vom Hof erreichbar ist. Die Werkstatt könnte ohne großen Aufwand auch für andere Nutzungszwecke hergerichtet werden. Ich verweise auch auf die Fotos der Anlage H, die die innere Gestaltung illustrieren. Es ist darauf hinzuweisen, daß in einem Teilbereich eine Zwischendecke eingezogen worden ist, zur Erschaffung eines Magazins (siehe auch Fotos Anlage I).

Die Nutzfläche der Werkstatt habe ich - überschlägig - mit etwa 188 m² ermittelt (ohne Zwischengeschoß).

Der Ausstellungsraum (ca. 125 m²) hinterläßt einen durchaus repräsentativen Eindruck, insbesondere ist hier auf die großflächige Verglasung hinzuweisen. Die Fotos der Anlage F zeigen, daß eine offene Verbindung zum Neubau besteht.

Im rückwärtigen Teil des Gebäudes (1. Bauabschnitt) wurden die erforderlichen Sozialräume (u.a. Teeküche, Waschraum, Toiletten, ca. 35 m²) eingerichtet.

Ausstellungs- und Bürogebäude mit Betreiberwohnung

Der Neubau (2. Bauabschnitt) wird ebenfalls, wie bereits erwähnt, z.T. als Ausstellungsraum genutzt. Außerdem sind zwei Büroräume vorhanden. Zusammenfassend betrachtet ergibt sich eine recht großzügige Raumgestaltung. Mit geringem Aufwand wäre auch eine Trennung der Räumlichkeiten für verschiedene Nutzer vorstellbar.

Der Zugang zur Wohnung im Obergeschoß des 2-geschossigen Baukörpers erfolgt durch einen separaten Eingang an der nördlichen Außenwand des Gebäudes.

Die Nutzflächen habe ich mit 94 m² (Ausstellung) und 38 m² (Büro) ermittelt (Anlage 8).

Die Anlage 5 zeigt den Grundriß der sehr großzügigen Wohnung im Erdgeschoß, die insbesondere durch den großen Wohnzimmerbereich mit offener Küchenanbindung und einer Kaminanlage geprägt wird. Außerdem ist hier ein weiteres Zimmer, ein Wirtschaftsraum, ein Bad/WC und eine weitere Toilette vorhanden. Ich verweise insoweit auf die vorliegende

Bauzeichnung bzw. die Fotodokumentation im Rahmen dieses Gutachtens.
Die Wohnung im Obergeschoß umfaßt etwa 110 m^2 Wfl., außerdem sind größere Terrassenbereiche auf dem Flachdach der 1-gesch. Bebauung zu berücksichtigen, so daß der Sachverständige nach der DIN 283 von etwa 120 m^2 als Wfl. ausgeht.
Das Satteldach ist nicht ausgebaut und aufgrund der Konstruktionsart auch nicht ausbaufähig.

8.7 Wohn- und Nutzflächen

Die Wohn- und Nutzflächen ergeben sich zusammengefaßt wie folgt, wobei ich hier gerundete Flächen angebe, um keine nicht vorhandene Genauigkeiten zu suggerieren:

Werkstatt:	ca.	190 m^2	Nfl.
Ausstellungsräume:	ca.	220 m^2	Nfl.
Büroräume:	ca.	40 m^2	Nfl.
Sozialräume:	ca.	35 m^2	Nfl.
Wohnung:	ca.	120 m^2	Wfl.
		605 m^2	Nfl./Wfl.
	ca.	600 m^2	Nfl./Wfl.

Die bauamtlich nicht genehmigten Lager- und Abstellräume im rückwärtigen Bereich umfassen etwa 60 m^2 Nutzfläche.

Die zuvor niedergelegte Wohn- und Nutzfläche wurde nach den Regularien der DIN 283 berechnet. Die DIN 283 ist zwar vom Normenausschuß zurückgezogen worden, hat sich jedoch als anerkannte Regel der Technik bewährt. Deshalb bestehen keine Bedenken, die DIN 283 weiter anzuwenden. Die II. BV [3] ist schon deshalb weniger hilfreich, da in Einzelfällen aufgrund unterschiedlicher Interpretationsmöglichkeiten individuelle Ergebnisse möglich sind. Die II. BV besitzt nur im sozialen Wohnungsbau Verbindlichkeit.

8.8 Ausstattung

Beheizung durch Gaszentralheizungsanlagen, Wärmeabgabe durch Radiatoren, tlw. Fußbodenheizung,
Kaminanlage im Wohnzimmer der Wohnung im Obergeschoß,
Fenster mit Isolierverglasung bzw. Lichtband in der Werkstatt oder Industrieglas,
Küche der WE mit hochwertiger Einbauküche (Teeküche im Sozialbereich),
Luxusbad mit Wannen- und Duschbad, WC und Waschtisch,
separate zusätzliche Toilette mit WC und Waschbecken,
Sozialräume im EG mit erforderlichen Toiletten,
Wohnung umfangreich mit Schieferplatten als Fußbodenbelag,
Gewerbeflächen mit Bodenfliesen,
Einbaumöbel im Wohnzimmer der WE im OG,
überdachter Arbeitsplatz als Anbau (Hebebühne), Zwischendeck (Magazin) in der Werkstatt,
el. Rolltor,
umfangreiche Oberflächenbefestigungen der Freiflächen.

8.9 Beschaffenheit

Im wesentlichen ordentliche Beschaffenheit.
Zerstörende Untersuchungen wurden jedoch nicht durchgeführt. Nicht alle Gebäudeteile wurden besichtigt bzw. untersucht. Auch wurde die Haustechnik nicht überprüft. Eine verbindliche Beschaffenheitsbeschreibung und Beurteilung der Bauschäden/Baumängel setzt eine detaillierte Untersuchung eines Bauschadens- oder Hochbausachverständigen voraus.

8.10 Hinweis

Die Beschreibung der Bauteile, Beschaffenheit und Ausstattung erfolgt ohne Anspruch auf Vollständigkeit. Abweichungen im Detail sind möglich. Eine umfassende und verbindliche Beschreibung würde eine spezielle Bauaufnahme voraussetzen, die jedoch den Rahmen einer Verkehrswertermittlung überschreiten würde.

9. Bewertung

9.1 Bodenwert

9.1.1 Bauleitplanung

Das zu bewertende Grundstück liegt im Geltungsbereich einer verbindlichen Bauleitplanung (Bebauungsplan = B.Plan).
Im B.Plan Nr. 88 ist das Areal als Gewerbegebiet ausgewiesen (Grundflächenzahl (GRZ) = 0,6 und Geschoßflächenzahl (GFZ) = 1,2). Die GRZ und GFZ werden durch die vorhandenen Baulichkeiten nicht ausgeschöpft.

9.1.2 Richtwert

Der Gutachterausschuß für Grundstückswerte im Kreis Ostholstein hat zonale Bodenrichtwerte für unbebaute Grundstücke ermittelt.
Das Grundstück liegt in einer Zone, wo drei Richtwerte zum Stichtag 31.12.2000 tabelliert wurden:

180,- DM/m² für Grundstücke mit individueller Bauweise,
210,- DM/m² für Grundstücke mit Geschoßbauweise,
100,- DM/m² für Gewerbebauland.

Bei diesen Werten handelt es sich, wie bereits erwähnt, um zonale Richtwerte, wobei die Lage in der Industriestraße im fraglichen Bereich etwas günstiger ist als beispielsweise am Ende der Daimlerstraße, so daß hier ein kleiner Zuschlag in Ansatz zu bringen ist.
Im Gutachten im Abschnitt 8.2 habe ich auch auf gewisse Nutzungsvorteile hingewiesen (z.B. große Straßenfrontbreite), so daß auch diese Überlegung einen Zuschlag zum Richtwert rechtfertigt.
Zusammengefaßt geht der Sachverständige von einem um 20 % erhöhten Richtwert als Bodenwert aus:

120,- DM/m² bzw. ca. 60,- €/m².

9.1.3 Bebauungsabschlag

Es ist zu berücksichtigen, daß das zu bewertende Grundstück bebaut ist. Die Bodenrichtwerte beziehen sich, wie bereits berichtet, auf unbebaute Grundstücke, die mit einem modernen und zeitgemäßen Gebäude neu bebaubar sind.
Die Marktteilnehmer, die die recht hohen Kaufpreise für unbebaute Grundstücke zahlen, vereinbaren diese Preise demzufolge nur in Verbindung mit dem Gedanken, das unbebaute Grundstück zukünftig neu zu bebauen und zu nutzen.
Erwerber einer „Gebrauchtimmobilie" können zwar im Detail Änderungen vornehmen, sind jedoch konzeptionell an die vorhandene Bebauungsstruktur gebunden. Schon aus diesem Grunde ist der Bodenwert bei bebauten Grundstücken zu dämpfen, zumindest ist das die Auffassung des Sachverständigen. Hier darf allerdings nicht unerwähnt bleiben, daß in Sachverständigenkreisen diese Meinung kontrovers diskutiert wird.

Fest steht jedoch, daß die Kaufpreise, die für unbebaute Grundstücke gezahlt werden, einem anderen Teilmarkt zuzuordnen sind als dem Teilmarkt der bebauten Grundstücke. Es handelt sich schlichtweg um andere Marktteilnehmer, um andere Immobilien und somit entwickeln sich auch unterschiedliche Marktmechanismen.

Die „Dämpfung" des Bodenwertes bei bebauten Grundstücken kann vereinfacht auch mit der eingeschränkten Verfügbarkeit des Grund und Bodens - solange die Altbebauung nicht abgerissen wird - begründet werden.

Die Höhe des Abschlages kann nicht exakt mathematisch berechnet oder nachgewiesen werden und wird im Regelfall in einer Bandbreite von 10 bis 25 % für angemessen erachtet.

Bei der Schätzung des Bebauungsabschlages sind auch die Bedingungen des Erbbaurechts zu berücksichtigen, denn der Bodenwert, der hier ermittelt wird, dient der Ableitung des Wertes des Erbbaurechts. <u>Das Erbbaurecht wurde herausgegeben zur Errichtung eines oder mehrerer Gebäude zum Betrieb</u>

einer Autowerkstatt sowie eines Fahrzeughandels. Daraus folgt, daß möglicherweise der Erbbaurechtsausgeber eine Erbbauzinserhöhung verlangen könnte, wenn eine andere - höherwertigere - Nutzung realisiert werden sollte.

Analyse des Erbbaurechtsvertrages

Anm. 15, S. 240

Der Sachverständige schätzt den Abschlag auch unter Berücksichtigung der Nutzungsbeschränkungen, die sich aus dem Erbbaurechtsvertrag ergeben, im oberen Bereich der üblichen Bandbreite und nimmt deshalb den Abschlag mit 20 % (= × 0,8) an.

Es ergibt sich folgende Rechnung:

$$60,- \text{ €/m}^2 \times 0,8 = 48,- \text{ €/m}^2$$

Es darf hier der Hinweis nicht unterbleiben, daß gesicherte Erkenntnisse bezüglich der Höhe der Bodenwertdämpfung nicht vorliegen.

9.1.4 Bodenwertschätzung

Der Bodenwert kann bei bebauten Grundstücken im Übrigen sowieso nicht exakt errechnet werden. Es ergeben sich bei bebauten Grundstücken schon deshalb Probleme, da es sich bei dem Bodenwert um einen rein theoretischen Wertansatz handelt. Die Marktteilnehmer differenzieren die Kaufpreise nicht nach Boden- und Gebäudeanteil, sondern bilden vielmehr Kaufpreise als Gesamtbetrag („en bloc").
Der Sachverständige schätzt bei freier Abwägung aller Vor- und Nachteile den Bodenwert als bebautes Grundstück auf

$$\underline{47,50 \text{ €/m}^2}$$

$$2.991 \text{ m}^2 \times 47,50 \text{ €/m}^2 = 142.072,- \text{ €}$$
$$= \underline{\text{ca. } 140.000,- \text{ €}}$$

Dauer des Erbbaurechtes

Anm. 16, S. 240

9.2 Wert des Erbbaurechts

Erbbaurechtsausgeber sind Paula und Paul Neureich. Durch den Erbbaurechtsvertrag vom 7. Juli 1978 (UR 112/78, Notar Hans-Jürgen Meier, Plön) wurde eine Laufzeit des Erbbaurechts bis zum 31. Dez. 2030 vereinbart.

Wertsicherung des Erbbauzinses

Anm. 17, S. 241

Als Erbbauzins wurde 1,60 DM/m² jährlich vereinbart. Eine Wertsicherung wurde vorgenommen. Es wurde vereinbart, daß sich der Erbbauzins entsprechend den Lebenshaltungskosten eines 4-Personen-Arbeitnehmer-Haushaltes erhöhen oder ermäßigen soll. Es handelt sich insoweit um eine „Automatik-Klausel". Im Juli 1978 lag der Index (4-Personen-Arbeitnehmer-Haushalt mit mittlerem Einkommen) bei 60,8 Punkten (1995 = 100). Zum Februar 2002 hat sich der Index auf 110,3 Punkte erhöht, so daß Erbbauzins wie folgt zu errechnen ist:

$$1{,}60\ \mathrm{DM/m^2} \times \frac{110{,}3}{60{,}8} = 2{,}90\ \mathrm{DM/m^2}$$

Multipliziert mit der Fläche von 2.991 m² ergibt sich ein Erbbauzins von jährlich 8.674,- DM.

Aus einem Schriftsatz vom 7. Dezember 2000 (Schreiben der ehem. Erbbaurechtsausgeberin an den Erbbaurechtsnehmer) habe ich entnommen, daß der Erbbauzins zuletzt per 1. Januar 2001 auf halbjährlich 4.498,51 DM erhöht wurde, was einem Jahresbetrag von 8.997,- DM entspricht. Der gezahlte Erbbauzins liegt demzufolge noch etwas über dem Erbbauzins, den ich zuvor ermittelt habe. Die Differenz ist allerdings nicht gravierend und in dem Gutachten gehe ich von einem gerundeten Betrag von

ca. 9.000,- DM

als derzeitigen Erbbauzins aus (= 4.602,- €).

Der heute angemessene Erbbauzinssatz beträgt 6 % des aktuellen Bodenwertes (6 % von 140.000,- € = 8.400,- €).

Die Differenz zwischen angemessenem Erbbauzins (8.400,- €) und vertraglichem Erbbauzins (4.602,- €) stellt einen Wertvorteil dar (3.798,- €), der auf die Restlaufzeit des Erbbaurechts (ca. 28 Jahre) zu kapitalisieren ist.

Vervielfältiger bei 6 % und 28-jähriger Laufzeit: 13,00.

3.798,- € × 13,41 = rd. 51.000,- €.

Der Zinsvorteil ist mit einem Wertfaktor zu multiplizieren, der in den Wertermittlungsrichtlinien des Bundes [6] mit 0,3 bis 0,8 - in Einzelfällen auch 0,9 - empfohlen wird.

Der Gutachterausschuß für Grundstückswerte in der Freien und Hansestadt Hamburg hat aus Kaufpreisen die Abhängigkeit der Höhe des Wertfaktors von der zum Bewertungsstichtag sich ergebenden Realverzinsung des Grund und Bodens (des mit dem Erbbaurecht belasteten Grundstücks) abgeleitet (veröffentlicht von VOGEL [37]).

Dieser Wertfaktor soll die sonstigen Nachteile eines Erbbaurechts ausgleichen. Auch ist eine weitere Erhöhung der Erbbauzinsen in der Zukunft zu erwarten.
Schließlich ist auch wertreduzierend zu berücksichtigen, daß gem. Erbbaurechtsvertrag bei Beendigung des Erbbaurechts eine Entschädigung für die Baulichkeiten in Höhe von nur 75 % des Wertes zu erfolgen braucht. Dieses bedeutet, daß der jetzige Erbbaurechtsnehmer bzw. seine Rechtsnachfolger im Jahre 2030 einen Wertverlust von ca. 1/4 der Gebäudewerte hinnehmen muß, sofern nicht ein neuer Erbbaurechtsvertrag - mit dann höheren, marktüblichen Erbbauzinsen - vereinbart wird.
Der Wertfaktor, der sämtliche Nachteile „automatisiert" berücksichtigen soll, ist bei der hier zu bewertenden Immobilie relativ niedrig anzusetzen, da die Restlaufzeit mit ca. 28 Jahren für ein Erbbaurecht schon recht kurz ist. So leidet z.B. die Beleihbarkeit durch die relativ kurze Restlaufzeit.

Regressionsformel:

$$WF = 0{,}63 \text{ mal } P_R^{-0.106}$$

$$WF = \text{Wertfaktor}$$

$$P_R = \text{Rendite in } \%$$

$$P_R = \frac{4.602,-\text{€}}{140.000,-\text{€}} \times 100 = 3{,}3\,\%$$

$$WF = 0{,}63 \text{ mal } 3{,}3^{-0.106}$$

$$WF = 0{,}55$$

51.000,- € × 0,55 = rd. 28.000,- €

Der Erbbaurechtswert kann jedoch nicht streng finanzmathematisch berechnet werden. In den Wertermittlungsrichtlinien des Bundes (WertR 91) wird der Wertfaktor, wie bereits erwähnt, mit

0,3 - 0,8

empfohlen (in Einzelfällen auch 0,9 als Wertfaktor).

Es muß hier der Hinweis eingeräumt werden, daß der Wertfaktor letztendlich nur im Schätzwege ableitbar ist. Auch die zuvor angewandte Hamburger Formel kann nur als eine „Krücke" verstanden werden, da sich die Formel nur bedingt auch bei dem Bewertungsobjekt anwenden läßt.
Würde man den derzeitig angemessenen Erbbauzins nicht mit 6 %, sondern mit 6,5 % annehmen, ergäbe sich ein Wert des Erbbaurechts - mit einem Wertfaktor von 0,55 gerechnet - in Höhe von ca. 31.000,- €.

Ich *schätze* den Wert des Erbbaurechts auch unter Berücksichtigung allgemeiner Erfahrungswerte - zwecks Vermeidung der Vortäuschung einer exakten Genauigkeit - gerundet auf

30.000,- €.

9.3 Sachwertverfahren

9.3.1 Normalherstellungskosten (NHK)

9.3.1.1 NHK 1995

Der Bundesminister für Raumordnung, Bauwesen und Städtebau hat durch Hinweise vom 1. August 1997 Tabellen mit Normalherstellungskosten per 1995 herausgegeben. Die dort für verschiedene Gebäudearten tabellierten NHK werden dann mit verschiedenen Korrekturfaktoren multipliziert.

Diese NHK 1995 habe ich in mehreren Gutachten bereits angewandt, jedoch dabei festgestellt, daß die Ergebnisse - zumindest für den Raum, wo ich regelmäßig Gutachten erstatte - häufig nicht plausibel sind. Der Sachverständige verzichtet deshalb in diesem Gutachten auf die detaillierte Anwendung der NHK 1995-Tabellen des Bundesbauministers. Vielmehr wende ich in meinem Gutachten empfohlene NHK an, die sich aus der Tabelle 27 in [5] ergeben. Die dort tabellierten NHK DM/m³ habe ich - gerundet - auf €/m³ umgerechnet.

Die schematische Vorgabe von Korrekturfaktoren für Länder und Gemeindegrößen dürfte nach Einschätzung des Sachverständigen ein gewichtiger Grund sein für die Abweichungen zwischen den Hinweisen der WertR [6] und den Empfehlungen der Fachliteratur.

9.3.1.2 Normalherstellungskosten 1958

Werkstatt:	NHK 30,- €/m³
Ausstellungsräume:	NHK 40,- €/m³
Wohnung:	NHK 55,- €/m³

Anteile am Umbauten Raum:

Werkstatt:	1.070 m³
Ausstellungsräume:	1.185 m³
Wohnung:	425 m³

Gewichtete NHK:

$$\frac{30\ €/m^3 \times 1.070 + 40\ €/m^3 \times 1.185 + 55\ €/m^3 \times 425}{2.680} = 38,-\ €/m^3$$

NHK 1958*:	38,- €/m³
umgerechnet auf 2002**:	236,- €/m³

* bezogen auf Umbauten Raum gem. DIN 277/50

** Der derzeitige Baupreisindex (1958 = 100) liegt bei 619,3 Punkten (per Febr. 2002). Ich gehe in meinem Gutachten von einem gerundeten Index von 620 Punkten aus.

Der Ansatz von NHK 38,- €/m³ per 1958 entspricht einem Ansatz von rd. 21,- M/m³ per 1913 bzw. 468,- DM/m³ per 1995.

9.3.2 Wertminderung wegen Alters

Baujahr:	1981/82
Alter (2002):	21 Jahre
gewöhnliche Gesamtnutzungsdauer:	60 Jahre
Restnutzungsdauer:	39 Jahre
gerundete Restnutzungsdauer:	40 Jahre
fiktives Alter:	20 Jahre

Die Bebauung ist in mehreren Bauabschnitten entwickelt worden, so daß zumindest theoretisch auch differenzierte Wertminderungen wegen Alters berechenbar wären. Dieses entspräche jedoch nicht den Marktgepflogenheiten, da davon auszugehen ist, daß auch die jüngeren Baulichkeiten das „Schicksal" der älteren Baulichkeiten teilen werden. Da die Ansprüche und Nutzungsvorstellungen bezüglich höherwertiger Gewerbeimmobilien immer schneller ansteigen, könnte man schon Zweifel hegen, ob überhaupt eine Restnutzungsdauer von 40 Jahren noch vertretbar ist. Der Sachverständige will damit andeuten, daß die Restnutzungsdauer mit 40 Jahren schon eher großzügig als knapp dimensioniert wurde.

Die Wertminderung wegen Alters kann wie folgt berechnet werden:

lineare Wertminderung:

$$\frac{100\ \%}{60} \times 20 = 33,33\ \%$$

Abschreibung nach Methode Ross:

$$1/2\ (33,33\ \% + \frac{33,33\ \%^2}{100}) = 22,22\ \%$$

Bei Gewerbebaulichkeiten ist es durchaus angezeigt, eine steilere Abschreibung als bei „normalen" Wohnobjekten in Ansatz zu bringen. Der Sachverständige hat keine Bedenken, die Ergebnisse der linearen und Ross'schen Abschreibungsmethode auszumitteln:

$$1/2\ (33,33\ \% + 22,22\ \%) = 27,78\ \%$$
$$= \text{rd.}\ 28\ \%$$

Es muß hier allerdings deutlich darauf hingewiesen werden, daß irgendwelche mathematisch-statistisch gesicherten Erkenntnisse über die Höhe der anzubringenden Wertminderung wegen Alters nicht vorliegen. Dieses Problem wird, so die Auffassung des Sachverständigen, auch rechnerisch nicht lösbar sein, da zu viele andere Einflußgrößen sich auf die Kaufpreis- und damit Werthöhen auswirken. Die hier skizzierte Problematik kann deshalb nur im sachverständigen Schätzwege gelöst werden.

9.3.3 Zeitwert

Neuwert (9.3.1.2):	236,- €/m³
- 28 % Wertminderung wg. Alters:	66,- €/m³
	170,- €/m³

9.3.4 Sachwertberechnung

rd. 2.680 m³* × 170,- €/m³	rd.	456.000,- €
zzgl. 12 % Baunebenkosten	rd.	55.000,- €
	rd.	511.000,- €
zzgl. Lager- und Abstellräume (frei geschätzter reduzierter Betrag wg. fehlender Baugenehmigung)	rd.	15.000,- €
zzgl. Außenanlagen und besondere Bauteile (frei geschätzt)**	rd.	40.000,- €
zzgl. Erbbaurechtswert (9.2):	rd.	30.000,- €
Sachwert:		596.000,- €

* siehe Anlage 7

** Der Wert der Außenanlagen und besonderen Bauteilen wurde frei vom Sachverständigen geschätzt. Dabei bin ich von einem Wertansatz von ca. 5 bis 10 % des Gebäudesachwertes ausgegangen. Hier ist zu berücksichtigen, daß die Werte der Außenanlagen und die Werte der Bebauung in einem gegewissen Verhältnis stehen. Auch unter Berücksichtigung der Hinweise der Fachliteratur [7] habe ich den zuvor erwähnten Prozentsatz gewählt. VOGELS erläutert hierzu: *„In der Regel reichen diese Prozentzahlen zur Bestimmung des Wertes der Außenanlagen aus. Bei sehr aufwendigen Anlagen ist ohnehin zu prüfen, ob sie überhaupt allgemein werterhöhend sind; ob sie von einem durchschnittlichen Erwerber übernommen werden."*

9.3.5 Marktanpassung des Sachwertes

Kaufpreise von Immobilien sind in der Regel nicht identisch mit dem Sachwert. Dieser ist deshalb an die Marktlage anzupassen.

Bezüglich des Teilmarktes, dem das Bewertungsobjekt zuzuordnen ist, bestehen jedoch keine mathematisch-statistisch gesicherten Erkenntnisse über die Relation zwischen Sachwerten und Kaufpreisen. Nach meinem Kenntnisstand liegen die Kaufpreise bei gewerblich nutzbaren Objekten derzeitig deutlich unter den Sachwerten.

VOGELS [34] führt bezüglich der zuvor genannten Problematik aus:

„[…] die Höhe dieser Abschläge ist von der Marktgängigkeit bzw. vom Veräußerungsrisiko abhängig. Folgende Zahlen mögen als Anhalt dienen:

Verkäuflichkeit	*Abschlag in %*
gut	*0*
befriedigend	*0 - 10*
eingeschränkt	*10 - 20*
schwierig	*30 - 40*
schlecht	*50 - 60 "*

Die gegenwärtige Marktlage ist in dem Teilmarkt, dem das Bewertungsobjekt zuzuordnen ist, als „eingeschränkt", wenn nicht sogar als „schwierig" zu beurteilen.
Folgt man den Überlegungen von VOGELS, führt dieses zu einem Marktanpassungsabschlag zwischen

20 - 30 %.

Untersuchungen von SPRENGNETTER [33] führen bei einem vorläufigen Sachwert von ca. 1,2 Mio. DM bei einem Bodenwertniveau wie bei dem Bewertungsobjekt zu einem Marktanpassungsfaktor von etwa

0,69.

Dieser Faktor entspricht einem Abschlag von 31 %.

Die Ergebnisse der verschiedenen Marktbeobachtungen hamonieren durchaus und lassen einen Marktanpassungsabschlag von

30 %

plausibel erscheinen.

Sachwert:	596.000,- €
30 % Abschlag:	179.000,- €
Marktangepaßter Sachwert:	417.000,- €

Würde man den Marktanpassungsabschlag nicht mit 30, sondern nur mit 25 % annehmen, ergäbe sich folgende Rechnung:

Sachwert:	596.000,- €
25 % Abschlag:	149.000,- €
	447.000,- €

Da die Höhe des Marktanpassungsabschlages nicht exakt mathematisch-statistisch ableitbar ist, vielmehr diese nur im Schätzwege ermittelt werden kann, hält es der Sachverständige für angezeigt, einen gerundeten Betrag als marktangepaßten Sachwert in seinem Gutachten auszuweisen, so daß dieser mit

430.000,- €

angesetzt wird.

9.4 Ertragswertverfahren

9.4.1 Nachhaltig erzielbarer Mietertrag (Netto-Kalt-Miete)

Allgemeines

Maßgebend für die Wertermittlung ist der nachhaltig erzielbare Mietertrag.

Nachhaltig erzielbar bedeutet, daß nicht der höchstmögliche, aber auch nicht ein Mietertrag im unteren Bereich möglicher Bandbreite zugrunde gelegt wird.

Als nachhaltig erzielbar im Sinne § 16 der WertV ist ein durchschnittlicher Mietzins zu verstehen, der nach einer Neuvermietung bei ordnungsgemäßer Bewirtschaftung auch sicher erzielbar sein dürfte, und zwar in Bezug auf die Restnutzungsdauer unter der Voraussetzung, daß die Ertragsfähigkeit durch lfd. Instandhaltung gesichert. Zukünftige konjunkturelle Mietpreisentwicklungen (d.h. Mietpreissteigerungen, aber auch mögliche Mietrückgänge) bleiben bei dieser Betrachtungsweise ohne Berücksichtigung.

Bezüglich des Mietwertes der Lager- und Werkstattflächen greife ich auf Marktbeobachtungen einer nahmhaften überregional agierenden Maklerfirma [43] zurück. Diese hat für den Raum Lübeck bei Werkstatt- und Lagerflächen einen durchschnittlichen Mietwert (guter Nutzungswert) von

7,- DM/m²

beobachtet.

Im Hinblick auf die Lage in einem Gewerbegebiet mit Qualitäten tlw. eines Misch- oder Sondergebietes, ist der Mietzins höher in Ansatz zu bringen. Zu berücksichtigen ist allerdings auch hier, daß als möglicher Nachfrager im Hinblick auf den Erbbaurechtsvertrag immer nur von einer Autowerkstatt bzw. kraftfahrzeugbranchenspezifischen Nutzung auszugehen ist. Da die Werkstatt modern und zeitgemäß ausgestattet ist (el. Rolltor, großflächige Belichtung durch Lichtbänder usw.), gehe ich von einem erhöhten Mietzins von

8,- DM/m² = ca. 4,- €/m²

aus.

Die Ausstellungsräume weisen einen höheren Nutzwert auf - schon im Hinblick auf die vorgefundene Ausstattungsqualität -, so daß hier ein Mietzins von

12,- DM/m² = ca. 6,- €/m²

angemessen erscheint.

Den Mietwert der Büroräume nehme ich - schon wegen des geringen Flächenumfanges - erhöht mit 8,- €/m² an.

Bezüglich der Wohnung könnte der Sachverständige hier umfangreiche Wertableitungen vornehmen, auf die jedoch verzichtet wird, da diese bei dem Bewertungsobjekt realitätsfern wären. Es ist hier darauf hinzuweisen, daß die Wohnung im Obergeschoß des 2-gesch. Gebäudetraktes im Rahmen des Anbaus eines Ausstellungs- und Bürogebäudes mit Betreiberwohnung genehmigt worden ist. Es handelt sich insoweit - schon wegen der Lage in einem Gewerbegebiet - um eine Wohnung, die nur von Betriebsangehörigen genutzt werden darf. Dieses ergibt sich im übrigen auch aus dem Erbbaurechtsvertrag, wo im § 4 u.a. geregelt ist, daß das Erbbaurecht zum Betrieb einer Autowerkstatt sowie eines Fahrzeughandels ... herausgegeben wurde,

auch sind eine oder mehrere Werkswohnungen unter Beachtung der behördlichen Bestimmungen zugelassen. Auch aus dem Erbbaurechtsvertrag ergibt sich insoweit, daß eine Fremdnutzung der Wohnung ausgeschlossen ist, so daß der Erbbaurechtsausgeber - so wie dieses häufig geschieht - ggf. einen Fremdnutzungszuschlag verlangen könnte, wenn eine Vermietung an einen Betriebsfremden erfolgen soll, was im übrigen aber gegen öffentliches Recht verstoßen würde.
Die Ausstattung der Wohnung ist zweifellos weit überdurchschnittlich und luxuriös, dennoch ist der Mietwert maßvoll in Ansatz zu bringen, da hier auf die Nachhaltigkeit abzustimmen ist. Es ist zu überlegen, welchen Mietzins ein möglicher anderer Betreiber des Objektes kalkulieren würde bzw. von einem Mitarbeiter verlangen könnte.
Der Sachverständige schätzt deshalb den Mietwert der Wohnung im Obergeschoß trotz Luxusausstattung pauschaliert nur auf

5,- €/m²

und weist darauf hin, daß schon im Hinblick auf die Übergröße ein höherer Mietzins keinesfalls marktkonform wäre.
Es ergeben sich folgende Rechnungen bezüglich des nachhaltig erzielbaren Mietertrages:

Werkstatt:			
ca. 190 m²	×	4,- €/m²	= 760,- €
Ausstellungsräume:			
ca. 220 m²	×	6,- €/m²	= 1.320,- €
Büroräume:			
ca. 40 m²	×	8,- €/m²	= 320,- €
Sozialräume:			
ca. 35 m²	×	5,- €/m²	= 175,- €
Wohnung:			
ca. 120 m²	×	5,- €/m²	= 600,- €
			3.175,- €

Außerdem sind im Ansatz des nachhaltigen Mietertrages im gewissen Umfang die befestigten Freiflächen zu berücksichtigen. Auch die bauamtlich - nicht genehmigten - Lager- und Abstellflächen im Anbaubereich sind zumindest tlw. zu beachten. Der Sachverständige hält es deshalb für vertretbar, den zuvor ermittelten nachhaltigen Mietertrag zu runden und um einen etwa 10 %igen Zuschlag zu erhöhen, so daß der Sachverständige den nachhaltigen Mietertrag - kraftfahrzeugbranchenspezifisch - mit

mtl. 3.500,- €

annimmt.

Es ist darauf hinzuweisen, daß bei einer anderen - höherwertigeren - Nutzung auch ein höherer Mietzins denkbar wäre, der unter Berücksichtigung der rechtlichen Gegebenheiten hier jedoch nicht Grundlage der Ertragswertberechnung sein kein.

mtl. 3.500,- € × 12 = 42.000,- €
ca. 42.000,- €

9.4.2 Bewirtschaftungskosten

Die angemessenen Bewirtschaftungskosten schätze ich unter Anlehnung an die Erfahrungssätze, die sich aus der II. BV [3] und den WertR [6] sowie der Fachliteratur [12] ergeben:

Instandhaltungskosten Pauschale (Anlage 9)	=	5.000,- €
Verwaltungskosten mtl. 200,- € × 12	=	2.400,- €
Mietausfallwagnis 4 % vom Brutto-Rohertrag (incl. geschätzter Nebenkosten von durchschnittlich 0,50 €/m² Nfl.) = 45.600,- €*	=	1.824,- €
		9.224,- €

$$\frac{9.224,- €}{42.000,- €} \times 100 = 21,5\ \%$$

gerundet = 20 %

Dabei bin ich davon ausgegangen, daß Betriebskosten zzgl. zur Nettomiete zu zahlen wären.

* 600 m^2 × 0,50 €/m^2 × 12 + 42.000,- €

9.4.3 Liegenschaftszinssatz

Der Liegenschaftszinssatz ist in der WertV [2] im § 11 wie folgt definiert: *„Der Liegenschaftszinssatz ist der Zinssatz, mit dem der Verkehrswert von Liegenschaften im Durchschnitt marktüblich verzinst wird."* Daraus folgt, daß der Liegenschaftszinssatz aus geeigneten Kaufpreisen durch Rückwärtsrechnung eines Ertragswertverfahrens abzuleiten ist. Wenn man nicht nur bei einem, sondern bei mehreren Kaufpreisen von Objekten, die sich einem bestimmten Teilmarkt zuordnen lassen, solche Ableitungen vornimmt, können die Ergebnisse ausgemittelt werden und führen so zu einem marktüblichen und durchschnittlichen Zinsfuß (Liegenschaftszinssatz).
Das Problem bei der Ableitung der Zinsfüße besteht darin, daß diese nicht nur teilmarktspezifiziert, sondern auch zeitaktuell zu ermitteln sind.
Bezüglich des Teilmarktes, dem das hier zu bewertende Grundstück zuzuordnen ist, können solche Liegenschaftszinssätze statistisch gesichert nicht vorliegen, da sich in Eutin nicht ausreichend viele Kaufpreise vergleichsgeeigneter Immobilien bilden. Auch der örtlich zuständige Gutachterausschuß hat keine diesbezüglichen Erfahrungswerte ermittelt bzw. veröffentlicht.
In den WertR [6] wird allgemein ausgeführt, daß bei rein gewerblich genutzten Objekten der Liegenschaftszinssatz bei 6,5 % liegt.
Bei gemischt-genutzten Objekten wird in den WertR als Liegenschaftszinssatz 5,5 bzw. 6,0 % mitgeteilt, je nachdem ob der Wohn- oder Gewerbeanteil überwiegt. Bei der hier zu bewertenden Immobilie ergäbe sich insoweit bei Anwendung der WertR ein Liegenschaftszinssatz von 6,0 %. Allerdings ist zu berücksichtigen, daß diese Erfahrungswerte nur al-

lgemeine Orientierungswerte sein können, die zudem auf Erfahrungswerte aus den 70iger Jahren basieren. Die Marktlage hat sich inzwischen verändert und es kann gerade bei Gewerbeobjekten festgestellt werden, daß hier unterschiedliche Preisentwicklungen, was die Mietpreis- und Kaufpreisentwicklung angeht, sich aufgetan haben. Der Liegenschaftszinssatz kann deshalb bei vergleichbaren Objekten heute sogar eher höher als in den Wertermittlungsrichtlinien angenommen werden. Andererseits ist auch die recht gute Lage für eine gewerbliche Nutzung zu berücksichtigen, so daß dieses wieder für eine Liegenschaftszinssatzreduzierung spricht.
Eine überregionale Marktanalyse [14] führt bei reinen Gewerbeobjekten zu einer Zinsfußbreite von

6,0 - 7,5 %.

Eigene Auswertungen, die der Sachverständige bezüglich Gewerbeobjekte im Großraum Lübeck durchgeführt hat, führen zu Zinsfüßen, die gegenwärtig sogar eher im oberen Bereich der zuvor genannten Bandbreite sich bewegen.
Hier wird deutlich, daß die zuvor dargestellten regionalen und überregionalen Erkenntnisse zumindest tendenziell harmonieren.

Bestätigt werden diese Zinsfußhöhen auch durch Mitteilungen in der Fachliteratur [44], wo bei Gewerbe- und Industrieobjekten

6,5 - 7,5 %

tabelliert worden sind.

Auch im Hinblick auf die Lage, Nutzungsart und Objektdimensionierung schätze ich den angemessenen Liegenschaftszinssatz bei dem Bewertungsobjekt auch unter Beachtung großräumig gewonnener empirischer Erkenntnisse auf

6,5 %

und lege diesen Zinsfuß der Ertragswertberechnung als Liegenschaftszinssatz zugrunde.

9.4.4 Ertragswertberechnung

Nachhaltig erzielbarer Jahresrohertrag:	42.000,- €
- 20 % Bewirtschaftungskosten:	8.400,- €
- Erbbauzinsen	4.602,- €
Jahresreinertrag des Erbbaurechts:	28.998,- €
- 6,5 % Verzinsung des Erbbaurechtswertes:	1.950,- €
Jahresreinertrag des Gebäudes:	27.048,- €

Der Jahresreinertrag des Gebäudes ist mit dem Vervielfältiger (VV) 14,14 zu multiplizieren, der sich bei Ansatz eines 6,5 %igen Liegenschaftszinssatzes und einer Restnutzungsdauer von 40 Jahren nach der Rentenbarwertformel ergibt:

$$VV = \frac{q^n - 1}{q - 1} \times \frac{1}{q^n}$$

$$q = 1 + \frac{p}{100}$$

p = Liegenschaftszinssatz

n = Restnutzungsdauer

27.048,- € × 14,14	=	382.000,- €
zzgl. Erbbaurechtswert (8.2):	=	30.000,- €
Ertragswert:		412.000,- €

9.5 Vergleichswertverfahren (Nutzwerteinheitenvergleichsverfahren)

9.5.1 Allgemeines

Der Verkehrswert einer Immobilie ist im BauGB [1] als eine Funktion des Marktes definiert. Daraus folgt, daß im Idealfall der Verkehrswert direkt aus Kaufpreisen (aus dem Markt) abgeleitet wird. Dieses Vergleichswertverfahren ist allerdings in zahlreichen Teilmärkten kaum oder nur bedingt rechenbar. Gerade im Teilmarkt der Gewerbe- und Industrieimmobilien wurde das Vergleichswertverfahren bislang überwiegend nicht angewandt, da in diesem Teilmarkt die Kaufpreise sich auf sehr individuelle Objekte mit unterschiedlichen Werteigenschaften und damit erschwerter Vergleichbarkeit beziehen.

Die unterschiedlichen Grundstücksgrößen und Nutzungsqualitäten der verschiedenen Bebauungen auf den verkauften Grundstücken müssen, wenn man einen Preisvergleich durchführen will, gleichnamig bzw. vergleichbar gemacht werden. Seit einigen Jahren wende ich das von mir entwickelte „Nutzwerteinheitenvergleichsverfahren" an, das es ermöglicht, auch bei Gewerbe- und Industrieobjekten Preisvergleiche durchzuführen. Hier werden die verkauften Objekte vom Sachverständigen in Augenschein genommen und die verschiedenen Nutzwerteinheiten überschlägig ermittelt. Die Nutzwerteinheiten werden dann mit Gewichten versehen und schließlich die Kaufpreise durch die Nutzwerteinheiten dividiert, so daß ein vergleichbares Zahlenmaterial sich entwickelt.
Abgestellt habe ich das Nutzwerteinheitenvergleichsverfahren auf die Qualität von Lager- und Werkstattflächen, so daß die Nutzflächen dieser Qualitäten den Nutzwerteinheiten (NWE) entsprechen. Ich verweise hier auf Anlage 10/1 und auf das Objekt Nr. 1, wo erkennbar wird, daß die 600 m^2 Lagerfläche auch mit 600 NWE in die Vergleichsbetrachtung eingeflossen sind. Büroflächen weisen eine höhere Wertigkeit auf, wobei ich mich hier an Mieterfahrungswerten orientiert habe, so daß ich die tatsächliche Fläche dann verdoppelt als NWE berücksichtige. Befestigte Freiflächen habe ich mit etwa 1/10 der Fläche als NWE berücksichtigt, wobei auch diese Relation sich aus Vergleichspreisen ergibt, die ich im Laufe meiner Gutachtertätigkeit gesammelt habe.
Ausstellungs- und Verkaufsflächen sind höherwertig und wurden deshalb vom Sachverständigen mit 150 % (50 % Zuschlag) versehen, so daß beispielsweise bei dem Objekt Nr. 2 (Anlage 10/1) die dortige Ausstellungsfläche nicht mit 1.000 m^2 tatsächlicher Fläche, sondern mit 1.500 NWE Berücksichtigung gefunden hat. Entsprechend sind auch die übrigen Vergleichspreise ausgewertet worden, wobei dieses Nutzwerteinheitenvergleichswertverfahren naturgemäß den Nachteil aufweist, daß es erheblich zeitaufwendig und kostenträchtig ist, da jedes verkaufte Objekt auch in Augenschein genommen werden muß. Dennoch ist der Sachverständige der Auffassung, daß an diesem Verfahren nicht vorbeigegangen werden sollte, da hier

die Marktdaten die Wertfindung mehr oder weniger unmittelbar abstützen.
Da dem Sachverständigen Kaufpreise aus Waldstadt nicht bekannt sind, habe ich über den Gutachterausschuß versucht, Vergleichsmaterial in Erfahrung zu bringen, wobei allerdings die „Ausbeute" relativ gering war. Allerdings bestehen aus sachverständiger Sicht keine Bedenken, auch Kaufpreise aus dem Bereich der Hansestadt Lübeck zu berücksichtigen, da, das haben die Erfahrungen gezeigt, sich hier gewisse überregionale Tendenzen entwickeln, wobei natürlich individuelle örtliche Gegebenheiten nicht außer Acht zu lassen sind. Bei dem Bewertungsobjekt ist zu berücksichtigen, daß dieses in einem Gewerbegebiet liegt, das, wie bereits im Gutachten erläutert, bereits den Trend zu einer Mischgebiet- oder Sonderbauflächenqualität aufweist, wenn man an hochwertige Anbieter wie Sky-Markt, Aldi, Kloppenburg usw. denkt. Diese Umstände sind durch einen gewissen Zuschlag beim Vergleichswertverfahren zu berücksichtigen.
Die Nutzwerteinheiten des Bewertungsobjektes wurden deshalb vom Sachverständigen - abgesehen von der Wohnung - mit einem 20 %igen Zuschlag versehen.
Bei dem Bewertungsobjekt ergeben sich insoweit folgende Nutzwerteinheiten, wobei ich abweichend von der üblichen Bewertung bei der Wohnung wegen der guten Ausstattung ein erhöhtes Gewicht von 200 % zugrunde gelegt habe:

Werkstatt:		190 m² Nfl.
	ergibt:	190 NWE (100 % Gewicht)
	Zuschlag:	38 NWE (wg. Lagevorteil)
		228 NWE
Ausstellungsräume:		220 m² Nfl.
	ergibt:	330 NWE (150 % Gewicht)
	Zuschlag:	66 NWE
		396 NWE

Büroräume:		40 m² Nfl.
	ergibt:	80 NWE (200 % Gewicht)
	Zuschlag:	16 NWE
		96 NWE
Sozialräume:		35 m² Nfl.
	ergibt:	44 NWE (125 % Gewicht)
	Zuschlag:	9 NWE
		53 NWE

Freiflächen (die das übliche und erforderliche Maß überschreiten):

		800 m² Nfl.
	ergibt:	80 NWE (10 % Gewicht)
	Zuschlag:	16 NWE
		96 NWE
Wohnung:		120 m² Wfl.
	ergibt:	240 m² NWE (200 % Gewicht)
	Zuschlag:	-
		240 NWE

Summe der NWE beim Bewertungsobjekt: 1.109 NWE
= <u>ca. 1.100 NWE</u>

9.5.2 Vergleichspreise (siehe Anlagen 10/1 bis 10/3)

Die Vergleichspreise DM/NWE (Kaufpreis dividiert durch Nutzwerteinheiten) stelle ich nun wie folgt zusammen:

			Verkaufsjahr
lfd. Nr.	1	842,- DM/NWE	1998
	2	1.226,- DM/NWE	2001
	3	500,- DM/NWE	1996
	4	773,- DM/NWE	1997
	5	543,- DM/NWE	1998
	6	563,- DM/NWE (288,-€)	2002
	7	691,- DM/NWE	2000
	8	444,- DM/NWE	2000
	9	533,- DM/NWE	1999

9.5.3 Aktualisierung

Die 9 Vergleichspreise stammen aus dem Zeitraum von 1996 bis 2001. Die Kaufpreise sind zeitlich zu aktualisieren. Eine gesicherte Indexreihe liegt nicht vor. Aufgrund der allgemeinen Markterfahrung ist jedoch von Preisrückgängen auszugehen. Bezüglich des Teilmarktes „Eigentumswohnungen" habe ich einen Preisindex entwickelt, den ich hier *hilfsweise* anwende.

Die Preisrückgänge im Teilmarkt der Gewerbe- und Industrieobjekte dürften zumindest tendenziell vergleichbar sein mit der Preisentwicklung bei Eigentumswohnungen. Aber wie bereits erläutert, kann es sich hier nur um eine Hilfsrechnung mangels anderer gesicherter Erkenntnisquellen handeln.

Den Index habe ich als Anlage 11 diesem Gutachten beigefügt. Es ergeben sich somit folgende Rechnungen:

lfd. Nr.	Kaufpreis DM/NWE	Umrechnung	verbesserter Kaufpreis DM/NWE
1	842,-	: 138 × 120	732,-
2	1.226,-	: 126 × 120	1.168,-
3	500,-	: 156 × 120	385,-
4	773,-	: 148 × 120	627,-
5	543,-	: 138 × 120	472,-
6	563,-	: 120 × 120	563,-
7	691,-	: 132 × 120	628,-
8	444,-	: 132 × 120	404,-
9	533,-	: 135 × 120	474,-

9.5.4 Streubreite der Einzelwerte

385,- DM/NWE bis 1.168,- DM/NWE

9.5.5 Auswertung der Kaufpreise

Arithmetisches Mittels als Tendenzwert:

$$\bar{x} = \frac{\sum x_i}{n}$$

Wenn man diese Vergleichsdaten ausmittelt, führt dieses zu folgender Rechnung:

$$\bar{x} = \frac{5.453,- \text{ DM}}{9} = 606,- \text{ DM/NWE}$$

Im Regelfall sind Einzelwerte, die den Mittelwert um mehr als ± 33,3 % über- oder unterschreiten auszusondern. Auf diese Extremwertaussonderung verzichte ich bei dieser Analyse, obwohl es sich nur um 9 Kaufpreise handelt, die zudem nicht eine homogene Stichprobe bilden. Es handelt sich, wie auch aus dem Tableau der Anlage 10/1-3 erkennbar, um sehr unterschiedliche Gewerbeobjekte mit unterschiedlichen Größen, Lagen und Bebauungsarten.

Die hier angewandte Statistik kann deshalb nur als ein Hilfsmittel zum Erkennen von Tendenzen verstanden werden. Es muß hier deutlich eingeräumt werden, daß mit letzter Genauigkeit der Vergleichswert nicht berechenbar ist.

In der Statistik sind verschiedene Prüfmaße entwickelt worden, mit denen die Qualität von Stichproben bewertet werden kann. Üblicherweise werden die Standardabweichung und der Variationskoeffizient errechnet.

Folgende Formeln dienen der Berechnung dieser statistischen Prüfmaße:

Standardabweichung:

$$s_x = \sqrt{\frac{\sum (x_i - \bar{x})^2}{n - 1}}$$

Variationskoeffizient:

$$v = \frac{s_x}{\bar{x}}$$

Bezüglich der hier vorliegenden Stichprobe von 9 Kaufpreisen ergeben sich folgende Prüfmaße:

$$s_x = \pm\ 240,\text{- DM}$$

Variationskoeffizient:

$$v = \pm\ 0,397$$

Der Variationskoeffizient von 0,397 sagt aus, daß das Ergebnis der Stichprobenauswertung streng genommen nicht verwertbar ist. Wenn man die üblichen Interpretationen bezüglich des Variationskoeffizienten heranzieht (Anlage 12), so wäre das Ergebnis sogar „absolut zu verwerfen". Trotz des äußerst ungünstigen Variationskoeffizienten bin ich der Auffassung, daß zumindest tendenziell und hilfsweise auch mit den vorliegenden Zahlen gerechnet werden kann. (Eine „schlechte" Stichprobe und deren Auswertung ist besser als der gänzliche Verzicht auf ein Vergleichswertverfahren).

Es ergibt sich somit folgender Vergleichswert:

1.100 NWE × 606,- DM/NWE = 667.000,- DM

Wenn man die beiden Vergleichspreise aus Waldstadt (lfd. Nr. 2 und 4) mit doppeltem Gewicht berücksichtigen würde, ergäbe sich ein Arithmetisches Mittel nicht von 606, sondern von 659,- DM/NWE. Bei dieser Vorgehensweise würde sich der Vergleichswert wie folgt erhöhen:

1.100 NWE × 659,- DM/NWE = 725.000,- DM

Wenn man nun eine ± 10 %ige Unsicherheit in der Ableitung des Vergleichswertes unterstellt, ergäbe sich eine Obergrenze des Vergleichswertes von 798.000,- DM bzw. 408.000,- €. Der Sachverständige hat keine Bedenken, den Vergleichswert zunächst mit - gerundet -

410.000,- €

in Ansatz zu bringen.

Außerdem ist noch zu berücksichtigen, daß es sich bei den verkauften Objekten um Eigentumsobjekte handelt und bei dem Bewertungsobjekt um ein Erbbaurecht. Da das Erbbaurecht zeitlich begrenzt ist und zudem Erbbauzinsen als zusätzliche Kostenpositionen anfallen, ist der zuvor dargestellte Vergleichswert noch wieder zu reduzieren. Zu berücksichtigen ist ferner, daß die Restnutzungsdauer der Gebäude größer ist

als die Restlaufzeit des Erbbaurechts. Gem. Erbbaurechtsvertrag sind die Baulichkeiten bei Auslauf des Vertrages nur mit 75 % des üblichen Wertes zu entschädigen, so daß hier noch ein zukünftiger Ausfall zu kalkulieren ist. Dieser Nachteil wirkt sich allerdings erst bei Ablauf des Erbbaurechts aus, so daß diese mögliche Differenz zu diskontieren wäre. Der Sachverständige könnte hier noch ein umfangreiches Rechenwerk erstellen, um die zuvor verbal dargestellten Umstände rechnerisch zu erläutern. Es wird darauf jedoch verzichtet, da marktüblich so nicht gerechnet wird und insoweit kann hier nur allgemein formuliert werden, daß der zuvor ermittelte Vergleichswert als oberste Grenze eines möglichen Vergleichswerts zu verstehen ist: der „wahre" Wert jedoch niedriger zu erwarten ist.
Wie bereits berichtet, ist der Vergleichswert sowieso nur als ein Hilfswert zu verstehen. Wenn man den Umstand, daß es sich nicht um ein Eigentums-, sondern um ein Erbbaurechtsobjekt handelt, durch einen Abschlag in Höhe von nur 10 % ausgleichen würde, reduzierte sich der Vergleichswert schon auf

367.000,- €.

Immerhin macht dieser Hilfswert deutlich, daß die Marktwerte eher niedriger als höher in Ansatz zu bringen sind als die Ergebnisse des Sachwert- und Ertragswertverfahrens.

10. Ergebnis

Marktangepaßter Sachwert (9.3.5):	430.000,- €
Durch den Liegenschaftszinssatz marktorientierter Ertragswert (9.4.4):	412.000,- €
Hilfswert (Nutzwerteinheitenvergleichsverfahren) (9.5.5):	367.000,- €

Die Ergebnisse des marktangepaßten Sachwertes und des durch den Liegenschaftszinssatz marktorientierten Ertragswertes stimmen recht gut überein, suggerieren damit allerdings auch eine gewisse Genauigkeit, die gar nicht gegeben sein kann. Hier muß nochmals der Hinweis formuliert werden, daß der Verkehrswert als eine Funktion des Marktes zu verstehen ist und daß der Verkehrswert nicht genauer ermittelt werden kann, als der Markt die Daten vorgibt.
Die Kaufpreisbildungen ergeben sich in äußerst großen Streubreiten, dieses wird auch aus dem Vergleichstableau der Anlagen 10/1 - 10/3 sehr deutlich. Es muß hier eingeräumt werden, daß der Verkehrswert der zu bewertenden Immobilie (Erbbaurecht) nicht exakt ermittelbar ist, vielmehr kann dieser nur im Schätzwege - unter besonderer Berücksichtigung der allgemeinen Markterfahrung, die der Sachverständige im Laufe der Jahrzehnte gebildet hat - abgeleitet werden kann. Bei dieser Schätzung sind sowohl die verkaufsfördernden Argumente (gute Verwertbarkeit als Kfz-Betrieb, recht gute Beschaffenheit, Grundstück mit positiver optischer Präsentation innerhalb eines Gewerbegebietes, Nachbarschaft zu höherwertigen Gewerbebetrieben usw.) zu würdigen. Andererseits sind auch die Nachteile zu berücksichtigen, die insbesondere sich aus dem Erbbaurechtsvertrag und den daraus resultierenden wertmindernden Beeinflussungen ergeben.
Allgemein bekannt ist, daß die Verkäuflichkeit von Gewerbe- und Industrieimmobilien derzeitig als eher schwierig zu werten ist. Aus Gesprächen mit verschiedenen Immobilienmaklern und Hausverwaltern ist mir bekannt, daß die Vermarktungszeiten für Gewerbe- und Industrieimmobilien derzeitig erheblich länger sind als die Vermarktungszeiten bei Wohnimmobilien mit mittleren Lage- und Nutzungsqualitäten. Aus Gesprächen mit Immobilieninsidern ist mir auch bekannt, daß zahlreiche Objekte - zu vertretbaren Preisen - gar nicht verkäuflich sind und manche Immobilien über mehrere Monate - manchmal sogar Jahre - am Markt offeriert werden.

Schließlich ist auch dem Umstand Rechnung zu tragen, daß gerade in der Kfz-Branche erhebliche Umstrukturierungen zu erschwerter Verkäuflichkeit führen, da die renomierten Automobilmarken ihr Händlernetz straffen und umorganisieren.

Auch unter Berücksichtigung der positiven Umstände, die sich aus der Lage in dem Gewerbegebiet Gewerbestraße ergeben, schätzt der Sachverständige bei freier Abwägung aller Vor- und Nachteile, den Verkehrswert des Erbbaurechts - ohne Inventar - auf

400.000,- €.
(Vierhunderttausend EURO)

Ich bin davon augegangen, daß Altlasten (z.B. Bodenverunreinigungen) nicht vorhanden sind.

Im Baulastenbuch liegt, wie bereits berichtet, eine Eintragung vor, aus der die Verpflichtung hervorgeht, daß die Betreiberwohnung nicht vom Betriebsgrundstück abgetrennt bzw. abgeschrieben werden darf.

Eine Baugrundanalyse wurde nicht vorgenommen oder veranlaßt. Der Sachverständige geht von normalen Baugrundverhältnissen aus.

Im Grundbuch (Abt. II) ist der zuvor im Gutachten bereits erwähnte Erbbauzins eingetragen und auch eine Vormerkung bezüglich einer Erbbauzinserhöhung. Die ursprüngliche Erbbauzinsvereinbarung von 1,60 DM/m^2 ist gem. Eintragung im Grundbuch verändert worden auf 2,- DM/m^2 (1982). Der Erbbauzins ist jedoch weiterhin schuldrechtlich erhöht worden, ohne daß dieses dinglich im Grundbuch seinen Niederschlag gefunden hat. Das Erbbaurecht und die daraus resultierenden Umstände sind in dem Gutachten mehrfach angesprochen und auch berücksichtigt worden, so daß hier keine weiteren Zu- oder Abschläge in Ansatz zu bringen sind. Hinzuweisen ist noch auf den Erbbaurechtsvertrag, der u.a. auch vorsieht, daß die Belastung des Erbbaurechts mit einer Hypothek, Grund- oder Rentenschuld oder einer Reallast einer vorherigen Zustimmung des Grundeigentümers bedarf. Der Grundeigentümer verpflichtet sich gem. Vertrag, zur Erteilung der Belastungsgenehmigung für die Eintragung einer Hypothek oder Grundschuld bis zu 50 % der nachweislichen Erstellungskosten für die Gebäude und Nebenanlagen. Aus dem Erbbaurechtsvertrag ergibt sich auch ein Vorkaufsrecht für den Erbbauberechtigten, sofern das mit dem Erbbaurecht belastete Grundstück verkauft wird.

Zur Verdeutlichung weist der Sachverständige hier nochmals darauf hin, daß das Inventar des Betriebes, insbesondere die Werkstatteinrichtungen und auch der auf dem Grundstück aufgestellte Container nicht Bestandteil dieser Verkehrswertermittlung sind.

Gerichtlich bestellter
Sachverständiger:

....
(Streich)

Anlagen:

JÜRGEN-WILHELM STREICH
Regierungsvermessungsamtmann a.D.
Von der Industrie- und Handelskammer zu Lübeck öffentlich bestellter und vereidigter Sachverständiger für die Bewertung von bebauten und unbebauten Grundstücken, für Mieten und Pachten sowie für Erbbaurechte

Gewerbestr. 11, 23599 Waldstadt

NUTZWERTEINHEITENVERGLEICHSVERFAHREN

Objekt Nr. 1

Kaufpreis (KP): 1.010.000,- DM/1998

GE-Gebiet Lübeck-Roggenhorst

ca. 4.000 m², ca. 1,5 km bis BAB-AS

Lager:	600 m²	NWE:	600
Büro:	200 m²	NWE:	400
Freiflächen:	2.000 m²	NWE:	200
			1.200

KP : NWE = 842,- DM/NWE

Objekt Nr. 2

KP: 1.900.000,- DM/2001

Rand GE-Gebiet Waldstadt (im Radius von 500 m vom Bew.obj.entfernt)

ca. 3.800 m², ca. 10 km bis BAB-AS

Ausstellungs-flächen:	1.000 m²	NWE:	1.500
Freiflächen:	500 m²	NWE:	50
			1.550

KP : NWE = 1.226,- DM/NWE

Objekt Nr. 3

KP: 1.410.000,- DM/1996

GE-Gebiet Lübeck-Kirschkaten

ca. 5.200 m², ca. 4 km bis BAB-AS

Lager:	1.770 m²	NWE:	1.770
Büro:	475 m²	NWE:	950
1 WE:	65 m²	NWE:	98
			2.818

KP : NWE = 500,- DM/NWE

Anlage 10/1

JÜRGEN-WILHELM STREICH
Regierungsvermessungsamtmann a.D.
Von der Industrie- und Handelskammer zu Lübeck öffentlich bestellter und vereidigter Sachverständiger für die Bewertung von bebauten und unbebauten Grundstücken, für Mieten und Pachten sowie für Erbbaurechte

Gewerbestr. 11, 23599 Waldstadt

NUTZWERTEINHEITENVERGLEICHSVERFAHREN

Objekt Nr. 4

Kaufpreis (KP): 580.000,- DM/1997

GE-Gebiet Waldstadt-Industriestr.

ca. 4.900 m², ca. 10 km bis BAB-AS

Austellung/ Verkauf :	200 m²	NWE:	300
Lager (einfacher Standard)	200 m²	NWE:	200
Freiflächen:	2.500 m²	NWE:	250
			750

KP : NWE = 773,- DM/NWE

Objekt Nr. 5

KP: 850.000,- DM/1998

GE-Gebiet Lübeck-Roggenhorst

ca. 3.500 m², ca. 1 km bis BAB-AS

Werkhalle:	570 m²	NWE:	570
Büro:	280 m²	NWE:	560
1 WE:	100 m²	NWE:	150
Ausstellung:	190 m²	NWE:	285
			1.565

KP : NWE = 543,- DM/NWE

Objekt Nr. 6

KP: 368.130,- €/2002

GE-Gebiet Lübeck-Roggenhorst

ca. 2.900 m², ca. 1,5 km bis BAB-AS

Büro/Sozial:	255 m²	NWE:	510
Hallen :	720 m²	NWE:	720
Freiflächen:	500 m²	NWE:	50
			1.280

KP : NWE = 288,- €/NWE

Anlage 10/2

JÜRGEN-WILHELM STREICH
Regierungsvermessungsamtmann a.D.
Von der Industrie- und Handelskammer zu Lübeck öffentlich bestellter und vereidigter Sachverständiger für die Bewertung von bebauten und unbebauten Grundstücken, für Mieten und Pachten sowie für Erbbaurechte

Gewerbestr. 11, 23599 Waldstadt

NUTZWERTEINHEITENVERGLEICHSVERFAHREN

Objekt Nr. 7

Kaufpreis (KP): 992.000,- DM/2000

GE-Gebiet Lübeck-Rapsacker

ca. 2.700 m², ca.2 km bis BAB-AS

Lager, Werkstatt:	975 m²	NWE:	975
Büro:	180 m²	NWE:	360
Freiflächen:	1.000 m²	NWE:	100
			1.435

KP : NWE = 691,- DM/NWE

Objekt Nr. 8

KP: 600.000,- DM/2000

GE-Gebiet Lübeck-Gleisdreieck

ca. 3.600 m², ca. 4 km bis BAB-AS

Lager, Werkstatt:	1.230 m²	NWE:	1.230
Wohnen:	80 m²	NWE:	120
			1.350

KP : NWE = 444,- DM/NWE

Objekt Nr. 9

KP: 800.000,- DM/1999

GE-Gebiet Lübeck-Roggenhorst

ca. 5.000 m², ca. 1 km bis BAB-AS

Lager:	1.000 m²	NWE:	1.000
Büro:	250 m²	NWE:	500
			1.500

KP : NWE = 533,- DM/NWE

Anlage 10/3

Preisentwicklung der Eigentumswohnungen in Lübeck						
	RDM-Preisspiegel Eigentumswohnungen					Index Gutachterausschuss
Jahr	einfacher	mittlerer	guter	sehr guter		
	Wohnwert					
1985	1.400 DM	1.600 DM	2.200 DM	•	*gemittelt*	
Index		*100*	*100*		*100*	*100*
1986	•	1.500 DM	2.200 DM	•		
Index		*94*	*100*		*97*	*86*
1987	•	1.400 DM	2.000 DM	•		
Index		88	91		90	94
1988	•	1.400 DM	2.000 DM	•		
Index		*88*	*91*		*90*	*97*
1989	•	1.500 DM	2.200 DM	•		
Index		94	100		97	100
1990	•	1.800 DM	2.500 DM	•		
Index		*113*	*114*		*114*	*116*
1991	•	2.000 DM	2.800 DM	•		
Index		*125*	*127*		*126*	*122*
1992	•	2.300 DM	3.000 DM	•		
Index		*144*	*136*		*140*	*138*
1993	•	2.500 DM	3.200 DM	4.000 DM		
Index		*156*	*145*	*(150,5)*	*151*	*155*
1994	•	2.800 DM	3.400 DM	4.400 DM		
Index		*175*	*155*	*166*	*165*	*161*
1995	•	3.000 DM	3.500 DM	4.500 DM		
Index		*180*	*159*	*169*	*172*	*156*
1996	•	2.700 DM	3.200 DM	4.100 DM		
Index		*169*	*145*	*154*	*156*	*153*
1997	•	2.500 DM	3.000 DM	4.000 DM		
Index		*155*	*136*	*150,5*	*148*	*153*
1998	•	2.300 DM	2.800 DM	3.800 DM		
Index		*144*	*127*	*143*	*138*	*144*
1999	•	2.200 DM	2.800 DM	3.700 DM		
Index		*138*	*127*	*139*	*135*	*143*
2000	1.500 DM	2.100 DM	2.800 DM	3.700 DM		
Index	*(132)*	*131*	*127*	*139*	*132*	*137*
2001	1.400 DM	2.000 DM	2.700 DM	3.600 DM		
Index	*123*	*125*	*122*	*135*	*126*	*(126)*
2002	650 €	950 €	1.350 €	1.800 €		
Index	*112*	*116*	*119*	*132*	*120*	

Anlage 11

Analyse des Erbbaurechtsvertrages – Anm. 15

Schon in der Anmerkung 10 habe ich Hinweise formuliert bezüglich der Bewertung von Erbbaurechten. Bei dem Gutachten Nr. 6 wird sehr deutlich, dass das sorgfältige Studium des Erbbaurechtsvertrages und dessen Interpretation unverzichtbar sind. Bei dem Objekt in der Gewerbestr. 11 in Waldstadt war das Erbbaurecht herausgegeben zur Errichtung eines oder mehrerer Gebäude zum Betrieb einer Autowerkstatt sowie eines Fahrzeughandels. Auch ist der Bau einer oder mehrerer Werkwohnungen gem Erbbaurechtsvertrag zulässig. Wenn man – ohne Berücksichtigung der Ausweisungen der Bauleitplanung – unterstellt, dass das Grundstück auch mit einem Lebensmittelmarkt oder einem anderen höherwertigen Gewerbeobjekt, so wie in der Umgebung anzutreffen, bebaubar wäre, so würde dieses eine diesbezügliche Genehmigung des Erbbaurechtsausgebers voraussetzen Es ist davon auszugehen, dass dieser gerne einer solchen höherwertigen Nutzung zustimmen würde, allerdings dieses von einem höheren Erbbauzins dann abhängig machen würde. Daraus folgt, dass ein möglicher höherer Bodenwert mehr oder weniger vorrangig dem Erbbaurechtsausgeber zugute kommen würde. Es handelt sich hier um ein klassisches Beispiel, wo der Ansatz des Bodenwertes eines unbebauten Grundstücks – ohne individuelle Zu- bzw. Abschläge (Dämpfung) – zu einem völlig falschen Erbbaurechtswert führen würde. Auch die Beschränkungen im Erbbaurechtsvertrag auf Werkwohnungen führt möglicherweise zu der Problematik eines Fremdnutzungszuschlages, den ich in der Anmerkung 10 näher erläutert habe.

Es ist schon erstaunlich, welche möglichen, besser gesagt unmöglichen Verkehrswerte bei Erbbaurechten ermittelt werden, da all zu oft Sachverständige sich nicht ausreichend um die Vereinbarungen kümmern, die sich aus den Erbbaurechtsverträgen ergeben.

Da sich gerade, so wie in dem Gutachten Gewerbestr. 11 in Waldstadt formuliert, die Kraftfahrzeugbranche erheblich im Umbruch befindet, ergeben sich schon deshalb aus dem Erbbaurechtsvertrag wertdämpfende Eigenschaften.

Wenn es sich um ein Eigentumsobjekt handelte ohne diesbezügliche privatrechtliche Beschränkungen, wäre die Verwertbarkeit der Immobilie nicht unerheblich positiver zu beurteilen gewesen.

Dauer des Erbbaurechtes – Anm. 16

Das Erbbaurecht Gewerbestr. 11 in Waldstadt weist nur eine relativ kurze Dauer (ca. 40 Jahre) auf, während das Erbbaurecht, das als Gutachten Nr. 3 in diesem Buch vorgestellt wurde (ABC-Str. 68, 23456 Lübeck) eine häufig übliche Dauer von 99 Jahren hat.

„Während andere Rechtsordnungen die Dauer eines Erbbaurechts regeln so beträgt z.B. in England die Regeldauer 99 Jahre, in Österreich mindes-

tens 30, höchstens 80 Jahre, enthält die ErbbauVO [46] *keine Vorschriften über die Dauer des Erbbaurechts. Allerdings enthält § 27 ErbbauVO die Rechtsfolgen für das Erlöschen eines Erbbaurechts durch Zeitablauf. Das Erlöschen durch Zeitablauf wird also als Gestaltungsmöglichkeit vorausgesetzt; es wird aber andererseits weder die Dauer festgelegt, noch überhaupt eine Zeitbestimmung als zwingender Inhalt des Erbbaurechts gefordert. Die Verordnung räumt also hier den Beteiligten einen vertraglichen Gestaltungsspielraum ein (Umkehrschluss...) (...) Unbeschadet des vorstehend dargelegten vertraglichen Spielraums sind in der Praxis wegen der Rentabilität der Bauwerkserrichtung und der Beleihbarkeit längere Zeiträume üblich, sehr häufig 99 Jahre. Im Rahmen der öffentlichen Förderung des Wohnungsbaus wird verschiedentlich eine Mindestdauer vorausgesetzt."* [47]

Im Bereich der Hansestadt Lübeck überwiegen bei Wohngrundstücken Erbbaurechte mit 99-jähriger Laufzeit. Bei Gewerbeobjekten lassen sich sehr unterschiedliche Vertragsgestaltungen bezüglich der Laufzeit beobachten.

Wertsicherung des Erbbauzinses – Anm. 17

Bei der Gewerbeimmobilie in Waldstadt war ein Erbbaurecht mit einem wertgesicherten Erbbauzins vereinbart. Die Wertsicherung erfolgte durch eine „Automatik-Klausel", denn wenn die Lebenshaltungskosten eines bestimmten Indexes steigen oder fallen, so soll auch der Erbbauzins entsprechend sich erhöhen oder ermäßigen. Diese Art der Wertsicherung ist auch bewertungstechnisch leicht kalkulierbar, da entsprechende Indizes in der Fachliteratur veröffentlicht werden bzw. sich von statistischen Ämtern abfordern lassen.

Möglich sind auch Wertsicherungen durch Leistungsvorbehaltsklauseln. Bei dieser Vertragsart wird vereinbart, dass, wenn ein bestimmter Index gestiegen oder gefallen ist, eine Neufestsetzung des Erbbauzinses verlangt werden kann. Hier ergibt sich jedoch keine automatische Erhöhung oder Ermäßigung des Erbbauzinses entsprechend der Veränderung des Indexes, denn dieser ist nur als auslösendes Moment zu betrachten. Bei dieser Vertragsart sind nach billigem Ermessen die Interessen beider Parteien zu berücksichtigen.

Bei Gewerbeobjekten ist es auch möglich, dass in dem Erbbaurechtsvertrag geregelt wird, dass beispielsweise bei einem bestimmten Anstieg oder Rückgang des Lebenshaltungskostenindexes der Erbbauzins entsprechend der Bodenwertentwicklung neu festgesetzt werden soll. Denkbar ist aber auch, dass eine Kombination von Bodenwert- und Baupreisentwicklung erbbauzinsbestimmend ist. Auch andere Maßstäbe oder Kombinationen können gewählt werden, denn bei Gewerbeverträgen besteht Vertragsfreiheit: es darf nur nicht gegen die „guten Sitten" verstoßen werden.

Dient das aufgrund eines Erbbaurechts errichtete Bauwerk Wohnzwecken, so darf die Änderung der Erbbauzinsen die Änderung der allgemeinen wirtschaftlichen Verhältnisse nicht übersteigen [46]. Aus der Rechtsprechung des BGH ergibt sich, dass unter den allgemeinen wirtschaftlichen Verhältnissen die Entwicklung zu betrachten ist, die sich aus einer Mittelung der Einkommens- und Lebenshaltungskostenentwicklung errechnet.

Nutzwerteinheiten - Vergleichsverfahren – Anm. 18

Das Vergleichswertverfahren wird bei bebauten Grundstücken vielerorts immer noch sehr stiefmütterlich behandelt. Obwohl zunehmend auch die Gutachterausschüsse Datenmaterial nicht nur sammeln, sondern auswerten und (gegen Gebühr) Interessierten zur Verfügung stellen, wird das Vergleichswertverfahren bei bebauten Grundstücken in vielen Orten immer noch viel zu wenig beachtet. Bei Gewerbe- und Industrieimmobilien hört man mehr oder weniger unisono, dass das Vergleichswertverfahren gar nicht anwendbar sei, da die Immobilien zu individuell und nicht untereinander vergleichbar sind. Tendenziell ist dieser Auffassung zwar zuzustimmen, doch habe ich in dem Gutachten gezeigt, dass dennoch ein Vergleichswertverfahren rechenbar ist, wobei ich dieses Verfahren dann Nutzwerteinheitenvergleichsverfahren genannt habe. Dabei ist allerdings einzuräumen, dass der erforderliche Zeitaufwand ganz erheblich ist und es auch schon Überzeugungskraft bei den Gutachtennutzern erfordert, damit diese den erhöhten Zeitaufwand des Sachverständigen auch zu honorieren bereit sind. Ich habe festgestellt, dass ein großer Teil der Gutachtennachfrager, gerade auch im gerichtlichen Bereich, bereit sind, für qualitativ anspruchsvolle Gutachten auch entsprechend höhere Honorare (Entschädigungen) zu zahlen.

„*Resümierend kann festgestellt werden: So wichtig die Taxationsökonomie auch ist, sie darf niemals zu Lasten der Qualität eines Verkehrswertgutachtens gehen. Zu viel hängt von einem objektiv und exakt ermittelten Verkehrswert für alle Beteiligten bei einer Zwangsversteigerung ab.*" [45]

Das Nutzwerteinheitenvergleichverfahren führt zwar auch nicht zu idealen Vergleichswerten, dennoch bin ich der Auffassung, dass auf dieses Verfahren nicht verzichtet werden sollte, wobei diese Mitteilungen hier nur als ein Denkanstoß zu werten sind, denn weitere Verbesserungen dieses Verfahrens sind durchaus vorstellbar, wünschenswert und erforderlich. Bei einer größeren Datenmenge ließe sich zweifellos auch die Qualität der Stichprobe (Variationskoeffizient) verbessern, doch ist, wie bereits erwähnt, der Zeitaufwand, gerade für ein kleineres Sachverständigenbüro, kaum noch zu bewältigen, denn, wie auch in dem Gutachten vermerkt, ist es erforderlich, dass der Sachverständige (oder ein sachverständiger Mitarbeiter) die verkauften Objekte – zumindest flüchtig – in Augenschein nimmt. Lobend erwähnen muss ich hier die sehr gute Zusammenarbeit in meiner Heimatstadt mit örtlichen Maklern, den Gutachterausschüssen und auch mit anderen behördlichen Stellen.

Bei dem Nutzwerteinheitenvergleichsverfahren habe ich die Gewichtungen, wie im Gutachten auch erläutert, mehr oder weniger an den möglichen Mietzinsen orientiert. Hier sind sicherlich noch weitergehende Überlegungen anzustellen, gerade was die Freiflächennutzungen und deren Bewertung angeht. Eine Weiterentwicklung des Nutzwerteinheitenvergleichsverfahrens wird mit Sicherheit zukünftig die Aussagekraft des Verfahrens steigern.

GUTACHTEN

des öffentlich bestellten und vereidigten Sachverständigen

JÜRGEN-WILHELM STREICH

aus Lübeck

. Ausfertigung

VERKEHRSWERTGUTACHTEN

SCHLANGENGRUBE 8/1 UND 8/2

23552 LÜBECK

Gutachten vom 29. Juni 2002
Nr. 1/0101/01

- Dieses Gutachten umfaßt 39 Seiten -

1. Auftrag

Der Verkehrswert des Bewertungsobjektes ist wegen anstehender Zwangsversteigerung durch ein Sachverständigengutachten zu ermitteln.

2. Verkehrswert

Der Verkehrswert ist im BauGB [1] - Fundstellen siehe Anlage 10 - als der Wert definiert, der im gewöhnlichen Geschäftsverkehr ohne Berücksichtigung persönlicher oder ungewöhnlicher Umstände beim Verkauf zu erzielen ist.
Die Wertermittlung führe ich in Anlehnung an die Regularien der WertV [2] durch.

3. Auftraggeber

Amtsgericht Lübeck
52 K XX/02
Beschluß vom 30. Januar 2002

4. Bewertungsobjekt

Schlangengrube 8/1 und 8/2, 23552 Lübeck

4.1 Kurzbeschreibung

Nur 22 m^2 kleines Grundstück in 2. Baureihe am Römergang, das mit einem kleinen Ganghaus mit nur ca. 30 m^2 Wfl. bebaut ist. Lage in einem förmlich festgelegten Sanierungsgebiet. Bereits 1987 wurde das Objekt saniert. Das Haus umfaßt 2 Räume auf 2 Ebenen und ein Bad/WC. Beheizung durch eine Gaszentralheizung. Zum Objekt gehört ein separat liegendes 14 m^2 großes Flurstück mit einem Abstellschuppen.

VERKEHRSWERT: 55.000,- €

4.2 Katasterbezeichnung (Katasteramt Lübeck)
Gemarkung Innere Stadt, Flur 99, Flurstücke 98 (14 m^2) und 99 (22 m^2)
Gesamtgröße: 36 m^2

4.3 Grundbuchbezeichnung (Amtsgericht Lübeck)
Grundbuch von Lübeck, Blatt 24.680

4.4 Eingetragener Eigentümer
Herr Peter Oppermann

5. Ortsbesichtigungen
3. Mai und 26. Juni 2002

6. Bewertungsstichtag
26. Juni 2002

7. Mieter/Nutzer
Das Objekt wird von einem Sohn des Eigentümers bewohnt.

8. Beschreibung des Bewertungsobjektes

8.1 Lage - regional
Hansestadt Lübeck, Stadt mit ca. 215.000 Einwohnern im südlichen Teil des Bundeslandes Schleswig-Holstein, unmittelbar an Mecklenburg-Vorpommern angrenzend, landeinwärtsliegende Hafenstadt, die durch den Flußlauf der Trave an die Ostsee angebunden ist.
Landesplanerisch als Oberzentrum eingestufter Ort an der Vogelfluglinie Hamburg-Fehmarn-Dänemark.

Über die BAB A 1 besteht sehr günstige Verkehrsanbindung nach Hamburg. Lübeck ist Eisenbahnknotenpunkt mit Verbindungen nach Hamburg, Kiel, Kopenhagen, Rostock und Lüneburg.

8.2 Lage - örtlich

Lage im östtlichen Teil der Lübecker Altstadt in dem Sanierungsgebiet Block 98/99 an der „oberen" Schlangengrube im Bereich zwischen der Straße „Parade" und der Schwönekenquerstraße.

Es handelt sich großräumig gesehen um eine mittlere bis gute Altstadtlage in der Nähe zur Untertrave. Das Geschäftszentrum mit Fußgängerzone, Rathaus und Markt ist nur wenige Gehminuten entfernt. Auch Grünflächen im Bereich der Wall- und Possehlstraße sind schnell - über die Falkenbrücke - fußläufig erreichbar.

Das zu bewertende Grundstück ist durch einen schmalen Durchgang durch das Haus Schlangengrube 6 zugänglich. Es liegt am Römergang, der keine Durchgangsfunktion aufweist. Der Gang endet wenige Meter südlich des Bewertungsobjektes. Bis auf 4 Ganghäuser (Schlangengrube 8 Häuser 2 bis 5) sind alle ehemaligen Ganghäuser abgerissen worden. Die Nutzung eines Kindergartens (erreichbar von der Schwönekenquerstraße) ersteckt sich jetzt auch auf ehemalige Gang- und Ganghausflächen. Der Rahmenplan der Stadt sieht einen Erhalt des Ganges und der vier Ganghäuser vor.

8.3 Grundstück

Das zu bewertende Grundstück ist nur ca. 4,5 m breit und etwa 5 m tief, so daß sich als Grundstücksfläche nur 22 m^2 ergibt.

Das Grundstück ist erschlossen und bebaut, wobei es sich bei der erschließenden Gangfläche um eine öffentliche Fläche handelt, die sich im Eigentum der Hansestadt Lübeck befindet, während der Durchgang durch das Vorderhaus Schlangengrube 6 sich im Privateigentum befindet.

In der Regel sind für diese Durchgangsflächen keine Baulasten oder grundbuchlichen Eintragungen vorgenommen worden, hier handelt es sich - ortsüblich - um Gewohnheitsrechte.

Das zu bewertende Grundstück besteht aus 2 räumlich getrennt liegenden Flurstücken, denn das Flurstück 98 (siehe Anlage 3) gehört mit zum Bewertungsobjekt. Das Flurstück 98 ist bis auf einen Abstellschuppen (siehe Foto unten Anlage C) unbebaut.

8.4 Lage im Sanierungsgebiet

Wie bereits erwähnt, liegt das zu bewertende Grundstück in einem förmlich festgelegten Sanierungsgebiet (Block 98 + 99), was sich auch aus einer entsprechenden Eintragung in Abt. II des Grundbuchs ergibt.
Ob, und wenn ja, in welcher Höhe Ausgleichsbeträge* zu entrichten sind, steht derzeitig noch nicht fest. Im Hinblick auf die geringe Fläche des Grundstücks dürfte diese Frage mehr oder weniger auch nicht wesentlich wertrelevant sein.

*Ausgleichsbeträge ergeben sich aus der Differenz zwischen Anfangs- und Endwert im Sanierungsverfahren und einer möglicherweise sanierungsbedingten Bodenwertsteigerung.

8.5 Bebauung

Das zu bewertende Grundstück ist mit einem alten Ganghaus bebaut, dessen genaues Baujahr nicht bekannt ist, jedoch mit weit über 100 Jahren angenommen werden kann. (1 1/2- bis 2-geschossiger, nicht unterkellerter Putzbau).
Das Gebäude steht nicht unter Denkmalschutz. Das Ganghaus Schlangengrube 8/2 wird durch ein Flachdach mit satteldachähnlicher Abschrägung zum Gang hin und mit einem Zwerchgiebel abgeschlossen. Bezüglich der Dachform verweise ich auch auf die Fotos der Anlage B und das Foto unten der Anlage G. Hier wird erkennbar, daß der Flachdachteil mit Pappe gedeckt ist.

Ganghaus

Anm. 19, S. 266

Das Haus ist 1987 in Teilbereichen saniert worden. Ich verweise insoweit auf die Anlage 7 zu diesem Gutachten.
Die südliche Außenwand zum Flurstück 73/2, wo vormals das Ganghaus Schlangengrube 8/6 gestanden hat, ist - altstadtuntypisch - mit Strukturputz und Riemchen als Außenhaut verblendet. Zu bemerken ist noch, daß die Dachdeckung, soweit Dachpfannen Verwendung fanden, z.T. nicht die Ansprüche der Gestaltungssatzung der Hansestadt Lübeck erfüllt.
Außerdem ist auf Investitionsbedarf bei dem Gebäude hinzuweisen (insbesondere Fassadensanierung, Dachausbesserungen).
Die Rückseite des Hauses ist fensterlos und - wie das Foto oben der Anlage G zeigt - stark begrünt. Die Außenwand ist offenbar grundlegend saniert bzw. neu aufgebaut worden.

8.6 Nutzung

<u>Erdgeschoß</u>

Ein ca. 8,5 m^2 großer Raum, der als Hauszugang und Eßdiele genutzt wird mit einer seitlich gelegenen Treppe (rechts vom Eingang), die in das Dachgeschoß führt. Im rückwärtigen Bereich ist das Badezimmer (fensterloser Raum) abgeteilt. Der Zugang zum Bad vom Küchenbereich aus ist nicht besonders vorteilhaft.

<u>Dachgeschoß</u>

Ein Zimmer (ca. 15 m^2 Wfl.) mit Einbauschrank und geringfügigen Schrägen. Im rückwärtigen Bereich des Zimmers wurde noch ein Zwischenboden zur Nutzung des relativ hohen Geschosses eingezogen. Dieser Zwischenboden ist durch eine Leiter (siehe Foto unten der Anlage F) zugänglich.

8.7 Ausstattung

Gaszentralheizung,
Fenster mit Isolierverglasung, aufgesetzte Sprossen,
Fußboden im DG mit Parkett,
Bodenfliesen im EG,
Einbauküche,
gefliestes Badezimmer (Wannenbad, WC, Waschbecken),

Sichtbalken
Einbauschrank im DG,
Abstellschuppen auf Flurstück 98.

8.8 Beschaffenheit

1987 saniertes Objekt, das in Teilbereichen jedoch Investitionsbedarf aufweist (z.B. Fassadensanierung).
Es ist darauf hinzuweisen, daß zerstörende Untersuchungen nicht durchgeführt wurden. Auch wurden nicht alle Gebäudeteile besichtigt bzw. untersucht. Die Haustechnik wurde nicht überprüft. Eine verbindliche Beschaffenheitsbeschreibung setzt eine detaillierte Untersuchung eines Bauschadens- oder Hochbausachverständigen voraus.
Wegen des Investitionsbedarfs wird ein Abschlag in Ansatz gebracht, dessen Höhe auf 10 % des Gebäudesachwertes geschätzt wird. Die Abschlagshöhe ist nicht identisch mit den tatsächlichen Kosten. Die Abschlagshöhe wurde unter Beachtung einer marktüblichen Akzeptanz geschätzt.

8.9 Hinweis

Die Beschreibung der Bauteile, Beschaffenheit und Ausstattung erfolgt ohne Anspruch auf Vollständigkeit. Abweichungen im Detail sind möglich. Eine umfassende und verbindliche Beschreibung würde eine spezielle Bauaufnahme, auch mit zerstörenden Untersuchungen, voraussetzen, die jedoch den Rahmen einer Verkehrswertermittlung überschreiten würde.

9. Bewertung

9.1 Bodenwert

9.1.1 Richtwert

Der Gutachterausschuß für Grundstückswerte in der Hansestadt Lübeck hat zonale Bodenrichtwerte ermittelt.
Das Grundstück liegt in einer Zone, wo der Richtwert

370,- €/m²

zum Stichtag 31.12.2000 beträgt.

Dieser Richtwert bezieht sich auf 50 - 250 m² große, unbebaute und erschlossene Grundstücke, die durch Individualbauten neu bebaubar sind.

Wegen der geringen Größe von nur 36 m² ist der Ansatz eines Zuschlages erforderlich, da kleinere Grundstücke regelmäßig höhere Preise per m² erzielen als größere Grundstücke.
Als Ausgangsgröße lege ich

150 m²

als Mittel zwischen 50 und 250 m² zugrunde.

9.1.2 Modifizierung des Richtwertes

Im RDM-Info [4] ist in eine Untersuchung über die Abhängigkeit der Bodenwerte von der Grundstücksgröße veröffentlicht worden, die sich in folgender Gleichung ausdrückt:

$$KF = 8{,}36\ GF^{-0{,}307}$$

KF = Korrekturfaktor
GF = Grundstücksfläche

Es ergeben sich folgende Korrekturfaktoren:

bei 36 m² : 2,78
bei 150 m² : 1,80

$$370{,}-\ €/m^2 \times \frac{2{,}78}{1{,}80} = 571{,}-\ €/m^2$$

Da das zu bewertende Grundstück extrem klein ist, handelt es ich bei der zuvor angewandten Rechenoperation um eine erhebliche Extrapolation, so daß das Ergebnis zwangsläufig gewisse Unsicherheiten aufweist.

Zur Abstützung wende ich deshalb auch das Ergebnis einer anderen diesbezüglichen Marktanalyse an, die von SCHNOOR [29] veröffentlicht worden ist.

In seiner Regressionsanalyse hat SCHNOOR folgende Gleichung entwickelt:

$$KF = 14{,}51\ GF^{-0{,}387}$$

KF = Korrekturfaktor

GF = Grundstücksfläche

Es ergeben sich dann folgende Korrekturfaktoren:

bei 36 m^2 : 3,62

bei 150 m^2 : 2,09

$$370{,}-\ €/m^2 \times \frac{3{,}62}{2{,}09} = 641{,}-\ €/m^2$$

Die recht großen Ergebnisunterschiede begründen sich aus der zuvor bereits angesprochenen Notwendigkeit einer Extrapolation.

Auch dürfen Unsicherheiten nicht unerwähnt bleiben, da sowohl die von SCHUBERT als auch die von SCHNOOR durchgeführten Analysen sich auf ganz andere Teilmärkte beziehen. Es ist einzuräumen, daß gesicherte Erkenntnisse bezüglich der zuvor angesprochenen Frage für den Lübecker Immobilienmarkt nicht vorliegen.

Der Sachverstandige schätzt deshalb den Ausgangswert zwischen

571,- und 641,- $€/m^2$

liegend auf

600,- $€/m^2$.

Dieser zonale Richtwert ist zu reduzieren, da die individuelle Lage des Bewertungsobjektes innerhalb der Zone deutliche Nachteile aufweist. Die relativ enge Bebauungsstruktur in 2. Baureihe und das Fehlen größerer Garten- oder Hofraumflächen sind z.B. zu würdigen. Bei Ansatz eines 33,3 %igen Abschlages (= 1/3) ergibt sich

$$600{,}-\ €/m^2 \times 2/3 = 400{,}-\ €/m^2$$

als Bodenwert.

Dieser Richtwert wurde für unbebaute Grundstücke ermittelt (der Gutachterausschuß für Grundstückswerte hat ab dem 31. Dezember 2000 die Bodenrichtwerte generell auf unbebaute Grundstücke umgestellt).
Da es sich um ein bebautes Grundstück handelt, ist jedoch ein „gedämpfter" Bodenwert in Ansatz zu bringen, da die freie Verfügbarkeit des Grund und Bodens nicht gegeben ist. Aus der vorliegenden Bebauung ergeben sich Planungszwänge und andere Nachteile, die eine Bodenwertdämpfung sogar rechtfertigen bzw. erfordern.

Im Regelfall wird die Bodenwertdämpfung bei bebauten Grundstücken vom Sachverständigen in einer Größenordnung von

10 - 25 %

vorgenommen.

Es darf hier der Hinweis nicht unterbleiben, daß gesicherte Erkenntnisse bezüglich der Höhe der Bodenwertdämpfung nicht vorliegen. Der Sachverständige schätzt den erforderlichen Abschlag auf 20 %.

Ausgangswert:	400,- €/m²
- 20 % Abschlag:	80,- €/m²
	320,- €/m²

9.1.3 Alternative Bodenwertableitung
Kaufpreise modernisierter bzw. teilsanierter Ganghäuser oder solcher, die sich in einem guten Zustand befinden, liegen tendenziell und aktuell bei etwa
1.750,- bis 2.000,- €/m² Wfl.

Bei dem Bewertungsobjekt gehe ich im Hinblick auf räumlich getrennt liegende Freifläche, enge Bebauungs- und Nutzungsstrukturen nur von

1.800,- €/m² Wfl.

aus.

Dieser als möglich unterstellte Kaufpreis schließt den (theoretischen) Bodenwertanteil mit ein.

Folgt man den Erkenntnissen der Fachliteratur [36], kann der Bodenwertanteil bei einem Einfamilienhaus in zentraler Lage mit *etwa* 20 % angenommen werden. Dieser Erfahrungswert bezieht sich allerdings auf „normale" Einfamilienhaus-Grundstücke (Grundstück mit Gebäude und Freiflächen).

Bei dem Bewertungsobjekt dürfte der Bodenwertanteil niedriger zu erwarten sein (geringe Garten- bzw. Freifläche) und wird vom Sachverständigen mit nur 15 bis 20 %, i.M. 17,5 %, angenommen. Es ergibt sich folgende Rechnung:

1.800,- €/m² Wfl. × 30 m² Wfl. × 0,175 (Anteil) : 36 m² (Grundstücksfläche) = 262,- €/m².

9.1.4 Bodenwertschätzung

Der Bodenwert kann bei bebauten Grundstücken im Übrigen sowieso nicht exakt errechnet werden. Es ergeben sich bei bebauten Grundstücken schon deshalb Probleme, da es sich bei dem Bodenwert um einen rein theoretischen Wertansatz handelt. Die Marktteilnehmer differenzieren die Kaufpreise nicht nach Boden- und Gebäudeanteil, sondern bilden vielmehr Kaufpreise als Gesamtbetrag („en bloc").

Der Sachverständige schätzt bei freier Abwägung aller Vor- und Nachteile den Bodenwert als bebautes Grundstück auf

<u>300,- €/m²</u>.

36 m²	×	300,- €/m²	=	10.800,- €
				<u>ca. 11.000,- €</u>

9.2 Sachwertverfahren

9.2.1 Normalherstellungskosten (NHK)

9.2.1.1 NHK 1995

Der Bundesminister für Raumordnung, Bauwesen und Städtebau hat durch Hinweise vom 1. August 1997 Tabellen mit Normalherstellungskosten per 1995 herausgegeben. Die dort für verschiedene Gebäudearten tabulierten NHK werden dann mit verschiedenen Korrekturfaktoren multipliziert.

Diese NHK 1995 habe ich in mehreren Gutachten bereits angewandt, jedoch dabei festgestellt, daß die Ergebnisse - zumindest für den Raum, wo ich regelmäßig Gutachten erstatte - häufig nicht plausibel sind. Die errechneten Kubikmeterpreise haben sich fast ausnahmslos als zu niedrig erwiesen.
Der Sachverständige verzichtet deshalb in diesem Gutachten auf die detaillierte Anwendung der NHK 1995-Tabellen des Bundesbauministers. Vielmehr wende ich in meinem Gutachten empfohlene NHK an, die sich aus der Tabelle 27 in [5] ergeben, soweit man diese überhaupt bei einem Ganghaus anwenden kann.

Die schematische Vorgabe von Korrekturfaktoren für Länder und Gemeindegrößen dürfte nach Einschätzung des Sachverständigen ein gewichtiger Grund sein für die Abweichungen zwischen den Hinweisen der WertR [6] und den Empfehlungen der Fachliteratur.

9.2.1.2 Normalherstellungskosten 1958

NHK 1958*:	60,- €/m^3
umgerechnet auf 2002**:	372,- €/m^3

* bezogen auf Umbauten Raum

** Der derzeitige Baupreisindex (1958 = 100) liegt bei 619,3 Punkten (per Febr. 2002). Ich gehe in meinem Gutachten von einem gerundeten Index von 620 Punkten aus. Der Ansatz von NHK 60,- €/m^3 per 1958 entspricht einem Ansatz von rd. 34,- M/m^3 per 1913 bzw. 738,- DM/m^3 per 1995.

9.2.2 Wertminderung wegen Alters

Baujahr:	unbekannt
Alter:	über 100 Jahre
Sanierung:	1987
verlängerte Restnutzungsdauer nach Sanierung (1987):	60 Jahre
Restnutzungsdauer per 2002:	45 Jahre
gewöhnliche Gesamtnutzungsdauer:	100 Jahre
fiktives Alter:	55 Jahre

lineare Wertminderung:

$$\frac{100\ \%}{100} \times 55 = 55\ \%$$

Abschreibung nach Methode Ross:

$$1/2\ (55\ \% + \frac{55\ \%^2}{100}) = 42{,}6\ \% = \text{rd. } 43\ \%$$

9.2.3 Zeitwert

Neuwert (9.2.1.2):	372,- €/m^3
- 43 % Wertminderung wg. Alters:	160,- €/m^3
	212,- €/m^3

9.2.4 Sachwertberechnung

rd. 120 m³* × 212,- €/m³	=	rd.	25.400,- €
zzgl. 25 % Baunebenkosten	=	rd.	6.400,- €
			31.800,- €
zzgl. Außenanlagen** (frei geschätzt)	=	rd.	5.000,- €
zzgl. Bodenwert (9.1.4):	=	rd.	11.000,- €
Sachwert-Zwischenwert:			47.800,- €
- Abschlag wg. Investitionsbedarf***:			3.200,- €
			44.600,- €
Sachwert:		ca.	45.000,- €

* Anlage 8
** incl. Hausanschlüsse und Schuppen
***siehe Abschnitt 8.8

9.2.5 Marktanpassung des Sachwertes

Kaufpreise von Immobilien sind nicht immer identisch mit dem Sachwert. Bezüglich des Teilmarktes, dem das Bewertungsobjekt zuzuordnen ist, bestehen jedoch keine mathematisch-statistisch gesicherten Erkenntnisse über die Relation zwischen Sachwerten und Kaufpreisen. Es kann nur allgemein festgestellt werden, daß Kaufpreise von Objekten mit relativ niedrigen Sachwerten in der Regel über dem Sachwert liegen.

Mut zur Schätzung bei atypischen Immobilien

Anm. 20, S. 266

Der Sachverständige *schätzt* den Marktanpassungszuschlag in einer Größenordnung von angenommen 20 %:

Sachwert:	45.000,- €
20 % Marktanpassungszuschlag:	9.000,- €
Marktangepaßter Sachwert:	54.000,- €

9.3 Ertragswertverfahren

Mietwerte vergleichbarer kleiner Ganghäuser bilden sich marktüblich nicht per m² Wfl. sondern in Pauschalen. Nach meinen Beobachtungen lassen sich - unabhängig davon, ob nun 28, 30 oder 33 m² Wfl. - Pauschalen von mtl.

250,- bis 300,- €

Mietspiegel nicht immer anwendbar

Anm. 21, S. 267

als Mietzins realisieren.
Bei kurzfristigen Vermietungen sind - vorübergehend - auch höhere Mietzinse erreichbar.
Als nachhaltig erzielbar gehe ich von

mtl. 250,-€

aus, um auch den individuellen Gegebenheiten Rechnung zu tragen. Hier spielen auch rechnerisch nicht nachvollziehbare Gegebenheiten eine Rolle: ein „schmuckes" und stilvoll saniertes Althaus unter Denkmalschutz läßt sich besser vermieten als ein Haus, das nicht in allen Bereichen gehobenenen Sanierungsvorstellungen gerecht wird.
Auch das unmittelbare Umfeld und der Charakter eines Ganges oder Hofes können sich hier wertmäßig auswirken.

Positiv war bei der Mietwertschätzung dem Umstand Rechnung zu tragen, daß zumindest eine kleine Hoffläche - wenn auch räumlich getrennt liegend - zur Verfügung steht.
Nachrichtlich wird notiert, daß der Mietzins von mtl. 250,-€ einer Quadratmetermiete von ca. 8,35 €/m^2 entspricht.

Bei Ansatz pauschalisierter Bewirtschaftungskosten von 30 % (incl. eines relativ hohen Instandhaltungskostenanteils) und bei Ansatz eines 4 %igen Liegenschaftszinssatzes errechnet sich der Ertragswert wie folgt:

Ertragswertberechnung

Jahresrohertrag:	3.000,- €
- 30 % Bewirtschaftungskosten:	900,- €
Jahresreinertrag:	2.100,- €
- 4 % Verzinsung des Bodenwertes (11.000,- €):	440,- €
Jahresreinertrag des Gebäudes:	1.660,- €

Der Jahresreinertrag der Wohnung ist mit dem Vervielfältiger (VV) 20,72 zu multiplizieren, der sich bei Ansatz eines 4,0 %igen Liegenschaftszinssatzes und einer Restnutzungsdauer von 45 Jahren nach der Rentenbarwertformel ergibt:

$$VV = \frac{q^n - 1}{q - 1} \times \frac{1}{q^n}$$

$$q = 1 + \frac{p}{100}$$

p = Liegenschaftszinssatz

n = Restnutzungsdauer

1.660,- € × 20,72	=	rd. 34.400,- €
+ Bodenwertanteil	=	rd. 11.000,- €
Ertragswert-Zwischenwert:		rd. 45.400,- €
- Abschlag wg. Investitionsbedarf		
(siehe Abschnitt 8.8 u. 9.2.4)		rd. 3.200,- €
		42.200,- €
rechnerischer Ertragswert:		rd. 42.000,- €

Reduzierte man den Liegenschaftszinssatz auf z.B. 3,0 % und die Bewirtschaftungskosten von 30 auf 25 %, so erhöhte sich der Ertragswert deutlich auf 55.000,-€.
Hier ist einzuräumen, daß mathematisch-statistisch gesicherte Erkenntnisse gerade bezüglich des Liegenschaftszinssatzes in dem Teilmarkt, dem das Bewertungsobjekt zuzuordnen ist, nicht vorliegen.

Der Sachverständige hält es deshalb für vertretbar, den Ertragswert mit gerundet

50.000,- €

im Gutachten zu berücksichtigen.

9.4 Vergleichswertverfahren

9.4.1 Vergleichspreise

Folgend habe ich 7 Kaufpreise aufgelistet, die im Zeitraum 2000 - 2002 für andere Ganghäuser in der Lübecker Innenstadt vereinbart worden sind.
Herangezogen habe ich nur Kaufpreise solcher Objekte, die tendenziell - was den Sanierungsgrad angeht - mit dem Bewertungsobjekt vergleichbar sind.

Die Objekte befinden sich z.B. in der Glockengießer- und Rosenstraße, in der Engels- oder Marlesgrube, also in durchaus vergleichbaren Quartieren.

Lfd.Nr.	Kaufpreis €	Wfl. m²	Art	Kaufpreis €/m²	Jahr (Verkauf)
1	54.100,-	28	1	1.932,-	2002
2	70.000,-	38	2	1.842,-	2002
3	58.000,-	27	3	2.148,-	2002
4	71.580,-	30	4	2.386,-	2000
5	107.400,-	60	5	1.790,-	2000
6	122.710,-	76	6	1.615,-	2001
7	51.129,-	48	7	1.065,-	2001

1 = Ganghaus, 1988 saniert bzw. umgebaut
2 = Ganghaus, 1980 -"-
3 = Ganghaus, 1990 -"-
4 = Ganghaus, 1993 -"-
5 = Ganghaus, mittlerer Zustand
6 = Ganghaus, guter Zustand
7 = Ganghaus, mittlerer Zustand

9.4.2 Auswertung der Vergleichspreis

9.4.2.1 Streubreite der Einzelwerte

1.065,- bis 2.386,- €/m²

9.4.2.2 Das arithmetische Mittel errechnet sich dabei zu

$$\bar{x} = \frac{\sum x_i}{n} = \frac{12.778,- €/m^2}{7} = 1.825,- €/m^2$$

9.4.2.3 Ausreißerproblematik

Bei kleineren Stichproben dürfen Extremwerte („Ausreißer") sowohl nach unten als auch nach oben keine Berücksichtigung finden, da diese möglicherweise das Ergebnis einseitig verzerren könnten (bei größeren Stichproben, z.B. 30 Werte, kann in der Regel auf die Erkennung und Aussonderung von „Ausreißern" verzichtet werden, da nach dem Gesetz der Wahrscheinlichkeit die zu hohen und zu niedrigen Werte sich eliminieren).

Alle Kaufpreise, die eine Variationsbreite von ± 33,3 % überschreiten, werden als Extremwerte ausgesondert.

Variationsbreite:

1.217,- €/m² bis 2.433,- €/m².

Es ist festzustellen, daß der Kaufpreis lf.Nr. 7 die Variationsbreite unterschreitet, so daß dieser zu eliminieren ist. Aus den verbleibenden 6 Preisen errechnet sich ein Mittelwert von

$$\bar{x}_2 = 1.952,- €/m^2$$

9.4.2.4 Überprüfung des Genauigkeit des Mittelwertes:

Standardabweichung:

$$s_x = \sqrt{\frac{\sum (x_i - \bar{x})^2}{n - 1}}$$

$$s_x = \pm 275,- €/m^2$$

Mittlerer Fehler des arithmetischen Mittels:

$$s_{\bar{x}} = \frac{s_x}{\sqrt{n}}$$

$$s_{\bar{x}} = \pm 112,- €/m^2$$

Variationskoeffizient:

$$v = \frac{s_x}{\bar{x}} = \frac{\pm\ 275,-\ €/m^2}{1.952,-\ €/m^2} = \pm\ 0,141$$

Der Variationskoeffizient von ± 0,141 sagt aus, daß die Güte der Streuung als „noch ordentlich" zu werten ist, jedoch liegt der Variationskoeffizient schon nahe der Beurteilung „recht bedenklich", wenn man den Hinweisen folgt, die sich aus der Anlage 9 ergeben. Positiv ist auch zu würdigen, daß der Mittlere Fehler des Mittels nur ± 5,7 % des Arithmetischen Mittels beträgt-

9.4.2.5 Korrekturen

Die 6 Kaufpreise beziehen sich auf i.M. rd. 43 m^2 Wfl. große Objekte. Da ich bei dem hier zu bewertenden Objekt von ca. 30 m^2 Wfl. ausgehe, ist ein Zuschlag in Ansatz zu bringen, da markttypisch die Kaufpreise per m^2 Wfl. mit abnehmender Objektgröße ansteigen.

Hilfsweise berechne ich den Abschlag mittels Umrechnungskoeffizienten, die die Abhängigkeit der Kaufpreishöhe von der Wohnungsgröße bei Eigentumswohnungen widerspiegeln.
Dabei beziehe ich mich auf eine Marktanalyse von PETERSEN [39].

Die von PETERSEN aus dem Kieler Immobilienmarkt abgeleitete Regressionsgleichung halte ich tendenziell auch in Lübeck für anwendbar:

$$y = 1{,}7299 \text{ mal } x^{-0,129}$$

y = Umrechnungskoeffizient
x = Wohnfläche (m^2)

Umrechnungskoeffizient bei 30 m^2: 1,1155
Umrechnungskoeffizient bei 43 m^2: 1,0649

Bezogen auf 30 m² Wfl. ergibt sich folgende Korrektur:

$$1.952,- €/m^2 \times \frac{1,1155}{1,0649} = 2.045,- €/m^2$$

Bandbreite des Vergleichswertes unter Berücksichtigung des Mittleren Fehlers des Mittels:

1.933,- €/m² bis 2.157,- €/m²

multipliziert mit 30 m² Wfl.:

58.000,-€ bis 65.000,- €.

Der Vergleichswert wird vom Sachverständigen auch im Hinblick auf individuelle Eigenschaften der Immobilie im unteren Bereich der Bandbreite erwartet und zunächst mit

60.000,- €

angenommen. Im Hinblick auf Investitionsbedarf reduziere ich den Vergleichswert auf

<u>57.000,- €.</u>

10. Ergebnis

Marktangepaßter Sachwert:	54.000,- €
Ertragswert:	50.000,- €
Vergleichswert (direktes Verfahren):	57.000,- €

Die Ergebnisse der drei angewandten Wertermittlungsverfahren stimmen recht gut überein. Der Sachverständige muß hier jedoch darauf hinweisen, daß letztendlich der Verkehrswert des Objektes nur geschätzt werden kann, da die herkömmlichen und normierten Wertermittlungsverfahren mehr oder weniger versagen.

Der Sachverständige *schätzt* bei freier Abwägung aller Vor- und Nachteile und insbesondere auch unter Berücksichtigung der individuellen Lage und der Bebauungsstruktur im Umfeld den Verkehrswert auf

55.000,- €.
(Fünfundfünfzigtausend)

Ich bin davon ausgegangen, daß Altlasten (z.B. Bodenverunreinigungen) nicht vorhanden sind.
Eine Baugrundanalyse wurde nicht vorgenommen oder veranlaßt.
Der Sachverständige geht von normalen Baugrundverhältnissen aus.
Im Baulastenbuch liegen keine Eintragungen vor.
Die Verkehrswertermittlung bezieht sich auf ein grundbuchlich (Abt. II) lastenfreies Objekt, abgesehen von dem zuvor bereits erwähnten Sanierungsvermerk.

Gerichtlich bestellter
Sachverständiger:

....
(Streich)

Anlagen:

Anlage 1	- Seite 22:	Ausschnitt Kreiskarte 1 : 100.000
Anlage 2	- Seite 23:	Stadtplanausschnitt 1 : 10.000
Anlage 3	- Seite 24:	Katasterlageplan 1 : 500
Anlage 4	- Seite 25:	Skizze zum Aufmaß, EG
Anlage 5	- Seite 26:	" ", DG
Anlage 6	- Seite 27:	Bauzeichnung, Schnitt
Anlage 7	- Seite 28:	Baubeschreibung von 1987
Anlage 8	- Seite 29:	Berechnungen
Anlage 9	- Seite 30:	Hinweise zum Variationskoeffizienten
Anlage 10	- Seite 31:	Fundstellenhinweise
Anlage A - H	- Seite 32: - 39:	15 Fotos

Ganghäuser – Anm. 19

In der historischen Lübecker Altstadt stellen Ganghäuser, auch Gangbuden genannt, eine städtebauliche Besonderheit dar, denn diese Gebäude befinden sich hinter den an der Straße gelegenen Vorderhäusern und sind nur durch schmale Durchgänge durch diese Vorderhäuser erreichbar. Die Hofflächen hinter den Vorderhäusern sind in der Regel städtisches Eigentum, während die Durchgangsflächen durch die Vorderhäuser im jeweiligen Eigentum des Vorderhausbesitzers sich befinden. So wie auch auf der Seite 5 im Gutachten Nr. 7 erläutert, handelt es sich hier um Gewohnheitsrechte, die weder im Grundbuch noch im Baulastenbuch vermerkt sind. Die Ganghäuser weisen tlw. nur 20, 25 oder 30 m² Grundstücksgröße auf, so dass sich bei 2 oder 3 Geschossen oft nur 30 oder 35 m² an Wohnfläche realisieren lassen. Das kleinste Ganghaus, das ich im Laufe meines Berufslebens zu begutachten hatte, brachte es nur auf 18 m² Wohnfläche.

„*Die Gänge können seit dem späten 13. Jhdt. nachgewiesen werden. Sie entwickelten sich in den großen Baublöcken zu einer für Lübeck besonders charakteristischen Wohnform.*" [48]

Ich habe mich entschlossen, ein Gutachten über ein Ganghaus in diesem Buch mit darzustellen, um damit auch auf eine örtliche Besonderheit der Hansestadt Lübeck aufmerksam zu machen, auch wenn sicherlich die Mehrzahl der Nutzer dieses Buches kaum mit solchen „Minihäusern" zu tun haben wird. Diese Objekte bilden einen eigenen Teilmarkt und können im Grunde nur von Sachverständigen begutachtet werden, die spezielle Kenntnisse über den Lübecker Immobilienmarkt bzw. Teilmarkt der Ganghäuser besitzen.

Mut zur Schätzung bei atypischen Immobilien – Anm. 20

In der Anmerkung 8 hatte ich mich schon ausführlich mit der Marktanpassung von Sachwerten beschäftigt. Hier soll nur noch der Hinweis erfolgen, dass auch das Ergebnis statistischer Analysen immer nur mit Sachverstand anwendbar ist und bei der Bewertung eines Ganghauses (siehe Anmerkung 19) ist dem Umstand Rechnung zu tragen, dass es sich hier um einen ganz speziellen Teilmarkt handelt, der sich üblicher Berechnungsmethoden mehr oder weniger entzieht. Die Marktanpassungsformeln sind bei diesen Kleinstobjekten praktisch nicht mehr anwendbar. Hier muss dem „Mut zur Schätzung" Rechnung getragen werden. Da bezüglich Ganghäusern keine exakten Erkenntnisse bezüglich der Sachwerte und Kaufpreise vorliegen, kann im Grunde auf die Anwendung des Sachwertverfahrens auch verzichtet werden. In meinem Gutachten wende ich dennoch das Verfahren als weiteres Hilfsmittel an, um das Ergebnis (Verkehrswert) so gut wie möglich abzustützen.

Mietspiegel nicht immer anwendbar – Anm. 21

Auch bei der Ermittlung des Mietwertes von Immobilien kann nicht immer exakt rechnerisch vorgegangen werden. Hier gelten entsprechende Hinweise, wie bei der Anmerkung 20 bezüglich der Marktanpassung: auch der Mietwert von Ganghäusern kann im Grunde nicht mehr rechnerisch abgeleitet werden, da hier – unabhängig von der Wohnungsgröße – gewisse pauschalierte Mindestmieten marktüblich sind. Wenn hier beispielsweise ein Sachverständiger „stur" den Mietspiegel anwenden würde, ergäbe sich bezüglich des Ertragswertes ein Desaster. Zum Sachverstand eines Gutachters gehört eben insbesonders, dass er auch erkennt, wann welche Erfahrungswerte anzuwenden sind und wann eben nicht.

GUTACHTEN

des öffentlich bestellten und vereidigten Sachverständigen

JÜRGEN-WILHELM STREICH

aus Lübeck

. Ausfertigung

VERKEHRSWERTGUTACHTEN

(BODENWERTERMITTLUNG ZUR ERHEBUNG EINES AUSGLEICHSBETRAGES GEM. § 154 BAUGB)

Ausgleichsbeträge, Grundstück im Sanierungsgebiet

Anm. 22, S. 293

HAUPTSTR. 23, 98765 SEESTADT

Gutachten vom 1. Mai 2002
Nr. 3/XXX/02

- Dieses Gutachten umfaßt xx Seiten -

1. Auftrag

Es sind Aussagen zur Erhebung des Ausgleichsbetrages für das Grundstück Hauptstr. 23, 98765 Seestadt zu treffen. Der Anfangs- und Endwert i.S. 154 (2) [1] sind durch ein Sachverständigen-Gutachten zu ermitteln.

2. Gesetzliche Grundlage

Die durch die Sanierung bedingte Erhöhung des Bodenwertes des Grundstücks besteht aus dem Unterschied zwischen dem Bodenwert, der sich für das Grundstück ergeben würde, wenn eine Sanierung weder beabsichtigt noch durchgeführt worden wäre (Anfangswert) und dem Bodenwert, der sich für das Grundstück durch die rechtliche und tatsächliche Neuordnung des förmlich festgelegten Sanierungsgebiets ergibt (Endwert).

Der Begriff „Wert" ist im BauGB als der Wert definiert, der im gewöhnlichen Geschäftsverkehr ohne Berücksichtigung persönlicher oder ungewöhnlicher Umstände beim Verkauf zu erzielen ist.

Die Wertermittlung führe ich in Anlehnung an die Regularien der WertV [2] durch.

3. Auftraggeber

Sanierungsträger der Gemeinde Seestadt
XXXXXXXXXXXXXXXXX
XXXXXXXXXXXX
XXXXXXXXXXXXXXXXXXXXXX
Auftrag vom 8. Januar 2002

4. Bewertungsobjekt

4.1 Katasterbezeichnung (Katasteramt XXXXXXXXX)
Gemeinde Seestadt, Gemarkung Seestadt, Flur 4,
Flurstück 39/23
Größe: 840 m^2

4.2 Grundbuchbezeichnung (Amtsgericht XXXXX)
Grundbuch von Seestadt, Band X, Blatt XXXXX

4.3 Eingetragener Eigentümer
Herr XXXXX XXXXXXXXXX

5. Termine

5.1 Ortsbesichtigung
21. März 2002

5.2 Stichtage

5.2.1 Grundstücksqualität
Anfangswert
22. Okt. 1986 (Datum der Bekanntmachung der vorbereitenden Untersuchungen in dem Sanierungsgebiet)
Endwert
12. Mai 2001
(Abschluß der Sanierung)

5.2.2 Konjunktureller Zeitpunkt (allgemeine Wertverhältnisse)
12. Mai 2001

6. Beschreibung des Bewertungsobjektes

6.1 Lage - regional

Kreis XXXXXX, Gemeinde Seestadt, ca. 4.000 Einwohner, ländlicher Zentralort mit relativ umfangreicher infrastruktureller Versorgung, vorteilhafte Verkehrsanbindung durch die Nähe der BAB A XX und der B XXX, die Entfernung zur Kreisstadt XXX XXX beträgt nur ca. 10 km. Es besteht Linienbusverbindung mit relativ hoher Verkehrsdichte.

6.2 Lage - örtlich

Lage an der Hauptstraße der Gemeinde, die auch nicht unerheblichen Durchgangsverkehr aufweist. Die Straße ist zweispurig ausgebaut, die Bürgersteige sind gepflastert. In dem Bereich der Hauptstraße, wo sich das Bewertungsobjekt befindet, besteht eine gewisse Kernfunktion. Im Umfeld sind auch verschiedene Läden, Praxen, ein Ärztezentrum, verschiedene Verwaltungsstellen und andere infrastrukturelle Versorgungseinrichtungen anzutreffen. Es handelt sich in Bezug auf die Gemeinde um eine relativ gute Geschäftslage, wenn auch die Parkplatzsituation - bei Beginn der Sanierung - nicht zufriedenstellend war.

Die Bebauungen sind in der Regel 1 1/2- z.T. auch 2-1/2-geschossig, einige wenige Gebäude sind auch 3-geschossig errichtet worden. Die Bebauungsstruktur ist als aufgelockert und durchaus nicht unattraktiv zu würdigen. Einige Neubauten haben zu einer Aufwertung des Bereichs - schon vor der Sanierung - geführt.

Auch die Wohnlage ist im Hinblick auf die Zentralität durchaus nicht ungünstig: im Umfeld sind bislang keinerlei Leerstände und auch nur übliche Fluktuationen zu beobachten gewesen.

6.3 Grundstück

Das zu bewertende Grundstück ist voll erschlossen und stößt mit ca. 21 m Frontbreite an die Hauptstraße.

Das Grundstück ist rechtwinkelig geschnitten und weist eine ebene Oberflächengestalt auf.
Das Grundstück ist mit einem einseitig angebauten Wohn- und Geschäftshaus bebaut, wobei die Gebäudebreite bis auf ca. 1,2 m auch der Grundstücksbreite entspricht. Durch ein grundbuchlich gesichertes Wegerecht besteht die Möglichkeit, die rückwärtige Hofraumfläche auch zu befahren. Dort sind auch einige Kraftfahrzeug-Stellplätze eingerichtet worden.
Die ehemalige Vorgartenfläche ist örtlich - wie auch bei den Nachbargrundstücken - nicht erkennbar, da diese Flächen zu begehbaren Flächen umgestaltet wurden und mit der Nutzung der auf öffentlichem Grund sich befindlichen Bürgersteige verbunden worden sind. Bezüglich der Grundstücksgestalt verweise ich auch auf die Anlage 4 zu diesem Gutachten.

6.4 Bauleitplanung

Das Areal liegt im Geltungsbereich des im Rahmen des Sanierungsverfahrens entwickelten rechtskräftigen Bebauungsplanes Nr. 6.
Ausweisungen des B.Plans:
M-Gebiet (Mischgebiet)
Grundflächenzahl = GRZ = 0,4
Geschoßflächenzahl = GFZ = 0,8
max. 3-geschossige Bebaubarkeit.
Der B.Plan weist außerdem öffentliche Kfz-Stellplätze auf dem Grundstück XXXXXXXXXXX zugunsten des Bereichs aus, in dem sich auch das Bewertungsobjekt befindet.

7. Bodenwert (Anfangswert)

Bei einer Besprechung in der Geschäftsstelle des zuständigen Gutachterausschusses (Herr XXXXXXX, 13. April 2002) habe ich festgestellt, daß geeignete Kaufpreise, die unmittelbar zum Preisvergleich herangezogen werden können, in ausreichender Anzahl nicht vorliegen.

Gemäß § 13 (2) der WertV können Bodenwerte auch aus geeigneten Bodenrichtwerten abgeleitet werden.

Für den fraglichen Bereich liegt ein Richtwert vor, der sich auf den 31. Dez. 2000 bezieht.

Der Richtwert beträgt für Geschoßbaugrundstücke (gerundet)

100,- €/m^2

und bezieht sich auf Grundstücke mit einer Geschoßflächenzahl (GFZ) von 0,7.

Die auf dem Grundstück vorhandene 2-geschossige Bebauung führt zu einer GFZ von 0,5. Diese GFZ liegt noch unter der umgebungsüblichen GFZ von 0,6, die ich durch örtliche Recherchen festgestellt habe. Die GFZ 0,6 errechnet sich als Durchschnitt aus der Intensität der Bebauungen in der Nachbarschaft. Der Sachverständige geht deshalb davon aus, daß bei dem zu bewertenden Objekt - auch ohne Bebauungsplan - eine bauliche Intensivierung möglich gewesen wäre, allerdings eben nur bis zu einer GFZ 0,6.

Durch den B.Plan ergibt sich eine weitere Intensivierungsmöglichkeit, denn dort ist eine GFZ von 0,8 ausgewiesen worden. Wesentlich ist dabei auch dem Umstand Rechnung zu tragen, daß der B.Plan eine Aufstockung bis zu 3 Etagen zuließe.

Bei der Bodenwertermittlung bezüglich des Anfangswertes gehe ich deshalb von einer GFZ 0,6 aus, wobei in Bezug auf den Bodenrichtwert eine kleine Dämpfung vorzunehmen ist, da sich der Richtwert auf Geschoßbaugrundstücke mit einer GFZ 0,7 bezieht.

Bei dem Endwert ist dann im nächsten Abschnitt ein Zuschlag in Ansatz zu bringen, da, wie bereits erwähnt, dann eine GFZ von 0,8 zu berücksichtigen ist.

Bei der Umrechnung des Bodenwertes in Bezug auf differenzierte Geschoßflächenzahlen lege ich die Umrechnungskoeffizienten zugrunde, die sich aus der Anlage 23 der WertR [6] ergeben.

Die dort ermittelten GFZ-Umrechnungskoeffizienten können wie folgt berechnet werden:

$$UK = 0{,}6 \sqrt{GFZ} + 0{,}2\ GFZ + 0{,}2$$

Es ergeben sich folgende Korrekturfaktoren:

bei GFZ 0,6 ein Umrechnungskoeffizient von 0,78
bei GFZ 0,7 ein Umrechnungskoeffizient von 0,84
bei GFZ 0,8 ein Umrechnungskoeffizient von 0,90

Bodenwert bezüglich einer GFZ 0,6:

$$100{,}- \text{€}/m^2 \times \frac{0{,}78}{0{,}84} = 93{,}- \text{€}/m^2$$

Bodenwert bezüglich einer GFZ 0,8:

$$100{,}- \text{€}/m^2 \times \frac{0{,}90}{0{,}84} = 107{,}- \text{€}/m^2$$

Bezüglich des Ausgangswertes von 93,- €/m² ist noch ein Zuschlag in Ansatz zu bringen, da es sich, wie bereits erwähnt, um eine relativ gute Geschäftslage innerhalb der Gemeinde handelt. Der Bodenrichtwert ist nicht näher differenziert, es handelt sich dort um einen allgemeinen Richtwert für Geschoßbaugrundstücke, wobei es sich dabei überwiegend um Wohnbaugrundstücke handelt. Da die Erdgeschoßflächen bei dem Bewertungsobjekt und auch im Umfeld überwiegend gewerblich genutzt werden (überwiegend Läden), ist hier ein Zuschlag in Ansatz zu bringen, da die Mietertragsmöglichkeiten durch die Ladennutzungen und tlw. auch gewerblichen Nutzungen in den Obergeschossen verbessert werden.

Bei Ansatz eines Zuschlages von z.B. 10 % ergäbe sich dann ein Bodenwert von 102,- €/m², bei einem Zuschlag von 20 % würde sich 112,- €/m² errechnen. Der Sachverständige *schätzt* den Zuschlag zunächst auf 15 %, so daß folgende Rechnung durchzuführen:

$$93,- \text{ €/m}^2 \times 1,15 = 107,- \text{ €/m}^2$$

Der Sachverständige nimmt hilfsweise noch eine Kontrollrechnung vor, um die Plausibilität des zuvor ermittelten Bodenwertes (Anfangswert) zu überprüfen.

Im Bereich der Landeshauptstadt Kiel ist aus Kaufpreisen mittels einer Regressionsanalyse folgende Gleichung entwickelt worden [49]:

$$BW = 14,3\ RO^{0,64}$$

BW = Bodenwert (DM)

RO = Jahresrohertrag (DM) pro m² Baugrund

Die zuvor dargestellte Formel bezieht sich auf Wohnlagen (Geschoßbebauung) und Geschäftslagen (Nebenzentren) der Landeshauptstadt Kiel. Insoweit ist die Analyse hier eigentlich nicht anwendbar, da es sich bei dem Bewertungsobjekt um ein Mischgebietsgrundstück in einem kleineren Ort handelt. Die „Kieler Formel" kann hier demzufolge, wie schon erwähnt, nur als eine Hilfs- und Kontrollrechnung verstanden werden.

Ertrag (nachhaltige Netto-Kalt-Miete gemäß Anlage 5 dieses Gutachtens) pro m² Baugrund:

$$72.000,- \text{ DM} : 840 \text{ m}^2 = 86,- \text{ DM/m}^2$$

Bodenwertableitung:

$$BW = 14,3 \text{ mal } 86^{0,64}$$

$$BW = \text{rd. } 247,- \text{ DM/m}^2$$

$$\underline{BW = \text{rd. } 126,- \text{ €/m}^2}$$

Wie zuvor bereits ausgeführt, bezieht sich die hier angewandte Marktanalyse auf Wohn- und Geschäftsgrundstücke in Nebenkernen einer Großstadt. Diese Kontrollrechnung ist hier demzufolge nur bedingt hilfreich, sie zeigt nur die oberste Grenze auf, die als Bodenwert theoretisch denkbar wäre. Da die Bodenwerte in kleineren Orten regelmäßig deutlich niedriger liegen als die Bodenwerte von Mischgebietgrundstücken im Bereich der Landeshauptstadt Kiel, ist ein Abschlag in Ansatz zu bringen, dessen Höhe nur geschätzt werden kann, da gesicherte Erkenntnisse bezüglich dieser Fragen nicht vorliegen.

Bei Abschlägen von 10 % oder 20 % ergeben sich folgende Orientierungswerte:

$$126,- \text{ €/m}^2 \times 0{,}9 = 113,- \text{ €/m}^2$$

oder

$$126,- \text{ €/m}^2 \times 0{,}8 = 101,- \text{ €/m}^2$$

Der Sachverständige *schätzt* bei freier Abwägung aller Vor- und Nachteile sowohl unter Berücksichtigung des Bodenrichtwertes als auch unter Berücksichtigung des Ergebnisses einer Kontrollrechnung, aber auch aufgrund empirischer Erfahrungswerte, den Anfangswert auf

<u>110,- €/m²</u>.

Auf den Ansatz einer konjunkturellen Korrektur (Zeitdifferenz zwischen Richtwert- und Bewertungsstichtag) kann verzichtet werden, da der Immobilienmarkt im fraglichen Bereich derzeitig vorherrschend durch Stagnation geprägt wird.

8. Bodenwert (Endwert)

8.1 Rechenmodell (Ertragsdifferentialverfahren)

Ertragsdifferenzialverfahren

Anm. 23, S. 295

Bei der Ermittlung des Endwertes sind die sanierungsbedingten Bodenwertsteigerungen zu berücksichtigen. Durch die durchgeführten Sanierungsmaßnahmen ergibt sich durchaus eine gewisse Verbesserung der Lagequalität, da die Parkplatzsit-

uation erheblich verbessert worden ist.
Von dem neu angelegten Parkplatz XXXX profitiert auch das hier zu bewertende Grundstück, da die Entfernung nur ca. 80 m beträgt. Da die Stellplätze dort zwar zeitlimitiert (Parkscheibe) aber kostenfrei angeboten werden, führt die erheblich verbesserte Parkplatzsituation dazu, daß mehr Kunden in das Zentrum des Ortes „gelockt" werden. Die beiden peripher gelegenen kleineren Einkaufszentren in der Stadt werden durch diese Situation mit Sicherheit einige Kundschaft verlieren, da die Zentrumsfunktion nicht unerheblich verbessert wurde. In diesem Zusammenhang ist auch darauf hinzuweisen, daß durch Städtebauförderungsmittel gefördert das sehr unansehnliche ehemalige Industriegrundstück XXXX abgerissen und einer attraktiven Neubebauung - ebenfalls mit Geschäften und gewerblichen Nutzungen - zugeführt wurde. Durch diese Baulückenschließung ergibt sich jetzt ein einheitlicheres Erscheinungsbild, so daß der Standort durchaus an Qualität gewonnen hat. Andere Sanierungsmaßnahmen, wie beispielsweise die Einrichtung eines Spielplatzes im Bereich XXXX oder Umgestaltung des XXXXweges, haben dagegen keine nennenswerte Auswirkung auf die Lage- und damit Bodenqualität des hier zu bewertenden Grundstücks.
Die sanierungsbedingte Bodenwertsteigerung bei der hier zu bewertenden Immobilie ist deshalb primär darin zu erkennen, daß gewisse Mißstände beseitigt worden sind (Grundstück XXXXX) und daß die mögliche Bebauungsintensität des zu bewertenden Grundstücks erhöht wurde (auf GFZ 0,8 und 3-geschossig bebaubar) sowie daß die Lagequalität durch die bessere Erschließung (Parkplatzsituation) gesteigert wurde.

Die Bodenwertsteigerung, die sich aus einer erhöhten Bebaubarkeit ergibt, ist nachvollziehbar berechenbar (Seite 7 dieses Gutachtens). Dagegen sind die beiden übrigen bodenwertsteigernden Umstände schwieriger berechenbar, da hier keine statistisch gesicherten Rechenoperationen vorgenommen werden können.

Da der Bodenwert einer Immobilie letztendlich als eine Funktion der Ertragsmöglichkeit verstanden werden kann, halte ich es für angezeigt, die Bodenwertsteigerung bezüglich der Lagequalitätsverbesserung durch eine aus einer möglichen Mietwertdifferenz abzuleiten.
Die Verbesserung des Stellplatzangebotes dürfte nachhaltig zu einer gewissen Erhöhung der Kundenzahlen und Passantenfrequenzen führen. Aus diesem Umstand sind Umsatz und damit Gewinnsteigerungen zu erwarten, so daß gewisse Mietwerterhöhungen nachhaltig nicht ausgeschlossen werden können. Da es sich auch schon vor Beginn der Sanierungsmaßnahme um eine relativ gute Geschäftslage für einen ländlichen Zentralort handelte, ist der entsprechende Zuschlag relativ maßvoll zu dimensionieren. Wenn man den Zuschlag vorsichtig mit 2,5 % dimensioniert, ergäbe dieses unter Bezugnahme auf Anlage 5 folgenden Zuschlag:

Läden:	2.142,- €
	zzgl. 2,5 % Mietwertsteigerung (54,- €)
	= 2.196,- €

Mietpreise von Wohnraum reagieren relativ unsensibel auf die Lagequalität. Hier ist eine Mietwertsteigerung - wenn überhaupt - nur im marginalen Bereich zu erwarten. Die Vermietbarkeit der Wohnungen partizipiert kaum von dem neuen Parkplatz, da schon ausreichend Stellplätze auf dem zu bewertenden Grundstück vorhanden sind bzw. auch vor Sanierung vorhanden waren. Die höhere Belebung (mehr Passanten) führt dann insoweit sogar eher zu einer Abwertung. Diese Positionen sind letztendlich nicht berechenbar und liegen, wie bereits erwähnt, in so geringen Dimensionen, daß hier auf Mietwertkorrekturen zu verzichten ist.

Die Mietwertdifferenz von mtl. 54,- € führt zu folgendem Mehrertrag:

54,- € × 12 = 648,- €

Wenn man die Mietwertsteigerung nicht mit 2,5 %, sondern z.B. mit 5 % annehmen würde, ergäbe sich hier eine Verdoppelung des Betrages auf jährlich

1.296,- €.

Die Mehrmiete ist nun zu kapitalisieren, wobei sich die Frage stellt, ob die Kapitalisierung auf ewig vorzunehmen ist oder in Bezug auf die vorhandene Bebauung (Restnutzungsdauer). Die Frage spielt hier allerdings keine sehr entscheidende Rolle, da der Sachverständige die Restnutzungsdauer des vorhandenen Gebäudes aufgrund des recht guten baulichen Zustandes noch mit mindestens 50 Jahren annimmt. Auch ist die wirtschaftliche Verwertbarkeit durchaus für diesen Zeitraum erkennbar, da 2 Läden mit nachgefragter Größe und Zuschnitt und 3 Wohnungen à 52 m^2 Größe auch nachhaltig sicher vermietbar sein dürften.
Entscheidender ist die Frage, mit welchem Liegenschaftszinssatz man die erforderliche Kapitalisierung vornimmt. Wenn man den WertR folgt, wäre von einem Liegenschaftszinssatz von 6 % auszugehen, da es sich um ein gemischt genutztes Objekt handelt, bei dem die gewerblichen Ertragsanteile überwiegen. Aus dem Marktbericht des zuständigen Gutachterausschusses ergeben sich gewisse Hinweise, wobei es sich dort auch nur um Tendenzwerte handeln kann, da nicht genug Vergleichsmaterial zur Verfügung stand. Aus den dortigen Tabellen kann für entsprechende Objekte ein Liegenschaftszinssatz von 6,2 % entnommen werden, so daß zumindest kein signifikanter Widerspruch zu den 6 % erkennbar wird, die in den WertR tabelliert sind. Der Sachverständige rechnet deshalb mit einem Liegenschaftszinssatz von

6 %.

Vervielfältiger bei 6 % und 50 Jahre Restnutzungsdauer:

15,76

Vervielfältiger bei 6 % und 100 Jahre Restnutzungsdauer (ewig):

16,62

Bodenwertsteigerung bei einer mit 2,5 % angenommenen Steigerung der nachhaltig erzielbaren Ladenmieten (RDN = 50 Jahre):

648,- € × 15,76 = 10.212,- €

Bodenwertsteigerung bei einer mit 2,5 % angenommenen Steigerung der nachhaltig erzielbaren Ladenmieten (auf ewig):

648,- € × 16,62 = 10.770,- €

Bodenwertsteigerung bei einer mit 5 % angenommenen Steigerung der nachhaltig erzielbaren Ladenmieten (RDN = 50 Jahre):

1.296,- € × 15,76 = 20.425,- €

Bodenwertsteigerung bei einer mit 5 % angenommenen Steigerung der nachhaltig erzielbaren Ladenmieten (auf ewig):

1.296,- € × 16,62 = 21.540,- €

Das zuvor angewandte Rechenmodell führt zu möglichen Bodenwertsteigerungen zwischen

10.212, und 21.540,- €.

Da die Ansätze nicht gesichert sind, hält es der Sachverständige durchaus für vertretbar, hier tendenziell zunächst von einem Mittelwert auszugehen und setzt zunächst die mögliche Bodenwertsteigerung mit gerundet

15.000,- €

an.

8.2 Rechenmodell (Niedersachsen - Modell)

Die Kataster- und Vermessungsverwaltung Niedersachsen hat aufgrund empirischer Auswertungen ein Rechenmodell entwickelt (Niedersachsen-Modell), mit dem die möglichen sanierungsbedingten Bodenwertsteigerungen durch Klassifikationsrahmen für städtebauliche Mißstände und Maßnahmen quantifiziert werden. In jeweils 4 Komplexen sind Punktzahlen zu suchen und auszumitteln. Der Klassifikationsrahmen [50] ergibt sich aus der Anlage 6 zu diesem Gutachten. Die prozentualen Bodenwertsteigerungen werden schließlich in ein Koordinatensystem übernommen, das ich als Anlage 7 diesem Gutachten beigefügt habe. Der sich ergebende Prozentsatz ist durch Umrechnungskoeffizienten zu korrigieren, um dem Umstand Rechnung tragen, daß bei niedrigerem Bodenpreisniveau sich größere prozentuale Erhöhungen ergeben als bei Objekten mit einem höheren Ausgangswert/Preisniveau.

Folgende Punktzahlen hält der Sachverständige bei dem Bewertungsobjekt für angezeigt:

<u>Städtebauliche Mißstände</u>

- Komplex Bebauung „überwiegend intakt"	1 Punkt
- Komplex Struktur „vorhandene Erschließung in Teilen ergänzungsbedürftig"	2 Punkte
- Komplex Nutzung „störende Gemengelage" im Hinblick auf das ehemalige Industriegrundstück XXXXX	7 Punkte
- Komplex Umfeld „einige Infrastruktureinrichtungen fehlen", z.B. Stellplätze	3 Punkte

$$\frac{1 + 2 + 7 + 3}{4} = 3{,}25 \text{ Punkte}$$

$$= \text{rd. } 3 \text{ Punkte}$$

Städtebauliche Maßnahmen

- Komplex Bebauung
  „einzelne Maßnahmen" 1 Punkt
- Komplex Struktur
  „Ergänzung der Erschließungsanlagen",
  Parkplatz 6 Punkte
- Komplex Nutzung
  „Maßnahmen zur Beseitigung oder
  Verringerung von Emissionen" 7 Punkte
- Komplex Umfeld
  „gezielte Ergänzung der Infrastruktur" 3 Punkte

$$\frac{1 + 6 + 7 + 3}{4} = 4{,}25 \text{ Punkte}$$

$$= \text{rd. } 4 \text{ Punkte}$$

Aus dem Koordinatensystem (Anlage 7) ergibt sich eine prozentuale Bodenwertsteigerung von 10 %, wenn man von Mißständen (3 Punkte) in Maßnahmen (4 Punkte) ausgeht.
Der Prozentsatz ist noch durch Umrechnungskoeffizienten zu verbessern, da die angewandte Tabelle sich auf Anfangswerte in einer Höhe von 300,- DM/m² (ca. 150,- €/m²) bezieht. Bei dem Bewertungsobjekt ist von ca. 200,- DM/m² (ca. 100,- €/m²) auszugehen, so daß bei einem Anfangswert von 200,- DM/m² sich bei Mißständen und Maßnahmen in der Größenordnung von 3 bis 4 Punkten ein Umrechnungskoeffizient von 1,1 entnehmen läßt. Es ist deshalb wie folgt zu rechnen:

$$10 \text{ \% Zuschlag} \times 1{,}1 = 11 \text{ \% Zuschlag}$$

Bezogen auf den Anfangswert von 110,- €/m² (Seite 9 dieses Gutachtens) errechnet sich dann folgender Zuschlag:

Anfangswert:	110,-- €/m²
11 % Zuschlag:	12,10 €/m²

$840\ m^2 \times 12{,}10\ €/m^2 =$ 10.164,- €

= ca. 10.000,- €

8.3 Rechenmodell (Marktwertverfahren)

Da die sanierungsbedingten Bodenwertsteigerungen sich nur schwer quantifizieren lassen, wird zur Abstützung noch ein 3. Rechenmodell herangezogen.

Eine Verbesserung der Lagequalität müßte zur Folge haben, daß die möglichen Umsätze in den Läden sich erhöhen.

Höhere Umsätze hätten zur Folge, daßauch der Mietwert und damit auch der Immobilienwert und der anteilige Bodenwert ansteigen.

Hilfsweise ziehe ich das von PETERSEN [26] entwickelte MARKTWERTVERFAHREN zur Quantifizierung der Verbesserungen heran.

Der Mietwert wird hier als primäre Abhängigkeit von der Lage, Ausstattung und Optik verstanden. Es werden schulmäßige Zensuren verteilt, die sich mit unterschiedlichen Gewichten auswirken. Die Zensur 1 (sehr gut) wird mit 9 Punkten bewertet, die Zensur 2 (gut) mit 7 Punkten usw.

Die Lage ist bei dem Bewertungsobjekt besonders hoch zu gewichten, da es sich um ein Renditeobjekt handelt.

Beurteilung vor Sanierung

Bei dem hier angewandten Rechenmodell wird zunächst unterstellt, daß die Lage des Objektes, aber auch die Ausstattung und Optik (optische Präsentation) jeweils als „normal" bzw. „durchschnittlich" zu bewerten sind.

Kriterium	Zensur	Punkte	Gewicht	gewichtete Punkte
Lage	3,0	5	6	30
Ausstattung	3,0	5	2	10
Optik	3,0	5	2	10
			10	50

Beurteilung nach Sanierung

Die Beurteilung (Zensuren) der Ausstattung sowie der Raumaufteilung und Optik des Hauses sind nicht zu verändern, da diese durch die Sanierung ursächlich nicht betroffen werden.
Die Lagequalität dagegen verbessert sich, da das zu bewertende Grundstück von der verbesserten Parkplatzsituation profitiert. Auch ergibt sich ein Lagevorteil durch die Beseitigung eines störenden Industriebetriebs im Umfeld und der daraus resultierenden Baulückenschließung.
Der Sachverständige hält es für vertretbar nach Sanierung nicht nur von einer mittleren, sondern von einer guten bis mittleren Lagequalität auszugehen, so daß die Zensur bezüglich der Lage sich von 3,0 auf 2,5 verbessert. Wären die Kfz-Stellplätze direkt hinter oder neben dem Grundstück angelegt worden, wäre eine Verbesserung der Benotung auf z.B. 2,25 oder 2,0 angezeigt gewesen.

Lage	2,5	6	6	36
Ausstattung	3,0	5	2	10
Optik	3,0	5	2	10
			10	56

Differenzpunkte in Prozenten:

$$\frac{56 - 50}{50} \times 100 = + 12 \%$$

Bezugnehmend auf den Anfangswert von 110,- €/m² ergibt sich dann eine Bodenwertsteigerung wie folgt:

$$110,- \text{ €/m}^2 \times 0,12 = 13,20 \text{ €/m}^2$$

Mithin

$$840 \text{ m}^2 \times 13,20 \text{ €/m}^2 = 11.088,- \text{ €}$$

rd. 11.000,- €

8.4 Zusammenfassung der Rechenmodelle

Im Abschnitt 8.1 habe ich den möglichen Bodenwertanstieg mit

15.000,- €

ermittelt (Ertragsdifferentialverfahren).
Dabei bin ich von möglichen Ertragssteigerungen aufgrund verbesserter Lagesituation ausgegangen.
Wenn man das „Niedersachsen-Modell" anwendet, kann man eine Bodenwertsteigerung von

10.000,- €

rechnerisch darstellen.
Mittels des Marktwertverfahrens läßt sich eine Bodenwertsteigerung von

11.000,- €

plausibel ableiten.
Es darf hier nicht unerwähnt bleiben, daß alle Rechenmodelle erhebliche Schwachstellen aufweisen, da punktgenaue Einordnungen nicht möglich sind. Auch ist zu berücksichtigen, daß das „Niedersachsen-Modell" letztendlich nur empirische Erkenntnisse nachvollziehbar darstellt. Es verbleiben jedoch bei allen Rechenmodellen nicht unerhebliche Einordnungsspielräume. Der Sachverständige hält es deshalb für angezeigt, hier mit gemittelten und gerundeten Zahlen zu operieren. Der mögliche sanierungsbedingte Bodenwertanstieg wird deshalb - ohne Berücksichtigung der Möglichkeit einer weiteren Intensivierung der Bebauung - mit

12.500,- €

angenommen.

Umgerechnet auf die Grundstücksgröße von 840 m^2 ergibt sich insoweit ein Zuschlag von

$$12.500,- € : 840\ m^2 = 14,88\ €/m^2.$$

8.5 Bodenwertsteigerung

Anfangswert (auf GFZ 0,6 bezogen):

110,- €/m^2 (Seite 9)

Umrechnung auf mögliche GFZ 0,8 (Umrechnungskoeffizient siehe Seite 7):

$$110,-\ €/m^2 \times \frac{0,90}{0,78} = 126,92\ €/m^2$$

	126,92 €/m^2
zzgl. sonstige sanierungsbedingte Bodenwertsteigerungen	14,88 €/m^2
	141,80 €/m^2

9 Ergebnis

Der Sachverständige *schätzt* den Endwert zwecks Vermeidung der Vortäuschung nicht vorhandener Genauigkeiten gerundet (abgerundet) auf

140,- €/m^2.

Der Ausgleichsbetrag gemäß § 154 (2) BauGB [1] ergibt sich demzufolge mit

$$140,-\ €/m^2 - 110,-\ €/m^2 = 30,-\ €/m^2$$

Der Ausgleichsbetrag errechnet sich bei 840 m² Grundstücksgröße wie folgt:

840 m² × 30,- €/m² = 25.200,- €

Anfangswert:	110,-- €/m²
Endwert:	140,-- €/m²
Ausgleichsbetrag:	25.200,- €

Der Sachverständige:

....

(Streich)

Anlagen:
Anlage 1 - Seite 19: Ausschnitt Kreiskarte
Anlage 2 - Seite 20: Stadtplanausschnitt
Anlage 3 - Seite 21: Katasterlageplan
Anlage 4 - Seite 22: Grundstücksskizze
Anlage 5 - Seite 23: Berechnungen
Anlage 6 - Seite 24: Klassifikationsrahmen
Anlage 7 - Seite 25: Tabelle mit Bodenwertsteigerungen in %
Anlage 8 - Seite 26: Fundstellenhinweise
Anlage 9 - Fotos

JÜRGEN-WILHELM STREICH
Regierungsvermessungsamtmann a.D.
Von der Industrie- und Handelskammer zu Lübeck öffentlich bestellter und vereidigter Sachverständiger
für die Bewertung von bebauten und unbebauten Grundstücken, für Mieten und Pachten
sowie für Erbbaurechte

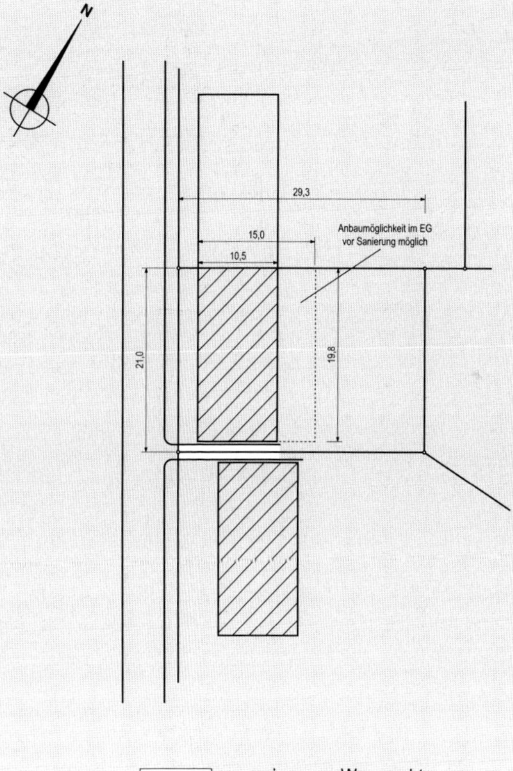

= gemeinsames Wegerecht

Hauptstr. 23, 98765 Seestadt

Maßstab ca. 1: 500

Anlage 4

JÜRGEN-WILHELM STREICH
Regierungsvermessungsamtmann a.D.
Von der Industrie- und Handelskammer zu Lübeck öffentlich bestellter und vereidigter Sachverständiger
für die Bewertung von bebauten und unbebauten Grundstücken, für Mieten und Pachten
sowie für Erbbaurechte

Hauptstr. 23, 98765 Seestadt

Nutzflächenzusammenstellung:

Mögliche Geschoßfläche im EG		
	19,8 × 15,0	= 297 m²
Mögliche Nutzfläche im EG		
	297 m² × 0,8	= 238 m²
Mögliche Geschoßfläche im I. OG		
	19,8 × 10,5	= 208 m²
Mögliche Wohnfläche im I. OG		
	208 m² × 0,75	= 156 m²

Möglicher Ertrag
Ladenmieten im EG, örtlich recherchierte Vergleichsmieten und Erfahrungswerte:
9,- €/m² Nfl.

Wohnungsmieten im I. OG aufgrund Mietspiegel der Stadt XXXXX und örtlicher Vergleichsmieten:
6,- €/m² Wfl.

Möglicher Mietertrag (bei Ausnutzung einer GFZ von 0,6):

238 m² × 9,- €/m²	= 2.142,- €
156 m² × 6,- €/m²	= 936,- €
	3.078,- €

Möglicher Jahresrohertrag:

3.078,- € × 12	= 36.936,- €
	ca. = 72.000,- DM

Anlage 5

Anlage 6

Klassifikationsrahmen für städtebauliche Mißstände

Komplex	Klasse 1	2	3	4	5	6	7	8	9	10
1) Bebauung	überwiegend intakt	geringe Mängel	einzelne Mängel (z.B. Heizung, Fenster)	gering instandsetzungs- und modernisierungsbedürftig (z.B. äußere Beschaffenheit)	instandsetzungs- und modernisierungsbedürftig (z.B. innere Beschaffenheit)	im wesentlichen instandsetzungs- und modernisierungsbedürftig	grundlegend instandsetzungs- und modernisierungsbedürftig	zeitgemäße Wohn- und Arbeitsverhältnisse nicht gewährleistet	gesunde Wohn- und Arbeitsverhältnisse nicht gewährleistet	verfallen
2) Struktur Eigentumsverhältnisse, Erschließung	überwiegend günstig	vorhandene Erschließung in Teilen ergänzungsbedürftig	Zugänglichkeit der Grundstücke ungünstig	unzweckmäßig	Grundstückszuschnitt ungünstig	Erschließungssituation unzureichend	stark zersplitterte Grundstücksstruktur	Erschließungs- wie Ver- und Entsorgungseinrichtungen unzureichend	mangelhafte Gesamtsituation	unzumutbare Gesamtsituation
3) Nutzung Verdichtung, Gemengelage	überwiegend funktionsgerecht	geringe Beeinträchtigungen im Wohnbereich	geringe Beeinträchtigungen im Gewerbebereich: störende bauliche Nebenanlagen	Gemengelage mit geringen Beeinträchtigungen	hohe Verdichtung	übermäßige Verdichtung	störende Gemengelage	hohe Verdichtung und störende Gemengelage, Beeinträchtigung durch Altbausubstanz	übermäßige Verdichtung und störende Gemengelage	unzumutbare Verhältnisse
4) Umfeld Verkehr, Infrastruktur	überwiegend gut	in Teilen ergänzungsbedürftig	einige Infrastruktureinrichtungen fehlen	Verkehrssituation verbesserungsbedürftig	Infrastruktur insgesamt ergänzungsbedürftig	Verkehrsanbindungen mangelhaft, Parkmöglichkeiten nicht in ausreichendem Umfang	Behinderungen durch den Verkehr, Infrastruktur unzureichend	keine Parkmöglichkeiten, fließender Verkehr überlastet, Infrastruktur im Prinzip nicht vorhanden	ungenügende Gesamtsituation	keine funktionsgerechte Ausstattung

Klassifikationsrahmen für städtebauliche Maßnahmen

Komplex	Klasse 1	2	3	4	5	6	7	8	9	10
1) Bebauung	einzelne Maßnahmen	gezielte Behebung der Mängel	einzelne Modernisierungs- und Instandsetzungsmaßnahmen	einfache Modernisierung und Instandsetzung	mittlere Modernisierung und Instandsetzung	umfassende Modernisierung und Instandsetzung	durchgreifende Modernisierung und Instandsetzung	wie Klasse 7 und Neubebauung einzelner Grundstücke	überwiegend Neubebauung oder aufwendige Modernisierung	Neubebauung
2) Struktur Eigentumsverhältnisse, Erschließung	einzelne Maßnahmen	gezielte Ergänzung vorhandener Erschließungsanlagen	Verbesserung der Zugänglichkeit von Grundstücken	Verbesserung der Erschließungssituation	Grenzausgleich (Grenzregelung, Umlegung)	Ergänzung der Erschließungsanlagen	Neuaufteilung (Umlegung)	durchgreifende Maßnahmen	grundlegende Umstrukturierung (Umlegung)	umfassende Neuordnung und Erschließung (Umlegung)
3) Nutzung Verdichtung, Gemengelage	einzelne Maßnahmen	gemeinsame Hofgestaltung mehrerer Grundstücke u.a.	Verbesserung der Nutzung, Beseitigung baulicher Nebenanlagen	Maßnahmen mit einem geringen Aufwand	Reduzierung des Maßes der baulichen Nutzung	Entkernung	Maßnahmen zur Beseitigung oder Verringerung von Emissionen	Anpassung hinsichtlich Art und Maß der baulichen Nutzung und Maßnahmen zur Beseitigung oder Verringerung von Emissionen, Freilegung von Grundstücken	Anpassung hinsichtlich Art und Maß der baulichen Nutzung und Umsetzung von Betrieben	Auflockerung und Umnutzung
4) Umfeld Verkehr, Infrastruktur	einzelne Maßnahmen	geringfügige Ergänzung der Infrastruktur, geringfügige Verbesserungen für den ruhenden Verkehr	gezielte Ergänzung der Infrastruktur	Ausbau von Rad- und Fußwegen, Verbesserungen für den ruhenden Verkehr	Ergänzung und Verbesserung der Infrastruktur	Erweiterung des öffentlichen Verkehrsnetzes und Verbesserung der Anschlußmöglichkeiten für den Individualverkehr, Schaffung von weiteren Parkmöglichkeiten	Umlenkung des fließenden Verkehrs, Ausstattung mit Infrastruktureinrichtungen	Schaffung von Parkplätzen, Parkhäusern, Verkehrsumleitungen, Ausstattung mit Infrastruktureinrichtungen	Anlage verkehrsberuhigter Zonen, auch Fußgängerzonen, und Ergänzung der Infrastruktur	umfassende Verbesserung der Verkehrssituation und Neuausstattung mit Infrastruktureinrichtungen

Maßnahmen									
8						34	40		
7					25	29	35		
6				17	21	25			
5			12	15	18	21			
4		8	10	12	15				
3		6	8	10					
2	4	5	6						
1	3	4							
Mißstände	1	2	3	4	5	6	7	8	9

Umrechnungskoeffizienten

Anfangswert [DM/m2]	Koeffizienten für Mi, Ma 2,2	3,3	4,4	5,5	6,6	7,7
50	1,65	1,75	1,8	1,85	1,9	2,0
100	1,35	1,35	1,4	1,4	1,45	1,45
200	1,1	1,1	1,1	1,15	1,15	1,15
300	1,0	1,0	1,0	1,0	1,0	1,0
400	0,95	0,95	0,95	0,9	0,9	0,9
500	0,9	0,9	0,85	0,85	0,85	0,85

Abb. 5: Sanierungsbedingte Bodenwerterhöhung – Schätzwerte in % des Anfangswertes
A = 300 DM/m²

Anlage 7

Der Gedanke, dass durch die Beseitigung städtebaulicher Mißstände und Neuordnung von Quartieren sich Immobilien- und damit auch Bodenwertsteigerungen ergeben, ist durchaus nachvollziehbar. Der Gesetzgeber ist bei der Einführung des Städtebauförderungsgesetzes davon ausgegangen, dass die Nachfrage nach Grundstücken in Sanierungsgebieten sprunghaft ansteigt und damit auch die Bodenpreise in diesen Gebieten überdurchschnittlich anziehen. Der sanierungsbedingte Bodenwertanstieg sollte jedoch – zumindest tlw. – abgeschöpft werden.

In dem Gutachten Nr. 8 bezüglich des Grundstücks in der Hauptstr. 23 in 98765 Seestadt habe ich ein entsprechendes Gutachten niedergelegt, das sich mit solchen sanierungsbedingten Bodenwertsteigerungen auseinandersetzt. Aus der Differenz des Anfangs- und Endwertes ergibt sich der Ausgleichsbetrag, der abschöpfungsfähig ist.

Allerdings muss hier kritisch darauf hingewiesen werden, dass solche Bodenwertanstiege sich mehr oder weniger nur durch Rechenmodelle „nachweisen" bzw. im Schätzwege ableiten lassen. Der Immobilienmarkt gibt in der Regel nicht genug Vergleichsdaten her, um die Bodenwertsteigerungen mathematisch-statistisch gesichert errechenbar zu machen. Vielerorts ergibt sich sogar das Kuriosum, dass die Bodenwertsteigerungen mehr oder weniger fiktiv sind, denn in zahlreichen Städten – so auch in der Altstadt der Hansestadt Lübeck – ergibt sich aus der Lage in einem förmlich festgelegten Sanierungsgebiet eher ein Nachteil als ein Vorteil. Kaufverträge in Sanierungsgebieten bedürfen einer besonderen Genehmigung, die versagt werden kann, wenn z.B. „überhöhte" Kaufpreise vereinbart werden, da in überhöhten Kaufpreisen ein sanierungserschwerender Tatbestand gesehen werden kann. Aber auch die Genehmigungspflicht bezüglich der Eintragung von Hypotheken und Grundschulden oder langfristiger Mietverträge verhindern, dass Immobilien in Sanierungsgebieten besonders gefragt sind. Wenn Städtebauförderungsmittel in Anspruch genommen werden, ist dieses meist mit sehr umfangreichen vertraglichen Regelungen verbunden, die den Handlungsspielraum des Eigentümers weiter einschränken. Oft erschweren ins Detail gehende Planungs- und Sanierungsauflagen die Durchführung. Auch tragen Mietpreisbegrenzungen, Nutzungsbeschränkungen und vertraglich vereinbarte zeitlimitierte Wertabschöpfungsmöglichkeiten bei Weiterverkauf nicht gerade dazu bei, dass die Objekte in förmlich festgelegten Sanierungsgebieten besonders gefragt sind.

Im Bereich der Hansestadt Lübeck kann beobachtet werden, dass zahlreiche Altstadtsanierer, insbesondere professionell agierende Sanierer, Häuser außerhalb von förmlich festgelegten Sanierungsgebieten bevorzugen, um sich nicht weiteren bürokratischen Beschränkungen des Handlungsfreiraums auszusetzen. In zahlreichen Diskussionen bei meinen bundesweit durchgeführten Wertermittlungsseminaren wurde mir immer wieder bestätigt, dass auch anderenorts ähnliche Marktsituationen zu beobachten sind. Da die Sanierungsverfahren häufig nicht nur Jahre, sondern sogar Jahrzehnte dauern, ist über einen sehr langen Zeitraum der Eigentümer stark in seinem Handlungsspielraum beschränkt, um nicht zu sagen „teilenteignet".

Sachverständige, die Gutachten in förmlich festgelegten Sanierungsgebieten erstatten, sollten zumindest auf die Lage im Sanierungsgebiet und auf mögliche daraus resultierende Nachteile hinweisen. Oft ist zu einem Bewertungsstichtag die exakte Höhe der zu erwartenden Ausgleichsbeträge noch nicht bekannt, so dass die entsprechenden Zahlungen in der Zukunft drohen Dieses ist bei der Wertfindung – soweit möglich – zu berücksichtigen.

Der Sachverständige kann dann nur im Schätzwege und in Rechenmodellen mögliche Ausgleichsbeträge annehmen, den Zeitraum bis zur Zahlungsfälligkeit schätzen und den Betrag diskontieren.

Sachverständige, die im Auftrag der Gemeinde oder einem Sanierungsträger Anfangs- und Endwerte bzw. die Ausgleichsbeträge zu ermitteln haben sind gelegentlich dem Druck der Auftraggeber (z.B. Sanierungsträger) ausgesetzt, möglichst hohe Differenzen zwischen Anfangs- und Endwert festzustellen, da aufgrund politischer Vorgaben zwecks Refinanzierung der Städtebauförderungsmittel hohe Ausgleichsbeträge erwartet werden.

Sachverständige, die diese Erwartungshaltung ignorieren, setzen sich der Gefahr aus, dass sie von der Liste der zu beauftragenden Gutachter zur Ermittlung von Ausgleichsbeträgen gestrichen werden. Die Gefahr, dass Sachverständige sich hier „verbiegen lassen" darf nicht unterschätzt werden.

Bei der Ermittlung von Ausgleichsbeträgen sind äußerst sorgfältig alle Vor und Nachteile abzuwägen. Insbesondere ist auf einseitige Sanierungsziele zu achten. So kann sich einerseits, z.B. durch Förderung der Wohnfunktion zu Ungunsten der Gewerbefunktion, die Wohnqualität und damit die Mietertragshöhe verbessern, sich aber andererseits die Ertragsmöglichkeit bei Gewerbeflächen verschlechtern.

Festzustellen ist demzufolge, dass bei Gutachten bezüglich Ausgleichsbeträgen Sachverständige sich mit besonderer Sorgfalt der Begutachtungen anzunehmen haben. Ergebnisse mit Scheingenauigkeiten sollten – das gilt bei allen Wertermittlungen bzw. Wertschätzungen – vermieden werden. Bei „normalen" Gutachten in förmlich festgelegten Sanierungsgebieten dürfen entsprechende Hinweise auf Vor- und Nachteile und auf möglicherweise noch zu zahlender Ausgleichsbeträge keineswegs fehlen.

Abschließend noch eine Gleichung zur „automatisierten" Berechnung des Prozentsatzes des Bodenwertanstiegs, abhängig von den durchschnittlich ermittelten Punkten bezüglich Missstände und Maßnahmen und der Bodenwerthöhe [51]:

$$E = ((1{,}4039 - (0{,}2194 \times (BW \div 100)^{-0{,}15}) - (0{,}7013 \times (MI \times MA \div 100)^{0{,}15}))^{-6{,}6667}) \times 100$$

E = Bodenwert in %
BW = Bodenwert (Anfangswert)
MI = Missstände (Durchschnittspunkte)
MA = Maßnahmen (Durchschnittspunkte)

Ertragsdifferenzialverfahren – Anm. 23

Bezüglich des Ertragsdifferentialverfahrens und anderer Rechenmodelle (z.B. Hagedorn-Verfahren) verweise ich auf umfangreiche Informationen aus der Fachliteratur [52].

GUTACHTEN

des öffentlich bestellten und vereidigten Sachverständigen

JÜRGEN-WILHELM STREICH

aus Lübeck

. Ausfertigung

VERKEHRSWERTGUTACHTEN

STRANDALLEE 107

23570 LÜBECK

Gutachten vom 23. Juni 2002
Nr. 1/59/02

- Dieses Gutachten umfaßt 58 Seiten -

Hotelbewertung

Anm. 24, S. 332

JÜRGEN-WILHELM STREICH
Regierungsvermessungsamtmann a.D.
Von der Industrie- und Handelskammer zu Lübeck öffentlich bestellter und vereidigter Sachverständiger
für die Bewertung von bebauten und unbebauten Grundstücken, für Mieten und Pachten
sowie für Erbbaurechte

1. Auftrag

Der Verkehrswert des Bewertungsobjektes ist wegen anstehender Zwangsversteigerung durch ein Sachverständigengutachten zu ermitteln.

2. Verkehrswert

Der Verkehrswert ist im BauGB [1] - Fundstellen siehe Anlage 14 - als der Wert definiert, der im gewöhnlichen Geschäftsverkehr ohne Berücksichtigung persönlicher oder ungewöhnlicher Umstände beim Verkauf zu erzielen ist.
Die Wertermittlung führe ich in Anlehnung an die Regularien der WertV [2] durch.

3. Auftraggeber

Amtsgericht Lübeck
52 K XXX/01
Beschluß vom 22. Januar 2002

4. Bewertungsobjekt

Strandallee 107, 23570 Lübeck

4.1 Kurzbeschreibung

Pension/Hotel-garni „XXXX XXXXXXX" im OT Travemünde der Hansestadt Lübeck in sehr guter Lage an der Strandallee (2. Baureihe) zwischen dem Ostseestrand und dem Buchenwald. 732 m^2 großes Grundstück mit 1954 errichtetem Wohnhaus: 2 1/2-gesch. unterkellerter Massivbau, 1985 erfolgte eine umfangreiche Modernisierung. Nutzung seit 1970 als Beherbergungsbetrieb mit 5 Zweibett-, 4 Einbett- und 1 Kinderzimmer sowie Betreiber- bzw. Pächterwohnung im EG und Frühstücksraum und Betriebsküche im Kellergeschoß. Insgesamt ca. 300 m^2 Nutzfläche (ohne KG). Ausstattung: Ölzentralheizung, Isolierverglasung, tlw. Parkett, Auslegware, Duschbad/WC in jedem Fremdenzimmer. Garagen auf dem Hof. Inventar im Pächtereigentum. Im wesentlichen ordentlicher baulicher Zustand.

VERKEHRSWERT: 480.000,- €

4.2 Katasterbezeichnung (Katasteramt Lübeck)
Gemeinde Hansestadt Lübeck, Gemarkung Travemünde,
Flur 8, Flurstück 88/8
Größe: 732 m^2

4.3 Grundbuchbezeichnung (Amtsgericht Lübeck)
Grundbuch von Lübeck, Blatt 99.999

4.4 Eigentümerin
Herr XXXXXXX XXXXXXXXX

4.5 Zwangsverwalter
Herr Rechtsanwalt XXXXX XXXXXXX
XXX XXX XXXXXXXX XX, 23570 Lübeck
Az: 52 L 999/02

5. Mieter/Pächter
Das Objekt ist seit 1978 zum Betrieb einer Pension bzw. eines Hotel-garni verpachtet an die Eheleute XXXXXX und XXXXX XXXXX.

6. Ortsbesichtigung und Bewertungsstichtag
8. Mai 2002

7. Beschreibung des Bewertungsobjektes

7.1 Lage - regional
Hansestadt Lübeck, Stadt mit ca. 215.000 Einwohnern im südlichen Teil des Bundeslandes Schleswig-Holstein, unmittelbar an Mecklenburg-Vorpommern angrenzend, landeinwärtsliegende Hafenstadt, die durch den Flußlauf der Trave an die Ostsee angebunden ist.
Landesplanerisch als Oberzentrum eingestufter Ort an der Vogelfluglinie Hamburg-Fehmarn-Dänemark.

Über die BAB A 1 besteht sehr günstige Verkehrsanbindung nach Hamburg. Lübeck ist Eisenbahnknotenpunkt mit Verbindungen nach Hamburg, Kiel, Kopenhagen, Rostock und Lüneburg.

7.2 Lage - örtlich

Lage im Stadtteil Travemünde etwa 17 km vom Stadtzentrum der Hansestadt Lübeck entfernt, der OT Travemünde bietet als Kurort und Seebad einen hohen Wohn- und Freizeitwert: landesplanerisch ist der OT als Stadtrandkern 1. Ordnung klassifiziert.
Das zu bewertende Grundstück befindet sich innerhalb des Stadtteils in sehr guter Lage an der Strandallee nur etwa 100 m von der Kurpromenade und vom Ostseestrand entfernt. Von der Ostsee gesehen liegt das Objekt in 2. Baureihe. Von Vorteil ist auch die unmittelbare Nähe des Buchenwaldes. Zu erwähnen ist auch, daß das Casino Travemünde und auch der Bahnhof Travemünde-Strand bequem fußläufig erreichbar sind.
Der Weg zur Altstadt und zum Geschäftsbereich an der Vorderreihe beträgt etwa 1,5 km.
Wie auch die Fotos der Anlage A zeigen, wird die Strandallee durch prachtvollen Baumbestand und z.T. attraktive Bebauungen in offener Bauweise geprägt.

7.3 Grundstück

Das Grundstück stößt mit etwa 18 m Frontbreite an die Strandallee und wird südlich begrenzt durch einen Weg, der zum Buchenwald führt, wobei der Wegeanstoß ca. 43 m beträgt. Wie auch die Anlage 3 zeigt, ist das Grundstück genähert rechtwinkelig geschnitten.
Vom Grundstück - insbesondere vom I. Obergeschoß aus - bestehen Sichtbeziehungen sowohl zum Buchenwald als auch zur Ostsee. Wie die Anlage 3 zeigt, handelt es sich allerdings nicht um einen Panorama-Ostseeblick.
Insoweit verweise ich auch auf die Fotos der Anlage H, die vom Balkon im I. OG aus aufgenommen worden sind.
Das Grundstück ist voll erschlossen und bebaut.

7.4 Bebauung

Das Grundstück wurde 1954 mit einem Einfamilienhaus (Bauschein 1.234/53) bebaut. Den Bauakten der Bauordnungsbehörde wurde auszugsweise entnommen und ergänzt:
Betonfundamente, Keller mit Kalksandsteinmauerwerk, Geschoßaußenmauerwerk Hochlochziegel mit Putz, Innenwände Hochlochziegel bzw. Kalksandsteinmauerwerk, tlw. Bimswände, Betonziegelsplittdecken, Satteldach (Holzkonstruktion mit Dachpfannen, Dach mit Kniestock).
Außerdem wurde der Bau einer Garage genehmigt, die in Form einer Grenzbebauung errichtet wurde. Bezüglich der Lage der Garage verweise ich auch auf die Anlage 3. Die Garage ist auch auf dem Foto unten der Anlage G erkennbar.
1973 wurde der Einbau einer Ölfeuerungsanlage genehmigt. Weitere Modernisierungen erfolgten 1985. 1992 wurde die Heizungsanlage modernisiert. Bei dieser Maßnahme wurde auch eine Schornsteinquerschnittsverengung vorgenommen.
1981 wurde vom Ordnungsamt der Hansestadt Lübeck den derzeitigen Pächtern eine Erlaubnis gem. § 2 des Gaststättengesetzes bezüglich des Betriebes einer Schank- und Speisewirtschaft und eines Beherbergungsbetriebes erteilt. Getränke aller Art sowie zubereitende Speisen zum Verzehr an Ort und Stelle sind nur an Beherbergungsgäste zu verabreichen.
Eine Baugenehmigung bezüglich einer solchen Nutzung liegt nicht vor, jedoch ist diese Nutzungsart der Bauordnungsbehörde schon seit 1970 bekannt. Der Sachverständige geht deshalb in seinem Gutachten davon aus, daß auch weiterhin eine entsprechende Nutzung baurechtlich möglich ist (Angabe ohne Gewähr).
Die lichten Raumhöhen im EG und OG sind großzügig dimensioniert und liegen bei 3.2 bzw. 2.95 m im OG.

Die Kubatur der Bebauung umfaßt ca. 1.550 m^3 (Anlage 9).

7.5 Nutzung

Der ursprüngliche Pachtvertrag datiert vom 17. Februar 1981. Von den jetzigen Nutzern wurde ein ergänzender Pachtvertrag vom 13. März 1986 zur Verfügung gestellt. Der jährliche Pachtzins ergibt sich aus dem eingesehenen Vertrag mit ca. 35.000,- DM. Das Inventar wurde nach Mitteilung der Pächter durch diese gestellt. Das Inventar ist insoweit nicht Gegenstand dieser Begutachtung.
Aus dem Pachtvertrag ergibt sich, daß dieser bis zum 31. Dezember 1996 abgeschlossen wurde. Seit 1997 erfolgten stillschweigende Vertragsverlängerungen.
1985 wurde das Gebäude umfassend modernisiert, auch ist offenbar zu dem Zeitpunkt das Dachgeschoß vollständig ausgebaut worden. Der Sachverständige nimmt Bezug auf Bauzeichnungen, die einem Gutachten des Sachverständigen Dipl.-Ing. XXXX XXXXXXXX entnommen wurden. Bei der Ortsbesichtigung habe ich Kontrollmaße genommen und weitgehend Übereinstimmung zwischen Örtlichkeit und Planbestand festgestellt. Die Planunterlagen habe ich als Anlagen 4 bis 8 dem Gutachten beigefügt und durch weitere Hinweise ergänzt.

Erdgeschoß

Im EG befindet sich der repräsentative Treppenaufgang, ein Windfang und eine Diele mit Treppenanlage. Außerdem sind dort 3 Zimmer und ein Flur bzw. Schlafraum und Sanitärräume vorhanden. Der Raum, der in der Anlage 5 mit „Kochen" bezeichnet ist, ist bauamtlich nicht genehmigt. Diesbezüglich ist ein Verfahren beim Bauamt noch nicht abgeschlossen. Die Räume, die ich in der Anlage 5 mit 1, 2 und 3 gekennzeichnet habe, werden vom Pächterehepaar eigengenutzt.

Obergeschoß

Im OG befinden sich 3 größere Zimmer mit Zugang zum Balkon (mit Südlage), wobei der Balkon, wie schon zuvor im Gutachten erwähnt, Sichtbeziehuungen zum Buchenwald und zur Ostsee ermöglicht. Die Gäste-Zimmer sind durch Einbau von Sanitärräumen (Duschbad/WC) modernisiert worden.

Außerdem sind die Zimmer 4 und 8 zu erwähnen, die kleiner geschnitten sind und auch keine Balkone aufweisen.
Ein Duschbad/WC ist auch bei diesen Räumen jeweils vorhanden.

Dachgeschoß

Im DG befinden sich 5 weitere Zimmer, alle ohne Balkon, jedoch alle auch mit Duschbad/WC.
Bedingt durch die Lage im DG ergeben sich Schrägen.
Das Zimmer 11 wird nur durch ein kleines und relativ hochstehendes Fenster belichtet, so daß dieser Raum nur bedingt nutzbar ist.

Zusammengefaßt kann die Nutzung wie folgt zusammengestellt werden:

EG:	Betreiberwohnung (nicht abgeschlossene Wohnung, da die Diele auch dem Zugang zu den Gästezimmern dient
OG:	3 Doppelzimmer mit Balkonen und Duschbad/WC (Zimmer 5, 6, 7)
	2 Einzelzimmer ohne Balkon mit Duschbad/WC (Zimmer 4 und 8)
DG:	2 Doppelzimmer mit Duschbad/WC (Zimmer 10 und 12)
	2 Einzelzimmer mit Duschbad/WC (Zimmer 9 und 12a)
	1 bedingt nutzbares Zimmer (Kinderzimmer) mit Duschbad/WC (Zimmer 11)

Im Kellergeschoß wurden der Frühstücksraum und auch eine Betriebsküche eingerichtet. Außerdem sind hier Heizungs- und Nebenräume vorhanden.
Die lichte Raumhöhe des Kellergeschosses beträgt nur etwa 2,1 m.
Eine großflächige Terrasse beim Hauseingang kann als Frühstücksterrasse Verwendung finden (siehe auch Foto oben Anlage F).

7.6 Ausstattung

Beheizung durch eine Ölzentralheizungsanlage im Keller, Heizungsanlage mit erneuertem Brenner, 3 Batterietanks à 2.000 l als Öllager,
Fenster mit Isolierverglasung und überwiegend Außenjalousien mit el. Betätigung,
el. Warmwasserbereiter,
Einbauküche im Kellergeschoß (Betriebsküche),
geflieste Sanitärräume (Duschbad/WC, Waschbecken, Handtuchwärmer, Wand- und Bodenfliesen),
Fußböden mit Auslegware, tlw. auch Terrazzo oder Parkett,
10 Fahrzeugstellplätze vor und hinter dem Haus (keine Baugenehmigung), Einfriedigung, Aufgangsstufen, Aufwuchs u.a.

7.7 Wohnfläche

Die Wohnfläche habe ich (ohne Kellergeschoß und ohne Frühstücksterrasse) mit

ca. 300 m^2 (Anlage 11)

ermittelt. Dabei habe ich die Regularien der DIN 283 angewendet.

7.8 Beschaffenheit

Für das Alter im wesentlichen ordentliche bauliche und dekorative Beschaffenheit, soweit im Rahmen einer Begehung feststellbar. Vorliegende kleinere Baumängel/Bauschäden dürften im Rahmen der laufenden Unterhaltung behebbar sein. Allerdings ist darauf hinzuweisen, daß zerstörende Untersuchungen nicht durchgeführt wurden. Auch wurden nicht alle Gebäudeteile besichtigt bzw. untersucht. Die Haustechnik wurde nicht überprüft. Eine verbindliche Beschaffenheitsbeschreibung setzt eine detaillierte Untersuchung eines Bauschadens- oder Hochbausachverständigen voraus.
Aktuelle Brandschutzauflagen wurden, soweit vom Sachverständigen beurteilbar, erfüllt.

7.9 Hinweis

Die Beschreibung der Bauteile, Beschaffenheit und Ausstattung erfolgt ohne Anspruch auf Vollständigkeit. Abweichungen im Detail sind möglich. Eine umfassende und verbindliche Beschreibung würde eine spezielle Bauaufnahme, auch mit zerstörenden Untersuchungen, voraussetzen, die jedoch den Rahmen einer Verkehrswertermittlung überschreiten würde.

8. Bewertung

8.1 Bodenwert

8.1.1 Bauleitplanung

Das zu bewertende Grundstück liegt nicht im Geltungsbereich einer verbindlichen Bauleitplanung (Bebauungsplan). Im Flächennutzungsplan der Hansestadt Lübeck ist das Areal als Sondergebiet (Kurgebiet) ausgewiesen. Es liegt auch im Geltungsbereich einer Satzung zur Erhaltung baulicher Anlagen und im Geltungsbereich einer Satzung zur Sicherung von Fremdenverkehrsfunktionen.

8.1.2 Richtwert

Der Gutachterausschuß für Grundstückswerte in der Hansestadt Lübeck hat zonale Bodenrichtwerte zum 31. Dezember 2000 ermittelt. Das zu bewertende Objekt liegt in einer Zone (2. Baureihe), wo der Richtwert

485,- €/m^2

beträgt. Dieser zuvor genannte Richtwert bezieht sich auf 600 m^2 große Grundstücke, die mit Individualbauten neu bebaubar sind. Es handelt sich also um einen Richtwert für unbebaute Grundstücke.

Im Hinblick auf die vorhandene Bebauung und Nutzung und auch im Hinblick auf die Lage im Kurgebiet ist der zuvor erwähnte Bodenrichtwert nur bedingt aussagekräftig.

Da das Grundstück unter Berücksichtigung einer gewerblichen Nutzung mehr der Qualitätsstufe „Geschoßbau" zuzuordnen ist, wäre daraus ein höherer Bodenrichtwert ableitbar, wobei dieser allerdings im Hinblick auf die relativ geringe bauliche Ausnutzung (die vorhandene Bebauung führt zu einer Geschoßflächenzahl (GFZ) von nur ca. 0,4) wieder zu reduzieren ist. Bodenrichtwerte für Geschoßbauobjekte liegen in dem fraglichen Bereich nicht vor. Für Grundstücke mit gemischten Bauflächen wurden in Travemünde Bodenwerte von 560,- €/m² an der „Vorderreihe" als Richtwerte tabelliert. Dort liegen allerdings die bauliche Ausnutzung (GFZ) bzw. das Mietpreisniveau (Läden) höher. Der Sachverständige *schätzt* den angemessenen Bodenrichtwert auch im Hinblick auf die Lage im Kurgebiet und den daraus resultierenden Nachteilen reduziert auf

ca. 450,- €/m².

8.1.3 Bebauungsabschlag

Es ist zu berücksichtigen, daß das zu bewertende Grundstück bebaut ist. Die Bodenrichtwerte beziehen sich, wie bereits berichtet, auf unbebaute Grundstücke, die mit einem modernen und zeitgemäßen Gebäude neu bebaubar sind.

Die Marktteilnehmer, die die recht hohen Kaufpreise für unbebaute Grundstücke zahlen, vereinbaren diese Preise demzufolge nur in Verbindung mit dem Gedanken, das unbebaute Grundstück zukünftig neu zu bebauen und zu nutzen.

Erwerber einer „Gebrauchtimmobilie" können zwar im Detail Änderungen vornehmen, sind jedoch konzeptionell an die vorhandene Bebauungsstruktur gebunden. Schon aus diesem Grunde ist der Bodenwert bei bebauten Grundstücken zu dämpfen, zumindest ist das die Auffassung des Sachverständigen. Hier darf allerdings nicht unerwähnt bleiben, daß in Sachverständigenkreisen diese Meinung kontrovers diskutiert wird.

Fest steht jedoch, daß die Kaufpreise, die für unbebaute Grundstücke gezahlt werden, einem anderen Teilmarkt zuzuordnen sind als dem Teilmarkt der bebauten Grundstücke. Es handelt sich schlichtweg um andere Marktteilnehmer, um andere Immobilien und somit entwickeln sich auch unterschiedliche Marktmechanismen.
Die „Dämpfung" des Bodenwertes bei bebauten Grundstücken kann vereinfacht auch mit der eingeschränkten Verfügbarkeit des Grund und Bodens - solange die Altbebauung nicht abgerissen wird - begründet werden.

Die Höhe des Abschlages kann nicht exakt mathematisch berechnet oder nachgewiesen werden und wird im Regelfall in einer Bandbreite von 10 bis 25 % für angemessen erachtet.

Im Hinblick auf die relativ einfache Bebauungsstruktur aus den 50iger Jahren und die Nutzungsbeschränkungen, die sich aus den planerischen Ausweisungen ergeben, schätzt der Sachverständige den Abschlag noch oberhalb der üblichen Bandbreite und nimmt deshalb den Abschlag mit 30 % (= × 0,7) an.
Es darf hier der Hinweis nicht unterbleiben, daß gesicherte Erkenntnisse bezüglich der Höhe der Bodenwertdämpfung nicht vorliegen.

8.1.4 Bodenwertberechnung

$$450,- €/m^2 \times 0,7 = 315,- €/m^2$$

8.1.5 Bodenwertspanne
Unterstellt man eine ± 15 %ige Ungenauigkeit bezüglich der Bodenwertableitung, ist eine Spanne wie folgt zu berechnen:

Minimumwert:

315,- €/m² × 0,85 = 268,- €/m²

Maximumwert:

315,- €/m² × 1,15 = 362,- €/m²

8.1.6 Bodenwertschätzung

Der Sachverständige *schätzt* bei freier Abwägung aller Vor- und Nachteile den Bodenwert der Immobilie auch unter Berücksichtigung des Umstandes, daß es sich quasi um ein Eckgrundstück handelt, da die Immobilie südlich durch einen Weg, der zur Straße XXXXXX bzw. zum Buchenwald führt, begrenzt wird, auf

350,- €/m².

8.1.7 Bodenwertberechnung

732 m² × 350,- €/m² = 256.250,- €

ca. 250.000,- €

Im übrigen ist zu bemerken, daß der Bodenwert einer bebauten Immobilie sich nicht exakt errechnen läßt. Bei bebauten Grundstücken ergeben sich schon deshalb Probleme, da es sich bei dem Bodenwert um einen rein theoretischen Wertansatz handelt. Die Marktteilnehmer differenzieren die Kaufpreise nicht nach Boden- und Gebäudeanteil, sondern bilden vielmehr Kaufpreise als Gesamtbetrag („en bloc").

8.2 Sachwertverfahren

8.2.1 Normalherstellungskosten (NHK)

8.2.1.1 NHK 1995

Der Bundesminister für Raumordnung, Bauwesen und Städtebau hat durch Hinweise vom 1. August 1997 Tabellen mit Normalherstellungskosten per 1995 herausgegeben. Die dort für verschiedene Gebäudearten tabulierten NHK werden dann mit verschiedenen Korrekturfaktoren multipliziert.

Diese NHK 1995 habe ich in mehreren Gutachten bereits angewandt, jedoch dabei festgestellt, daß die Ergebnisse - zumindest für den Raum, wo ich regelmäßig Gutachten erstatte - häufig nicht plausibel sind. Die errechneten Kubikmeterpreise haben sich fast ausnahmslos als zu niedrig erwiesen.

Der Sachverständige verzichtet deshalb in diesem Gutachten auf die detaillierte Anwendung der NHK 1995-Tabellen des Bundesbauministers. Vielmehr wende ich in meinem Gutachten empfohlene NHK an, die sich aus der Tabelle 27 in [5] ergeben.
Die schematische Vorgabe von Korrekturfaktoren für Länder und Gemeindegrößen dürfte nach Einschätzung des Sachverständigen ein gewichtiger Grund sein für die Abweichungen zwischen den Hinweisen der WertR [6] und den Empfehlungen der Fachliteratur.

8.2.1.2 NHK 1985

NHK 1985* bei durchschnittlicher Ausstattung	475,-- DM/m³
10 % Abschlag wg. Raumüberhöhen	47,50 DM/m³
	427,50 DM/m³
5 % Abschlag wg. Preisniveau in SH gegenüber Durchschnitt der BRD in Anlehnung an MÖCKEL [53]	21,50 DM/m³
	406,-- DM/m³
umgerechnet auf 2002**:	582,-- DM/m³
umgerechnet auf EURO:	298,-- €/m³

* bezogen auf Um.Raum gem. DIN 277/50
** Index 1,4336

298,- €/m³ (2002) entspricht 27,- M/m³ (1913)

8.2.2 Gesamtnutzungsdauer

In der Fachliteratur [54] wird die Gesamtnutzungsdauer bei Hotels mit 40 - 60 Jahren angegeben. TROFF [55] bestätigt diese Mitteilung. In älterer Literatur wurde die Gesamtnutzungsdauer noch mit 80 - 100 Jahren empfohlen. Hier wird deutlich, daß der Trend durchaus zu kürzeren Gesamtnutzungsdauern (unter wirtschaftlichen Aspekten) tendiert. In anderer Fachliteratur [56] wird die Gesamtnutzungsdauer mit 50 - 70 Jahren angesetzt. In den Hinweisen des Bundesministeriums für Raumordnung, Bauwesen und Städtebau zu den Normalherstellungskosten 1995 wird die Gesamtnutzungsdauer mit einer großen Spanne von 40 - 80 Jahren angegeben. Der Sachverständige hat keine Bedenken, aufgrund der gerade für Hotelgrundstücke schwierigen Marktlage die Gesamtnutzungsdauer zunächst mit nur ca. 50 Jahren anzunehmen.

Die außergewöhnlich gute Lage bewirkt jedoch eine Verlängerung der wirtschaftlichen Gesamtnutzungsdauer, da selbst bei einer gewissen Überalterung der Ausstattung und Struktur im Hinblick auf die exzellente Lage länger als üblich eine wirtschaftliche Akzeptanz gegeben sein dürfte. Aus den zuvor genannten Gründen schätze ich die wirtschaftliche Gesamtnutzungsdauer „verlängert" auf 60 Jahre.

Da es sich nicht um ein typisches Hotel, sondern um ein kleines Hotel-garni bzw. um eine Pension handelt, kann die Gesamtnutzungsdauer nochmals angehoben und mit 70 Jahren angenommen werden. Hier ist zu berücksichtigen, daß die Nutzer an vergleichbare Objekte weniger hohe Ansprüche stellen als die Nutzer von typischen Hotels bzw. größeren professionell betriebenen Anlagen. Diese Überlegungen rechtfertigen, wie zuvor aufgeführt, einen verlängerten Ansatz der Gesamtnutzungsdauer.

8.2.3 Restnutzungsdauer

Baujahr:	1954
Alter (2002):	48 Jahre
gewöhnliche Gesamtnutzungsdauer:	70 Jahre
Restnutzungsdauer:	22 Jahre

Im Hinblick auf verschiedene im Laufe der Jahre vorgenommene Modernisierungsarbeiten ist eine gewisse Verlängerung der wirtschaftlichen Restnutzungsdauer auf 30 Jahre vertretbar. Daraus resultiert ein fiktives Alter von 40 Jahren.

verlängerte Restnutzungsdauer:	30 Jahre
fiktives Alter:	40 Jahre

8.2.4 Wertminderung wegen Alters

lineare Wertminderung:

$$\frac{100\ \%}{70} \times 40 = 57\ \%$$

Abschreibung nach Methode Ross:

$$1/2\ (57\ \% + \frac{57\ \%^2}{100}) = 45\ \%$$

Da bei gewerblich genutzten Objekten, insbesondere Hotel und Gaststätten, eine steilere Abschreibung als bei üblichen Immobilien zu erwarten ist, hat der Sachverständige keine Bedenken, die Ergebnisse der linearen und Ross'schen Abschreibung auszumitteln. Diese Überlegungen führen zu einer Wertminderung wegen Alters von

$$1/2\ (57\ \% + 45\ \%) = 51\ \%$$

Der Sachverständige schätzt die Wertminderung wegen Alters - gerundet - auf

50 %

und legt diese der Sachwertberechnung zugrunde.

8.2.5 Zeitwert

Neuwert (8.2.1.2):	298,- €/m³
- 50 % Wertminderung wg. Alters:	149,- €/m³
	149,- €/m³

8.2.6 Sachwertberechnung

rd. 1.550 m³ * × 149,- €/m³	= rd.	231.000,- €
zzgl. 17,5 % Baunebenkosten	= rd.	40.000,- €
		271.000,- €
zzgl. Außenanlagen und besondere Bauteile (frei geschätzt)**	= rd.	25.000,- €
zzgl. Garage (frei geschätzt)	= rd.	6.000,- €
zzgl. Bodenwert (8.1.7)	= rd.	250.000,- €
Sachwert:		552.000,- €

* Anlage 9

** Der Wert der Außenanlagen und besonderen Bauteilen wurde frei vom Sachverständigen geschätzt. Dabei bin ich von einem Wertansatz von ca. 10 % des Gebäudesachwertes ausgegangen. Hier ist zu berücksichtigen, daß die Werte der Außenanlagen und die Werte der Bebauung in einem gewissen Verhältnis stehen. Auch unter Berücksichtigung der Hinweise der Fachliteratur [7] habe ich den zuvor erwähnten Prozentsatz gewählt. VOGELS erläutert hierzu: *„In der Regel reichen diese Prozentzahlen zur Bestimmung des Wertes der Außenanlagen aus. Bei sehr aufwendigen Anlagen ist ohnehin zu prüfen, ob sie überhaupt allgemein werterhöhend sind; ob sie von einem durchschnittlichen Erwerber übernommen werden."* Der Prozentsatz wurde vom Sachverständigen relativ hoch angesetzt, da auch die Balkone als besondere Bauteile mit zu berücksichtigen waren.

8.2.7 Marktanpassung des Sachwertes

Kaufpreise von Immobilien sind in der Regel nicht identisch mit dem Sachwert. Es ist deshalb erforderlich, daß der Sachwert an die Marktlage angepaßt wird. Dieses setzt voraus, daß Marktanalysen durchgeführt werden, bei denen die Sachwerte und die Kaufpreise verknüpft werden, um daraus Markttendenzen abzuleiten. Solche Marktanalysen sind teilmarktspezifiziert und möglichst zeitnahe vorzunehmen.

Bezüglich des Teilmarktes, dem das hier zu bewertende Objekt zuzuordnen ist, liegen jedoch keine statistisch gesicherten Erkenntnisse vor, so daß die Sachwertmarktanpassung nur geschätzt werden kann. Allgemein gilt die Erkenntnis, daß mit steigendem Sachwert der Marktanpassungsabschlag zunimmt. Außerdem ist zu beachten, daß die Marktanpassungsabschläge in guten Lagen sich geringer und in einfacheren Lagen sich höher entwickeln. Schließlich spielt auch die Gebäudestruktur eine Rolle: die „Gängigkeit" auf dem Markt führt ebenfalls zu einer Erhöhung oder Reduzierung des Marktanpassungsfaktors.

Aufgrund der speziellen Lage und Nutzung des Bewertungsobjektes stehen keine Erfahrungswerte zur Verfügung. Aus der Fachliteratur ergeben sich zwar auch Hinweise bezüglich der Marktanpassungsabschläge bei Hotels, doch beziehen diese sich auf größere Objekte in „normalen" Lagen. Schon wegen der besonderen Lagesituation in der Strandallee sind hier andere Marktmechanismen zu erwarten. Auch ist hier auf die Lage im Sondergebeit (Kurgebiet) hinzuweisen mit den daraus resultierenden Nutzungsbeschränkungen. Es kann hier nur allgemein festgestellt werden, daß die Verkehrswerte in der Regel eher unter als über den Sachwerten liegen. In guten Lagen können sich auch Zuschläge entwickeln. Die Marktanpassungshöhe kann nicht exakt ermittelt werden, so daß der Sachverständige den Marktanpassungsabschlag maßvoll mit 10 % annimmt.

Eine gewisse Marktanpassung ist bereits beim Ansatz des Bodenwertes erfolgt, da aufgrund der Bebauung der Bodenwert „gedämpft" angesetzt wurde.

Sachwert:	552.000,- €
- 10 % Marktanpassungsabschlag:	55.000,- €
Marktangepaßter Sachwert:	497.000,- €

8.3 Ertragswertverfahren

8.3.1 Mietertrag

Das Objekt ist schon langjährig verpachtet und die Jahrespacht wurde mit 35.000,- DM (17.895,- €) mitgeteilt. Diese Pacht bezieht sich auf die Immobilie ohne Inventar, da dieses lt. Mitteilung der Pächter durch diese gestellt worden ist. Umgerechnet auf die Nutzfläche von 300 m^2 (ohne Kellerräume und ohne Frühstücksterrasse) ergibt sich ein Mietzins von ca. 5,-- €/m^2, was tendenziell als recht niedrig erscheint. Der Sachverständige nimmt ergänzend in Abschnitt 8.3.2 eine Verprobung durch.

Zu bemerken ist, daß der Mietvertrag 1996 ausgelaufen ist und sich seit dem nur stillschweigend verlängert hat, insoweit ist die Frage der Nachhaltigkeit für einen möglichen Erwerber nicht sicher.

Auch ist zu berücksichtigen, daß die wirtschaftliche Situation für den Betrieb vergleichbarer Objekte sich im Laufe der Jahre eher verschlechtert hat, so daß dieses auch für Abstriche bei der möglichen Miete sprechen könnte. Andererseits ist die derzeitige Miete langjährig nicht erhöht worden.

Zu beachten ist, daß der Betreiber aufgrund der langjährigen Tätigkeit ein nicht unerhebliches Potential an Stammkundschaft gewonnen haben dürfte, was erfahrungsgemäß bei einem möglichen Wechsel nicht ohne weiteres auf Nachfolger übertragbar ist. In diesem Zusammenhang ist auch auf eine anzunehmende hohe Altersstruktur der Nachfrager hinzuweisen. Zunehmend dürfte es schwieriger werden, jüngere Interessenten für die Anmietung zu akquirieren.

8.3.2 Möglicher Umsatz

Aus dem mögliche Umsatz kann auf den Mietwert einer Immobilie geschlossen werden. Gerade im Bereich der Beherbergungsbetriebe sind solche Verprobungen angezeigt. Der mögliche Umsatz wird wie folgt berechnet, wobei ich Bezug nehme auf Informationen aus dem Gastgeberverzeichnis 2001.

	Hauptsaison		
Doppelzimmer:	140,-	bis	170,- DM
Einzelzimmer:	75,-	bis	110,- DM

	Nebensaison:		
Doppelzimmer:	120,-	bis	150,- DM
Einzelzimmer:	80,-	bis	110,- DM

Die Zimmerpreisangaben der Einzelzimmer in der Nebensaison erscheinen mir fehlerhaft, da höher als in der Hauptsaison. Ich gehe korrigiert von 70,- und 100,- DM aus, so daß sich das Tableau wie folgt darstellt:

	Hauptsaison		
Doppelzimmer:	140,-	bis	170,- DM
Einzelzimmer:	75,-	bis	110,- DM

	Nebensaison:		
Doppelzimmer:	120,-	bis	150,- DM
Einzelzimmer:	70,-	bis	100,- DM

Auf EURO umgerechnet ergibt sich folgende Tabelle:

	Hauptsaison		
Doppelzimmer:	72,-	bis	87,- €
Einzelzimmer:	38,-	bis	56,- €

	Nebensaison:		
Doppelzimmer:	61,-	bis	77,- €
Einzelzimmer:	36,-	bis	51,- €

Wenn man die zuvor zusammengestellte Tabelle zugrunde legt, lassen sich folgende Umsätze errechnen:

Hauptsaison:

Doppelzimmer 5, 6, 7:
87,- € pro Tag × 90 Tage × 0,9 Belegung × 3 = 21.141,- €
Doppelzimmer 10 und 12:
72,- € pro Tag × 90 Tage × 0,85 Belegung × 2 = 11.016,- €
Einzelzimmer 4 und 9:
56,- € pro Tag × 90 Tage × 0,85 Belegung × 2 = 8.568,- €
Einzelzimmer 8 und 12a:
38,- € pro Tag × 90 Tage × 0,85 Belegung × 2 = 5.814,- €
Kinderzimmer 11::
35,- € pro Tag × 90 Tage × 0,5 Belegung × 1 = 1.575,- €

Nebensaison:

Doppelzimmer 5, 6, 7:
77,- € pro Tag × 60 Tage × 0,8 Belegung × 3 = 11.088,- €
Doppelzimmer 10 und 12:
61,- € pro Tag × 60 Tage × 0,7 Belegung × 2 = 5.124,- €
Einzelzimmer 4 und 9:
51,- € pro Tag × 60 Tage × 0,7 Belegung × 2 = 4.284,- €
Einzelzimmer 8 und 12a::
36,- € pro Tag × 60 Tage × 0,7 Belegung × 2 = 3.024,- €
Kinderzimmer 11:
30,- € pro Tag × 60 Tage × 0,35 Belegung × 1 = 630,- €

Sonstige Zeiten:

Doppelzimmer 5, 6, 7:
70,- € pro Tag × 215 Tage × 0,2 Belegung × 3 = 9.030,- €
Doppelzimmer 10 und 12:
55,- € pro Tag × 215 Tage × 0,2 Belegung × 2 = 4.730,- €
Einzelzimmer 4 und 9:
45,- € pro Tag × 215 Tage × 0,2 Belegung × 2 = 3.870,- €
Einzelzimmer 8 und 12a:
33,- € pro Tag × 215 Tage × 0,2 Belegung × 2 = 2.838,- €
Kinderzimmer 11:
30,- € pro Tag × 215 Tage × 0,1 Belegung × 1 = 645,- €

Summe: 93.377,- €

Im Hinblick auf zahlreiche Unwägbarkeiten und auch unter Berücksichtigung „sonstiger Einnahmemöglichkeiten" schätze ich den möglichen Jahresumsatz auf

ca. 95.000,- €.

8.3.3 Mietwertableitung aus Umsatz

Der Fachliteratur [55] kann entnommen werden, daß die Pachtsätze im Beherbergungsbereich zwischen etwa 10 und 30 % variieren. Bei einfachen Betrieben (mit Naßzelle) wird 15 bis 20 % mitgeteilt. Diese Prozentsätze beziehen sich inkl. Pachtanteil für Mobiliar, dessen Anteil kann mit etwa 1/4 angenommen werden, so daß sich die entsprechenden zuvor genannten Sätze reduzieren. Allerdings ist zu berücksichtigen, daß bei einem Hotel-garni bzw. einer kleineren Pension (in guter Lage) auch höhere Pachten üblich sind. Hier ist schon wegen der relativ günstigen Kostenstruktur (wenig Personal, in Eigenleistung betreibbares Objekt) von höheren Pachtsätzen auszugehen. Abhängig sind diese auch von der möglichen Auslastung. Bei dem Bewertungsobjekt habe ich Auslastungen, je nach Zeitraum und Zimmerart, zwischen 0,1 und 0,9 (Belegung) in Ansatz gebracht. Wenn man die Zahlen ausmultipliziert führt dieses im Durchschnitt zu einer Belegung von 43 % (Anlage 13). Hier ist festzustellen, daß es sich um eine vorsichtige Rechnung handelt, da möglicherweise - je nach Einsatz des Pächters - auch höhere Belegungszahlen und damit Umsätze denkbar wären. In meinem Gutachten gehe ich deshalb von einem Prozentsatz von 25 % als mögliche Pacht aus, wobei dieser Anteil zu reduzieren ist, da der Pächter das Mobiliar gestellt hat. Im Hinblick auf zahlreiche Unwägbarkeiten wird zusammengefaßt der Pachtzins mit 20 % des Umsatzes (ohne Mehrwertsteuer) angenommen.

Außerdem ist der Mietwert der Betreiberwohnung im Erdgeschoß zu berücksichtigen, wobei ich diesen pauschaliert mit

600,- € (inkl. Garage)

annehme.

Dieser geschätzte Ansatz entspricht einem Mietzins von ca. 5,50 €/m². Dieser Ansatz ist relativ gering, denn bei der Mietwertschätzung war zu berücksichtigen, daß es sich quasi um eine nicht abgeschlossene Wohnung handelt.

Es sind folgende Rechnungen durchzuführen:

Umsatz aus Beherbergungsbetrieb:	=	95.000,- €
abzügl. Mehrwertsteueranteil:	=	13.103,- €
		81.897,- €
20 % von 81.897,- €	=	16.379,- €
zzgl. Betreiberwohnung inkl. Garage 600,- € × 12	=	7.200,- €
		23.579,- €
23.579,- € : 12	= mtl.	1.965,- €
1.965,- € : 300 m² Nfl.	=	6,55 €/m²

Die zuvor durchgeführte Pachtwertableitung findet eine gewisse - tendenzielle - Bestätigung durch den mitgeteilten Mietzins in Höhe von ca. 35.000,- DM (= 17.895,- €), so daß keine Bedenken bestehen, den nachhaltigen Pachtwert - in Bezug auf eine Restnutzungsdauer von 30 Jahren - zunächst mit etwa

20.000,- €

anzunehmen.

Geht man nicht von 20 %, sondern von 22,5 % als vertretbaren Pachtzins - auf den Umsatz bezogen - aus, errechnet sich folgender Betrag:

22,5 % von 81.897,- €	=	18.427,- €
zzgl. Betreiberwohnung inkl. Garage 600,- € × 12	=	7.200,- €
		25.627,- €
25.627,- € : 12	= mtl.	2.136,- €
2.136,- € : 300 m² Wfl.	=	7,12 €/m²

Der Sachverständige schätzt im Hinblick auf zahlreiche Unwägbarkeiten den nachhaltigen Mietertrag bei Fortführung einer Nutzung als Hotel-garni bzw. Pension schließlich auf

jährlich 24.000,- €.
(= mtl. 2.000,- €)

8.3.4 Bewirtschaftungskosten

Die angemessenen Bewirtschaftungskosten schätze ich unter Anlehnung an die Erfahrungssätze, die sich aus der II. BV [3] und den WertR [6] sowie der Fachliteratur [12] ergeben. Den Ansatz der Instandhaltungskosten setze ich erhöht an, um auch dem Umstand Rechnung zu tragen, daß davon auszugehen, daß auch Modernisierungsnahmen laufend durchzuführen sind, um die prognistizierte Restnutzungsdauer von 30 Jahren zu erreichen.

Instandhaltungskosten		
Pauschale (Anlage 12)	=	4.000,- €
Verwaltungskosten		
5 % vom Brutto-Rohertrag (incl. geschätzter Nebenkosten von 1,50 €/m² Wfl.) = 29.400,- €*	=	1.470,- €
Mietausfallwagnis		
4 % vom Brutto-Rohertrag	=	1.176,- €
		6.646,- €

* $300\ m^2 \times 1{,}50\ €/m^2 \times 12 + 24.000{,}-\ € = 29.400{,}-\ €$

$$\frac{6.646{,}-\ €}{24.000{,}-\ €} \times 100 = 27{,}7\ \%$$

gerundet = 27,5 %

Dabei bin ich davon ausgegangen, daß Betriebskosten zzgl. zur Nettomiete zu zahlen wären.

8.3.5 Liegenschaftszinssatz

Der Liegenschaftszinssatz ist in der WertV [2] im § 11 wie folgt definiert: *„Der Liegenschaftszinssatz ist der Zinssatz, mit dem der Verkehrswert von Liegenschaften im Durchschnitt marktüblich verzinst wird."* Daraus folgt, daß der Liegenschaftszinssatz aus geeigneten Kaufpreisen durch Rückwärtsrechnung eines Ertragswertverfahrens abzuleiten ist. Wenn man nicht nur bei einem, sondern bei mehreren Kaufpreisen von Objekten, die einem bestimmten Teilmarkt zugeordnet werden können, solche Ableitungen vornimmt, können die Ergebnisse ausgemittelt werden und führen so zu einem marktüblichen Zinsfuß. Das Problem bei der Ableitung der Zinsfüße besteht darin, daß diese teilmarktspezifiziert und zeitaktuell zu ermitteln sind.

Bezüglich des Teilmarktes, dem das hier zu bewertende Grundstück zuzuordnen ist, liegen solche Liegenschaftszinssätze statistisch gesichert nicht vor.

In den WertR [6] wird allgemein ausgeführt, daß bei rein gewerblich genutzten Objekten der Liegenschaftszinssatz 6,5 % beträgt.

SIMON [57] hat bei Hotelobjekten Verzinsungen von

6,5 bis 7,0 %

beobachtet. DR.SOMMER/KRÖLL [14] weisen bei rein gewerblichen Nutzungen auf Verzinsungen von

6,0 bis 7,5 %

hin.

Wie zuvor bereits erwähnt, liegen keine gesicherten Erkenntnisse bezüglich des Liegenschaftszinssatzes vor, so daß dessen Höhe nur im Schätzwege abgeleitet werden kann.

Dabei stütze ich mich auf eine Veröffentlichung von OSTERMANN [58] und nehme zunächst als Liegenschaftszinssatz

7,0 %

an.

Bei der hier zu bewertenden Immobilie ist allerdings im Hinblick auf die außergewöhnlich gute Lage der Liegenschaftszinssatz deutlich zu reduzieren, da sich erfahrungsgemäß in diesem Teilmarkt andere Marktmechanismen ergeben. Investoren akzeptieren in guten Lagen anders als in mittleren oder mäßigen Lagen auch geringere Verzinsungen ihres investierten Kapitals, schon im Hinblick auf die Sicherheit der Kapitalanlage, eben wegen der guten Lagequalität.
Diese zuvor formulierten Überlegungen rechtfertigen einen Ansatz des Liegenschaftszinssatzes im unteren Bereich der zuvor genannten Bandbreiten, demzufolge gehe ich zunächst von

5,5 bis 6,0 %

aus.
Außerdem ist zu berücksichtigen, daß das Objekt auch für Eigennutzer von Interesse sein dürfte, wobei unter Berücksichtigung dieser Gegebenheiten sich regelmäßig auch niedrigere Zinsfüße ergeben als bei Objekten, wo reine Renditebetrachtungen maßgebend sind. Auch diese Umstände sprechen für eine weitere Liegenschaftszinssatzreduzierung.

Der Sachverständige nimmt auch Bezug auf empirische Erkenntnisse und schätzt den Liegenschaftszinssatz in seinem Gutachten unter Bezugnahme auf eine Weiternutzung als Hotel-garni bzw. Pension stark reduziert auf

5,0 %.

8.3.6 Ertragswertberechnung

Nachhaltig erzielbarer Jahresrohertrag:	24.000,- €
- 27,5 % Bewirtschaftungskosten:	6.600,- €
Jahresreinertrag des Grundstücks:	17.400,- €
- 5,0 % Verzinsung des Bodenwertes:	12.500,- €
Jahresreinertrag des Gebäudes:	4.900,- €

Der Jahresreinertrag des Gebäudes ist mit dem Vervielfältiger (VV) 15,37 zu multiplizieren, der sich bei Ansatz eines 5,0 %igen Liegenschaftszinssatzes und einer Restnutzungsdauer von 30 Jahren nach der Rentenbarwertformel ergibt:

$$VV = \frac{q^n - 1}{q - 1} \times \frac{1}{q^n}$$

$$q = 1 + \frac{p}{100}$$

p = Liegenschaftszinssatz

n = Restnutzungsdauer

4.900,- € × 15,37	=	75.000,- €
zzgl. Bodenwert	=	250.000,- €
	Ertragswert:	325.000,- €

8.4 Alternativer Ertragswert

Wenn man unterstellt, daß die Immobilie wieder der ursprünglichen Nutzung (Einfamilienhaus) zugeführt würde, dürfte nach Durchführung von Umbauten, Rückbauten und Modernisierung ein Mietzins von mtl. 1.800,- € nachhaltig erzielbar sein (mtl. 6,- €/m² Wfl.). Bei einem solchen Mietzins für ein Einfamilienhaus wird schon die „Schallgrenze" des Lübecker Immobilienmarktes erreicht. Wegen der sehr guten Lage nicht direkt in Lübeck, sondern im Stadtteil Travemünde wird dieser Ertrag dennoch für nachhaltig realisierbar gehalten.
Geht man von einer Nutzung als Einfamilienhaus aus, ist der Liegenschaftszinssatz ganz erheblich zu reduzieren. Der durchschnittliche Liegenschaftszinssatz wird im Marktbericht des Gutachterausschusses [59] bei Einfamilienhäusern tendenziell mit 3,5 % mitgeteilt.
Im Hinblick auf die sehr gute Lage ist eine spürbare Zinsfußreduzierung, z.B. auf 2,5 %, angezeigt.
Den erforderlichen Abschlag wg. Investitionsbedarf (Umbau, Rückbau, Modernisierung) nehme ich mit 75.000,- € (ca. 25.000,- € je Etage) an. Der Investitionsbedarf ist sogar noch höher zu erwarten, doch wäre es bewertungstechnisch

nicht sachgerecht, die volle Kostenhöhe als Abschlag in Ansatz zu bringen (die baulichen Maßnahmen bewirken z.T. auch Wertsteigerungen, zudem wird mit einer reduzierten Restnutzungsdauer bzw. entsprechenden Wertminderung wegen Alters beim Sachwertverfahren gerechnet).
Geht man von einer Nutzung als Einfamilienhaus aus, wären die Bewirtschaftungskosten als Pauschale zu reduzieren, z.B. auf 22,5 %.
Die Restnutzungsdauer wäre bei einer Einfamilienhausnutzung - anders als bei einer gewerblichen Nutzung - verlängert in Ansatz zu bringen (z.B. 50 Jahre).
Der alternative Ertragswert errechnet sich wie folgt:

mtl. 1.800,- € × 12	=	21.600,- €
	= ca.	22.000,- €

Nachhaltig erzielbarer Jahresrohertrag:	22.000,- €
- 22,5 % Bewirtschaftungskosten:	4.950,- €
Jahresreinertrag des Grundstücks:	17.050,- €
- 2,5 % Verzinsung des Bodenwertes:	6.250,- €
Jahresreinertrag des Gebäudes:	10.800,- €

Vervielfältiger bei 2,5 % bei einer 50jährigen Restnutzungsdauer: 28,36

10.800,- € × 28,36	=	306.000,- €
zzgl. Bodenwert	=	250.000,- €
	Ertragswert:	556.000,- €
abzgl. Abschlag wg. Investitionsbedarf:	=	75.000,- €
		481.000,- €
Alternativer Ertragswert:	ca.	480.000,- €

8.5 Vergleichswertverfahren (indirektes Verfahren)

Hilfsweise ziehe ich auch den Preisspiegel des Ringes Deutscher Makler (RDM) heran, der auch Aussagen trifft bezüglich durchschnittlicher Kaufpreise von freistehenden und bezugsfreien Einfamilienhäusern. Dabei werte ich Angaben des Preisspiegels bezüglich der Hansestadt Lübeck per 2002 aus.

Für freistehende Einfamilienhäuser (mit Garage, mit ortsüblichem Grundstück) mit gutem Wohnwert wurde 2002 ein durchschnittlicher Marktwert (vermietungsfrei) von

250.000,- €

ermittelt.

Dieser Tendenzwert von 250.000,- € bezieht sich auf Objekte mit 150 m^2 Wfl. . Der Betrag ist auf 300 m^2 Wfl. umzurechnen.

Die erforderliche Korrektur nehme ich anhand von aus Mietpreisen abgeleiteten Umrechnungskoeffizienten vor, die sich hilfsweise auch anwenden lassen bezüglich der Abhängigkeit von Kaufpreisen von der Objektgröße.

Mittels folgender Formel werden die Umrechnungskoeffizienten berechnet [10]:

$$y = 2{,}9526\ x^{-0{,}2351}$$

y = Umrechnungskoeffizient

x = Wohnfläche (m^2)

Umrechnungskoeffizient bei 300 m^2 : 0,7724

Umrechnungskoeffizient bei 150 m^2 : 0,9091

$$250.000,-\ € \times \frac{300\ m^2 \times 0{,}7724}{150\ m^2 \times 0{,}9091} = 425.000,-\ €$$

Für Grundstücke mit sehr gutem Wohnwert hat der RDM 2002 ein mittleres Preisniveau von

420.000,- €

festgestellt (bezogen auf Objekte mit ca. 200 m^2 Wfl.).

Auch dieser Ausgangswert ist auf 300 m^2 Wfl. umzurechnen.

Umrechnungskoeffizient bei 300 m^2 : 0,7724
Umrechnungskoeffizient bei 200 m^2 : 0,8496

$$420.000,- € \times \frac{300\ m^2 \times 0,7724}{200\ m^2 \times 0,8496} = 573.000,- €$$

Wohnwertanteil (Lage):
sehr gut: 573.000,- €

Wohnwertanteil (Ausstattung/Struktur):
gut (nach Umbau): 425.000,- €

Da Kaufpreise - anders als Mietpreise - stärker auf die Lage als auf die Ausstattung/Struktur reagieren, halte ich eine Gewichtung der Wertanteile Lage und Ausstattung/Struktur im Verhältnis 6 : 4 für marktgerecht:

1/10 (573.000,- € × 6 + 425.000,- € × 4) = 514.000,- €

Der zuvor ermittelte Vergleichswert ist wegen Investitionsbedarfs, den ich zuvor im Gutachten schon erläutert hatte, durch einen Abschlag zu reduzieren, wobei ich auch hier den Abschlag mit 75.000,- € annehme und auch hier nochmals darauf hinweise, daß die Abschlagshöhe nicht identisch ist mit den tatsächlichen Kosten, die erforderlich werden, um alle erforderlichen baulichen Maßnahmen durchzuführen. Es handelt sich also um einen marktorientierten Abschlag unter Berücksichtigung der üblichen Marktakzeptanz.

Ausgangswert:	514.000,- €
- Abschlag:	75.000,- €
vorläufiger Vergleichswert:	439.000,- €

Der zuvor ermittelte Vergleichswert ist noch durch einen „Travemünde-Zuschlag" zu erhöhen, da generell beobachtet werden kann, daß Immobilien in Travemünde höhere Preise als im eigentlichen Lübecker Stadtgebiet erzielen. Bei Ansatz eines geschätzten Zuschlages von 10 % errechnet sich ein Vergleichswert wie folgt:

439.000,- €	×	1,1	=	483.000,- €
Vergleichswert:			=	ca. 485.000,- €

9. Ergebnis

Marktangepaßter Sachwert:	497.000,- €
Durch den Liegenschaftszinssatz marktorientierter Ertragswert:	325.000,- €
Alternativer Ertragswert:	480.000,- €
Vergleichswert (indirektes Verfahren):	485.000,- €

Es ist hier einzuräumen, daß der Verkehrswert nicht exakt rechnerisch ermittelbar ist, da zahlreiche Einflußgrößen sich einer mathematischen Berechenbarkeit entziehen. Der Verkehrswert kann deshalb letztendlich nur im Schätzwege ermittelt werden.

Die Ergebnisse der vier angewandten Wertermittlungsverfahren stimmen zumindest tendenziell im Ergebnis überein, wenn man von dem Ergebnis der Ertragswertberechnung bei Fortführung der vorgefundenen Nutzung absieht. Hier wird deutlich, daß der Bodenwert im Hinblick auf die Ertragsmöglichkeiten bei Fortführung eines Pensionsbetriebes zu hoch ist. Selbst wenn man den möglichen Umsatz um 20 oder 30 % erhöhen würde, ergäbe sich immer noch eine nennenswerte Differenz zu den Ergebnissen der übrigen angewandten Wertermittlungsverfahren. Entscheidend für die Verkehrswertermittlung ist deshalb aus sachverständiger Sicht nicht das Ergebnis des Ertragswertes, sondern der übrigen Ergebnisse der verschiedenen Wertableitungen, obwohl im Regelfall bei einem Hotelgarni oder Pensionsobjekt der Ertragswert im Vordergrund stände. Wie bereits berichtet, können übliche Bewertungsmechanismen hier nicht greifen, da es sich um einen Standort mit einem sehr hohen Bodenwertniveau handelt.
Wenn die vorhandene Bebauung abgerissen würde, wäre ein erheblich höherer Bodenwert (als 250.000,- €) realisierbar, doch ist die Verwertbarkeit und Bebauungsintensität durch verschiedene Planungsvorgaben, auf die ich im Gutachten bereits hingewiesen habe, eingeschränkt. Auch wären bei einer solchen Überlegung die Abbruchkosten zu kalkulieren und in Abzug zu bringen.

Bei freier Abwägung aller Vor- und Nachteile *schätze* ich den Verkehrswert des Bewertungsobjektes Strandallee 107 in Lübeck-Travemünde - im Hinblick auf die sehr gute Lage - auf

480.000,- €
(Vierhundertachtzigtausend EURO).

Aus der Höhe des Verkehrswertes folgt, daß letztendlich nicht rentierliche Kalkulationen als verkehrswertbestimmend erkannt wurden. Auch ist zu bemerken, daß bei vergleichbaren Objekten sich die Verkehrswertableitung einer strengen Berechenbarkeit entzieht.

Ich gehe davon aus, daß Altlasten (z.B. Bodenverunreinigungen) nicht vorhanden sind.

Belastungen im Grundbuch (Abt. II), z.B. ein eingetragenes Wohnrecht, sind bei diesem Gutachten nicht zu berücksichtigen. Die Verkehrswertermittlung bezieht sich demzufolge auf ein lastenfreies Objekt.

Das Foto oben der Anlage G zeigt, daß die Grenze zwischen den Grundstücken Strandallee 107 und 109 örtlich nicht erkennbar ist. Die Bauwichflächen werden - und das ist positiv zu würdigen - als gemeinsame Auffahrt genutzt. Eine grundbuchliche Absicherung ist erfolgt. Auch im Grundbuch von Lübeck, Blatt 97.531 (Strandallee 109) sind entsprechende Eintragungen vorgenommen worden.

Eine Baugrundanalyse wurde nicht vorgenommen oder veranlaßt. Es wird deshalb von normalen Baugrundverhältnissen ausgegangen.
Im Baulastenbuch liegen lt. Mitteilung der zuständigen Behörde keine Eintragungen vor. Der Sachverständige unterstellt deshalb ein lastenfreies Baulastenbuch.

Der Sachverständige nimmt an, daß im Bereich der Garage keine Überbauungen eingetreten sind.

Gerichtlich bestellter
Sachverständiger:

....
(Streich)

Anlagen:

Anlage 1	- Seite 34:	Ausschnitt Kreiskarte	1 : 100.000
Anlage 2	- Seite 35:	Ausschnitt Stadtplan	1 : 21.000
Anlage 3	- Seite 36:	Katasterlageplan	1 : 1.000
Anlage 4	- Seite 37:	Bauzeichnung, KG	
Anlage 5	- Seite 38:	" " EG	
Anlage 6	- Seite 39:	" ", I. OG	
Anlage 7	- Seite 40:	" ", DG	
Anlage 8	. Seite 41:	Gebäudeschnitt	
Anlage 9	- Seite 42:	Umbauter Raum	
Anlage 10	- Seite 43:	Wohnflächenberechnung, WE I	
Anlage 11	- Seite 44:	" ", WE II	
Anlage 12	- Seite 45:	Instandhaltungskostenermittlung	
Anlage 13	- Seite 46:	Ermittlung der Belegungstage	
Anlage 14	- Seite 47:	Fundstellenhinweise	
Anlage A - K	- Seite 48: - 58:	22 Fotos	

JÜRGEN-WILHELM STREICH
Regierungsvermessungsamtmann a.D.
Von der Industrie- und Handelskammer zu Lübeck öffentlich bestellter und vereidigter Sachverständiger
für die Bewertung von bebauten und unbebauten Grundstücken, für Mieten und Pachten
sowie für Erbbaurechte

Strandallee 107, 23570 Lübeck

Instandhaltungskostenberechnung

Gebäudeneuwert (Herstellungskosten bezogen auf den Wertermittlungsstichtag) - siehe auch 8.2.1.2

1.550 m^3 (Anlage 9) × 298,- €/m^3	=	462.000,- €
17,5 % Baunebenkosten	=	81.000,- €
		543.000,- €

Instandhaltungskosten in Anlehnung an VOGELS [12]		
bei 1,0 % von 543.000,- €	=	5.430,- €
bei 0,5 % von 543.000,- €	=	2.715,- €
geschätzte Instandhaltungskosten auch im Hinblick darauf, daß bei Hotels in der Regel üblicherweise kleine Instandhaltungen mieterseitig durchgeführt werden, andererseits erhöhter Modernisierungsbedarf besteht	ca.	4.000,- €

Umrechnung auf m^2 Wohn- bzw. Nutzfläche:
4.000,- € : 300 m^2 = 13,33 €/m^2

Anlage 12

JÜRGEN-WILHELM STREICH
Regierungsvermessungsamtmann a.D.
Von der Industrie- und Handelskammer zu Lübeck öffentlich bestellter und vereidigter Sachverständiger
für die Bewertung von bebauten und unbebauten Grundstücken, für Mieten und Pachten
sowie für Erbbaurechte

Strandallee 107, 23570 Lübeck

Ermittlung der Belegungstage (Ausgangsdaten siehe Abschnitt 8..3.2 des Gutachtens)

90	Tage	×	0,90	×	3	=	243	RE*
90	Tage	×	0,85	×	2	=	153	RE
90	Tage	×	0,85	×	2	=	153	RE
90	Tage	×	0,85	×	2	=	153	RE
90	Tage	×	0,5	×	1	=	45	RE
60	Tage	×	0,8	×	3	=	144	RE
60	Tage	×	0,7	×	2	=	84	RE
60	Tage	×	0,7	×	2	=	84	RE
60	Tage	×	0,7	×	2	=	84	RE
60	Tage	×	0,35	×	1	=	21	RE
215	Tage	×	0,2	×	3	=	129	RE
215	Tage	×	0,2	×	2	=	86	RE
215	Tage	×	0,2	×	2	=	86	RE
215	Tage	×	0,2	×	2	=	86	RE
215	Tage	×	0,1	×	1	=	21,5	RE
							1.572,5	RE

* RE = Recheneinheiten

1.572,5 : 10 Zimmer = i.M. 158 Tage

$$\frac{158}{365} \times 100 = 43,30\ \%$$ Belegung

Anlage 13

Bei der Bewertung von Hotel- und Gastronomiegrundstücken verschmelzen Unternehmens- und Immobilienbewertung. Der Sachverständige hat – soweit möglich – beides sorgfältig zu trennen. Wenn Erkenntnisse aus Pachtverträgen vorliegen, sind Gedanken bezüglich der Inventarverzinsungsanteile zu entwickeln, um auf den Mietwert rückzuschließen. Da die Restnutzungsdauer der Baulichkeiten in der Regel höher als die Restnutzungsdauer des Inventars ist, verbietet sich eine undifferenzierte Vervielfältigung beim Ertragswertverfahren.

Bei Bewertung größerer Hotelanlagen wird dringend empfohlen den Rat eines Hotel- und Gaststätten-Sachverständigen mit in die Begutachtung einzubinden. Gerade bei Hotelbegutachtungen ist oft umfangreiches Fachwissen erforderlich, um die Rentabilität und den daraus resultierenden nachhaltig erzielbaren Mietertrag zu prüfen bzw. zu ermitteln. Maßgebend für die Ertragswertberechnung ist nicht ein extrem niedriger möglicher Reinertrag, aber auch nicht ein höchst möglicher. Dem Gutachten eines Hotel- und Gaststätten-Sachverständigen habe ich mit freundlicher Genehmigung auszugsweise entnommen:

„Objektiv erzielbare Reinerträge heißt, dass die der Wertermittlung zugrunde gelegten Erträge von einem für die Leitung des zu bewertenden Objektes gut geeigneten Fachmann bei Einsatz branchenüblicher Qualifikation und ordentlicher kaufmännischer Führung erzielbar sein müssen.

Anders formuliert – es dürfen keine Erträge angesetzt werden, die nur ein hochtalentierter Betreiber erzielen würde. Andererseits sollen auch nicht Erträge, die bei einer nur mäßigen Leistung erwirtschaftet wurden, angesetzt werden. Die Besonderheiten des zu bewertenden Objektes sind dabei angemessen zu berücksichtigen. (...) Anfangserfolge im Ertrag oder durch besondere Umstände begründete Ertragshochs bzw. -tiefs sind keine Grundlage für eine Ertragswertableitung. Es muss Aussicht bestehen, die Erträge langfristig zu stabilisieren." [60]

Bei der Bewertung von Hotels und gastronomischen Einrichtungen sollte immer auch geprüft werden, ob möglicherweise durch eine Umnutzung eine Ertrags- bzw. Wertsteigerung erreicht werden kann. Dabei sind technische und planerische Vorgaben zu überprüfen.

Wenn beispielsweise eine Umnutzung in ein Alten- und Pflegeheim angedacht wird, sind zahlreiche Mindestvoraussetzungen zu erfüllen, die häufig mit einem wirtschaftlich vertretbaren Aufwand nicht erreichbar sind. Hier denke ich z.B. an Mindestbreiten von Fluren und Türen oder Mindestgrößen von Fahrstühlen, barrierefreie Zu- und Abgänge sind ebenfalls selbstverständlich.

Bei einer Bewertung, in der man zu dem Ergebnis kommt, dass eine Umnutzung wirtschaftlicher ist als ein Weiterbetreiben der bestehenden gastronomischen Einrichtung, stellt sich dann die Frage des Inventarwertes. Allerdings muss unterschieden werden zwischen dem Standwert (Fortführungswert des Inventars) und dem Herausnahmewert. Der Herausnahmewert ist nach meinen Erfahrungen ganz erheblich niedriger, oft nur 20 oder 25 % des Standwertes oder sogar noch geringer.

Sachverständige, die ohne Zuhilfenahme eines Hotel- und Gaststättenexperten Überlegungen bezüglich möglicher Umsätze anstellen, sollten immer bedenken, dass die Prospektpreise nicht immer erreicht werden. Rabatte, die insbesondere Gruppenreisenden gewährt werden, sind zu kalkulieren. Belegungszahlen sind sachkundig zu ermitteln, denn allgemeine Durchschnittszahlen (z.B. 60 % Durchschnittsbelegung) können zwar richtig, im Einzelfall aber auch völlig marktfremd sein. Hier ist auf die örtlichen Gegebenheiten abzustellen, dabei ist zu berücksichtigen, dass sich auch innerhalb eines Ortes durchaus verschiedene Teilmärkte bilden können. Wenn ich an die Hansestadt Lübeck denke, ist hier grob zu differenzieren zwischen Stadthotels und Hotels im OT Kurort und Seebad Travemünde mit Saisonbetrieb.

Im Rahmen dieser Anmerkungen können nur einige wenige Hinweise gegeben werden, die verdeutlichen sollen, dass im Einzelfall spezielles Fachwissen anderer Experten mit herangezogen werden sollte.

GUTACHTEN

des öffentlich bestellten und vereidigten Sachverständigen

JÜRGEN-WILHELM STREICH

aus Lübeck

. Ausfertigung

VERKEHRSWERTGUTACHTEN

PAULSGRUBE 45, 23552 LÜBECK

Gutachten vom 15. April 2002
Nr. 1/55/01

- Dieses Gutachten umfaßt 66 Seiten -

JÜRGEN-WILHELM STREICH
Regierungsvermessungsamtmann a.D.
Von der Industrie- und Handelskammer zu Lübeck öffentlich bestellter und vereidigter Sachverständiger
für die Bewertung von bebauten und unbebauten Grundstücken, für Mieten und Pachten
sowie für Erbbaurechte

1. Auftrag

Der Verkehrswert des Bewertungsobjektes ist wegen anstehender Zwangsversteigerung durch ein Sachverständigengutachten zu ermitteln.

2. Verkehrswert

Der Verkehrswert ist im BauGB [1] - Fundstellen siehe Anlage 21 - als der Wert definiert, der im gewöhnlichen Geschäftsverkehr ohne Berücksichtigung persönlicher oder ungewöhnlicher Umstände beim Verkauf zu erzielen ist.
Die Wertermittlung führe ich in Anlehnung an die Regularien der WertV [2] durch.

3. Auftraggeber

Amtsgericht Lübeck
52 K 888/01
Beschluß vom 29. Dezember 2001

4. Bewertungsobjekt

Paulsgrube 45, 23552 Lübeck

4.1 Kurzbeschreibung

1994/95 durchgreifend saniertes Wohn- und Geschäftshaus (Vorderhaus und Seitenflügel, max. 4 1/2-gesch. Bebauung) mit Laden und Büro im EG (ca. 73 m^2) sowie 6 WE, insgesamt ca. 490 m^2 Wohn- und Nutzfl., teilunterkellerter Massivbau mit rückwärtigem Garten, 4 Wohnungen mit Balkon bzw. Terrasse und z.T. reizvoller Aussicht auf die Altstadt-"Dachlandschaft", modernisierte Wohnungen, Gaszentralheizung, Auslegware und Einbauküchen, Lage in einem förmlich festgelegten Sanierungsgebiet, 315 m^2 langes und schmales Grundstück in einfacher bis mittlerer Geschäftslage und mittlerer Wohnlage.

VERKEHRSWERT: 400.000,- €

4.2 Katasterbezeichnung (Katasteramt Lübeck)
Gemarkung Innere Stadt, Flur 180, Flurstück 80/80
Größe: 315 m^2

4.3 Grundbuchbezeichnung (Amtsgericht Lübeck)
Grundbuch von Lübeck, Blatt 99.999

4.4 Eingetragener Eigentümer
Herr XXXXX XXXXXX

4.5 Zwangsverwalter
Herr Rechtsanwalt XXXXX XXXXXXX
XXXXXXX XXXXXXX, 23564 Lübeck
Az.: 999/2002 - 52 L 99/02

5. Ortsbesichtigungen
12. und 26. März 2002

6. Bewertungsstichtag
26. März 2002

7. Mieter/Nutzer
siehe Anlage 18

8. Beschreibung des Bewertungsobjektes

8.1 Lage - regional
Hansestadt Lübeck, Stadt mit ca. 215.000 Einwohnern im südlichen Teil des Bundeslandes Schleswig-Holstein, unmittelbar an Mecklenburg-Vorpommern angrenzend, landeinwärts liegende Hafenstadt, die durch den Flußlauf der Trave an die Ostsee angebunden ist.

Landesplanerisch als Oberzentrum eingestufter Ort an der Vogelfluglinie Hamburg-Fehmarn-Dänemark.

Über die BAB A 1 besteht sehr günstige Verkehrsanbindung nach Hamburg. Lübeck ist Eisenbahnknotenpunkt mit Verbindungen nach Hamburg, Kiel, Kopenhagen, Rostock und Lüneburg.

8.2 Lage - örtlich

Lage im nord-westlichen Teil der Lübecker Altstadt in dem Sanierungsgebiet Block 180/181 an der Paulsgrube im Bereich des Hansen's Torweg zwischen der Hohen- und der Alten Querstraße.
Die Entfernung zum Geschäftszentrum (Markt, Rathaus, Fußgängerzone) beträgt nur etwa 500 bis 600 m.
Es handelt sich um eine Wohnlage, die als Allgemeines Wohngebiet bzw. besonderes Wohngebiet (WB-Gebiet) oder Mischgebiet zu beurteilen ist. Wohnnutzungen sind vorherrschend, aber auch gewerbliche Nutzungen, vorrangig Gastronomie, sind im Umfeld anzutreffen. Die Lage ist für eine Wohnnutzung als für Innenstadtverhältnisse „mittel" zu beschreiben.
Für gewerbliche Nutzungen ist die Lage weniger günstig, wenn man von gastronomischen Nutzungen absieht. Es handelt sich nicht um einen Bereich mit Laufkundschaft, so daß die Lage weder als I a-, I b- noch I c-Lage zu qualifizieren ist.
Die Paulsgrube ist eine für Innenstadtverhältnisse relativ breite Straße mit beidseitig befestigten Bürgersteigen, vorrangig mit Anlieger- und innerörtlichem Erschließungsverkehr. Durchgangsverkehr ist dort kaum anzutreffen. Kraftfahrzeugstellplätze stehen nur im beschränkten Ausmaß zur Verfügung, wobei gebührenpflichtige Sonderparkrechte für Anwohner beantragt werden können.
Zusammengefaßt ist die Lagequalität als „mittel" zu beschreiben.

8.3 Grundstück

Langes und schmales etwa rechteckig geschnittenes Grundstück mit ca. 7,5 m Straßenanstoß, mittlere Tiefe ca. 42,5 m.
Die Oberflächengestalt der Parzelle ist relativ eben.
Das Grundstück ist voll erschlossen (Wasser, Siel, Strom, Gas) und bis auf die rückwärtige Gartenfläche bebaut.

8.4 Lage im Sanierungsgebiet

Wie bereits erwähnt, liegt das zu bewertende Grundstück in einem förmlich festgelegten Sanierungsgebiet (Block 180 + 181), was sich auch aus einer entsprechenden Eintragung in Abt. II des Grundbuchs ergibt.
Ob, und wenn ja, in welcher Höhe Ausgleichsbeträge* zu entrichten sind, steht derzeitig noch nicht fest.

*Ausgleichsbeträge ergeben sich aus der Differenz zwischen Anfangs- und Endwert im Sanierungsverfahren und einer Abschöpfung möglicherweise sanierungsbedingter Bodenwertsteigerungen.

8.5 Bebauung

4 1/2-geschossiges Vorderhaus mit einem 3 1/2-gesch. Seitenflügel, Vorderhaus teilunterkellert, Massivbauten mit Flachdach, straßenseitige Schürze, verputztes Ziegelmauerwerk, Holzbalkendecken, Keller mit Massivdecke, Flachdächer als Holzkonstruktionen mit Dachpappe als Außenhaut.
Der Baukörper ist 1994/95 durchgreifend saniert worden.
Den Bauakten der Bauaufsichtsbehörde habe ich auszugsweise entnommen:
„vorhandene Mauerwerksfundamente, z.T. neue Fundamente für Innenwände aus Beton, vorh. Kalksandstein- bzw. Ziegelmauerwerk, beidseitig geputzt, wurden instandgesetzt, Fenster- und Türstürze evtl. erneuert, Trennwände vorh. Ziegelmauerwerk bzw. Kalksandstein, Einbau zusätzlicher Vorsatzschalen, tlw. Gipskartonmetallständerwerk, Wohnungstrenndecken vorh. Holzbalkendecken, Schürze des Daches (Schein-Satteldach) mit neuen Tonziegeln, Flachdach mit Bitumendachbahnen.

Die Kubatur der Bebauung habe ich den Bauakten mit 2.273 m^3 (Anlage 11) entnommen. Eine Kontrollrechnung unter Anwendung von mathematisch-statistisch ermittelten Erfahrungsfaktoren führt zu einem Umbauten Raum von 2.263 m^3 (Anlage 19), so daß hier eine optimale Übereinstimmung besteht. Der Sachverständige geht gerundet von

ca. 2.270 m^3

als Umbauten Raum (nach DIN 277/50) aus.

8.6 Nutzung

Erdgeschoß

Im Erdgeschoß befindet sich neben einem Windfang und dem Hausflur mit Zugang zum Treppenhaus ein Laden im vorderen Bereich sowie Büroräume mit einer Toilette im Bereich des Seitenflügels. Der Zuschnitt dieser Räumlichkeiten ist durch die Raum-zu-Raum-Erschließung nicht besonders vorteilhaft, jedoch als innenstadttypisch zu bezeichnen. Zur Engelsgrube hin befindet sich ein etwa 2,5 m breites Schaufenster. Der Zugang zu dem Laden erfolgt seitlich durch den zuvor bereits erwähnten Windfang. Bezüglich der Raumaufteilung verweise ich auch auf die Anlage 5 dieses Gutachtens. Ein Büroraum ist umgestaltet worden zu einem Versorgungsraum mit Teeküche und Sanitärbereich. Die Raumhöhen wurden tlw. durch abgehängte Decken reduziert.
Die Nutzfläche der Gewerbeeinheit (Laden/Büro) ergibt sich aus der Anlage 12 mit ca. 73 m^2.

I. Obergeschoß

Im I. OG sind 2 Wohnungen eingebaut worden, und zwar eine straßenseitig orientierte Wohnung und eine Wohnung, die rückwärtig gelegen ist. Die straßenseitig gelegene Wohnung besteht aus 2 Zimmern, Flur, Küche, Bad/WC und Abstellraum, wobei nach den Bauzeichnungen Wohnzimmer und Küchenbereich offen miteinander verbunden sind.
Die in der Anlage 6 als WE I bezeichnete Wohnung ist gem. Anlage 13 etwa 64 m^2 groß. Diese Wohnung wurde vom Sachverständigen nicht besichtigt.

Im rückwärtigen Teil des Gebäudes befindet sich eine abgeschlossene 2-Zimmer-Wohnung mit Flur, Wohnküche, Bad/WC und Abstellraum. Zu dieser Wohnung gehört auch ein nach Süden gelegener Balkon mit Blick in den Garten. Der Zuschnitt auch dieser Wohnung ist nicht ideal, da das Schlafzimmer nur durch ein Fenster belichtet wird. Das Bad/WC und der Abstellraum sind innenliegend angeordnet. Das Wohnzimmer ist durch die Wohnküche hindurch erreichbar.

Die Wohnungsgröße dieser Wohnung ergibt sich aus der Anlage 13 mit ca. 51 m², wenn man die DIN 283 anwendet. Insoweit verweise ich auch auf die Zusammenstellung der Wohnflächen in der Anlage 16.

II. Obergeschoß

Im II. OG befinden sich lt. Bauzeichnung (Anlage 7) identische Wohnungen wie im I. OG. Auch hier wurde nur die rückwärtig gelegene Wohnung besichtigt.

III. Obergeschoß

Gem. Bauzeichnung (Anlage 8) befindet sich hier eine sehr großzügige 4-Zimmer-Wohnung mit Flur, Küche, Bad/WC und Abstellraum. Die Wohnung erstreckt sich über die gesamte Etage, wobei der rückwärtige Teil des Seitenflügels als Dachterrasse zur Nutzung zur Verfügung steht.

Die Wohnfläche dieser WE V ergibt sich aus der Anlage 16 mit etwa 104 m².

Dachgeschoß

Im Dachgeschoß ist eine weitere Wohnung anzutreffen, die sich nur auf den Bereich des Vorderhauses erstreckt, wenn man von der Dachterrasse im Seitenflügelbereich absieht. Bedingt durch die Dachform (Schürze) ergeben sich hier tlw. Schrägen. Auch ist die Raumhöhe bei dieser Wohnung geringer als in den übrigen Etagen. Fotos der Anlagen I bis K zeigen, daß diese Wohnung einen besonderen Reiz aufweist, wenn nachteilig auch zu bemerken ist, daß durch die Lage quasi im IV. Obergeschoß - ohne Fahrstuhl - eine eingeschränkte Verwertbarkeit sich ergeben dürfte. Der Zuschnitt der Wohnung ist als individuell zu bezeichnen, hier erfolgt die Belichtung z.T. auch durch Oberlichte.

Von der Dachterrasse ist eine sehr eindrucksvolle Aussicht auf die „Dachlandschaft" der Altstadt und Marienkirche gegeben.
Die Wohnfläche dieser Wohnung kann der Anlage 16 mit etwa 87 m^2 entnommen werden.

8.7 Wohnfläche

Aus den vorliegenden Wohnflächenberechnungen, die ich den Bauakten entnommen habe, ergibt sich in der Addition eine Wohnfläche von 494,42 m^2 (Anlage 16), wenn man die DIN 283 anwendet. Bei örtlich genommenen Kontrollmaßen, die ich in die Bauzeichnungen eingefügt habe, ergeben sich tlw. gewisse Differenzen zwischen Örtlichkeit und Planbestand. Der Sachverständige hat jedoch auf ein komplettes Neuaufmaß verzichtet, da die zu erwartende Genauigkeitssteigerung nur als marginal zu bezeichnen ist. Eine mittels Erfahrungswerten durchgeführte Kontrollrechnung führt zu einer Wohnfläche von nur 451 m^2 (Anlage 18), so daß ich gerundet von

ca. 490 m^2

als Wohnfläche bzw. Nutzfläche (Laden/Büro) ausgehe.
Die Differenz zwischen der individuell errechneten Wohnfläche und den Wohnflächen der Erfahrungswerte ist durchaus plausibel, da der Treppenhausbereich relativ wenig Fläche umfaßt, so daß es hier zu einer für Innenstadtverhältnisse überdurchschnittlich guten Raumausnutzung kommt. Die Differenz wird insofern als plausibel und hinnehmbar bewertet.

8.8 Ausstattung

Gaszentralheizungsanlage im Keller,
Doppelfenster (Einfachverglasung im Außenflügel, neue Isolierverglasung im Innenflügel),
Fußboden mit Auslegware bzw. Bodenfliesen,
Einbauküche in jeder Wohnung,
geflieste Badezimmer (Wannen- oder Duschbad, WC, Waschbecken, Wand- und Bodenfliesen),

el. Warmwasserbereiter,
tlw. Sichtbalken in der WE im DG,
Abstellräume im Kellergeschoß.
Bezüglich der nicht besichtigten Wohnungen kann der Sachverständige keine Gewähr für die zuvor formulierten Ausstattungsmerkmale übernehmen. Aus den vorliegenden Bauzeichnungen und Bauunterlagen und auch aus den Mitteilungen des Eigentümers ergibt sich jedoch eine Bestätigung der Annahmen.

8.9 Beschaffenheit

1994/95 durchgreifend saniertes Objekt, das in Teilbereichen jedoch Investitionsbedarf aufweist. Es ist insbesondere auf Feuchtigkeit im Keller, z.T. mit Salzausblühungen, hinzuweisen. Insoweit erwähne ich auch die Fotos der Anlagen M und N.
Es ist zu beachten, daß zerstörende Untersuchungen nicht durchgeführt wurden. Auch wurden nicht alle Gebäudeteile besichtigt bzw. untersucht. Die Haustechnik wurde nicht überprüft. Eine verbindliche Beschaffenheitsbeschreibung setzt eine detaillierte Untersuchung eines Bauschadens- oder Hochbausachverständigen voraus.
Wegen des Investitionsbedarfs wird ein Abschlag in Ansatz gebracht, dessen Höhe auf 5 % des Gebäudesachwertes geschätzt wird. Die Abschlagshöhe ist nicht identisch mit den tatsächlichen Kosten der Mängel - bzw. Schadensbeseitigung. Die Abschlagshöhe wurde unter Beachtung einer marktüblichen Akzeptanz geschätzt.

8.10 Hinweis

Die Beschreibung der Bauteile, Beschaffenheit und Ausstattung erfolgt ohne Anspruch auf Vollständigkeit. Abweichungen im Detail sind möglich. Eine umfassende und verbindliche Beschreibung würde eine spezielle Bauaufnahme, auch mit zerstörenden Untersuchungen, voraussetzen, die jedoch den Rahmen einer Verkehrswertermittlung überschreiten würde.

9. Bewertung

9.1 Bodenwert

9.1.1 Richtwert

Der Gutachterausschuß für Grundstückswerte in der Hansestadt Lübeck hat zonale Bodenrichtwerte ermittelt.
Das Grundstück liegt in einer Zone, wo der Richtwert

320,- €/m²

zum Stichtag 31.12.2000 beträgt.
Der zuvor mitgeteilte Richtwert wurde für Geschoßbaugrundstücke (Mischgebietqualität) mit einer Geschoßflächenzahl (GFZ) von 2,0 ermittelt. Bei dem Bewertungsobjekt beträgt die GFZ *etwa* 2,1 (Anlage 19), so daß von einer ausreichenden Übereinstimmung mit den Richtwerten ausgegangen werden kann. Allerdings ist zu bemerken, daß die Bodenrichtwerte sich auf unbebaute Grundstücke beziehen, so daß im Hinblick auf die vorhandene Bebauung und Festlegung der Nutzung ein Abschlag in Ansatz zu bringen ist.

9.1.2 Bebauungsabschlag

Es ist zu berücksichtigen, daß das zu bewertende Grundstück bebaut ist. Die Bodenrichtwerte beziehen sich, wie bereits berichtet, auf unbebaute Grundstücke, die mit einem modernen und zeitgemäßen Gebäude neu bebaubar sind.
Die Marktteilnehmer, die die recht hohen Kaufpreise für unbebaute Grundstücke zahlen, vereinbaren diese Preise demzufolge nur in Verbindung mit dem Gedanken, das unbebaute Grundstück zukünftig neu zu bebauen und zu nutzen.
Erwerber einer „Gebrauchtimmobilie" können zwar im Detail Änderungen vornehmen, sind jedoch konzeptionell an die vorhandene Bebauungsstruktur gebunden. Schon aus diesem Grunde ist der Bodenwert bei bebauten Grundstücken zu dämpfen, zumindest ist das die Auffassung des Sachverständigen. Hier darf allerdings nicht unerwähnt bleiben, daß in Sachverständigenkreisen diese Meinung kontrovers diskutiert wird.

Fest steht jedoch, daß die Kaufpreise, die für unbebaute Grundstücke gezahlt werden, einem anderen Teilmarkt zuzuordnen

sind als dem Teilmarkt der bebauten Grundstücke. Es handelt sich schlichtweg um andere Marktteilnehmer, um andere Immobilien und somit entwickeln sich auch unterschiedliche Marktmechanismen.
Die „Dämpfung" des Bodenwertes bei bebauten Grundstücken kann vereinfacht auch mit der eingeschränkten Verfügbarkeit des Grund und Bodens - solange die Altbebauung nicht abgerissen wird - begründet werden.

Die Höhe des Abschlages kann nicht exakt mathematisch berechnet oder nachgewiesen werden und wird im Regelfall in einer Bandbreite von 10 bis 25 % für angemessen erachtet.

Im Hinblick auf die vorgefundene Bebauungsstruktur schätzt der Sachverständige den Abschlag im mittleren Bereich der üblichen Bandbreite und nimmt deshalb den Abschlag mit 15 % (= × 0,85) an.
Es darf hier der Hinweis nicht unterbleiben, daß gesicherte Erkenntnisse bezüglich der Höhe der Bodenwertdämpfung nicht vorliegen.

9.1.3 Bodenwertberechnung

$$320,\text{-}\ €/m^2 \quad \times \quad 0{,}85 \quad = \quad 272,\text{-}€/m^2$$

9.1.4 Bodenwertspanne
Unterstellt man eine ± 10 %ige Ungenauigkeit bezüglich der Bodenwertableitung, ist eine Spanne wie folgt zu berechnen:

Minimumwert:

$$272,\text{-}\ €/m^2 \quad \times \quad 0{,}9 \quad = \quad 245,\text{-}\ €/m^2$$

Maximumwert:

$$272,\text{-}\ €/m^2 \quad \times \quad 1{,}1 \quad = \quad 299,\text{-}\ €/m^2$$

9.1.5 Bodenwertschätzung

Der Sachverständige *schätzt* bei freier Abwägung aller Vor- und Nachteile den Bodenwert der Immobilie auf

275,- €/m².

9.1.6 Bodenwertberechnung

314 m² × 275,- €/m² = 86.350,- €

ca. 85.000,- €

Im übrigen ist zu bemerken, daß der Bodenwert einer bebauten Immobilie sich nicht exakt errechnen läßt. Bei bebauten Grundstücken ergeben sich schon deshalb Probleme, da es sich bei dem Bodenwert um einen rein theoretischen Wertansatz handelt. Die Marktteilnehmer differenzieren die Kaufpreise nicht nach Boden- und Gebäudeanteil, sondern bilden vielmehr Kaufpreise als Gesamtbetrag („en bloc").

Der zuvor ermittelte Bodenwert wurde aus den Bodenrichtwerten des Gutachterausschusses abgeleitet. Dort ist der Hinweis zu entnehmen: *„die Bodenwerte in den Sanierungsgebieten ... beziehen sich auf den Zustand ohne Berücksichtigung der rechtlichen und tatsächlichen Neuordnung (Anfangswert)".*
Aus diesem Hinweis ergibt sich, daß möglicherweise Ausgleichsbeträge (Differenz zwischen Anfangs- und Endwert) im Sanierungsgebiet abgeschöpft werden (siehe auch Abschnitt 8.4 dieses Gutachtens).

9.2 Sachwertverfahren

9.2.1 Normalherstellungskosten (NHK)

9.2.1.1 NHK 1995

Der Bundesminister für Raumordnung, Bauwesen und Städtebau hat durch Hinweise vom 1. August 1997 Tabellen mit Normalherstellungskosten per 1995 herausgegeben. Die dort für verschiedene Gebäudearten tabulierten NHK werden dann mit verschiedenen Korrekturfaktoren multipliziert.

Diese NHK 1995 habe ich in mehreren Gutachten bereits angewandt, jedoch dabei festgestellt, daß die Ergebnisse - zumindest für den Raum, wo ich regelmäßig Gutachten erstatte - häufig nicht plausibel sind.

Der Sachverständige verzichtet deshalb in diesem Gutachten auf die detaillierte Anwendung der NHK 1995-Tabellen des Bundesbauministers. Vielmehr wende ich in meinem Gutachten empfohlene NHK an, die sich aus der Tabelle 27 in [5] ergeben.
Die schematische Vorgabe von Korrekturfaktoren für Länder und Gemeindegrößen dürfte nach Einschätzung des Sachverständigen ein gewichtiger Grund sein für die Abweichungen zwischen den Hinweisen der WertR [6] und den Empfehlungen der Fachliteratur.

9.2.1.2 Normalherstellungskosten 1958

NHK 1958*:	45,- €/m³
umgerechnet auf 2002**:	279,- €/m³

* bezogen auf Umbauten Raum

** Der derzeitige Baupreisindex (1958 = 100) liegt bei 619,3 Punkten (per Febr. 2002). Ich gehe in meinem Gutachten von einem gerundeten Index von 620 Punkten aus. Der Ansatz von NHK 45,- €/m³ per 1958 entspricht einem Ansatz von rd. 25,50 M/m³ per 1913 bzw. 554,- DM/m³ per 1995.

verlängerte Restnutzungsdauer

Anm. 25, S. 366

9.2.2 Wertminderung wegen Alters

Baujahr:	unbekannt
Alter:	über 100 Jahre
Sanierung:	1994/1995
verlängerte Restnutzungsdauer nach Sanierung (1994/95):	60 Jahre
Restnutzungsdauer per 2002:	52 Jahre
gewöhnliche Gesamtnutzungsdauer:	80 Jahre
fiktives Alter:	28 Jahre

lineare Wertminderung:

$$\frac{100\ \%}{80} \times 28 = 35\ \%$$

Abschreibung nach Methode Ross:

$$1/2\ (35\ \% + \frac{35\ \%^2}{100}) = 23{,}6\ \% = \text{rd. } 25\ \%$$

9.2.3 Zeitwert

Neuwert (9.2.1.2):	279,- €/m³
- 25 % Wertminderung wg. Alters:	70,- €/m³
	209,- €/m³

9.2.4 Sachwertberechnung

rd. 2.270 m³* × 209,- €/m³	= rd.	474.000,- €
zzgl. 15 % Baunebenkosten	= rd.	71.000,- €
		545.000,- €
zzgl. Außenanlagen** und besondere Bauteile***	= rd.	25.000,- €
zzgl. Bodenwert (9.1.6):	= rd.	85.000,- €
Sachwert-Zwischenwert:		655.000,- €
- Abschlag wg. Investitionsbedarf****: 5 % von 545.000,- € = 27.250,- € = ca. 25.000,- €		25.000,- €
		630.000,- €
Sachwert:		ca. 630.000,- €

* Anlage 19

** incl. Hausanschlüsse

*** Der Wert der Außenanlagen und besonderen Bauteilen wurde frei vom Sachverständigen geschätzt. Dabei bin ich von einem Wertansatz von ca. 5 % des Gebäudesachwertes ausgegangen. Hier ist zu berücksichtigen, daß die Werte der Außenanlagen und die Werte der Bebauung in einem gewissen Verhältnis stehen. Auch unter Berücksichtigung der Hinweise der Fachliteratur [7] habe ich den zuvor erwähnten Prozentsatz gewählt. VOGELS erläutert hierzu:
„In der Regel reichen diese Prozentzahlen zur Bestimmung des Wertes der Außenanlagen aus. Bei seh aufwendigen Anlagen ist ohnehin zu prüfen, ob sie überhaupt allgemein werterhöhend sind; ob sie von einem durchschnittlichen Erwerber übernommen werden."

**** siehe Abschnitt 8.9

9.2.5 Marktanpassung des Sachwertes

Kaufpreise von Immobilien sind nicht immer identisch mit dem Sachwert. Bezüglich des Teilmarktes, dem das Bewertungsobjekt zuzuordnen ist, bestehen jedoch keine mathematisch-statistisch gesicherten Erkenntnisse über die Relation zwischen Sachwerten und Kaufpreisen. Es kann nur allgemein festgestellt werden, daß die Kaufpreise vergleichbarer Objekte in der Regel ganz erheblich unter den Sachwerten liegen, so daß spürbare Marktanpassungsabschläge in Ansatz zu bringen sind. Da die Höhe dieser Marktanpassungsabschläge nicht exakt errechenbar ist, ergibt sich hier eine erhebliche Schwachstelle bei dem Sachwertverfahren. Unter Bezugnahme auf mein allgemeines Erfahrungswissen nehme ich diesen Abschlag mit mindestens 1/3, möglicherweise sogar mit 40 % an. Da sich hier erhebliche Bandbreiten und Unsicherheitsbereiche ergeben, ist daraus zu schließen, daß dem Ergebnis der Sachwertberechnung nur ein sehr geringes Gewicht bei der Verkehrswertermittlung beizumessen ist. Der Umstand, daß die Sachwerte (Baukosten) deutlich höher liegen als die Kaufpreise führt auch dazu,

daß in Sanierungsgebieten unrentierliche Kosten - zumindest teilweise - durch Städtebauförderungsmittel aufgefangen wurden.
Bei einem Ansatz eines Abschlages von 1/3 errechnet sich der marktangepaßte Sachwert wie folgt:

Sachwert:	630.000,- €
1/3 % Marktanpassungsabschlag:	210.000,- €
Marktangepaßter Sachwert:	420.000,- €

Erhöht man, wie zuvor bereits erwähnt, den Marktanpassungsabschlag auf 40 %, so würde dieses zu folgender Rechnung führen:

Sachwert:	630.000,- €
40 % Marktanpassungsabschlag:	252.000,- €
Marktangepaßter Sachwert:	378.000,- €

Das Ergebnis der zuvor durchgeführten Rechenoperationen ist äußerst unbefriedigend und führt letztendlich nur zu der Erkenntnis, daß der marktangepaßte Sachwert in einer Bandbreite zwischen

378.000,- € und 420.000,- €

zu erwarten ist.

Der Sachverständige nimmt den Mittelwert der zuvor abgeleiteten Spanne als Hilfswert als marktangepaßten Sachwert mit

399.000,- € = rd. 400.000,- €

an.

9.3 Ertragswertverfahren

9.3.1 Nachhaltig erzielbarer Mietertrag (Netto-Kalt-Miete)

Maßgebend für die Wertermittlung ist der nachhaltig erzielbare Mietertrag.
Nachhaltig erzielbar bedeutet, daß nicht der höchstmögliche, aber auch nicht ein Mietertrag im unteren Bereich möglicher Bandbreite zugrunde gelegt wird.
Als nachhaltig erzielbar im Sinne § 16 der WertV ist ein durchschnittlicher Mietzins zu verstehen, der nach einer Neuvermietung bei ordnungsgemäßer Bewirtschaftung auch sicher erzielbar sein dürfte, und zwar in Bezug auf die Restnutzungsdauer unter der Voraussetzung, daß die Ertragsfähigkeit durch lfd. Instandhaltung gesichert und so eine unterstellte 52jährige Restnutzungsdauer ermöglicht wird.
Zukünftige konjunkturelle Mietpreisentwicklungen bleiben bei dieser Betrachtungsweise ohne Berücksichtigung.
Es wird - wie beim Sachwertverfahren - unterstellt, daß Investitionen (Baumängel/Bauschäden) durchgeführt werden, um die unterstellte Restnutzungsdauer sicherzustellen bzw. zu ermöglichen.

Der Ring Deutscher Makler (RDM) hat in seinen Preisspiegeln auch für 70 m² große Wohnungen in Altbau-Geschoßbauten Mietwerte ausgewiesen.
Der Abschätzung des nachhaltig erzielbaren Mietertrageslege ich in Anlehnung an das Vierte Mietrechtsänderungsgesetz [9] einen Zeitraum von 4 Jahren zugrunde:

	Wohnwert		
	einfach	mittel	gut
	DM/m²	DM/m²	DM/m²
1999:	7,50	10,00	12,50
2000:	7,50	10,00	12,50
2001:	7,50	10,00	12,50
	€/m²	€/m²	€/m²
2002:	3,85	5,10	6,40

Auf €/m² umgerechnet ergeben sich folgende - gerundete - Ausgangswerte:

	Wohnwert		
	einfach	mittel	gut
	€/m²	€/m²	€/m²
1999:	3,85	5,10	6,40
2000:	3,85	5,10	6,40
2001:	3,85	5,10	6,40
2002:	3,85	5,10	6,40
Mittel:	3,85	5,10	6,40

Aus meinen Erfahrungen als Mietensachverständiger ist mir bekannt, daß die Lübecker Innenstadt (Altstadt) einen eigenen Teilmarkt bildet. Man kann beobachten, daß die Mietpreise in der Innenstadt tendenziell höher als in den Vorstadtbereichen liegen, da bestimmte Interessentenkreise die Urbanität und die daraus resultierenden Vorzüge höher werten als die Nachteile der Innenstadtlage. Es ist deshalb aus sachverständiger Sicht erforderlich, bei Anwendung des RDM-Preisspiegels nicht nur von einem mittleren, sondern z.B. von einem mittleren bis guten Wohnwert anzugehen. Unter Berücksichtigung dieser Umstände nehme ich den Ausgangswert - lagebezogen - wie folgt an:

$$1/2\ (5{,}10\ €/m^2 + 6{,}40\ €/m^2) = 5{,}75\ €/m^2$$

Bezüglich der Ausstattung gehe ich von einem guten Wohnwert aus:

$$6{,}40\ €/m^2$$

Da Mietpreise relativ unsensibel auf die Lagequalität reagieren, mittele ich die Wohnwertkomponenten Lage und Ausstattung im Verhältnis 3 : 7.

$$1/10\ (5{,}75\ €/m^2 \times 3 + 6{,}40\ €/m^2 \times 7) = 6{,}20\ €/m^2$$

Individuelle Korrekturen:

WE I

a) Abschlag wg. fehlendem Balkon
   geschätzter Abschlag: 5 % (= × 0,95)
b) Zuschlag wg. geringer Größe (die vom RDM ermittelten Werte beziehen sich auf 70 m² Wfl. große Wohnungen)
   Zuschlag: 2 % (= × 1,02) - unter Bezugnahme auf eine diesbezügliche Marktanalyse [10]

64 m² Wfl. × 6,20 €/m² × 0,95 × 1,02 = 384,- €

Den Mietwert einer Wohnung kann jedoch nicht exakt berechnet werden. Der Sachverständige schätzt bei freier Abwägung auch unter Beachtung allgemeiner Marktkenntnisse den nachhaltigen Mietertrag - auch im Hinblick auf die Nordlage zur Straße - auf

mtl. 365,- €
(= ca. 5,70 €/m²)

WE II

a) Zuschlag wg. Balkon nach Süden
   geschätzter Zuschlag: 2,5 % (= × 1,025)
b) Zuschlag wg. geringer Größe (die vom RDM ermittelten Werte beziehen sich auf 70 m² Wfl. große Wohnungen)
   Zuschlag: 8 % (= × 1,08)

51 m² Wfl. × 6,20 €/m² × 1,025 × 1,08 = 350,- €

Den Mietwert der WE II schätze ich auch unter besonderer Beachtung allgemeiner Marktkenntnisse auf

mtl. 350,- €
(= ca. 6,85 €/m²)

WE III
nachhaltiger Ertrag = WE I: mtl. 365,- €

WE IV
nachhaltiger Ertrag = WE II: mtl. 350,- €

WE V
Individuelle Korrekturen:
a) Zuschlag wg. Terrasse nach Süden
geschätzter Zuschlag: 5 % (= × 1,05)
b) Abschlag wg. Übergröße (die vom RDM ermittelten Werte beziehen sich auf 70 m^2 Wfl. große Wohnungen)
Abschlag: 9 % (= × 0,91)

104 m^2 Wfl. × 6,20 €/m^2 × 1,05 × 0,91 = 616,- €

Den Mietwert der WE V schätze ich auch unter besonderer Beachtung allgemeiner Marktkenntnisse auf

mtl. 600,- €
(= ca. 5,75 €/m^2)

WE VI
a) Zuschlag wg. Terrasse nach Süden
geschätzter Zuschlag: 5 % (= × 1,05)
b) Abschlag wg. Übergröße (die vom RDM ermittelten Werte beziehen sich auf 70 m^2 Wfl. große Wohnungen)
Abschlag: 5 % (= × 0,95)
c) Zuschläge wg. der besonderen Individualität und des besonderen Reizes der Wohnung werden mehr oder weniger eleminiert durch den Nachteil der Lage im IV. OG (ohne Fahrstuhl), so daß auf einen diesbezüglichen Zuschlag zusammengefaßt betrachtet verzichtet wird.

87 m^2 Wfl. × 6,20 €/m^2 × 1,05 × 0,95 = 538,- €

Den Mietwert der WE VI schätze ich auch unter besonderer Beachtung allgemeiner Marktkenntnisse auf

mtl. 525,- €
(= ca. 6,05 €/m²)

Laden/Büro
Die Vermietbarkeit gewerblicher Räume außerhalb der I a- und I b - Lagen hat sich in den letzten Jahren dramatisch verschlechtert. Häufige Mieterwechsel und zahlreiche Leerstände prägen sehr deutlich die Marktsituation. Selbst in sehr guten Innenstadtlagen wurden in vergangener Zeit Büros häufig für nur 5,- bis 5,50 €/m² vermietet. Ladenmieten von über 10,- €/m² sind kaum noch nachhaltig bzw. sicher erzielbar. Der Sachverständige schätzt deshalb den nachhaltigen Mietertrag der Gewerbefläche im EG durchschnittlich nur auf

6,50 €/m².

Mithin ergibt sich folgende Rechnung:

73 m² × 6,50 €/m² = 474,50 €

Bei freier Abwägung schätze ich in Anlehnung an zuvor vorgenommene Berechnung den nachhaltigen Ertrag abgerundet auf

460,- €.

Als nachträglich angenommene Erträgnisse:

WE I:	365,- €
WE II :	350,- €
WE III :	365,- €
WE IV:	350,- €
WE V:	600,- €
WE VI:	525,- €
GE:	460,- €
	3.015,- €

Jahresrohertrag:

3.015,- €	×	12	=	36.180,- €
				ca. 36.000,- €

Nachhaltig erzielbarer Mietertrag/ ortsübliche Vergleichsmiete

Anm. 26, S. 366

9.3.2 Hinweise zum nachhaltig erzielbaren Mietertrag

Wie die Anlage 18 dieses Gutachtens zeigt, liegen einige der derzeitig ezahlten Mieten nicht unerheblich über dem Niveau, das ich als nachhaltig erzielbar erkannt habe. Diese Differenz hängt u.a. damit zusammen, daß es sich tlw. um ältere Mietverträge handelt, die zu Zeiten abgeschlossen wurden als die Nachfrage nach Wohnraum noch größer war als derzeitig. Maßgebend für die Ertragswertermittlung sind jedoch nicht vergangenheits-, sondern nur gegenwarts- und zukunftsorientierte Erkenntnisse.

Wenn man die als nachhaltig angenommenen Erträgnisse aufaddiert und durch die gesamte Wohnfläche dividiert, ergibt sich ein Durchschnittsmietzins von ca. 6,05 €/m². Diese Mietzinshöhe entspricht etwa auch der Miete von 11,90 DM/m², die als Mietpreisbindung bei dem Verkauf des Objektes von dem Sanierungsträger an den jetzigen Eigentümer vereinbart wurde. Diese Mietpreisbindung ist allerdings inzwischen abgelaufen. Bezüglich der Gewerbefläche war eine Mietpreisbindung von 14,- DM/m² (= 7,15 €/m²) vereinbart worden. Diese Miethöhe ist aufgrund der geänderten Marktsituation heute gar nicht mehr erzielbar, so daß die Mietpreisbindung, selbst wenn diese noch bestünde, nicht mehr sich relevant auswirken würde.

9.3.3 Bewirtschaftungskosten

Die angemessenen Bewirtschaftungskosten schätze ich unter Anlehnung an die Erfahrungssätze, die sich aus der II. BV [3] und den WertR [6] sowie der Fachliteratur [12] ergeben:

Instandhaltungskosten		
Pauschale (Anlage 20)	=	5.500,- €
Verwaltungskosten		
7 × 300,- €	=	2.100,- €
Mietausfallwagnis		
3,5 % vom Brutto-Rohertrag (incl. geschätzter Nebenkosten von 2,00 €/m² Wfl.) = 47.760,- €*	=	1.672,- €
		9.272,- €

* 490 m² × 2,00 €/m² × 12 + 36.000,- €

$$\frac{9.272,- €}{36.000,- €} \times 100 = 25,8\ \%$$

gerundet = 25 %

Dabei bin ich davon ausgegangen, daß Betriebskosten zzgl. zur Nettomiete zu zahlen wären.

9.3.4 Liegenschaftszinssatz

Der Liegenschaftszinssatz ist in der WertV [2] im § 11 wie folgt definiert: *„Der Liegenschaftszinssatz ist der Zinssatz, mit dem der Verkehrswert von Liegenschaften im Durchschnitt marktüblich verzinst wird."* Daraus folgt, daß der Liegenschaftszinssatz aus geeigneten Kaufpreisen iterativ durch Rückwärtsrechnung eines Ertragswertverfahrens abzuleiten ist. Wenn man nicht nur bei einem, sondern bei mehreren Kaufpreisen von Objekten, die sich einem bestimmten Teilmarkt zuordnen lassen, solche Ableitungen vornimmt, können die Ergebnisse ausgemittelt werden und führen so zu einem marktüblichen Zinsfuß. Das Problem bei der Ableitung der Zinsfüße besteht darin, daß diese teilmarktspezifiziert und zeitaktuell zu ermitteln sind.

In den WertR [6] wird bei Geschoßbauten von einem Liegenschaftszinssatz von 5,0 % und bei Geschoßbauten mit tlw. gew. Nutzung von 5,5 % ausgegangen.

Der Gutachterausschuß für Grundstückswerte in der Hansestadt Lübeck hat für gemischt genutzte Objekte einen Liegenschaftszinssatz (Trendwert aus einem Zeitraum von 4 Jahren) von

5,9 %

beobachtet [59].

Eine überregionale Marktanalyse [14] führt bei gemischt genutzten Häusern zu einer Zinsfußbreite von

4,5 - 6,5 %.

Bei überwiegendem Wohnanteil ist der Liegenschaftszinssatz nach den Arbeitsanweisungen bezüglich der zuvor zitierten Veröffentlichung in der unteren Hälfte der Bandbreite zu orientieren, d.h. in einem Bereich zwischen

4,5 - 5,5 %.

Da die Verkäuflichkeit sich als schwierig entwickelt hat und das Angebot größer als die Nachfrage ist, spricht dieses für einen Ansatz in der oberen Grenze der zuvor zitierten Bandbreite, also in einer Größenordnung von

5,5 %.

Es ist festzustellen, daß die regionalen und überregionalen Ergebnisse zumindest tendenziell übereinstimmen, wobei auch hier einzuräumen ist, daß exakte Erkenntnisse nicht vorliegen, so daß auch die Höhe des Liegenschaftszinssatzes letztendlich nur im Schätzwege abgeleitet werden kann. In diesem Zusammenhang ist darauf hinzuweisen, daß die Marktlage sich in den letzten Jahren spürbar verschlechtert hat, was sich tendenziell in steigenden Zinsfüßen auswirkt, so daß der Sachverständige keine Bedenken hat, den Liegenschaftszinssatz mit

6,0 %

in Ansatz zu bringen.

9.3.5 Ertragswertberechnung

Nachhaltig erzielbarer Jahresrohertrag:	36.000,- €
- 25 % Bewirtschaftungskosten:	9.000,- €
Jahresreinertrag des Grundstücks:	27.000,- €
- 6,0 % Verzinsung des Bodenwertes:	5.100,- €
Jahresreinertrag des Gebäudes:	21.900,- €

Der Jahresreinertrag des Gebäudes ist mit dem Vervielfältiger (VV) 15,86 zu multiplizieren, der sich bei Ansatz eines 6,0 %igen Liegenschaftszinssatzes und einer Restnutzungsdauer von 52 Jahren nach der Rentenbarwertformel ergibt:

$$VV = \frac{q^n - 1}{q - 1} \times \frac{1}{q^n}$$

$$q = 1 + \frac{p}{100}$$

p = Liegenschaftszinssatz

n = Restnutzungsdauer

21.900,- DM × 15,86 =	347.000,- €
zzgl. Bodenwert (9.1.6) =	85.000,- €
Zwischen-Ertragswert:	432.000,- €
- Abschlag wg. Investitionsbed.	
(siehe 8.9 und 9.2.4) =	25.000,- €
Ertragswert:	407.000,- €

9.4 Vergleichswertverfahren

9.4.1 Vergleichspreise

Folgend habe ich 7 Kaufpreise aufgelistet, die im Zeitraum 2000 - 2002 für andere tendenziell oder hilfsweise vergleichbare Objekte in der Lübecker Innenstadt und in den Vorstädten vereinbart worden sind.

Herangezogen habe ich nur Kaufpreise solcher Objekte, die - was den Sanierungsgrad angeht - mit dem Bewertungsobjekt etwa vergleichbar sind.

Die Objekte befinden sich z.B. in der Hundestr., am Hüxterdamm, in der Engelsgrube und Kronsforder Allee.

Lfd.Nr.	Kaufpreis	Wfl. Nfl.	Art	Kaufpreis	Jahr
	€	m^2		€/m^2	(Verkauf)
1	680.000,-	1.000	1	680,-	2002
2	263.929,-	290	2	910,-	2000
3	373.243,-	256	3	1.458,-	2000
4	189.178,-	132	4	1.433,-	2000
5	150.831,-	284	5	531,-	2000
6	818.067,-	1.026	6	797,-	2000
7	199.404,-	263	7	758,-	2001

1 = Büro- und Geschäftshaus, 1980 saniert bzw. umgebaut
2 = Büro- und Geschäftshaus, 1978 -"-
3 = Mietwohnhaus, 1994 -"-
4 = kleines Geschäfts -und Wohnhaus, guter Zustand
5 = Mietwohnhaus, guter Zustand
6 = Wohnblock und Garagen, guter Zustand
7 = Mietwohnhaus, mittlerer Zustand

9.4.2 Auswertung der Vergleichspreis

9.4.2.1 Streubreite der Einzelwerte

531,- bis 1.458,- €/m^2

9.4.2.2 Das arithmetische Mittel errechnet sich dabei zu

$$\bar{x} = \frac{\sum x_i}{n} = \frac{6.567,- €/m^2}{7} = 938 - €/m^2$$

9.4.2.3 Ausreißerproblematik

Bei kleineren Stichproben dürfen Extremwerte („Ausreißer") sowohl nach unten als auch nach oben keine Berücksichtigung finden, da diese möglicherweise das Ergebnis einseitig verzerren könnten (bei größeren Stichproben, z.B. 30 Werte, kann in der Regel auf die Erkennung und Aussonderung von „Ausreißern" verzichtet werden, da nach dem Gesetz der Wahrscheinlichkeit die zu hohen und zu niedrigen Werte sich eliminieren).

Alle Kaufpreise, die eine Variationsbreite von ± 33,3 % überschreiten, werden als Extremwerte ausgesondert.

Variationsbreite:

625,- €/m² bis 1.251,- €/m².

Es ist festzustellen, daß 3 der 7 Kaufpreise die Variationsbreite über- oder unterschreiten, so daß diese zu eliminieren sind. Aus den verbleibenden 4 Preisen errechnet sich ein Mittelwert von

$$\bar{x}_2 = 786,- €/m^2$$

9.4.3 Bewertung der Vergleichspreise

Die Anzahl von nur 4 Vergleichspreisen reicht aus mathematisch-statistischer Sicht nicht aus, einen gesicherten Vergleichswert abzuleiten. Die ermittelten Werte können insoweit nur als hilfsweise Trendwerte Berücksichtigung finden. Wenn man alle 7 Vergleichspreise berücksichtigt (incl. der Extremwerte), würde dieses zu folgendem Vergleichswert führen:

490 m² Wohn- und Nfl. × 938,- €/m² = 460.000,- €

Ohne Berücksichtigung der Extremwerte ergäbe sich folgende Rechnung:

490 m² Wohn- und Nfl. × 786,- €/m² = 385.000,- €

Es kann hier nur festgestellt werden, daß der Vergleichswert "- in etwa -" in der Bandbreite zwischen

385.000,- € und 460.000,- €

erwartet werden kann.

Der Vergleichswert wird hilfsweise mit

425.000,- €

angenommen.

Wenn man den Vergleichswert exakter ermitteln wollte, müßte man noch Korrekturfaktoren anbringen wegen Über-/Untergrößen der Vergleichsobjekte, unterschiedlicher Beschaffenheiten und Nutzungsqualitäten. Auf diese weiteren Korrekturen wird hier verzichtet, da, wie bereits erwähnt, es sich nur um einen Hilfswert handeln kann.

Makler-Methode

Anm. 27, S. 369

Hilfsweise kann der Vergleichswert auch über die „Maklermethode" abgeleitet werden. Der Ring Deutscher Makler (RDM) tabelliert die durchschnittlichen Multiplikatoren, die sich ergeben, wenn man die Kaufpreise durch die Jahres-Netto-Miete (ohne Betriebskosten) dividiert. Im Preisspiegel 2002 beträgt der Multiplikator bei Altbauten das 10,5fache der Jahresmiete und bei neueren Gebäuden (Nachkriegsbauten) das 12,5fache. Im Hinblick auf die vorgenommenen Modernisierungs- und Sanierungsmaßnahmen und auch im Hinblick auf die Lage in der Innenstadt wird das 12,5fache für durchaus marktkonform angenommen. Möglicherweise ist hier sogar noch ein kleiner Zuschlag vertretbar im Hinblick auf die vorgenommene doch recht durchgreifende Sanierung. Wenn man also das 12,5fache zugrunde legte, errechnete sich folgender Betrag:

36.000,- € × 12,5 = 450.000,- €.

Auch der Gutachterausshuß für Grundstückswerte hat Untersuchungen bezüglich der Multiplikatoren vorgenommen und auf der Seite 32 im zuvor bereits erwähnten Marktbericht mitgeteilt, daß bei Wohn- und Geschäftshäusern im Jahre 2001 das Mittel bei der 10,2fachen Miete gelegen hat. Allerdings bezieht sich diese Untersuchung, soweit nachvollziehbar, nicht auf nachhaltig erzielbare Mieterträgnisse, sondern auf die gezahlten Mieten, so daß der Faktor nicht konkretisiert anwendbar ist. Es ist zu vermuten, daß die gezahlten Mieten tlw. höher lagen, da, wie allgemein bekannt, in der Vergangenheit die Mietpreise deutlich höher lagen als gegenwärtig. Insoweit ergibt sich aus dem Multiplikator von 10,2, den der Gutachterausschuß ermittelt hat, eine gewisse Plausibilitätskontrolle des zuvor angesetzten Faktors von 12,5.

Zusammengefaßt auch unter Berücksichtigung allgemeinen Erfahrungswissens und sonstiger Informationsquellen schätzt der Sachverständige den Vergleichswert - auch im Hinblick auf Investitionsbedarf, auch im Hinblick auf vorgefundene Sanierungsmaßnahmen - auf

440.000,- €.

10. Ergebnis

Marktangepaßter Sachwert (hilfsweise):	400.000,- €
Ertragswert:	407.000,- €
Vergleichswert (hilfsweise):	440.000,- €

Die Ergebnisse der drei angewandten Wertermittlungsverfahren stimmen nicht gut, aber ausreichend überein. Wie zuvor im Gutachten schon erläutert, ist das Ergebnis der Ertragswertberechnung mit erhöhtem Gewicht zu berücksichtigen, da bei den beiden anderen Verfahren erheblich größere Ungenauigkeiten verfahrensbedingt unvermeidbar sind.
Auch ist bei Verkehrswertermittlungen zu berücksichtigen, daß Baulasten eingetragen sind, die sich auf Überwegungen (Rettungswege) beziehen. Die Baulasten betreffen sowohl das zu bewertende Grundstück als auch das benachbarte Grundstück Paulsgrube 47, so daß hier herrschende und belastende Baulasten zu berücksichtigen sind und davon ausgegangen werden kann, daß sich diese Vor- und Nachteile aufheben. Bezüglich der Fluchtwege verweise ich auch auf die Anlage 17, wo die Fluchtwege grün coloriert dargestellt sind.
Im Regelfall wäre nach Auffassung des Sachverständigen der Verkehrswert in einer Größenordnung von etwa 410.000,- bis 420.000,- € zu erwarten. Allerdings sind auch die bereits im Gutachten erwähnten Nachteile zu berücksichtigen, die sich aus der Lage in einem Sanierungsgebiet ergeben, die sich erfahrungsgemäß nicht verkaufsfördernd auswirkt. Auch ist hier nochmals auf die Ausgleichsbeträge hinzuweisen, die möglicherweise abgeschöpft werden.

Der Sachverständige *schätzt* bei freier Abwägung aller Vor- und Nachteile den Verkehrswert auf

<u>400.000,- €.</u>
(Vierhunderttausend EURO)

Ich bin davon ausgegangen, daß Altlasten (z.B. Bodenverunreinigungen) nicht vorhanden sind.
Eine Baugrundanalyse wurde nicht vorgenommen oder veranlaßt. Der Sachverständige geht von normalen Baugrundverhältnissen aus.

Die Verkehrswertermittlung bezieht sich auf ein grundbuchlich (Abt. II) lastenfreies Objekt, abgesehen von dem zuvor bereits erwähnten Sanierungsvermerk.

Gerichtlich bestellter
Sachverständiger:

....
(Streich)

Anlagen:

Verlängerte Restnutzungsdauer – Anm. 25

Bei Baulichkeiten, deren Alter größer ist als die gewöhnliche Gesamtnutzungsdauer, verbleibt, sofern eine wirtschaftliche Verwertbarkeit erkennbar ist, immer eine gewisse Restnutzungsdauer. Diese ist primär unter wirtschaftlichen Aspekten zu schätzen. Wenn ein Gebäude durchgreifend saniert worden ist, ergeben sich verlängerte Restnutzungsdauern ähnlich einem Neubau. Bei dem Bewertungsobjekt, das im Gutachten Nr. 10 vorgestellt wurde, handelt es sich um ein durchgreifend saniertes, in weiten Teilen neu aufgebautes Objekt, so dass die Restnutzungsdauer zum Sanierungszeitpunkt relativ lange mit 60 Jahren angenommen wurde. Es wäre im Hinblick auf verwendete alte Bauteile nicht richtig, die Restnutzungsdauer des sanierten Objektes der Gesamtnutzungsdauer eines entsprechenden Neubaus anzugleichen. In der Fachliteratur werden verschiedene Rechenmodelle angeboten, mit denen nach Umfang der verschiedenen Gewerke, die saniert worden sind, die Restnutzungsdauer „berechnet" werden kann Man kann zwar versuchen durch solche Rechenoperationen die Schätzung der Restnutzungsdauer zu präzisieren, doch darf hier nicht der Markt außer Acht gelassen werden.

Wenn Tabellen angewendet werden, wo nach verschiedenen Gewerken gewichtet je nach Zustand bzw. Modernisierungsgrad die Restnutzungsdauer abgeleitet wird, darf hier nicht außer Acht gelassen werden, dass der Verkehrswert einer Immobilie weniger unter bautechnischen, sondern mehr unter marktwirtschaftlichen Aspekten zu berechnen ist. Die Gefahr ist sehr groß, dass Sachverständige sich hier in bautechnischen Details verzetteln und ihr Augenmerk für das Wesentliche – den Markt – verlieren.

Generell ist zu bemerken, dass die Restnutzungsdauer und auch die gewöhnliche Gesamtnutzungsdauer aktuell niedriger als in der Vergangenheit anzusetzen sind, denn es zeigt sich immer mehr, dass die wirtschaftliche Verwertbarkeit von Immobilien immer kürzer wird. Diese Feststellung trifft insbesondere zu für Immobilien mit nicht universeller Verwertbarkeit.

Der Trend zu immer kürzeren Gesamtnutzungsdauern lässt sich auch aus der Fachliteratur verfolgen, denn wenn man entsprechende Tabellen aus dem Fachbuch von SIMON/KLEIBER [5] aufgreift, kann beobachtet werden, dass z.B. in der 6. Auflage bezüglich vieler Gebäudearten noch um 20 Jahre längere Gesamtnutzungsdauern mitgeteilt wurden.

Nachhaltiger Mietertrag/ortsübliche Vergleichsmiete – Anm. 26

Basis einer Ertragswertberechnung ist immer der nachhaltig erzielbare Mietertrag, nicht die ortsübliche Vergleichsmiete oder die zum Bewertungsstichtag tatsächlich gezahlte Miete. Als nachhaltig ist eine Miete zugrunde zu legen von der angenommen werden kann, dass diese Miete auch über einen längeren Zeitraum tatsächlich erzielbar ist, wobei nicht eine extrem niedrige Miete gemeint ist, aber auch nicht eine Miete im oberen Bereich des üblichen Mietenspektrums. Zukünftige konjunkturelle Entwicklungen bleiben bei der Schätzung des nachhaltigen Mietertrages außer Acht, da die Zukunftsentwicklung „automatisiert" durch die Verwendung von Liegenschaftszinssätzen in die Wertermittlung einfließt. Wenn die Liegenschaftszinssätze aus Kaufpreisen durch Rückwärtsrechnung des Ertragswertverfahrens direkt aus dem Markt abgeleitet werden, ergibt sich insoweit eine hervorragende Marktkonformität. Ein wesentlicher Vorteil bei diesem Verfahren gegenüber angelsächsischen Ertragswertmethoden ist der, dass keine Schätzungen möglicher Mietpreisanstiege (oder auch Rückgänge) in die Berechnung einfließen brauchen.

Bei der Ermittlung des nachhaltig erzielbaren Mietertrages sind nur konkrete künftige Werteinflüsse zu berücksichtigen, sofern solche schon zum Bewertungsstichtag erkennbar sind. Wenn beispielsweise ein Geschäftshaus mit Läden im Erdgeschoss zu bewerten ist und eine neue Passagenanlage sich im Bau befindet, von der anzunehmen ist, dass durch diese neue Passagenanlage Passantenströme im großen Umfange von dem Standort des Bewertungsobjektes weggeleitet werden in eine andere Richtung, so muss hier durchaus eine entsprechende Prognose im Schätzwege mit in das Gutachten eingearbeitet werden. Bei Wohnungen, die beispielsweise eine schöne Aussicht auf einen Park oder auf ein Gewässer aufweisen, ist zu prüfen, ob möglicherweise durch Baumaßnahmen dieser Lagevorteil nur kurz- oder mittelfristig bestehen bleiben könnte. Auch in einem solchen Fall sind ggf. besondere Rechenwege zu beschreiten bzw. Zu- oder Abschläge zu konstruieren. Im Regelfall ist jedoch der nachhaltig erzielbare Mietertrag identisch mit der Marktmiete zum Zeitpunkt der Bewertung, wobei, um dieses hier noch einmal ganz deutlich zu sagen, die Marktmiete im mittleren Level zu verstehen ist.

Der nachhaltig erzielbare Mietertrag ist *nicht* identisch mit der ortsüblichen Vergleichsmiete gem. § 558 (2) BGB [61], die als eine vergangenheitsorientierte Miete bezeichnet werden kann, denn es sind bei der Ermittlung der ortsüblichen Vergleichsmiete Mieten aus einem zurückliegenden Zeitraum von 4 Jahren abzuleiten. Dabei sind nicht nur Marktmieten zu berücksichtigen, sondern auch veränderte Bestandsmieten, d.h. ältere Mietverträge, bei denen in den letzten 4 Jahren die Miete erhöht (oder ermäßigt) worden ist, wobei die Erhöhungen und Ermäßigungen sich hier nur auf die Netto-Kalt-Miete beziehen. In den vergangenen Jahren, als die Mieten mehr oder weniger allerorts starke Preissteigerungen aufgewiesen hatten, ergaben sich häufig erhebliche Differenzen zwischen der Marktmiete (nachhaltig erzielbarer Mietertrag) und den ortsüblichen Vergleichsmieten.

Sachverständige, die den nachhaltig erzielbaren Mietertrag aus Vergleichsmieten, Preisübersichten, RDM-Spiegel usw. ableiten, müssen sich auch Gedanken machen über die ortsübliche Vergleichsmiete, denn diese darf im Regelfall nicht wesentlich (um mehr als 20 %) überschritten werden. [62]

Ein Problem für Wertermittler stellt sich insoweit, als dass die ortsübliche Vergleichsmiete häufig sehr schwierig gesichert feststellbar ist. Mietspiegel können auch nicht immer helfen, denn zahlreiche Mietspiegel sind ausgehandelt oder erkennbar fehlerhaft. Selbst „qualifizierte" Mietspiegel, die als neues Rechtsinstrument im Jahre 2001 eingeführt worden sind, erfüllen nicht immer die Ansprüche, die der Name vermuten lässt. Das Bundesministerium für Verkehr, Bau- und Wohnungswesen hat zum 1. Juli 2002 die „Hinweise zur Erstellung von Mietspiegeln" aktualisiert [63]. Die dort formulierten Anforderungen werden von der Mehrzahl der mir bekannten Mietspiegel nicht erfüllt, wobei diese Feststellung ausdrücklich gerade auch für die qualifizierten Mietspiegel zutrifft. Bei einem qualifizierten Mietspiegel gilt die widerlegbare Vermutung der Richtigkeit, so dass hier sehr hohe Ansprüche formuliert worden sind. Wesentliche Ausstattungs- und Strukturmerkmale werden jedoch von nahezu keinem Mietspiegel ausreichend beachtet, ich denke hier z.B. an das Ausstattungsmerkmal „mit oder ohne Balkon" oder an die Gebäudestruktur „Lage der Wohnung im kleinen Objekt mit z.B. 4 - 5 WE" oder „Lage der Wohnung in einer großen Wohnanlage oder gar Hochhaus".

Auch individuelle Lagesituationen werden nicht immer ausreichend berücksichtigt. Gerade die Hansestadt Lübeck ist hier ein gutes (besser gesagt ein schlechtes) Beispiel, da die Hansestadt Lübeck sich aus verschiedenen Ortsteilen zusammenfügt, die tlw. überhaupt nicht vergleichbar sind, da sich jeweils völlig unterschiedliche Marktmechanismen entwickelt haben. Der Stadtteil „Kurort und Seebad Travemünde" gehört zwar als Ortsteil zur Hansestadt Lübeck, bildet jedoch einen eigenen Teilmarkt. Im Mietspiegel 2002 („qualifizierter Mietspiegel") ist diesen Gegebenheiten jedoch nicht Rechnung getragen worden. Es ist geradezu grotesk, dass beispielsweise die Straße „Vorderreihe" im OT Travemünde, eine Straße, wo von den Wohnungen freie Aussicht auf die Trave, den Passathafen mit der dort ankernden „Passat" und vorbeifahrende Fährschiffe besteht, im Mietspiegel schematisiert als „mittlere Lage" qualifiziert wird. Gerade an diesem Standort werden in Lübeck die höchsten Mieten gezahlt, was auch statistisch gesichert nachweisbar ist.

Für Verkehrswertermittler stellt sich das Problem, dass sie sich auf die örtlichen Gegebenheiten einstellen müssen, wobei hier überregional arbeitende Sachverständige mit Sicherheit Probleme haben werden, die speziellen örtlichen Gegebenheiten sachgerecht zu recherchieren.

Die ortsübliche Vergleichsmiete ist nicht identisch mit dem nachhaltig erzielbaren Mietertrag und deshalb sollten Sachverständige bei Anwendung von Marktdaten stets nachfragen, auf welchen Rechenmethoden die Erkenntnisse basieren, die in Marktberichten und Übersichten mitgeteilt werden. Aus dem Marktbericht der Hansestadt Hamburg [64] kann entnommen werden, dass dort beispielsweise die Liegenschaftszinssätze durch Rechenmodelle gewonnen wurden, wo weder der nachhaltig erzielbare Mietertrag noch die tatsächlich gezahlten Mieten zugrunde gelegt wurden, sondern die Mieten aus dem Mietspiegel der Freien und Hansestadt Hamburg. Sachverständige, die unkorrigiert diese Liegenschaftszinssätze einer Ertragswertberechnung mit nachhaltig erzielbaren Mieterträgnissen zugrunde legen, werden schnell fehlerhafte Gutachten erstatten.

Es muss hier sehr kritisch angemerkt werden, dass sich in zahlreichen Gutachten, bei denen das Ertragswertverfahren angewendet wird, zu wenig mit den mietrechtlichen Problemen auseinandergesetzt wird. Mietansätze, die manchmal um 50 oder 60 % über der ortsüblichen Vergleichsmiete liegen, können sich schnell zu einem Haftungsfall des Gutachters entwickeln. Auch Verkehrswertermittler sollten sich intensiv mit mietrechtlichen Fragen beschäftigen, da Verkehrswertgutachter letztendlich auch Mietenexperten sein müssen.

Schließlich ist hier noch anzumerken, dass die forensische Akzeptanz von Mietspiegeln sehr unterschiedlich ist.

Makler-Methode – Anm. 27

Die „Makler-Methode" ist ein bestechend einfaches Überschlagsverfahren mit dem man in zahlreichen Fällen den Verkehrswert genähert marktkonform ermitteln kann. Allerdings kann das Ergebnis auch genauso in eine verkehrte Richtung führen, da die Makler-Methode eben nur als Überschlags- und Trendrechnung verstanden werden darf. Der Ring Deutscher Makler teilt für über 200 Städte in seinen Preisspiegeln bezüglich Renditeobjekte das Vielfache der Jahres-Netto-Kalt-Miete mit und weist im RDM-Immobilien-Preisspiegel darauf hin, dass diese Vervielfältiger nicht auf Geschäftshäuser übertragbar sind.

Es darf hier der Hinweis nicht unterbleiben, dass diese Trendwerte immer nur für Durchschnittsobjekte mit durchschnittlichen Eigenschaften zu etwa marktgerechten Werten führen können. Man muss bei Anwendung der Makler-Methode hinterfragen, welche Objektart als „durchschnittlich" in einer Gemeinde zu bezeichnen ist. Wenn man beispielsweise feststellt, dass die Mehrzahl der Mietwohnhäuser Altbauten sind, die um die Jahrhundertwende (um 1900) errichtet worden sind und in der Mehrzahl etwa 8 - 10 WE pro Haus aufweisen, so wäre der Vervielfältiger (Multiplikator) bei Anwendung der Makler-Methode erheblich zu korrigieren, wenn nun beispielsweise ein kleines Wohnhaus mit nur 4 WE, zudem in einer guten Lage befindlich, bewertet werden soll. Umgekehrt würde der Vervielfältiger sich erheblich reduzieren, wenn beispielsweise ein Hochhaus in einer weniger nachgefragten Lage zu beurteilen ist.

Das Spektrum des Vervielfältigers reicht im Bereich der Hansestadt Lübeck etwa vom 7- bis zum 20-fachen. Hier den „richtigen Treffer" zu landen, ist nahezu unmöglich.

Zusätzlich stellt sich die Frage, mit welchen Mieten der Vervielfältiger überhaupt zu multiplizieren ist. Sind es die nachhaltig erzielbaren Mieterträgnisse, sind es die tatsächlich gezahlten Mieten oder die ortsüblichen Vergleichsmieten? Solange diese Fragen nicht präzise beantwortet sind, kann in der Makler-Methode immer nur eine grobe Hilfsrechnung erkannt werden. Allerdings meinen zahlreiche Kunden auf das Honorar für den Gutachter verzichten zu können und es wird dann eine eigene Rechnung gemacht, die möglicherweise erhebliche Vermögensschäden initiiert. Hier wird oft am falschen Ende gespart.

Leider darf hier nicht unerwähnt bleiben, dass auch einige „Sachverständige" gelegentlich in dieser vereinfachten Form ihre „Gutachten", besser gesagt „Schlechtachten", herstellen.

GUTACHTEN

des öffentlich bestellten und vereidigten Sachverständigen

JÜRGEN-WILHELM STREICH

aus Lübeck

. Ausfertigung

VERKEHRSWERTGUTACHTEN

EICHENWEG 33, 56789 STEINDORF

Gutachten vom 22. März 2003
Nr. 1/xxx/02

- Dieses Gutachten umfaßt 83 Seiten -

JÜRGEN-WILHELM STREICH

Regierungsvermessungsamtmann a.D.

Von der Industrie- und Handelskammer zu Lübeck öffentlich bestellter und vereidigter Sachverständiger für die Bewertung von bebauten und unbebauten Grundstücken, für Mieten und Pachten sowie für Erbbaurechte

1. Auftrag

Der Verkehrswert des Bewertungsobjektes ist wegen anstehender Zwangsversteigerung durch ein Sachverständigengutachten zu ermitteln.

2. Verkehrswert

Der Verkehrswert ist im BauGB [1] - Fundstellen siehe Anlage 23 - als der Wert definiert, der im gewöhnlichen Geschäftsverkehr ohne Berücksichtigung persönlicher oder ungewöhnlicher Umstände beim Verkauf zu erzielen ist. Die Wertermittlung führe ich in Anlehnung an die Regularien der WertV [2] durch.

3. Auftraggeber

Tennis- und Freizeit-Center GmbH
Eichenweg 33, 56789 Steindorf
Schreiben vom xxxxxxxx
Az.: xxxxxxxx

4. Bewertungsobjekt

Eichenweg 33, 56789 Steindorf

4.1 Kurzbeschreibung

25.313 m^2 großes Gelände in Steindorf, einem Stadtrandkern I. Ordnung zu Seestadt, Sondergebiet, das durch ein Tennis- und Freizeit-Center (Baujahr 1976/1983) genutzt wird (9 Indoor-Tennisplätze, 9 Außen-Tennisplätze, 11 Squash-Courts, 4 Badminton-Felder und 6 Kegelbahnen, Aerobic- und Fitneß-Bereich, Schwimmbad, Sauna, Restaurant und ein Club-Restaurant (Squash-Bar), Parkplätze vor dem Haus, Baulichkeiten im wesentlichen in ordentlicher Beschaffenheit, z.T. jedoch Modernisierungsbedarf. Areal in einem Einfamilienhaus-Gebiet mit relativ ungünstiger Erreichbarkeit (keine Sichtlage), Parzellierung für Einfamilienhaus-Bauplätze nach Abbruch aller Baulichkeiten und B.Plan-Änderung nicht auszuschließen, jedoch noch nicht sicher.

VERKEHRSWERT: 1.300.000,- €

4.2 Katasterbezeichnung (Katasteramt Seestadt)
Gemeinde Steindorf, Gemarkung Steindorf, Flur 4,

Flurstück	55/2	mit	1.100 m^2
Flurstück	55/3	mit	154 m^2
Flurstück	55/4	mit	24.059 m^2
			25.313 m^2

Bestand Nr.: 748

4.3 Grundbuchbezeichnung (Amtsgericht Seestadt)
Grundbuch von Steindorf, Blatt 793

4.4 Eingetragener Eigentümer
Frau XXXXX XXXXXXXXXXXXX

4.5 Ortsbesichtigungen
4. Januar und
26. Februar 2003

4.6 Bewertungsstichtag
26. Februar 2003

5. Mieter/Nutzer
Die Immobilie ist verpachtet an die Tennis- und Freizeit-Center Steindorf GmbH & Co. KG. Nach Auskunft des Geschäftsführers wurde das gesamte bewegliche Inventar von der GmbH gestellt. Die Bewertung bezieht sich insoweit auf die Immobilie mit Baulichkeiten nur in Verbindung mit fest eingebauten Einrichtungen. Der Sachverständige geht - ohne Gewähr - davon aus, daß das Zubehör insoweit nicht Bewertungsgegenstand ist.

6. Beschreibung des Bewertungsobjektes

6.1 Lage - regional

Kreis Seestadt, Gemeinde Steindorf, amtsfreie Gemeinde mit z.T. städtischer Struktur, die direkt an Seestadt und an die Gemeinde Ottenstedt angrenzt.
Steindorf ist landesplanerisch als Stadtrandkern I. Ordnung zu Seestadt eingestuft (ca. 13.000 Einwohner).
Es besteht direkte Busverbindung nach Seestadt (Stadtbusverkehr Seestadt). Eine BAB-Anschlußstelle (Seestadt-Mitte) steht im OT Waldstadt von Seestadt, der direkt an die Gemeinde Steindorf anstößt, zur Verfügung und ist insoweit günstig erreichbar.

6.2 Lage - örtlich

Lage in einem Wohngebiet nördlich der Husumer Landstraße (B 888) in einem primär durch Einfamilienhausbebauungen geprägten Bereich, im weiteren Umfeld sind auch ein Altenheim, eine Sportanlage, der Sonnenallee und ein Spiel- und Bolzplatz anzutreffen.
Die Zufahrt zu dem fraglichen Bereich, wo sich das Bewertungsobjekt befindet, ist nicht sehr komfortabel, da von der B 888 aus keine direkte Anfahrmöglichkeit besteht, vielmehr erfolgen die Zufahrtsmöglichkeiten „über mehrere Ecken".
Für eine gewerbliche bzw. gewerblich-ähnliche Nutzung ist der Standort insoweit nicht von Vorteil, schon deshalb nicht, da es sich nicht um eine „Sichtlage" handelt.

Sichtlage, Lage von Gewerbegrundstücken

Anm. 28, S. 415

Ergänzend ist noch zu berichten, daß für Fußgänger und Radfahrer die Anfahrt sich leichter gestaltet, da verkürzende Verbindungswege für diese Verkehrsteilnehmer zur Verfügung stehen.
Wenn man die vorhandene bauliche Nutzung außer Acht läßt und von einer zukünftigen Nutzung des Areals durch Bebauung mit Einfamilienhäusern ausgeht, so ist der Standort als durchaus positiv und nachgefragt zu bezeichnen. Die nicht direkte Erreichbarkeit wirkt sich insoweit verkehrsberuhigend

und weniger negativ bzw. sogar vorteilhaft aus. Die Nachfrage nach Bauplätzen für Einfamilienhäuser, auch für Reihenhäuser, ist im fraglichen Bereich als durchaus intensiv zu bezeichnen. Dem Sachverständigen ist bekannt, daß Bauplätze in Steindorf und auch in den angrenzenden Orten nach wie vor als gesucht zu bezeichnen sind. Der Standort ist schon wegen der Nähe zum Ortszentrum von Steindorf mit umfangreicher infrastruktureller Versorgung als beliebt zu bezeichnen. Auch auf die bereits erwähnte relativ schnelle Erreichbarkeit einer BAB-Anschlußstelle (Seestadt-Mitte) ist hier nochmals hinzuweisen.

6.3 Grundstück

Das zu bewertende Grundstück (lfd. Nr. 4 im Bestandsverzeichnis des Grundbuchs)besteht nach katasteramtlicher Zerlegung aus drei Flurstücken und ist etwa 2,5 ha groß. Wie auch die Flurkarte (Anlage 3) zeigt, ist das Areal in etwa rechteckig geschnitten. Die Breite des Grundstücks beträgt etwa 115 bis 120 m, während die Tiefe der Anlage 3 mit etwa 215 m abgegriffen werden kann.

Bestands-verzeichnis, Grundstück, Flurstück

Anm. 29, S. 416

Bei den Flurstücken 55/2 und 55/3 handelt es sich um Verkehrsflächen, die auch der Erschließung der anstoßenden Bebauungen dienen. Entsprechend sind die beiden Flurstücke auch mit Baulasten zu Gunsten der Anlieger belastet.
Die Oberflächengestalt des Areals ist als eben zu bezeichnen.
Das Grundstück ist voll erschlossen und bebaut.

6.4 Bebauung

Die Ursprungsbebauung erfolgte 1976, basierend auf dem Bauschein Nr. 12.345 vom 13. September 1975. Zunächst wurden die Gebäudeteile errichtet, die ich in der Anlage 4 mit dem Buchstaben A, B und C gekennzeichnet habe. Es handelt sich dabei um das Clubhaus mit Gaststätte (A) sowie die anschließende Kegelbahn (B) und eine freitragende Tennishalle mit 4 Plätzen (C).

Zu diesem Zeitpunkt wurden auch die Außen-Tennisplätze auf dem östlichen Teil des Grundstücks angelegt.
1983 erfolgte eine erhebliche Erweiterung des Baukörpers durch die Gebäudeteile D, E, F und G.
Durch den 1982 errichteten Anbau wurden fünf weitere Indoor-Tennisplätze, 11 Squash-Courts und 4 Badminton-Spielfelder errichtet. Außerdem befinden sich in dem Gebäudeteil D Räumlichkeiten, die inzwischen zu einem Fitneß-Center umgestaltet worden sind, zudem ein Schwimmbad, Damen- und Herren-Toiletten sowie weitere Nebenräume.
Zwischen den Planunterlagen, die den Baugenehmigungsakten entnommen worden sind und der Örtlichkeit, bestehen im Detail einige Abweichungen, die letztendlich jedoch als nicht wesentlich wertrelevant vom Sachverständigen bewertet werden. Auch die Maße, die dem Katasterlageplan (Anlagen 3 und 4) graphisch entnommen wurden, stehen zum Teil im Widerspruch zu den Maßen der Bauzeichnungen. Auf die gesamte Kubatur bezogen handelt es sich jedoch um Abweichungen, die, wie bereits erwähnt, als nicht wesentlich wertrelevant erkannt wurden, so daß der Sachverständige diesen Abweichungen nicht weiter nachgegangen ist. Wenn man die exakten Nutzflächen und Kubaturen ermitteln wollte, wären äußerst zeitaufwendige Detailaufmaße und Neuberechnungen erforderlich, die jedoch in keinem Verhältnis zu der sich daraus resultierenden Ergebnisgenauigkeitssteigerung stünden.
Bei der 1976 errichteten Tennishalle (C) handelt es sich um eine freitragende Stahlkonstruktion, während die später errichteten Tennishallen E und G als Holzbinderkonstruktionen errichtet wurden.
Den Bauakten der Bauordnungsbehörde habe ich bezüglich des 2. Bauabschnittes auszugsweise entnommen und ergänzt:

Tennishallen

2 Hallen mit je 3 Plätzen, Einzelfundamente an den Stützen, Fundamentbalken an den Giebeln, Betonsohle, Traufenwände Holzfachwerkkonstruktion, Außenverkleidung mit Trapezblechen, Dacheindeckung mit Wellasbest-Zementplatten, Lichtbänder aus Wellpolyester-Platten, Hallenboden mit Kiesgeröll, Asphaltbeton, Asphaltfeinbeton, darauf Spezial-Tennistextilbelag.

Squash-Halle

11 Squash-Courts, Einzelfundamente an den Stützen und Fundamentbalken an den Giebeln, Betonsohle, Innenwände der Squash-Boxen gemauert aus Kalksandsteinmauerwerk, Wände mit Spezialputz, Dacheindeckung mit Stahltrapezblechen, Parkettbelag als Schwingboden, Squash-Boxen mit Glastüren abgegrenzt (Sicherheitsverglasung).

Zwischen-Trakt

Einzel- und Streifenfundamente, Kalksandsteinmauerwerk, tlw. Stahlbetonstützen, Fassadenbleche aus Trapezblechen, Decken als Rippendecke, Wände geputzt und in Naßräumen gefliest.

Die bebaute Fläche aller Baukörper habe ich mittels aus dem Katasterlageplan graphisch ermittelter Maße berechnet (Anlagen 4 und 11). Basierend auf diesen Zahlen habe ich überschlägig die Kubaturen ermittelt und in der Anlage 12 niedergelegt. Dort ist erkennbar, daß der gesamte Umbaute Raum der Baukörper

Graphische Kontrolle, Erfahrungswerte

Anm. 30, S. 417

ca. 67.000 m^3

beträgt.

Der westlich gelegene unbebaute Teil des Flurstücks 55/4 wird durch Kraftfahrzeug-Stellplätze genutzt. Diese Flächen sind durch Verbundpflasterung befestigt. Weitere Stellplätze befinden sich zwischen dem Gebäudeteil A und den Tennisplätzen. Außerdem hat die Gemeinde Steindorf durch Baulasten zu Gunsten des Bewertungsobjektes weitere Kraftfahrzeug-Stellplätze übernommen.

Der Sachverständige verzichtet auf weitere detaillierte Beschreibungen der vorhandenen Bebauung, da der Verkehrswert primär geprägt wird durch zukünftige andere Nutzungen, auf die ich an anderer Stelle in diesem Gutachten eingehe.

6.5 Nutzung

Gebäude A

Dieser Gebäudeteil wird primär durch die vorhandene Gaststätte genutzt, die, wie die Anlage 6 zeigt, 60 Plätze aufweist. Außerdem gehören zu diesem Bereich zwei Säle, die 48 und 62 Plätze aufweisen, außerdem ist der Küchentrakt mit zeitgemäßer

Ausstattung (Wand- und Bodenfliesen, Kühlraum) zu erwähnen. Die Räume, die ich in der Anlage 6 als Saal 1 und Saal 2 bezeichnet habe, werden derzeitig primär als Aerobic-Räume genutzt. Durch entsprechenden Parkett-Fußboden und Spiegelwände wird diese Nutzung ermöglicht.
Außerdem sind diverse Umkleideräume, Damen- und Herren-Toiletten, Büroräume und ein Saunatrakt zu erwähnen.

Gebäude B

Hier befinden sich 3 Vorräume sowie eine Halle, die 3 × 2 Bahnen beinhaltet. Bei der technischen Einrichtung handelt es sich um die Ursprungsausstattung.

Gebäude C

Diese Halle wird durch 4 Innen-Tennisplätze genutzt. Wie zuvor im Gutachten schon berichtet, handelt es sich auch bei dieser großen Tennishalle um einen freitragenden Baukörper.

Gebäude D

Dieser Zwischentrakt dient neben der inneren Erschließung der Baulichkeiten sowie als Fitneß-Center, Schwimmbad sowie einer Boutique mit Anbindung an den Bereich, der als Club-Restaurant mit Squash-Bar genutzt wird. Zu erwähnen ist außerdem ein Schwimmbad, das kürzlich umfangreich modernisiert worden ist. Außerdem sind hier noch weitere Nebenräume, z.B. Umkleideräume vorhanden.

Gebäude E

Hier handelt es sich um eine freitragende Halle, die durch 3 Innen-Tennisplätze genutzt wird.

Gebäude F

In diesem Trakt befinden sich 11 Squash-Courts sowie in Anbindung an Gebäude D das Club-Restaurant mit Squash-Bar, die zuvor auch schon erwähnt wurde.

Gebäude G

In dieser freitragenden Halle sind neben 2 Tennis-Spielfeldern noch 4 Badminton-Felder eingerichtet worden.

Zusammenfassung

Die vorhandene Bebauung wird, wie aus den Bauunterlagen und der Beschreibung ersichtlich, sehr intensiv als Tennis-,

Squash- und Freizeit-Center genutzt. Die Tennishallen weisen den Nachteil auf, daß keine seitlichen, separaten Zugänge zu den Spielfeldern vorhanden sind. Daraus folgt, daß nur ein Feld-zu-Feld-Zugang möglich ist.
Der Aerobic-Bereich in den Räumen (Saal 1 und Saal 2) umfaßt etwa 200 m^2 Nutzfläche, während das Fitneß-Center auf etwa 400 m^2 Nutzfläche vergrößert worden ist. Die eigentliche Gaststätte (ohne Nebenräume) umfaßt gemäß Anlage 14 ca. 235 m^2 Nutzfläche.
Die gesamte Nutzfläche errechnet sich zu

ca. 10.000 m^2 (Anlage 13).

Bezüglich der Gaststätte wurde eine Konzessionierung als Schank- und Speisewirtschaft erteilt. Für den Bereich des Club-Restaurants mit Squash-Bar liegt eine Gaststättenkonzession nicht vor. Hier ist also nicht von einer originären gastronomischen Einrichtung auszugehen, sondern nur von einer betriebsbegleitenden Verkaufsstätte. Der Bereich Club-Restaurant bietet incl. Tresen ca. 80 Plätze. In diesem Bereich befindet sich auch eine Empore (kleine Tribüne), die es ermöglicht, den Spielbetrieb der Squash-Box Nr. 1 zu beobachten.
Von der konzessionierten Gaststätte im Gebäudeteil A besteht keine interessante Sichtbeziehung zu den Tennisfeldern.
Zu bemerken ist noch, daß das gesamte Areal insgesamt 12 Tennisaußenplätze umfaßt, wobei jedoch nur 9 Tennisplätze zum Bewertungsobjekt gehören, da 3 weitere Tennisplätze sich auf den Flurstücken 55/5 und 55/6 befinden. Diese nordwestlich des Bewertungsobjektes gelegenen Flurstücke gehören nicht, wie bereits erwähnt, mit zum Bewertungsobjekt.

.6 Ausstattung

Die Beheizung des Objektes erfolgt durch eine Gaszentralheizungsanlage, wobei die Wärmeabgabe durch Radiatoren bzw. durch Warmluftgebläse erfolgt. Fußbodenheizungen sind nicht eingerichtet worden.

Zentrale Warmwasserversorgung, nur tlw. el. Warmwasserbereiter.
Die Fenster sind isolierverglast, bei den Wand- und Bodenfliesen handelt es sich überwiegend noch um die Erstausstattungen. Dagegen ist, wie bereits erwähnt, das Schwimmbad im Jahr 1999 umfangreich modernisiert worden.
Tennishallen mit speziellen Granulat-Teppichbelägen, Badmintonbereich mit gummierten Bodenbelägen.
Das bewegliche Inventar ist nicht Gegenstand der Bewertung, insoweit verweise ich auch auf den Abschnitt 5 dieses Gutachtens.

6.7 Beschaffenheit

Der Sachverständige hat Begehungen des Objektes vorgenommen und den größten Teil der Räumlichkeiten in Augenschein genommen. Auf eine detaillierte bautechnische Bestandsaufnahme wurde dabei verzichtet, diese wäre ggf. im Rahmen eines Sondergutachtens anzufordern. Die Besichtigung hat ergeben, daß sich die Baulichkeiten im wesentlichen, soweit erkennbar, in einem für das Alter ordentlichen baulichen Zustand befinden, wenn auch an einigen Stellen Investitionsbedarf besteht (z.B. Leckagen im nördlichen Teil des Gebäudes D). Auch ist auf Modernisierungsbedarf, z.B. im Fliesenbereich, hinzuweisen.
Aus vorliegenden Abrechnungen ergibt sich ein sehr hoher Energiebedarf für die Immobilie, die den Rückschluß zuläßt, daß bezüglich Energienutzung und Wärmedämmung das Objekt nicht mehr heutigen Ansprüchen gerecht wird.
Im Hinblick auf vorliegende Baumängel, Bauschäden bzw. Modernisierungsstau ist ein Abschlag in Ansatz zu bringen, die der Sachverständige auf 10 % schätzt, wobei die Höhe des Abschlages nicht identisch ist mit der Höhe der Investitionskosten. Der Abschlag ist zu schätzen unter Berücksichtigung einer üblichen Marktakzeptanz. Dabei war auch dem Umstand Rechnung zu tragen, daß die Restnutzungsdauer nur noch relativ kurz anzusetzen ist.

6.8 Hinweis

Die Beschreibung der Bauteile, Beschaffenheit und Ausstattung erfolgt ohne Anspruch auf Vollständigkeit. Abweichungen im Detail sind möglich. Eine umfassende und verbindliche Beschreibung würde eine spezielle Bauaufnahme, auch mit zerstörenden Untersuchungen, voraussetzen, die jedoch den Rahmen einer Verkehrswertermittlung überschreiten würde.

6.9 Konzeption

Die wirtschaftliche Gesamtnutzungsdauer einer Tennishalle kann einschlägiger Fachliteratur [65] mit 40 bis 60 Jahren entnommen werden. Andere Fachliteratur [66] empfiehlt bei entsprechenden Anlagen eine wirtschaftliche Gesamtnutzungsdauer von nur 30 bis 50 Jahren. Auf dem Immobilienmarkt zeigt sich ein sehr deutlicher Trend, der dahin geht, daß die wirtschaftlichen Gesamtnutzungsdauern der Immobilien immer kürzer zu erwarten sind. Zunehmend werden auch Baulichkeiten - gerade im gewerblichen Bereich -, die erst 20 oder 30 Jahre alt sind, abgerissen und durch Neubauten ersetzt.

Der Sachverständige ist deshalb der Auffassung, daß die wirtschaftliche Gesamtnutzungsdauer mit 40 Jahren ausreichend bemessen ist. Die Ursprungsbebauung erfolgte 1976, so daß sich ein Alter von 27 Jahren errechnet und die Restnutzungsdauer somit noch rechnerisch mit 13 Jahren zu Buche schlägt. Auch Probleme der Wärmedämmung und überproportional gestiegener Energiekosten rechtfertigen allerdings eine weitere Reduzierung der wirtschaftlichen Restnutzungsdauer, so daß diese vom Sachverständigen mit nur 10 Jahren angenommen wird.

Das Konzept des Freizeit- und Sport-Centers ist grundsätzlich durchaus positiv zu würdigen, doch ist hier den laufenden Änderungen im Freizeitverhalten der Bürger Rechnung zu tragen. Nicht nur bei dem Bewertungsobjekt, auch bei anderen Tennisanlagen sind spürbare Belegungs- und Umsatzrückgänge zu verzeichnen. Auch die Sportart „Squash" erfreut sich nicht mehr der Beliebtheit wie noch vor einigen Jahren. Interessenten, die Kegelbahnen nutzen, verringern sich per-

manent, man kann schon überspitzt sagen „sterben aus". Durch Umwandlung eines Teils des Gebäudekomplexes in ein Fitneß-Center und in Aerobic-Räume wurde schon den aktuellen Trends, soweit möglich, Rechnung getragen.
Die Gaststätte weist naturgemäß den Nachteil auf, daß sie, schon wegen der Lage und des unmittelbaren Umfeldes, nicht alle Interessengruppen ansprechen dürfte. Es ist davon auszugehen, daß die Gaststätte primär von den Nutzern des Sportzentrums angenommen wird und daß die Anzahl „externer" Gäste relativ gering ist. Allerdings werden die Räumlichkeiten auch für Familienfeiern und größere Veranstaltungen genutzt, insbesondere ist hier darauf hinzuweisen, daß die Säle 1 und 2 (Räume für Aerobic) gelegentlich auch für gastronomische Zwecke hergerichtet und genutzt werden.
Zusammengefaßt wird - wie bereits erläutert - unter Berücksichtigung der zuvor formulierten Überlegungen eine Restnutzungsdauer von nur noch 10 Jahren für sach- und marktgerecht erkannt.
Der Ansatz einer selbst nur 10 jährigen Restnutzungsdauer setzt allerdings voraus, daß gewisse bauliche Maßnahmen durchgeführt werden, da, wie zuvor schon erwähnt, in Teilbereichen Investitionsbedarf besteht. In diesem Zusammenhang ist auch auf gewissen Modernisierungsbedarf (z.B. Bodenfliesen) hinzuweisen, so daß zusammengefaßt wegen des Investitionsbedarfs ein Abschlag in Höhe von 10 % des Sachwertes für marktgerecht erkannt wird. Die Höhe des Abschlages ist nicht unter Kostengesichtspunkten zu bemessen, sondern unter Berücksichtigung einer marktüblichen Akzeptanz.

7. Bewertung

7.1 Bodenwert

7.1.1 Allgemeines

Bei der Bodenwertermittlung ist in diesem Gutachten zu differenzieren nach einem Bodenwert unter Berücksichtigung der vorhandenen Bebauung bzw. Nutzungsmöglichkeit und dem Bodenwert einer zukünftigen Nutzung, z.B. Parzellierung von Bauplätzen nach Abbruch der vorhandenen Bebauung.

Aus der verbindlichen Bauleitplanung (Bebauungsplan) der Gemeinde Steindorf ergibt sich eine Nutzung als Sondergebiet, die auf die vorhandene Bebauung zugeschnitten ist. Auch nach Abbruch aller vorhandenen Baulichkeiten wäre demzufolge ein Wiederaufbau eines modernen Tennis- und Freizeit-Centers durchaus möglich. Der Bodenwert solcher Flächen ist erheblich niedriger zu bemessen als der Bodenwert von „normalen" Bauflächen, wie z.B. Bauplätzen von Einfamilienhausgrundstücken. Hier ist eine Nutzungsfestschreibung zu beachten, die zu einer deutlichen Bodenwertdämpfung führt. Im Idealfall wäre der Bodenwert in Bezug auf die vorhandene Nutzungsart durch Vergleichspreise zu bestimmen, die für andere Grundstücke gezahlt wurden, die mit vergleichbaren Objekten bebaut wurden. Solche Vergleichspreise liegen jedoch in ausreichender Anzahl nicht vor, so daß der Bodenwert nicht durch das Vergleichswertverfahren bestimmt werden kann. Die Bodenrichtwerte, die der Gutachterausschuß für Grundstückswerte in Seestadt ermittelt hat, sind bezüglich der vorgefundenen Nutzung im Sondergebiet auch nicht hilfreich, da diese Richtwerte sich auf Grundstücke mit anderen Nutzungsarten beziehen. Hilfsweise wende ich eine Marktanalyse an, die zu einem Bodenwert führt, der aus möglichen Umsätzen und Mieterträgnissen abgeleitet wird.

7.1.2 Bodenwert (Marktanalyse)

Im Bereich der Landeshauptstadt Kiel ist aus Kaufpreisen mittels einer Regressionsanalyse folgende Gleichung entwickelt worden [49]

$$BW = 14{,}3\ RO^{0.64}$$

BW = Bodenwert (DM)

RO = Jahresrohertrag pro m^2 Baugrund

Die zuvor dargestellte Formel bezieht sich auf Wohnlagen (Geschoßbebauung) und Geschäftslagen (Nebenzentren). Insoweit ist die Analyse hier eigentlich nicht anwendbar. Die „Kieler Formel" kann deshalb auch nur als eine Hilfsrechnung verstanden werden.

Aus der Anlage 20 dieses Gutachtens ergibt sich in einem Rechenmodell ein möglicher Jahresumsatz von ca. 1 Mio. DM für die gesamte Immobilie. Greift man die zuvor erwähnten Jahresumsätze auf, kann daraus ein Mietwert in Höhe von jährlich 150.000,- DM (77.000,- €) abgeleitet werden. Diesbezüglich verweise ich auf den Abschnitt 7.3.2 dieses Gutachtens.

Jahresrohertrag pro m^2 Baugrund:

$$77.000,- € : 25.313\ m^2 = 3,04\ €/m^2$$
$$= 5,95\ DM/m^2$$

Bodenwertableitung:

$$BW = 14,3 \text{ mal } 5,95^{0,64}$$
$$BW = \text{rd. } 45,-\ DM/m^2$$

Wie zuvor bereits ausgeführt, bezieht sich die hier angewandte Marktanalyse auf Wohn- und Geschäftsgrundstücke in Nebenkernen. In einem Sondergebiet können sich durchaus andere Marktmechanismen entwickeln, so daß der zuvor ermittelte Bodenwert nur als eine Orientierungshilfe verstanden werden kann. Im Gewerbegebiet Steindorf-Nord beträgt der Bodenrichtwert 70,- DM/m^2 (per 31. Dezember 2000). Da das zu bewertende Grundstück gewerblich genutzt wird, ist auch dieser Richtwert mit zu berücksichtigen.

Der Sachverständige hält es für vertretbar, den Bodenwert zwischen 45,- und 70,- DM/m^2 in Ansatz zu bringen und rechnet gerundet mit

$$60,-\ DM/m^2 = 30,-\ €/m^2.$$

Der Sachverständige geht diesen Dingen zunächst nicht weiter auf den Grund, da zu erwarten ist, daß der Verkehrswert mehr durch andere Überlegungen geprägt wird. Ich rechne deshalb in dem Gutachten zunächst mit dem Orientierungswert von gerundet

$$30,-\ €/m^2.$$

7.1.3 Bodenwertberechnung

Bei der Bodenwertberechnung setze ich die gesamte Fläche von 25.313 m² an, obwohl Teilflächen als Straßenverkehrsflächen ausgebaut sind und diesbezüglich auch durch Baulasten belastet sind.

Andererseits ist zu berücksichtigen, daß zu Gunsten des Grundstücks die Gemeinde Steindorf Baulasten übernommen hat (Kraftfahrzeug-Stellplätze), so daß hier wieder Zuschläge zu rechnen wären. Wie bereits erwähnt, gehe ich davon aus, daß der Bodenwert unter Berücksichtigung der Bestandsbewertung nur von untergeordneter Bedeutung ist, so daß auf eine differenzierte Betrachtung verzichtet wird. Es ergibt sich insoweit folgende Rechnung:

25.313 m² × 30,- €/m² = 759.390,- €

ca. 750.000,- €

7.1.4 Bodenwert - zukünftige Nutzung

siehe Abschnitt 7.4 dieses Gutachtens.

7.2 Sachwertverfahren

7.2.1 Normalherstellungskosten (NHK)

7.2.1.1 NHK 1995/NHK 2000

Der Bundesminister für Raumordnung, Bauwesen und Städtebau hat durch Hinweise vom 1. August 1997 Tabellen mit Normalherstellungskosten per 1995 herausgegeben. Die dort für verschiedene Gebäudearten tabulierten NHK werden dann mit verschiedenen Korrekturfaktoren multipliziert. Inzwischen sind weitere Tabellen bezüglich NHK 2000 entwickelt worden [67]. Der Sachverständige verzichtet jedoch auf die Anwendung der Tabellen NHK 1995 bzw. 2000, da er mehrfach festgestellt hat, daß die Ergebnisse, zumindest in dem Raum, wo er regelmäßig Gutachtet erstattet, häufig nicht plausibel sind.

Der Sachverständige verzichtet deshalb in diesem Gutachten auf die detaillierte Anwendung der NHK 1995/2000-Tabellen des Bundesbauministers. Vielmehr wende ich in meinem Gutachten empfohlene NHK an, die sich aus der Fachliteratur ergeben. Die dort tabellierten NHK DM/m³ habe ich - gerundet - auf €/m² umgerechnet.

Die schematische Vorgabe von Korrekturfaktoren für Länder und Gemeindegrößen dürfte nach Einschätzung des Sachverständigen ein gewichtiger Grund sein für die Abweichungen zwischen den Hinweisen der WertR [6] und den Empfehlungen der Fachliteratur.

7.2.1.2 Normalherstellungskosten 1985

<u>Gebäude A, B, D</u>

	NHK 350,-- DM/m³ [66]
auf EURO umgerechnet:	NHK 179,-- €/m³

<u>Gebäude C, E, G</u>

	NHK 90,-- DM/m³ [66]
auf EURO umgerechnet:	NHK 46,-- €/m³

<u>Gebäude F</u>

	NHK 120,-- DM/m³
auf EURO umgerechnet:	NHK 61,-- €/m³

Die NHK 1985 sind auf die Wertverhältnisse des Jahres 2003 umzurechnen. Der Baupreisindex (1913 = 100) lag 1985 bei 1.498,7 Punkten und im Nov. 2002 bei 2.148,5 Punkten, so daß ich gerundet mit dem 1,43fachen rechne.

Gebäude A, B, D:	NHK 1985	179,-- =	NHK 2003	256,-- €/m³
Gebäude C, E, G:	NHK 1985	46,-- =	NHK 2003	66,-- €/m³
Gebäude F:	NHK 1985	61,-- =	NHK 2003	87,-- €/m³

Der Ansatz von 256,- bzw. 66,- €/m³ oder 87,- €/m³ entspricht umgerechnet auf die Wertverhältnisse per 1913 Beträgen von 23,- M/m³ bzw. 6,- M/m³ oder 8,- M/m³. Diese Information erfolgt nur nachrichtlich, da zahlreiche Wertermittlungen auf NHK 1913-Werten basieren und so eine leichtere Vergleichbarkeit hergestellt wird. Die Werte per 1995 oder per 2000 unterscheiden sich nur marginal von den Werten per 2003.

7.2.2 Wertminderung wegen Alters

geschätzte Restnutzungsdauer:	10 Jahre
gewöhnliche Gesamtnutzungsdauer:	40 Jahre
fiktives (durchschnittliches Alter):	30 Jahre

Die Wertminderung wegen Alters kann wie folgt berechnet werden:

lineare Wertminderung:

$$\frac{100\ \%}{40} \times 30 = 75\ \%$$

Abschreibung nach Methode Ross:

$$1/2\ (75\ \% + \frac{75\ \%^2}{100}) = 65{,}6\ \%$$

Bei Gewerbebaulichkeiten ist es durchaus angezeigt, eine steilere Abschreibung als z.B. bei reinen Wohnobjekten in Ansatz zu bringen. Der Sachverständige hat dehalb keine Bedenken, die Ergebnisse der linearen und Ross'schen Abschreibungsmethode auszumitteln:

$$1/2\ (75\ \% + 65{,}6\ \%) = 70{,}3\ \%$$

In der Fachliteratur [68] wurden degressive Wertermittlungsmodelle veröffentlicht, die zu ähnlichen Wertminderungen führen (bei einer Gesamtnutzungsdauer von 40 Jahren und einem Alter von 30 Jahren lt. Tabelle 2.18 in [68] 67,5 %).

Es muß hier allerdings deutlich darauf hingewiesen werden, daß irgendwelche mathematisch-statistisch gesicherten Erkenntnisse über die Höhe der anzubringenden Wertminderung wegen Alters nicht vorliegen. Dieses Problem wird, so die Auffassung des Sachverständigen, auch rechnerisch nicht lösbar sein, da zu viele andere Einflußgrößen sich auf die Kaufpreis- und damit Werthöhen auswirken. Die hier skizzierte Problematik kann deshalb nur im sachverständigen Schätzwege gelöst werden.

Der Sachverständige möchte hier verdeutlichen, daß die Wertminderung wegen Alters zwar rechnerisch exakt berechenbar ist, die Ansätze jedoch nur scheinbar genau sind. Wie bereits erwähnt, liegen hier keine gesicherten Erkenntnisse vor, so daß auch hier nur im Schätzwege vorgegangen werden kann. Der Sachverständige hält es für vertretbar, die Wertminderung wegen Alters gerundet mit

70 %

anzunehmen.

Auch bei den jüngeren Gebäudeteilen wird ein Ansatz in dieser Größenordnung für erforderlich gehalten, da die Gebäude eng verzahnt sind und eine wirtschaftliche Einheit bilden. Letztendlich teilen die Baukörper ein gemeinsames „Schicksal" bezüglich der wirtschaftlichen Verwertung.

7.2.3 Zeitwert

Gebäude A, B, D

Neuwert (7.2.1.2):	256,-- €/m³
- 70 % Wertminderung wg. Alters:	179,-- €/m³
	77,-- €/m³

Gebäude C, E, G

Neuwert (7.2.1.2):	66,-- €/m³
- 70 % Wertminderung wg. Alters:	46,-- €/m³
	20,-- €/m³

Gebäude F

Neuwert (7.2.1.2):	87,-- €/m³
- 70 % Wertminderung wg. Alters:	61,-- €/m³
	26,-- €/m³

7.2.4 Sachwertberechnung

Gebäude A, B, D:

rd. 11.800 m³* × 77,-- €/m³	=	rd. 909.000,- €
zzgl. 13,75 % Baunebenkosten	=	rd. 125.000,- €
		rd. 1.034.000,- €

Gebäude C, E, G:

rd. 47.400 m³* × 20,- €/m³	=	rd. 948.000,- €
zzgl. 12,5 % Baunebenkosten	=	rd. 118.000,- €
		rd. 1.066.000,- €

Gebäude F:

rd. 7.300 m³* × 26,- €/m³	=	rd. 190.000,- €
zzgl. 12,5 % Baunebenkosten	=	rd. 24.000,- €
		rd. 214.000,- €
	Summe:	rd. 2.314.000,- €
zzgl. Außenanlagen und besondere Bauteile incl. 9 Außentennisplätzen pauschaliert 5 %**	=	rd. 115.000,- €
zzgl. Bodenwert (7.1.3):	=	rd. 750.000,- €
	Sachwert-Zwischenwert:	rd. 3.179.000,- €
- 10 % Abschlag vom Gebäudesachwert wg. Investitionsbedarf (siehe 6.7)	=	rd. 231.000,- €
		rd. 2.948.000,- €
	Sachwert:	ca. 2.900.000,- €

* siehe Anlage 12

** Der Wert der Außenanlagen und besonderen Bauteilen wurde frei vom Sachverständigen geschätzt. Dabei bin ich von einem Wertansatz von ca. 5 % des Gebäudesachwertes ausgegangen. Hier ist zu berücksichtigen, daß die Werte der Außenanlagen und die Werte der Bebauung in einem gewissen Verhältnis stehen. Auch unter Berücksichtigung der Hinweise der Fachliteratur [7] habe ich den zuvor erwähnten Prozentsatz gewählt. VOGELS erläutert hierzu: *„In der Regel reichen diese Prozentzahlen zur Bestimmung des Wertes der Außenanlagen aus. Bei sehr aufwendigen Anlagen ist ohnehin zu prüfen, ob sie überhaupt allgemein werterhöhend sind; ob sie von einem durchschnittlichen Erwerber übernommen werden."*

7.2.5 Marktanpassung des Sachwertes

Kaufpreise von Immobilien sind in der Regel nicht identisch mit dem Sachwert. Dieser ist deshalb an die Marktlage anzupassen.

Bezüglich des Teilmarktes, dem das Bewertungsobjekt zuzuordnen ist, bestehen jedoch keine mathematisch-statistisch gesicherten Erkenntnisse über die Relation zwischen Sachwerten und Kaufpreisen. Nach meinem Kenntnisstand liegen die Kaufpreise bei gewerblich nutzbaren Objekten derzeitig deutlich unter den Sachwerten.

VOGELS [34] führt bezüglich der zuvor genannten Problematik aus:

„[...] die Höhe dieser Abschläge ist von der Marktgängigkeit bzw. vom Veräußerungsrisiko abhängig. Folgende Zahlen mögen als Anhalt dienen:

Verkäuflichkeit	*Abschlag in %*
gut	*0*
befriedigend	*0 - 10*
eingeschränkt	*10 - 20*
schwierig	*30 - 40*
schlecht	*50 - 60"*

Diese Tabellierung bezieht sich auf Gewerbe- und Industrieimmobilien. Da das Bewertungsobjekt grundsätzlich auch diesem Teilmarkt zuzuordnen ist, kann die Tabelle als Orientierungshilfe Anwendung finden. Allerdings ist aufgrund der Bebauungs- und Nutzungsstruktur von einer besonders schwierigen Verkäuflichkeit auszugehen. Auch die Lage in einem Sondergebiet - nicht in einem Gewerbegebiet - ist hier zu beachten. Der Sachverständige hält deshalb den Ansatz eines 60 %igen Marktanpassungsabschlages für durchaus angebracht.
Folgt man den Überlegungen von VOGELS, führt dieses zu einer Beurteilung der Verkäuflichkeit als „schlecht", und zwar im oberen Spektrum der Spanne, als quasi „sehr schlecht".

Untersuchungen von SPRENGNETTER [69] führen bei vergleichbaren Dimensionen zu einem Abschlag von 52 % und bestätigen die zuvor vorgenommene Einschätzung zumindes tendenziell.

Die Ergebnisse der verschiedenen Marktbeobachtungen harmonieren und lassen einen Marktanpassungsabschlag von

55 %

plausibel erscheinen.

Sachwert:	2.900.000,- €
55 % Abschlag:	1.595.000,- €
Marktangepaßter Sachwert:	1.305.000,- €

Würde man den Marktanpassungsabschlag nicht mit 55, sondern nur mit 40 % annehmen, ergäbe sich folgende Rechnung:

Sachwert:	2.900.000,- €
40 % Abschlag:	1.160.000,- €
	1.740.000,- €

Bei einer Erhöhung des Marktanpassungsabschlages auf 60 % wäre wie folgt zu rechnen:

Sachwert:	2.900.000,- €
60 % Abschlag:	1.740.000,- €
	1.160.000,- €

Unter Berücksichtigung zahlreicher Unwägbarkeiten ergibt sich für den marktangepaßten Sachwert eine Bandbreite von

1.160.000,- € bis 1.740.000,- €.

Innerhalb dieser Bandbreite liegend wird der marktangepaßte Sachwert mit

1.300.000,- €

angenommen.

7.3 Ertragswertverfahren

7.3.1 Gezahlte Mieten (Netto-Kalt-Mieten)

Das gesamte Objekt wurde, wie schon erwähnt, an die Tennis- und Freizeit-Center Steindorf GmbH & Co. KG verpachtet. Die Miete ist im Laufe der Jahre mehrfach reduziert worden und beträgt derzeitig mtl. 4.000,- €.

7.3.2 Nachhaltig erzielbarer Mietertrag (Netto-Kalt-Miete)

Allgemeines

Maßgebend für die Wertermittlung ist der nachhaltig erzielbare Mietertrag.

Nachhaltig erzielbar bedeutet, daß nicht der höchstmögliche, aber auch nicht ein Mietertrag im unteren Bereich möglicher Bandbreite zugrunde gelegt wird.

Als nachhaltig erzielbar im Sinne § 16 der WertV ist ein durchschnittlicher Mietzins zu verstehen, der nach einer Neuvermietung bei ordnungsgemäßer Bewirtschaftung auch sicher erzielbar sein dürfte, und zwar in Bezug auf die Restnutzungsdauer unter der Voraussetzung, daß die Ertragsfähigkeit durch lfd. Instandhaltung gesichert wird. Zukünftige konjunkturelle Mietpreisentwicklungen (d.h. Mietpreissteigerungen, aber auch mögliche Mietrückgänge) bleiben bei dieser Betrachtungsweise ohne Berücksichtigung.

Wenn ein Jahresumsatz bekannt ist oder ermittelt wurde, von dem angenommen werden kann, daß dieser auch langjährig erzielbar ist, kann aus diesem möglichen Jahresumsatz auf den Mietwert der Immobilie rückgeschlossen werden. Der Jahresumsatz ist um die betriebsbedingten Ausgaben zu reduzieren. Zu den betriebsbedingten Ausgaben zählen u.a. folgende Kosten:

- Energieversorgung (Strom, Wasser, Abwassergebühr, Heizung, Warmwasser)
- Instandhaltung und Unterhaltung der Einrichtung (Netze, Leuchten usw.)
- Betriebsführung (Verwaltung, Werbung, Reinigung)
- Personal (ggf. incl. Geschäftsführergehalt, bzw. Unternehmergewinn)

Der Betrag, der nach Abzug der betriebsbedingten Ausgaben verbleibt, kann - zumindest theoretisch - als Pachtwert für den Sportbetrieb angenommen werden. Der Fachliteratur [70] kann als Pachtwertansatz bezüglich Tennis, -Squash- und Badmintonhallen ein Betrag von 55 % entnommen werden. Für Tennisfreiplätze wird der Pachtwertansatz höher, und zwar mit 60 % mitgeteilt. Aus diesen Angaben ergibt sich, daß die betriebsbedingten Ausgaben mit 40 bzw. 45 % anzunehmen sind. Diese Erfahrungswerte beziehen sich auf die Marktsituation in den 90iger Jahren und sind heute nicht mehr korrekturlos zu übernehmen. Die Umsätze sind, wie im Gutachten schon erläutert, in ähnlichen Objekten überwiegend rückgängig, so wie auch bei dem Bewertungsobjekt. Aus eingesehenen Umsatzunterlagen konnte ich entnehmen, daß alleine von 2001 bis zum Jahr 2002 sich die Umsätze um über 20 % reduziert haben. Nach Auskunft des Steuerberatungsbüros sind auch in vorherigen Jahren laufend Umsatzrückgänge zu beobachten gewesen. In der Anlage 20 habe ich deshalb den möglichen Umsatz wg. konjunktureller Entwicklung gegenüber den Informationen (älterer) Fachliteratur halbiert (bei der Gastronomie um 1/4 reduziert).

Da die Kosten nicht im gleichen Maße sich reduzieren wie die Umsätze, ergibt sich, daß der Anteil, der für die Miete bzw. Pacht aufgebracht werden kann, sich verringert. Hier ist auch noch einmal auf die überproportional gestiegenen Energiekosten hinzuweisen. Die empfohlenen Ansätze aus der Fachliteratur, die ich zuvor erwähnt habe, erscheinen auch unter dem Aspekt, daß dort der Unternehmergewinn mit enthalten ist, sowieso relativ niedrig. Aus diesen Gründen und unter Berücksichtigung der konjunkutrellen Entwicklung halte ich deshalb eine erhebliche Reduzierung der möglichen Pacht - aus den Umsätzen abgeleitet - für angezeigt. Bei Hotel- und Restaurantobjekten können erfahrungsgemäß die betrieblichen Ausgaben mit *etwa* 2/3 des Gesamtumsatzes angenommen werden.

Im Hinblick auf die spezielle Struktur des Bewertungsobjektes erhöhe ich den Abschlag für die betrieblichen Ausgaben auf 3/4, so daß 1/4 (25 %) als mögliche Pacht verbleibt.

Bei Gaststätten ist der Prozentsatz, der als Pacht angenommen werden kann, deutlich niedriger zu bemessen, schon wegen des höheren Wareneinsatzes. Unter Bezugnahme auf Fachliteratur [55] gehe ich von einem Betrag von nur 10 % als mögliche Pacht aus.

Tennishalle (Indoor) - Umsätze siehe Anlage 20 -				
405.000,- DM	×	0,25	=	101.250,- DM
Tennisplätze (Außen)				
75.000,- DM	×	0,25	=	18.750,- DM
Squash-Courts				
82.500,- DM	×	0,25	=	20.625,- DM
Badminton				
80.000,- DM	×	0,25	=	20.000,- DM
Gaststätte und Club-Restaurant				
300.000,- DM	×	0,10	=	30.000,- DM
				190.625,- DM

Bei dem zuvor ermittelten Betrag handelt es sich um die mögliche Pacht, d.h. um einen Betrag, der auch die Verzinsung des Inventars mit beinhaltet. Da hier die Immobilie ohne Inventar zu bewerten ist, muß die anteilige Verzinsung für das Inventar herausgerechnet werden. Diesbezügliche Erfahrungswerte liegen dem Sachverständigen allerdings nicht vor. Der Fachliteratur kann bezüglich Hotel- und Gaststättenobjekten ein Inventarpachtanteil von 10 bis 25 % [55] entnommen werden. In einer ähnlichen Größenordnung dürfte auch hier der Anteil zu erwarten sein. Rechnet man den Anteil mit 20 %, so ergibt sich folgende Reduzierung:

190.625,- DM × 0,8 = 152.500,- DM

Für das Fitneß-Center - ohne Inventar - halte ich den Ansatz eines Mietwertes von 8,- DM/m^2 für durchaus nachhaltig erzielbar, wobei ich auch auf eigene Erfahrungswerte zurückgreife. Es ergibt sich folgender Mietwert:

400 m^2 × 8,- DM/m^2 × 12 = 38.400,- DM

190.900,- DM

Der zuvor ermittelte Mietwert ist noch durch sonstige Mieteinnahmemöglichkeiten (Kegelbahn usw.) zu erhöhen, so daß ich zunächst den Mietwert unter den zuvor dargestellten Betrachtungsweisen mit

200.000,- DM

ansetze.

Es muß hier deutlich eingeräumt werden, daß bei der Mietwertableitung zahlreiche erhebliche „Schwachstellen" zu berücksichtigen sind. Sowohl die Umsatzprognosen als auch die Prozentsätze sind naturgemäß nicht exakt bestimmbar. Wenn man beispielsweise den möglichen Umsatz nur mit jährlich 900.000,- DM annehmen würde, also um 10 % reduziert, und die Pachtzinse von 25 % bzw. 10 % auf 20 oder 8 % reduzierte, ergäben sich folgende Rechnungen:

Tennishalle (Indoor)					
364.500,- DM	×	0,20		=	72.900,- DM
Tennisplätze (Außen)					
67.500,- DM	×	0,20		=	13.500,- DM
Squash-Courts					
74.250,- DM	×	0,20		=	14.850,- DM
Badminton					
72.000,- DM	×	0,20		=	14.400,- DM
Gaststätte					
270.000,- DM	×	0,08		=	21.600,- DM
					137.250,- DM

Umrechnung von Pacht- auf Mietwert (von 20 auf 25 % erhöhter Abschlag):

137.250,- DM	×	0,75		=	102.938,- DM
Fitneß-Center					
400 m^2	×	7,20 DM/m^2	× 12	=	34.560,- DM
					137.498,- DM

Unter Berücksichtigung eines etwa 5 %igen Pauschalzuschlages für sonstige Mietertragsmöglichkeiten ergibt sich bei dieser Betrachtungsweise ein Betrag von etwa

145.000,- DM.

Die beiden zuvor angewandten Rechenmodelle führen zu Ergebnissen in einer Bandbreite zwischen

145.000,- DM und 200.000,- DM.

Rechnet man diese möglichen Mieten auf die gesamte Nutzfläche von ca. 10.000 m^2 um, so führt dieses zu Monatsmieten von nur 1,20 DM/m^2 bis 1,70 DM/m^2.

Der Mietwert einer entsprechenden Anlage kann nicht exakt rechnerisch bestimmt werden, schon deswegen nicht, da nicht genug Vergleichsmieten bzw. Vergleichsobjekte herangezogen werden können. Der Sachverständige *schätzt* den nachhaltig erzielbaren Mietertrag - nach Durchführung von Investitionen - auf

mtl. 12.500,- DM

bzw.

150.000,- DM jährlich.

Dieser zuvor in Ansatz gebrachte Mietzins führt zu einer Miete von durchschnittlich 1,25 DM/m².

Auf EURO umgerechnet ergibt sich eine Jahresmiete von

77.000,- €

bzw.

0,65 €/m².

7.3.3 Bewirtschaftungskosten

Die angemessenen Bewirtschaftungskosten schätze ich unter Anlehnung an die Erfahrungssätze, die sich aus den WertR [6] sowie der Fachliteratur [12] ergeben:

Instandhaltungskosten		
Pauschale (Anlage 21)	=	20.000,- €
Verwaltungskosten		
5 % vom Netto-Mietwert	=	3.850,- €
		23.850,- €

$$\frac{23.850,-\ €}{77.000,-\ €} \times 100 = 30,9\ \%$$

Neben den zuvor erwähnten Positionen Instandhaltungskosten und Verwaltungskosten ist auch noch das Mietausfallwagnis zu kalkulieren. Gesicherte Erkenntnisse - das muß hier eingeräumt werden - liegen nicht vor, so daß die Bewirtschaftungskosten pauschaliert und gerundet mit

33,33 % = 1/3

angenommen werden.

In der Fachliteratur werden deutlich geringere Prozentsätze mitgeteilt, doch beruhen die Mitteilungen auf Erfahrungswerte der Vergangenheit, wo die Marktlage und Rentabilität für vergleichbare Objekte noch deutlich besser war.

7.3.4 Liegenschaftszinssatz

Der Liegenschaftszinssatz ist in der WertV [2] im § 11 wie folgt definiert: *„Der Liegenschaftszinssatz ist der Zinssatz, mit dem der Verkehrswert von Liegenschaften im Durchschnitt marktüblich verzinst wird."* Daraus folgt, daß der Liegenschaftszinssatz aus geeigneten Kaufpreisen durch Rückwärtsrechnung eines Ertragswertverfahrens abzuleiten ist. Wenn man nicht nur bei einem, sondern bei mehreren Kaufpreisen von Objekten, die sich einem bestimmten Teilmarkt zuordnen lassen, solche Ableitungen vornimmt, können die Ergebnisse ausgemittelt werden und führen so zu einem marktüblichen und durchschnittlichen Zinsfuß (Liegenschaftszinssatz).

Das Problem bei der Ableitung der Zinsfüße besteht darin, daß diese nicht nur teilmarktspezifiziert, sondern auch zeitaktuell zu ermitteln sind.

In den WertR [6] wird allgemein ausgeführt, daß bei rein gewerblich genutzten Objekten der Liegenschaftszinssatz bei 6,5 % liegt.

Eine überregionale Marktanalyse [14] führt bei reinen Gewerbeobjekten zu einer Zinsfußbreite von

6,0 - 7,5 %.

Eigene Auswertungen, die der Sachverständige bezüglich Gewerbeobjekte im Großraum Lübeck durchgeführt hat, führen zu Zinsfüßen, die gegenwärtig sogar eher im oberen Bereich der zuvor genannten Bandbreite oder sogar darüber sich bewegen.

Der Gutachterausschuß für Grundstückswerte in der Hansestadt Lübeck hat in seinem Grundstücksmarktbericht 2001 [59] auch Hinweise zu Liegenschaftszinssätzen mitgeteilt. Bei reinen Gewerbeobjekten streut die Zinsfußbreite zwischen 5,8 % und 7,9 %, wenn man die Ergebnisse der Auswertung der Jahre 1997 bis 2001 verfolgt. Da in den einzelnen Jahren nur immer eine geringe Anzahl vergleichsgeeigneter Verkaufspreise ausgewertet werden konnte, ergeben sich insoweit keine statistisch gesicherten Erkenntnisse. Wenn man über die Jahre die Werte ausmittelt, führt dieses zu einem Trendwert von

7,0 %.

Da diese Erkenntnisse des Gutachterausschusses sich auch mit den Erkenntnisses überschneiden, die der Sachverständige selbst gewonnen hat, bestehen keine Bedenken in der Regel mit einem Liegenschaftszinssatz in einer Größenordnung von

7,0 %

zu rechnen.

Der Sachverständige ist der Auffassung, daß der Liegenschaftszinssatz bei dem Bewertungsobjekt noch weiter zu erhöhen ist, da es sich um eine Spezialimmobilie handelt, die kaum einer anderen Nutzung zugeführt werden kann. Bei Objekten, bei denen eine universelle Verwertbarkeit nicht gegeben ist, ergeben sich regelmäßig höhere Liegenschaftszinssätze als bei Objekten, die mehr oder weniger auf eine bestimmte Nutzungsart zugeschnitten sind.

Bei Abwägung der Vor- und Nachteile wird ein Liegenschaftszinssatz von zusammengefaßt

7,5 %

als marktkonform erkannt.

7.3.5 Restnutzungsdauer

Bezüglich der Restnutzungsdauer verweise ich auf meine Ausführungen in dem Abschnitt 6.9 dieses Gutachtens und rechne mit einem Zeitraum von 10 Jahren.

7.3.6 Ertragswertberechnung

Nachhaltig erzielbarer Jahresrohertrag:	77.000,- €
- 1/3 Bewirtschaftungskosten:	25.667,- €
Jahresreinertrag des Grundstücks:	51.333,- €
- 7,5 % Verzinsung des Bodenwertes*:	54.375,- €
Jahresreinertrag des Gebäudes:	negativ

* Bodenwert gem. Abschn. 7.1.3 (Bestandsbewertung)

Die zuvor durchgeführte Rechenoperation zeigt, daß der Jahresreinertrag der Immobilie schon nicht ausreicht, den vorhandenen Bodenwert ausreichend zu verzinsen, selbst wenn man den Bodenwert sehr maßvoll mit nur 30,- €/m² in Ansatz bringt.

Wenn man den Bodenwert auf beispielsweise 20,- €/m² reduzierte und den Liegenschaftszinssatz von 7,5 % auf 7,0 % verringerte, dann wäre hier wie folgt zu rechnen:

Nachhaltig erzielbarer Jahresrohertrag:	77.000,- €
- 1/3 Bewirtschaftungskosten:	25.667,- €
Jahresreinertrag des Grundstücks:	51.333,- €
- 7,0 % Verzinsung eines mit 483.680,- € angenommenen Bodenwertes (20,-€/m²):	33.858,- €
Jahresreinertrag des Gebäudes:	17.475,- €

Der Jahresreinertrag des Gebäudes ist mit dem Vervielfältiger (VV) 7,02 zu multiplizieren, der sich bei Ansatz eines 7,0 %igen Liegenschaftszinssatzes und einer Restnutzungsdauer von 10 Jahren nach der Rentenbarwertformel ergibt:

$$VV = \frac{q^n - 1}{q - 1} \times \frac{1}{q^n}$$

$$q = 1 + \frac{p}{100}$$

p = Liegenschaftszinssatz

n = Restnutzungsdauer

17.475,- € × 7,02	=	123.000,- €
zzgl. Bodenwert (reduziert):	=	484.000,- €
Ertragswert-Zwischenwert:		607.000,- €

Auch der zuvor errechnete Ertragswert-Zwischenwert läßt erkennen, daß eine Rentabilität bezüglich der vorhandenen Bebauung nicht mehr erkennbar ist, denn der Ertragswert-Zwischenwert ist ja noch um den Investitionsbedarf zu reduzieren, der auch bei der Sachwertberechnung Anwendung gefunden hatte. Außerdem liegt der Ertragswert-Zwischenwert noch unter dem Bodenwert von 725.000,- €, der zuvor bei einem Ansatz von 30,- €/m² als Bodenwert sich ergab.

Zusammenfassend ist festzustellen, daß ein wirtschaftlich sinnvoller Ertragswert nicht mehr darstellbar ist. Diese Feststellung ist um so sicherer, da selbst gewisse Erhöhungen möglicher Erträge, Reduzierungen in der Höhe der Bewirtschaftungskosten und auch noch eine weitere Reduzierung des Liegenschaftszinssatzes zu keinen wirtschaftlich befriedigenden Ergebnissen führen würde.

Die Modelle der Ertragswertberechnung führen zusammengefaßt nur zu der Erkenntnis, daß eine nachhaltige wirtschaftliche Verwertbarkeit der Immobilie in vorgefundener Form nicht mehr erkennbar ist.

7.4 Vergleichswertverfahren (Bodenwert in Bezug auf zukünftige Nutzung)

7.4.1 Allgemeines

Das zu bewertende ca. 2,5 ha große Areal liegt in einem Bereich, das als Sondergebiet bauplanerisch festgelegt ist. Der Sachverständige hält es für nicht ausgeschlossen, daß eine Bebauungsplanänderung erfolgen könnte mit der Zielsetzung, daß das Areal ganz oder zumindest in weiten Bereichen als Bauland für Individualbebauungen (freistehende Ein- und Zweifamilienhäuser, Reihenhäuser) umgewidmet wird. Bei diesem Bewertungsmodell ist allerdings zu berücksichtigen, daß die gesamte Fläche nicht als Bauland bewertbar ist, da ein Teil der Flächen als Gemeinbedarfsflächen (Erschließungsflächen, Wege, Spielplatz usw.) zu berücksichtigen ist. Auch ist zu beachten, daß Erschließungskosten anfallen, die ebenfalls vom möglichen Erlös in Abzug zu bringen sind. Schließlich ist die „Wartezeit" zu beachten, da die Baureife ja derzeitig noch nicht vorliegt und nur spekulativ hier angenommen werden kann. Nach Auskunft der Gemeindeverwaltung Steindorf (Herr Meier) sind entsprechende Überlegungen schon an die Gemeinde herangetragen worden. Auch sollen schon mehrere Interessenten entsprechende Überlegungen angestellt haben. Politische Beschlüsse sind allerdings bislang noch nicht gefaßt worden. Auch das Verwaltungshandeln beschränkt sich insoweit nur auf noch nicht verbindliche Planspiele. Vom Tage eines Aufstellungsbeschlusses bis zur Baureife sind erfahrungsgemäß längere Zeiträume zu kalkulieren, wobei naturgemäß heute noch nicht feststehen kann, mit welchem Zeitraum hier zu rechnen ist. Erfahrungsgemäß kann jedoch der Zeitraum mit minimal 2 Jahren, eher 3 Jahren, evtl. auch länger angenommen werden. Je nach Planungsablauf ist auch ein Zeitraum von 5 - 6 Jahren durchaus nicht auszuschließen. Hinzu kommt eine gewisse Unsicherheit, da eben nicht zu 100 % feststeht, daß diese Möglichkeit überhaupt realisiert wird.

7.4.2 Bodenrichtwerte

In den Bereichen, die das zu bewertende Grundstück umschließen, bewegen sich die Bodenrichtwerte für unbebaute Grundstücke, die mit Ein- und Zweifamilienhäusern neu bebaubar sind, zwischen

112,- €/m^2 und 123,- €/m^2.

Diese Bodenrichtwerte beziehen sich auf 800 m^2 große Grundstücke. Der Sachverständige geht davon aus, daß nach einer Parzellierung des Areals höhere Kaufpreise erzielbar wären. Für das Neubaugebiet „Alte Meierei" wurde ein Bodenrichtwert von

164,- €/m^2

mitgeteilt.
Auch dieser Bodenrichtwert versteht sich für 800 m^2 große Parzellen.
Der Ring Deutscher Makler (RDM) hat in seinem RDM-Immobilien-Preisspiegel 2002 für Bauplätze für freistehende Ein- und Zweifamilienhäuser (ca. 600 bis 700 m^2 Größe) Orientierungswerte zwischen

135,- €/m^2 und 170,- €/m^2

tabelliert.
Diese zuvor erwähnten Orientierungswerte beziehen sich auf normale und guten Wohnlagen, so daß hier durchaus eine Übereinstimmung mit dem Bodenrichtwert bezüglich des Areals „Alte Meierei" erkennbar wird.
Wenn man unterstellt, daß in einem Neubaugebiet Parzellen zwischen 500 und 700 m^2 Größe (im Durchschnitt 600 m^2) gebildet würden, so wäre der Bodenrichtwert noch zu erhöhen, da mit abnehmender Grundstücksgröße der Bodenwert per m^2 erfahrungsgemäß ansteigt.

Im RDM-Sv-Info [4] ist in eine Untersuchung über die Abhängigkeit der Bodenwerte von der Grundstücksgröße veröffentlicht worden, die sich in folgender Gleichung ausdrückt:

$$KF = 8{,}36\ GF^{-0{,}307}$$

KF = Korrekturfaktor

GF = Grundstücksfläche

Es ergeben sich folgende Korrekturfaktoren:

bei 600 m^2 : 1,173

bei 800 m^2 : 1,074

$$164,-\ €/m^2 \times \frac{1,173}{1,074} = 179,-\ €/m^2$$

$$= \text{ca. } 180,-\ €/m^2$$

Aus dem Gesamtbestand von ca. 2,5 ha sind Flächenanteile herauszurechnen, die nicht als Baulandflächen entwickelt werden können, da Gemeinbedarfsflächen (innere Erschließung, Kinderspielplatz usw.) zu berücksichtigen sind. Auch ist nicht auszuschließen, daß die Gemeinde möglicherweise, zumindest einen Teilbereich, als Sportplatzfläche oder mit ähnlicher Nutzung überplanen könnte. Bezüglich dieser Fragen liegen z.Zt. keinerlei gesicherte Erkenntnisse vor, so daß hier nur Annahmen getroffen werden können. Der Anteil der Gemeinbedarfsfläche kann, je nach Planungsmodell, zwischen ca.

15 % und 30 %

erwartet werden.

Unter Berücksichtigung dieser Ansätze ergeben sich folgende Reduzierungen des Ausgangswertes, wenn man den aktuellen Bodenwert ermitteln will.

7.4.3 Bodenwertmodifizierung

Minimumrechnung

Ausgangswert:	180,- €/m^2
- 30 % Abzug für Gemeinbedarfsflächen	54,- €/m^2
Zwischenwert A:	126,- €/m^2

Maximumrechnung

Ausgangswert:	180,- €/m²
- 15 % Abzug für Gemeinbedarfsflächen:	27,- €/m²
Zwischenwert B:	153,- €/m²

Die zuvor ermittelten Zwischenwerte A und B sind um die zu erwartenden Erschließungskosten zu reduzieren. Erschließungskosten in Neubaugebieten „auf der grünen Wiese" können im Durchschnitt durchaus mit 50,- €/m² angenommen werden. Da das zu bewertende Areal in einem Bereich liegt, der bereits in der Umgebung bebaut ist, sind hier geringere Erschließungskosten zu erwarten. Eine exakte Höhe der Erschließungskosten ist derzeitig nicht ermittelbar, da dazu nähere Informationen erforderlich wären. Hier kann auch nur im Schätzwege vorgegangen werden und die Höhe der Erschließungskosten wird in den Rechenmodellen mit mindestens 30,- €, evtl. auch höher, und zwar mit 40,- €/m² angenommen.

Es ergeben sich dann folgende Berechnungen:

Minimumrechnung

Ausgangswert:	126,- €/m²
- Erschließungskosten (40,- €/m²)	40,- €/m²
Zwischenwert C:	86,- €/m²

Maximumrechnung

Ausgangswert:	153,- €/m²
- Erschließungskosten (30,- €/m²)	30,- €/m²
Zwischenwert D:	123,- €/m²

Schließlich ist auch noch die „Wartezeit" bis zur Baureife zu kalkulieren. Wenn man hier sehr optimistisch rechnet, kann ein Zeitraum von 2 Jahren angesetzt werden. Bei einer weniger optimistischen Prognose kann beispielsweise mit 5 Jahren gerechnet werden.

Die entscheidende Frage ist, mit welchem Zinsfuß die Abzinsung (Diskontierung) zu erfolgen hat. Wichtig erscheint dem Sachverständigen der Hinweis, daß hier nicht mit Kapitalmarktzinsfüßen zu rechnen ist, sondern unter Einbeziehung des

Risikos mit einem höheren Zinsfuß zu operieren ist. Bei einer optimistischen Variante (2 Jahre) rechne ich mit einem niedrigen Zinsfuß von 6 %, so daß sich folgender Diskontfaktor ergibt:

$$D = 1{,}06^{-2} = 0{,}89$$

Wenn man das Risiko höher kalkuliert, ist entsprechend auch der Zinsfuß zu erhöhen, z.B. auf 8 %. Bei einem Zinsfuß von 8 % und einer 5 jährigen Diskontierungszeit ergibt sich der Diskontfaktor wie folgt:

$$D = 1{,}08^{-5} = 0{,}68$$

Mithin ergeben sich folgende Berechnungen:

<u>Minimumrechnung</u>

	86,- €/m²	×	0,68	= 58,- €/m²
bzw.				
	24.059 m² *	×	58,- €/m²	= 1.395.000,- €

<u>Maximumrechnung</u>

	123,- €/m²	×	0,89	= 109,- €/m²
bzw.				
	24.059 m² *	×	109,- €/m²	= 2.622.000,- €

Die zuvor angewandten Rechenmodelle führen zu Ergebnissen zwischen

1,4 Mio. € und 2,6 Mio. €.

* Fläche ohne Straßenverkehrsflächen

7.4.4 Bodenwert als Bauerwartungsland

Bauerwartungsland wird in § 4 (2) der WertV [2] wie folgt definiert: „*Bauerwartungsland sind Flächen, die nach ihrer Eigenschaft, ihrer sonstigen Beschaffenheit und ihrer Lage eine bauliche Nutzung in absehbarer Zeit tatsächlich erwarten lassen. Diese Erwartung kann sich insbesondere auf eine entsprechende Darstellung dieser Flächen im Flächennutzungsplan, auf ein entsprechendes Verhalten der Gemeinde oder auf die allgemeine städtebauliche Entwicklung des Gemeindegebiets gründen.*"

Folgt man der Definition in der WertV, kann man das Areal nicht als Bauerwartungsland für Einfamilienhausbauplätze bezeichnen. Dieses wäre jedoch eine sehr schematisierte Schlußfolgerung, da der Planungsdruck als nicht unerheblich zu bezeichnen ist, daß das Areal einer anderen neuen Nutzung zuzuführen ist. Die Ertragswertberechnung, die zuvor im Gutachten durchgeführt wurde, zeigte, daß eine Rentabilität an dem Standort mit den vorhandenen Baulichkeiten nicht mehr erkennbar ist. Sicherlich könnte nach Abbruch der vorhandenen Baulichkeiten ein neues Sport-Center errichtet werden. Die Standortqualität läßt eine solche Nutzung und Investitionen jedoch nicht erwarten. Da entsprechende gewerblich genutzte Freizeiteinrichtungen auch in Gewerbegebieten realisiert werden, spricht ein solcher Standort - insbesondere in einer verkehrsgünstigeren Lage - eher für eine Realisierung eines solchen neuen Bauvorhabens. Da zu unterstellen ist, daß auch die Gemeinde daran Interesse hat, daß das fragliche Areal nicht als Brachfläche verkommt, geht der Sachverständige davon aus, daß die Chancen auf Realisierung zur Umnutzung des Areals nicht gering sind. Wenn man die Flächen demzufolge abweichend von der Definition der WertV dennoch als Bauerwartungsland für Einfamilienhausbauplätze bewertet, so kann hilfsweise auch auf die Fachliteratur [71] zurückgegriffen werden, wo Hinweise bezüglich durchschnittlicher Bodenwerte gegeben werden innerhalb eines Wertrahmens, je nach Planungsstand. Wenn die Fläche entsprechend im Flächennutzungsplan bereits als Baufläche für Einfamilienhausgrundstücke dargestellt wäre, wäre nach der zitierten Fachliteratur von

25 bis 50 %

des Wertes von baureifem Land auszugehen.

Wenn ein entsprechender Bebauungsplan beschlossen ist, kann nach der Tabelle, die ich auch als Anlage 22 dem Gutachten beigefügt habe, ein Prozentsatz von

35 bis 60 %

des Wertes von baureifem Land in Ansatz gebracht werden.

Hier wird deutlich, daß auch die Tabellenwerke nur bedingt weiterhelfen können. Da eine Bebauungsplanänderung noch nicht beschlossen ist, bin ich der Auffassung, daß der Prozentsatz eher unter 50 % anzunehmen ist. Eine Größenordnung zwischen

30 und 40 %

erscheint hier durchaus vertretbar.

Folgt man diesen Überlegungen, errechnet sich der Bodenwert wie folgt:

Minimumrechnung

180,- €/m² × 0,3 (30 %) = 54,- €/m²

mithin:

24.059 m² × 54,- €/m² = rd. 1.299.000,- €

Maximumrechnung

180,- €/m² × 0,4 (40 %) = 72,- €/m²

mithin:

24.059 m² × 72,- €/m² = rd. 1.732.000,- €

Bandbreite:

1,3 Mio. € bis 1,7 Mio. €

7.4.5 Zusammenfassung der Rechenmodelle

Die Rechenmodelle, die in den Abschnitten 7.4.3 und 7.4.4 angewandt wurden, führen zu Bandbreiten zwischen 1,4 und 2,6 Mio. € bzw. 1,3 und 1,7 Mio. € und bilden im Bereich zwischen

1,4 Mio. € und 1,7 Mio. €

eine Schnittmenge.

Es muß hier eingeräumt werden, daß auch unter dieser Betrachtungsweise erhebliche Bewertungsunsicherheiten verbleiben. Außerdem sind noch die Freilegungskosten (Abbruchkosten) zu kalkulieren. Die Höhe der Abbruchkosten können vom Sachverständigen nicht ohne weiteres ermittelt werden, diesbezüglich wären ggf. konkrete Angebote entsprechender Fachfirmen einzuholen. Da das Areal ebenerdig ist und von allen Seiten recht gut erreichbar ist, spricht dieses für - verhältnismäßig - geringe Abbruchkosten. Auch ist zu beachten, daß der größte Teil der Kubatur sich auf Hallenflächen bezieht, wo - pro m^3 gerechnet - sich relativ geringe Abbruchkosten ergeben. Andererseits ist auch die Entsorgung von Schadstoffen nicht auszuschließen, so daß hier gesonderte Erkundigungen einzuholen wären.
Wenn man die Berechnung präzisieren wollte, wäre in Anlehnung an § 20 (2) WertV [2] ein Liquidationswert zu errechnen, d.h. für einen bestimmten Zeitraum (2 bis 5 Jahre) sind auch noch die um die Bewirtschaftungskosten geminderten Reinerträge der Baulichkeiten zu berücksichtigen.
Der Sachversthändige hält es auch im Hinblick auf die Freilegungskosten für vertretbar, den Vergleichswert im unteren Bereich der zuvor erwähnten Schnittmenge anzusetzen, so daß sich als Vergleichswert (Bodenwert unter Berücksichtigung einer Neubebauungsmöglichkeit) ein Betrag von

1.400.000,- €

ergibt.

8. Ergebnis

Marktangepaßter Sachwert (7.2.5):	1.300.000,- €
Durch den Liegenschaftszinssatz marktorientierter Ertragswert (7.3.6):	kein wirtschaftlich sinnvolles Ergebnis
Vergleichswert (7.4.5):	1.400.000,- €

Die Ergebnisse der drei angewandten Wertermittlungsverfahren führen zu extrem unterschiedlichen Ergebnissen. Der marktangepaßte Sachwert und der Vergleichswert stimmen zwar recht gut überein, doch darf die Ergebnisgenauigkeit nicht darüber hinwegtäuschen, daß hier völlig unterschiedliche Bewertungsschritte zu den jeweiligen Werten geführt haben. Im Regelfall würde bei der Begutachtung der Ertragswert primär wertbestimmend sein, doch, wie die Berechnungen bereits zeigten, führt die Ertragswertberechnung zu keinem wirtschaftlich zufriedenstellenden und sinnvollen Ergebnis. Das Ergebnis des marktangepaßten Sachwertverfahrens leidet unter der Unsicherheit der Höhe des Marktanpassungsabschlages. Wenn wie in den zuvor durchgeführten Rechnungen ein Ergebnis um etwa 55 % reduziert wird, spricht diese Vorgehensweise dafür, daß dieses Verfahren eigentlich gar nicht anwendbar ist. GERARDY hat einmal die sehr sinnvolle Äußerung formuliert, daß Wertermittlungsverfahren, deren Ergebnisse mit mehr als ± 1/3 zu korrigieren sind, keine geeigneten Wertermittlungsverfahren sind. Diese Erkenntnisse sprechen dafür, daß der marktangepaßte Sachwert eben nur als ein Hilfswert verstanden werden darf.
Die Überlegungen, das Grundstück einer Neubebauung zuzuführen, sind sicherlich für die Mehrzahl der Nachfrager nach dem Objekt von besonderer Bedeutung. Allerdings ist hier zu berücksichtigen, daß als Nachfrager auch dann nur ein relativ kleiner Kreis von Bauträgern oder Großinvestoren in Frage kommt.

Der Vergleichswert ist insoweit auch problematisch, da daß Risiko, ob und wann das Areal der angedachten neuen Nutzung zugeführt werden kann, recht groß ist. Es wäre zumindest theoretisch auch denkbar, daß die dem Gutachten zugrunde gelegte angedachte Neunutzung überhaupt nicht realisiert werden kann.

Der Sachverständige weist ferner darauf hin, daß der Verkehrswert der Immobilie - auch unter Berücksichtigung der noch nicht sicher bekannten Freilegungskosten - letztendlich nur im Schätzwege ermittelt werden kann. Bei dieser Schätzung ist auch dem Umstand Rechnung zu tragen, daß Kaufpreise von Immobilien sich nicht immer „sachverständig", oft sogar paradox und wirtschaftlich nur bedingt nachvollziehbar bilden.

Bei der Verkehrswertermittlung ist nach den allgemeinen Bewertungsregeln vorzugehen, sonstige kaufpreisbestimmende Argumente (nicht wertbestimmende Argumente) bleiben bei der Verkehrswertermittlung außer Betracht. Die Einzelkaufpreise bilden sich, wie bereits erwähnt, tlw. auch unter Aspekten, die sich einer genauen mathematischen Berechenbarkeit entziehen (z.B. individuelle steuerliche Situation oder betriebsbedingte Entscheidungen).

Bei freier Abwägung aller Vor- und Nachteile *schätzt* der Sachverständige den Verkehrswert des Bewertungsobjektes auf

<u>1.300.000,- €</u>

(Eine Million Dreihunderttausend EURO)

Es wird hier noch einmal darauf hingewiesen, daß zahlreiche positive und negative Baulasten vorliegen, die aber im Wege der freien Schätzung ausreichend ihren Niederschlag gefunden haben. Der Sachverständige verzichtet deshalb auf dezidierte Einzelberechnungen, die auch nur Genauigkeiten suggerieren würden, die der Markt gar nicht hergibt.

Eine Baugrundanalyse wurde nicht vorgenommen oder veranlaßt. Der Sachverständige geht von normalen Baugrundverhältnissen aus.

Das Inventar (z.B. Tische, Stühle, Tresen, Betriebsküche, Geschirr, Büroeinrichtung, Fitneßgeräte, Fahnen, Boutique-Ausstattung) wurde bei der Verkehrswertermittlung nicht berücksichtigt.
Die Spielfeldausstattungen (z.B. Hallenbeleuchtung, Spielfeldnetze, Bodenbelag, Kegelbahnanlagen) sind dagegen im zuvor ermittelten Verkehrswert mit enthalten.

Hinzuweisen ist auf die Differenz zwischen dem Mietertrag, der als nachhaltig erzielbar der Ertragswertberechnung zugrunde gelegt wurde (mtl. 6.417,- €) und der derzeitig tatsächlich gezahlten Miete (mtl. 4.000,- €). Im Regelfall wäre deshalb eine Korrektur bezüglich des Ertrags- bzw. Verkehrswertes anzubringen. Im Hinblick auf die nur noch kurze Restlaufzeit des bestehenden Vertrages (2 1/2 Jahre) und dem Umstand, daß der Verkehrswert letztendlich durch zukünftige (andere) Nutzungsmöglichkeiten geprägt wird, verzichtet der Sachverständige auf diesbezügliche Verbesserungen.

Das Grundbuch (Abt. II) ist lastenfrei.
Grenzüberschreitungen sind augenscheinlich nicht eingetreten.

Gerichtlich bestellter
Sachverständiger:

....
(Streich)

Anlagen:

JÜRGEN-WILHELM STREICH
Regierungsvermessungsamtmann a.D.
Von der Industrie- und Handelskammer zu Lübeck öffentlich bestellter und vereidigter Sachverständiger
für die Bewertung von bebauten und unbebauten Grundstücken, für Mieten und Pachten
sowie für Erbbaurechte

Eichenweg 33, 56789 Steindorf

I. Mögliche Umsätze (Literaturhinweise)

Tennishalle (Indoor)		
90.000,- DM pro Platz [65] × 9	=	810.000,- DM
Tennisplatz (Außen)		
15.000,- DM pro Platz [65] × 10	=	150.000,- DM
Squashcourts		
15.000,- DM pro Court [65] × 11	=	165.000,- DM
Badminton		
40.000,- DM pro Feld [65] × 4	=	160.000,- DM
		1.285.000,- DM
Gaststätte		
4.000,- DM Umsatz pro Stuhl [55]		
4.000,- DM × 60	=	240.000,- DM
1.000,- DM × 60 (Saal)	=	60.000,- DM
Club-Restaurant (Squash-Bar)		
- geschätzt -	=	100.000,- DM
		400.000,- DM

Hinweise der Fachliteratur aktualisieren

Anm. 31, S. 420

II. Reduzierte Umsätze wg. konjunktureller Entwicklung

Sporteinnahmen zu 50 %	=	642.500,- DM
Gastronomie zu 75 %	=	300.000,- DM
		942.500,- DM
zzgl. sonstige Umsätze (Bowling, Kegelbahnen, Aerobic, Fitneß-Center, Automatenerlöse, Schwimmbad, Werbung, Außer-Haus-Verkauf u.a.) Pauschale 10 %	=	94.000,- DM
		1.036.500,- DM
abgerundet	ca.:	1.000.000,- DM

Anlage 20

Sichtlage, Lage von Gewerbegrundstücken – Anm. 28

Das im Gutachten Nr. 11 vorgestellte Bewertungsobjekt befindet sich eingebettet in einem Wohngebiet und zeichnet sich durch eine relativ schlechte Erreichbarkeit „um mehrere Ecken" aus. Es handelt sich insoweit nicht um eine „Sichtlage".

Gerade bei Gewerbegrundstücken spielt die Lage eine besondere Rolle, wobei diese Feststellung sich nicht nur auf Ia- und Ib- oder II-Lagen in Kerngebieten und Nebenkerngebieten bezieht, sondern ebenso auch zutrifft für Gewerbeobjekte, die üblicherweise in Misch- oder Gewerbegebieten anzutreffen sind.

Die Auswertung zahlreicher Bodenrichtwerte verschiedener Gutachterausschüsse in Schleswig-Holstein führte mich zu der Erkenntnis, dass die Bodenrichtwerte in Mischgebieten tendenziell etwa um 1/3 höher liegen als in vergleichbaren Wohngebieten für Geschossbaugrundstücke. Allerdings muss ich darauf hinweisen, dass diese Erkenntnis nicht als statistisch gesichert zu werten ist, vielmehr handelt es sich hier um empirische Erfahrungswerte.

Kaufpreise an Hauptverkehrsstraßen außerhalb des Stadtkerns lagen bzw. liegen signifikant höher als in ruhigeren Wohnlagen.

Hat der Gutachterausschuss für Grundstückswerte einen Bodenrichtwert für Gewerbegrundstücke ermittelt, so wird dieser von zahlreichen Sachverständigen mehr oder weniger ohne Plausibilitätsprüfung und auch ohne individuelle Modifizierung in die Begutachtung übernommen. Zahlreiche Sachverständige versäumen in ihren Gutachten, auf die individuellen Gegebenheiten ausreichend einzugehen. Wenn ein zonaler Bodenrichtwert für ein Gewerbegrundstück ausgewiesen wird, ist bezüglich von Grundstücken, die innerhalb der Zone an einer Hauptverkehrsstraße liegen, die das Gewerbegebiet durchschneidet, ein deutlich höherer Bodenwert in Ansatz zu bringen, denn eine „Sichtlage" ist für zahlreiche Nachfrager von besonderer Bedeutung. An einer Hauptverkehrsstraße in einem Gewerbegebiet könnten beispielsweise Fast-Food-Betriebe, Autowaschanlagenbetreiber, Tankstellen, Autohäuser usw. eher Interesse haben als in einer Lage im Gewerbegebiet außerhalb der Sichtlage.

Die Sichtlage wird sich naturgemäß auch in einem höheren möglichen Mietertrag niederschlagen.

Aufgrund einer größeren Zahl möglicher Nachfrager wird nicht nur der Bodenwert, sondern der Verkehrswert insgesamt in einer Sichtlage höher anzusetzen sein als in einer Normallage.

Bestandsverzeichnis, Grundstück, Flurstück – Anm. 29

„Flurstücke sind Teile der Erdoberfläche, die durch das amtliche Verme[s]sungswesen geometrisch festgelegt und bezeichnet werden." [72]

Es handelt sich um Flächen, die durch eine in sich zurücklaufende Linie be[-]grenzt werden und durch eine eigene Nummer gekennzeichnet sind. In Aus[-]nahmefällen können Flurstücke zerschnitten sein von anderen Flurstücken, z.B. von Graben- oder Wegeflächen. In diesem Falle wird durch Überhaken die Situation in der Flurkarte verdeutlicht. Ich verweise insoweit auch au[f] die folgende Skizze.

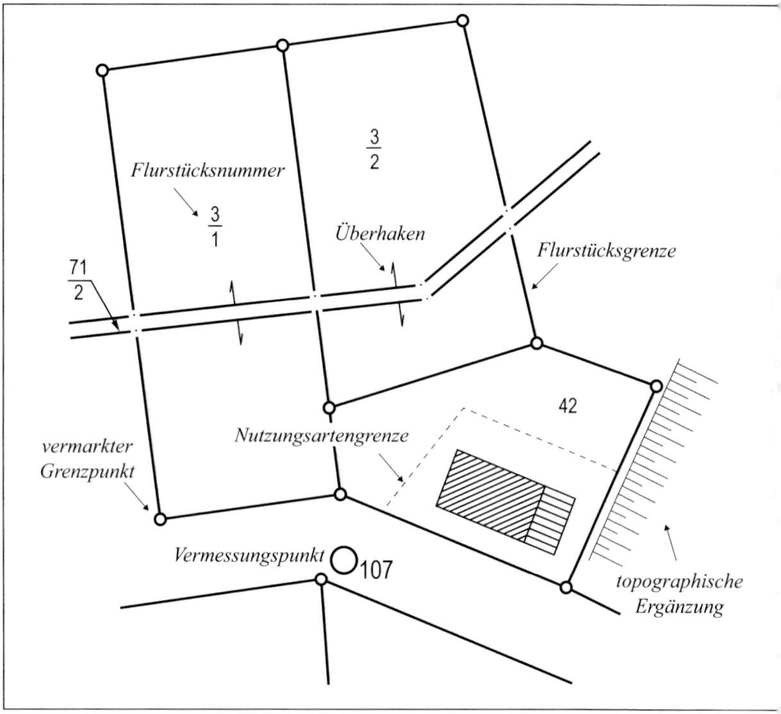

Ein Grundstück ist dagegen ein grundbuchlicher Begriff, denn unter einem Grundstück versteht man die Flächen, die im Grundbuch im Bestandsve[r]zeichnis unter einer laufenden Nummer aufgeführt sind. Ein Grundstüc[k] besteht immer aus mindestens einem Flurstück, kann sich jedoch auch au[s] mehreren Flurstücken zusammensetzen, die sogar in verschiedenen Fluren und Gemarkungen gelegen sein können. Ein Grundstück im Rechtssinn kann demzufolge auch aus räumlich nicht zusammenhängenden Flurstü[-]cken bestehen. Der Nachweis der Flurstücke erfolgt im Liegenschaftskatas[-]ter, das in der Regel bei den Katasterämtern geführt wird. Es ist hier au[-]

unterschiedliche Landesregelungen hinzuweisen. In der Mehrzahl der Bundesländer werden Grenzvermessungen mit urkundlichem Charakter auch durch öffentlich bestellte Vermessungsingenieure durchgeführt.

Wenn ein Flurstück in mehrere Flurstücke aufgeteilt wird, spricht man von einer Zerlegung. Der Begriff „Teilung" wird bei Grundstücken verwendet.

Im Liegenschaftskataster werden auch die amtlich ermittelten Flächen der Flurstücke niedergelegt. Nachrichtlich werden diese Angaben auch im Grundbuch aufgeführt, wobei gelegentlich die Flurstücksnummerierungen und Flächenangaben aus Katasternachweis und Grundbuch nicht harmonieren. In solchen Fällen hat ein Sachverständiger bei den zuständigen Behörden aufgetretene Differenzen zu klären, damit im Gutachten auch das „richtige" Objekt mit der „richtigen" Fläche bewertet wird.

In den Flurkarten werden nicht nur die Flurstücksgrenzen dargestellt, sondern auch Gebäude und topographische Situationen.

Sachverständige haben insbesondere bei neueren Gebäuden zu überprüfen, ob die örtliche Situation (Lage des Gebäudes auf dem Flurstück bzw. in der Örtlichkeit) mit der Darstellung im Bauantrag übereinstimmt. Schon in mehreren Fällen habe ich festgestellt, dass Architekten, abweichend vom Bauantrag und der Baugenehmigung, das Gebäude an anderer Stelle auf dem Flurstück – verschoben, manchmal auch anders dimensioniert – errichtet haben. Hier stellt sich dann die Frage möglicher Unterschreitungen erforderlicher Grenzabstände, die die Bildung von Baulasten auf dem benachbarten Grundstück erfordern.

Stellt der Sachverständige erhebliche Unterschiede zwischen genehmigter und realisierter Kubatur fest, sind entsprechende Hinweise in das Gutachten aufzunehmen und daraus resultierende Fragen zu diskutieren (z.B. statische Eigenschaften noch gegeben?, Baugenehmigung rechtsunwirksam?)

Graphische Kontrolle, Erfahrungswerte – Anm. 30

Wenn ein Katasterlageplan im Maßstab 1 : 1.000 vorliegt, kann schon recht sicher die bebaute Fläche graphisch aus dem Lageplan abgegriffen werden. Aus den graphisch ermittelten Maßen können Maße aus Bauzeichnungen überprüft werden, so dass zumindest eine grobe Kontrolle gegenüber möglichen Abweichungen vorliegt.

Von der bebauten Fläche kann auf die Wohn- und Nutzfläche rückgeschlossen werden, wobei es sich natürlich nur um grobe Kontrollwerte handeln kann. Die Wohn- und Nutzfläche liegt bei üblichen Wohngebäuden in der Regel zwischen 70 und 80 % der bebauten Fläche. Bei Hallen und großflächigen Baulichkeiten reichen oft schon Abschläge von 5 oder 10 %.

Sofern ein Sachverständiger sich überwiegend regional betätigt, empfiehlt es sich für häufig vorkommende Gebäudearten aus vorliegenden Berechnungen den Bezug zur bebauten Fläche herzustellen und Erfahrungswerte nach Anzahl der Etagen zu tabellieren. Man ist oft immer wieder verblüfft mit welcher Genauigkeit sich auch überschlägig Wohn- und Nutzflächen durch diese Grobkontrollen ermitteln lassen. Diese Feststellungen verstehen sich natürlich auch auf die Kubatur. Ich verweise bezüglich der hier angesprochenen Kontrollmechanismen auf die anliegende vom Autor entwickelte Tabelle, die Erfahrungswerte aus dem Bereich der Hansestadt Lübeck widerspiegelt.

Die Tabellenwerte aus der Innenstadt beziehen sich auf Baulichkeiten mit ortsspezifischen Strukturen, die überregional sicher nicht von besonderem Interesse sind. Die übrigen Erfahrungswerte müssten – zumindest tendenziell – überregional anwendbar sein.

Ermittlung der Wohnfläche und des Umbauten Raumes* aus der Bebauten Fläche

* Umbauter Raum gemäß DIN 277/50

Gebäudetyp		Geschosse	Wfl.-Faktor (Beb. Fl. × Faktor ≈ Wfl.) kein Keller	Wfl.-Faktor Keller	U.-Raum-Faktor (Beb. Fl. × Faktor ≈ URaum) kein Keller	U.-Raum-Faktor Keller
Ganghaus (Innenstadt)		1	0,75		3,70	
		1½	1,20		4,80	
		2	1,50		6,00	
		2½	1,70		6,90	
Kleines Innenstadtgebäude Vorderhaus		2	1,50		6,60	
		2½	1,70		7,30	
		3	2,00		9,60	
		3½	2,90		10,90	
Großes Innenstadtgebäude	Vorderhaus	2	1,20	1,20	6,90	9,00
		2½	1,50	1,80	9,00	12,10
		3	2,00	1,80	10,10	13,00
		3½	2,40	2,60	12,20	15,20
		4	2,60	2,90	12,90	16,10
		4½	2,90	3,20	15,00	16,30
	Seitenflügel	1	0,80	0,75	3,30	4,90
		1½	1,30	1,25	5,20	6,90
		2	1,50	1,40	6,30	8,20
		3	2,20	2,40	8,40	11,80
	Hinterhaus	1	0,80		3,20	
		1½	1,20		4,80	
		2	1,50		6,30	
		2½	1,70		7,50	
		3	2,00		8,80	
Mietwohnhaus Vorstadt		2		1,45		8,70
		2½		1,80		10,00
		3		2,10		11,60
		3½		2,50		13,70
		4		2,70		14,40
		4½		3,00		16,70
Villen und villenartiges Mehrfamilienhaus		1½		1,25		7,80
		2		1,60		10,20
		2½		1,80		11,70
		3		2,20		12,50
		3½		2,80		14,40
1 bis 2-Familienhaus	Althaus, Gärtnerhaus	1½	1,25		5,60	
		2	1,60		5,70	
	Siedlungshaus	1½	1,20	1,30	4,90	6,80
		2	1,40	1,40	7,20	8,30
	Nachkriegshaus	1½	1,40	1,35	4,50	6,90
	Reihenhaus	2		1,60		9,70
		2½		2,00		10,00
	modern, aufwendig	1½		1,30		7,40

Hinweise der Fachliteratur aktualisieren – Anm. 31

Sachverständige stehen immer wieder vor dem Problem, dass Spezial-Immobilien zu bewerten sind, wo Erfahrungswerte nur in geringem Umfang vorliegen. Das zuvor vorgestellte Gutachten Nr. 11 bezüglich eines Tennis- und Freizeit-Centers mag hier als Beispiel dienen.

Der Fachliteratur wurden Erfahrungswerte entnommen, die helfen, mögliche Umsätze zu quantifizieren, um daraus die nachhaltig erzielbare Miete abzuleiten. Diese Erfahrungswerte [65] basieren allerdings auf Erfahrungswerten der Vergangenheit, die nicht mehr zum Bewertungsstichtag als zeitaktuell zu bezeichnen waren. In solchen Fällen ist es unumgänglich, dass der Sachverständige weitere Recherchen betreibt, um zeitnahe Erfahrungswerte in sein Gutachten einfließen zu lassen. Ich verweise insoweit auch auf meine Ausführungen auf der Seite 12 des Gutachtens Nr. 11. Die dort niedergelegten Überlegungen führten, wie die Anlage 20 zu dem Gutachten 11 zeigt, zu erheblichen Abstrichen bezüglich der als möglich angenommenen Umsätze. Hier kann der Leser nur sensibilisiert werden, ältere Erfahrungswerte laufend Plausibilitätskontrollen zu unterziehen.

Bei der Begutachtung des Objektes, das im Gutachten Nr. 11 vorgestellt wurde, hatte ich den Vorteil, dass Informationen bezüglich der Umsätze und Kosten vom Auftraggeber bzw. seinem Steuerberater zur Verfügung gestellt wurden. Allerdings darf der Sachverständige sein Gutachten nicht nur auf solch mitgeteilten Daten abstellen, da auch allgemeine Trends zu berücksichtigen sind. Es ist ja auch denkbar, dass aus unternehmerischen Gründen (die der Sachverständige gar nicht kennt) bei einem Betrieb Umsätze rückgefahren werden, um möglicherweise die Ertragsfähigkeit eines anderen Betriebes zu steigern. Unternehmenspolitische Entscheidungen können also durchaus auch zu Umsatzentwicklungen führen, die nicht als branchenüblich zu klassifizieren sind. Wenn Zweifel bestehen, sollten weitere Experten, auch Berufsverbände, Steuerberater usw. mit zu Rate gezogen werden.

Im Einzelfall kann sich ein Sachverständiger auch dadurch auszeichnen, dass er unter Hinweis auf nicht ausreichende Sachkunde bezüglich eines Spezialgebietes den Auftrag zurückgibt, denn nichts ist fataler als ein fehlerhaftes Gutachten mit all den daraus resultierenden Haftungsrisiken.

Es sollte an dieser Stelle auch der Hinweis nicht unterbleiben, dass die Haftung auch des gerichtlich bestellten Sachverständigen verschärft worden ist. [73]

GUTACHTEN

des öffentlich bestellten und vereidigten Sachverständigen

JÜRGEN-WILHELM STREICH

aus Lübeck

. Ausfertigung

VERKEHRSWERTGUTACHTEN

WEBERSTR. 19, 24680 STERNSTEDT

Gutachten vom 20. August 2002
Nr. 1/222/01

- Dieses Gutachten umfaßt 59 Seiten -

1. Auftrag

Der Verkehrswert des Bewertungsobjektes ist wegen anstehender Zwangsversteigerung durch ein Sachverständigengutachten zu ermitteln.

2. Verkehrswert

Der Verkehrswert ist im BauGB [1] - Fundstellen siehe Anlage 13 - als der Wert definiert, der im gewöhnlichen Geschäftsverkehr ohne Berücksichtigung persönlicher oder ungewöhnlicher Umstände beim Verkauf zu erzielen ist. Die Wertermittlung führe ich in Anlehnung an die Regularien der WertV [2] durch.

3. Auftraggeber

Amtsgericht XXXXXXXXXX
28 K 234/01
Zwangsversteigerung ./. XXXXXXXX
Beschluß vom 5. Oktober 2001

4. Bewertungsobjekt

Weberstr. 19, 24680 Sternstedt

4.1 Kurzbeschreibung

Geschäftshaus in der Weberstr. im Zentrum von Sternstedt zwischen der Hauptgeschäftsstraße (Königstr.) und der Sandtorstraße.
1990 umgebautes und tlw. neu errichtetes Gebäude, 2 1/2-gesch. Massivbau ohne Unterkellerung mit 2-gesch. Anbau, ehem. Gaststätte und Lichtspieltheater, jetzt ein ebenerdiger Laden (210 m^2 Nfl.), ein Fitness-Studio (385 m^2) und im DG ein Büro (120 m^2), ins. ca. 715 m^2 Nfl., Gaszentralheizung, moderne Ausstattung, Ib - Ic-Zentrumslage,, Gebäude mit nicht unerheblichem Investitionsbedarf! Gut 650 m^2 großes Grundstück in einem förmlich festgelegten Sanierungsgebiet mit Kfz.-Stellplätzen im rückwärtigen Bereich.

VERKEHRSWERT: 550.000,- €

4.2 Katasterbezeichnung (Katasteramt Sternstedt)
Kreis Sternstedt, Kreisstadt Sternstedt, Gemarkung Altstadt,
Flur 62, Flurstück 33/78
Größe: 658 m^2
Liegenschaftsbuch Nr.: 1.369

4.3 Grundbuchbezeichnung (Amtsgericht Sternstedt)
Grundbuch von Altstadt, Band 15, Blatt 505

4.4 Eingetragener Eigentümer
Herr XXXXXXX XXXXXXXXXXX

4.5 Zwangsverwalter
Herr XXXXXX XXXXXX
A-Straße 17, 24680 Sternstedt
9 L 66/01

5\. Ortsbesichtigung und Bewertungsstichtag
11\. August 2002

6\. Mieter/Nutzer
<u>Laden im EG:</u>
Textil-Einzelhandel (Jeans-Laden)
Frau XXXXXX XXXXXXXXX
Bahnhofstr. XX, 24680 Sternstedt

Fitness-Studio im OG, tlw. auch EG:
Fit & Top-GmbH
GF: XXX XXXXXXX
Memelstr. 35, 24680 Sternstedt
GF: XXXXX XXXXXXX
Weberstr. 21, 24680 Sternstedt
Büro (ehem. Zahnarztpraxis) im DG:
nicht vermietet

7. Beschreibung des Bewertungsobjektes

7.1 Lage - regional

Kreisstadt des Kreises Sternstedt, ca. 28.000 Einwohner, Mittelzentrum mit umfassender infrastruktureller Versorgung und historischer Altstadt, gelegen ca. 20 km nördlich der Hansestadt Lübeck, über die B 315 sind BAB-Anschlußstellen (BAB A 30) schnell erreichbar. Bahnhof mit Haltestelle von Regional-Expreßzügen.

7.2 Lage - örtlich

Lage im Zentrum der Stadt Sternstedt in einem Mischgebiet, dabei handelt es sich um eine Ib - Ic-Geschäftslage. Die Weberstraße verbindet die Hauptgeschäftsstraße der Stadt (Hauptstraße) mit der Sandtorstraße. Die Entfernung zur Hauptgeschäftsstraße beträgt nur etwa 60 m, so daß durchaus auch die dortigen Lagevorteile sich noch positiv auf die Weberstraße auswirken. Die Weberstr. hat auch insoweit eine besondere Bedeutung, da sie eine fußläufige Verbindung zwischen der Hauptgeschäftsstraße und Parkplätzen beim Kurgarten herstellt. Die Weberstraße selbst ist eine schmale Straße mit zwei Fahrspuren und auch recht schmalen Bürgersteigen, insoweit verweise ich auf die Fotos der Anlage A. In der Weberstraße selbst sind gewerbliche Nutzungen, aber auch Wohnnutzungen anzutreffen. Dieses wird auch aus den Fotos der Anlage C unten und Anlage D oben deutlich.

Vorteilhaft ist die bereits erwähnte Nähe von Parkplätzen südlich des Bewertungsobjektes. Zu erwähnen sind auch Parkmöglichkeiten auf dem Grundstück selbst, und zwar im rückwärtigen Bereich.
Wenn das Grundstück weiter nord-westlich läge, also dichter zur Hauptstraße hin, wäre möglicherweise sogar von einer Ib - Lage auszugehen gewesen.
Die Weberstraße ist als Mischgebiet eingestuft und liegt in einem förmlich festgelegten Sanierungsgebiet.

7.3 Grundstück

Das zu bewertende Grundstück erreicht eine max. Frontbreite von etwa 17,5 m, wobei es sich rückwärtig bis auf etwa 13 m Breite reduziert. Die max. Tiefe kann der Anlage 3 mit etwa 44 m abgegriffen werden. Die Oberflächengestalt ist relativ eben. Der Sachverständige geht - ohne Gewähr - von normaler Baugrundbeschaffenheit aus.
Das 658 m^2 große Grundstück ist voll erschlossen und bebaut.
Aus der Bauakte ergibt sich, daß 8 Stellplätze auf eigenem Grundstück nachgewiesen wurden. Außerdem sind 11 Stellplätze dem Objekt zuzurechnen, da entsprechende Ablösebeträge an die Stadt gezahlt worden sind. Insgesamt ist also von 19 Stellplätzen zu Gunsten des Bewertungsobjektes auszugehen.
Der Stellplatzbedarf für die vorhandene Nutzung wurde in den Bauakten mit 15 Plätzen niedergelegt, so daß hier noch eine gewisse Reserve besteht. Die 11 abgelösten Einstellplätze ergeben sich aus einem Vertrag vom 28. Februar 1969, der zwischen der Stadt Sternstedt und dem damaligen Eigentümer geschlossen wurde.

7.4 Bebauung

Die Bebauung auf dem Grundstück wurde ursprünglich als Gasthof mit Herberge und einem Lichtspieltheater genutzt. 1990 erfolgte der Umbau und die tlw. Neuerrichtung eines Geschäftshauses (Baugenehmigung Nr. 08/08 715 005 03 vom 31. Mai 1990).

Gebäude mit besonderer städtebaulicher Bedeutung, ursprüngliches Alter etwa 100 Jahre.
Den Bauunterlagen der Bauordnungsbehörde wurde auszugsweise entnommen und ergänzt:
Erneuerte Fundamente, tlw. Übernahme gemauerter Streifenfundamente, Unterbetonsohle auf Kiesschüttung, Porothon-Mauerwerk, Außenwandputz, tlw. Ziegelmauerwerk und Gasbeton, Trennwände Kalksandstein, tlw. auch Ziegelmauerwerk, nichttragende Zwischenwände Gipskartonmetallständerwände, Stahlbetondecke, im Vordergebäude Holzbalkendecke, Sparrendachkonstruktion, rote Betondachsteine.
Der Baukörper wurde 2 1/2-geschossig und im rückwärtigen Bereich 2-geschossig erstellt, eine Unterkellerung liegt nicht vor. Der südwestlichste Gebäudeteil ist nur 1-geschossig ausgebaut, insoweit verweise ich auch auf die Fotos der Anlage E.

7.5 Nutzung

Das Geschäftshaus wird im Erdgeschoß durch einen ebenerdigen Großraumladen genutzt. Aus städtebaulichen Gründen wurde auf die Schaffung von großen Schaufensterflächen verzichtet, so daß sich die Zugangssituation jetzt durch vier Tür-Schaufenster-Elemente ergibt, wobei die Eingangsbereiche durch Vordächer betont werden. Der Großraumladen umfaßt ca. 210 m^2, wobei im rückwärtigen Bereich ein Aufenthaltsraum, Flur und Toilette abgeteilt worden sind.
Durch das seitlich gelegene Treppenhaus besteht Zugang zum Ober- und zum Dachgeschoß, wobei im Obergeschoß sich großflächig ein Fitness-Studio erstreckt. Dieses Fitness-Studio nutzt auch die Räume im Erdgeschoß im rückwärtigen Bereich - hinter dem Laden -. Diese Räume im EG werden durch eine interne Treppenanlage erschlossen.
Der Bereich im OG stellt sich als Großraumstudio dar, was auch durch die Fotos der Anlagen H und I verdeutlicht wird. Im mittleren Bereich ist der Empfangsbereich mit Tresen eingerichtet worden. Bedingt durch die Verwendung alter Bausubstanzen bzw. Raumvorgaben, ergeben sich tlw. Stufungen,

die zwar nicht betrieblich von Vorteil sind, jedoch positiv zu einer optischen Raumgliederung beitragen. Durch die offene Raum-zu-Raum-Erschließung ergibt sich insgesamt gesehen ein großzügiger Gesamteindruck, wobei auch der Hauptfitness-Bereich mit der Holzbinderhalle durchaus ein interessantes und reizvollen Ambiente bildet. Im Erdgeschoß befinden sich die zeitgemäß gefliesten Damen- und Herren-Toiletten und Duschen sowie Umkleide- und Putzräume. Wie bereits erwähnt, ist der Erdgeschoßbereich durch eine interne Treppe zugänglich (siehe auch Foto unten Anlage I).

Die gesamte Nutzfläche des Fitness-Studios beträgt etwa 385 m^2.
Außerdem ist noch eine Büroetage zu erwähnen, die sich im II. Obergeschoß (Dachgeschoß) befindet, dort war in der Vergangenheit eine Zahnarztpraxis eingerichtet. Die Räumlichkeiten werden z.Zt. nicht genutzt. Der Grundriß dieser Etage stellt sich in der Örtlichkeit anders dar als in den Bauunterlagen, insoweit verweise ich auf die Anlage 7 (Skizze zum Aufmaß). Wie auch in der Anlage 7 erkennbar wird, wird die Nutzbarkeit durch Dachschrägen beeinflußt. Durch zahlreiche Gauben und Fensterflächen ergibt sich, trotz der Lage im Dachgeschoß, noch eine ausreichend zufriedenstellende Belichtungssituation (siehe auch Fotos Anlage K).
Die Nutzfläche dieser Etage habe ich mit etwa 120 m^2 ermittelt.
Bezüglich der Details verweise ich die dem Gutachten beigefügten Anlagen, wobei es sich um grob maßstäbliche Verkleinerungen (Maßstab ca. 1 : 200) handelt. Die Bauzeichnungen wurden vom Sachverständigen in Teilbereichen ergänzt, dort habe ich auch örtlich genommene Kontrollmaße niedergelegt. Bezüglich des DG habe ich eine Skizze zum Aufmaß angefertigt (Anlage 7).
Den Bauakten habe ich eine Berechnung des Umbauten Raumes in einer Größenordnung von 3.000 m^3 (Anlage 9) entnommen.

7.6 Nutzflächen

Der Sachverständige hat festgestellt, daß die Planmaße und örtlichen Maße z.T. abweichend sind. Der Sachverständige hat deshalb ein überschlägiges Aufmaß durchgeführt und die Nutzflächen neu berechnet und in der Anlage 10 zusammengestellt. Aus den Bauakten habe ich bezüglich des Ladens eine Nutzfläche von 204 m^2, während ich 209,3 m^2 errechnet habe, so daß ich gerundet von

ca. 210 m^2

ausgehe.

Die Fläche des Fitness-Studios habe ich mit

EG:	97,6 m^2
OG:	289,2 m^2
Summe:	386,8 m^2

errechnet. Aus den Bauakten ergibt sich bezüglich dieser Nutzeinheit 376 m^2, so daß letztendlich hier auch nur eine geringe Abweichung sich als Endergebnis ergibt. Der Sachverständige geht bezüglich des Fitness-Studios von gerundet

ca. 385 m^2

als Nutzfläche aus.

Wie bereits erwähnt, stellt sich die Raumaufteilung im Dachgeschoß anders dar als in den Planunterlagen, deshalb wurde auch diese Etage komplett aufgemessen und die Nutzfläche dort mit

ca. 120 m^2

berechnet. Aus den Bauakten ergibt sich bezüglich dieser Nutzeinheit 125 m^2.

Die Nutzflächen der drei Geschäftseinheiten addieren sich zu insgesamt

ca. 715 m^2.

Der guten Ordnung halber sei hier noch darauf hingewiesen, daß die Aufmaße überschlägig vorgenommen worden und deshalb die gemessenen Maße auf volle und halbe Dezimeter gerundet in den Unterlagen eingezeichnet wurden.

7.7 Ausstattung

Beheizung des Hauses durch eine Gaszentralheizungsanlage im Keller, Wärmeabgabe durch Radiatoren,
Fenster mit Isolierverglasung,
Fußböden mit unterschiedlichen Belägen, tlw. Parkett, tlw. Auslegware oder Bodenfliesen
Laden mit abgehängter Decke,
zeitgemäß geflieste Sanitärräume,
Kfz.-Stellplätze auf dem Hof.

7.8 Beschaffenheit

Wie zuvor im Gutachten bereits erläutert, ist die Ursprungsbebauung etwa 100 Jahre alt, jedoch 1990 eine umfangreiche Sanierung bzw. z.T. auch ein Neuaufbau erfolgt. Allerdings ist der Zustand des Gebäudes trotz der vorgenommenen Baumaßnahmen nicht als gut zu beschreiben, da tlw. nicht unerheblicher Investitionsbedarf besteht. Es haben sich an mehreren Stellen Risse gebildet (siehe z.B. Fotos Anlage N), auch ist in mehreren Bereich auf Feuchtigkeit und Leckagen hinzuweisen (siehe z.B. Fotos Anlage M und O sowie P).
Wegen der Baumängel bzw. Bauschäden (Investitionsbedarf) ist ein nicht unerheblicher Abschlag in Ansatz zu bringen. Die Höhe der Mängelbeseitigungskosten können noch nicht abgeschätzt werden, auch ist zu berücksichtigen, daß marktüblich sich Abschläge bilden, die nicht identisch sind mit den Kostenhöhen. Der erforderliche Abschlag ist deshalb marktorientiert zu schätzen. Dabei geht der Sachverständige von einer Abschlagshöhe von 10 bis max. 15 % des Gebäudesachwerts aus und schätzt den erforderlichen Abschlag in einer Größenordnung von 12,5 %.
Die Höhe des Abschlages ist nicht gleich der Höhe des tatsächlichen Investitionsbedarfs. Die Abschlagshöhe war nicht unter Kostengesichtspunkten, sondern unter Berücksichtigung der marktüblichen Akzeptanz zu dimensionieren.

7.9 Hinweis

Die Beschreibung der Bauteile, Beschaffenheit und Ausstattung erfolgt ohne Anspruch auf Vollständigkeit. Abweichungen im Detail sind möglich. Eine umfassende und verbindliche Beschreibung würde eine spezielle Bauaufnahme voraussetzen, die jedoch den Rahmen einer Verkehrswertermittlung überschreiten würde.

8. Bewertung

8.1 Bodenwert

8.1.1 Bauleitplanung

Das zu bewertende Grundstück liegt nicht im Geltungsbereich einer verbindlichen Bauleitplanung (Bebauungsplan = B.Plan). Im Flächennutzungsplan ist das Areal als Mischgebiet (MI-Gebiet) ausgewiesen. Außerdem ist zu beachten, daß das Grundstück, wie bereits erwähnt, im Geltungsbereich einer Sanierungssatzung sich befindet. Auch ist auf Erhaltungs- und Gestaltungssatzung der Stadt hinzuweisen. Eine Baumschutzsatzung dürfte bei dem Bewertungsobjekt keine Bedeutung haben.

8.1.2 Richtwert

Der Gutachterausschuß für Grundstückswerte im Kreis Nordholstein hat zonale Bodenrichtwerte ermittelt.

Das zu bewertende Objekt liegt in der Richtwertzone 8.2 und dort ist ein Bodenrichtwert für Geschäftsgrundstücke (baureif, erschlossen) von

510,- €/m^2

ermittelt worden.

Innerhalb der Richtwertzone ist allerdings zu differenzieren, denn, wie bereits im Gutachten erwähnt, ist der fragliche Bereich in der Weberstraße nicht als Ia-Lage (Königstraße), sondern als Ib- oder sogar eher als Ic-Lage zu bewerten. Man kann das zu bewertende Grundstück quasi „als Hinterland zur Hauptgeschäftsstraße" einordnen und insoweit einen halbierten Bodenwert in Ansatz bringen. Wenn man den Richtwert halbiert, führt dieses zu einem Betrag von

255,- €/m².

Dieser Wertansatz entspräche der Richtwertzone 8.4 (Bahnhofsbereich), wo der Bodenrichtwert (zufällig) auch mit 255,- €/m² niedergelegt wurde. Hier ergibt sich eine gewisse Plausibilität, da die Lagen vom Sachverständigen durchaus *etwa* vergleichbar erachtet werden.
Wenn man von einem Bodenrichtwert in Höhe von

255,- €/m²

ausgeht, ist jedoch ein Zuschlag in Ansatz zu bringen, der den Vorteil ausgleicht, daß das Grundstück auch eine rückwärtige Erschließung aufweist. Auch ist die nicht unerhebliche bauliche Intensität des Grundstücks zu berücksichtigen, denn die Baumasse auf dem Grundstück ist größer als beispielsweise bei den Nachbargrundstücken.
Die erforderlichen Zuschläge sind nicht exakt berechenbar. Auch unter Bezugnahme auf Hinweise der Fachliteratur [25] schätze ich die Zuschlagshöhe in einem Bereich zwischen 10 und 20 % und gehe von einem Ausgangswert von

300,- €/m²

aus.

8.1.3 Bebauungsabschlag

Es ist zu berücksichtigen, daß das zu bewertende Grundstück bebaut ist. Die Bodenrichtwerte beziehen sich, wie bereits berichtet, auf unbebaute Grundstücke, die mit einem modernen und zeitgemäßen Gebäude neu bebaubar sind.
Die Marktteilnehmer, die die recht hohen Kaufpreise für unbebaute Grundstücke zahlen, vereinbaren diese Preise demzufolge nur in Verbindung mit dem Gedanken, das unbebaute Grundstück zukünftig neu zu bebauen und zu nutzen.

Erwerber einer „Gebrauchtimmobilie" können zwar im Detail Änderungen vornehmen, sind jedoch konzeptionell an die vorhandene Bebauungsstruktur gebunden. Schon aus diesem Grunde ist der Bodenwert bei bebauten Grundstücken im Regelfall zu dämpfen, zumindest ist das die Auffassung des Sachverständigen. Hier darf allerdings nicht unerwähnt bleiben, daß in Sachverständigenkreisen diese Meinung kontrovers diskutiert wird.

Fest steht jedoch, daß die Kaufpreise, die für unbebaute Grundstücke gezahlt werden, einem anderen Teilmarkt zuzuordnen sind als dem Teilmarkt der bebauten Grundstücke. Es handelt sich schlichtweg um andere Marktteilnehmer, um andere Immobilien und somit entwickeln sich auch unterschiedliche Marktmechanismen.

Bei der hier zu bewertenden Immobilie ist der Abschlag sehr maßvoll in Ansatz zu bringen, da die vorgefundenen Nutzungen weitgehend auch einer Nutzungskonzeption entspricht, die heute bei einem Neubau realisiert würde.
Maßgebend für den Verkehrswert des Grundstückes sind besonders die Mietertragsmöglichkeiten im Erdgeschoßbereich (Laden) und hier würden auch bei einem Neubau keine erheblichen Mietsteigerungen zu erwarten sein.

Aus den zuvor genannten Überlegungen schätzt der Sachverständige die Höhe der Bodenwertdämpfung bei dem Bodenwert des bebauten Grundstücks nur auf 10 %:

$$300,- \text{€}/m^2 \times 0,9 = 270,- \text{€}/m^2.$$

8.1.4 Kontrollbewertung (Marktanalyse)

Im Bereich der Landeshauptstadt Kiel ist aus Kaufpreisen mittels einer Regressionsanalyse folgende Gleichung entwickelt worden [49]

$BW = 14{,}3\ RO^{0.64}$

BW = Bodenwert

RO = Jahresrohertrag pro m² Baugrund

Die zuvor dargestellte Formel bezieht sich auf Wohnlagen (Geschoßbebauung) und Geschäftslagen (Nebenzentren) der Landeshauptstadt Kiel. Insoweit ist die Analyse hier eigentlich nicht anwendbar. Die „Kieler Formel" kann deshalb nur als eine Hilfs- und Kontrollrechnung verstanden werden.

Den nachhaltig erzielbaren Mietertrag (siehe Abschnitt 9.3 dieses Gutachtens) nehme ich mit jährlich 62.000,- € an.

Jahresrohertrag pro m² Baugrund*:

62.000,- € : 658 m² = 94,- €/m²

Bodenwertableitung:

$BW = 14{,}3 \text{ mal } 94^{0.64}$

<u>BW = rd. 262,- €/m²</u>

Wie zuvor bereits ausgeführt, bezieht sich die hier angewandte Marktanalyse auf Wohn- und Geschäftsgrundstücke in Nebenkernen von Kiel. Wegen der Ib- bis Ic-Lage im Stadtkern von Sternstedt ist jedoch eine ausreichende Vergleichbarkeit zu erwarten.

8.1.5 Bodenwertschätzung

Die von PLAGA entwickelte „Kieler Formel" führt zu einer Bestätigung der Ableitung des Bodenwertes aus dem Richtwert der Zone 8.2 von Sternstedt. Da der Bodenwert das Ergebnis der Bewertung sowieso nur marginal beeinflußt, wird auf weitere dezidierte Wertableitungen verzichtet.

Der Sachverständige schätzt bei freier Abwägung aller Vor- und Nachteile den Bodenwert des Bewertungsobjektes gerundet auf

<u>275,- €/m²</u>.

8.1.6 Bodenwertberechnung

658 m² × 275,- €/m²	=		180.950,- €
	= ca.		180.000,- €

8.2 Sachwertverfahren

8.2.1 Normalherstellungskosten (NHK)

8.2.1.1 NHK 1995

Der Bundesminister für Raumordnung, Bauwesen und Städtebau hat durch Hinweise vom 1. August 1997 Tabellen mit Normalherstellungskosten per 1995 herausgegeben. Die dort für verschiedene Gebäudearten tabulierten NHK werden dann mit verschiedenen Korrekturfaktoren multipliziert.
Diese NHK 1995 habe ich in mehreren Gutachten bereits angewandt, jedoch dabei festgestellt, daß die Ergebnisse - zumindest für den Raum, wo ich regelmäßig Gutachten erstatte - häufig nicht plausibel sind. Die errechneten Kubikmeterpreise haben sich oft als zu niedrig erwiesen. Der Sachverständige verzichtet deshalb in diesem Gutachten auf die detaillierte Anwendung der NHK 1995-Tabellen des Bundesbauministers. Vielmehr wende ich in meinem Gutachten empfohlene NHK an, die sich aus der Tabelle in [5] ergeben. Die dort tabellierten NHK DM/m³ habe ich - gerundet - auf €/m² umgerechnet.

Die schematische Vorgabe von Korrekturfaktoren für Länder und Gemeindegrößen dürfte nach Einschätzung des Sachverständigen ein gewichtiger Grund sein für die Abweichungen zwischen den Hinweisen der WertR [6] und den Empfehlungen der Fachliteratur.

8.2.1.2 Normalherstellungskosten 1980

NHK 1980*:	200,- €/m³
umgerechnet auf 2002**:	330,- €/m³

* bezogen auf Umbauten Raum gem. DIN 277/50

** Der derzeitige Baupreisindex (1958 = 100) liegt bei 164 Punkten (per Febr. 2002). Ich gehe in meinem Gutachten von einem gerundeten Index von 165 Punkten aus.

Der Ansatz von NHK 200,- €/m³ per 1980 entspricht einem Ansatz von rd. 30,-- M/m³ per 1913 bzw. 655,- DM/m³ per 1995

8.2.2 Wertminderung wegen Alters

Baujahr (Sanierung):	1990
Alter (2002):	12 Jahre
gewöhnliche Gesamtnutzungsdauer:	60 Jahre
rechnerische Restnutzungsdauer:	48 Jahre
reduzierte Restnutzungsdauer wg. tlw. Verwendung alter Bausubstanz und wg. wirtschaftlicher Verwertbarkeit:	40 Jahre
fiktives Alter:	20 Jahre

lineare Wertminderung:

$$\frac{100\ \%}{60} \times 20 = 33{,}3\ \%$$

Abschreibung nach Methode Ross:

$$1/2\ (33{,}3\ \% + \frac{33{,}3\ \%^2}{100}) = 22{,}2\ \%$$

Bei überwiegend gewerblich genutzten Immobilien ist die Abschreibungskurve (Wertminderung wegen Alters) jedoch steiler als bei reinen Wohnnutzungen zu erwarten. Der Sachverständige hält es deshalb für angezeigt, die lineare und Ross'sche Wertminderung wegen Alters auszumitteln:

$$1/2\ (33{,}3\ \% + 22{,}2\ \%) = 27{,}8\ \%$$

Der Sachverständige schätzt in Anlehnung an zuvor vorgenommene Berechnungen die Wertminderung wegen Alters bei dem Bewertungsobjekt auf

30 %.

8.2.3 Zeitwerte

Neuwert (9.2.1.2):	330,-- €/m³
- 30 % Wertminderung wg. Alters:	99,-- €/m³
	231,-- €/m³

8.2.4 Sachwertberechnung

rd. 3.000 m³* × 231,- €/m³	rd.	693.000,- €
zzgl. 13,75 % Baunebenkosten	rd.	95.000,- €
		788.000,- €
zzgl. Außenanlagen und besondere Bauteile (frei geschätzt)**	rd.	25.000,- €
zzgl. Bodenwert (9.1.6):	rd.	180.000,- €
Sachwert-Zwischenwert:	ca.	993.000,- €
- 12,5 % Abschlag vom Gebäudesachwert wg. Investitionsbedarf (siehe 8.8) 12,5 % von 788.000,- € = 98.500,- €	rd.	100.000,- €
Sachwert:	ca.	893.000,- €

* siehe Anlage 9

** Der Wert der Außenanlagen und besonderen Bauteilen wurde frei vom Sachverständigen geschätzt. Dabei bin ich von ca. 3 % des Gebäudezeitwertes ausgegangen und verweise auch auf Ausführungen in der Fachliteratur [7]:

„In der Regel reichen diese Prozentzahlen zur Bestimmung des Wertes der Außenanlagen aus. Bei sehr aufwendigen Anlagen ist ohnehin zu prüfen, ob sie überhaupt allgemein werterhöhend sind; ob sie von einem durchschnittlichen Erwerber übernommen werden."

8.2.5 Marktanpassung des Sachwertes

Kaufpreise von Immobilien sind in der Regel mit dem Sachwert nicht identisch. Der Sachwert ist deshalb an die Marktlage anzupassen. Solche Marktanpassungsfaktoren können gesichert nur mathematisch-statistisch aus dem Immobilienmarkt abgeleitet werden. Bezüglich des Teilmarktes, dem das Bewertungsobjekt zuzuordnen ist, bestehen jedoch keine mathematisch-statistisch gesicherten Erkenntnisse über die Relation zwischen Sachwerten und Kaufpreisen.

Es kann hier nur allgemein ausgeführt werden, daß die Immobilienmarktlage derzeitig allgemein durch relativ schwierige Verkäuflichkeiten geprägt ist, was bewirkt, daß die Kaufpreise sich eher *unter* den Sachwerten entwickeln. Häufig können bei Objekten, die nicht in guten oder besonders nachgefragten Lagen liegen, Abschläge in einer Größenordnung zwischen 10 und 30 %, tlw. noch höher, beobachtet werden.

Da sich das Bewertungsobjekt nicht in einer mittleren oder mäßigen Lage befindet, ist der Marktanpassungsabschlag eher zu reduzieren. Die nicht ungünstige Kernlage in Sternstedt erfordert einen maßvollen Abschlag zur Anpassung des Sachwertes an die Marktlage.

Der Sachverständige *schätzt* dessen Höhe auf nur 10 - 30 %, i.M. 20 %, und weist hier nochmals darauf hin, daß geeignete Vergleichspreise zur sicheren Dimensionierung des Abschlages nicht zur Verfügung stehen.

Bei Ansatz eines 20 %igen Marktanpassungsabschlages ergibt sich folgende Rechnung:

Sachwert:	893.000,- €
20 % Abschlag zur Anpassung an die Marktlage:	179.000,- €
Marktangepaßter Sachwert:	714.000,- €

Da auch der Bodenwert nicht gesichert feststellbar ist, führt der Sachwert als Summe von Bau- und Bodenwert zwangsläufig zu einem ungenauen Ergebnis mit nur wenig Aussagekraft (da der Bodenwert bei bebauten Grundstücken mehr oder weniger beliebig - auch scheinbar plausibel - berechenbar ist, kann so auch nahezu jeder Sachwert beliebig errechnet werden).
Der Sachverständige ist deshalb der Auffassung, daß das Ergebnis des Sachwertverfahrens bei diesem Bewertungsobjekt den Verkehrswert nur am Rande bestimmen kann.

8.3 Ertragswertverfahren

8.3.1 Nachhaltig erzielbarer Mietertrag (Netto-Kalt-Miete)

Allgemeines

Maßgebend für die Wertermittlung ist der nachhaltig erzielbare Mietertrag.
Nachhaltig erzielbar bedeutet, daß nicht der höchstmögliche, aber auch nicht ein Mietertrag im unteren Bereich möglicher Bandbreite zugrunde gelegt wird.

Als nachhaltig erzielbar im Sinne § 16 der WertV ist ein durchschnittlicher Mietzins zu verstehen, der nach einer Neuvermietung bei ordnungsgemäßer Bewirtschaftung auch sicher erzielbar sein dürfte, und zwar in Bezug auf die Restnutzungsdauer unter der Voraussetzung, daß die Ertragsfähigkeit durch lfd. Instandhaltung gesichert und so eine unterstellte 40jährige Restnutzungsdauer ermöglicht wird.
Zukünftige konjunkturelle Mietpreisentwicklungen bleiben bei dieser Betrachtungsweise ohne Berücksichtigung.
Bei dieser Betrachtung wird auch unterstellt, daß die Standortqualität dauerhafte Eigenschaften aufweist. Allerdings kann bei Ib- und Ic-Kernlagen grundsätzlich nicht ausgeschlossen werden, daß sich Lagewertverschiebungen ergeben. Fußgängerströme können relativ leicht umgeleitet werden, wenn andere Baumaßnahmen (neue Passagen, Einkaufszentren, Parkplätze usw.) dieses bewirken.

Zum Ausgleich des zuvor beschriebenen Investitionsrisikos wird bei der Ertragswertberechnung bezüglich von Geschäftshäusern mit einem höheren Liegenschaftszinssatz gerechnet als bei reinen Wohnhäusern, insoweit findet dieses Risiko indirekt auch Berücksichtigung in der Ertragswertberechnung.

Dem Beschlagnahmebericht des Zwangsverwalters habe ich entnommen, daß der Laden im Erdgeschoß für mtl. 3.748,75 DM (1.917,- €) vermietet ist, wobei das Mietverhältnis am 31. Januar 2006 endet. Das Ladengeschäfts wird seit 1990 als Jeans-Laden genutzt. Umgerechnet auf 210 m² Nutzfläche ergibt sich ein Mietzins von ca. 9,15 €/m². Der Mietertrag in dieser Höhe erscheint dem Sachverständigen durchaus als nachhaltig erzielbar, wobei möglicherweise sogar noch eine leichte Mietpreissteigerung vorstellbar wäre. Dabei ist auch der nicht ungünstige Zuschnitt des Ladens mit über 10 m Frontbreite positiv zu würdigen. Auch stehen Stellplätze (wenn auch nur in begrenzter Anzahl) im rückwärtigen Bereich zur Verfügung. Der Sachverständige schätzt - auch unter Bezugnahme auf örtliche Vergleichsmieten - den nachhaltig erzielbaren Mietertrag auf

10,- €/m².

Das Fitness-Studio ist gem. Beschlagnahmebericht für mtl. 4.000,- DM (2.045,- €) vermietet. Hier errechnet sich ein Mietzins von nur rd. 5,30 €/m², wenn man von 385 m² Nfl. insgesamt ausgeht. Auch hier ist noch ein gewisses Mietsteigerungspotential erkennbar, so daß der Sachverständige den nachhaltig erzielbaren Mietertrag mit

6,- €/m²

annimmt.

Dabei ist zu erläutern, daß die erhebliche Mietwertdifferenz per m² gegenüber dem Laden durchaus marktüblich ist, da es zum einen sich bei dem Fitness-Studio um eine erheblich größere Fläche handelt und zum anderen die Räumlichkeiten überwiegend sich auf der Ebene des I. Obergeschosses befinden.

Die Geschäftsräume (Büro, evtl. Arztpraxis) im DG des Hauses sind nach Auffassung des Sachverständigen unter Bezugnahme auf Vergleichsmieten ebenfalls mit

6,- €/m^2

vermietbar.

Hier macht sich mietwertdämpfend der Umstand bemerkbar, daß ein Fahrstuhl fehlt und durch die Lage im Dachgeschoß gewisse Nachteile vorhanden sind. Andererseits ist zu berücksichtigen, daß es sich hier um eine deutlich kleinere Fläche (ca. 120 m^2 gegenüber 385 m^2 beim Fitness-Studio) handelt.

Unter Berücksichtigung der zuvor angestellten Überlegungen errechnet sich der nachhaltig erzielbare Mietertrag wie folgt:

Laden im EG:					
	210 m^2	×	10,- €/m^2	=	2.100,- €
Fitness-Studio:					
	385 m^2	×	6,- €/m^2	=	2.310,- €
Büro im DG:					
	120 m^2	×	6,- €/m^2	=	720,- €
					5.130,- €

jährlich:

5.130,- €	×	12	=		61.560,- €
				ca.	62.000,- €

Bei dem zuvor durchgeführten Mietwertansatz ist davon ausgegangen worden, daß Betriebskosten und ggf. Mehrwertsteuer zzgl. zur Miete gezahlt werden.

8.3.2 Bewirtschaftungskosten

Die angemessenen Bewirtschaftungskosten schätze ich unter Anlehnung an die Erfahrungssätze, die sich aus der II. BV [3] und den WertR [6] sowie der Fachliteratur [12] ergeben:

Instandhaltungskosten		
Pauschale (siehe Anlage 12)	=	9.000,- €
Verwaltungskosten		
mtl. 300,- € × 12	=	3.600,- €
Mietausfallwagnis		
5 % vom Brutto-Rohertrag (incl. geschätzter Nebenkosten von 1,25 €/m² Wfl.) = 72.725,- €*	=	3.636,- €
		16.236,- €

*715 m² × 1,25 €/m² × 12 + 62.000,- €

$$\frac{16.236.,- €}{62.000,- €} \times 100 = 26,2\ \%$$

gerundet = 25 %

Dabei bin ich davon ausgegangen, daß Betriebskosten zzgl. zur Nettomiete zu zahlen wären.

8.3.3 Liegenschaftszinssatz

Liegenschaftszinssatz

Anm. 32, S. 451

Der Liegenschaftszinssatz ist in der WertV [2] im § 11 wie folgt definiert: „*Der Liegenschaftszinssatz ist der Zinssatz, mit dem der Verkehrswert von Liegenschaften im Durchschnitt marktüblich verzinst wird.*" Daraus folgt, daß der Liegenschaftszinssatz aus geeigneten Kaufpreisen durch Rückwärtsrechnung eines Ertragswertverfahrens abzuleiten ist. Wenn man nicht nur bei einem, sondern bei mehreren Kaufpreisen von Objekten, die einem bestimmten Teilmarkt zugeordnet werden können, solche Ableitungen vornimmt, können die Ergebnisse ausgemittelt werden und führen so zu einem marktüblichen Zinsfuß. Das Problem bei der Ableitung der Zinsfüße besteht darin, daß diese teilmarktspezifiziert und zeitaktuell zu ermitteln sind.

Bezüglich des Teilmarktes, dem das hier zu bewertende Grundstück zuzuordnen ist, liegen solche Liegenschaftszinssätze statistisch gesichert nicht vor.
In den WertR [6] wird bezüglich rein gewerblich genutzter Immobilien ein Zinsfuß von 6,5 % tabelliert. Wenn man bezüglich des Ertragsanteils des Fitness-Studois von einem erhöhten Mietrisiko ausgeht und dieses nicht nur durch das Mietausfallwagnis bei den Bewirtschaftungskosten berücksichtigen will, sondern auch durch Ansatz eines höheren Liegenschaftszinssatzes, von z.B. 8,0 %, so errechnet sich folgender gemittelter Liegenschaftszinssatz:

$$\frac{6{,}5\,\% \times 2.820{,}-\text{€} + 8{,}0\,\% \times 2.310{,}-\text{€}}{5.130{,}-\text{€}} = 7{,}18\,\%$$

Eine Erhöhung des Liegenschaftszinssatzes von „üblichen" 6,5 auf z.B. rd. 7 % hält der Sachverständige durchaus für angezeigt, da die Restnutzungsdauer des Gebäudes mit ca. 40 Jahren angesetzt wurde und allgemein bekannt ist, daß gerade im gewerblichen Bereich sehr schnell Entwicklungen dazu führen können, daß auch prosperierende Betriebe und Branchen kurz- oder mittelfristig an wirtschaftlicher Bedeutung verlieren können. Die Räumlichkeiten des Fitness-Studios, die mehr oder weniger für diese Zwecke hergerichtet sind, wäre bei mangelnder Nachfrage innerhalb dieser Branche eine Umgestaltung der Räumlichkeiten erforderlich, um weitere Erträge zu sichern. Diese Ungewißheiten werden „automatisiert" durch den erhöhten Liegenschaftszinssatz berücksichtigt.

In einer überregionalen Marktanalyse [14] wurde bezüglich von Geschäfts- und Bürogebäuden ein Liegenschaftszinssatzbereich von

5,5 - 6,5 %

beobachtet.
Zumindest tendenziell spricht auch das Ergebnis dieser überregionalen Marktanalyse nicht gegen einen Ansatz in einer Größenordnung von 7 %.

Auch nehme ich Bezug auf Marktberichte verschiedener Gutach-

terausschüsse, die ebenfalls erkennen lassen, daß der Trend gerade bei reinen Gewerbeobjekten zu höheren Zinsfüßen führt. Auch eigene Marktanalysen des Sachverständigen bestätigen den Trend, da Investoren zunehmend „vorsichtiger" werden im Hinblick auf die zukünftige konjunkturelle Entwicklung.
Der Sachverständige hält bei Abwägung aller wertrelevanten Aspekte einen Liegenschaftszinssatz von

7,0 %

für marktkonform.
Es muß hier durchaus eingeräumt werden, daß auch die Höhe des Liegenschaftszinssatzes nicht exakt mathematisch-statistisch ableitbar ist, gerade im Hinblick auf die individuellen Nutzungskonzeptionen des Bewertungsobjektes.

8.3.4 Ertragswertberechnung

Nachhaltig erzielbarer Jahresrohertrag:	62.000,- €
- 25 % Bewirtschaftungskosten:	15.500,- €
Jahresreinertrag des Grundstücks:	46.500,- €
- 7,0 % Verzinsung des Bodenwertes:	12.600,- €
Jahresreinertrag des Gebäudes:	33.900,- €

Der Jahresreinertrag des Gebäudes ist mit dem Vervielfältiger (VV) 13,33 zu multiplizieren, der sich bei Ansatz eines 7,0 %igen Liegenschaftszinssatzes und einer Restnutzungsdauer von 40 Jahren nach der Rentenbarwertformel ergibt:

$$VV = \frac{q^n - 1}{q - 1} \times \frac{1}{q^n}$$

$$q = 1 + \frac{p}{100}$$

p = Liegenschaftszinssatz

n = Restnutzungsdauer

33.900,- € × 13,33	=	452.000,- €
zzgl. Bodenwert (9.1.6):	=	180.000,- €
Ertragswert-Zwischenwert:		632.000,- €
- Abschlag wg. Investitionsbedarf (siehe 8.8 und 9.2.4)	=	100.000,- €
Ertragswert:		532.000,- €

Der Ertragswert würde sich weiter reduzieren, wenn man z.B. den Liegenschaftszinssatz auf 7,25 % erhöhte. Der Ertragswert läge dann nur bei 513.000,- €. Eine Reduzierung des Liegenschaftszinssatzes von 7,0 auf 6,75 % würde dagegen eine Erhöhung des Ertragswertes auf 552.000,- € bewirken.
Hier wird deutlich, daß schon kleine Änderungen im Rechenverfahren nicht unerhebliche Ergebnisänderungen zur Folge haben.
Wenn man dem Trend Rechnung tragen will, daß die wirtschaftliche Entwicklung sich immer stärker beschleunigt mit der Folge, so daß wirtschaftliche Investitionen immer schneller veralten, so könnten diese Überlegungen durchaus auch eine Reduzierung der Restnutzungsdauer z.B. auf 30 Jahre rechtfertigen. Bei einer solchen Überlegung wäre dann allerdings der Liegenschaftszinssatz etwas zu reduzieren, so daß ich hier nur nachrichtlich mitteile, daß der Ertragswert sich auf 534.000,- € errechnete, wenn man die Restnutzungsdauer von 40 auf 30 Jahre reduzierte und zum Ausgleich des geminderten Risikos den Liegenschaftszinssatz mit nur 6,5 % in Ansatz brächte.
Zu bemerken ist, daß der Ertragswert zwar rechnerisch exakt darstellbar ist, jedoch aufgrund verschiedener Ansatzmöglichkeiten auch hier durchaus gewisse Bewertungsspielräume vorhanden sind, so daß letztendlich die allgemeine Erfahrung des Sachverständigen auch in der Schätzung des Ertragswertes

ihren Niederschlag finden muß. Hinzuweisen ist hier noch einmal auf das Problem des Investitionsbedarfs und daß dieser nicht exakt berechenbar ist und zum anderen die Auswirkungen auf die Marktsituation sich nicht immer nach berechenbaren mathematischen Modellen ergeben.

Bei freier Abwägung aller vorliegenden Erkenntnisse wird der Ertragswert deshalb mit - gerundet -

535.000,- €

angenommen.

8.4 Indirekter Vergleichswert

Unterstellt man eine Aufteilung der Immobilie nach dem Wohnungs- und Teileigentumsgesetz in Teileigentumsobjekte, so könnte - hilfsweise - von folgenden Erlösen ausgegangen werden:

Ladenfläche (210 m² Nfl.):
ca. 1.600,- €/m²

Fitness-Studio (385 m² Nfl.)
ca. 1.400,- €/m²

Büro (DG)
ca. 1.250,- €/m²

Mögliche - theoretische - Einnahmeerlöse:

210 m² × 1.600,- €/m²	=	336.000,- €
385 m² × 1.400,- €/m²	=	539.000,- €
120 m² × 1.250,- €/m²	=	150.000,- €
8 Stellplätze à 2.500,- €	=	20.000,- €
		1.045.000,- €
		ca. 1,0 Mio. €

fiktiver Ausgangswert:	1.000.000,- €
Abzug 25 % für Vermarktung, Zwischenfinanzierung, Risiko, Unternehmergewinn usw. (= × 0,75)	
1.000.000,- € × 0,75	750.000,- €

Von dem theoretischen Erlös von 750.000,- € ist der Investitionsbedarf abzuziehen. Allerdings ist der Abschlag hier höher als beim Sach- und Ertragswertverfahren zu dimensionieren, da bei Verkauf von Teileigentum die einzelnen Teileigentumseinheiten intensiver als bei einem Gesamtverkauf aufzuwerten wären. Die optische Präsentation spielt gerade bei Verkauf von Teileigentum eine nicht unerhebliche Rolle, so daß hier der Abschlag zu korrigieren ist, z.B. auf 150.000,- €, so daß dann der indirekte Vergleichswert - hilfsweise - sich zu

600.000,- €

errechnete.
Es muß hier der Hinweis gemacht werden, daß die angesetzten möglichen Verkaufspreise frei im Schätzwege durch den Sachverständigen ermittelt wurden, wobei Bezug genommen wird auf einige wenige Kaufpreise von Teileigentum in verschiedenen Orten in Schleswig-Holstein und auch mitgeteilt werden muß, daß direkte Vergleichspreise aus Sternstedt nicht bekannt sind. Es wird vom Sachverständigen keine Gewähr dafür übrnommen, ob diese möglichen Erlöse erzielbar wären. Auch kann der Sachverständige keine Gewähr dafür übernehmen, ob technisch und rechtlich die angedachte Aufteilung nach dem Wohnungs- und Teileigentumsgesetz realisierbar wäre.

Bei den Berechnungen handelt es sich lediglich um eine unterstützende Hilfsrechnung, die nicht als normiertes Wertermittlungsverfahren üblich ist.
Geringfügige Änderungen einzelner Ansätze bewirken im Übrigen erhebliche Änderungen im Endergebnis. Die Ausgangswerte per m^2 Nfl. wurden, wie schon erläutert, nur im Schätzwege in

Ansatz gebracht. Eine Verfeinerung der Ergebnisse würde spezielle Einzelgutachten bzw. Vorgutachten voraussetzen. Die Angaben erfolgen deshalb auch „ohne Gewähr", diese sind nur als Orientierungswerte zu verstehen.

8.5 Maklerformel

Bei der „Maklerformel" wird versucht, den Verkehrswert überschlägig durch Multiplikation der Jahresmiete zu ermitteln. Die DB-Immobilien veröffentlicht laufend entsprechende Vervielfältiger. Im Bereich der Hansestadt Lübeck wurde für Büro- und Geschäftshäuser, je nach Lage, das 12 bis 14fache der Jahresmiete tabelliert. In peripheren Lagen ergeben sich, je nach Gebäudeart, geringere Multiplikatoren, so daß im Hinblick auf die vorgefundene Struktur des Bewertungsobjektes und auch im Hinblick auf die Lage in Sternstedt - dort in Ic-Lage - das 11 bis 12fache durchaus als Kaufpreis vorstellbar sein dürfte. Im Hinblick auf Investitionsbedarf ist der Vervielfältiger allerdings zu reduzieren bzw. im unteren Bereich möglicher Bandbreiten in Ansatz zu bringen. Auch das Risiko, das sich aus der vorgegebenen und festgelegten Nutzungsart (Fitness-Studio) ergibt, führt zu einer Reduzierung des Multiplikators, so daß hier unter Berücksichtigung aller Umstände vom 10 bis 11fachen(i.M. 10,5faches) ausgegangen werden kann.

Wenn man die Mieten zugrunde legt, die im Gutachten als nachhaltig erzielbar berücksichtigt wurden, ergibt sich folgende Rechnung:

62.000,- € × 10,5 = 651.000,- €

ca. 650.000,- €

9. Zwischenergebnis

Marktangepaßter Sachwert:	714.000,- €
Durch den Liegenschaftszinssatz marktorientierter Ertragswert:	535.000,- €
Vergleichswert (indirektes Verfahren):	600.000,- €
Vergleichswert (Maklerformel):	650.000,- €

Die Ergebnisse der vier angewandten Wertermittlungsverfahren stimmen nicht gut überein.
Das Ergebnis der Ertragswertberechnung ist - wie zuvor im Gutachten schon erläutert - mit erhöhtem Maße zu gewichten, da dieses letztendlich primär wertbestimmend ist. Die anderen Verfahren leiden verfahrensbedingt unter größeren Unsicherheiten, so daß deren Ergebnisse nur reduziert bei der Wertfindung Eingang finden können.
Zu berücksichtigen ist aber auch, daß das Ergebnis des Ertragswertverfahrens mit zahlreichen Unwägbarkeiten behaftet ist.
Auch ist zu berücksichtigen, daß Kaufpreise sich nicht immer „sachverständig" oder unter reinen Renditegesichtspunkten bilden: zahlreiche Marktentwicklungen und Preisbildungen sind sogar paradox.
Der Sachverständige kommt zu dem Ergebnis, daß der Verkehrswert im Regelfall in einer Größenordnung zwischen

535.000,- und 600.000,- €

zu erwarten wäre.

10. Ergebnis

Dem Gutachten konnte zuvor bereits entnommen werden, daß das zu bewertende Grundstück sich in einem förmlich festgelegten Sanierungsgebiet befindet. Insoweit verweise ich auch auf den Sanierungsvermerk, der im Grundbuch in Abt. II eingetragen ist. Aus diesem Umstand ergibt sich ein nicht unerheblicher Nachteil, da gem. BauGB [1] in förmlich festgelegten Sanie-

rungsgebieten sanierungsbedingte Bodenwertsteigerungen abschöpfungsfähig sind. Die Gemeinde bzw. der Sanierungsträger können Ausgleichsbeträge ermitteln, die sich aus der Differenz zwischen Anfangs- und Endwert des Bodenwertes ergeben. Als Anfangswert ist der sanierungsunbeeinflußte Bodenwert zu verstehen, während der Endwert der Bodenwert ist, der sanierungsbedingt gesteigert ist. Ob tatsächlich solche Bodenwertsteigerungen sich ergeben haben könnten, läßt sich mathematisch-statistisch gesichert in der Regel nicht nachweisen. Es sind allerdings verschiedene Rechenmodelle entwikkelt worden, bei denen der sanierungsbedingte Bodenwertanstieg plausibel erklärt wird und dieses hat auch eine Akzeptanz in der Rechtsprechung gefunden, so daß davon auszugehen ist, daß Ausgleichsbeträge zu zahlen sein werden, mehr oder weniger unabhängig davon, ob nun tatsächlich Bodenwertsteigerungen eingetreten sind oder nicht.
Aus einer Mitteilung der Stadt Sternstedt ist mir bekannt, daß die Ausgleichsbeträge noch nicht berechnet oder erhoben worden sind, so daß deren Höhe z.Zt. nicht feststeht. Wenn man die Bodenwertsteigerung mit beispielsweise 10 % annimmt, ergäbe das - wenn man den Bodenwert zugrunde legt, den ich in meinem Gutachten ermittelt habe - einen Abschöpfungsbetrag von 18.000,- €. Bei einer angenommenen Wertsteigerung von 20 %, läge der abschöpfungsfähige Betrag schon bei 36.000,- €, so daß es sich hier durchaus um nennenswerte Beträge handelt, die den Verkehrswert des Objektes beeinflussen. Da die Höhe der Abschöpfungsbeträge noch nicht feststeht und auch noch nicht feststeht, ob überhaupt solche verlangt werden, sind hier gewisse Unsicherheiten, die der Sachverständige nicht klären kann. Es wird jedoch für erforderlich gehalten, einen Abschlag in Ansatz zu bringen, da auch die Mehrzahl der möglichen Nachfrager diese Eventualität mit einkalkulieren würde. Wenn man diesen Abschlag mit 25.000,- € und den „normalen" Verkehrswert mit 575.000,- € annimmt, führt dieses zu einem reduzierten Verkehrswert von

<u>550.000,- €</u>
(Fünfhundertfünfzigtausend EURO)

Ob Grenzüberschreitungen stattgefunden haben, habe ich nicht überprüft.

Ich bin davon augegangen, daß Altlasten (z.B. Bodenverunreinigungen) nicht vorhanden sind.

Im Baulastenbuch liegen keine Eintragungen vor (mdl. Auskunft der zuständigen Behörde).

Eine Baugrundanalyse wurde nicht vorgenommen oder veranlaßt. Der Sachverständige geht von normalen Baugrundverhältnissen aus.

Eintragungen im Grundbuch (Abt. II) wurden bei der Verkehrswertermittlung - abgesehen von dem Sanierungsvermerk - nicht berücksichtigt. Der zuvor ermittelte Verkehrswert bezieht sich demzufolge auf ein lastenfreies Objekt, wenn man von der zukünftigen Verpflichtung zur Zahlung eines Ausgleichsbetrages absieht.

Gerichtlich bestellter

Sachverständiger:

....

(Streich)

<u>Anlagen:</u>

Liegenschaftszinssatz – Anm. 32

Bei dem Liegenschaftszinssatz handelt es sich um eine ganz wesentliche Variable, die im Regelfall das Ergebnis neben der Höhe des nachhaltig erzielbaren Mietertrages am stärksten bestimmt. Ich verweise insoweit auch auf meine Tabelle in der Anmerkung 3. Es stimmt verwunderlich, dass zahlreiche Sachverständige in ihren Gutachten zu dem Liegenschaftszinssatz überhaupt keine Ausführungen machen, sondern einfach behaupten, der Liegenschaftszinssatz sei z.B. 5 %.

Da die Höhe des Liegenschaftszinssatzes erheblich ergebnisbestimmend ist, kann von einem Gutachter erwartet werden, dass er diese wesentliche Einflussgröße erläutert und den Zinsfuß nachvollziehbar ableitet. Ich nehme an, dass weit über 90 % aller Gutachter – auch Gutachterausschüsse – hier nicht zufriedenstellend arbeiten, denn die Ableitung oder Erläuterung des Liegenschaftszinssatzes fehlt bei der Mehrzahl aller Gutachten. Dieses ist um so bedenklicher, da andererseits auch bei Objekten, wo der Ertragswert primär wertbestimmend ist, seitenweise Ausführungen zum Bodenwert formuliert werden. Da der Bodenwert bei Objekten mit längeren Restnutzungsdauern im Regelfall keine große Bedeutung hat, werden also Wertansätze, die gar nicht ergebnisrelevant sind, umfangreich kommentiert und abgeleitet, dagegen ein anderer Wertansatz (Liegenschaftszinssatz), der erheblich ergebnisbestimmend ist, unkommentiert ins Gutachten übernommen.

Manchmal kann der Liegenschaftszinssatz auch nur sachverständig „konstruiert" werden, da nicht in allen Teilmärkten ausreichend Kaufpreismaterial, das ausgewertet werden könnte, zur Verfügung steht. Inzwischen geben zahlreiche Gutachterausschüsse in ihren Marktberichten Hinweise zur Höhe der Liegenschaftszinssätze, doch kann es sich auch dabei nur um plakative Informationen handeln, die individuell zu modifizieren sind.

Der Gutachterausschuss für Grundstückswerte in der Hansestadt Lübeck hat in seinem Marktbericht [59] aus 195 Kaufpreisanalysen aus dem Zeitraum von 1997 bis 2001 bezüglich Mehrfamilienhäuser einen Durchschnittsliegenschaftszinssatz von 4,9 % abgeleitet. In den einzelnen Jahren streuen die Liegenschaftszinssätze zwischen 4,2 und 5,5 %, und zwar mit ansteigender Tendenz:

1997	:	4,2 %
1998	:	4,8 %
1999	:	5,1 %
2000	:	5,0 %
2001	:	5,5 %

Der letztere der mitgeteilten Liegenschaftszinssätze (5,5 % im Jahre 2001) basiert auf 35 Auswertungen. Wie schon an anderer Stelle formuliert, wurden die Liegenschaftszinssätze nicht in Bezug auf den nachhaltig erzielbaren Mietertrag abgeleitet, sondern auf die tatsächlich zum Zeitpunkt des Verkaufs gezahlten Mieten. Da die Mietpreise inzwischen rückläufig sind, werden häufig nachhaltig erzielbare Mieten angesetzt, die niedriger sind als die Mieten im Bestand, was sich naturgemäß auf die Höhe des Liegenschaftszinssatzes auswirkt. Wünschenswert wäre eine generelle Ableitung der Liegenschaftszinssätze in Bezug auf den nachhaltig erzielbaren Mietertrag. Erfreulich ist hier zu bemerken, dass der Ring Deutscher Makler (RDM) eine bundesweite Untersuchung bezüglich der Liegenschaftszinssätze gestartet hat [74].

„Je mehr Daten wir erhalten, desto präziser wird das Ergebnis sein" teilte der Vorsitzende des Sachverständigenausschusses des RDM, Dipl.-Ing. L. Kaup [75] mit. Man darf gespannt auf das Ergebnis der bundesweiten Untersuchung sein, leider lag dieses bei Redaktionsschluss noch nicht vor.

Abschließend verweise ich auf die Zusammenhänge zwischen Liegenschaftszinssatz und Makler-Methode (Anmerkung 27).

Im RDM-Sv-Info [76] wurde ein weiterer lesenswerter Beitrag veröffentlicht, der sich mit der zuvor erläuterten Problematik beschäftigt.

Da dem Liegenschaftszinssatz eine so ganz erhebliche Bedeutung beizumessen ist, sollten Sachverständige auch eigene Untersuchungen anstellen. Wenn das eigene Datenmaterial nicht ausreicht, kann durch Zusammenarbeit in Arbeitskreisen das Datenmaterial vergrößert werden. Es sollte kein Versuch unterlassen werden, die Problematik der örtlichen Liegenschaftsinssätze zu lösen. Allerdings muss jedem Sachverständigen klar sein, dass es sich hier um eine Arbeit handelt, die permanent zu betreiben ist, da der Markt sich ständig bewegt. Insoweit sind die Liegenschaftszinssätze laufend zu aktualisieren.

Wenn zu einem bestimmten Stichtag für einen bestimmten Teilmarkt ein Liegenschaftszinssatz von 5,0 % ermittelt wird und bei einer wiederholten Untersuchung ein Jahr später beobachtet wird, dass die Kaufpreise inzwischen um 10 % gestiegen sind, so würde der Liegenschaftszinssatz nur bei 5,0 % verbleiben, wenn sich die nachhaltig erzielbaren Mieterträgnisse ebenfalls um 10 % erhöht haben. Dieses ist jedoch in der Regel nicht der Fall vielmehr kann beobachtet werden, dass Kaufpreis- und Mietpreisentwicklungen nicht parallel verlaufen. Aus diesem Grunde ergeben sich laufend Verschiebungen bezüglich der Höhe des aktuellen Liegenschaftszinssatzes.

Wenn ausreichend Datenmaterial gesammelt wurde, lassen sich die Liegenschaftszinssätze iterativ durch Umkehrung des Ertragswertverfahrens berechnen. In der Vergangenheit waren solche Berechnungen sehr zeitaufwendig, da durch „Schleifenrechnung" man sich an das Ergebnis (Liegenschaftszinssatz) „heranrechnen" musste. Ein erheblicher Fortschritt ergab sich aus Untersuchungen von MÖCKEL [77], der eine Tabelle entwickelte und veröffentlichte, mit der man genäherte Liegenschaftszinssätze rasch korrigieren konnte. In der heutigen Zeit, wo elektronische Rechnerhilfe zur Verfügung steht, sind die Rechenoperationen kein Problem mehr, das Problem ist vielmehr in der Datenbeschaffung zu erkennen. Selbst mit einem programmierbaren Taschenrechner, z.B. HP 17 B II, lässt sich der Liegenschaftszinssatz in wenigen Sekunden automatisiert ausrechnen, sofern zuvor ein entsprechendes Programm eingegeben wurde.

Wenn Kaufpreisdaten in ausreichender Zahl nicht zur Verfügung stehen, kann hilfsweise der Liegenschaftszinssatz auch aus dem RDM-Immobilien-Preisspiegel abgeleitet werden. Natürlich kann es sich dabei nur um eine Hilfskonstruktion handeln, die der tendenziellen Abstützung der Schätzung des Liegenschaftszinssatzes dienen kann.

Im RDM-Immobilien-Preisspiegel 2002 sind für den Bereich der Hansestadt Lübeck folgende Wohnwerte als Durchschnittspreise bei Eigentumswohnungen tabelliert worden:

Wohnwert	einfach:	650,– €/m^2
	mittel:	950,– €/m^2
	gut:	1.350,– €/m^2

Wenn man diese drei Werte einfach ausmittelt, ergibt sich ein Trendwert von 983,– €/m^2.

Die Marktmieten (nachhaltig erzielbare Mieterträgnisse) können hilfsweise aus dem RDM-Immobilien-Preisspiegel wie folgt entnommen werden:

Mietpreise (Wohnungen, Baujahr vor 1949)

Wohnwert	einfach:	3,85 €/m^2
	mittel:	5,10 €/m^2
	gut:	6,40 €/m^2

Mietpreise (Wohnungen, Baujahr ab 1949)

Wohnwert	einfach:	4,35 €/m^2
	mittel:	5,60 €/m^2
	gut:	6,65 €/m^2

Wenn man diese sechs Informationen bezüglich der Mietertragsmöglichkeiten einfach ausmittelt, erhält man einen Betrag von 5,32 €/m^2.

Wenn man die Mietpreisinformationen bezüglich der Wohnungen (Baujahr ab 1949) höher (doppelt) gewichtet, so errechnet sich ein Mittelwert von 5,39 €/m^2.

Wenn man die Mietpreise der neueren Baulichkeiten nicht nur mit dem doppelten, sondern mit dem dreifachen Gewicht berücksichtigte, ergäbe sich ein Mittelwert von 5,43 €/m^2.

In diesem Rechenmodell zur Ableitung des Liegenschaftszinssatzes aus dem RDM-Immobilien-Preisspiegel rechne ich mit einer gerundeten Zahl von 5,40 €/m^2.

Den Bodenwertanteil rechne ich wie folgt:
Bodenwert von Geschossbaugrundstücken gem. RDM-Immobilien-Preisspiegel 2002 (normale Wohnlage als Mittelwert): 170,– €/m²

Diese Mitteilung des Bodenwertes bezieht sich auf Grundstücke mit einer Geschossflächenzahl (GFZ) von 0,8. Wenn man unterstellt, dass pro 1 m² Wohnfläche 1,3 m² Geschossfläche benötigt werden, ergibt sich bei einer GFZ von 0,8 ein Grundstücksflächenbedarf von 1,6 m² je 1 m² Wohnfläche. Bei einem Ansatz von 170,– €/m² führt dieses zu einem Betrag von 272,– €/m² bzw. – auf den mittleren Trendwert von 983,– €/m² bezogen – ein Anteil von 28 %.

Diese Rechnung ist sehr plakativ, die daraus resultierenden Ungenauigkeiten können jedoch hingenommen werden, da das Ergebnis der Liegenschaftszinsableitung aus dem RDM-Immobilien-Preisspiegel sowieso nur als Überschlags- und Hilfsrechnung verstanden werden darf. Hinzu kommt, dass die Frage des Bodenwertanteils sich nur marginal auf das Ergebnis auswirkt. Ich habe deshalb keine Bedenken, mit einem gerundeten Flächenanteil von ¼ (bezogen auf 983,– €/m², also ein Flächenanteil von 246,– €/m²) zu rechnen.

Die Höhe der Bewirtschaftungskosten sind ebenfalls zu bestimmen, wobei im Einzelgutachten differenzierte Ableitungen vorzunehmen sind, so wie das auch in verschiedenen Gutachten in diesem Buch vorgestellt wurde. Für diese Hilfsrechnung reicht ein pauschalierter Ansatz von 25 bis 30 %, i.M. 27,5 %.

Außerdem sind noch Gedanken zu entwickeln bezüglich der durchschnittlichen Restnutzungsdauer unter wirtschaftlichen Aspekten, wobei natürlich auch hier nur auf dem Schätzwege vorgegangen werden kann. Die Mehrzahl der Eigentumswohnungen im Raum Lübeck (erhöhte Gewichtung der Objekte ab Baujahr 1949) kann mit etwa Baujahr 1970 bis 1980 angenommen werden. Als mittleres Alter gehe ich von ca. 30 Jahren aus und die gewöhnliche Gesamtnutzungsdauer setze ich in meinen Gutachten, je nach Gebäudeart, in der Regel zwischen 60 und 80 Jahren an, so dass ich diesem Rechenmodell eine durchschnittliche Gesamtnutzungsdauer von 70 Jahren unterstelle. Bei einem angenommenen durchschnittlichen Alter von 30 Jahren ergibt sich für dieses Rechenmodell also eine Restnutzungsdauer von 40 Jahren.

Nachhaltig erzielbarer Mietertrag:

5,40 €/m² × 12	=	64,80 €/m²
- 27,5 % Bewirtschaftungskosten	=	17,82 €/m²
Reinertrag:	=	46,98 €/m²

Genäherter Liegenschaftszinssatz:

46,98 €/m² ÷ 983,– €/m² × 100	=	4,8 %

Iteration:

1. Rechenschleife:

Reinertrag	=	46,98 €/m²
- 4,8 % des Bodenwertanteils (246,– €/m²)	=	11,81 €/m²
		35,17 €/m²

Vervielfältiger bei 4,80 % und einer Restnutzungsdauer von 40 Jahren: 17,64

35,17 €/m² × 17,64	=	620,– €/m²
+ Bodenwertanteil	=	246,– €/m²
		866,– €/m²

Mit dem genäherten Liegenschaftszinssatz von 4,8 % ergibt sich ein Ertragswert von nur 866,– €/m² und damit ein Ertragswert, der unter dem Ausgangswert (983,– €/m²) liegt. Daraus folgt, dass der Liegenschaftszinssatz zu reduzieren ist, um diesen im Hinblick auf die begrenzte Restnutzungsdauer (40 Jahre) zu präzisieren. Es erfolgt deshalb folgende Rechnung:

866,– €/m² ÷ 983,– €/m² = 0,88

Reduzierung der Näherungsliegenschaftszinssatzes:

4,8 % × 0,88 = 4,22 %

2. Rechenschleife:

Reinertrag	=	46,98 €/m²
- 4,22 % des Bodenwertanteils (246,– €/m²)	=	10,38 €/m²
		36,60 €/m²

Vervielfältiger bei 4,22 % und einer Restnutzungsdauer von 40 Jahren: 19,16

36,60 €/m² × 19,16	=	701,– €/m²
+ Bodenwertanteil	=	246,– €/m²
		947,– €/m²

Das Rechenergebnis von 947,– €/m² liegt schon sehr nahe dem Ausgangswert von 983,– €/m², dennoch rechne ich noch eine 3. Rechenschleife zur Präzisierung des Ergebnisses:

947,– €/m² ÷ 983,– €/m² = 0,96

Reduzierung der 2. Näherungsliegenschaftszinssatzes:

4,22 % × 0,96 = 4,05 %

3. Rechenschleife:

Reinertrag	=	46,98 €/m²
- 4,05 % des Bodenwertanteils (246,– €/m²)	=	9,96 €/m²
		37,02 €/m²

Vervielfältiger bei 4,05 % und einer Restnutzungsdauer von 40 Jahren: 19,65

37,02 €/m² × 19,65	=	727,– €/m²
+ Bodenwertanteil	=	246,– €/m²
		973,– €/m²

Die Differenz zwischen 973,– und 983,– €/m² ist als marginal zu werten, so dass hier die Iterationsrechnung abgeschlossen werden kann. Natürlich wäre es möglich in einer 4., 5. und 6. Rechenschleife solange zu rechnen, bis auf wenige Cent die Ergebnisse übereinstimmen, doch das wäre natürlich reine Zahlenspielerei. Dieses hier zuvor dargestellte Rechenmodell soll auch nur erläutern, welche Rechenschritte sich hinter dem Begriff „Iteration" verstecken. Natürlich wird in der heutigen Zeit mit Computer- und Taschenrechnerhilfe kein Sachverständiger diese Rechenschritte „Schritt für Schritt" durchrechnen, sondern die Rechenoperationen den Hilfsmitteln überlassen. Häufig habe ich allerdings festgestellt, dass Sachverständige in ihren Gutachten automatisiert Rechnungen vornehmen, die sie selbst gar nicht mehr verstehen und ggf. erläutern können. Ich nehme auch Bezug auf meine Erfahrungen als Mitglied des Fachgremiums zur Fachkundeüberprüfung bei zwei Industrie- und Handelskammern in Norddeutschland.

Sachverständige sollten immer bedenken, dass Gutachten gelegentlich auch mündlich zu erläutern sind, gerade bei Gutachten, die im forensischen Bereich erstattet wurden. Hier ist es dann äußerst peinlich, wenn der Sachverständige sein eigenes Gutachten nicht verstanden hat und erläutern kann.

Aufgrund der Rechenschleifen hat sich ein Näherungswert von 4,05 % als Liegenschaftszinssatz für Eigentumswohnungen im Bereich der Hansestadt Lübeck (per 2002) entwickelt. Dieser Liegenschaftszinssatz bezieht sich auf vermietungsfreie Eigentumswohnungen mit durchschnittlichen Eigenschaften (durchschnittliche Größe, durchschnittliche Lage, durchschnittliche Beschaffenheit usw.). Es wäre natürlich nicht sachgerecht, den Rechenwert von 4,05 % in ein Gutachten zu übernehmen, denn im Hinblick auf zahlreiche Unwägbarkeiten ist hier eine Rundung geboten. Als Rechenwert schlage ich in Bezug auf den nachhaltig erzielbaren Mietertrag aktuell einen Liegenschaftszinssatz von 4,0 % vor.

Dieser Liegenschaftszinssatz kann nicht ohne weiteres auf andere Ortschaften übertragen werden. Die hier zuvor dargestellte Rechenoperation ist also nur als ein Denkanstoß zu werten, in anderen Orten ähnliche Untersuchungen durchzuführen.

Wenn ich nicht mit den Annahmen (27,5 % Bewirtschaftungskosten, 25 % Bodenwertanteil, 40 Jahre Restnutzungsdauer) gerechnet hätte, sondern andere Ansätze gewählt hätte, würden sich naturgemäß andere Zinsfüße ergeben. Folgende Rechenbeispiele seien hier im Ergebnis niedergelegt:

Ausgangswerte: 983,– €/m² und 5,40 €/m² Miete			
Bewirtschaftungskosten	Bodenwertanteil	Restnutzungsdauer	Liegenschaftszinssatz*
27,5 %	25 %	40 Jahre	3,99 %
30,0 %	25 %	40 Jahre	3,78 %
27,5 %	*30 %*	40 Jahre	4,05 %
27,5 %	25 %	*45 Jahre*	4,19 %

* Liegenschaftszinssatz „spitz" gerechnet mit einem programmierbaren Taschenrechner HP 17 B II.

Die verschiedenen Rechenergebnisse liegen zwischen 3,78 und 4,19 %, je nach Änderung der Variablen. Auch unter Berücksichtigung dieser Überlegungen wäre es fatal, ein Rechenergebnis mit Stellen nach dem Komma darzustellen. Wie bereits erwähnt, ist bei der hier vorgenommenen Ableitung des Liegenschaftszinssatzes aus dem RDM-Immobilien-Preisspiegel 2002 der Hansestadt Lübeck von einem gerundeten Zinsfuß von 4,0 % auszugehen.

Dieser Ausgangswert wird zumindest tendenziell bestätigt auch durch die Analysen des Gutachterausschusses [59], der aus einem Zeitraum von 5 Jahren einen Durchschnittszinsfuß von 4,0 % abgeleitet hatte. Allerdings ist dieser vom Gutachterausschuss ermittelte Liegenschaftszinssatz nicht direkt vergleichbar, da er sich ausschließlich auf die Auswertung vermieteter Eigentumswohnungen bezog und dort nicht der nachhaltig erzielbare Mietertrag, sondern die zum Zeitpunkt des Kauffalles tatsächlich gezahlten Mieten zugrunde gelegt wurden. Vermietete Eigentumswohnungen bilden allerdings einen anderen Teilmarkt als vermietungsfreie Eigentumswohnungen, so dass hier nicht unerhebliche Verzerrungen zu berücksichtigen sind.

Im Einzelfall hat der Sachverständige unabhängig davon, welche Ausgangswerte er seinen Betrachtungen zugrunde legt, individuelle Modifizierungen vorzunehmen. Liegt ein Durchschnittszinssatz beispielsweise, wie hier dargestellt, bei 4,0 %, so würde bei einem Objekt in einer guten Lage der Liegenschaftszinssatz möglicherweise nur 3,5 % betragen. Wenn die zu bewertende Wohnung in einer kleinen Anlage liegt, die nur 4 Wohnungen umfasst, wäre eine weitere Reduzierung des Liegenschaftszinssatzes angezeigt auf z.B. 3,25 oder 3,0 %. In Extremfällen (beispielsweise Eigentumswohnungen in Lübeck-Travemünde an der Ostsee mit Ostseeblick) entwickeln sich Liegenschaftszinssätze sogar in Bereichen von nur etwa 2,5 %.

Wird dagegen eine Eigentumswohnung in einem Hochhaus in einer weniger nachgefragten Lage in der Hansestadt Lübeck bewertet, können sich die Liegenschaftszinssätze dort durchaus auch in Größenordnungen von 5,6 im Extremfall sogar 6,5 oder 7 % bewegen.

Der Autor kann mit den hier verfassten Hinweisen zu den Liegenschaftszinssätzen keine allgemein gültigen Erkenntnisse weiterleiten, er kann nur die Sensibilität des Lesers bezüglich dieser Fragen fördern.

GUTACHTEN

des öffentlich bestellten und vereidigten Sachverständigen

JÜRGEN-WILHELM STREICH

aus Lübeck

. Ausfertigung

VERKEHRSWERTGUTACHTEN

KÖNIGSTR. 16 - 18, 77777 OSTERSTEDT

Gutachten vom 18. Juni 2002
Nr. 1/987/02

- Dieses Gutachten umfaßt 74 Seiten -

1. Auftrag

Der Verkehrswert des Bewertungsobjektes ist wegen anstehender interner Auseinandersetzung zwecks Vermeidung einer Zwangsversteigerung zur Aufhebung der Gemeinschaft durch ein Sachverständigengutachten zu ermitteln.

2. Verkehrswert

Der Verkehrswert ist im BauGB [1] - Fundstellen siehe Anlage 18 - als der Wert definiert, der im gewöhnlichen Geschäftsverkehr ohne Berücksichtigung persönlicher oder ungewöhnlicher Umstände beim Verkauf zu erzielen ist. Die Wertermittlung führe ich in Anlehnung an die Regularien der WertV [2] durch.

3. Auftraggeber

XXXX XXXXX GmbH
Industriestr. 123, 77777 Osterstedt
vertreten durch
Rechtsanwälte XXXXX pp.
XXXXXXX 98, 77777 Osterstedt
Az.: 123/45 F 67 ab

4. Bewertungsobjekt

Königstr. 16 - 18, 77777 Osterstedt

4.1 Katasterbezeichnung (Katasteramt Osterstedt)

Kreis Südholstein, Stadt Osterstedt, Gemarkung Osterstedt, Flur 23, Flurstücke 10/1 mit 1.420 m^2, 10/2 mit 4 m^2 und 10/3 mit 439 m^2

Gesamtgröße: 1.863 m^2

4.2 Grundbuchbezeichnungen (Amtsgericht Osterstedt)
Grundbuch von Osterstedt, Blatt 2.777 (Flurstück 10/1 und 10/2) und
Grundbuch von Osterstedt, Blatt 2.778 (Flurstück 10/3).
Bei dem Bewertungsobjekt handelt es sich rechtlich betrachtet um zwei Grundstücke, da die drei Flurstücke in zwei verschiedenen Grundbüchern vermerkt sind. Die beiden Grundstücke stellen jedoch eine wirtschaftliche Einheit dar und eine Aufteilung bzw. ein Einzelverkauf wäre wirtschaftlich von Nachteil, insbesondere für das relativ schmale Flurstück 10/3 (Königstr. 16, Grundbuch von Osterstedt, Blatt 2.778). Es ist deshalb zu unterstellen, daß bei einem Verkauf immer das Gesamtareal veräußert würde, schon um den Vorteil zu nutzen, daß hier ein für Innenstadtverhältnisse großes Areal zur Verfügung steht, das auch ein gewisses Planungspotential enthält.

4.3 Eigentümer beider Grundstücke
Herr XXXX XXXX
und
Frau XXXX XXXX
in Erbengemeinschaft

5. Ortsbesichtigung und Bewertungsstichtag
15. Mai 2002

6. Mieter/Nutzer
Die Räumlichkeiten werden tlw. eigengenutzt, sind jedoch überwiegend vermietet.

7. Beschreibung des Bewertungsobjektes

7.1 Lage - regional

Kreis Südholstein, Kreisstadt Osterstedt (ca. 19.000 Einwohner), landesplanerisch als Mittelzentrum eingestufter Ort an der Achse Hamburg - Kiel mit Eisenbahnstrecke, Bundesstraßen (B 88, B 789, B 123 bzw. BAB A 99) und Bundesautobahn (BAB A 9 mit Anschlußstelle).
Der Bahnhof von Osterstedt ist Haltestelle auch von Regional-Expreß-Zügen nach Kiel. Es bestehen Bahnverbindungen auch nach Lübeck und Bad Kleinen.

7.2 Lage - örtlich

Lage in der Innenstadt von Osterstedt an der Königstraße gegenüber dem Marktplatz. Rückwärtig besteht Anstoß an den „Weg am Wall", der auch eine rückwärtige Erschließung der Parzellen ermöglicht (Kraftfahrzeugstellplätze). Die Königstraße ist als Fußgängerzone ausgebaut und weist einen nicht uninteressanten Branchenmix auf, wobei allerdings zu bemerken ist, daß der I a - Lagebereich sich weiter westlich im Bereich der Königstraße hin zur Burgstraße und beim Burgplatz befindet. Dennoch ist die Lage in Bezug auf eine gewerbliche Nutzung als eine gesuchte Lage zu beschreiben. Von Vorteil ist hier die Lage gegenüber dem Markt und auch der bereits erwähnte rückwärtige Anstoß an einen Erschließungsweg. Südlich des zuvor genannten Erschließungsweges verläuft die Eider, die zu einer landschaftlich reizvollen Stadtrandsituation mit beiträgt.
Zusammengefaßt ist die Lage für eine Geschäftsnutzung als eine I b - Lage zu qualifizieren.
Wie auch in anderen Städten üblich, besteht immer ein Potential von Nachfragern, die die Urbanität einer zentralen Lage schätzt, d.h. auch für eine Wohnnutzung besteht durchaus Nachfrage, so daß im Hinblick auf eine Wohnnutzung von einer guten bis mittleren Lagequalität ausgegangen werden kann.

In der Bauleitplanung von Osterstedt ist der fragliche Bereich als MK-Gebiet (Kerngebiet) eingestuft worden. Schon aus dieser städtebaulichen Qualifikation ergibt sich, daß es sich um ein Grundstück handelt, das vorrangig unter Berücksichtigung einer gewerblichen Nutzung zu betrachten ist.

7.3 Grundstück

Auch wenn folgend der Begriff „Grundstück" verwendet wird, ist zu berücksichtigen, daß es sich rechtlich gesehen um zwei Grundstücke handelt, insoweit verweise ich auch auf meine Ausführungen im Abschnitt 4.2 dieses Gutachtens.
Wie auch die Anlage 3 zeigt, hat das zu bewertende Areal einen durchaus guten Grundstückszuschnitt, da dieser - genähert - rechtwinkelig ist, auch wenn einige Versprünge an einigen Stellen gegeben sind. Die Frontbreite des Grundstücks mißt über 30 m und die max. Tiefe kann der Anlage 3 mit etwa 51 m abgegriffen werden. Die Oberflächengestalt ist relativ eben. Die Baugrundqualität dürfte schon aufgrund der Nähe der Eider problematisch sein. Den vorliegenden Bauakten kann entnommen werden, daß erhöhte Gründungsmaßnahmen erforderlich waren, um die vorhandene Bebauung zu realisieren.
Das Grundstück ist erschlossen und bebaut.

7.4 Bebauung

Der vorhandene Baukörper ist in mehreren Bauabschnitten entwickelt worden. 1968 ist im 1. Bauabschnitt ein Wohn- und Geschäftshaus errichtet worden, das durch den 2. Bauabschnitt 1969 erweitert wurde. Schließlich erfolgte 1973 in einem 3. Bauabschnitt - von einigen weiteren kleineren Änderungen abgesehen - die Fertigstellung der jetzt vorhandenen Kubatur. Von der Königstraße aus präsentiert sich der Baukörper als 3 1/2-geschossiges Gebäude, wobei rückwärtig Staffelungen zu einer 2- bzw.- 1-geschossigen Bebauung führen. Die Fotos der Anlagen A und B lassen die optischen

Präsentation erkennen und aus der Anlage 9 sowie den Fotos der Anlagen D und E wird die Staffelung des Baukörpers deutlich.
Das vorhandene Gebäude ist überwiegend unterkellert. In dem nicht unterkellerten Bereich befindet sich eine Durchfahrt von der Königstraße zum rückwärtigen Areal, die jedoch nicht mehr benötigt wird, da inzwischen städtebaulich eine andere Lösung durch die Errichtung des Weges am Wall erfolgt ist.
Den vorliegenden Bauakten der Bauordnungsbehörde wurde auszugsweise entnommen und ergänzt: Geschäftsgebäude mit Wohnetage, Baugrund lose gelagerte Schwemmsande unter Auffüllungsschichten, Bohrpfahlgründung, Stahlbeton-streifen- und Stützenfundamente, tragende Stahlkonstruktion mit Bimssteinmauerwerk, tlw. Eternit-Vorhangfassade, Vorderfront mit Verblendung (Riemchen), Zwischenwände Bims- oder Gastbetonwände, Keller mit Sohlplatte, Stahlbetondecken, Kaltdach als Holzkonstruktion, Eindeckung mit Bitumenpappe.

Baugrund

Anm. 33, S. 500

Die Kubatur des Gesamtbaukörpers habe ich überschlägig mit

ca. 16.000 m³ (Anlage 13)

ermittelt.

7.5 Nutzung

Hauptnutzer der Immobilie ist ein namhafter Filialist, der dort einen Lebensmittelmarkt betreibt. Ursprünglich erstreckte sich die Nutzung auch auf Räume im I. Obergeschoß zum Betrieb eines kaufhausähnlichen Ladens auch mit Cafeteria. Die Nutzung wurde reduziert auf den Hauptteil des Erdgeschosses und Teilflächen des Kellers. Auch befinden sich einige Räume des Lebensmittelmarktes im I. Obergeschoß (Personal- und Aufenthaltsräume). Zwischen dem zuvor erwähnten Lebensmittelmarkt und der seitlichen Durchfahrt sind die Räumlichkeiten eines Fotoladens vorhanden. Der Fotoladen weist einen relativ langen und schmalen Grundriß auf, während der Lebensmittelmarkt erheblich mehr Ladenbreite aufweist, da dieser durch Einbeziehung eines ursprünglich 3. Ladens vergrößert worden war. Zur Königstraße hin ist eine Fußgän-

gerpassage eingerichtet worden, wie das in den 60/70iger Jahren üblich war. Im rückwärtigen Teil des Lebensmittelmarktes befinden sich auch Kühlräume und die Schlachtereiabteilung sowie die Warenannahme mit Lastenfahrstuhl zu den Abstellräumen im Kellergeschoß.
Das Erdgeschoß und die ehemaligen Verkaufsräume im I.OG waren durch Rolltreppen verbunden, auch war im I. OG eine Cafeteria vorhanden. Diese Nutzungen sind jedoch aufgegeben worden, da entsprechende Nachfrage offenbar nicht mehr besteht. Die Räume im I. OG sind tlw. (straßenseitig und im rückwärtigen Bereich) zu Büroräumen umgestaltet worden. Die Räume wurden zeitweilig als Schulungsräume genutzt.
Im I. Obergeschoß sind die mittig gelegenen Räume mehr oder weniger ungenutzt und auch nur bedingt nachhaltig verwertbar, hier sind erhebliche Umgestaltungen erforderlich, wenn eine wirtschaftlich sinnvolle Nutzung langfristig Erträge sichern soll. Zu erwähnen sind hier nochmals die Nebenräume des Lebensmittelmarktes im I. OG, die sich im rückwärtigen Teil der Bebauung befinden (Büros, Personalraum usw.).
Das II. OG wird durch verschiedene Büroräume sowie eine rückwärtig gelegene 2 1/2-Zimmer-Wohnung und eine größere ehemalige Arztpraxis genutzt. Hier nehme ich Bezug auf die Anlage 7.
Schließlich ist das Staffelgeschoß (III. Obergeschoß) zu erwähnen, wo 4 abgeschlossene Wohnungen vorhanden sind, die über einen Laubengang erschlossen werden. Zur Straße hin ist eine Dachterrasse angelegt, so daß dieses Staffelgeschoß von der Straße kaum sichtbar ist. Die 4 Wohnungen sind jeweils mit Balkon ausgestattet, bezüglich der Zuschnitte verweise ich auf die Anlage 8.

7.6 Wohn- und Nutzflächen

Der Sachverständige hat umfangreiches Material aus den Bauakten und auch die Mietverträge ausgewertet. Es ist festzustellen, daß die Wohn- und Nutzflächen im Rahmen dieses Gutachtens nicht exakt ermittelt werden konnten.

Wenn man genaue Wohn- und Nutzflächen zugrunde legen wollte, müßte ein komplettes Aufmaß des gesamten Gebäudes durchgeführt werden, da zwischen den vorliegenden Unterlagen tlw. nicht unerhebliche Differenzen sich auftaten, die auch nicht ohne weiteres aufklärbar sind. Der Sachverständige hat deshalb überschlägig Wohn- und Nutzflächen den vorliegenden Unterlagen entnommen und zusammengetragen und schließlich eine überschlägige Grobkontrolle durchgeführt, die zu einer Plausibilität der Überschlagswerte führt. Ich verweise insoweit auf die Anlage 15, wo die einzelnen Flächen zusammengetragen wurden, schließlich habe ich auch die Flächen in die vorliegenden Bauzeichnungen, die sämtlich auf den Maßstab 1 : 200 umkopiert worden sind, eingetragen.
Zusammenfassend kann festgestellt werden, daß die gesamte Wohn- und Nutzfläche des Hauses incl. nutzbarer Kellerflächen sich etwa zu

3.500 m^2

ergibt.
In dieser Wohn- und Nutzfläche sind Teilflächen des Kellers enthalten, wobei Versorgungsräume, Heizungsräume, die Traforäume usw. nicht angerechnet wurden. Auch ist bei den Kellerräumen zwischen „kaum nutzbaren" und „besser nutzbaren" Flächen zu differenzieren. Die Nutzflächen im Kellergeschoß sind sehr umfangreich, doch ist die Erschließung dieser Flächen nicht komfortabel, so daß weite Teile mehr oder weniger kaum wirtschaftlich verwertbar sind.
Aufgrund der doch recht guten Geschäftslage wird der Verkehrswert primär durch die Ertragsmöglichkeiten der Nutzflächen im Erdgeschoß bestimmt. Deshalb hat der Sachverständige die Nutzflächen im Erdgeschoß des Lebensmittelmarktes graphisch aus der vorliegenden Bauzeichnung abgeleitet und mit ca. 750 m^2 (Anlage 14) ermittelt. Die Nutzfläche des Fotoladens ist im Mietvertrag mit 145 m^2 vereinbart, wobei eine überschlägige Kontrolle zu einer Bestätigung dieser Größenordnung führt. Bei den übrigen Flächen kann eine etwas größere Toleranz akzeptiert werden, so daß der Sachverständige deshalb mit überschlägig ermittelten Flächen, wie zuvor bereits erwähnt, in seinem Gutachten weiterrechnet. Nebenbei

ist hier zu bemerken, daß die Fläche nur eine mehrerer Einflußgrößen ist und andere Fragen, wie die Lage oder der Raumzuschnitt, letztendlich den Mietwert stärker beeinflussen.

7.7 Ausstattung

Die Beheizung des Objektes erfolgt überwiegend durch Elektro-Nachtstrom-Speicheröfen, nur der Lebensmittelmarkt und Fotoladen werden über eine Ölzentralheizung beheizt, wobei Heizungsanlage und Tanks sich im Kellergeschoß befinden (lt. Bauakte 20.000 l Öllager),
Fenster mit älterer Isolierverglasung, tlw. Oberlichte bzw. Glasbausteine im Treppenhaus, Läden überwiegend mit einfach verglasten Schaufenstern,
Lastenfahrstuhl (2 Stationen (EG und KG), 1.000 kg, Baujahr 1968, zur Verbindung der Gewerberäume des Lebensmittelmarktes),
Treppenhaus mit Personenfahrstuhl (Bj. 1969),
Wohnungen jeweils mit Bad/WC und Küche,
Sanitärräume (Damen- und Herren-Toiletten) der Gewerbeflächen im baujahrstypischen Standard,
Kraftfahrzeugstellplätze im rückwärtigen Bereich, asphaltierte Durchfahrt, Verbindung von der Königstraße zum Hofraum
Zusammenfassend ist festzustellen, daß der Ausstattungsstandard nicht mehr heutigen gehobenen Nutzungsansprüchen gerecht wird, wobei diese Feststellung insbesondere auf die Gewerbeflächen zutrifft.

7.8 Beschaffenheit

Der bauliche Zustand der Kubatur ist im wesentlichen durchschnittlich, z.T. auch auffällig schlechter, denn es besteht nicht unerheblicher Investitionsbedarf. Hinzuweisen ist beispielsweise auf Feuchtigkeit im Keller und auch Rißbildungen. Auch ist Investitionsbedarf im Bereich der elektrischen Anlage und des Personenfahrstuhls zu erwarten. Erkennbar sind auch Leckagen im Dachbereich. Der Sachverständige hält es deshalb für erforderlich, daß neben einer üblichen altersgemäßen Wertminderung wegen Alters noch ein zusätzlicher Abschlag in Ansatz zu bringen ist, der die Ertragsfähigkeit auf die Restnutzungsdauer bezogen sicherstellt. Die Restnutzungsdauer der vorhandenen Bebauung ist im Hinblick auf die wirtschaftliche Verwertbarkeit relativ gering zu bemessen, da, wie bereits zuvor im Gutachten erläutert, in weiten Bereichen nicht mehr heutige gehobene Nutzungsansprüche erfüllt werden. Wenn man die wirtschaftlich Restnutzungsdauer der vorhandenen Bebauung noch mit 15 Jahren annimmt, setzt dieses jedoch gewisse Mindest-Investitionen voraus, um die Ertragsfähigkeit für diese angenommene Restnutzungsdauer sicherzustellen. Bei einer angenommenen Restnutzungsdauer von 15 Jahren halte ich neben der Wertminderung wegen Alters noch einen Ansatz in Höhe von 10 % des Gebäudesachwertes für durchaus erforderlich, wobei darauf hinzuweisen ist, daß die Höhe des Abschlages nicht identisch ist mit der Höhe des tatsächlichen Investitionsbedarfs. Die Abschlagshöhe ist nicht unter Kostengesichtspunkten, sondern unter Berücksichtigung der marktüblichen Akzeptanz zu dimensionieren.

Restnutzungsdauer
Anm. 34, S. 501

7.9 Hinweis

Die Beschreibung der Bauteile, Beschaffenheit und Ausstattung erfolgt ohne Anspruch auf Vollständigkeit. Abweichungen im Detail sind möglich. Eine umfassende und verbindliche Beschreibung würde eine spezielle Bauaufnahme voraussetzen, die jedoch den Rahmen einer Verkehrswertermittlung überschreiten würde.

8. Bewertung

8.1 Bodenwert

8.1.1 Bauleitplanung

Das zu bewertende Grundstück liegt im Geltungsbereich einer verbindlichen Bauleitplanung und ist dort als MK-Gebiet mit einer Geschoßflächenzahl von 2,2 ausgewiesen. Lt. Bebauungsplan ist eine geschlossene Bauweise mit Staffelungen vorgegeben.

8.1.2 Richtwert

Der Gutachterausschuß für Grundstückswerte im Kreis Südholstein hat zonale Bodenrichtwerte ermittelt.

Das Grundstück liegt in einer Zone, wo der Richtwert

409,- €/m^2

zum Stichtag 31.12.2000 beträgt.

Der zuvor mitgeteilte Richtwert wurde für Geschoßbaugrundstücke (WA-MI-Gebietqualität) mit einer Geschoßflächenzahl (GFZ) von 1,5 ermittelt. Bei dem Bewertungsobjekt beträgt die GFZ *etwa* 1,9 (Anlage 13). Der zuvor mitgeteilte Richtwert bezieht sich auf unbebaute Grundstück, die mit einer modernen und zeitgemäßen Bebauung neu bebaut werden können.

8.1.3 Modifizierung des Richtwertes

Der Richtwert bezieht sich auf Grundstücke mit einer Geschoßflächenzahl von ca. 1,5, während bei dem Bewertungsobjekt die GFZ etwa 1,9 beträgt. Es ist diesbezüglich ein Zuschlag in Ansatz zu bringen.

Geschossflächenzahl

Anm. 35, S. 502

Den erforderlichen Zuschlag setze ich in Anwendung der Anlage 23 der Wertermittlungsrichtlinien (WertR) des Bundes [3] an. Die dort ermittelten GFZ-Umrechnungskoeffizienten können wie folgt berechnet werden:

$$UK = 0,6 \sqrt{GFZ} + 0,2 \; GFZ + 0,2$$

Es ergeben sich folgende Korrekturfaktoren:

bei GFZ 1,9 ein Umrechnungskoeffizient von 1,41
bei GFZ 1,5 ein Umrechnungskoeffizient von 1,23

$$409,- €/m^2 \times \frac{1,41}{1,23} = 469,- €/m^2$$

Die zuvor angewandten Umrechnungskoeffizienten beziehen sich auf reine Wohnbaugrundstücke. Bei Geschäftshäusern, wie bei dem Bewertungsobjekt, ist die Lage und Nutzungsmöglichkeit der Erdgeschoßflächen primär wertbestimmend. Es wäre deshalb nicht sachgerecht, bei dem Bewertungsobjekt den Zuschlag in voller Höhe, so wie zuvor niedergelegt, in Ansatz zu bringen. Deshalb wird eine Reduzierung (Halbierung) des Zuschlages für marktgerecht erachtet und der modifizierte Richtwert zunächst mit

439,- €/m²

angenommen.

8.1.4 Lagezuschlag

Wie bereits berichtet, befindet sich das Bewertungsobjekt in einer Lage mit Vorteilen: zum einen ist die Lage gegenüber dem Marktplatz positiv zu würdigen, zum anderen ist der Anstoß an einen rückwärtigen Erschließungsweg nicht unerheblich begünstigend. Der Sachverständige schätzt den erforderlichen Zuschlag in Anlehnung von Erfahrungswerten der Fachliteratur, die von KLOCKE [25] enwickelt wurden. Dabei muß eingeräumt werden, daß der erforderliche Zuschlag nicht exakt berechenbar ist. Dieser kann letztendlich nur im Schätzwege abgeleitet werden. Die Vorteile sind jedoch nicht unerheblich, wobei auch der günstige Zuschnitt des Areals mit beiträgt. Deshalb hat der Sachverständige keine Bedenken, den Zuschlag in einer Größenordnung zwischen 20 und 30 % zu dimensionieren. Wenn man von einer mittleren Größenordnung (25 %) ausgeht, errechnet sich dann folgender Bodenwert:

$$439{,}- \text{ €/m}^2 \times 1{,}25 = 549{,}- \text{ €/m}^2$$

Würde man den Zuschlag nicht mit 25 %, sondern sogar mit 33,3 % (1/3) annimmt, so erhöhte sich der Bodenwert wie folgt:

$$439{,}- \text{ €/m}^2 \times 1{,}333 = 585{,}- \text{ €/m}^2$$

Unter Berücksichtigung dieser dargestellten Aspekte schätzt der Sachverständige den Bodenwert als unbebautes Grundstück zunächst auf

575,- €/m².

8.1.5 Bebauungsabschlag

Der Richtwert wurde für unbebaute Grundstücke ermittelt. Der Bodenwert bebauter Grundstücke ist in der Regel niedriger in Ansatz zu bringen als der Bodenwert bei unbebauten Grundstücken, bei denen der Erwerber über die freie Verfügbarkeit des Grund und Bodens verfügt.

Die Marktteilnehmer, die die recht hohen Kaufpreise für unbebaute Grundstücke zahlen, vereinbaren diese Preise demzufolge nur in Verbindung mit dem Gedanken, das unbebaute Grundstück zukünftig neu zu bebauen und zu nutzen.
Erwerber einer „Gebrauchtimmobilie" können zwar im Detail Änderungen vornehmen, sind jedoch konzeptionell an die vorhandene Bebauungsstruktur gebunden. Schon aus diesem Grunde ist der Bodenwert bei bebauten Grundstücken zu dämpfen, zumindest ist das die Auffassung des Sachverständigen. Hier darf allerdings nicht unerwähnt bleiben, daß in Sachverständigenkreisen diese Meinung kontrovers diskutiert wird. Fest steht jedoch, daß die Kaufpreise, die für unbebaute Grundstücke gezahlt werden, einem anderen Teilmarkt zuzuordnen sind als dem Teilmarkt der bebauten Grundstücke. Es handelt sich schlichtweg um andere Marktteilnehmer, um andere Immobilien und somit entwickeln sich auch unterschiedliche Marktmechanismen.

Die „Dämpfung" des Bodenwertes bei bebauten Grundstücken kann vereinfacht auch mit der eingeschränkten Verfügbarkeit des Grund und Bodens - solange die Altbebauung nicht abgerissen wird - begründet werden.

Die Höhe des Abschlages kann nicht exakt mathematisch berechnet oder nachgewiesen werden und wird im Regelfall in einer Bandbreite von 10 bis 25 % für angemessen erachtet. Bei dem Bewertungsobjekt ist der Abschlag sogar noch höher als üblicherweise (10 - 25 %) zu dimensionieren, da es sich bei der vorhandenen Bebauung um eine solche handelt, die nicht mehr heutigen gehobenen Nutzungskonzeptionen in I b - Citylagen gerecht wird. Diese Situation wird auch deutlich im Mietpreisniveau, denn wenn an fraglicher Stelle ein Neubau realisiert würde, z.B. mit einem modernen Shop-in-Shop-System unter Einbeziehung des Obergeschosses, wenn man auch berücksichtigt, daß möglicherweise eine Tiefgaragenanlage zu einer wirtschaftlicheren Nutzung der Kellerflächen führen könnte, so sind dieses Überlegungen, die durchaus den zuvor erwähnten Abschlag rechtfertigen. Dieser kann allerdings nicht exakt mathematisch berechnet werden, vielmehr nur im Schätzwege eingegrenzt werden. Der Sachverständige hält unter Bezugnahme auf zuvor dargestellte Überlegungen einen Abschlag in einer Größenordnung von 1/3 für durchaus marktkonform. Bei dieser Schätzung war auch zu berücksichtigen, daß derzeitig wertvolle Erdgeschoßfläche mehr oder weniger ungenutzt als Durchfahrts- bzw. Durchgangsfläche Verwendung findet.

Es darf hier der Hinweis nicht unterbleiben, daß gesicherte Erkenntnisse bezüglich der Höhe der Bodenwertdämpfung nicht vorliegen.

8.1.6 Bodenwertberechnung

$$575,- \text{€}/m^2 \times 2/3 = 383,- \text{€}/m^2$$

8.1.7 Bodenwertspanne

Unterstellt man eine ± 10 %ige Ungenauigkeit bezüglich der Bodenwertableitung, ist eine Spanne wie folgt zu berechnen:

Minimumwert:

$$383,- \text{€}/m^2 \times 0,9 = 345,- \text{€}/m^2$$

Maximumwert:

$$383,- \text{€}/m^2 \times 1,1 = 421,- \text{€}/m^2$$

8.1.8 Bodenwertschätzung

Der Sachverständige *schätzt* bei freier Abwägung aller Vor- und Nachteile den Bodenwert der Immobilie als bebautes Grundstück auf

$$400,- \text{€}/m^2.$$

8.1.9 Bodenwertberechnung

$$1.863\ m^2 \times 400\ \text{€}/m^2 = 745.200,- \text{€}$$

<u>ca. 750.000,- €</u>

Im übrigen ist zu bemerken, daß der Bodenwert einer bebauten Immobilie sich nicht exakt errechnen läßt. Bei bebauten Grundstücken ergeben sich schon deshalb Probleme, da es sich bei dem Bodenwert um einen rein theoretischen Wertansatz handelt. Die Marktteilnehmer differenzieren die Kaufpreise nicht nach Boden- und Gebäudeanteil, sondern bilden vielmehr Kaufpreise als Gesamtbetrag („en bloc").

8.2 Sachwertverfahren

8.2.1 Normalherstellungskosten (NHK)

8.2.1.1 NHK 1995

Der Bundesminister für Raumordnung, Bauwesen und Städtebau hat durch Hinweise vom 1. August 1997 Tabellen mit Normalherstellungskosten per 1995 herausgegeben. Die dort für verschiedene Gebäudearten tabulierten NHK werden dann mit verschiedenen Korrekturfaktoren multipliziert.

Diese NHK 1995 habe ich in mehreren Gutachten bereits angewandt, jedoch dabei festgestellt, daß die Ergebnisse - zumindest für den Raum, wo ich regelmäßig Gutachten erstatte - häufig nicht plausibel sind.

Der Sachverständige verzichtet deshalb in diesem Gutachten auf die detaillierte Anwendung der NHK 1995-Tabellen des Bundesbauministers. Vielmehr wende ich in meinem Gutachten empfohlene NHK an, die sich aus der Tabelle 27 in [5] ergeben.
Die schematische Vorgabe von Korrekturfaktoren für Länder und Gemeindegrößen dürfte nach Einschätzung des Sachverständigen ein gewichtiger Grund sein für die Abweichungen zwischen den Hinweisen der WertR [6] und den Empfehlungen der Fachliteratur.

8.2.1.2 Normalherstellungskosten 1958

NHK 1958*:	41,- €/m³
umgerechnet auf 2002**:	254,- €/m³

* bezogen auf Umbauten Raum

** Der derzeitige Baupreisindex (1958 = 100) liegt bei 619,3 Punkten (per Febr. 2002). Ich gehe in meinem Gutachten von einem gerundeten Index von 620 Punkten aus. Der Ansatz von NHK 41,- €/m³ per 1958 entspricht einem Ansatz von rd. 23,-- M/m³ per 1913 bzw. 505,- DM/m³ per 1995.

8.2.2 Wertminderung wegen Alters

Baujahr:	1968
Alter:	34 Jahre
gewöhnliche Gesamtnutzungsdauer:	50 Jahre
rechnerische Restnutzungsdauer:	16 Jahre
angenommene Restnutzungsdauer:	15 Jahre
fiktives Alter:	35 Jahre

Rein rechnerisch ergab sich eine Restnutzungsdauer von 16 Jahren, von der sich der Sachverständige jedoch gelöst hat, schon um Genauigkeiten zu vermeiden, die bewertungsmäßig nicht erfüllbar sind.

lineare Wertminderung:

$$\frac{100\ \%}{50} \times 35 = 70\ \%$$

Abschreibung nach Methode Ross:

$$1/2\ (70\ \% + \frac{70\ \%^2}{100}) = 59{,}5\ \%$$

Im Hinblick auf die gerade bei Gewerbeobjekten stetig steigenden Ansprüche an die wirtschaftliche Verwertbarkeit und daraus resultierende beschleunigte wirtschaftliche Alterung hält es der Sachverständige für angezeigt, eine höhere Wertminderung als nach Ross in Ansatz zu bringen, deshalb werden die Ergebnisse der linearen Wertminderung und Abschreibung nach Ross ausgemittelt, was zu folgender Rechnung führt:

$$1/2\ (70\ \% + 59{,}5\ \%) = 64{,}75\ \%$$

Der Sachverständige schätzt die angemessene Wertminderung wegen Alters in einer Größenordnung von

65 %.

8.2.3 Zeitwert

Neuwert (9.2.1.2):	254,- €/m³
- 65 % Wertminderung wg. Alters:	165,- €/m³
	89,- €/m³

8.2.4 Sachwertberechnung

rd. 16.000 m³* × 89,- €/m³	=	rd.	1.424.000,- €
zzgl. 12,5 % Baunebenkosten	=	rd.	178.000,- €
			1.602.000,- €
zzgl. Außenanlagen und besondere Bauteile**	=	rd.	48.000,- €
zzgl. Bodenwert (8.1.9):	=	rd.	750.000,- €
Sachwert-Zwischenwert:			2.400.000,- €
- Abschlag wg. Investitionsbedarf***: 10 % von 1.602.000,- € = 160.200,- € = ca. 160.000,- €			160.000,- €
Sachwert:			ca. 2.240.000- €

* Anlage 13

** Der Wert der Außenanlagen und besonderen Bauteilen wurde frei vom Sachverständigen geschätzt. Dabei bin ich von einem Wertansatz von ca. 3 % des Gebäudesachwertes ausgegangen. Hier ist zu berücksichtigen, daß die Werte der Außenanlagen und die Werte der Bebauung in einem gewissen Verhältnis stehen. Auch unter Berücksichtigung der Hinweise der Fachliteratur [12] habe ich den zuvor erwähnten Prozentsatz gewählt. VOGELS erläutert hierzu:
„In der Regel reichen diese Prozentzahlen zur Bestimmung des Wertes der Außenanlagen aus. Bei seh aufwendigen Anlagen ist ohnehin zu prüfen, ob sie überhaupt allgemein werterhöhend sind; ob sie von einem durchschnittlichen Erwerber übernommen werden."

*** siehe Abschnitt 7.8

8.2.5 Marktanpassung des Sachwertes

Kaufpreise von Immobilien sind nicht immer identisch mit dem Sachwert. Bezüglich des Teilmarktes, dem das Bewertungsobjekt zuzuordnen ist, bestehen jedoch keine mathematisch-statistisch gesicherten Erkenntnisse über die Relation zwischen Sachwerten und Kaufpreisen. Es kann nur allgemein festgestellt werden, daß die Kaufpreise vergleichbarer Objekte in der Regel nicht unerheblich unter den Sachwerten liegen, so daß spürbare Marktanpassungsabschläge in Ansatz zu bringen sind. Da die Höhe dieser Marktanpassungsabschläge nicht exakt errechenbar ist, ergibt sich hier eine erhebliche Schwachstelle bei dem Sachwertverfahren. Unter Bezugnahme auf mein allgemeines Erfahrungswissen nehme ich diesen Abschlag mit mindestens 10 %, möglicherweise sogar mit z.B. 25 % an. Da sich hier erhebliche Bandbreiten und Unsicherheitsbereiche ergeben, ist daraus zu schließen, daß dem Ergebnis der Sachwertberechnung nur ein geringes Gewicht bei der Verkehrswertermittlung beizumessen ist.

Bei einem Ansatz eines Abschlages von 10 % errechnet sich der marktangepaßte Sachwert wie folgt:

Sachwert:	2.240.000,- €
10 % Marktanpassungsabschlag:	224.000,- €
Marktangepaßter Sachwert:	2.016.000,- €

Erhöht man, wie zuvor bereits erwähnt, den Marktanpassungsabschlag auf 25 %, so würde dieses zu folgender Rechnung führen:

Sachwert:	2.240.000,- €
25 % Marktanpassungsabschlag:	560.000,- €
Marktangepaßter Sachwert:	1.680.000,- €

Das Ergebnis der zuvor durchgeführten Rechenoperationen ist äußerst unbefriedigend und führt letztendlich nur zu der Erkenntnis, daß der marktangepaßte Sachwert in einer Bandbreite zwischen

1.680.000,- € und 2.016.000,- €

zu erwarten ist.

Der Sachverständige nimmt aus der zuvor abgeleiteten Spanne als Hilfswert den marktangepaßten Sachwert mit

rd. 1.850.000,- €

an.

8.3 Ertragswertverfahren

8.3.1 Nachhaltig erzielbarer Mietertrag (Netto-Kalt-Miete)

Maßgebend für die Wertermittlung ist der nachhaltig erzielbare Mietertrag.
Nachhaltig erzielbar bedeutet, daß nicht der höchstmögliche, aber auch nicht ein Mietertrag im unteren Bereich möglicher Bandbreite zugrunde gelegt wird.
Als nachhaltig erzielbar im Sinne § 16 der WertV ist ein durchschnittlicher Mietzins zu verstehen, der nach einer Neuvermietung bei ordnungsgemäßer Bewirtschaftung auch sicher erzielbar sein dürfte, und zwar in Bezug auf die Restnutzungsdauer unter der Voraussetzung, daß die Ertragsfähigkeit durch lfd. Instandhaltung gesichert und so eine unterstellte 15jährige Restnutzungsdauer ermöglicht wird.
Zukünftige konjunkturelle Mietpreisentwicklungen bleiben bei dieser Betrachtungsweise ohne Berücksichtigung.
Es wird - wie beim Sachwertverfahren - unterstellt, daß Investitionen (Baumängel/Bauschäden) durchgeführt werden, um die unterstellte Restnutzungsdauer sicherzustellen bzw. zu ermöglichen.

Die Schätzung der nachhaltig erzielbaren Mieterträgnissse hat bei dem Bewertungsobjekt bezüglich der Läden in Anlehnung an die derzeitig gezahlten Mieten zu erfolgen, da die Restnutzungsdauer einerseit relativ kurz angenommen wurde (15 Jahre) und andererseits die Mietverträge noch längere Laufzeiten haben.

Der Lebensmittelmarkt ist 1967 vermietet worden, danach sind zahlreiche Mietvertragsänderungen vereinbart worden. Für die Wertermittlung maßgebend ist der 6. Nachtrag vom 22. Dezember 1997/7. Januar 1998. Daraus folgt, daß die mtl. Miete mit 23.000,- DM zzgl. Mehrwertsteuer vereinbart wurde. Auch wurde eine Wertsicherung vereinbart (Automatik-Klausel, Anlehnung an die Lebenshaltungskosten eines 4-Personen-Arbeitnehmer-Haushalts mit mittlerem Einkommen), wobei eine Indexveränderung um 100 % nur zu einer Erhöhung oder Ermäßigung von jeweils 65 % führen soll. Bislang ist der Mietzins noch nicht geändert worden. Der Mietvertrag läuft mit diesen Konditionen bis zum 31. Dez. 2003, wobei Optionsrechte (2 mal 5 Jahre) bestehen.

Die Mietfläche umfaßt im Erdgeschoß ca. 750 m^2, davon entfallen etwa 600 m^2 auf den Laden und etwa 150 m^2 auf Laden-Nebenflächen. Auch sind noch etwa 200 m^2 Flächen im Kellergeschoß und 90 m^2 im I. OG zu berücksichtigen. Wenn man die Verkaufsfläche mit 100 % bewertet, die Ladennebenflächen mit 50 %, die Nebenraumflächen im I. OG ebenfalls mit 50 % und die Kellerflächen mit 20 %, führt die gezahlte Miete von 23.000,- DM (11.760,- €) zu einem Mietzins der Ladenfläche in Höhe von 15,47 €/m^2. Einen Mietzins in dieser Größenordnung dürfte bei einer Neuvermietung nur bedingt erzielbar sein, da hier die „Übergröße" der Flächen zu beachten ist. Gerade Ladenflächen reagieren erheblich auf die Objektdimensionierung. Da der Mietvertrag fest bis zum 31. Dez. 2003 läuft, anschließend jedoch „nur" Optionsrechte des Mieters bestehen, ist es nicht gesichert, daß die Mieterträgnisse in der Höhe dauerhaft zur Verfügung stehen, wenn man davon ausgeht, daß bei einer Neuvermietung der jetzt gezahlte Mietzins nicht mehr erreichbar wäre.

Der Sachverständige legt deshalb einen etwas reduzierten Mietzins von

12,50 €/m²

als nachhaltig erzielbar bezüglich der Ladenfläche des Lebensmittelladens zugrunde.

Es ergibt sich dann folgende Rechnung:

Fläche des Großraumladens:				
600 m²	×	12,50 €/m²	=	7.500,- €
Nebenflächen (Ladennebenflächen und Nebenflächen im I. OG):				
240 m²	×	6,25 €/m²	=	1.500,- €
Verwertbare Kellerflächen:				
200 m²	×	2,50 €/m²	=	500,- €
				9.500,- €

Die Schätzung des Mietwertes enthält zahlreiche Unwägbarkeiten, auch wäre zu bedenken, daß bei einer Neuvermietung ein Großflächenmieter Untervermietungen von einzelnen Shops oder Ladeneinheiten vornehmen könnte, auch sind die Stellplatznutzungen mit zu berücksichtigen, so daß hier zahlreiche Unwägbarkeiten bestehen. Der Sachverständige hält es bei freier Abwägung für angezeigt, den nachhaltig erzielbaren Mieterträg - auf 15 Jahre Restnutzungsdauer bezogen - mit mtl.

10.000,- €

anzunehmen.

Der Fotoladen zwischen dem Lebensmittelmarkt und der Durchfahrt ist im Jahr 2001 für mtl. 5.000,- (2.556,- €) zzgl. Mehrwertsteuer neu vermietet worden. Dieser Vertrag läuft bis zum 31. Dezember 2011 und verlängert sich jeweils um 1 Jahr, wenn er 4 Monate vorher schriftlich gekündigt wird. Andererseits ist ist dem Mieter 5 × 3 Jahre Optionsrecht eingeräumt worden. Der Mietzins von mtl. 2.556,- € entspricht einem Mietzins von 17,63 €/m². Dieser Mietzins liegt höher als bei dem Lebensmittelmarkt, was schon wegen der erheblich geringeren Fläche durchaus als marktüblich bezeichnet werden kann.

Der Sachverständige hat deshalb keine Bedenken, die Miete in dieser Höhe auch als nachhaltig erzielbar anzunehmen. Der nachhaltig erzielbare Mietertrag dieses Ladens wird deshalb gerundet mit

2.560,- €

in das Gutachten übernommen.

Die Räume im I. OG sind insgesamt betrachtet - von den Nebenräumen, die dem Lebensmittelmarkt zugeordnet wurden - nur bedingt als nachhaltig erzielbar vermietbar zu betrachten. Hier wäre es durchaus denkbar, daß ein Teil der Flächen, zumindest vorübergehend, eine Verwendung findet. Auch könnte möglicherweise in vorübergehenden Etappen eine tlw. Verkaufsnutzung stattfinden, es handelt sich aber immer nur um bedingte Mieteinnahmemöglichkeiten, die naturgemäß auch nur schwer kalkulierbar sind.

Der Sachverständige hält es für vertretbar für die einfachen Büroflächen im I. OG (ca. 200 m^2) einen Mietzins von

5,- €/m^2

in Ansatz zu bringen.

Dieser Ansatz ist auch für die Büroflächen im rückwärtigen Bereich vertretbar und im übrigen wird eine Pauschale - lagerflächenähnlich - in Höhe von 3,-- €/m^2 angesetzt. Diese Überlegungen führen zu folgender Miete:

Einfaches Büro und rückwärtige Fläche (bei dem Umlauf):				
310 m^2	x	5,- €/m^2	=	1.550,- €
Restflächen:				
590 m^2	x	3,-- €/m^2	=	1.770,- €
Nebenraum Lebensmittelmarkt*				
90 m^2			=	-,- €
				3.320,- €

* Miete im zuvor ermittelten Betrag von 10.000,- € enthalten

Der Sachverständige schätzt den nachhaltig erzielbaren Mietertrag - unter Ansatz erhöhter Risikoabschläge, die sich im Liegenschaftszinssatz niederschlagen werden, auf

3.300,- €.

Die Flächen im II. OG werden überwiegend nicht mehr genutzt. Auch hier ist festzustellen, daß eine nachhaltig erzielbare Miete Investitionsbedarf voraussetzt, der, wie bereits angekündigt und beim Sachwertverfahren praktiziert, auch bei dem Ertragswertverfahren erforderlich wird. Der Mietwert der Büroflächen und auch der Arztpraxis wird mit durchschnittlich 6,- €/m² angenommen. Es ist zu berücksichtigen, daß die Mietpreise in den letzten Jahren bei vergleichbaren Flächen stark abgenommen haben und die Ansprüche an die Ausstattungsstandards erheblich gestiegen sind. Bezüglich der Wohnung WE I und auch der Wohnungen im Staffelgeschoß (III. Obergeschoß) setze ich unter Bezugnahme auf meine Erfahrungen als Mietensachverständiger, der auch in Osterstedt schon zahlreiche Mietwertgutachten für das Amtsgericht Osterstedt erstattet hat, den Mietzins mit durchschnittlich 5,- €/m² an.

Es ergeben sich insoweit folgende Rechnungen:

Büro- und Praxisflächen im II. OG:				
418 m²	×	6,- €/m²	=	2.508,- €
Wohnungen (WE I bis WE V):				
397 m²	×	5,- €/m²	=	1.985,- €
				4.493,- €

Hier ist noch zu bemerken, daß die tatsächlich gezahlte Miete bezüglich der WE V erheblich höher liegt, da diese Fläche gewerblich-ähnlich genutzt wird. Bezüglich der Nachhaltigkeit gehe ich auch hier nur von einer Wohnnutzung aus und legen deshalb auch hier einen Mietzins von 5,- €/m² zugrunde.

Zusammenstellung der als nachhaltig erzielbar angenommenen Mieten:

Großraumladen:	10.000,- €
Textilladen:	2.560,- €
Gewerbe I. OG:	3.300,- €
Gewerbe II. OG:	2.508,- €
WE I und V:	1.985,- €
	20.353,- €

Jahresrohertrag:

20.353,- € × 12 = 244.236,- €

ca. 245.000,- €

Neben den zuvor errechneten Mieterträgnissen sind noch Erträge denkbar aus teilweiser Vermietung von Kellerlagerflächen sowie Einnahmen von Vermietung von Stellplätzen und auch Werbeeinnahmen. Der Sachverständige hält es für angezeigt, den nachhaltig erzielbaren Mietertrag als gerundete Zahl in Ansatz zu bringen und legt deshalb seinen weiteren Rechnungen den Jahresmietertrag mit

250.000,- €

zugrunde.

Dabei ist nochmals darauf hinzuweisen, daß dieser mögliche Mietertrag Investitionen voraussetzt, um überhaupt die Ertragsfähigkeit, auch wenn diese nur noch mit 15 Jahren angenommen wird, zu ermöglichen. Auch sind erhöhte Instandhaltungskosten zu beachten, um die Ertragsfähigkeit zu sichern. In der Anlage 16 habe ich die Höhe der Instandhaltungskosten ermittelt und bin dabei eher im oberen Bereich als im unteren Bereich üblicher Schätzungsbandbreiten vorgegangen. Eine Restnutzungsdauer von nur 15 Jahren führt in der Regel zu dem Umstand, daß die Instandhaltungskosten reduziert in Ansatz zu bringen sind, doch im Hinblick auf das hochpreisige Mietniveau ist hier anders als üblich zu agieren.

Bei der Wertermittlung ist dann im weiteren Verfahren mit einem erhöhten Liegenschaftszinssatz zu rechnen und auch das Mietausfallwagnis relativ hoch zu dimensionieren, um der Vermietungsproblematik ausreichend Rechnung zu tragen.

8.3.2 Bewirtschaftungskosten

Die angemessenen Bewirtschaftungskosten schätze ich unter Anlehnung an die Erfahrungssätze, die sich aus der II. BV [3] und den WertR [6] sowie der Fachliteratur [12] ergeben:

Instandhaltungskosten		
Pauschale (Anlage 16)	=	40.000,- €
Verwaltungskosten		
4 % vom Netto-Rohertrag	=	10.000,- €
Mietausfallwagnis		
5 % vom Brutto-Rohertrag (incl. geschätzter Nebenkosten von 1,00 €/m² Wfl.) = 282.400,- €*	=	14.120,- €
		64.120,- €

* 2.700 m² × 1,00 €/m² × 12 + 250.000,- €

$$\frac{64.120,- €}{250.000,- €} \times 100 = 25,6\ \%$$

gerundet = 25 %

Dabei bin ich davon ausgegangen, daß Betriebskosten zzgl. zur Nettomiete zu zahlen wären.

8.3.3 Liegenschaftszinssatz

Der Liegenschaftszinssatz ist in der WertV [2] im § 11 wie folgt definiert: *„Der Liegenschaftszinssatz ist der Zinssatz, mit dem der Verkehrswert von Liegenschaften im Durchschnitt marktüblich verzinst wird."* Daraus folgt, daß der Liegenschaftszinssatz aus geeigneten Kaufpreisen iterativ durch Rückwärtsrechnung eines Ertragswertverfahrens abzuleiten ist. Wenn man nicht nur bei einem, sondern bei mehreren Kaufpreisen von Objekten, die sich einem bestimmten Teilmarkt zuordnen lassen, solche Ableitungen vornimmt, können die Ergebnisse ausgemittelt werden und führen so zu einem marktüblichen Zinsfuß. Das Problem bei der Ableitung der Zinsfüße besteht darin, daß diese teilmarktspezifiziert und zeitaktuell zu ermitteln sind.

In den WertR [6] wird bei Geschoßbauten von einem Liegenschaftszinssatz von 5,0 % und bei Geschoßbauten mit tlw. gew. Nutzung von 5,5 % ausgegangen. Liegt der gewerbliche Mietanteil bei über 50 %, so ist nach den WertR der Liegenschaftszinssatz auf 6,0 % zu erhöhen. Bei rein gewerblichen Objekten wird dort ein Liegenschaftszinssatz von 6,5 % empfohlen.

Eine überregionale Marktanalyse [14] führt bei gemischt genutzten Häusern zu einer Zinsfußbreite von

4,5 - 6,5 %.

Bei überwiegendem Gewerbemietanteil ist der Liegenschaftszinssatz nach den Arbeitsanweisungen bezüglich der zuvor zitierten Veröffentlichung in der oberen Hälfte der Bandbreite zu orientieren, d.h. in einem Bereich zwischen

5,5 - 6,5 %.

Da die Verkäuflichkeit der fraglichen Immobilie „nicht ganz leicht" sein dürfte, spricht dieses für einen Zinssatz im oberen Bereich der zuvor erwähnten Bandbreite, also für

6,5 %.

Der Gutachterausschuß für Grundstückswerte im Kreis Südholstein hat zwar Liegenschaftszinssätze abgeleitet, jedoch nicht für den fraglichen Teilmarkt. Wenn ich den Marktbericht des Gutachterausscchusses der Hansestadt Lübeck [59] - hilfsweise - heranziehe, so kann dort bei vergleichbaren Objekten von einem Liegenschaftszinssatz von 5,9 % als Gesamtmittel der letzten Jahre beobachtet werden. Per 2001 lag der Zinsfuß bei 6,3 %, während bei rein gewerblich genutzten Objekten die Zinsfüße sogar bis 7,0 % tendieren.

Es kann festgestellt werden, daß die regionalen und überregionalen Erkenntnisse zumindest tendenziell harmonieren, so daß der Liegenschaftszinssatz ausreichend sicher bestimmbar ist. Bei der Schätzung des Liegenschaftszinssatzes ist erhöhend das nicht unerhebliche Mietrisiko zu kalkulieren, was zuvor im Gutachten schon mehrfach angesprochen wurde.

Der Sachverständige schätzt den Liegenschaftszinssatz bei dem Bewertungsobjekt auch unter Berücksichtigung eines Zuschlages wegen konjunktureller Entwicklung und Leerstandsproblematik erhöht in einer Bandbreite zwischen

6,0 - 7,0 %

und nimmt den Liegenschaftszinssatz bei der Ertragswertberechnung mit

6,5 %

an.

8.3.4 Ertragswertberechnung

Nachhaltig erzielbarer Jahresrohertrag:	250.000,- €
- 25 % Bewirtschaftungskosten:	62.500,- €
Jahresreinertrag des Grundstücks:	187.500,- €
- 6,5 % Verzinsung des Bodenwertes:	48.750,- €
Jahresreinertrag des Gebäudes:	138.750,- €

Vervielfältiger

Anm. 36, S. 503

Der Jahresreinertrag des Gebäudes ist mit dem Vervielfältiger (VV) 9,40 zu multiplizieren, der sich bei Ansatz eines 6,5 %igen Liegenschaftszinssatzes und einer Restnutzungsdauer von 15 Jahren nach der Rentenbarwertformel ergibt:

$$VV = \frac{q^n - 1}{q - 1} \times \frac{1}{q^n}$$

$$q = 1 + \frac{p}{100}$$

p = Liegenschaftszinssatz

n = Restnutzungsdauer

138.750,- € × 9,40	=	1.304.000,- €
zzgl. Bodenwert (8.1.9)	=	750.000,- €
	Zwischen-Ertragswert:	2.054.000,- €
- Abschlag wg. Investitionsbedarfs (siehe 7.8 und 8.2.4)	=	160.000,- €
	Ertragswert:	1.894.000,- €

Würde man den Bodenwert bei der zuvor durchgeführten Rechenoperation nicht mit 750.000,- €, sondern um 10 % reduziert mit 675.000,- € annehmen, reduzierte sich der Ertragswert lediglich auf 1.865.000,- €. Hier wird deutlich, daß eine Bodenwertreduzierung nur bedingt zu einer Ertragswertreduzierung führt. Aus diesem Umstand ergibt sich ein erheblicher Vorteil des Ertragswertverfahrens gegenüber dem Sachwertverfahren, da dort die Höhe des Bodenwertes mehr oder weniger linear den Sachwert beeinflußt. Da der Bodenwert bei bebauten Grundstücken, wie zuvor bereits erläutert, nicht exakt bestimmbar ist, ergeben sich insoweit beim Sachwertverfahren größere Probleme als bei dem Ertragswertverfahren. Allerdings muß eingeräumt werden, daß auch hier Bewertungsunsicherheiten bestehen, denn wenn man beispielsweise den Liegenschaftszinssatz nicht mit 6,5, sondern erhöht mit 6,75 % in Ansatz brächte, würde sich das Ergebnis der Ertragswertberechnung schon auf 1.857.000,- € verringern. Es muß bei der Ertragswertberechnung außerdem darauf hingewiesen werden, daß das Ergebnis sehr variabel ist bezüglich der Schätzung der Restnutzungsdauer. Wenn man diese nämlich nicht mit 15, sondern mit 20 Jahren annähme, würde sich der Ertragswert deutlich auf 2.119.000,- € vergrößern. Andererseits würde eine Reduzierung auf 10 Jahre den Ertragswert deutlich auf 1.587.000,- € vermindern.

Der Sachverständige will hier deutlich machen, daß der Verkehrswert einer Immobilie nicht exakt berechenbar ist, da zu viele Einflußgrößen statistisch nicht gesichert vorliegen. Hier kann nur der allgemeine Sachverstand weiterhelfen und die allgemeine Markterfahrung des Sachverständigen in die Begutachtung mit einfließen. Unter Berücksichtigung der zuvor genannten Rechenoperationen und der allgemeinen Markterfahrungen wird deshalb der Ertragswert auf

1.900.000,- €

geschätzt.

8.4 Bodenwert auf Abbruch

8.4.1 Vergleichspreise

Im B.Plan Nr. 23 ist, wie bereits berichtet, die GFZ mit 2,2 ausgewiesen. Bei einer Grundstücksgröße von 1.863 m^2 ergibt sich insoweit eine maximale Geschoßfläche von 4.099 m^2, wenn man an die Realisierung eines Neubaus denkt und unterstellt, daß die GFZ auch baurechtlich realisierbar wäre. Aus der zuvor angegebenen unterstellten Geschoßfläche ergäbe sich bei einem Abzug von ca. 20 % für Mauerwerk, Treppenhaus usw. eine Nettofläche von etwa

3.300 m^2.

Von dieser Fläche entfiele etwa 1.000 m^2 auf den Erdgeschoßbereich. Wenn man davon ausgeht, daß die Durchfahrt/Durchgang nicht mehr benötigt wird. Da das Grundstück eine interessante Lage gegenüber dem Markt und auch eine Durchgangsfunktion zu dem rückwärtigen Weg zum Wall aufweist, könnte hier möglicherweise die Schaffung einer großzügigen Shop-in-Shop-Lösung zu einer gesteigerten Rentabilität des Objektes beitragen. Der Sachverständige könnte sich vorstellen, daß, wenn ein professioneller Betreiber gefunden wird und ein interessanter Branchenmix realisiert wird, ein Mietertrag von mtl. durchschnittlich 25,- €/m^2 denkbar wäre. Dabei ist davon auszugehen, daß der eine Laden mehr und der andere Laden weniger zu zahlen hätte, je nach Branche, je nach Größe und Lage innerhalb der Anlage. Dabei kann unterstellt werden, daß zumindest tlw. auch das I. OG mit in die Ladennutzung einbezogen würde, wenn auch, wie allgemein bekannt, hier ganz erhebliche Abstriche zu berücksichtigen sind. Auch wäre es denkbar, daß hier ein Fitness-Center, ein Sonnenstudio und ähnliche Nutzer sich niederlassen könnten, so daß bezüglich der Flächen im I. OG ein Mietzins von durchschnittlich 10,- €/m^2 durchaus realisierbar sein dürfte. Der Ansatz von 10,- €/m^2 liegt, wie erkennbar noch unter 50 % des möglichen Mietwertes im Erdgeschoßbereich. Dieses ist als durchaus marktkonform zu bezeichnen, höhere Ansätze wären nicht realistisch bzw. seriös. Die übrigen Flächen im II. OG und auch in einem neuen Staffelgeschoß könnten mit attrakiven Wohnungen und Büroflächen versehen werden, so daß auch hier Mietzinse zwischen 6,- und 7,- €/m^2 denkbar wären. Zusammengefaßt geht der Sachverständige davon aus, daß die Flächen im Erdgeschoß mit

25,- €/m^2

und die übrigen Flächen im Durchschnitt mit

7,50 €/m^2

vermietbar wären.

Schließlich kann unterstellt werden, daß bei einer Neubebauung eine Tiefgaragenanlage mit in die Planung aufgenommen werden könnte, wobei die Zufahrt zu dem Weg am Wall hier sich positiv auswirken würde. Unterstellt man, daß die Schaffung von 50 Stellplätzen möglich wäre und nimmt man den Mietzins mit 35,- € an, ergäbe sich so eine Pauschale von 1.750,- €, mithin errechnet sich der möglicherweise erzielbare nachhaltige Mietertrag eines fiktiven Neubaus wie folgt:

EG:	1.000 m^2	×	25,- €/m^2	= 25.000,- €
Restflächen:				
	2.300 m^2	×	7,50 €/m^2	= 17.250,- €
Tiefgaragenplätze:				= 1.750,- €
				44.000,- €
	44.000,- €	×	12	= 528.000,- €
				ca. 530.000,- €

Im Bereich der Landeshauptstadt Kiel ist aus Kaufpreisen mittels einer Regressionsanalyse folgende Gleichung entwickelt worden [49]:

$$BW = 14{,}3\ RO^{0.64}$$

BW = Bodenwert

RO = Jahresrohertrag pro m^2 Baugrund

Die zuvor dargestellte Formel bezieht sich auf Wohnlagen (Geschoßbebauung) und Geschäftslagen (Nebenzentren) der Landeshauptstadt Kiel. Insoweit ist die Analyse hier eigentlich nicht anwendbar. Die „Kieler Formel" kann deshalb nur als eine Hilfs- und Kontrollrechnung verstanden werden.

Jahresrohertrag pro m^2 Baugrund:

530.000,- € : 1.863 m^2 = 284- €/m^2

Bodenwertableitung:

$$BW = 14{,}3 \text{ mal } 284^{0.64}$$

<u>BW = rd. 531,- €/m^2</u>

Wie zuvor bereits ausgeführt, bezieht sich die hier angewandte Marktanalyse auf Wohn- und Geschäftsgrundstücke in Nebenkernen von Kiel. Wegen des Lagevorteils (hier handelt es sich nicht um eine Lage in einem Nebenkern, sondern um die Lage im Zentrum einer Kreisstadt, wenn auch nur in I b- Lage) ist hier ein anderer Marktmechanismus zu erwarten, der den Ansatz eines Zuschlages rechtfertigt. Nimmt man den Zuschlag mit 20 % an, würde sich der Bodenwert auf 637,- €/m^2 erhöhen, bei einem Zuschlag von 1/3, ergäbe sich sogar ein Bodenwert von 710,- €/m^2.

Der Sachverständige schätzt den Bodenwert als unbebautes Grundstück gerundet auf

700,- €/m^2.

Der Bodenwert errechnet sich - unbebaut - wie folgt:

1.863 m²	×	700,- €/m²	= 1.304.000,- €
			ca. 1.300.000,- €

Der zuvor ermittelte Bodenwert ist z.Zt. aber nicht realisierbar, da zum einen die Abbruchkosten zu kalkulieren wären und zum anderen zu berücksichtigen ist, daß auch Mietverträge bestehen und die Mieter ggf. Entschädigungsleistungen verlangen würden, wenn die Mietverträge vorzeitig beendet werden sollten, sofern dieses rechtlich überhaupt durchsetzbar ist. Da das Ergebnis von ca. 1,3 Mio. € unter den Rechenergebnissen liegt, die zuvor in den Abschnitten 8.2 und 8.3 niedergelegt wurden, ist hier festzustellen, daß der Abbruch und eine Neubebauung möglicherweise sich nicht „rechnet".

Der theoretische Bodenwert könnte deutlich erhöht werden, wenn man die Mieterträgnisse bei einer solchen Kalkulation höher annehmen würde, dieses ist jedoch sehr bedenklich, denn die Erfahrungen aus der Vergangenheit haben gezeigt, daß die hohen Mieterträgnisse, die möglicherweise auch in den ersten Jahren erzielbar sind, jedoch häufig nicht nachhaltig sicher sind. Verschiedene Passagen und Shop-in-Shop-Anlagen, die in den vergangenen Jahren errichtet wurden, hatten auffällige Mietpreisrückgänge hinnehmen müssen, so daß optimistischere Zahlenansätze, zumindest aus sachverständiger Sicht, sehr bedenklich wären. Resümee der Überlegungen ist, daß ein Abbruch oder Neubebauung - auch im Hinblick auf die problematische Baugrundbeschaffenheit - nur bedingt zu einem wirtschaftlichen Erfolg führen dürfte.

8.5 Vergleichswertverfahren

Bei der Verkehrswertermittlung hat der Sachverständige den Verkehrswert aus dem Immobilienmarkt heraus abzuleiten. Entscheidend sind demzufolge Kaufpreise, die für andere ähnliche Objekte gezahlt werden. Der Sachverständige hat diesbezüglich eine Nachfrage beim Gutachterausschuß eingebracht, die zu dem Ergebnis führte, daß von dort 5 Kaufpreise mitgeteilt wurden, die für Objekte in der Annastr., Königstr. und Mühlenstr. in den Jahren 1997 bis 2001 gezahlt worden sind. Diese 5 Kaufpreise habe ich in der folgenden Tabelle 1 aufgelistet und jeweils die Kaufpreise einfach durch die gesamte Grundstücksgröße dividiert. Die Kaufpreisen wurden dann umgerechnet zu verbesserten Kaufpreisen unter Bezugnahme auf die Lage in den jeweiligen Richtwertzonen. Das zu bewertende Objekt liegt in der Richtwertzone 409,- €/m², auf dieses Preisniveau habe ich die Vergleichspreise linear umgerechnet.

Tabelle 1

Objekt Nr.	Kaufpreis KP €	Grundstück m²	KP €/m²	RiZ* €/m²	verbess. KP €/m²
1	204.520,-	344	595,-	307,-	793,-
2	1.482.770.-	969	1.530,-	409,-	1.530,-
3	396,258,-	555	714,-	307,-	951,-
4	843.645,-	372	2.268,-	422,-	2.198,-
5	470.396,-	139	3.384,-	562,-	2.463,-

* RiZ = Richtwertzone

In der folgenden Tabelle 2 sind die verbesserten Kaufpreise aus der Tabelle 1 noch einmal umgerechnet worden, um den verschiedenen Bebauungsqualitäten Rechnung zu tragen, denn es handelt sich um verkaufte Objekte mit verschiedenen Qualitätsstandards. Ich habe hier schematisiert nach Altbau, modernisiertem Altbau und Neubau differenziert und die jeweiligen Restnutzungsdauern der verkauften Objekte durch äußere Inaugenscheinsnahme geschätzt. Über die entsprechenden Vervielfältiger habe ich eine Korrektur vorgenommen in Bezugnahme auf eine Restnutzungsdauer von 15 Jahren, so daß schließlich in der Spalte ganz rechts der Tabelle 2 Kaufpreise vorliegen, die tendenziell einen Preisvergleich zulassen.

Tabelle 2

Objekt Nr.	verb. KP €/m²		RND	VV	VV bei 15 J.	korr. KP €/m²
1	793,-	Neubau	50	14,72	9,40	506,-
2	1.530,-	Neubau	50	14,72	9,40	977,-
3	951,-	Altbau	30	13,06	9,40	684,-
4	2.198,-	mod.Altb.	45	14,48	9,40	1.427,-
5	2.463,-	mod.Altb.	45	14,48	9,40	1.599,-

8.5.1 Auswertung der Vergleichspreis

8.5.1.1 Streubreite der Einzelwerte

506,- bis 1.599,- €/m²

8.5.1.2 Das arithmetische Mittel errechnet sich dabei zu

$$\overline{x} = \frac{\sum x_i}{n} = \frac{5.193,-}{5} = 1.039,- \text{ €/m}^2$$

8.5.1.3 Bewertung der Stichprobe

Die 5 Kaufpreise bewegen sich in einer so großen Streubreite, daß mathematisch-statistisch gesichert eine Auswertung nicht möglich ist. Wenn man die Preise einfach ausmittelt, hat das im Abschnitt zuvor zu einem Tendenzwert von 1.039,- €/m² geführt, der jedoch wenig hilfreich ist, da die 5 verkauften Objekte sehr unterschiedliche Objektgößen aufweisen. Die 5 verkauften Objekte sind im Durchschnitt nur 476 m² groß, so daß ein Preisvergleich mit einem 1.863 m² großen Grundstück nur bedingt möglich ist, denn mit zunehmender Objektgröße sinkt erfahrungsgemäß der Kaufpreis per m². Andererseits

weist das Grundstück Lagevorteile innerhalb der Richtwertzone auf, so daß hier weitere Korrekturen anzubringen wären. Es muß eingeräumt werden, daß das Vergleichswertverfahren letztendlich hier versagt und man - so exakt wie gewünscht - aus den Kaufpreisen den Marktwert nicht ableiten kann.
Die 5 Kaufpreise habe ich in der Anlage 17 als Punkte in einem Koordinatensystem dargestellt und es wird deutlich, daß die zuvor erwähnte Tendenz schon bei den 5 Kaufpreisen sich abzeichnet: mit zunehmender Objektgröße reduzieren sich die Preise pro m^2. Da, wie bereits erwähnt, das zu bewertende Grundstück 1.863 m^2 groß ist und die verkauften Objekte sich nur in einer Größenordnung zwischen 139 und 969 m^2 bewegen, erfolgt hier eine Extrapolation, die naturgemäß zu einem unsicheren Ergebnis führen muß. Wenn man aus den 5 Kaufpreisen mittels einer Regressionsanalyse eine ausgleichende Kurve berechnet, führt dieses zu der Gleichung:

$$y = 5.033{,}91 \text{ mal } x^{-0{,}2790}$$
$$x = \text{Grundstücksgröße}$$
$$y = \text{Kaufpreis } €/m^2$$

Wenn man nun in diese Gleichung die Grundstücksgröße 1.863 m^2 einführt, ergibt sich ein Vergleichspreis von nur 616,- €/m^2.

8.5.1.4 Anwendung der Rechenergebnisse

$$1.863 \text{ m}^2 \times 616{,}\text{- } €/\text{m}^2 = 1.148.000{,}\text{- } €$$

Rechnet man nicht mit dem reduzierten Wert, der sich aus der Regressionsanalyse ergeben hat, sondern mit dem Mittelwert von 1.039,- €/m^2, ergibt sich ein völlig anderes Ergebnis:

$$1.863 \text{ m}^2 \times 1.039{,}\text{- } €/\text{m}^2 = 1.936.000{,}\text{- } €$$

Der Korrelationskoeffitient der zuvor angewandten Regressionsanalyse beträgt -0,41 und erreich im Idealfall ± 1,0- Aus dem Korrelationskoeffizienten wird deutlich, daß das Ergebnis der angewandten Statistik nicht sicher sein kann. Dieses Ergebnis kann auch nicht weiter verwundern, da nur 5 Kaufpreise vorlagen, die zudem sich in einer extremen Streuung darstellten.
Der Sachverständige hat außerdem überschlägig auch die Wohn- und Nutzflächen der verkauften Objekte untersucht und die Kaufpreise über die Wohn- und Nutzflächen verglichen, wobei sich dann ein Ergebnis ergab mit einem noch schlechteren Korrelationskoeffizienten, so daß der Sachverständige hier im Gutachten auf diese Darstellung verzichtet.
Wenn man die Restnutzungsdauer bei dem Bewertungsobjekt nicht mit 15, sondern mit 20 Jahren angenommen hätte, dann betrüge der Vervielfältiger nicht 9,40, sondern läge bei 11,02. Der Vergleichswert würde sich demzufolge aus der Vervielfältigerdifferenz um 17 % erhöhen. Der Maximalwert von 1.936.000,- € würde sich dann auf etwa 2,26 Mio. € vergrößern.

8.5.2 Ergebnis des Vergleichswertverfahrens

Das Ergebnis des Vergleichswertverfahrens kann eigentlich nur verbal so dargestellt werden, daß gesagt wird, der Vergleichswert ist zwischen

1,1 und 2,3 Mio. €

zu erwarten.
Die Auswertung der 5 Kaufpreise führt insoweit zu einer tendenziellen Bestätigung der zuvor ermittelten Rechenwerte (marktangepaßter Sachwert und durch den Liegenschaftszinssatz marktorientierter Ertragswert).
Da das Bewertungsobjekt zweifellos Lagevorteile aufweist, andererseits aber auch eine Bebauungsstruktur mit erheblichem Investitionsbedarf, heben sich zumindest teilweise Vor- und Nachteile auf. Der Sachverständige hält es jedoch für

vertretbar, den Vergleichswert als Endergebnis - hilfsweise - mit

2.000.000,- €

im Gutachten zu berücksichtigen.

9. Ergebnis

Marktangepaßter Sachwert (hilfsweise):	1.850.000,- €
Ertragswert:	1.900.000,- €
Vergleichswert (hilfsweise):	2.000.000,- €

Die Ergebnisse der drei angewandten Wertermittlungsverfahren stimmen recht gut überein. Wie zuvor im Gutachten schon erläutert, ist das Ergebnis der Ertragswertberechnung mit erhöhtem Gewicht zu berücksichtigen, da bei den beiden anderen Verfahren erheblich größere Ungenauigkeiten verfahrensbedingt unvermeidbar sind.
Ich bin davon ausgegangen, daß Altlasten (z.B. Bodenverunreinigungen) nicht vorhanden sind.
Eine Baugrundanalyse wurde nicht vorgenommen oder veranlaßt.
Der Sachverständige geht allerdings von erschwerten Baugrundverhältnissen aus.

Der Verkehrswert der Immobilie wird - beide Grundstücke als *eine* wirtschaftliche Einheit betrachtet - vom Sachverständigen mit

1.900.000,- €

erkannt.

Außerdem sind verschiedene Belastungen zu berücksichtigen, die in den Grundbüchern in Abt. II eingetragen sind, dabei handelt es sich überwiegend um Belastungen, die die gegenseitige Nutzung der beiden Grundstücke betreffen. Wie zuvor im Gutachten bereits erläutert, gehe ich in meinem Gutachten davon aus, daß die Immobilie als eine wirtschaftliche Einheit verkauft würde, so daß diese sichernden Belastungen sich nicht negativ auswirken. Auch eine beschränkte persönliche Dienstbarkeit (Recht zur Errichtung und Unterhaltung einer Transformatorenstation) wirkt sich kaum auf den Verkehrswert aus. Hier würden sich erst Nachteile ergeben, wenn man an einen Abriß und eine Neubebauung denkt, da in einem solchen Fall bei den Planungen das Trafo-Recht mit zu berücksichtigen wäre. Hier könnten sich möglicherweise dann erhöhte Baukosten negativ auf den Verkehrswert auswirken. Zu erwähnen ist auch noch eine befristete persönliche Dienstbarkeit bezüglich des Mieters, der den Lebensmittelmarkt betreibt (Duldung des alleinigen Betriebes eines Supermarktes oder Kaufhauses mit umfassenden Warenangebot). Diese Beschränkung ist gem. Vertrag vom 4. Oktober 1971, Urkunden-Rolle 250/71, Notar Alexander XXXXXX, allerdings beschränkt auf die Dauer des Mietvertrages. Insoweit ist hier auch keine wesentlich wertrelevante Wertminderung erkennbar.

Schließlich ist noch auf ein Wohnrecht zu Gunsten Frau XXXX XXXX, geb. am 26. Aug. 1958, zu berücksichtigen. Dieses Wohnrecht ist lebenslänglich und unentgeltlich vereinbart und bezieht sich dem Vernehmen nach auf die WE III im Staffelgeschoß. Den Mietwert der Wohnungen habe ich mit 5,- €/m² angesetzt, so daß sich bei einer 88 m² großen Wohnung ein Mietwert von 440,- € bzw. jährlich 5.280,- € errechnet. Die Berechtigte ist 44 Jahre alt, so daß sich aus der Sterbetafel 1996/98 eine durchschnittliche Lebenserwartung von 37,56 Jahren entnehmen läßt. Im Hinblick auf stetig steigende Lebenserwartung gehe ich gerundet von 38 Jahren aus, so daß sich bei einer Verzinsung von 6,5 % ein Vervielfältiger von 13,98 errechnet.

5.280,- € × 13,98 = 73.814,- €

Die Wertminderung durch das Wohnrecht ist jedoch größer als der zuvor niedergelegte Betrag, da zum einen die Lebenserwartung der Berechtigten größer ist als die Restnutzungsdauer der Baulichkeiten, d.h. bei einer umfangreichen Sanierung, Neugestaltung oder sogar Neubebauung des Baukörpers ist bei den entsprechenden Planungen immer auch das Wohnrecht mit zu berücksichtigen, es sei denn, die Berechtigte ließe sich „entschädigen". Eine exakte mathematische Berechnung ist hier nicht möglich, so daß hier nur im Schätzwege vorgegangen werden kann. Hilfsweise kann der Wert des Wohnrechts aus Sicht der Wohnungsberechtigten möglicherweise weiterhelfen, denn wenn man den Wert des Wohnrechts aus Sicht der Wohnungsberechtigten ermittelt, ist mit einem anderen Zinsfuß zu rechnen als mit dem Kapitalisierungszinsfuß von 6,5 % in Bezug auf die Verkehrswertermittlung der Immobilie. Unter Eigennutzungsaspekten wäre z.B. ein Zinsfuß von 4,5 % vorstellbar, so daß sich dann bei einer Restlaufzeit von 38 Jahren ein Vervielfältiger von 18,05 ergäbe.

5.280,- € × 18,05 = 95.304,- €

Schließlich ist noch zu berücksichtigen, daß bezüglich der Nebenkosten (Betriebskosten) aus dem Vertrag sich keine Regelungen ergeben, so daß man davon ausgehen kann, daß die Wohnungsberechtigte sich auch nicht an den Betriebskosten zu beteiligen hat, was zu einem weiteren Vorteil (bzw. Nachteil für den Wert der Immobilie) führt.
Im Hinblick auf zahlreiche Unwägbarkeiten schätze ich die Wertminderung durch das Wohnrecht auf etwa

100.000,- €.

Der Sachverständige *schätzt* bei freier Abwägung aller Vor- und Nachteile den Verkehrswert des Bewertungsobjektes - auch unter Berücksichtigung der Belastungen, die sich aus den Grundbüchern ergeben - auf

1.800.000,- €.

(Einemillionenachthunderttausend EURO)

Der Sachverständige:

....

(Streich)

Anlagen:

Anlage 1 - Seite 42: Ausschnitt Kreiskarte 1 : 75.000
Anlage 2 - Seite 43: Stadtplanausschnitt 1 : 12.500
Anlage 3 - Seite 44: Katasterlageplan 1 : 500
Anlage 4 - Seite 45: Bauzeichnung, KG
Anlage 5 - Seite 46: " ", EG
Anlage 6 - Seite 47: " ", I. OG
Anlage 7 - Seite 48: " ", II. OG
Anlage 8 - Seite 49: " ", III. OG
Anlage 9 - Seite 50: Gebäudeschnitt
Anlage 10 - Seite 51: Katasterlageplan mit Ergänzungen (graphisch ermittelte Maße)
Anlage 11 - Seite 52: Bauzeichnung, EG mit graphisch ermittelten Maßen (Laden)
Anlage 12 - Seite 53: Bebaute Fläche
Anlage 13 - Seite 54: Berechnung Umbauter Raum
Anlage 14 - Seite 55: Wohn- und Nutzflächenberechnung, Teil I
Anlage 15 - Seite 56: " ", Teil II
Anlage 16 - Seite 57: Instandhaltungskostenberechnung
Anlage 17 - Seite 58: Grafik Regressionsanalyse
Anlage 18 - Seite 59: Fundstellenhinweise

Anlage A - Seite 60: 30 Fotos
- O - 74:

Baugrund – Anm. 33

Die Bodenbeschaffenheit des Grund und Bodens kann sich nicht unerheblich auf die Höhe des Verkehrswertes auswirken. Ungünstige Bodenverhältnisse führen zu höheren Baukosten. Höhere Baukosten bewirken einen höheren Sachwert, doch ein höherer Sachwert bewirkt nicht unbedingt auch eine Steigerung des Verkehrswertes. Zu berücksichtigen ist, dass Sachwerte unter Normalherstellungskosten-Gesichtspunkten abzuleiten sind.

Die Baugrundqualität wirkt sich unterschiedlich auf den Verkehrswert aus je nach dem, ob es sich um ein unbebautes oder um ein bebautes Grundstück handelt.

Der Verkehrswert eines unbebauten Grundstücks mit schlechtem Baugrund ist durch einen Abschlag zu reduzieren, wobei der Sachverständige nicht den Fehler machen darf, die höheren Gründungskosten gegenüber den Gründungskosten bei normalem Baugrund voll in Abzug zu bringen. So reagieren die Marktteilnehmer im Regelfall nicht. Die höheren Gründungskosten können letztendlich nur als ein Anhalt für die Bemessung eines Abschlages herangezogen werden. Dem Schrifttum habe ich bezüglich dieser Frage entnommen:

„*Einen Anhalt für die Höhe der Wertminderung können die erforderlichen Mehraufwendungen für die besonderen Gründungsmaßnahmen bieten. Bei Grundstücken, die als Sand- Kies- oder Lehmgrube genutzt worden sind, ist aber auch zu beachten, dass Kosten für den Erdaushub und den Abtransport des Bodenaushubs entfallen. Die dadurch ersparten Kosten müssen deshalb den zusätzlichen Kosten zum Ausgleich gegenübergestellt werden.*" [78]

Wenn in einer dörflichen Lage unbebaute Grundstücke mit normalen Eigenschaften Kaufpreise von durchschnittlich 40,– €/m² erzielen, wäre es nicht richtig, einen Bodenwert von nur 15,– €/m² auszuweisen, wenn beispielsweise die erhöhten Gründungskosten sich auf einen m² bezogen mit 25,– €/m niederschlagen. So reagiert der Markt in der Regel nicht!

Parallelen können hier gezogen werden zu Bodenwerten von Grundstücken mit und ohne Erschließungskosten. Wenn für eine Dorflage ein Bodenrichtwert von 40,– €/m² ermittelt wurde, bezogen auf Grundstücke an „historischen Straßen", wo keine Erschließungskosten mehr anfallen, so wäre es nicht richtig, den Bodenwert eines Grundstücks auf der „grünen Wiese" im gleichen Ort mit nur 10,– €/m² anzusetzen, wenn bekannt ist, dass die Erschließungskosten für das Baugrundstück auf der „grünen Wiese" 30,– €/m betragen. Auch so reagiert der Markt nicht!

Sachverständige sollten sich immer wieder bewusst machen, dass Marktpreise sich nicht immer exakt rechnerisch nachvollziehbar am Markt bilden Diese Feststellung trifft für Grundstücke mit schlechtem Baugrund und erhöhten Gründungskosten ebenso zu.

Bezüglich bebauter Grundstücke wird im Schrifttum präzise formuliert:

Bei der Bodenwertermittlung bebauter Grundstücke, die wertmindernde Bodenverhältnisse aufweisen, darf aber nicht der Fehler begangen werden, von Vergleichspreisen auszugehen, die normale Bodenverhältnisse aufweisen, und diese um zusätzliche Gründungskosten zu vermindern. Diese Gründungskosten sind nämlich bereits bei der Errichtung des Bauwerks aufgebracht worden und sind bereits mit den herangezogenen Vergleichspreisen berücksichtigt." [78]

So wie Kosten für Baumängel und Bauschäden im Regelfall nicht voll vom mängelfreien Verkehrswert abzuziehen sind (siehe auch Anmerkung 5), so sind auch Abzüge für schlechten Baugrund nicht unter Kosten-, sondern unter Marktgesichtspunkten zu bemessen.

Restnutzungsdauer – Anm. 34

Im OT St. Lorenz der Hansestadt Lübeck ist im Jahre 2002 ein 1983 errichteter Neubau mit einem Großraumladen und 6 Kleinläden abgerissen und im Jahr 2003 einer neuen Bebauung mit einem modernen Supermarkt eines bekannten Filialisten zugeführt worden. Die ursprünglich 2-geschossige Bebauung mit einem kleinen Geschäftszentrum hat also eine wirtschaftliche Lebensdauer von nur ca. 20 Jahren erreicht.

In zunehmendem Umfang werden im Bereich der Hansestadt Lübeck wie auch anderswo Wohnhäuser (Geschossbauten) aus den 50iger Jahren abgerissen. In guten und sehr guten Lagen wurden auch schon mehrfach Einfamilienhäuser aus den 60iger und 70iger Jahren durch Neubauten ersetzt.

Die Ansprüche an die wirtschaftliche Verwertbarkeit und Nutzungsqualitäten steigen so schnell, dass bei aktuellen Begutachtungen die wirtschaftliche Gesamtnutzungsdauer in zunehmendem Maße zu verkürzen ist. Der Ansatz einer Gesamtnutzungsdauer von 100 Jahren, wie es in der Vergangenheit noch sehr häufig üblich war, ist heute obsolet.

Leider hat sich immer noch nicht in allen Wertermittlungskreisen herumgesprochen, dass die Gesamtnutzungsdauer nicht unter technischen, sondern unter wirtschaftlichen Aspekten zu schätzen ist. Aus der Reduzierung der Gesamtnutzungsdauer ergeben sich naturgemäß erheblich geringere Restnutzungsdauern, als dieses bei Begutachtungen in der Vergangenheit üblich war:

Es ist nicht richtig, dass die (technische) Restlebensdauer der (wirtschaftlichen) Restnutzungsdauer entspricht." [79]

Hier einige Hinweise zur Gesamtnutzungsdauer aus dem Schrifttum:

RÜCKHARDT [80]:

Wohngebäude:	*meist 80 Jahre*
Bürogebäude:	*50 - 80 Jahre*
Einkaufsmärkte:	*30 - 50 Jahre*
Hotels:	*60 - 70 Jahre*
Lagerhallen:	*20 - 40 Jahre*

PETERSEN [81]:

Mietwohnhäuser:	*80 - 100 Jahre*
Geschäftshäuser:	*60 - 80 Jahre*
Lagerräume, Fabrikgrundstücke:	*60 Jahre (oder weniger)*

VOGELS [56]:

Mehrfamilienhäuser:	*60 - 80 Jahre*
Büro- und Verwaltungsgebäude:	*60 - 80 Jahre*
Kaufhäuser:	*40 - 60 Jahre*
Supermärkte:	*20 - 40 Jahre*
Werk- und Lagerhallen, Fabrikgebäude:	*40 - 60 Jahre*
Hotels:	*50 - 70 Jahre*

Die Restnutzungsdauer ist vom Sachverständigen sorgfältig unter wirtschaftlichen Aspekten zu bemessen, wobei bei Gebäuden mit relativ kurzer Restnutzungsdauer die Frage der möglichen Anzahl der Jahre intensiver zu diskutieren ist als bei Objekten mit einer relativ langen Restnutzungsdauer da bei Restnutzungsdauern ab etwa 50 Jahren sich der Vervielfältiger nur noch relativ gering verändert.

Geschossflächenzahl – Anm. 35

Der Bodenwert von Geschossbaugrundstücken hängt in der Regel stark ab von der möglichen baulichen Intensität. Die Geschossflächenzahl (GFZ) ist hier der übliche Vergleichsmaßstab und es sind im Schrifttum verschiedene Abhängigkeiten zwischen Bodenwerten und der GFZ veröffentlicht worden wobei die Umrechnungskoeffizienten, die als Anlage 23 zu den WertR [6] veröffentlicht worden sind, die stärkste Verbreitung gefunden haben. Diese Umrechnungskoeffizienten habe ich auch mangels anderer örtlich gewonnener Erkenntnisse angewendet und verweise insoweit auf die Seiten 11 und 12 des Gutachtens Nr. 13.

Allerdings ist zu berücksichtigen, dass die Umrechnungskoeffizienten sich auf Grundstücke mit vergleichbaren Nutzungsqualitäten beziehen, wobei bei Geschossbaugrundstücken für Wohnbebauungen sicherlich die Umrechnungskoeffizienten ohne Korrekturen anwendbar sind. Bei gemischt nutzbaren Grundstücken bzw. reinen Geschäftsgrundstücken wird man die Umrechnungskoeffizienten differenzieren müssen oder mit Gewichten arbeiten, wie das beispielsweise VOGELS [82] vorschlägt.

Bei Geschäftsgrundstücken wird der Bodenwert in der Regel primär beeinflusst durch die Mietertragsmöglichkeiten der Erdgeschoss-Ebene, wo Läden vorhanden sind und der höchste Mietertragsanteil auf das Gesamtobjekt erreicht wird. Je höher das Mietpreisniveau auf der EG-Ebene sich örtlich darstellt, desto weniger Bedeutung ist der Frage beizumessen, ob das Gebäude nun 3, 4 oder 5 Geschosse hat und eine GFZ von 1,8 oder 2,0 oder sogar 2,3 erreicht. Der hohe Bodenwert in Ia- und Ib-Lagen wird primär durch den hohen Mietwert der Ladenmieten im Erdgeschoss geprägt.

Unter Berücksichtigung dieser Gegebenheiten habe ich deshalb im Gutachten Nr. 13 die Bodenwertkorrektur unter Anwendung der Umrechnungskoeffizienten aus der Anlage 23 der WertR [6] „gedämpft" in Ansatz gebracht.

Auf dem Immobilienmarkt sind Grundstücke anzutreffen, bei denen nur noch die Nutzung des Erdgeschosses wertbestimmend ist. In der Lübecker Innenstadt, geprägt durch zahlreiche lange und schmale Grundstücke, steht beispielsweise in der Königstraße ein kleines Geschäftshaus, wo das Erdgeschoss komplett zu einer Ladenfläche ausgebaut wurde und auf die Einrichtung eines Treppenhauses zur Nutzung des I. Ober- und Dachgeschosses verzichtet wurde. Das I. Ober- und Dachgeschoss ist einfach nicht vorhanden, wobei ein Blendgiebel geschickt diese Situation versteckt. Bei dem langen und schmalen Grundstück in der Lübecker Innenstadt, an das ich hier denke, würde ein Treppenhaus so viel wertvolle Nutzfläche im Erdgeschoss verhindern, so dass sich die Rentabilität auch unter Berücksichtigung der Ausbaukosten des I. Ober- und Dachgeschosses nicht ergibt. Dieses kleine Beispiel soll verdeutlichen, dass GFZ-Umrechnungskoeffizienten nicht ohne Plausibilitätsprüfung in Gutachten eingeführt werden sollten.

Vervielfältiger – Anm. 36

Bei dem Ertragswertverfahren ist der um den Verzinsungsbetrag des Bodenwerts verminderte Reinertrag mit einem Vervielfältiger zu kapitalisieren. Dieser Vervielfältiger ergibt sich aus der Anlage 1 zur WertV [2] in Bezug auf § 16 (3) der zuvor genannten Verordnung.

Der Vervielfältiger errechnet sich nach der Rentenbarwertformel. Dabei werden zwei Rechengänge durchgeführt: Beim ersten Rechengang wird mit Zins und Zinseszins das Endkapital einer Rente berechnet, wobei dieses Endkapital ja erst nach Ablauf der Restnutzungsdauer erreicht wird. Für die Wertermittlung ist jedoch nicht der theoretische Rentenendwert von Interesse, sondern der heutige Wert, deshalb wird der Rentenendwert abgezinst (diskontiert).

Folgende Rechengänge werden zur Verdeutlichung durchgeführt, wobei ich hier ein Rechenbeispiel wähle mit einer Restnutzungsdauer von nur 4 Jahren und einem Liegenschaftszinssatz von 5 %. Natürlich wird ein Ertragswertverfahren mit 4 Jahren nicht durchgerechnet, es handelt sich also nur um ein Rechenmodell.

Teil I
Berechnung des Rentenendwertes

1. Am Ende des 1. Jahres:

Einzahlung mtl. 1.000,– € × 12	=	12.000,– €
Guthaben:		12.000,– €

2. Am Ende des 2. Jahres:

5 % Zinsen auf 12.000,– €	=	600,– €
Einzahlung mtl. 1.000,– € × 12	=	12.000,– €
Guthaben:		24.600,– €

3. Am Ende des 3. Jahres:

5 % Zinsen auf 24.600,– €	=	1.230,– €
Einzahlung mtl. 1.000,– € × 12	=	12.000,– €
Guthaben:		37.830,– €

4. Am Ende des 4. Jahres:

5 % Zinsen auf 37.830,– €	=	1.891,50 €
Einzahlung mtl. 1.000,– € × 12	=	12.000,– €
Guthaben:		51.721,50 €

Rentenendwertformel:

$$R_E = \frac{q^n - 1}{q - 1} \qquad (1)$$

$$q = 1 + \frac{p}{100}$$

p = Liegenschaftszinssatz

n = Restnutzungsdauer

Beispiel 5% und 4 Jahre:

$$R_E = \frac{1{,}05^4 - 1}{1{,}05 - 1}$$

$$R_E = \frac{1{,}215506 - 1}{1{,}05 - 1}$$

$$R_E = \frac{0{,}215506}{0{,}05}$$

$$R_E = 4{,}310125$$

konkret: 12.000,– € × 4,3101 = 51.721,20 €

Der zuvor ermittelte Betrag von 51.721,50 € weicht nur um 0,30 € von der Rechnung „zu Fuß" ab. Wenn man mit noch mehr Stellen nach dem Komma rechnete, würde man ein exakt übereinstimmendes Ergebnis erreichen. Der Rentenendwert von 51.721,20 € fällt nach 4 Jahren an und ist, wie zuvor bereits formuliert, zu diskontieren:

Teil II
Diskontierung des Rentenendwertes:

$$D = \frac{1}{q^n} \qquad (2)$$

$$q = 1 + \frac{p}{100}$$

$p =$ Liegenschaftszinssatz

$n =$ Restnutzungsdauer

$$D = \frac{1}{1{,}05^4} = 1{,}05^{-4}$$

$$D = \frac{1}{1{,}215506}$$

$$D = 0{,}822703$$

51.721,20 € × 0,822703 = 42.551,19 €

Der Vervielfältiger kann auch als Rentenbarwertfaktor bezeichnet werden da hier die beiden Gleichungen (1) und (2) kombiniert werden. Die Re chenoperationen Teil I und Teil II werden also zusammengefasst in einem Rechengang ermittelt.

Zusammenfassung:

Vervielfältiger = Rentenbarwertformel = VV

$$VV = \underbrace{\frac{q^n - 1}{q - 1}}_{\text{Teil 1}} \times \underbrace{\frac{1}{q^n}}_{\text{Teil 2}}$$

$$VV = 4{,}310125 \quad \times \quad 0{,}822703$$

$$VV = 3{,}545953$$

Tabellenwert Anlage 1 zu § 16 (3) der WertV [2]: 3,55

Ertragswert (mit Tabellenwert): 12.000,– € × 3,55 = 42.600,– €

Ertragswert (präzisiert): 12.000,– € × 3,545953 = 42.551,44 €

Der Vollständigkeit halber sollte hier noch erwähnt werden, dass die in der WertV vorgegebene Rechenmethode eigentlich für den Immobilienmarkt nicht korrekt ist, denn in dem Rechenmodell wird unterstellt, dass erst am Jahresende der Eigentümer seine Mieterträgnisse verzinslich anlegt Die Realität ist jedoch, dass Mieten in der Regel am Monatsanfang und in Monatsraten gezahlt werden. Daraus folgt, dass, wenn man die Berech nung präzisieren wollte, man nicht „nachschüssig", sondern „vorschüssig" mit Monatsintervallen rechnen müsste. Da der Liegenschaftszinssatz aus dem Immobilienmarkt abgeleitet wird (durch Umkehrung von Ertrags wertberechnungen in Bezug auf Kaufpreise), spielt die Frage letztendlich keine Rolle, da – zumindest theoretisch – sich geringfügig andere Liegen schaftszinssätze ergeben würden, wenn man mit monatlichen Intervallen vorschüssig rechnen würde. Hier handelt es sich allerdings um so geringe Differenzen, dass diesen in der praktischen Arbeit überhaupt keine Bedeu tung beizumessen sind. Andere Fragen der Bewertung bewirken erheblich größere Unsicherheiten, so dass mit der bewährten Vervielfältigertabelle unbesorgt weitergearbeitet werden kann.

Schließlich ist noch darauf hinzuweisen, dass die Abschreibung (Erhal tungsrücklage) in dem Vervielfältiger bereits enthalten ist. Ich verweise insoweit auch auf einen Beitrag von KUTTIG [85]. Dort wird zusammen gefasst: *„Die Abschreibung ist im Vervielfältiger enthalten"* bzw. *„die Ab schreibung ist im Liegenschaftszinssatz enthalten"*.

Wenn man mit einem Zinsfuß von 5 % und einer 100jährigen Restnutzungs dauer rechnet, ergibt sich als Rechenfaktor 20,00, während durch Anwendung der zuvor niedergelegten Formeln bzw. Entnahme aus der Vervielfältigertabelle in der WertV mit einem Vervielfältiger von 19,85 zu rechnen ist. Etwas pauschaliert und mathematisch nicht sauber definiert wird hier erkennbar, dass der Vervielfältiger sich reduziert und quasi ein Abschreibungsanteil so erkennbar wird.

Die Mehrzahl der Sachverständigen blickt heute nicht mehr in die Vervielfältigertabelle, da im PC oder Taschenrechner die entsprechenden Rechenoperationen automatisiert erledigt werden. Allerdings sollten Sachverständige wissen, was sich hinter dem Rentenbarwertfaktor bzw. dem Vervielfältiger verbirgt, da ein Sachverständiger wenig überzeugt, wenn er entsprechende Fragen beispielsweise bei forensischer Anhörung nicht beantworten kann.

GUTACHTEN

des öffentlich bestellten und vereidigten Sachverständigen

JÜRGEN-WILHELM STREICH

aus Lübeck

. Ausfertigung

VERKEHRSWERTGUTACHTEN

FÖRDESTR. 369, 24940 FLENSBURG

- VERKEHRSWERT EINES MIT EINEM ERBBAURECHT BELASTETEN GRUNDSTÜCK -

Mit Erbbaurechten belastete Grundstücke

Anm. 37, S. 528

Gutachten vom 18. Juli 2002
Nr. 1/66/02

- Dieses Gutachten umfaßt 25 Seiten -

1. Auftrag

Der Verkehrswert des mit einem Erbbaurecht belasteten Grundstück ist durch ein Verkehrswert-gutachten zu ermitteln.

2. Verkehrswert

Der Verkehrswert ist im BauGB [1] - Fundstellenhinweise Anlage 4 - als der Wert definiert, der im gewöhnlichen Geschäftsverkehr ohne Berücksichtigung persönlicher oder ungewöhnlicher Umstände beim Verkauf zu erzielen ist.
Die Wertermittlung führe ich in Anlehnung an die Regularien der WertV [2] durch.

3. Auftraggeber

XXXXX XXXXXXXXX GmbH
XXXXXXXX. 8, 24940 Flensburg
Auftrag vom 9. April 2002, Az.: XXXXX/XXXXX

4. Verkehrswert des Grundstücks, belastet mit einem Erbbaurecht

Fördestr. 369, 24940 Flensburg
VERKEHRSWERT: 350.000,- € (23,60 €/m²)

5. Bezeichnung des Bewertungsobjektes

5.1 Katasterbezeichnung

Kreisfreie Stadt Flensburg, Gemarkung Flensburg
Flur Z 99, Flurstücke 998 und 999
Größe: 14.839 m²

5.2 Grundbuchbezeichnungen

Grundbuch von Flensburg, Band 999, Blatt 9.998
bzw. Erbbaugrundbuch von Flensburg, Band 999, Blatt 9.999

5.3 Erbbaurechtsausgeber
Herr XXXX XXXXXXXXXX

5.4 Ortsbesichtigung
19. Juni 2002

6. Beschreibung des Bewertungsobjektes

6.1 Lage - regional
Kreisfreie Stadt Flensburg an der Bundesgrenze zu Dänemark, Stadt mit ca. 84.000 Einwohnern, landesplanerisch als Oberzentrum eingestufter Ort an der Flensburger Förde mit Universität, Fachhochschule und Hafen.
Durch die BAB A 7 und verschiedene Bundesstraßen erfolgt eine relativ gute Verkehrserschließung.
Es bestehen Eisenbahnverbindungen nach Hamburg, Kiel und nach Dänemark.

6.2 Lage - örtlich
Lage westlich der Förde im OT Norden etwa 4 km vom Stadtzentrum entfernt.
Das Wohnumfeld wird durch Geschoßbebauungen (auch Hochhäuser), Reihenhäuser und auch Individualbebauungen geprägt.
Der Abelweg dient dem innerörtlichen Erschließungsverkehr.
Dort verkehren auch Stadtbusse.

6.3 Grundstück
Etwa 1,5 ha großes Areal, das durch den Abelweg, den Ostseeweg und den Grasweg begrenzt wird. Nördlich stößt das Areal an Siedlungshausbebauungen an der Teerhofstraße.

Die Oberflächengestalt des Grundstücks ist relativ eben.
Das Grundstück ist erschlossen und bebaut und liegt an ausgebauten Straßen.

6.4 Nutzung

Das Grundstück ist mit 5 Wohnblöcken und einer Garagenzeile bebaut. Bei den Wohnblöcken handelt es sich um massive, 3-geschossige Bebauungen mit nicht ausgebautem Satteldach. Die Garagenzeile befindet sich im östlichen Bereich des Grundstücks und ist sowohl vom Abelweg als auch vom Ostseeweg aus anfahrbar. Die Wohnblöcke wurden 1964 errichtet und umfassen 72 Wohnungen. Die Garagenzeile beinhaltet 30 Einheiten.

Die gesamte Wohnfläche der 5 Blöcke wurde dem Sachverständigen mit

4.777 m^2

mitgeteilt.

6.5 Erbbaurecht

Die Baukörper sind verbunden mit einem Erbbaurecht, das auf einem Erbbaurechtsvertrag vom 27. September 1961 basiert. Das Erbbaurecht wurde auf eine Dauer von 99 Jahren vom Tage der Eintragung an gerechnet bestellt. Nach Mitteilung der Auftraggeberin endet das Erbbaurecht im Mai 2061. Als Erbbauzins wurde zunächst ein Betrag von 0,31 DM/m^2 jährlich vereinbart. Der Erbbauzins wurde wertgesichert. Im § 6 des Erbbaurechtsvertrages vom 27. Sept. 1961 (UR 99/61, Dr. XXX XXXXX, Flensburg) wurde vereinbart, daß bei Beendigung des Erbbaurechts 2/3 des gemeinen Wertes der Baulichkeiten zu entschädigen sind.

Außerdem wurde dem Sachverständigen ein ergänzender Vertrag vom 16. Januar 1973 (UR 99/73 des o.g. Notars) zur Verfügung gestellt. Dort ist vereinbart worden, daß der Erbbauzins ab dem 1. Juli 1972 auf 0,56 DM/m^2 jährlich neu festgesetzt wurde. Außerdem wurde die Wertsicherung geändert und neu gefaßt. Dort wurde u.a. geregelt, daß nach dem Tode des Längstlebenden der Erbbaurechtsausgeber der Erbbauzins gem. des Lebenshaltungskostenindexes (Gesamtlebenshaltungsindex) ermäßigt oder erhöht werden soll, und zwar immer dann, wenn sich der Index um 20 % verändert hat.

Der gegenwärtige Erbbauzins wurde nach Mitteilung der Auftraggeberin letztmalig am 1. Juli 1999 angepaßt (auf 25.752,73 DM = 13.167,16 €).

7. Bewertung

7.1 Bauleitplanung

Das zu bewertende Grundstück liegt im Geltungsbereich einer verbindlichen Bauleitplanung (Bebauungsplan = B.Plan). Im B.Plan Nr. 99 ist das Areal als Wohnbaufläche ausgewiesen WA-Gebiet (Allgemeines Wohngebiet), max. 3-geschossig bebaubar, GRZ = 0,2 und GFZ = 0,6.

7.2 Richtwert

Der Gutachterausschuß für Grundstückswerte in der Stadt Flensburg hat für den fraglichen Bereich einen Richtwert von

180,- DM/m² = 92,- €/m²

zum Stichtag 31.12.2000 ermittelt.

Dieser Richtwert bezieht sich auf Grundstücke mit Geschoßbebauungen mit einer ortstypischen GFZ. Als ortstypisch gehe ich in Anlehnung an die Ausweisungen im B.Plan Nr. 99 von etwa 0,7 aus (im Umfeld bewegen sich die GFZ-Ausweisungen zwischen 0,6 und 0,75).

Die Wohnfläche der 5 Wohnblöcke wurde mit 4.777 m² mitgeteilt. Wenn man davon ausgeht, daß das Verhältnis zwischen Wohnfläche und Geschoßfläche etwa 75 bis 80 zu 100 beträgt, folgt daraus eine überschlägige Geschoßfläche von 6.164 m², was zu einer GFZ von ca. 0,4 führt.

7.3 Modifizierung des Richtwertes

Der Bodenrichtwert ist zu modifizieren, da bei dem Bewertungsobjekt die GFZ nur etwa 0,4 beträgt, während dem Bodenrichtwert eine GFZ von 0,7 zugrunde gelegt wird. Es ist diesbezüglich ein Abschlag in Ansatz zu bringen.
Den erforderlichen Abschlag setze ich in Anwendung der Anlage 23 der Wertermittlungsrichtlinien (WertR) des Bundes [6] an. Die dort ermittelten GFZ-Umrechnungskoeffizienten können wie folgt berechnet werden:

$$UK = 0{,}6\ \sqrt{GFZ} + 0{,}2\ GFZ + 0{,}2$$

Es ergeben sich folgende Korrekturfaktoren:

bei GFZ 0,4 ein Umrechnungskoeffizient von 0,66
bei GFZ 0,7 ein Umrechnungskoeffizient von 0,84

$$92,-\ €/m^2 \times \frac{0{,}66}{0{,}84} = 72,-\ €/m^2$$

Dieser Richtwert wurde für unbebaute Grundstücke ermittelt. Der Bodenwert bebauter Grundstücke ist in der Regel niedriger in Ansatz zu bringen als der Bodenwert bei unbebauten Grundstücken, bei denen der Erwerber über die freie Verfügbarkeit des Grund und Bodens verfügt.

7.4 Bebauungsabschlag

Es ist zu berücksichtigen, daß das zu bewertende Grundstück bebaut ist. Die Bodenrichtwerte beziehen sich, wie bereits berichtet, auf unbebaute Grundstücke, die mit einem modernen und zeitgemäßen Gebäude neu bebaubar sind.
Die Marktteilnehmer, die die recht hohen Kaufpreise für unbebaute Grundstücke zahlen, vereinbaren diese Preise demzufolge nur in Verbindung mit dem Gedanken, das unbebaute Grundstück zukünftig neu zu bebauen und zu nutzen.

Erwerber einer „Gebrauchtimmobilie" können zwar im Detail Änderungen vornehmen, sind jedoch konzeptionell an die vorhandene Bebauungsstruktur gebunden. Schon aus diesem Grunde ist der Bodenwert bei bebauten Grundstücken zu dämpfen, zumindest ist das die Auffassung des Sachverständigen. Hier darf allerdings nicht unerwähnt bleiben, daß in Sachverständigenkreisen diese Meinung kontrovers diskutiert wird. Fest steht jedoch, daß die Kaufpreise, die für unbebaute Grundstücke gezahlt werden, einem anderen Teilmarkt zuzuordnen sind als dem Teilmarkt der bebauten Grundstücke. Es handelt sich schlichtweg um andere Marktteilnehmer, um andere Immobilien und somit entwickeln sich auch unterschiedliche Marktmechanismen.

Die „Dämpfung" des Bodenwertes bei bebauten Grundstücken kann vereinfacht auch mit der eingeschränkten Verfügbarkeit des Grund und Bodens - solange die Altbebauung nicht abgerissen wird - begründet werden.

Die Höhe des Abschlages kann nicht exakt mathematisch berechnet oder nachgewiesen werden und wird im Regelfall in einer Bandbreite von 10 bis 25 % für angemessen erachtet.

Im Hinblick auf die vorliegende Bebauungsstruktur schätzt der Sachverständige den Abschlag im unteren Bereich der üblichen Bandbreite und nimmt deshalb den Abschlag nur mit 10 % (= × 0,9) an.

Es ergibt sich folgende Rechnung:

$$72,\text{-}\ €/m^2 \quad \times \quad 0{,}9 \quad = \quad 65,\text{--}\ €/m^2$$

Es darf hier der Hinweis nicht unterbleiben, daß gesicherte Erkenntnisse bezüglich der Höhe der Bodenwertdämpfung nicht vorliegen.

7.5 Plausibilitätskontrolle

Der Sachverständige hat unterstützend auch den Preisspiegel des Ringes Deutscher Makler (RDM) herangezogen, der auch für Geschoßbaugrundstücke in Flensburg Werte ausweist. Dort liegen die mitgeteilten Bodenwerte zwischen

130,- und 190,- DM/m²

bzw. auf EURO umgerechnet

66,- und 97,- €/m².

Auch die vom RDM tabellierten Werte verstehen sich für unbebaute Grundstücke, so daß der zuvor abgeleitete Bodenwert in einer Größenordnung von 65,- €/m² durchaus als plausibel erscheint.

7.6 Bodenwertschätzung

Der Bodenwert kann bei bebauten Grundstücken im übrigen sowieso nicht exakt errechnet werden. Es ergeben sich bei bebauten Grundstücken schon deshalb Probleme, da es sich bei dem Bodenwert um einen rein theoretischen Wertansatz handelt. Die Marktteilnehmer differenzieren die Kaufpreise nicht nach Boden- und Gebäudeanteil, sondern bilden vielmehr Kaufpreise als Gesamtbetrag („en bloc").

Der Sachverständige schätzt bei freier Abwägung aller Vor- und Nachteile den Bodenwert als bebautes Grundstück auf

70,- €/m².

14.839 m² × 70,- €/m² = 1.038.730,- €

ca. 1.040.000,- €

7.7 Bodenwert unter Berücksichtigung des Erbbaurechts

7.7.1 Analytische Methode

Eine immobilientypische Nutzung des Grundstücks, das mit einem Erbbaurecht belastet ist, ist für den Zeitraum des Bestehens des Erbbaurechts nicht möglich.
Die Erbbauzinsen, der Bodenwert und Gewinn aus reduzierter Entschädigung bei Ablauf des Erbbaurechts stellen wesentliche Komponenten des Wertes dar: der Erbbauzins ist demzufolge zu kapitalisieren und der Bodenwert sowie „Gebäudegewinn" zu diskontieren. Darüber hinaus sind „sonstige Wertkomponenten" zu beachten. Sonstige Wertkomponenten sind z.B.: weitere Erbbauzinserhöhungsmöglichkeiten, vorzeitige Erneuerung des Erbbaurechts mit dann höheren Erbbauzinsen aufgrund möglicher Interessenslage der Erbbaurechtsnehmerin usw.

7.7.2 Kapitalisierung der Erbbauzinsen

Der Vervielfältiger ist mittels der Rentenbarwertformel zu bestimmen. Bei 6,5 % Verzinsung und einer Restlaufzeit von rd. 59 Jahren, errechnet sich der Vervielfältiger zu 15,01 (das Erbbaurecht endet im Mai 2061). Als Rechenzins setze ich 6,5 % an, da es sich um einen Teilmarkt handelt, der durch wenig Bewegungen gekennzeichnet wird. Grundstücke, die mit Erbbaurechten belastet sind, werden nur in geringer Zahl gehandelt. Diese Feststellung trifft bezüglich Erbbaurechte in Flensburg im erhöhten Maße zu, da nach meinen Recherchen sich im Bereich der Stadt Flensburg Erbbaurechte nur in geringer Zahl am Markt gebildet haben.
Der Gutachterausschuß für Grundstückswerte in der Stadt Flensburg hat bezüglich Mehrfamilienhäuser einen Liegenschaftszinssatz von 5,4 und bei gemischt genutzten Objekten einen von 5,9 % am Markt abgeleitet [83]. Da es sich bei der hier zu bewertenden Immobilie um einen besonderen Teilmarkt (mit geringer Nachfrage) handelt, ist der Sachverständige der Auffassung, daß der Zinsfuß höher als bei den gemischt genutzten Objekten (5,9 %) in Ansatz zu bringen ist, deshalb schätzt der Sachverständige den angemessenen Liegenschaftszinssatz auf

6,5 %.

In der Fachliteratur wird tlw. sogar noch auf erheblich höhere Zinsfüße hingewiesen, um der Besonderheit dieses Teilmarktes Rechnung zu tragen. Der Sachverständige ist allerdings der Auffassung, daß eine 6,5 %ige Verzinsung als ausreichend zu betrachten ist, vergleichbar des Zinsfußes bei rein gewerblichen Immobilien. Der Erbbauzins bezüglich des zu bewertenden Grundstücks wurde dem Sachverständigen mit

13.167,16 €

mitgeteilt.
Die letzte Erhöhung fand im Jahre 1999 statt. Im Erbbaurechtsvertrag ist erwähnt, daß eine Wertsicherung in Anlehnung an den Gesamtlebenshaltungskostenindex vorgesehen ist, und zwar eine Änderung immer dann, wenn sich der Index um 20 % verändert hat. Im Juni 1999 (Zeitpunkt der letzten Erbbauzinsanpassung) betrug der Preisindex für die Lebenshaltung aller privaten Haushalte (früheres Bundesgebiet) 104,4 Punkte (Basis 1995 = 100). Dieser Index liegt z.Zt. bei etwa 111 Punkten (Febr. 2002 = 110,7 Punkte). Eine Erhöhung um mehr als 20 % ist demzufolge noch nicht eingetreten, so daß weiter mit dem derzeitigen Erbbauzins zu rechnen ist, der 1999 ermittelt wurde. Die weiteren Steigerungsmöglichkeiten werden tlw. durch den Liegenschaftszins „automatisiert" und tlw. durch Zuschläge im weiteren Verlauf der Begutachtung zu berücksichtigen sein. Außerdem ist zu beachten, daß bei Wohngrundstücken gem. ErbbauVO [46] ein Anspruch auf Erhöhung des Erbbauzinses - unabhängig von der Indexentwicklung - immer nur alle 3 Jahre erfolgen kann.

Kapitalisierung des Erbbauzinses:

13.167,16 € × 15,01 = 197.639,- €

7.7.3 Bodenwertdiskontierung

Nach Beendigung des Erbbaurechts steht dem Erbbaurechtsausgeber das Grundstück wieder zur Nutzung zur Verfügung. Der unbelastete (erbbaurechtsfreie) Bodenwert des Grundstücks fällt jedoch erst in ca. 59 Jahren an, deshalb ist der Bodenwert auf diesen Zeitraum abzuzinsen (zu diskontieren):

$$D = 1{,}065^{-59} = 0{,}0243$$

1.040.000,- € (siehe 7.6) × 0,0243 = rd. 25.272,- €

7.7.4 Partizipation am Gebäudewert
Bei Heimfall braucht der Erbbaurechtsausgeber nur 2/3 des Gebäudewertes entschädigen. Geht man von z.B. 1,7 Mio. € (Gebäudewert in 59 Jahren*) aus, betrüge der „Gewinn" aus einer Entschädigung rd. 566.667,- €.
Auch dieser Betrag ist zu diskontieren:
566.667,- € × 0,0243 = rd. 13.770,- €

* unterstellter Gebäudewert, wobei der Sachverständige von 4.777 m² Wfl. ausgeht, die dem Sachverständigen vom Auftraggeber mitgeteilt wurde.

4.777 m² Wfl. × 350,- €/m² Wfl.** = 1.671.950,- €
= rd. 1,7 Mio. €

** Dem zuvor bereits zitierten Marktbericht kann auf der Seite 22 entnommen werden, daß für Gechoßbauten in Flensburg in mittlerer Lage (ältere Gebäude) im Durchschnitt Kaufpreise von 520,- €/m² realisiert wurden. Der Durchschnittspreis beinhaltet allerdings auch den den Bodenwert, wenn man diesen Anteil mit 25 % annimmt, führt dieses zu einem Vergleichspreis von 390,- €/m². Im Hinblick auf das stark fortgeschrittene Alter der Bebauung (in 59 Jahren) rechne ich mit einem reduzierten Ansatz von 350,- €/m².

7.7.5 Zusammenstellung

Kapitalisierter Erbbauzins	(7.7.2):	197.639,- €
Diskontierter Bodenwert	(7.7.3):	25.272,- €
Gebäudewertgewinnanteil	(7.7.4):	13.770,- €
		236.681,- €

Zuschlag für „sonstige" Wertkomponenten:
geschätzt 25 % (= × 1,25):

236.681,- € × 1,25 = 295.851,- €
ca. 296.000,- €

7.8 Methode nach Anlage 13 der WertR [6]

7.8.1 Allgemeines

Zur weiteren Abstützung der Wertermittlung wende ich zusätzlich die in den WertR empfohlene Methode an. Hier wird der Wert des mit dem Erbbaurecht belasteten Grundstücks durch Abzug des Erbbaurechtswertes vom „Bodenwert unbelastet" ermittelt.

7.8.2 Angemessener Erbbauzins (fiktiv, bei Neuabschluß)

5 % von 1.040.000,- € = 52.000,- €

7.8.3 Vertraglicher Zins (gegenwärtige Höhe)

= 13.167,16 €

7.8.4 Zinsvorteil des Erbbaurechtsnehmers

Angemessener Erbbauzins:	52.000,- €
Vertraglicher Erbbauzins:	- 13.167,- €
	38.833,- €

7.8.5 Erbbaurechtswert (Bodenanteil des Erbbaurechtsnehmers)

Der Zinsvorteil des Erbbaurechtsnehmers ist auf die Restlaufzeit des Erbbaurechtes bezogen zu kapitalisieren.
Vervielfältiger bei 5 %* und 59 Jahren Restlaufzeit: 18,88

38.833,- € × 18,88 = rd. 733.167,- €

* Hier ist mit einem anderen Zinsfuß als im Abschnitt 7.7.2 zu rechnen, da der Zinsfuß bei diesem Rechengang immer identisch sein muß mit dem Zinsfuß, den man als angemessenen Erbbauzins annimmt (siehe 7.8.2).
Wenn man die Zinsfüße hier differenzieren würde, könnte sich das Phänomen ergeben, daß der Erbbaurechtswert sich *höher* als der Bodenwert errechnet.

7.8.6 Wertfaktor

Der kapitalisierte Zinsvorteil ist mit einem Wertfaktor gem. Nr. 5.2.2.3 WertR zu multiplizieren. Dieser Wertfaktor soll die sonstigen Nachteile eines Erbbaurechts ausgleichen.
Der Wertfaktor wird in den WertR mit 0,3 bis 0,8 und in Einzelfällen mit 0,9 empfohlen. Meine Beobachtungen des Immobilienmarktes haben bezüglich Erbbaurechte dazu geführt, daß bei Objekten mit längeren Restlaufzeiten sich in der Regel deutlich höhere Wertfaktoren ergeben als dieses nach den WertR zu erwarten ist. In vielen Bewertungsfällen habe ich, gestützt durch Erfahrungen aus Vergleichspreisen, sogar mit einem Wertfaktor von 0,9 gerechnet. Allerdings ist in Flensburg eine andere Marktsituation zu berücksichtigen als beispielsweise in Lübeck, da in Flensburg der Anteil der Erbbaurechte am Gesamtimmobilienmarkt relativ gering ist. Diese Marktsituation spricht für eine Reduzierung des Wertfaktors und deshalb setze ich diesen nicht - wie häufig in anderen Fällen mit 0,9 -, sondern reduziert nur mit 0,75 an. Es muß hier allerdings eingeräumt werden, daß der Wertfaktor nicht exakt bestimmbar ist.

733.167,- € × 0,75 = rd. 550.000,- €

Bei einem Wertfaktor von 0,85 ergäbe sich folgende Rechnung:

733.167,- € × 0,85 = rd. 623.000,- €

7.8.7 Theoretischer Bodenanteil des Erbbaurechtsausgebers
- mit Wertfaktor 0,75 gerechnet:

Bodenwert, erbbaurechtsfrei:	1.040.000,- €
abzügl. Bodenanteil des Erbbaurechtsnehmers:	550.000,- €
Differenz:	490.000,- €

- mit Wertfaktor 0,85 gerechnet:

Bodenwert, erbbaurechtsfrei:	1.040.000,- €
abzügl. Bodenanteil des Erbbaurechtsnehmers:	623.000,- €
Differenz:	417.000,- €

Da die Höhe des Wertfaktors unsicher und nicht nachweisbar ist, ergibt sich bei diesem Rechenmodell eine außergewöhnliche Bewertungsungenauigkeit. Der Sachverständige schätzt das Ergebnis dieser Bewertungsmethode deshalb gerundet auf

450.000,- €.

7.9 Methode „Dr. Lehmann"
In einer beachtlichen wissenschaftlichen Arbeit hat Dr. Lehmann [84] über 700 Kaufverträge aus Niedersachsen, Hamburg, Bremen und Süd-Schleswig-Holstein der Jahre 1954 - 1972 untersucht. Und zwar überwiegend Kauffälle, wo der Erbbaurechtsausgeber das mit dem Erbbaurecht belastete Grundstück an den Erbbaurechtsnehmer verkaufte. Er kommt zu dem Ergebnis, daß sich das Käuferverhalten nicht mit einfacher Zinseszins- und Zeitrentenrechnung erfassen läßt.
Festgestellt wurde eine Abhängigkeit der Kaufpreishöhe von der Rentabilität zum Zeitpunkt des Kaufes:

$$\text{Verzinsung :} \quad \frac{\text{Erbbauzinsen}}{\text{Bodenwert}} \times 100$$

$$\text{Verzinsung :} \quad \frac{13.167{,}16\ €}{1.041.000{,}-\ €} \times 100 = 1{,}26\ \%$$

Aus der Rentabilität kann auf den Bodenwertanteil des Erbbaurechtsausgebers (BWA) geschlossen werden.
Bei einer Verzinsung von 1,26 % kann der Tabelle 1 (der Anlage 11 zu den WertR [6] ein Faktor von 0,722 entnommen werden.

1.041.000,- € × 0,722 = 751.602,- €

Gerundet kann das Ergebnis der Anwendung der Methode Dr. Lehmann zunächst mit

ca. 750.000,- €

angenommen werden.

Dieses Ergebnis liegt *erheblich* über dem Betrag, der sich analytisch errechnen läßt.

Die Lehmann'sche Methode halte ich jedoch nicht für unkritisch übertragbar auf das Bewertungsobjekt. Zu beachten ist zum einen, daß die Analyse durchgeführt wurde als die Bodenwerte noch erheblich niedriger lagen als heute und zum anderen, daß fast ausschließlich keine neutrale Interessenlage vorlag (Kauf durch den Erbbaurechtsnehmer). Auch ist zu berücksichtigen, daß die Frage der Restlaufzeit des Erbbaurechts nicht mit in die Analyse einbezogen worden ist.

Der zuvor ermittelte Betrag von 750.000,- € ist deshalb durch einen Abschlag zu reduzieren, der den Umstand ausgleicht, daß die von Dr. Lehmann berücksichtigten Kaufpreise überwiegend sich nicht im gewöhnlichen Geschäftsverkehr gebildet haben. Es ist davon auszugehen, daß die Erbbauberechtigten als besondere Interessenten regelmäßig einen höheren Kaufpreis akzeptiert haben, als die verkauften Objekte eigentlich an Wert aufwiesen (Preis nicht gleich Wert).

Der gewöhnliche Geschäftsverkehr entwickelt sich in der Regel in einer Bandbreite von etwa ± 20 - 25 % um einen mittleren Bereich. In Mietspiegeln wird häufig mit 2/3-Bandbreiten [63] gearbeitet (= ± 33,3 %).

Der Sachverständige schätzt deshalb den erforderlichen Abschlag in einer Größenordnung von 30 % (= × 0,7):

750.000,- € × 0,7 = 525.000,- €

Außerdem ist zu beachten, daß die Analyse Dr. Lehmann sich auf Einfamilienhaus-Bauplätze bezog und nicht auf große Areale, die mit Geschoßbauten bebaut sind. Da die emotionale Interessenslage von Eigentümer großer Geschoßbauobjekte eine andere ist als die von Einfamilienhausnutzern, kann unterstellt werden, daß in diesem Teilmarkt sich deutlich niedrigere Preise bilden, so daß das Ergebnis unter Anwendung der Untersuchung von Dr. Lehmann noch um einen weiteren Abschlag zu korrigieren ist, wobei dessen Höhe nicht sicher bestimmbar ist. Wenn man diesen Abschlag ebenfalls mit 30 % annimmt, ergibt sich folgender Betrag:

525.000,- € × 0,7 = 368.000,- €.

Kritisch muß hier angemerkt werden, daß es sich hier nur um ein Rechenergebnis handeln kann, das nicht direkt zur Wertfindung beitragen kann, da letztendlich die Methode Dr. Lehmann in dem Teilmarkt, dem das Bewertungsobjekt zuzuordnen ist, nicht anwendbar ist. Die Berechnung wurde mehr oder weniger nur der guten Ordnung und Vollständigkeit halber mit aufgeführt.

8. Ergebnis

Analytische Methode (7.7.5):	296.000,- €
Bodenanteil des Erbbaurechtsausgebers (Methode WertR - Anlage 13) (7.8.7):	450.000,- €
Methode „Dr. Lehmann" (7.9):	368.000,- €

Die Ergebnisse der drei angewandten Wertermittlungsverfahren stimmen nicht überein. Dazu ist zu bemerken, daß es sich bei dem 2. Verfahren um ein sehr theoretisches und schematisiertes Verfahren handelt, das nicht unbedingt als marktkonform zu bewerten ist. Bei diesem Verfahren wird unterstellt, daß der Bodenwertanteil des Erbbaurechtsausgebers und der Bodenwertanteil des Erbbaurechtsnehmers zusammen gleich groß sind dem Bodenwert des unbelasteten Grundstücks. Diese Überlegung ist zwar theoretisch nachvollziehbar, entspricht jedoch im Ergebnis nicht den Marktgepflogenheiten, da in beiden Teilmärkten sich unterschiedliche Marktmechanismen entwickeln.
In zahlreichen Orten werden Erbbaurechte zu Preisen gehandelt, die sich nicht signifikant unterscheiden von Preisen der Eigentumsobjekte. Folgt man diesen Kaufpreisen, führte dieses rein theoretisch zu dem Ergebnis, daß der Erbbaurechtswertanteil dem des Bodenwerts entspricht, mit der Folge, daß bei einer Differenzbetrachtung der Bodenwertanteil des Erbbaurechtsausgebers sich dem Wert Null näherte. Dieses entspricht jedoch auch nicht den Marktgepflogenheiten, da auch Grundstücke, die mit Erbbaurechten belastet sind, Werte aufweisen und nicht mit Null gehandelt werden. Das Ergebnis des 2. Berechnungsverfahrens (450.000,- €) ist deshalb als marktferner als das Ergebnis des analytischen Verfahrens zu beurteilen und deshalb mit einem geringeren Gewicht bei der Wertermittlung zu berücksichtigen.
Die analytische Methode ist in sich erheblich überzeugender, da hier der mögliche Wert durch Addition aller denkbaren Wertkomponenten gefunden wird. Problematisch ist hier allerdings - auch das darf nicht unerwähnt bleiben - , daß

gesicherte Erkenntnisse über den Zinsfuß und die „sonstigen Wertkomponenten" nicht vorliegen. Das Ergebnis ist dennoch erheblich höher zu gewichten, da die Einzelansätze größere Marktnähe aufweisen.
Wenn man beispielsweise das Ergebnis der analytischen Methode mit einem doppelten Gewicht versieht und dann die Ergebnisse - ohne Ergebnis im Abschnitt 7.9 - ausmittelte, würde das zu einem Betrag von 347.000,- € führen. Bei einer Gewichtung von z.B. 3 : 2 (analytische Methode mit Gewicht 3 und die 2. Methode mit Gewicht 2) errechnete sich ein gemittelter Wert von 358.000,- €.
Das Ergebnis der Methode Dr. Lehmann ist praktisch ohne Aussagekraft, da die angewandten Korrekturfaktoren (Multiplikation zweimal mit dem Faktor 0,7) nicht sicher bestimmbar sind.

Bei freier Abwägung aller Vor- und Nachteile *schätzt* der Sachverständige unter erhöhter Gewichtung des Ergebnisses der analytischen Methode den Verkehrswert (Bodenwert des mit dem Erbbaurecht belasteten Grundstücks) des Objektes Fördestr. 369 in Flensburg auf

<u>350.000,- €</u>
(rd. 23,60 €/m²)

Der Bodenwert erscheint mit rd. 23,60 €/m² recht niedrig, wenn man diesen in das Verhältnis zu einem Bodenwert von 70,- €/m² setzt, den das Grundstück unbelastetet hat.

Die starke Abwertung (über 50 %)des Bodenwertes zu ungunsten des Erbbaurechtsausgebers läßt sich vor allem durch den relativ niedrigen Erbbauzins begründen, der bei nur 25 % des Erbbauzinses liegt, der heute bei einem Neuabschluß üblicherweise vereinbart würde. Der gegenwärtige Erbbauzins von

13.167,- € führt zu einer Verzinsung des unbelasteten Bodenwertes von nur 1,27 %. Die Realverzinsung des vorhandenen (unbelasteten) Bodenwertes ist insofern immobilienmarkttypisch extrem niedrig und unüblich. Schon aufgrund dieser Gegebenheiten läßt sich auch der relativ niedrige Bodenwert, der zuvor ermittelt wurde, nachvollziehen.

9. Hinweise

Es ist zu bemerken, daß der Sachverständige normale Baugrundverhältnisse unterstellt hat, Baugrundanalysen wurden nicht vorgenommen. Auch geht der Sachverständige davon aus, daß Altlasten und Grenzüberschreitungen nicht vorhanden bzw. eingetreten sind.
Das Baulastenbuch ist lastenfrei.
Das Grundbuch von Flensburg, Band 999, Blatt 9.998 ist in Abt. II mit dem Erbbaurecht zugunsten des jeweiligen Erbbauberechtigten des Erbbaugrundbuchs, Band 999, Blatt 9.999 belastet.

Der Sachverständige:

....

(Streich)

Anlagen

Anlage 1 - Seite 20: Ausschnitt Straßenkarte 1 : 150.000
Anlage 2 - Seite 21: Stadtplanausschnitt 1 : 20.000
Anlage 3 - Seite 22: Katasterlageplan 1 : 1.000
Anlage 4 - Seite 23: Fundstellenhinweise

Anlage A - Seite 24:
- B - 25: 4 Fotos

Mit Erbbaurechten belastete Grundstücke – Anm. 37

Die Bewertung von Grundstücken, die mit Erbbaurechten belastet sind, gehört sicherlich zu den schwierigsten Bewertungsaufträgen, die ein Sachverständiger zu bewältigen hat. Hier stellt sich das erhebliche Problem, dass in der Regel nicht genug Vergleichspreise zur Verfügung stehen, so dass der Bodenwert des mit dem Erbbaurecht belasteten Grundstücks nur anhand von Rechenmodellen ermittelt werden kann. Wie schon an anderer Stelle erläutert, handelt es sich bei der Hansestadt Lübeck um eine „Erbbaurechts-Hochburg". Allein die Hansestadt Lübeck hat weit über 10.000 Erbbaurechte herausgegeben, hinzu kommen noch zahlreiche Erbbaurechte privater Erbbaurechtsausgeber, Stiftungen usw. Man kann sich vorstellen, dass deshalb sehr häufig Erbbaurechte in dem hiesigen Bereich zu bewerten sind. Dieses war auch einer der Gründe, weshalb die Industrie- und Handelskammer zu Lübeck speziell für die Bewertung von Erbbaurechten einen Sachverständigen bestellt hat.

Trotz der großen Anzahl von Erbbaurechten ist der Anteil von Kaufpreisen, wo Grundstücke, die mit Erbbaurechten belastet sind, verkauft wurden, sehr gering. Wenn solche Grundstücke verkauft werden, handelt es sich meist um Verkäufe an den Erbbaurechtsnehmer, so dass sich hier die Frage stellt, ob diese Preise zur Ermittlung des „objektiven Verkehrswertes" überhaupt herangezogen werden können. Es liegt in der Natur der Sache, dass der Erbbaurechtsnehmer ein besonderes Interesse am Erwerb des mit dem Erbbaurecht belasteten Grundstücks hat und insoweit auch einen höheren Kaufpreis zu zahlen bereit ist, als dieses ein Außenstehender tun würde.

In einem Gutachten über den Verkehrswert eines mit einem Erbbaurecht belasteten Grundstücks wird der Unterschied zwischen Preis und Wert besonders deutlich.

Der Preis, der für eine Immobilie gezahlt wird, ist das Ergebnis eines Aushandlungsprozesses, der sich nicht selten auch über einen längeren Zeitraum erstreckt.

Preise von Immobilien werden durch subjektive Einschätzungen des Wertes durch die Marktteilnehmer gebildet. Individuelle Interessenlagen und unterschiedliche Kenntnisse der Mechanismen des Immobilienmarktes führen nicht selten – aus Sicht von Dritten – zu irrationalen Preisbildungen. Bei außergewöhnlichen Interessenlagen ist von einem ungewöhnlichen Geschäftsverkehr auszugehen.

Maßgebend für die Verkehrswertermittlung ist jedoch gemäß Definition der *gewöhnliche Geschäftsverkehr*. Es kommt darauf an, was „jedermann" und nicht ein spezieller Interessent zu zahlen bereit sein dürfte. Wird eine Immobilie an einen Verwandten, an einen Mieter oder Nachbarn verkauft, spricht die Vermutung für einen ungewöhnlichen Geschäftsverkehr.

Auch der Verkauf eines mit einem Erbbaurecht belasteten Grundstücks an den Erbbaurechtsnehmer erfüllt insoweit die Kriterien des ungewöhnlichen Geschäftsverkehrs.

In diesem Teilmarkt wirkt sich diese Problematik besonders aus, da andere Interessenten als der Erbbaurechtsnehmer in der Regel nicht als Nachfrager in Frage kommen. Wenn dieser nicht am Erwerb interessiert ist, kann eine mit einem Erbbaurecht belastete Immobilie nur erschwert vermarktet werden. Nur durch Abstriche bezüglich der Preisvorstellungen kann – wenn überhaupt – ein Käufer gefunden werden.

Aus den zuvor dargestellten Gründen halte ich es für nicht marktkonform, den Verkehrswert einer solchen Immobilie aus Preisen abzuleiten, die von besonders Interessierten (den Erbbaurechtsnehmern) gezahlt worden sind. Insoweit scheidet die Methode Dr. Lehmann [84] mehr oder weniger als Wertermittlungsmethode aus, abgesehen davon, dass die dort ermittelten Ergebnisse schon mehrere Jahrzehnte alt sind und zu Zeiten durchgeführt wurden als das Bodenpreisniveau noch ganz erheblich niedriger lag als heute.

Die besondere Interessenlage des Erbbaurechtsnehmers ist z.T. irrational, tlw. aber auch nachvollziehbar (z.B. wegen Makel durch geringeren Sozialstatus des Erbbaurechts gegenüber Eigentum, erschwerte Beleihbarkeit, mögliche strittige Verhandlungen bezüglich Erbbauzinsentwicklung, möglicher Gebäudewertanteilsverlust bei Heimfall und nicht voller Entschädigungspflicht durch den Erbbaurechtsausgeber, Fremdnutzungszuschläge usw.).

Diese Anmerkung möge verdeutlichen, welche gravierenden Unterschiede sowohl zwischen Preis und Wert als auch zwischen gewöhnlichem und ungewöhnlichem Geschäftsverkehr bestehen.

Im Einzelfall muss sich der Sachverständige mit den örtlichen Gegebenheiten beschäftigen und versuchen – wenn auch abstrakt – den möglichen Wert, den ein beliebiger Interessent zu zahlen bereit sein dürfte, abzuleiten. Wichtig erscheint mir, dass ein Sachverständiger, was eigentlich selbstverständlich ist, auch hier ehrlich in seinem Gutachten darauf hinweisen sollte, dass gesicherte Marktdaten nicht vorliegen und insoweit das Ergebnis einer solchen Begutachtung letztendlich nur im Schätzwege feststellbar ist.

GUTACHTEN

des öffentlich bestellten und vereidigten Sachverständigen

JÜRGEN-WILHELM STREICH

aus Lübeck

. Ausfertigung

VERKEHRSWERTGUTACHTEN

HAMBURGER CHAUSSEE, 22222 ROSENBURG

Gutachten vom 10. Oktober 2001
Nr. 1/999/01

- Dieses Gutachten umfaßt 78 Seiten -

1. Auftrag

Der Verkehrswert des Bewertungsobjektes ist wegen eventuellen Verkaufs durch ein Sachverständigengutachten zu ermitteln.

2. Verkehrswert

Der Verkehrswert ist im BauGB [1] - Fundstellen siehe Anlage 19 - als der Wert definiert, der im gewöhnlichen Geschäftsverkehr ohne Berücksichtigung persönlicher oder ungewöhnlicher Umstände beim Verkauf zu erzielen ist. Die Wertermittlung führe ich in Anlehnung an die Regularien der WertV [2] durch.

3. Auftraggeber

Herr XXX XXXXXXXXXX
Hamburger Chaussee 77, 22222 Rosenburg
Schreiben vom 5. August 2001

4. Bewertungsobjekt

Hamburger Chaussee 77, 22222 Rosenburg

4.1 Katasterbezeichnung (Katasteramt Rosenburg)

Gemeinde Stadt Rosenburg, Gemarkung Rosenburg,
Flur 29, Flurstücke 3/12 mit 2.350 m^2 und
3/13 mit 34.670 m^2
Gesamtgröße: 37.020 m^2

4.2 Grundbuchbezeichnung (Amtsgericht Rosenburg)

Grundbuch von Rosenburg, Blatt 999

4.3 Eingetragener Eigentümer

= Auftraggeber

4.4 Ortsbesichtigungen

20. und 21. September 2001

5. Bewertungsstichtag
21. September 2001

6. Mieter/Nutzer
Das Objekt wird eigengenutzt. Mietverträge liegen nach Auskunft des Aufftraggebers nicht vor.

7. Beschreibung des Bewertungsobjektes
7.1 Lage - regional
Stadt Rosenburg im Kreis Rosenburg, ca. 14.500 Einwohner, landesplanerisch als Unterzentrum eingestufter Ort im Hamburger Ausstrahlungsgebiet an der Achse Hamburg - Elmshorn, Entfernung zur BAB-Anschlußstelle ca. 8 km.
Durch die Bundesstraßen 999 und 888 sowie die östlich von Rosenburg verlaufende BAB A 99 besteht eine günstige Verkehrsanbindung. Auch die häufige Bedienung des Bahnhofs (Vorortverkehr nach Hamburg) ist zu erwähnen.

7.2 Lage - örtlich
Lage im östlichen Stadtbereich etwa 2,5 km vom Stadtzentrum entfernt an der chausseeartig ausgebauten Hamburger Chaussee, der B 999, die von Rosenburg über Pinnoberg nach Hamburg führt.
Westlich des zu bewertenden Areals befinden sich Flächen, die zu Freizeitzwecken (Sportgelände) genutzt werden. Südlich stoßen unbebaute Flächen, u.a. ein Regenrückhaltebecken an das Gelände an. Östlich des zu bewertenden Grundstücks befinden sich Individualbebauungen in offener Bauweise, die sich längs der Chaussee entwickeln.
Auch auf der gegenüberliegenden Straßenseite sind Baulichkeiten anzutreffen.
Es handelt sich um eine mittlere Wohnlage und für gewerbliche Nutzungen - hier Reiterhof - um eine durchaus günstige Lagesituation.

7.3 Grundstück

Das zu bewertende Gelände stößt mit knapp 80 m Frontbreite an die Chaussee (B 999). Nach etwa 40 - 45 m Tiefe verbreitert sich das Areal auf ca. 120 m Breite, um rückwärtig sich auf etwa 95 m zu verjüngen, wobei die max. Tiefe des zu bewertenden Grundstücks der Anlage 4 mit etwa 410 m abgegriffen werden kann.

Der Zuschnitt des Geländes ist als „etwa konisch" und durchaus nicht unzweckmäßig zu beschreiben.

Die Höhenlinien in der Anlage 3 verdeutlichen, daß die Oberflächengestalt nicht eben ist. Von Nord nach Süd fällt das Gelände ab.

Das Grundstück ist erschlossen und im nördlichen Bereich bebaut.

Reichsbodenschätzung

Anm. 38, S. 572

Der nicht als Hofraumfläche eingestufte Bereich wurde bei der Reichsbodenschätzung als Ackerland (Lehm-Sandboden) mit durchschnittlich 44 Bodenpunkten bewertet.

7.4 Bebauung

7.4.1 Allgemeines

Dem Sachverständigen wurde von der Auftraggeberin ein Gutachten des Architekten XXX XXXXX aus XXX XXXXXX zur Verfügung gestellt. Die in dem Gutachten des Sachverständigen XXXXX vorgenommenen alphabetischen Kennzeichnungen der einzelnen Gebäude habe ich übernommen und in den Anlagen 4 und 9 meines Gutachtens dargestellt.

Zum Bewertungsstichtag wurde das Gelände zu Wohnzwecken und als Reiterhof mit Stallungen und Reithalle genutzt. Das gesamte Gelände war in die Nutzung des Reiterhofes einbezogen, insbesondere sind hier eingezäunte Pferdekoppeln und topographisch aufbereitete Ausreitflächen im rückwärtigen Geländebereich zu erwähnen.

7.4.2 Bebauung im Detail

Gebäude A

Freistehendes Wohn- und Wirtschaftsgebäude, 1-geschossiger Massivbau mit tlw. ausgebautem Dachgeschoß, Baujahr 1931, Streifenfundamente, Betonsohle, Ziegelmauerwerk, tlw. Gasbetonmauerwerk, Kappendecke, hohes Dach mit Drempel (Walmdach bzw. nach Westen hin orientiert als Krüppelwalmdach, Holzkonstruktion, Dachpfannen mit Verstrich, keine Wärmedämmung).
Das Gebäude ist nur in geringem Umfang unterkellert.
Zu erwähnen sind noch kleinere 1-geschossige Anbauten im rückwärtigen Bereich.
Nachträglich wurden Umgestaltungen und Modernisierungen vorgenommen, insbesondere ist hier der Dachausbaubereich im Wohnteil zu erwähnen.
Das kombinierte Wohn- und Wirtschaftsgebäude beinhaltet im westlichen Gebäudeteil den Wohnbereich und im übrigen den Wirtschaftsbereich.
Bezüglich der Fotos des Gebäudes A verweise ich auf die Anlagen A - F.
Die vorgefundene Nutzung des Wohnteils ergibt sich aus den Anlagen 6 und 7, die ich durch örtlich genommene Kontrollmaße überprüft habe.
Die Kubatur des Baukörpers habe ich in der Anlage 12 mit ca. 1.650 m^3 (gem. DIN 277/50) berechnet. Wenn man den Bruttorauminhalt (DIN 277/73) berechnet, ergibt sich ein wesentlich höherer Betrag (über 2.400 m^3). Bei der Berechnung des Bruttorauminhalts ergeben sich erhebliche Abweichungen, da u.a. bei dieser Berechnungsmethode der nicht ausgebaute Dachbereich voll in die Kubatur mit einfließt, während bei der Berechnung des Umbauten Raums nach der DIN 277/50 der nicht ausgebaute Dachbereich nur zu 1/3 Berücksichtigung findet.

Gebäude B

Reithalle (Bewegungshalle) mit Stallanbau, Baujahr 1991, Ziegelmauerwerk, freitragende Holzbinderdachkonstruktion mit asbestfreiem Eternit-Wellcolor als Dacheindeckung, Lichtbän-

der, Stallanbau mit Schleppdach. Innerhalb der Reithalle ist eine „Reiterbar" (Casino) eingerichtet worden. Hierbei handelt es sich um Einbauten mit einfachem Standard. Eine offizielle gastronomische Nutzung ist nicht zulässig. Eine Gaststättenerlaubnis liegt nicht vor.
Bezüglich der Fotos des Gebäudes B verweise ich auf die Anlagen G, H und I.
Umbauter Raum: ca. 8.500 m^3 (Anlage 13).

Gebäude C

Massives Stallgebäude mit Turm (Futtersilo), 1-gesch. nicht unterkellerte Bebauung mit Flachdach.
Das Gebäude wird durch Pferdeboxen sowie Sattelkammer und Aufenthaltsraum genutzt. Auch sind einfache Toiletten und eine Dusche eingebaut worden. Vorschriftsmäßige Abflüsse sind, soweit ich das feststellen konnte, jedoch nicht vorhanden.
Bezüglich der Fotos des Gebäudes C verweise ich auf die Anlage J.
Umbauter Raum: ca. 1.050 m^3 (Anlage 13)

Gebäude D

Einfaches Stellgebäude mit Pferdeboxen.

Gebäude E

Offene Überdachung ohne Seitenwände.

Gebäude F

Einseitig offene Überdachung.

Gebäude G

Massives Stallgebäude mit Pferdeboxen, Baujahr ca. 1970, 1-geschossiger Baukörper ohne Unterkellerung, Satteldächer mit geringen Neigungen, sich auch Fotos Anlage L).

Gebäude H

Offene Überdachung, Holzkonstruktion, siehe auch Foto unten der Anlage L.

7.5 Nutzung

Wie zuvor im Gutachten schon berichtet, wird das Grundstück als Reiterhof genutzt.

Dem Sachverständigen ist bekannt, daß im Hamburger Umland in zahlreichen Orten Reiterhöfe und ähnliche Nutzungen wirtschaftlich erfolgreich betrieben werden. Es ist deshalb bei der Begutachtung davon auszugehen, daß die am Bewertungsstichtag vorgenommene Nutzung auch weiterhin wirtschaftlich möglich sein dürfte. Eine nachhaltige Verwertbarkeit ist durchaus zu attestieren. Diese Wertung wird insbesondere gestützt auch durch die Lage im Hamburger Ausstrahlungsgebiet, zudem durch die zentrumsnahe Stadtrandlage. Da das Grundstück ausreichend Freiflächen bietet, ist eine positive wirtschaftliche Betrachtung als Reiterhof angezeigt.
Das Wohn- und Wirtschaftsgebäude umfaßt im Erd- und Dachgeschoß ca. 220 m² Wohnfläche (Anlage 14), wobei aufgrund mehrerer Eingangssituationen auch eine Aufteilung in mehrere Wohneinheiten denkbar wäre, was allerdings Investitionen voraussetzt.
Zu bedenken ist auch, daß das Wohn- und Wirtschaftsgebäude weiter zu Wohnzwecken ausbaufähig ist.
Die Reithalle (Gebäude B) umfaßt ca. 1.200 m² Nutzfläche, weitere 300 m² Nutzfläche befinden sich im Stallbereich.
Der Reiterhof umfaßt insgesamt ca. 70 Boxenplätze (Pferdeeinstellplätze).

7.6 Ausstattung (Gebäude A)

Beheizung des Wohnhauses durch eine Gaszentralheizungsanlage (Heizkessel von 1980), Wärmeabgabe durch Radiatoren,
Kachelofen im Wohnzimmer,
Fenster mit Isolierverglasung, tlw. Glasbausteine,
Fußböden mit Holzdielen, tlw. Bodenfliesen,
keine wertrelevanten Kücheneinrichtungen,
Badezimmer im EG (Wannen- und Duschbad, WC, Waschbecken),
Badezimmer im DG (Duschbad, WC, Waschbecken).

7.7 Beschaffenheit

Die Baulichkeiten befinden sich in einem nur mittleren baulichen Zustand, soweit dieses im Rahmen einer Begehung feststellbar ist. Zerstörende Untersuchungen wurden nicht durchgeführt. Auch wurden nicht alle Bauteile im Detail besichtigt oder untersucht. Die einfache Inaugenscheinsnahme läßt jedoch erkennen, daß Investitionsbedarf wegen Baumängeln und Bauschäden bzw. unterlassener laufender Unterhaltung besteht.

Hinzuweisen ist z.B. auf Rißbildungen bei mehreren Gebäuden (siehe z.B. Fotos der Anlage O und P), Feuchtigkeit im Keller (Fotos Anlage M), zu erneuernde Holztore (siehe Fotos Anlage Q) u.a.

Auch lassen Leckagen im Dachbereich Rückschlüsse auf eine schadhafte Dachdeckung zu. Hier ist zu bemerken, daß das Gebäude A offenbar noch mit der ersten Dachhaut versehen ist, so daß zumindest mittelfristig hier weiterer nicht unerheblicher Investitionsbedarf zu erwarten ist. Auch die über 20 Jahre alte Heizungsanlage dürfte zumindest mittelfristig zu erneuern sein. Die Begehung hat erkennen lassen, daß z.T. auch im Fußbodenbereich Ausbesserungsarbeiten erforderlich sind.

Das Foto oben der Anlage N zeigt einen versotteten Schornstein im Dachbereich des Gebäudes A.

Auch im Bereich der Außenanlagen besteht Investitionsbedarf (z.B. Hofraumbefestigung, siehe Foto oben Anlage R).

Es ist festzustellen, daß neben der normalen Wertminderung wegen Alters noch ein Abschlag wegen Investitionsbedarfs erforderlich ist, wobei dessen Höhe im Schätzwege mit 5 % des Sachwertes der Baulichkeiten angenommen wird. Die Höhe des Abschlages ist nicht identisch mit der Höhe des Investitionsbedarfs, den die baulichen Maßnahmen verursachen werden. Die Höhe des Abschlages war nicht unter Kostengesichtspunkten zu bemessen, sondern unter Berücksichtigung einer marktüblichen Akzeptanz.

Ob und inwieweit die Grundstücksentsorgung einwandfrei ist, kann vom Sachverständigen nicht beurteilt werden. Hier wäre ggf. ein Sondergutachten einzuholen.

7.8 Hinweis

Die Beschreibung der Bauteile, Beschaffenheit und Ausstattung erfolgt ohne Anspruch auf Vollständigkeit. Abweichungen im Detail sind möglich. Eine umfassende und verbindliche Beschreibung würde eine spezielle Bauaufnahme voraussetzen, die jedoch den Rahmen einer Verkehrswertermittlung überschreiten würde.

8. Bewertung

8.1 Bodenwert

8.1.1 Bauleitplanung

Das zu bewertende Grundstück liegt nicht im Geltungsbereich einer verbindlichen Bauleitplanung (Bebauungsplan = B.Plan). Im Flächennutzungsplan (Anlage 17) von 1993 ist das Areal als Fläche für die Landwirtschaft ausgewiesen. Der überwiegende Teil des Geländes ist zudem als Fläche für Maßnahmen zum Schutze von Natur und Landschaft gekennzeichnet.
Wie auch die dem Gutachten beigefügten Kartenwerke zeigen, ist der nördliche Bereich des Grundstücks bebaut, so daß hier von Bestandsschutz auszugehen ist. Der Sachverständige geht weiter davon aus, daß auch eine Aufteilung in z.B. vier Bauplätze für Einfamilienhaus-Grundstücke im Hinblick auf die Nachbarbebauungen möglich sein dürfte. Bei der Begutachtung sind Wertzonen zu bilden, um der wirtschaftlichen Verwertbarkeit der Immobilie Rechnung zu tragen.

8.1.2 Richtwert

Der Gutachterausschuß für Grundstückswerte im Kreis Rosenburg hat für die Stadt Rosenburg verschiedene Bodenrichtwerte ermittelt. Das zu bewertende Grundstück liegt in der Bodenrichtwertzone Nr. 8 (Hamburger Chaussee). Dieser beträgt zum Stichtag 31. Dezember 2000

200,- DM/m^2.

Der Richtwert bezieht sich auf etwa 800 m² große unbebaute Grundstücke, die mit einem Individualbau neu bebaubar sind. Dieser Bodenrichtwert ist demzufolge bei dem hier zu bewertenden Grundstück wenig hilfreich, da es sich nicht um ein typisches Einfamilienhausgrundstück handelt. Das Wohn- und Wirtschaftsgebäude wäre sicherlich umbau- und ausbaufähig zu einem Mehrfamilienhaus, so daß dann eine geschoßbauähnliche Situation sich ergäbe. Bodenwerte von Geschoßbaugrundstücken sind jedoch nicht direkt mit Bodenwerten von Einfamilienhausgrundstücken vergleichbar.
Der Gutachterausschuß für Grundstückswerte hat auch für Geschoßbaugrundstücke in Rosenburg einen Bodenrichtwert ermittelt, wobei dieser nicht zonal festgestellt wurde, sondern für das gesamte Stadtgebiet Gültigkeit besitzt. Dieser Bodenrichtwert wurde mit

300,- DM/m²

ausgewiesen.
Dieser zuvor Bodenrichtwert bezieht sich auf Grundstücke mit einer Geschoßflächenzahl (GFZ) von 0,8.
Bei der Bodenwertermittlung gehe ich von 3 Wertzonen aus, die ich in der Anlage 4 farbig dargestellt habe. Der Vorderlandbereich (Zone 1) kann mit etwa 3.000 m² angenommen werden. Bei dem Gebäude A gehe ich davon aus, daß nach Um- und Ausbau (incl. Dachgeschoß) etwa 600 m² Geschoßfläche realisierbar wären. Der Sachverständige weist darauf hin, daß es sich hier nicht um eine exakte Berechnung der Geschoßflächenzahl nach den amtlichen Regularien handelt, sondern vielmehr um eine überschlägige Berechnung unter einer wirtschaftlichen Betrachtungsweise. Wenn man von 600 m² Geschoßfläche ausgeht, errechnet sich für die Zone 1 eine GFZ von etwa 0,2. Wie bereits erwähnt ist bezüglich des Richtwertes von einer GFZ 0,8 auszugehen, so daß wegen der geringeren bauliche Intensität ein Abschlag in Ansatz zu bringen ist.
Den erforderlichen Abschlag setze ich in Anwendung der Anlage 23 der Wertermittlungsrichtlinien (WertR) des Bundes [6] an. Die dort ermittelten GFZ-Umrechnungskoeffizienten können wie folgt berechnet werden:

$$UK = 0{,}6 \sqrt{GFZ} + 0{,}2\ GFZ + 0{,}2$$

Es ergeben sich folgende Korrekturfaktoren:

bei GFZ 0,2 ein Umrechnungskoeffizient von 0,51
bei GFZ 0,8 ein Umrechnungskoeffizient von 0,90

$$300{,}- \text{ DM/m}^2 \times \frac{0{,}51}{0{,}90} = 170{,}- \text{ DM/m}^2$$

Allerdings ist auch noch zu berücksichtigen, daß es sich um ein bebautes Grundstück handelt, bei dem die freie Verfügbarkeit nicht gegeben ist, solange die vorhandene Bebauung nicht entfernt wird. Die unterstellte Wohnfläche von ca. 600 m² ergäbe sich in einer Struktur, wie diese bei einem Neubau an gleicher Stelle nicht realisiert würde. Diese Überlegungen sprechen für eine Bodenwertminderung bei dem bebauten Grundstück.

8.1.3 Bebauungsabschlag

Es ist zu berücksichtigen, daß das zu bewertende Grundstück bebaut ist. Die Bodenrichtwerte beziehen sich, wie bereits berichtet, auf unbebaute Grundstücke, die mit einem modernen und zeitgemäßen Gebäude neu bebaubar sind.

Die Marktteilnehmer, die die recht hohen Kaufpreise für unbebaute Grundstücke zahlen, vereinbaren diese Preise demzufolge nur in Verbindung mit dem Gedanken, das unbebaute Grundstück zukünftig neu zu bebauen und zu nutzen.
Erwerber einer „Gebrauchtimmobilie" können zwar im Detail Änderungen vornehmen, sind jedoch konzeptionell an die vorhandene Bebauungsstruktur gebunden. Schon aus diesem Grunde ist der Bodenwert bei bebauten Grundstücken zu dämpfen, zumindest ist das die Auffassung des Sachverständigen. Hier darf allerdings nicht unerwähnt bleiben, daß in Sachverständigenkreisen diese Meinung kontrovers diskutiert wird.

Fest steht jedoch, daß die Kaufpreise, die für unbebaute Grundstücke gezahlt werden, einem anderen Teilmarkt zuzuordnen sind als dem Teilmarkt der bebauten Grundstücke. Es handelt sich schlichtweg um andere Marktteilnehmer, um andere Immobilien und somit entwickeln sich auch unterschiedliche Marktmechanismen.

Die „Dämpfung" des Bodenwertes kann bei bebauten Grundstücken kann vereinfacht auch mit der eingeschränkten Verfügbarkeit des Grund und Bodens - solange die Altbebauung nicht abgerissen wird - begründet werden.

Die Höhe des Abschlages kann nicht exakt mathematisch berechnet oder nachgewiesen werden und wird im Regelfall in einer Bandbreite von 10 bis 25 % für angemessen erachtet.

Im Hinblick auf die vorgefundene Bebauungsstruktur schätzt der Sachverständige den Abschlag im mittleren Bereich der üblichen Bandbreite und nimmt deshalb den Abschlag mit 15 % (= × 0,85) an.

Es darf hier der Hinweis nicht unterbleiben, daß gesicherte Erkenntnisse bezüglich der Höhe der Bodenwertdämpfung nicht vorliegen.

8.1.4 Bodenwertberechnung

$$170,- \text{ DM/m}^2 \times 0{,}85 = 144{,}50 \text{ DM/m}^2$$

8.1.5 Bodenwertspanne

Unterstellt man eine ± 10 %ige Ungenauigkeit bezüglich der Bodenwertableitung, ist eine Spanne wie folgt zu berechnen:

Minimumwert:

144,50 DM/m² × 0,9 = 130,- DM/m²

Maximumwert:

144,50 DM/m² × 1,1 = 159,- DM/m²

8.1.6 Bodenwertschätzung

Der Sachverständige *schätzt* bei freier Abwägung aller Vor- und Nachteile den Bodenwert der 3.000 m² großen Vorderlandfläche auf

150,- DM/m².

8.1.7 Bodenwert, Hinterland

1. Hinterlandzone (Zone 2)

In der Anlage 4 habe ich eine Teilfläche von ca. 12.000 m² gekennzeichnet, die ich als 1. Hinterlandzone bewerte. Es handelt sich dort konkret nicht um Bauland, sondern um Freiflächen, die im unmittelbaren Zusammenhang mit einem bebauten bzw. neubebaubaren Grundstück zu sehen und zu beurteilen sind. Auch wenn es sich bei der 12.000 m² Fläche um eine solche handelt, die derzeitig konkret nicht bebaubar ist - abgesehen von priviligierten Bauvorhaben -, ist dennoch ein höherer Bodenwert als bei rein landwirtschaftlichen Flächen in Ansatz zu bringen. Als hofraumnahe Freifläche wird ein Ansatz von 1/3 bis 1/4 des Bodenwertes der Vorderlandfläche (150,- DM/m²) für vertretbar und marktkonform erkannt.

1/3 von 150,- DM/m² = 50,-- DM/m²

bzw.

1/4 von 150,- DM/m² = 37,50 DM/m²

Auch im Hinblick und die Dimensionierung (12.000 m²) schätzt der Sachverständige den Bodenwert der 1. Hinterlandzone (Zone 2) auf

40,-- DM/m².

2. Hinterlandzone (Zone 3)
Die 22.026 m² große 2. Hinterlandzone ist wie die 1. Hinterlandzone im Flächennutzungsplan als landwirtschaftliche Nutzfläche ausgewiesen. Der Bodenwert dieser Teilfläche ist erheblich geringer in Ansatz zu bringen als bei der hofraumnahen Freifläche (Zone 2).

Aus den Statistischen Berichten des Statistischen Landesamtes Schleswig-Holstein (M 17-j/01) vom 26. Sept. 2002 ergibt sich per 2001 für landwirtschaftliche Nutzflächen mit 40 - 50 Bodenpunkten ein Durchschnittspreis von

2,19 DM/m².

Da die Preise im Kreis Rosenburg höher als im Landesdurchschnitt liegen, erhöht der Sachverständige den Ausgangswert entsprechend der zuvor erwähnten Statistik auf

2,85 DM/m².

Bedingt durch die unmittelbare Nähe zu bebauten Grundstücken ist von einer höheren Bodenqualitätsstufe als von rein landwirtschaftlicher Nutzung auszugehen. Das Areal ist deshalb als „begünstigtes Agrarland" zu bewerten.

Der Bodenwert von „begünstigtem Agrarland" liegt nach Hinweisen der Fachliteratur [86] etwa beim Doppelten des Bodenwertes von rein landwirtschaftlich genutzten Flächen. Aus Schrifttum [87] ergeben sich Hinweise auf das 2 bis 3fache des Bodenwertes von rein landwirtschaftlich genutzten Grundstükken.
Exakte Erkenntnisse liegen hier nicht vor, so daß ich mit dem 2,5fachen als Ausgangswert rechne.

Mithin ergibt sich folgende Rechnung:

2,85 DM/m² × 2,5 = 7,12 DM/m²

Wenn es sich bei der fraglichen Fläche um Bauerwartungsland handelte, ergäbe sich ein deutlich höherer Bodenwertansatz.

Bauerwartungsland wird in § 4 (2) der WertV [2] wie folgt definiert: *„Bauerwartungsland sind Flächen, die nach ihrer Eigenschaft, ihrer sonstigen Beschaffenheit und ihrer Lage eine bauliche Nutzung in absehbarer Zeit tatsächlich erwarten lassen. Diese Erwartung kann sich insbesondere auf eine entsprechende Darstellung dieser Flächen im Flächennutzungsplan, auf ein entsprechendes Verhalten der Gemeinde oder auf die allgemeine städtebauliche Entwicklung des Gemeindegebiets gründen."*

Aus der Definition in der WertV ergibt sich, daß man die zu bewertende Fläche nicht als Bauerwartungsland beurteilen kann.
Dennoch ist, wie bereits zuvor im Gutachten erläutert, der Bodenwert der Zone 3 höher als unter rein landwirtschaftlichen Gesichtspunkten zu bemessen. Die Einstufung in die Qualitätsstufe „begünstigtes Agrarland" trägt auch dem Umstand Rechnung, daß eine gewisse Bauerwartung - wenn auch nicht konkret - jeder Fläche im Weichbild einer größeren Gemeinde unterstellt werden kann.
Auch unter den zuvor dargestellten Überlegungen wird für die Zone 3 ein Bodenwert in einer Größenordnung von aufgerundet

7,50 DM/m²

für durchaus marktkonform erkannt.

8.1.8 Bodenwertberechnung

Vorderland (Zone 1):

	3.000 m²	×	150,-- DM/m²	=	450.000,- DM
Hinterland:					
- Zone 2:	12.000 m²	×	40,-- DM/m²	=	480.000,- DM
- Zone 3:	22.020 m²	×	7,50 DM/m²	=	165.150,- DM
					1.095.150,- DM
					ca. 1.100.000,- DM

Im übrigen ist zu bemerken, daß der Bodenwert einer bebauten Immobilie sich nicht exakt errechnen läßt. Bei bebauten Grundstücken ergeben sich schon deshalb Probleme, da es sich bei dem Bodenwert um einen rein theoretischen Wertansatz handelt. Die Marktteilnehmer differenzieren die Kaufpreise nicht nach Boden- und Gebäudeanteil, sondern bilden vielmehr Kaufpreise als Gesamtbetrag („en bloc").

8.2 Sachwertverfahren

8.2.1 Normalherstellungskosten (NHK)

8.2.1.1 NHK 1995

Der Bundesminister für Raumordnung, Bauwesen und Städtebau hat durch Hinweise vom 1. August 1997 Tabellen mit Normalherstellungskosten per 1995 herausgegeben. Die dort für verschiedene Gebäudearten tabellierten NHK werden dann mit verschiedenen Korrekturfaktoren multipliziert.

Diese NHK 1995 habe ich in mehreren Gutachten bereits angewandt, jedoch dabei festgestellt, daß die Ergebnisse - zumindest für den Raum, wo ich regelmäßig Gutachten erstatte - häufig nicht plausibel sind.
Der Sachverständige verzichtet deshalb in diesem Gutachten auf die detaillierte Anwendung der NHK 1995-Tabellen des Bundesbauministers. Vielmehr wende ich in meinem Gutachten empfohlene NHK an, die sich in Anlehnung an die Tabelle 27 in [5] ergeben.
Die schematische Vorgabe von Korrekturfaktoren für Länder und Gemeindegrößen dürfte nach Einschätzung des Sachverständigen ein gewichtiger Grund für die Abweichungen zwischen den Hinweisen der WertR [6] und den Empfehlungen der Fachliteratur sein.

8.2.1.2 Normalherstellungskosten 1958

<u>Gebäude A - Wohnteil</u> (Nr. 25, S. 355 in [5])

NHK 1958*:	85,- DM/m³
umgerechnet auf 2001**:	527,- DM/m³

<u>Gebäude A - Stallteil</u> (Nr. 11, S. 352 in [5])

NHK 1958*:	55,- DM/m³
umgerechnet auf 2001**:	341,- DM/m³

* bezogen auf Umbauten Raum nach DIN 277/50

** Der damalige Baupreisindex (1958 = 100) liegt bei 619,9 Punkten (per Aug. 2001). Ich gehe in meinem Gutachten von einem gerundeten Index von 620 Punkten aus. Der Ansatz von NHK 85,- DM/m³ per 1958 entspricht einem Ansatz von rd. 24,50 M/m³ per 1913.
Beim Stallteil ergeben sich NHK 16,- M/m³ per 1913.

Durchschnittlicher Kubikmeterpreis bei Gebäude A:

1/2 (85,- DM/m³ + 55,- DM/m³) = 70,- DM/m³
umgerechnet auf 1913: 20,- M/m³

bzw. per 2001:
1/2 (527,- DM/m³ + 341,- DM/m³) = 434,- DM/m³

<u>Gebäude B - Reithalle mit Stallteil</u>
(Nr. 1, S. 345 in [6])

NHK 1958*:	12,- DM/m³
umgerechnet auf 2001**:	74,- DM/m³
entspricht:	3,50 M/m³ per 1913

<u>Gebäude C, D und G</u>

NHK 1958*:	20,- DM/m³
umgerechnet auf 2001**:	124,- DM/m³
entspricht:	5,75 DM/m³ per 1913

8.2.2 Wertminderung wegen Alters

Wohn- und Wirtschaftsgebäude, Gebäude A

Baujahr:	1931
Alter (2001):	70 Jahre
gewöhnliche Gesamtnutzungsdauer:	80 Jahre
Restnutzungsdauer:	10 Jahre

Bei jedem Gebäude verbleibt altersunabhängig immer eine gewisse Restnutzungsdauer, sofern das Gebäude noch wirtschaftlich verwertbar ist. Die „Mindest-Restnutzungsdauer" nehme ich bei dem Wohn- und Wirtschaftsgebäude unter wirtschaftlichen Aspekten mit noch 30 Jahren an. Dabei war auch den vorgenommenen Modernisierungsmaßnahmen Rechnung zu tragen. Es darf hier nicht der Hinweis unterbleiben, daß die Restnutzungsdauer nicht unter technischen, sondern unter wirtschaftlichen Aspekten zu bemessen ist.
Es ergibt sich damit ein fiktives Alter von 50 Jahren.

lineare Wertminderung:

$$\frac{100\ \%}{80} \times 50 = 62{,}5\ \%$$

Abschreibung nach Methode Ross:

$$1/2\ \left(62{,}5\ \% + \frac{62{,}5\ \%^2}{100}\right) = 50{,}8\ \%$$
$$= \text{rd. } 50\ \%$$

Reithalle, Gebäude B

Baujahr:	1991
Alter (2001):	10 Jahre
gewöhnliche Gesamtnutzungsdauer:	40 Jahre
Restnutzungsdauer:	30 Jahre

lineare Wertminderung:

$$\frac{100\ \%}{40} \times 10 = 25\ \%$$

Abschreibung nach Methode Ross:

$$1/2\ (25\ \% + \frac{25\ \%^2}{100}) = 15{,}6\ \%$$

Bei gewerblich genutzten Grundstücken oder gewerblich ähnlich genutzten Grundstücken ist die Wertminderung wegen Alters unter wirtschaftlichen Aspekten eher steiler als bei Wohnhäusern in Ansatz zu bringen. Der Sachverständige hält es deshalb für vertretbar, die Ergebnisse der linearen Wertminderung und der Wertminderung nach Ross auszumitteln:

$$1/2\ (25\ \% + 15{,}6\ \%) = 20{,}3\ \%$$

Der Sachverständige nimmt die Wertminderung wegen Alters bezüglich der Reithalle mit Stallanbau gerundet mit

20 %

an.

Bei den übrigen Gebäuden nehme ich die Wertminderung wegen Alters pauschaliert etwas höher als bei der Reithalle an, nämlich mit

25 %.

8.2.3 Zeitwerte

Wohn- und Wirtschaftsgebäude, Gebäude A

Neuwert (8.2.1.2):	434,- DM/m^3
- 50 % Wertminderung wg. Alters:	217,- DM/m^3
	217,- DM/m^3

Reithalle, Gebäde B

Neuwert (8.2.1.2):	74,- DM/m³
- 20 % Wertminderung wg. Alters:	15,- DM/m³
	59,- DM/m³

Gebäde C, D und G

Neuwert (8.2.1.2):	124,- DM/m³
- 25 % Wertminderung wg. Alters:	31,- DM/m³
	93,- DM/m³

8.2.4 Sachwertberechnung

Wohn- und Wirtschaftsgebäude, Gebäude A

rd. 1.650 m³* × 217,- DM/m³	=	rd. 358.000,- DM
zzgl. 12,5 % Baunebenkosten	=	rd. 45.000,- DM
		403.000,- DM

Reithalle, Gebäude B

rd. 8.500 m³** × 59,- DM/m³	=	rd. 502.000,- DM
zzgl. 10 % Baunebenkosten	=	rd. 50.000,- DM
		552.000,- DM

Gebäude C, D und G

rd. 2.400 m³*** × 93,- DM/m³	=	rd. 223.000,- DM
zzgl. 10 % Baunebenkosten	=	rd. 22.000,- DM
		245.000,- DM

Summe der Gebäudesachwerte:		1.200.000,- DM
zzgl. Außenanlagen und besondere Bauteile****	=	rd. 60.000,- DM
zzgl. Gebäude E, F und H (Pauschalen)	=	rd. 50.000,- DM
zzgl. Bodenwert (8.1.8):	=	rd. 1.100.000,- DM
Sachwert-Zwischenwert:		2.410.000,- DM
Sachwert-Zwischenwert:		2.410.000,- DM
- Abschlag wg. Investitionsbedarf*****: 5 % von 1.200.000,- DM = 60.000,- DM		rd. 60.000,- DM
Sachwert:		ca. 2.350.000,- DM

* Anlage 12
** Anlage 13
*** Anlage 13 und Gutachten des Sv. XXXXX
**** Der Wert der Außenanlagen und besonderen Bauteilen wurde frei vom Sachverständigen geschätzt. Dabei bin ich von einem Wertansatz von ca. 5 % des Gebäudesachwertes ausgegangen. Hier ist zu berücksichtigen, daß die Werte der Außenanlagen und die Werte der Bebauung in einem gewissen Verhältnis stehen. Auch unter Berücksichtigung der Hinweise der Fachliteratur [7] habe ich den zuvor erwähnten Prozentsatz gewählt. VOGELS erläutert hierzu:
„In der Regel reichen diese Prozentzahlen zur Bestimmung des Wertes der Außenanlagen aus. Bei sehr aufwendigen Anlagen ist ohnehin zu prüfen, ob sie überhaupt allgemein werterhöhend sind; ob sie von einem durchschnittlichen Erwerber übernommen werden."
***** siehe Abschnitt 7.7

8.2.5 Marktanpassung des Sachwertes

Kaufpreise von Immobilien sind in der Regel nicht identisch mit dem Sachwert. Der Sachwert ist deshalb durch Marktkomponenten (Zu- oder Abschläge) an die Marktlage heranzuführen. Solche Marktanpassungszu- oder abschläge lassen sich mathematisch-statistisch aus Kaufpreisanalysen gewinnen. Bezüglich des Teilmarktes, dem das Bewertungsobjekt zuzuordnen ist, bestehen jedoch keine mathematisch-statistisch gesicherten Erkenntnisse über die Relation zwischen Sachwerten und Kaufpreisen. Es kann nur allgemein festgestellt werden, daß Kaufpreise von Objekten in entsprechenden Sachwerthöhen in der Regel nicht unerheblich unter den Sachwerten liegen, so daß spürbare Marktanpassungsabschläge in Ansatz zu bringen sind. Ausnahmen von dieser allgemein gültigen Regel sind eigentlich nur bei Immobilien in sehr guten bzw. exclusiven Lagen zu beobachten. Auch ist zu betonen, daß es sich bei dem zu bewertenden Objekt um eine Immobilie handelt, die einem ganz speziellen Teilmarkt zuzuordnen ist, wo die

Nachfrage entsprechend geringer ist als beispielsweise bei „normalen" Einfamilienhäusern. Da die Höhe dieser Marktanpassungsabschläge nicht exakt errechenbar ist, ergibt sich hier eine erhebliche Schwachstelle bei dem Sachwertverfahren. Unter Bezugnahme auf mein allgemeines Erfahrungswissen nehme ich diesen Abschlag mit mindestens 10 %, möglicherweise sogar mit 20 bis 30 % an. Da sich hier erhebliche Bandbreiten und Unsicherheitsbereiche ergeben, ist daraus zu schließen, daß dem Ergebnis der Sachwertberechnung nur ein geringes Gewicht bei der Verkehrswertermittlung beizumessen ist.
Bei einem Ansatz eines Abschlages von 10 % errechnet sich der marktangepaßte Sachwert wie folgt:

Sachwert:	2.350.000,- DM
10 % Marktanpassungsabschlag:	235.000,- DM
Marktangepaßter Sachwert:	2.115.000,- DM

Erhöht man, wie zuvor bereits erwähnt, den Marktanpassungsabschlag auf 20 %, so würde dieses zu folgender Rechnung führen:

Sachwert:	2.350.000,- DM
20 % Marktanpassungsabschlag:	470.000,- DM
Marktangepaßter Sachwert:	1.880.000,- DM

Das Ergebnis der zuvor durchgeführten Rechenoperationen ist äußerst unbefriedigend und führt letztendlich nur zu der Erkenntnis, daß der marktangepaßte Sachwert in einer Bandbreite zwischen

1.880.000,- DM und 2.115.000,- DM

zu erwarten ist.

Der Sachverständige hält es für vertretbar, den marktangepaßten Sachwert im oberen Bereich der Bandbreite, also zwischen

1.998.000,- DM und 2.115.000,- DM

anzusetzen.

Dabei ist dem Umstand Rechnung zu tragen, daß die Lage in Rosenburg für den Teilmarkt, dem das Bewertungsobjekt zuzuordnen ist, als recht positiv zu würdigen ist. Im Kreis Rosenburg, insbesondere im Hamburger Ausstrahlungsgebiet ist die Vermarktungsfähigkeit eines Reiterhofes erheblich besser als beispielsweise im nördlichen Bereich des Kreises Steinburg zu beurteilen. Auch aus diesen Gründen war der marktangepaßte Sachwert eher im oberen Bereich der zuvor erwähnten Bandbreite zu suchen.
Der Sachverständige *schätzt* deshalb den marktangepaßten Sachwert in einer Größenordnung von

rd. 2.100.000,- DM

ein.

8.3 Ertragswertverfahren

8.3.1 Allgemeines

Das Ertragswertverfahren weist gegenüber dem Sachwertverfahren den erheblichen Vorteil auf, daß dieses Verfahren „marktnäher" zu Rechenergebnissen führt. Durch am Immobilienmarkt abgeleitete Marktmieten (nachhaltig erzielbarer Mietertrag) und durch marktorientierte Liegenschaftszinssätze läßt sich hier der Verkehrswert sicherer bestimmen, insbesondere ist bei dem Ertragswertverfahren der Vorteil zu erwähnen, daß hier die schwierige Bodenwertbeurteilung sich nicht voll im Ergebnis niederschlägt. Das Ertragswertverfahren ist also zumindest teilweise bodenwertneutral, d.h. eine mögliche Fehlbeurteilung des Bodenwertes schlägt nicht voll auf das Ergebnis durch. Beim Sachwertverfahren ist hier das Problem anzusprechen, daß dort Bau- und Bodenwerte addiert werden und so auch fehlerhafte oder unpräzise Bodenwertermittlungen voll auf das Ergebnis durchschlagen.

8.3.2 Nachhaltig erzielbarer Mietertrag (Netto-Kalt-Miete)

Maßgebend für die Wertermittlung ist der nachhaltig erzielbare Mietertrag.

Nachhaltig erzielbar bedeutet, daß nicht der höchstmögliche, aber auch nicht ein Mietertrag im unteren Bereich möglicher Bandbreite zugrunde gelegt wird.

Als nachhaltig erzielbar im Sinne § 16 der WertV ist ein durchschnittlicher Mietzins zu verstehen, der nach einer Neuvermietung bei ordnungsgemäßer Bewirtschaftung auch sicher erzielbar sein dürfte, und zwar in Bezug auf die Restnutzungsdauer unter der Voraussetzung, daß die Ertragsfähigkeit durch lfd. Instandhaltung gesichert und so eine unterstellte 30jährige Restnutzungsdauer ermöglicht wird.

Zukünftige konjunkturelle Mietpreisentwicklungen bleiben bei dieser Betrachtungsweise ohne Berücksichtigung.

Es wird - wie beim Sachwertverfahren - unterstellt, daß Investitionen (Baumängel/Bauschäden) durchgeführt werden, um die unterstellten Restnutzungsdauern sicherzustellen bzw. zu ermöglichen.

Wohnteil

Der Ring Deutscher Makler (RDM) hat in seinen Preisspiegeln auch für 70 m^2 große Wohnungen in Altbau-Geschoßbauten im Bereich der Hansestadt Lübeck Mietwerte ausgewiesen. Diesen Preisspiegel wende ich an, um den nachhaltig erzielbaren Mietertrag des Wohnteils im Gebäude A abzuleiten.

Der Abschätzung des nachhaltig erzielbaren Mietertrages lege ich in Anlehnung an das Mietrecht [9] einen Zeitraum von 4 Jahren zugrunde:

	Wohnwert		
	einfach	mittel	gut
	DM/m²	DM/m²	DM/m²
1998:	7,50	10,50	12,50
1999:	7,50	10,00	12,50
2000:	7,50	10,00	12,50
2001:	7,50	10,00	12,50
Mittel:	7,50	10,12	12,50

Bezüglich der Ausstattungsqualität gehe ich von einem mittleren bis guten Wohnwert (im Verhältnis 3 : 1) aus, so daß sich folgender Ausgangswert errechnet:

$$1/4\ (10{,}12\ \mathrm{DM/m^2} \times 3 + 12{,}50\ \mathrm{DM/m^2} \times 1) = 10{,}72\ \mathrm{DM/m^2}$$

Bezüglich der Lage gehe ich von einem mittleren Wohnwert aus:

$$10{,}12\ \mathrm{DM/m^2}$$

Da Mietpreise relativ unsensibel auf die Lagequalität reagieren, mittele ich die Wohnwertkomponenten Lage und Ausstattung im Verhältnis 4 : 6.

$$1/10\ (10{,}12\ \mathrm{DM/m^2} \times 4 + 10{,}72\ \mathrm{m^2} \times 6) = 10{,}48\ \mathrm{DM/m^2}$$

Individuelle Korrekturen:

a) Zuschlag wg. Lage der WE in freistehendem Wohnhaus geschätzter Zuschlag: 10 % (= × 1,1)

b) Abschlag wg. Übergröße (die vom RDM ermittelten Werte beziehen sich auf 70 m² Wfl. große Wohnungen) Abschlag: 24 % (= × 0,76) - unter Bezugnahme auf eine diesbezügliche Marktanalyse [10]

c) Zuschlag wg. der Lage in Rosenburg und nicht in Lübeck. Diesen Zuschlag schätze ich unter Bezugnahme auf meine Erfahrungen als Mietensachverständiger, der auch gelegentlich in Rosenburg Mietwertgutachten zu erstatten hat, auf 10 % (= × 1,1)

$$220\ \mathrm{m^2\ Wfl.} \times 10{,}48\ \mathrm{DM/m^2} \times 1{,}1 \times 0{,}76 \times 1{,}1 = 2.120,\text{-}\ \mathrm{DM}$$

Der Mietwert einer Wohnung kann jedoch nicht exakt berechnet werden. Der Sachverständige schätzt bei freier Abwägung auch unter Beachtung allgemeiner Marktkenntnisse den nachhaltigen Mietertrag per 2001 auf

mtl. 2.000,- DM
(= ca. 9,10 DM/m²)

Dabei war auch zu beachten, daß die vom RDM tabellierten Mietwerte eher im oberen Bereich üblicher Bandbreiten sich bewegen.

Jahresrohertrag:

mtl. 2.000,- DM × 12 = 24.000,- DM

Reiterhofteil

Wie zuvor im Gutachten schon erläutert, gehe ich von etwa 70 Pferdeboxen aus, die zum Unterstellen von Reitpferden geeignet sind.
Bei der Vermietung von Pferdeboxen kann nach meinen Erkundigungen von Beträgen zwischen mtl. 400,- DM bis 600,- DM pro Box ausgegangen werden. Legt man einen Mittelwert von 500,- DM zugrunde, errechnet sich folgender möglicher Ertrag:

70 Boxen × 500,- DM × 12 = 420.000,- DM

Bei dem zuvor ermittelten möglichen Ertrag in Höhe von 420.000,- DM handelt es sich um einen Bruttoertrag, der um den Wareneinsatz und Betriebskosten zu reduzieren ist. Zum einen ist hier an die Futterversorgung, zum anderen an die Pflege und Unterhaltung zu denken. Auch sind besondere Betriebskosten (Haftpflicht, Beleuchtung, Reinigung, Ausmisten der Boxen, Abschreibung, unternehmerischer Gewinn, Werbungskosten usw.) zu berücksichtigen. Auch ist die anteilige Mehrwertsteuer herauszurechnen. Nach Erfahrungswerten kann der diesbezügliche Umsatzanteil mit etwa 2/3 bis 3/4 angenommen werden, so daß 1/3 bis 1/4 als Mietwertanteil verbleibt.

Geht man von einem Mietwertanteil von 1/3 aus, errechnet sich ein Betrag von:

420.000,- DM : 3 = 140.000,- DM

Wenn man nur 1/4 des Umsatzes als möglichen Mietwertanteil zugrunde legen will, errechnete sich ein Betrag von:

420.000,- DM : 4 = 105.000,- DM

Exakte Erkenntnisse bezüglich dieser Fragen liegen nicht vor, so daß der Sachverständige den möglichen Mietertragsanteil aus dem Wirtschaftsteil mit

125.000,- DM

per anno annimmt.

Der bezüglich des Wirtschaftsteils ermittelte mögliche Jahresmietertrag von 125.000,- DM entspricht bei 2.215 m^2 Nfl. - incl. Reithalle - einem mtl. Mietzins von 4,70 DM/m^2 und erscheint dem Sachverständigen zunächst durchaus plausibel. Allerdings ist der nachhaltig erzielbare Mietertrag noch zu erhöhen, da aus der Reithalle und auch aus dem Freigelände noch weitere Erträgnisse gezogen werden können. Ich denke hier an die Nutzung durch Pensionspferde, Schulpferde, therapeutische Nutzungen und Nutzung der Halle und des Geländes durch externe Reiter, die in erreichbarer Nähe wohnen. Ein Zuschlag von 25 % zu dem zuvor ermittelten Mietertrag von 125.000,- DM erscheint durchaus angemessen.
Rechnet man den Zuschlag für sonstige Erträge auf die Nutzfläche der Reithalle (1.200 m^2) um, führt dieses zu einem Zuschlag - auf die Reithalle bezogen - von rd. 2,15 DM/m^2, so daß unter Einbeziehung des Ausgangswertes (4,70 DM/m^2) die Reithalle demzufolge insgesamt mit knapp 7,-- DM/m^2 zu Buche schlägt. Auch diese Überlegungen werden vom Sachverständigen als plausibel erkannt, so daß zusammengefaßt der nachhaltig erzielbare Mietertrag wie folgt niedergelegt wird.

Zusammenstellung der als nachhaltig erzielbar angenommenen jährlichen Mieterträgnisse:

Wohnhaus:	24.000,- DM
Wirtschaftsteil:	125.000,- DM
Zuschlag für sonst. Erträge:	31.000,- DM
	180.000,- DM

8.3.3 Bewirtschaftungskosten

Die angemessenen Bewirtschaftungskosten schätze ich unter Anlehnung an die Erfahrungssätze, die sich aus der II. BV [3] und den WertR [6] sowie der Fachliteratur [12] ergeben:

Instandhaltungskosten Pauschale (Anlage 16)	=	22.000,- DM
Verwaltungskosten 5 % vom Netto-Rohertrag	=	9.000,- DM
Mietausfallwagnis 4 % vom Brutto-Rohertrag (incl. geschätzter Nebenkosten von 2,00 DM/m² Wfl.) = 185.280,- DM*	=	7.411,- DM
		38.411,- DM

* 220 m² × 2,00 DM/m² × 12 + 180.000,- DM = 185.280,- DM

$$\frac{38.411,- \text{ DM}}{180.000,- \text{ DM}} \times 100 = 21,3 \%$$

gerundet = 20 %

Dabei bin ich davon ausgegangen, daß Betriebskosten zzgl. zur Nettomiete zu zahlen wären.

8.3.4 Liegenschaftszinssatz

Der Liegenschaftszinssatz ist in der WertV [2] im § 11 wie folgt definiert: *„Der Liegenschaftszinssatz ist der Zinssatz, mit dem der Verkehrswert von Liegenschaften im Durchschnitt marktüblich verzinst wird."* Daraus folgt, daß der Liegenschaftszinssatz aus geeigneten Kaufpreisen iterativ durch Rückwärtsrechnung eines Ertragswertverfahrens abzuleiten ist. Wenn man nicht nur bei einem, sondern bei mehreren Kaufpreisen von Objekten, die sich einem bestimmten Teilmarkt zuordnen lassen, solche Ableitungen vornimmt, können die Ergebnisse ausgemittelt werden und führen so zu einem marktüblichen Zinsfuß. Das Problem bei der Ableitung der Zinsfüße besteht darin, daß diese teilmarktspezifiziert und zeitaktuell zu ermitteln sind.

In den WertR [6] wird bei Geschoßbauten von einem Liegenschaftszinssatz von 5,0 % ausgegangen. Bezüglich Einfamilienhäusern kann den WertR ein Zinsfuß von 4,0 % und bezüglich rein gewerblicher Objekte ein Zinsfuß von 6,5 % entnommen werden. Wenn man diese Prozentsätze gewichtet ausmittelt, führt das zu folgendem durchschnittlichen Liegenschaftszinssatz:

gewichtetes Mittel:

$$\frac{24.000,-\text{ DM} \times 4\ \% + 156.000,-\text{ DM} \times 6,5\ \%}{180.000,-\text{ DM}} = 6,2\ \%$$

Wenn man also den WertR folgt, wäre von einem Liegenschaftszinssatz von etwa 6,2 % auszugehen. Da die Erfahrungswerte, die sich aus den WertR ergeben, nicht mehr zeitaktuell sind (diese stammen aus den 70iger Jahren), ist erfahrungsgemäß eine gewisse Reduzierung vorzunehmen, so daß ein Liegenschaftszinssatz von beispielsweise

5,75 %

vertretbar erscheint.

Der Gutachterausschuß für Grundstückswerte in der Hansestadt Lübeck hat für gemischt genutzte Objekte einen Liegenschaftszinssatz (Trendwert aus einem Zeitraum von 4 Jahren) von

4,9 %

beobachtet [59].

Eine überregionale Marktanalyse [14] führt bei Einfamilienhäusern (Altbauten) zu einer Zinsfußbreite von

2,0 - 2,5 %.

Folgt man der zuvor zitierten überregionalen Marktanalyse, wäre bezüglich reiner Gewerbeobjekte von einem Zinsfuß zwischen

6,0 - 7,5 %

auszugehen.

Wenn man auch hier gewichtete Mittelwerte ausrechnet, führt dieses zu einem Liegenschaftszinssatz von

6,15 %.

Bezüglich von Büro- und Geschäftshäusern im Bereich der Hansestadt Hamburg wurde im Durchschnitt ein Liegenschaftszinssatz von

5,5 %

beobachtet [64].
Allerdings basiert diese Mitteilung auf den durchschnittlichen Markttrend auf den Zeitraum von 1996 bis 2001 und zudem ist natürlich der Teilmarkt der Büro- und Geschäftshäuser in Hamburg nicht vergleichbar mit dem Teilmarkt, dem da zu bewertende Objekt zuzuordnen ist. Es wird allerdings deutlich, daß tendenziell der Liegenschaftszinssatz etwas zu reduzieren ist, da vergleichbare Objekte nicht nur unter rein rentierlichen Gesichtspunkten erworben werden.
Bei der Verkehrswertermittlung ist auch der Objektdimensionierung Rechnung zu tragen, denn auch diese wirkt sich auf den Liegenschaftszinssatz aus.

Zusammengefaßt schätzt der Sachverständige bei freien Abwägung den marktorientierten Liegenschaftszinssatz auf

6,0 %.

8.3.5 Ertragswertberechnung

Nachhaltig erzielbarer Jahresrohertrag:	180.000,- DM
- 20 % Bewirtschaftungskosten:	36.000,- DM
Jahresreinertrag des Grundstücks:	144.000,- DM
- 6,0 % Verzinsung des Bodenwertes:	66.000,- DM
Jahresreinertrag des Gebäudes:	78.000,- DM

Der Jahresreinertrag des Gebäudes ist mit dem Vervielfältiger (VV) 13,76 zu multiplizieren, der sich bei Ansatz eines 6,0 %igen Liegenschaftszinssatzes und einer Restnutzungsdauer von durchschnittlich 30 Jahren nach der Rentenbarwertformel ergibt:

$$VV = \frac{q^n - 1}{q - 1} \times \frac{1}{q^n}$$

$$q = 1 + \frac{p}{100}$$

p = Liegenschaftszinssatz

n = Restnutzungsdauer

78.000,- DM × 13,76	=	1.073.000,- DM
zzgl. Bodenwert (8.1.8)	=	1.100.000,- DM
Zwischen-Ertragswert:		2.173.000,- DM
- Abschlag wg. Investitionsbed. (siehe 7.7 und 8.2.4)	=	60.000,- DM
Ertragswert:		2.113.000,- DM

Eine erhebliche Schwachstelle innerhalb der Ertragswertberechnung ist in der Einschätzung des Liegenschaftszinssatzes mitzuteilen. Der Liegenschaftszinssatz wird normalerweise, wie zuvor im Gutachten berichtet, durch Kaufpreisanalysen gewonnen, doch diese sind nur anwendbar, wenn ausreichend großes Datenmaterial zur Verfügung steht. In dem speziellen Teilmarkt, dem das hier zu bewertende Objekt zuzuordnen ist, trifft dieses nicht zu. Der Liegenschaftszinssatz kann deshalb nur mehr oder weniger geschätzt werden. Wenn man den Liegenschaftszinssatz z.B. nicht mit 6,0 %, sondern beispielsweise nur mit 5,5 % ansetzen würde, würde sich der Ertragswert von 2.113.000,- DM auf 2.254.000,- DM erhöhen. Andererseits würde sich das Ergebnis der Ertragswertberechnung erheblich reduzieren, wenn man den Liegenschaftszinssatz auf 6,5 % erhöhen würde. Bei diesem Ansatz errechnet sich der Ertragswert nur zu 1.987.000,- DM. Hier wird deutlich, daß der Wahl des Liegenschaftszinssatzes erhebliche Bedeutung beizumessen ist. Da dieser, wie bereits erwähnt, nicht exakt bestimmbar ist, schätzt der Sachverständige den Ertragswert auf

2.100.000,- DM.

8.4 Bodenwert auf Abbruch

Eine weitere Bewertungsalternative wird in der Möglichkeit erkannt, daß die Zone 1 nach Abbruch aller Baulichkeiten einer Einfamilienhausbebauung zugeführt wird. Der Sachverständige hält es für vorstellbar, daß möglicherweise z.B. 4 Bauplätze à durchschnittlich 750 m^2 realisierbar sind.

Im Abschnitt 8.1.2 habe ich ausgeführt, daß der Bodenrichtwert für Bauplätze, die mit Individualbauten bebaubar sind, per 31. Dezember 2000

200,- DM/m^2

beträgt.

Wie dort schon erläutert bezieht sich dieser Richtwert auf 800 m^2 große unbebaute Grundstücke. Wenn man nun von einer Grundstücksgröße von 750 m^2 ausgeht, ist der Bodenwert - geringfügig - zu erhöhen, da bei abnehmender Größe der

Bodenwert erfahrungsgemäß per m^2 ansteigt. Entsprechende Marktanalysen sind von verschiedenen Stellen in unterschiedlichen Orten durchgeführt worden. Ich ziehe hier eine Marktanalyse heran, die von SCHUBERT [4] entwickelt und veröffentlicht worden ist:

$$KF = 8{,}36\ GF^{-0{,}307}$$

KF = Korrekturfaktor

GF = Grundstücksfläche

Es ergeben sich folgende Korrekturfaktoren:

bei 750 m^2 : 1,095

bei 800 m^2 : 1,074

$$200{,}-\ DM/m^2 \times \frac{1{,}095}{1{,}074} = 204{,}-\ DM/m^2$$

Auch unter Berücksichtigung der konjunkturellen Entwicklung, der günstigen himmelsrichtungsmäßigen Ausrichtung und unter Beachtung sonstiger Werteinflüsse lege ich bei der hier angewandten Betrachtungsweise einen Bodenwert von

210,- DM/m^2

zugrunde.

Mithin ist wie folgt zu rechnen:

Zone 1:

3.000 m^2 × 210,- DM/m^2	=	630.000,- DM
zzgl. Bodenwert Zonen 2 und 3:	=	645.195,- DM
		1.275.195,- DM
- Freilegungskosten (geschätzt ca. 40,- DM/m^3)	=	66.000,- DM
		1.209.195,- DM
		ca. 1.200.000,- DM

Der Sachwert errechnet sich wie folgt:

Bodenwert auf Abbruch:	1.200.000,- DM
Sachwert, Reithalle, Gebäude B:	552.000,- DM
Sachwert, Gebäude C, D und G:	245.000,- DM
Sachwert, Gebäude E, F und H:	50.000,- DM
Außenanlagen und besondere Bauteile:	60.000,- DM
	2.107.000,- DM

Da auch bei der zuvor vorgenommenen Betrachtungsweise eine Marktanpassung vorzunehmen ist, wird unter dem Aspekt des Abbruchs des Wohn- und Wirtschaftsgebäudes eher ein geringerer als ein höherer marktangepaßter Sachwert zu erwarten sein. Der Sachverständige verfolgt deshalb diese Überlegungen in diesem Gutachten nicht weiter, da unter Bestandsgesichtspunkten eine höhere Wertigkeit erkennbar wird. Auch wäre zu überprüfen, ob nicht aus der Aktivität eines Reiterhofs im rückwärtigen Bereich sich gewisse Nutzungsnachteile für die angedachten Bauplätzes des individuellen Wohnungsbaus in der Zone 1 ergeben könnten. Schließlich waren auch Gedanken zu entwickeln bezüglich der Funktionalität des Reiterhofs, wenn die Wirtschaftsflächen im Wohn- und Wirtschaftsgebäude entfielen.

8.5 Vergleichswertverfahren

Der Sachverständige hat bei der Geschäftsstelle des Gutachterausschusses für Grundstückswerte im Kreis Rosenburg eine Liste mit Verkaufspreisen von Bauern- und Reiterhöfen und ähnlich genutzten Objekten bestellt. Die übersandte Liste habe ich auszugsweise als Anlage 18 diesem Gutachten beigefügt. Die Liste umfaßt 21 Kaufpreise, von denen allerdings nur 20 verwertet werden konnten, da bei einem Objekt die Grundstücksgröße nicht feststellbar war. Aus den verbleibenden 20 Kaufpreisen ergibt sich im Durchschnitt ein Kaufpreis von

8.132.588,40 € : 20 = 407.000,- €.

Als Durchschnittsgröße errechnet sich den 20 verkauften Objekten

$$379.772 \text{ m}^2 \quad : \quad 20 \quad = \quad 18.989 \text{ m}^2.$$

Das zu bewertende Grundstück ist ca. 3,7 ha groß, so daß ich zunächst nur Kaufpreise von Objekten auswerten wollte, die die Grundstücksgröße des Bewertungsobjektes nicht um mehr als ± 1/3 über- oder unterschreiten. Als zu akzeptierende Bandbreite ergäbe sich dann ein Flächenbereich von

$$25.000 \text{ m}^2 \quad \text{bis} \quad 50.000 \text{ m}^2.$$

In diesem Raster liegen allerdings nur 2 Kaufpreise, so daß das Raster zu vergrößern war. Wenn man beispielsweise Flächen akzeptiert zwischen

$$20.000 \text{ m}^2 \quad \text{und} \quad 55.000 \text{ m}^2,$$

so ergeben sich auch nur 3 auswertbare Kauffälle.
Die zu akzeptierende Bandbreite bezüglich der Grundstücksgrößen ist deshalb erheblich zu erweitern, so daß schließlich eine Bandbreite von

$$10.000 \text{ m}^2 \quad \text{bis} \quad 65.000 \text{ m}^2$$

verwertet wurden.
Wenn man dieses Raster aufgreift, verbleiben auch nur 4 Kaufpreise.
Deshalb hat der Sachverständige alle Kaufpreise, die sich auf Grundstücksgrößen zwischen

$$5.000 \text{ m}^2 \quad \text{und} \quad 70.000 \text{ m}^2$$

beziehen, einer Auswertung unterzogen.
Es verbleiben bei dieser Flächenauswahl 9 Kauffälle, die ich in der Anlage 18 eingerahmt dargestellt habe.
Aus den 9 verbliebenden Kaufpreisen ergibt sich eine Durchschnittsgröße von

$$253.905 \text{ m}^2 \quad : \quad 9 \quad = \quad 28.212 \text{ m}^2$$

und ein durchschnittlicher Kaufpreis von

$$5.283.778{,}29 \text{ €} \quad : \quad 9 \quad = \quad 587.000{,}- \text{ €}.$$

Die verkauften Objekte befinden sich in XXXXX, XXXXXX, XXXXX, XXXX-XXXXX, den Ortsteil XXXXXXX der Stadt XXX XXXXX und in anderen vergleichbaren Bereichen im Kreis Rosenburg. Die Objekte wurden vom Sachverständigen, zumindest teilweise, in Augenschein genommen, um eine grundsätzliche Vergleichbarkeit zu überprüfen.
Das Ergebnis der Auswertungen kann nicht zu einem exakten Vergleichswert führen, vielmehr kann sich nur ein Tendenzwert ableiten lassen. Wenn man die Kaufpreisauswertungen exakter vornehmen wollte, wären zum einen nähere Kenntnisse bezüglich der Objekte erforderlich und zum anderen auch noch konjunkturelle Korrekturen in Ansatz zu bringen.
Die Auswertung der 20 bzw. 9 verbliebenden Kaufpreise führt zumindest zu der Erkenntnis, daß - je nach Auswertungsmodell - die Bandbreite des Verkehrswertes sich zu gerundet

407.000,- € bis 587.000,- €

erstreckt.
Diese Bandbreite spiegelt ein Kaufpreisniveau von Objekten wider, von denen unterstellt werden kann, daß es sich um solche mit „durchschnittlichen Eigenschaften" handelt. Wenn man bei dem Bewertungsobjekt in Rosenburg mehr positive Aspekte als bei den verkauften Objekten im Durchschnitt unterstellt, würde dieses gewisse Zuschläge rechtfertigen. Wenn man „großzügig" einen Zuschlag von 20 % akzeptierte, würde dieses als oberen Bereich der Bandbreite zu einem Betrag von etwa

700.000,- €

führen.
Der Sachverständige weist darauf hin, daß gesichert der Vergleichswert nicht ableitbar ist, so daß hier nur ein gerundeter Tendenzwert niedergelegt werden kann, dieser wird vom Sachverständigen zunächst mit

600.000,- €

mitgeteilt.

Eine weitere Auswertungsmöglichkeit besteht darin, daß man nur die Kaufpreise berücksichtigt, die zum einen den Mittelwert aller Kaufpreise (Mittelwert 407.000,- €) und zum anderen auch die Durchschnittsgröße aller verkauften Grundstücke (18.989 m^2) überschreiten. Durch diese Auswahl erhält man dann die „besten" Objekte aus dem Spektrum der 20 Kauffälle. Wenn man diese Auswahlkriterien heranzieht, verbleiben allerdings auch nur 4 Kaufpreise, und zwar die 4 Kaufpreise, die ich in der Anlage 18 farbig coloriert habe. Die Auswertung der 4 Kaufpreise führt zu einem Mittelwert von

3.267.574,79 € : 4 = 817.000,- €.

Die durchschnittliche Flächengröße der 4 zuvor ausgewählten Objekte beträgt

255.529 m^2 : 4 = 64.000 m^2.

Wenn man - großzügig - die erhebliche Flächendifferenz vernachlässigt, führt dieses zu einem hilfsweisen Vergleichswert von

817.000,- € = 1.600.000,- DM.

Nur der guten Ordnung halber sei hier nochmals erwähnt, daß es sich hier nicht um eine statistisch gesicherte Marktanalyse handeln kann, sondern vielmehr nur um tendenzielle Wertableitungen, zur Erkennung grober Größenordnungen zulassen. Unter Berücksichtigung der Auswertung der 20 bzw. 9 bzw. 4 verbleibenden Kaufpreise wird der Vergleichswert gerundet mit

<u>1.500.000,- DM</u>

angenommen.

9. Ergebnis

Marktangepaßter Sachwert (hilfsweise):	2.100.000,- DM
Durch den Liegenschaftszins marktorientierter Ertragswert:	2.100.000,- DM
Vergleichswert (Tendenzwert):	1.500.000,- DM

Wie zuvor im Gutachten schon erläutert, läßt sich der Verkehrswert einer Immobilie nicht pfennig- und markgenau berechnen. Zahlreiche Einflußgrößen entziehen sich einer Berechenbarkeit. Außerdem ist zu beachten, daß selbst Kaufpreise in Teilmärkten, wo die Objekte gut vergleichbar sind (z.B. Reihenhäuser) in großen Bandbreiten streuen. Es kann beobachtet werden, daß in Reihenhauszeilen mit identischen Objekten Kaufpreisspannen von ± 20 % durchaus nicht unüblich sind. Zudem bilden sich häufig Kaufpreise paradox, d.h. Kaufpreise von „besseren" Objekten liegen manchmal niedriger als Kaufpreise von „schlechteren" Objekten. Das Problem bei der Verkehrswertermittlung besteht darin, daß jeder Verkehrswertermittler den Verkehrswert nicht genauer ermitteln kann als der Markt die Daten vorgibt. Diese Phänomen wird auch aus den starken Streuungen der Kaufpreise deutlich, die ich in der Anlage 18 zusammengestellt habe.
Resümee dieser Betrachtungen ist, daß weder das Sach- noch das Ertragswertverfahren, aber auch nicht das Vergleichswertverfahren zu einer exakten Wertfindung führen können. Alle Rechenverfahren sind als Hilfsrechnungen zu verstehen, die dann in der Gesamtbetrachtung unter Bezugnahme auf allgemeines Erfahrungswissen zu einer Verkehrswertableitung führen.

Schätzung und Ermittlung von Grundstückswerten

Anm. 39, S. 573

Der hilfsweise marktangepaßte Sachwert und der durch den Liegenschaftszinssatz marktorientierte Ertragswert stimmen im Ergebnis optimal überein, doch kann der Verkehrswert einer Immobilie eben nicht exakt mathematisch errechnet werden. Außerdem ist dem Ergebnis der Vergleichswertbetrachtungen Rechnung zu tragen, die deutlich gemacht haben, daß zumindest tendenziell der Wert eher niedriger als mit 2,1 Mio. DM zu erwarten ist.

Das Grundbuch (Abt. II) und auch das Baulastenverzeichnis wurden eingesehen. Das Grundbuch (Abt. II) ist lastenfrei. Nach Auskunft von Herrn XXXXX (Stadtverwaltung Rosenburg) und auch aus dem Katasternachweis ergibt sich, daß Baulasten bestehen, z.B. Überwegungsrechte zugunsten der Bauplätze westlich des Flurstücks 3/12. Diese Umstände sind bei der Gesamtbetrachtung und Wertfindung zu würdigen.

Der Sachverständige räumt ein, daß der Verkehrswert nicht exakt berechenbar ist und *schätzt* deshalb den Verkehrswert gerundet auf

2.000.000,- DM

(Zwei Millionen DM)

Ich gehe davon aus, daß Altlasten (z.B. Bodenverunreinigungen) nicht vorhanden sind. Dem Gutachten wurde unterstellt, daß die Entsorgung der Abwässer ordnungsgemäß erfolgt.

Eine Baugrundanalyse wurde nicht vorgenommen oder veranlaßt. Der Sachverständige geht von normalen Baugrundverhältnissen aus.

Überbauten sind augenscheinlich nicht erkennbar.

Der Sachverständige:

....

(Streich)

Anlagen:

JÜRGEN-WILHELM STREICH
Regierungsvermessungsamtmann a.D.
Von der Industrie- und Handelskammer zu Lübeck öffentlich bestellter und vereidigter Sachverständiger
für die Bewertung von bebauten und unbebauten Grundstücken, für Mieten und Pachten
sowie für Erbbaurechte

Hamburger Chaussee 77, 22222 Rosenburg

Vergleichspreise aus dem Kreis Rosenburg
Bauern- und Reiterhöfe u.ä. Objekte

Lfd.Nr.		Kaufpreis €		Fläche m²		Verkaufs-jahr	
1		148.277,--		917		1997	
2		319.562,50		9.253		1997	
3		1.329.380,--		17.628		1997	
4		301.667,--		53.797		1997	
5		143.164,--		3.500		1997	
6		345.127,50		3.100		1997	
7		204.520,--		1.459		1997	
8	xxxxx	1.520.610,29	xxxx	68.745	xxxx	1997	xx
9		270.989,--		7.500		1998	
10		255.650,--		3.742		1997	
11		194.294,--		5.279		1998	
12		250.537,--		4.500		1998	
13		209.633,		2.057		1999	
14		112.486,--		2.636		1999	
15		168.729,--		1.400		1999	
16	xxxx	695.368,--	xxxx	41.866	xxxx	1999	xx
17	xxxx	411.596,50	xxxx	44.666	xxxx	2000	xx
18		240.311,--		5.171		2000	
19		370.686,61		2.304		2001	
20	xxxx	640.000,--	xxxx	100.252	xxxx	2002	xx
		8.132.588,40		379.772			
		5.283.778,29		253.905			
	xxxx	3.267.574,79	xxxxx	255.529	xxxx		

Mit xxxx gekennzeichnete Zeilen sind im Original-Gutachten farbig hinterlegt

Anlage 18

Reichsbodenschätzung – Anm. 38

Im § 1 des Bodenschätzungsgesetzes wurde erlassen:

„Für den Zweck einer gerechten Verteilung der Steuern, einer planvollen Gestaltung der Bodennutzung und einer Verbesserung der Beleihungsunterlagen wird eine Bodenschätzung für die landwirtschaftlich nutzbaren Flächen des Reichsgebiets durchgeführt." [89]

Aus dem Liegenschaftskataster ergeben sich nicht nur Hinweise auf Grundbuchnummer, Eigentümer, katastermäßige Bezeichnungen, sondern auch auf die Ergebnisse der Reichsbodenschätzung. Es erfolgen u.a. Hinweise zu den Boden- und Entstehungsarten. Für die Bodenschätzung (Klasse) häufig verwendete Abkürzungen bedeuten:

S	=	Sand
Sl	=	anlehmiger Sand
lS	=	lehmiger Sand
SL	=	stark lehmiger Sand
sL	=	sandiger Lehm
L	=	Lehm
LT	=	schwerer Lehm
T	=	Ton
Mo	=	Moor

Im Rahmen der Reichsbodenschätzung wurden Wertzahlen (Bodenpunkte) vergeben, wobei der beste Boden die Wertzahl 100 erhalten hat. Aus den Katasterunterlagen lässt sich die Ertragsmesszahl (EMZ) entnehmen, aus der die durchschnittlichen Bodenpunkte sich rückrechnen lassen. Die EMZ wird wie folgt berechnet:

$$\text{Fläche} \times \text{Bodenpunkte} \div 100 = \text{EMZ}$$

Wenn nun die EMZ dem Katasternachweis entnommen wird, können die durchschnittlichen Bodenpunkte wie folgt berechnet werden:

$$\text{EMZ} \times 100 \div \text{Fläche} = \text{BP}$$

Aus statistischen Unterlagen der Statistischen Landesämter ergeben sich Hinweise zu den durchschnittlichen Kaufpreisen, sortiert nach Regionen, Nutzungsarten und Bodenpunkten. Insoweit verweise ich auch auf die Seite 14 des Gutachtens Nr. 15 und – bezüglich weiterer Details – auf das Schrifttum [90].

Schätzung und Ermittlung von Grundstückswerten – Anm. 39

Der Verkehrswert einer Immobilie lässt sich nicht in allen Teilmärkten exakt berechnen. Aufgrund zahlreicher Unwägbarkeiten kann zwar durch verschiedene Rechenmethoden und Wertermittlungsverfahren der Verkehrswert „eingekreist" werden, dennoch bleibt es letztendlich bei einer Schätzung, bei der insbesondere das allgemeine Erfahrungswissen zu berücksichtigen ist. Insoweit trifft der Titel des Fachbuchs „Schätzung und Ermittlung von Grundstückswerten" [5] die Problematik, wobei möglicherweise eine Umkehrung der Begriffe „Ermittlung und Schätzung von Grundstücken" noch bezeichnender wäre, da zunächst ermittelt und gerechnet und dann letztendlich im Schätzwege der Verkehrswert abgeleitet wird.

Ein Sachverständiger sollte nie außer Acht lassen, dass der Immobilienmarkt innerhalb verschiedener Teilmärkte nur bedingt nachrechenbar ist. Gerade meinen Berufskollegen, den Geodäten, sei geraten, die Rechnerei und Anwendung der Statistik nicht zu überbewerten, da sich zahlreiche Werteinflüsse einer Berechenbarkeit entziehen. Zahlreiche Marktmechanismen bilden sich irrational und paradox.

GUTACHTEN

des öffentlich bestellten und vereidigten Sachverständigen

JÜRGEN-WILHELM STREICH

aus Lübeck

. Ausfertigung

VERKEHRSWERTGUTACHTEN

HANSENSTR. 26, 23599 LÜBECK

Gutachten vom 16. April 2203
Nr. 1/xxx/03

- Dieses Gutachten umfaßt 57 Seiten -

JÜRGEN-WILHELM STREICH
Regierungsvermessungsamtmann a.D.
Von der Industrie- und Handelskammer zu Lübeck öffentlich bestellter und vereidigter Sachverständiger für die Bewertung von bebauten und unbebauten Grundstücken, für Mieten und Pachten sowie für Erbbaurechte

1. Auftrag
Der Verkehrswert des Grundstücks ist wegen anstehender Zwangsversteigerung zur Aufhebung der Gemeinschaft durch ein Sachverständigengutachten zu ermitteln.

2. Verkehrswert
Der Verkehrswert ist im BauGB [1] - Fundstellen siehe Anlage 13 - als der Wert definiert, der im gewöhnlichen Geschäftsverkehr ohne Berücksichtigung persönlicher oder ungewöhnlicher Umstände beim Verkauf zu erzielen ist. Die Wertermittlung führe ich in Anlehnung an die Regularien der WertV [2] durch.

3. Auftraggeber
Amtsgericht Lübeck
52 K 999/02
Zwangsversteigerung ./. XXXXX, XXXXXXXXXXXXXXXX
Beschluß vom 11. Februar 2003

4. Bewertungsobjekt
Hansenstr. 26, 23599 Lübeck

4.1 Kurzbeschreibung

396 m² großes Grundstück im OT St. Georg in der Hansenstr., einer Anliegerstraße mit Einfamilienhäusern (Reihenhäuser) aus der Zeit um 1930.
Mittelhaus, Bj. ca. 1928, 1 1/2-geschossig, 1-geschossiger Anbau, unterkellerter Massivbau (Ziegelmauerwerk) mit Tonnendach, ca. 93 m² Wfl., einfache Ausstattung, umfangreiche Baumängel und Bauschäden, Modernisierungs- und Sanierungsbedarf. Das Objekt ist vermietet für mtl. 750,- € zzgl. Betriebs- und Heizkosten.

VERKEHRSWERT: 90.000,- €

4.2 Katasterbezeichnung (Katasteramt Lübeck)
Gemeinde Hansestadt Lübeck, Gemarkung St. Georg,
Flur 7, Flurstück 596/65
Größe: 396 m²

4.3 Grundbuchbezeichnung (Amtsgericht Lübeck)
Grundbuch von Lübeck, Blatt 98.765

4.4 Eingetragene Eigentümer
Herr XXXXX XXXXXXXXXXX
Frau XXXXX XXXXXXXXXXX

5. Ortsbesichtigung und Bewertungsstichtag
17. März 2003

6. Mieter/Nutzer
Das Bewertungsobjekt ist für mtl. 750,- € zzgl. Betriebs- und Heizungskosten vermietet an die Eheleute XXXXXX XXXXXX und XXXXXX XXXXXXXX.

7. Beschreibung des Bewertungsobjektes
7.1 Lage - regional
Hansestadt Lübeck, Stadt mit ca. 215.000 Einwohnern im südlichen Teil des Bundeslandes Schleswig-Holstein, unmittelbar an Mecklenburg-Vorpommern angrenzend, landeinwärts liegende Hafenstadt, die durch den Flußlauf der Trave an die Ostsee angebunden ist.
Landesplanerisch als Oberzentrum eingestufter Ort an der Vogelfluglinie Hamburg-Fehmarn-Dänemark.
Über die BAB A 1 und A 523 besteht sehr günstige Verkehrsanbindung nach Hamburg. Lübeck ist Eisenbahnknotenpunkt mit Verkehr nach Hamburg, Kiel, Kopenhagen, Bad Kleinen und Lüneburg.

7.2 Lage - örtlich

Lage im OT St. Georg, einem großräumig betrachtet beliebten und stark nachgefragten Stadtteil mit nur ca. 3 km Entfernung zur Stadtmitte, eine BAB-Anschlußstelle (BAB A 523) ist schnell anfahrbar, Bushaltestellen sind bequem fußläufig erreichbar.

Die Hansenstr. liegt innerhalb des Stadtteils in einem Siedlungshausgebiet mit Bebauungen primär aus der Zeit 1920 - 1930. Bei den Bebauungen handelt es sich vorrangig um kleine Reihenhauszeilen mit jeweils 4 Einheiten.

Die Straße ist asphaltiert und beidseitig mit Bürgersteigen ausgebaut.

Versorgungseinrichtungen des täglichen Bedarfs sind z.T. bequem fußläufig erreichbar.

Zusammengefaßt ist die Lage als „gut" bis „mittel" zu qualifizieren.

Die Lage ist im Mietspiegel 2002 der Hansestadt Lübeck als „mittel" eingeordnet worden. Dieser Einordnung kann sich der Sachverständige nicht anschließen, da der Standort - trotz einfacher Bebauungsstruktur - als beliebt und nachgefragt zu bewerten ist. Deshalb wurde die Lage vom Sachverständigen mit „gut" bis „mittel" bewertet.

7.3 Grundstück

Die Reihenhausparzelle Hansenstr. 26 stößt mit ca. 6,5 m Frontbreite an die Straße und verbreitert sich rückwärtig bis ca. 10,5 m. Die durchschnittliche Tiefe kann der Anlage 3 mit ca. 44 m abgegriffen werden.

Die Oberflächengestalt ist als eben zu bezeichnen.

Das Grundstück ist voll erschlossen und bebaut.

7.4 Bebauung

Reihenmittelhaus einer kleinen nur 4 Einheiten umfassenden Reihenhauszeile (Häuser 24, 26, 28 und 30), Baujahr ca. 1928, 1 1/2-geschossiger Massivbau, Ziegelmauerwerk, 1-geschossiger rückwärtiger Anbau, teilunterkellerter Baukörper

mit einem Tonnendach (Holzkonstruktion, vor Jahren erneuerte Dachdeckung mit Betondachsteinen auf Pappdocken mit nicht handwerksgerecht eingebrachter Wärmedämmung), im Anbaubereich z.T. Flachdach, Dachgliederung durch Dachgauben.
Die Kellerdecke ist teils als Holzbalkendecke und teils als Massivdecke errichtet worden.
Die Kubatur der Bebauung habe ich mit ca. 475 m^3 Umbauter Raum (DIN 277/50) errechnet (Anlage 7).

7.5 Nutzung

Erdgeschoß

Windfang, Flur, 2 Zimmer, Küche sowie ein weiteres Zimmer und ein Abstellraum im Anbaubereich.
Die Raumaufteilung ist wegen der Raum-zu-Raum Erschließungen nicht besonders vorteilhaft.
Ein gesondertes Badezimmer ist nicht vorhanden, Bademöglichkeit ergibt sich nur aus einer Duschkabine in der Küche.
Die lichte Raumhöhe habe ich im Vorderhausbereich mit ca. 2,45 m gemessen. Im Anbaubereich ergeben sich überwiegend geringere Raumhöhen von nur 2,25 m. Die Räume im Anbaubereich liegen zudem tiefer, so daß Ausgleichsstufen zu berücksichtigen sind (Raumaufteilung im Detail siehe Anlage 4).
Die Durchgangshöhe der Tür zum Abstellraum im Anbaubereich beträgt nur ca. 1,65 m.

Dachgeschoß

Hier stehen zwei weitere Zimmer zur Nutzung zur Verfügung. Diese sind von einen kleinen Flur aus erreichbar, von dem auch ein Raum im Anbaubereich zugänglich ist, der jedoch als nicht ausgebauter Bodenraum zu bewerten ist.
Der Zuschnitt des Zimmers 1 (Anlage 5) ist vieleckig und nicht besonders vorteilhaft. Bedingt durch die Dachform (Tonnendach) ergeben sich Dachschrägen in relativ geringem Umfang.

7.6 Wohnflächen

Aus den Anlagen 8 und 9 ergibt sich die Wohnfläche des Hauses - überschlagsmäßig ermittelt - mit

ca. 93 m^2

Die vorstehende Wohnfläche ist nach den Regularien der DIN 283 berechnet worden. Die DIN 283 ist zwar vom Normenausschuß zurückgezogen worden, hat sich jedoch als „anerkannte Regel der Technik" bewährt. Deshalb bestehen keine Bedenken, die DIN 283 weiter anzuwenden. Die II. BV [3] ist schon deshalb weniger hilfreich, da in Einzelfällen aufgrund unterschiedlicher Interpretationsmöglichkeiten individuelle Ergebnisse möglich sind. Die II. BV besitzt nur im sozialen Wohnungsbau Verbindlichkeit.

7.7 Ausstattung

Gaszentralheizung, Therme im Keller, Wärmeabgabe durch Radiatoren,
Fenster mit Isolierverglasung (ältere Fenster), tlw. Einfachverglasung,
Fußböden mit Holzdielen,
Küche mit einfacher Ausstattung und einer Duschkabine,
Gasboiler zur Warmwasserversorgung,
Sanitärausstattung nur in Form einer Toilette neben dem Windfang im Eingangsbereich.
Die Ausstattung erfüllt nicht mehr heute übliche Wohnansprüche, so daß eine nachhaltige Nutzbarkeit erst nach Modernisierung des Hauses erkennbar ist.

7.8 Beschaffenheit

Der bauliche und dekoraktive Zustand des Hauses ist zusammengefaßt betrachtet nur als mäßig zu beschreiben.
Es besteht umfangreicher und erheblicher Investitionsbedarf wegen Baumängeln/Bauschäden. Leckagen und Feuchtigkeit im

Mauerwerk sowie Versottungen im Schornsteinbereich seien hier nur beispielhaft erwähnt. Die Kelleraußentreppe ist abgängig, Fußbodendielen sind zu erneuern usw.
Wegen des Investitionsbedarfs ist bei der Wertermittlung ein Abschlag in Ansatz zu bringen, dessen Höhe in Bezug auf eine geschätzte Restnutzungsdauer von 25 Jahren (Restnutzungsdauer unter Berücksichtigung wirtschaftlicher Aspekte) mit 15 bis 25 % des Gebäudesachwertes angenommen wird. Der Abschlag wird hier mit einer Höhe von 20 % festgelegt, wobei die Höhe des Abschlages nicht identisch ist mit der Höhe der Kosten, die wegen der Beseitigung der Baumängel/Bauschäden aufzubringen sind.
Zerstörende Untersuchungen wurden jedoch nicht durchgeführt. Nicht alle Gebäudeteile wurden besichtigt bzw. untersucht. Auch wurde die Haustechnik nicht überprüft. Eine verbindliche Beschaffenheitsbeschreibung und Beurteilung der Bauschäden/Baumängel setzt eine detaillierte Untersuchung eines Bauschadens- oder Hochbausachverständigen voraus.

Die Höhe des Abschlages ist - wie bereits erwähnt - nicht identisch mit dem Investitionsbedarf, er dient lediglich der Angleichung an den Wert im altersgemäßen Normalzustand (in Bezug auf eine 25jährige Restnutzungsdauer) unter Beachtung einer marktüblichen Akzeptanz.

7.9 Hinweis
Die Beschreibung der Bauteile, Beschaffenheit und Ausstattung erfolgt ohne Anspruch auf Vollständigkeit. Abweichungen im Detail sind möglich. Eine umfassende und verbindliche Beschreibung würde eine spezielle Bauaufnahme voraussetzen, die jedoch den Rahmen einer Verkehrswertermittlung überschreiten würde.

8. Bewertung

8.1 Bodenwert

8.1.1 Richtwert

Der Gutachterausschuß für Grundstückswerte in der Hansestadt Lübeck hat zonale Bodenrichtwerte für unbebaute Grundstücke ermittelt. Im fraglichen Bereich ist von

$$120,- \text{ €/m}^2$$

auszugehen.

Dieser Richtwert bezieht sich auf Wohnbebauung auf 600 m^2 große unbebaute und erschlossene Grundstücke, die mit Individualbauten neu bebaubar sind.

Wegen der Größe von nur 396 m^2 ist der Ansatz eines Zuschlages erforderlich, da größere Grundstücke erfahrungsgemäß niedrigere Preise per m^2 als kleinere Grundstücke erzielen.

8.1.2 Modifizierung des Richtwertes

Im RDM-Info [4] ist eine Untersuchung über die Abhängigkeit der Bodenwerte von der Grundstücksgröße veröffentlicht worden, die sich in folgender Gleichung ausdrückt:

$$KF = 8{,}36 \; GF^{-0{,}307}$$

KF = Korrekturfaktor

GF = Grundstücksfläche

Es ergeben sich folgende Korrekturfaktoren:

bei 396 m^2 : 1,33

bei 600 m^2 : 1,17

$$120,- \text{ €/m}^2 \times \frac{1,33}{1,17} = 136,- \text{ € m}^2$$

Im Hinblick auf die Reihenhausbebauungsstruktur ist ein Abschlag in Ansatz zu bringen. Andererseits ist auch der konjunkturellen Entwicklung Rechnung zu tragen.

Nach Abwägung aller Vor- bzw. Nachteile hält der Sachverständige einen Ausgangswert von

135,- €/m²

für marktkonform.

8.1.3 Bebauungsabschlag

Es ist zu berücksichtigen, daß das zu bewertende Grundstück bebaut ist. Die Bodenrichtwerte beziehen sich, wie bereits berichtet, auf unbebaute Grundstücke, die mit einem modernen und zeitgemäßen Gebäude neu bebaubar sind.
Die Marktteilnehmer, die die recht hohen Kaufpreise für unbebaute Grundstücke zahlen, vereinbaren diese Preise demzufolge nur in Verbindung mit dem Gedanken, das unbebaute Grundstück zukünftig neu zu bebauen und zu nutzen.
Erwerber einer „Gebrauchtimmobilie" können zwar im Detail Änderungen vornehmen, sind jedoch konzeptionell an die vorhandene Bebauungsstruktur gebunden. Schon aus diesem Grunde ist der Bodenwert bei bebauten Grundstücken zu dämpfen, zumindest ist das die Auffassung des Sachverständigen. Hier darf allerdings nicht unerwähnt bleiben, daß in Sachverständigenkreisen diese Meinung kontrovers diskutiert wird.

Fest steht jedoch, daß die Kaufpreise, die für unbebaute Grundstücke gezahlt werden, einem anderen Teilmarkt zuzuordnen sind als dem Teilmarkt der bebauten Grundstücke. Es handelt sich schlichtweg um andere Marktteilnehmer, um andere Immobilien und somit entwickeln sich auch unterschiedliche Marktmechanismen.

Die „Dämpfung" des Bodenwertes bei bebauten Grundstücken kann vereinfacht auch mit der eingeschränkten Verfügbarkeit des Grund und Bodens begründet werden.

Die Höhe des Abschlages kann nicht exakt mathematisch berechnet oder nachgewiesen werden und wird im Regelfall in einer Bandbreite von 10 bis 25 % für angemessen erachtet.

Im Hinblick auf die vorliegende Bebauungsstruktur schätzt der Sachverständige den Abschlag im oberen Bereich der üblichen Bandbreite und nimmt deshalb den Abschlag mit 20 % (= × 0,8) an.

Zusammengefaßt ergibt sich folgende Rechnung:

$$135,- \text{ €/m}^2 \times 0{,}8 = 108,- \text{ €/m}^2$$

Es darf hier der Hinweis nicht unterbleiben, daß gesicherte Erkenntnisse bezüglich der Höhe der Bodenwertdämpfung nicht vorliegen.

8.1.4 Bodenwertschätzung

Der Bodenwert kann bei bebauten Grundstücken im Übrigen sowieso nicht exakt errechnet werden. Es ergeben sich bei bebauten Grundstücken schon deshalb Probleme, da es sich bei dem Bodenwert um einen rein theoretischen Wertansatz handelt. Die Marktteilnehmer differenzieren die Kaufpreise nicht nach Boden- und Gebäudeanteil, sondern bilden vielmehr Kaufpreise als Gesamtbetrag („en bloc").
Der Sachverständige schätzt bei freier Abwägung aller Vor- und Nachteile den Bodenwert als bebautes Grundstück auf

<u>110,- €/m²</u>

$$396 \text{ m}^2 \times 110,- \text{ €/m}^2 = 43.560,- \text{ €}$$
$$= \underline{\text{ca. } 44.000,- \text{ €}}$$

8.2 Sachwertverfahren

8.2.1 Normalherstellungskosten (NHK)

8.2.1.1 NHK 1995/NHK 2000

Der Bundesminister für Raumordnung, Bauwesen und Städtebau hat durch Hinweise vom 1. August 1997 Tabellen mit Normalherstellungskosten per 1995 herausgegeben. Die dort für verschiedene Gebäudearten tabulierten NHK werden dann mit verschiedenen Korrekturfaktoren multipliziert.

Diese NHK 1995 habe ich in mehreren Gutachten bereits angewandt, jedoch dabei festgestellt, daß die Ergebnisse - zumindest für den Raum, wo ich regelmäßig Gutachten erstatte - häufig nicht plausibel sind. Der Sachverständige verzichtet deshalb in diesem Gutachten auf die detaillierte Anwendung der NHK 1995-Tabellen des Bundesbauministers. Vielmehr wende ich in meinem Gutachten empfohlene NHK an, die sich aus der Tabelle 27 in [5] ergeben. Die dort tabellierten NHK DM/m^3 habe ich - gerundet - auf $€/m^2$ umgerechnet.

Die schematische Vorgabe von Korrekturfaktoren für Länder und Gemeindegrößen dürfte nach Einschätzung des Sachverständigen ein gewichtiger Grund sein für die Abweichungen zwischen den Hinweisen der WertR [6] und den Empfehlungen der Fachliteratur.
Inzwischen sind auch Tabellen mit NHK 2000 veröffentlicht worden [67], die sich jedoch auf andere Rechengrößen (Bruttogrundfläche) beziehen.

8.2.1.2 Normalherstellungskosten 1958

NHK 1958*:	72,-- DM/m^2
NHK 1958*:	37,-- $€/m^3$
umgerechnet auf 2003**:	229,- $€/m^3$

* bezogen auf Umbauten Raum gem. DIN 277/50

** Der derzeitige Baupreisindex (1958 = 100) liegt bei 619,3 Punkten (per Nov. 2002). Ich gehe in meinem Gutachten von einem gerundeten Index von 620 Punkten aus.

Der Ansatz von NHK 37,-- €/m³ per 1958 entspricht einem Ansatz von rd. 21,- M/m³ per 1913 bzw. 453,- DM/m³ per 1995.

8.2.2 Wertminderung wegen Alters

Baujahr:	1928
Alter (2003):	75 Jahre
gewöhnliche Gesamtnutzungsdauer:	70 Jahre
Restnutzungsdauer:	keine
Restnutzungsdauer* unter Berücksichtigung noch vorzunehmender Investitionen wg. Baumängel/Bauschäden:	25 Jahre
fiktives Alter:	45 Jahre

Die Wertminderung wegen Alters kann wie folgt berechnet werden:

lineare Wertminderung:

$$\frac{100\ \%}{70} \times 45 = 64,3\ \%$$

Abschreibung nach Methode Ross:

$$1/2\ (64,3\ \% + \frac{64,3\ \%^2}{100}) = 52,8\ \%$$

Aus dem Schrifttum [68] lassen sich auch andere Wertminderungs-Rechenmodelle entnehmen. Folgt man der Tabelle von VOGELS, wäre die Wertminderung wegen Alters mit 61,1 % zu bemessen. Die Wertminderung wegen Alters wird vom Sachverständigen zusammengefaßt mit

55 %

als marktkonform angenommen.

* Auch bei abgeschriebenen Baulichkeiten verbleibt eine gewisse Restnutzungsdauer, wenn eine Ertragsfähigkeit unter wirtschaftlichen Aspekten erkennbar ist. Bei dem Bewertungsobjekt halte ich nach Durchführung von Mindest-Investitionen noch eine Restnutzungsdauer von 25 Jahren für realisierbar. Der Ansatz einer längeren Restnutzungsdauer würde erheblich umfangreichere Investitionen voraussetzen, so daß dann der Abschlag deutlich erhöht werden müßte.

8.2.3 Zeitwert

Neuwert (8.2.1.2):	229,-- €/m³
- 55 % Wertminderung wg. Alters:	126,-- €/m³
	103,-- €/m³

8.2.4 Sachwertberechnung

rd. 475 m³* × 103,- €/m³	rd.	49.000,- €
zzgl. 15 % Baunebenkosten	rd.	7.000,- €
Gebäudesachwert:	rd.	56.000,- €
zzgl. Außenanlagen und besondere Bauteile (frei geschätzt)**	rd.	4.000,- €
zzgl. Bodenwert (8.1.4):	rd.	44.000,- €
Sachwert-Zwischenwert:		104.000,- €
- 20 % Abschlag vom Gebäudesachwert (siehe 7.8) = 11.200,- €	rd.	11.000,- €
Sachwert:	ca.	93.000,- €

* siehe Anlage 7

** Der Wert der Außenanlagen und besonderen Bauteilen wurde frei vom Sachverständigen geschätzt. Dabei bin ich von einem Wertansatz von ca. 7 % des Gebäudesachwertes ausgegangen. Hier ist zu berücksichtigen, daß die Werte der Außenanlagen und die Werte der Bebauung in einem gewissen Verhältnis stehen. Auch unter Berücksichtigung der Hinweise der Fachliteratur [7] habe ich den zuvor erwähnten Prozentsatz gewählt. VOGELS erläutert hierzu:

„In der Regel reichen diese Prozentzahlen zur Bestimmung des Wertes der Außenanlagen aus. Bei sehr aufwendigen Anlagen ist ohnehin zu prüfen, ob sie überhaupt allgemein werterhöhend sind; ob sie von einem durchschnittlichen Erwerber übernommen werden."

8.2.5 Marktanpassung des Sachwertes

Kaufpreise von Immobilien sind in der Regel nicht identisch mit dem Sachwert. Es ist deshalb erforderlich, daß der Sachwert an die Marktlage angepaßt wird. Bezüglich des Teilmarktes, dem das zu bewertende Objekt zuzuordnen ist, bestehen jedoch keine mathematisch-statistisch gesicherten Erkenntnisse über die erforderliche Zu- oder Abschlagshöhe. Deshalb kann die Marktanpassung nur im Schätzwege abgeleitet werden.

Zwar liegen Ergebnisse von Kaufpreisanalysen bezüglich Ein- und Zweifamilienhäusern vor, doch beziehen sich diese nicht auf Grundstücke mit so geringer Sachwerthöhe und kurzer Restnutzungsdauer [8]. Es kann hier nur das Ergebnis empirischer Erkenntnisse wiedergegeben werden, in denen festgestellt wird, daß Kaufpreise vergleichbarer Objekte eher *über* als unter dem Sachwert liegen.

Der Umstand, daß das Objekt vermietet ist, bleibt hier zunächst unberücksichtigt.

Kaufpreise bilden sich nicht „sachverständig", es können sogar paradoxe Preisbildungen beobachtet werden: Kaufpreise ähnlicher Objekte wie dem, das hier zu bewerten ist, liegen erfahrungsgemäß eher höher als unter reinen Vernunftsaspekten berechenbar ist. Es stellt sich hier die Frage, ob nicht möglicherweise durch den Ansatz der recht kurzen Restnutzungsdauer von nur 25 Jahren nicht schon der vorhandenen Beschaffenheit ausreichend Rechnung getragen wurde. Der Sachverständige hat sich aber, wie zuvor im Gutachten erkennbar, dazu entschlossen, noch einen separaten Abschlag wegen Baumängeln und Bauschäden in Ansatz zu bringen, da das Gebäude doch eine Beschaffenheit aufweist, die auffällig schlechter ist als bei der Mehrzahl ähnlicher baujahrsgleicher Objekte, die in Lübeck angeboten werden. Wie bereits formuliert, reagiert der Markt hier allerdings offenbar anders als unter rechentechnischen Aspekten darstellbar ist. Der Sachverständige hält es jedoch im Hinblick auf die Marktlage für angezeigt, den Sachwert durch einen auf 5 - 10 % geschätzten Zuschlag an die Marktlage anzupassen.

Sachwert:	93.000,- €
7,5 % Marktanpassungszuschlag:	7.000,- €
Marktangepaßter Sachwert:	100.000,- €

8.3 Ertragswertverfahren

8.3.1 Nachhaltig erzielbarer Mietertrag (Netto-Kalt-Miete)

Als nachhaltig erzielbar im Sinne § 16 der WertV ist ein durchschnittlicher Mietzins zu verstehen, der nach einer Neuvermietung bei ordnungsgemäßer Bewirtschaftung auch sicher erzielbar sein dürfte, und zwar in Bezug auf die unterstellte Restnutzungsdauer von 25 Jahren unter der Voraussetzung, daß die Ertragsfähigkeit durch lfd. Instandhaltung gesichert bzw. durch Investitionen wg. Baumängel/Bauschäden ermöglicht wird.

Außerdem wird ein zusätzlicher Abschlag - geschätzt 10.000,- € - in Abzug gebracht, da gewisse Modernisierungsarbeiten durchzuführen sind (z.B. Einbau eines zeitgemäßen Bades), um überhaupt eine nachhaltige Vermietbarkeit zu ermöglichen. Auch hier gilt die Aussage, daß die Kosten der Modernisierung höher anzusetzen sind als die diesbezügliche Abschlagshöhe.

Ich nehme Bezug auf den Preisspiegel des Ringes Deutscher Makler (RDM), der auch für Wohnraum in Vorkriegsbauten Erfahrungswerte tabelliert hat. In Anlehnung an § 558 (2) [61] nehme ich Bezug auf einen 4-Jahres-Zeitraum. Die nachstehend aufgeführten Mieten sind als Netto-Kalt-Mieten zu verstehen.

	Wohnwert		
	einfach	mittel	gut
	DM/m²	DM/m²	DM/m²
1999:	7,50	10,00	12,50
2000:	7,50	10,00	12,50
2001:	7,50	10,00	12,50
	€/m²	€/m²	€/m²
2002:	3,85	5,10	6,40

Auf €/m² umgerechnet ergeben sich folgende - gerundete - Ausgangswerte:

	Wohnwert		
	einfach	mittel	gut
	€/m²	€/m²	€/m²
1999:	3,85	5,10	6,40
2000:	3,85	5,10	6,40
2001:	3,85	5,10	6,40
2002:	3,85	5,10	6,40
Mittel:	3,85	5,10	6,40

Im Hinblick auf die Lage gehe ich von einem mittleren bis guten Wohnwert aus:

5,75 €/m².

Bezüglich der Ausstattung und Struktur gehe ich - nach Teilmodernisierung und Instandsetzung - von einem mittleren Wohnwert aus:

5,10 €/m².

Da die Mietpreise relativ unsensibel auf die Lagequalität reagieren, mittele ich die Wohnwertkomponenten Lage und Ausstattung im Verhältnis 4 : 6.

$$1/10\ (5{,}75\ €/m^2 \times 4 + 5{,}10\ €/m^2 \times 6) = 5{,}36\ €/m^2$$

Individuelle Korrekturen:

a) Abschlag wegen Größe (die RDM-Werte beziehen sich auf 70 m² Wfl. große Wohnungen)
   Abschlag: 6 % (unter Bezugnahme auf eine diesbezügliche Marktanalyse [10], (= × 0,93)

b) Zuschlag wg. Lage der WE im Einfamilienhaus (unter Bezugnahme auf eine diesbezügliche Marktanalyse [11]
   Zuschlag: 20 % (geschätzt) (= × 1,2)

93 m² Wfl. × 5,36 €/m² × 0,93 × 1,2 = 556,- €

Den nachhaltig erzielbaren Mietertrag der Immobilie schätze ich incl. Kellerräume und Gartennutzung bei freier Abwägung - auch unter Beachtung allgemeiner Marktkenntnisse - nach Durchführung von Investitionen gerundet auf

mtl. 550,- €
(= ca. 5,90 €/m² Wfl.)

Dabei war einerseits auch zu berücksichtigen gewesen, daß die vom RDM tabellierten Mietwerte sich eher im oberen Bereich des Spektrums der Marktmieten bewegen, andererseits muß eingeräumt werden, daß gerade der Mietwert von Einfamilienhäusern nicht streng mathematisch berechenbar ist.

Nachhaltig erzielbarer jährlicher Mietertrag:
550,- € × 12 = 6.600,- €

8.3.2 Gezahlte Miete

Das zu bewertende Objekt wurde 1994 für mtl. 1.600,- DM zzgl. Betriebs- und Heizungskosten an die jetzigen Nutzer vermietet. Zu berücksichtigen ist, daß das Mietpreisniveau damals höher lag als heute, denn im Bereich der Hansestadt Lübeck ist der Wohnungsmarkt eher durch Stagnation und Preisrückgänge als durch Preissteigerungen geprägt. Gerade Objekte mit nicht mehr zeitgemäßer Ausstattung haben erhebliche Preisrückgänge erfahren.

Bei der 1994 vereinbarten Miete ist auch zu berücksichtigen, daß das Objekt an ein ausländisches Ehepaar mit mehreren Kindern vermietet worden ist. Es kann beobachtet werden, daß bestimmte Bevölkerungskreise eher als andere zu höheren Mietzahlungen verpflichtet werden, da bestimmte Marktteilnehmer erhöhte Schwierigkeiten haben, eine gewünschte Wohnung zu erhalten. Entscheidend für den nachhaltig erzielbaren Mietertrag ist jedoch nicht die gezahlte Miete, schon gar nicht eine gezahlte Miete, die vereinbart wurde als die Wohnungsmieten noch deutlich höher lagen als heute und auch ein gewisses Mißverhältnis zwischen Angebot und Nachfrage bestand.
Die Miethöhe ist von den Mietern wegen zahlreicher Baumängel und Bauschäden gekürzt worden, so daß jetzt ein gerundeter Betrag von mtl. 750,- € zzgl. Betries- und Heizungskosten gezahlt wird (es handelt sich um einen Mietvertrag auf unbestimmte Zeit).
Der als nachhaltig erzielbare Mietertrag liegt erheblich niedriger als die Miete, die derzeitig gezahlt wird. Möglicherweise überschreitet die ursprünglich vereinbarte Miete bzw. die derzeitig gezahlte Miete die ortsübliche Vergleichsmiete wesentlich. Im Mietspiegel 2002 der Hansestadt Lübeck wird für Wohnungen mit 85 m^2 und mehr an Wohnungsgröße ein mtl. Mietzins von nur 4,35 €/m^2 mitgeteilt. Allerdings bezieht sich diese Information auf die ortsübliche Vergleichsmiete im mietrechtlichen Sinn und zudem auf Wohnungen in Geschoßbauten. Dennoch besteht, wie bereits erwähnt, möglicherweise eine wesentliche Überschreitung der ortsüblichen Vergleichsmiete. Der Sachverständige weist auf diese Umstände nur hin, geht diesen Fragen nicht weiter nach und legt eine Miete zugrunde, die sich aus dem RDM-Immobilien-Preisspiegel aktuell ableiten und zudem auch durch Vergleichsmieten begründen läßt.

8.3.3 Bewirtschaftungskosten

Die angemessenen Bewirtschaftungskosten schätze ich unter Anlehnung an die Erfahrungssätze, die sich aus der II. BV [3] und den WertR [6] sowie der Fachliteratur [12] ergeben:

Instandhaltungskosten		
Pauschale (siehe Anlage 10)	=	rd. 1.200,- €
Verwaltungskosten		
mtl. 35,- € × 12 = 420,- €	=	rd. 420,- €
Mietausfallwagnis		
3 % vom Brutto-Rohertrag (incl. geschätzter Nebenkosten von 1,00 €/m² Wfl.) = 7.716,- €*	=	rd. 231,- €
		rd. 1.851,- €

* 93 m² × 1,00 €/m² × 12 + 6.600,- € = 7.716,- €

$$\frac{1.851,- €}{6.600,- €} \times 100 = 28,0\ \%$$

gerundet = 27,5 %

Dabei bin ich davon ausgegangen, daß Betriebskosten zzgl. zur Nettomiete zu zahlen wären.

8.3.4 Liegenschaftszinssatz

Der Liegenschaftszinssatz ist in der WertV [2] im § 11 wie folgt definiert: *„Der Liegenschaftszinssatz ist der Zinssatz, mit dem der Verkehrswert von Liegenschaften im Durchschnitt marktüblich verzinst wird."*

Daraus folgt, daß der Liegenschaftszinssatz aus geeigneten Kaufpreisen iterativ durch Rückwärtsrechnung eines Ertragswertverfahrens abzuleiten ist.

Wenn man nicht nur bei einem, sondern bei mehreren Kaufpreisen von Objekten, die sich einem bestimmten Teilmarkt zuordnen lassen, solche Ableitungen vornimmt, können die Ergebnisse ausgemittelt werden und führen so zu einem marktüblichen

Zinsfuß. Das Problem bei der Ableitung der Zinsfüße besteht darin, daß diese teilmarktspezifiziert und zeitaktuell zu ermitteln sind.
In den WertR [6] wird bei Einfamilienhäusern von einem Liegenschaftszinssatz von 4,0 % ausgegangen. Die aktuellen Zinsfüße liegen erfahrungsgemäß jedoch niedriger als die in den WertR mitgeteilten Zinssätze, die noch auf Erfahrungswerte aus den 70iger Jahren beruhen. Die Fachliteratur [13] weist bei einem Einfamilienhaus einen Liegenschaftszinssatz von 2,5 - 3,5 % (i.M. 3,0 %) aus.

Eine überregionale Marktanalyse [14] führt zu einer Zinsfußbreite von

2,0 - 2,5 %.

Örtlich gewonnene Erkenntnisse [59] führen bei vermieteten Objekten im Jahre 2001 zu einem Liegenschaftszinssatz von etwa

3,7 %.

Bei vermietungsfreien Objekten ergeben sich in der Regel niedrigere Liegenschaftszinssätze, so daß ein Abschlag von etwa 0,25 bis 0,5 % durchaus angezeigt erscheint. Unter Bezugnahme auf die vorliegenden örtlichen Auswertungen gehe ich deshalb von

3,25 %

als Liegenschaftszinssatz aus.

Es ist festzustellen, daß die regionalen und überregionalen Erkenntnisse zumindest tendenziell harmonieren.

Als Trendwert kann zunächst von etwa

3,0 %

ausgegangen werden.
Da sowohl die Verwertbarkeit als auch die Verkäuflichkeit des Bewertungsobjektes positiv zu beurteilen sind, wird eine weitere Reduzierung des Liegenschaftszinssatzes für marktkonform erkannt.

Zusammengefaßt setze ich einen Liegenschaftszinssatz von nur

2,75 %

an.

8.3.5 Ertragswertberechnung

Nachhaltig erzielbarer Jahresrohertrag:	6.600,- €
- 27,5 % Bewirtschaftungskosten:	1.815,- €
Jahresreinertrag des Grundstücks:	4.785,- €
- 2,75 % Verzinsung des Bodenwertes:	1.210,- €
Jahresreinertrag des Gebäudes:	3.575,- €

Der Jahresreinertrag des Gebäudes ist mit dem Vervielfältiger (VV) 17,91 zu multiplizieren, der sich bei Ansatz eines 2,75 %igen Liegenschaftszinssatzes und einer Restnutzungsdauer von 25 Jahren nach der Rentenbarwertformel ergibt:

$$VV = \frac{q^n - 1}{q - 1} \times \frac{1}{q^n}$$

$$q = 1 + \frac{p}{100}$$

p = Liegenschaftszinssatz

n = Restnutzungsdauer

3.575,- € × 17,91	=	64.000,- €
zzgl. Bodenwert (8.1.4)	=	44.000,- €
Ertragswert-Zwischenwert:		108.000,- €
- Abschlag wg. Investitionsbedarf (siehe 7.8 und 8.2.4)	=	11.000,- €
- Abschlag wg. Modernisierungsbedarf (siehe 8.3.1)	=	10.000,- €
Ertragswert:		87.000,- €

Anwendung des Vergleichswertverfahrens

Anm. 40, S. 614

8.4 Vergleichswertverfahren

8.4.1 Allgemeines

Dem Sachverständigen sind zahlreich Kaufpreise bekannt, die für andere Einfamilienhäuser (Reihenhäuser und vergleichbare Strukturen) in der Hansestadt Lübeck vereinbart worden sind. Zwar bestehen naturgemäß Lage-, Ausstattungs- und Strukturunterschiede bei den einzelnen Objekten, doch kann vom Trend her eine statistische Auswertung erfolgen. Der Vergleichswert ist im Rahmen einer solchen Auswertung als eine weitere Hilfsrechnung zur Wertfindung zu verstehen. Im folgenden Abschnitt 8.4.2 habe ich 11 Kaufpreise aufgelistet, die sich auf tendenziell vergleichbare, jedoch vermietungsfreie Objekte beziehen. Herangezogen habe ich nur Eigentumsobjekte, keine Erbbaurechte, die im Bereich der Hansestadt Lübeck weite Verbreitung gefunden haben. Bei den folgend aufgeführten Objekten handelt es sich um unterkellerte Gebäude mit überwiegend mittlerer Beschaffenheit. Verkaufte Objekte, die durchgreifend modernisiert oder umgebaut worden sind, fanden keine Beachtung.

8.4.2 Vergleichspreise

Lfd.Nr.	Lage/Objekt	Kaufpreis €	Wfl. m^2	Baujahr
1	Königsberger Str., HL-St.Lorenz, Reihenmittelhaus	89.476,-	63	1956
2	H.-Löns-Weg, HL-St.Jürgen, Reihenmittelhaus	122.710,-	84	1961
3	R.-Wagner-Str., HL-St.Lorenz, Reihenmittelhaus	109.928,-	72	1963
4	Angelnweg, HL-St.Lorenz, Reihenendhaus	121.687,-	65	1956
5	Nibelungenstr., HL-St.Jürgen, Reihenendhaus	153.388,-	73	1958

6	Elswigstr., HL-St.Jürgen, Reihenmittelhaus	151.342,-	90	1958
7	Pfitznerstr., HL-St.Lorenz, Reihenmittelhaus	134.981,-	85	1956
8	Forstmeisterweg, HL-St.Gertrud, Reihenmittelhaus	126.545,-	95	1954
9	J.-S.-Bach-Str., HL-St.Lorenz, Reihenmittelhaus	86.920,-	68	1958
10	xxxxxxx*, HL-Moisling 1/2 Doppelhaus	97.000,-	90	1949
11	Am Rande, HL-Herrenwyk, 1/2 Doppelhaus	115.000,-	95	1949

* Anliegerstr. im Märchenviertel nördlich des Brüder-Grimm-Rings

Lfd.Nr.	Kaufpreis €/m²	Wfl. m²	Verkaufs-jahr
1	1.420,-	63	2001
2	1.461,-	84	2001
3	1.527,-	72	2001
4	1.872,-	65	2001
5	2.101,-	73	2001
6	1.682,-	90	2001
7	1.588,-	85	2001
8	1.332,-	95	2000
9	1.278,-	68	2002
10	1.078,-	90	2002
11	1.211,-	95	2003

Mittels eines aus dem Preisspiegel des Ringes Deutscher Makler (RDM) abgeleiteten Preisindex (Anlage 11)* werden die Kaufpreise auf das Preisniveau 2003 umgerechnet. Da für den Teilmarkt, dem das Bewertungsobjekt zuzuordnen ist, keine statistisch gesicherten Indizes vorliegen, greift der Sachverständige hilfsweise auf Indizes zurück, die aus dem Marktgeschehen bezüglich Eigentumswohnungen im Bereich der Hansestadt Lübeck entwickelt worden sind. Es handelt sich insoweit um eine hilfsweise Umrechnung, die jedoch aus sachverständiger Sicht zumindest tendenziell durchaus zulässig ist. Da per 2003 noch kein aktueller Index vorliegt, wurde mit dem Index des Jahres 2002 gerechnet. Da per 2003 noch kein aktueller Index vorliegt, wurde mit dem Index des Jahres 2002 gerechnet.

* siehe Anlage 11 bei Gutachten Nr. 6

lfd. Nr.	Kaufpreis €/m²	Umrechnung	verbesserter Kaufpreis €/m²
1	1.420,-	: 126 × 120	1.352,-
2	1.461,-	: 126 × 120	1.391,-
3	1.527,-	: 126 × 120	1.454,-
4	1.872,-	: 126 × 120	1.783,-
5	2.101,-	: 126 × 120	2.001,-
6	1.682,-	: 126 × 120	1.602,-
7	1.588,-	: 126 × 120	1.512,-
8	1.332,-	: 132 × 120	1.211,-
9	1.278,-	: 120 × 120	1.278,-
10	1.078,-	: 120 × 120	1.078,-
11	1.211,-	: 120 × 120	1.211,-

8.4.3 Auswertung der verbesserten Kaufpreise
Streubreite der Einzelwerte:

1.078,- €/m² bis 2.001,- €/m²

Arithmetisches Mittel als Tendenzwert:

$$\bar{x} = \frac{\sum x_i}{n}$$

$$\bar{x} = \frac{15.873,-\ €}{11} = 1.443,-\ €/m^2\ \text{Wfl.}$$

Einzelpreise, die den Mittelwert um mehr als ± 20 % überschreiten, sind üblicherweise als Extremwerte („Ausreißer") auszusondern, da bei kleineren Stichproben Extremwerte das Ergebnis einseitig verzerren können.

Da die hier vorliegende Stichprobe nicht vollständig homogen ist, halte ich eine Vergrößerung der Variationsbreite von ± 20 % auf ± 33,3 % für sachgerecht:

962,- €/m² Wfl. bis 1.924,- €/m² Wfl.

Es ist demzufolge festzustellen, daß der Kaufpreis lfd. Nr. 5 außerhalb der Variationsbreite liegt, so daß dieser Kaufpreis als Extremwert zu eliminieren ist.

$$\bar{x}_2 = \frac{15.873,-\ € \ - \ 2.001,-\ €}{11 \ - \ 1} = 1.387,-\ €/m^2\ \text{Wfl.}$$

8.4.4 Statistische Prüfmaße
Je nach Anzahl und Streuung der Daten einer Stichprobe ergibt sich eine unterschiedliche Qualität bezüglich des Mittelwertes. Es sind verschiedene Prüfmaße für die Qualität einer Stichprobe entwickelt worden, von denen ich hier die Standardabweichung, den Mittleren Fehler des Mittels und den Variationskoeffizienten berechne.

Standardabweichung (Mittlerer Fehler eines Einzelwertes):

$$s_x = \sqrt{\frac{\sum (x_i - \bar{x})^2}{n - 1}}$$

$$s_x = \pm\ 209,-\ €/m^2$$

Mittlerer Fehler des Mittels:

$$s_{\bar{x}} = \frac{s_x}{\sqrt{n}}$$

$$s_{\bar{x}} = \pm\ 66,-\ €/m^2$$

Bandbreite des Mittelwertes:

1.321,- €/m² bis 1.453,- €/m²

Variationskoeffizient:

$$v = \frac{s_x}{\bar{x}} = \frac{\pm\ 209,-\ €/m^2}{1.387,-\ €/m^2} = \pm\ 0,151$$

Der Variationskoeffizient von ± 0,151 sagt aus, daß die Güte der Streuung als „noch ordentlich" bis „recht bedenklich" zu werten ist. Ich verweise bezüglich des Variationskoeffizienten auch auf die Anlage 12 (siehe Anlage 13 bei Gutachten Nr. 1) dieses Gutachtens.

Dabei ist auch zu berücksichtigen, daß die vorliegende Stichprobe nicht vollständig homogen sein kann. Gerade bei Einfamilienhäusern ergeben sich aufgrund der Individualität recht große Bandbreiten. Auch ist zu berücksichtigen, daß der Mittlere Fehler des Mittels mit ± 66,- €/m² in einem recht aussagekräftigen Rahmen liegt (± 5 % in Bezug zum Arithmetischen Mittel).

8.4.5 Beschaffenheitskorrektur

Die 10 zum Preisvergleich herangezogenen Objekte sind im Durchschnitt 1956 errichtet worden. Aus dem durchschnittlichen Baujahr ergibt sich ein durchschnittliches Alter per 2003 von 47 Jahren. Im Hinblick auf die im Durchschnitt jüngeren Bebauungsstrukturen gehe ich von einer Gesamtnutzungsdauer bei den Vergleichsobjekten von im Durchschnitt 80 Jahren aus, so daß sich eine Restnutzungsdauer von durchschnittlich 33 Jahren errechnet. Bei dem Bewertungsobjekt habe ich die Restnutzungsdauer nur mit 25 Jahren angesetzt. Der Vervielfältiger wurde bei der Ertragswertberechnung mit 17,91 in Ansatz gebracht (bezogen auf eine Restnutzungsdauer von 25 Jahren). Wenn man bei den Vergleichsobjekten im Durchschnitt eine 33 jährige Restnutzungsdauer unterstellt, ergibt sich dort ein Vervielfältiger von 21,51, ebenfalls wie beim Bewertungsobjekt mit 2,75 % berechnet. Die Vervielfältigerdifferenz beträgt 17 %. In Anlehnung an diese Überlegungen schätze ich die erforderliche Korrektur des Vergleichswertes auf gerundet 10 %, wobei auch zu berücksichtigen ist, daß die zuvor aufgeführten Vergleichspreise €/m² auch den (theoretischen) Bodenwertanteil mit enthalten.

Ausgangswert:	1.387,- €/m²
- 10 % Abschlag:	139,- €/m²
	1.248,- €/m²

8.4.6 Abschlag wg. Objektdimensionierung

Die 10 verbliebenen Kaufpreise beziehen sich auf Objekte mit im Durchschnitt 81 m² Wohnfläche. Bei dem Bewertungsobjekt gehe ich von 93 m² als Wohnfläche aus. Diesbezüglich ist ein Abschlag in Ansatz zu bringen, da erfahrungsgemäß kleinere Objekte per m² Wohnfläche teurer gehandelt werden als größere. Mathematisch-statistisch gesicherte Erkenntnisse liegen bezüglich dieses Marktmechanismusses nicht vor, so daß hilfsweise auf andere Erfahrungswerte abzustellen ist. In diesem Gutachten hatte ich zuvor bei der Ermittlung des nachhaltig erzielbaren Mietertrages eine diesbezügliche Regressionsanalyse angewendet [10], die sich allerdings auf

die Abhängigkeit der Miethöhe von der Wohnungsgröße bezieht. Bei Kaufpreisen sind allerdings ähnliche Abhängigkeiten zu beobachten, so daß aus sachverständiger Sicht keine Bedenken bestehen, auch hier mit der Regressionsgleichung zu arbeiten, die auch bei der Mietpreisbestimmung Anwendung gefunden hatte.
Die Umrechnung erfolgt mittels folgender Gleichung:

$$y = 2{,}9526 \text{ mal } x^{-0{,}2351}$$
$$y = \text{Umrechnungskoeffizient}$$
$$x = \text{Wohnfläche } (m^2)$$

Es errechnen sich folgende Umrechnungskoeffizienten:

bei 93 m^2 Umrechnungskoeffizient: 1,0172
bei 81 m^2 Umrechnungskoeffizient: 1,0508

$$1.248,- \text{ €}/m^2 \text{Wfl.} \times \frac{1,0172}{1,0508} = 1.208,- \text{ €}/m^2 \text{ Wfl.}$$

8.4.7 Vergleichspreisbandbreite
Bandbreite unter Beachtung des Mittleren Fehlers des Mittels:

1.142,- €/m^2 bis 1.274,- €/m^2

Multipliziert mit 93 m^2 Wfl.:
106.000,- € bis 118.000,- €

8.4.8 Vergleichswerteinschätzung
Wenn man auf die konjunkturelle Korrektur auf der Seite 24 dieses Gutachtens verzichtet hätte, läge das Arithmetische Mittel nicht bei 1.443,-, sondern bei 1.504,- €/m^2. Ohne den Extremwert lfd.Nr. 5 ergäbe sich als Arithmetisches Mittel ein Betrag 1.445,- €/m^2. Der Mittlere Fehler des Mittels betrüge dann ± 74,- €/m^2.

Wohnflächenkorrektur:

$$1.445,- €/m^2 \times \frac{1,0172}{1,0508} = 1.399,- €/m^2$$

Korrektur wg. kürzerer Restnutzungsdauer:

Ausgangswert:	1.399,- €/m²
- 10 % Abschlag:	140,- €/m²
	1.259,- €/m²

Bandbreite unter Beachtung des Mittleren Fehlers des Mittel:

1.185,- €/m² bis 1.333,- €/m²

Multipliziert mit 93 m² Wfl.:

110.000,- € bis 124.000,- €

Die im Abschnitt 8.4.7 und in diesem Abschnitt ermittelten Bandbreiten von

106.000,- € bis 118.000,- €

bzw.

110.000,- € bis 124.000,- €

überschneiden sich und bilden eine Schnittmenge im Bereich zwischen

110.000,- € und 118.000,- €.

Der Vergleichswert wird deshalb zunächst in einer Größenordnung von

115.000,- €

als marktgerecht erkannt.

Außerdem ist auch noch zu berücksichtigen, daß nicht unerheblicher Investitionsbedarf besteht, wobei bei der Ertragswertberechnung auch noch ein Modernisierungsabschlag Anwendung gefunden hatte. Die Abschlagshöhen betragen zusammengefaßt 21.000,- €, so daß der vorläufige Vergleichswert noch zu reduzieren ist. Allerdings wäre es aus sachverständiger Sicht nicht richtig, beim Vergleichswertverfahren den Abschlag in voller Höhe in Ansatz zu bringen, da auch bei den verkauften Objekten - zumindest teilweise - Investitionsbedarf bestanden haben dürfte. Wenn man den Abschlag pauschaliert - etwa halbiert - mit 10.000,- € annimmt, errechnet sich dann ein Vergleichswert von

105.000,- €.

Abschließend ist festzustellen, daß der Vergleichswert wegen zahlreicher Korrekturen auch nur bedingt aussagekräftig ist. Direkt vergleichbare Objekte liegen in ausreichender Anzahl nicht vor, so daß das Vergleichswertverfahren nur als eine weitere Hilfsrechnung im Rahmen der Wertfindung zu verstehen und zu würdigen ist.

9. Vorläufiges Ergebnis

Marktangepaßter Sachwert:	100.000,- €
Durch den Liegenschaftszinssatz marktorientierter Ertragswert:	87.000,- €
Vergleichswert:	105.000,- €

Die Ergebnisse der drei angewandten Wertermittlungsverfahren stimmen nicht überein. Der Ertragswert fällt auffällig niedriger als die Ergebnisse der beiden anderen angewandten Wertermittlungsverfahren aus. Wenn man nicht mit einem Liegenschaftszinssatz von 2,75 %, sondern mit 2,5 % gerechnet hätte, so würde sich das Ergebnis auf 91.000,- € erhöhen. Selbst eine solche Liegenschaftszinssatzreduzierung würde demzufolge die Differenz zwischen dem Ertragswert und den übrigen Rechenverfahren nicht erheblich vermindern.

Entscheidend ist letztendlich der Vergleichswert, auch wenn dieser, wie im Gutachten zuvor schon formuliert, durch zahlreiche Korrekturen an die Wertsituation des Bewertungsobjektes herangeführt werden mußte. Auch der Vergleichswert weist insoweit recht hohe Bandbreiten und Unsicherheiten auf. Er zeigt jedoch von der Tendenz her recht deutlich, daß der Verkehrswert - höher als nach Sach- oder Ertragswertverfahren berechenbar - zu erwarten ist.

Wenn man die zuvor ermittelten Ergebnisse der drei verschiedenen Wertermittlungsverfahren einfach ausmittelte, ergäbe sich ein Rechenwert von 97.000,- €. Eine solche Vorgehensweise wäre allerdings nicht sachverständig, da der Verkehrswert nicht exakt berechenbar ist.

Bei freier Abwägung aller Vor- und Nachteile und insbesondere auch unter Berücksichtigung empirischer Markterkenntnisse *schätzt* der Sachverständige den Verkehrswert des Bewertungsobjektes lastenfrei - ohne Berücksichtigung des bestehenden Mietvertrages - auf

100.000,- €
(Einhunderttausend EURO)

10. Mietvertrag

Vermietungsabschlag beim Einfamilienhaus

Anm. 41, S. 617

Wie zuvor im Gutachten schon erläutert, besteht bezüglich des Bewertungsobjektes ein Mietvertrag auf unbestimmte Dauer. Durch diesen Umstand ergibt sich eine erschwerte Verkäuflichkeit der Immobilie, da Einfamilienhäuser vorrangig unter Eigennutzungsaspekten erworben werden. KLEIBER [91] führt hierzu aus: *„Eigentumswohnungen gehören i.d.R. zu den Immobilien, die zum Zwecke der Eigennutzung erworben werden. ... Vermietete Eigentumswohnungen haben deshalb, wie vermietete Ein- und Zweifamilienhäuser nur noch einen eingeschränkten*

Markt. Da der Kauf einer solchen Wohnung nicht „die Miete bricht" und Eigenbedarf nur unter engen Voraussetzungen, zumeist auch nur in einem langwierigen Verfahren „durchsetzbar" ist, müssen für solche Objekte erfahrungsgemäß Preisabschläge bis zu 30 % hingenommen werden, wenn die Wohnung keine Aussicht hat auf absehbare Zeit frei zu werden..." Auch an anderer Stelle ist im Schrifttum auf die erschwerte Verkäuflichkeit vermieteter Eigentumswohnungen bzw. Einfamilienhäuser hingewiesen worden. Vermietete Einfamilienhäuser lassen sich so schwer verkaufen, daß manche Immobilienmakler den Auftrag zur Verwertung einer solchen Immobilie gar nicht erst annehmen. Gesicherte Erkenntnisse über die Höhe der Abschläge liegen nicht vor, es ist jedoch allgemein festzustellen, daß die Abschlagshöhe mit steigender Lage-, Grundstücks und Gebäudequalität zunimmt. Bei dem zu bewertenden Objekt ist der Abschlag relativ maßvoll zu dimensionieren, dabei ist auch zu berücksichtigen, daß das Objekt für einen „Anleger" durchaus gewisses Interesse haben könnte, da die bestehende Miete nicht unerheblich über der Miete liegt, die als nachhaltig erzielbar erkannt wurde. Allerdings ist auch zu berücksichtigen, daß es fraglich ist, ob die gezahlte Miete auch über einen längeren Zeitraum „sicher" ist, dabei wird noch einmal auf das Problem der möglichen Überschreitung der ortsüblichen Vergleichsmiete hingewiesen. Es muß hier eingeräumt werden, daß die Dinge, die hier angesprochen wurden, kaum noch berechenbar sind. Geeignete Vergleichspreise, aus denen entsprechende Abschläge konstruiert werden könnten, liegen in ausreichender Anzahl nicht vor, so daß letztendlich nur im Schätzwege vorgegangen werden kann. Das Rechenmodell (Anlage 13) dient nur der weiteren Abstützung der Schätzung.

11. Ergebnis

Der Sachverständige *schätzt* bei freier Abwägung aller Vor- und Nachteile - auch unter Berücksichtigung des Umstandes, daß das Objekt vermietet ist - den Verkehrswert um etwa 10 % gemindert auf

90.000,- €.
(Neunzigtausend EURO)

Bei der Verkehrswertermittlung war zu berücksichtigen, daß der Verkehrswert im Rahmen eines Zwangsversteigerungsverfahrens beauftragt worden ist. Da es sich hier um eine Zwangsversteigerung zur Aufhebung einer Gemeinschaft handelt, findet gemäß § 183 ZVG [38] das Sonderkündigungsrecht für Miet- und Pachtverträge keine Anwendung.

Ob Grenzüberschreitungen stattgefunden haben, habe ich nicht überprüft.
Ich gehe davon aus, daß Altlasten (z.B. Bodenverunreinigungen) nicht vorhanden sind.
Belastungen im Grundbuch (Abt. II) und Baulastenbuch liegen nicht vor.
Eine Baugrundanalyse wurde nicht vorgenommen oder veranlaßt. Der Sachverständige geht von normalen Baugrundverhältnissen aus.

Gerichtlich bestellter
Sachverständiger:

....
(Streich)

Anlagen:
Anlage 1 - Seite 34: Ausschnitt Kreiskarte 1 : 100.000
Anlage 2 - Seite 35: Stadtplanausschnitt 1 : 21.000
Anlage 3 - Seite 36: Katasterlageplan 1 : 1.000
Anlage 4 - Seite 37: Skizze zum Aufmaß, EG
Anlage 5 - Seite 38: " ", DG
Anlage 6 . Seite 39: Gebäudeschnitt
Anlage 7 - Seite 40: Umbauter Raum
Anlage 8 - Seite 41: Wohnflächenberechnung, EG
Anlage 9 - Seite 42: " ", DG
Anlage 10 - Seite 43: Instandhaltungskostenermittlung
Anlage 11 - Seite 44: Index Kaufpreisentwicklung (siehe Anlage 11 bei Gutachten Nr. 6)
Anlage 12 - Seite 45: Hinweise zum Variationskoeffizienten
Anlage 13 - Seite 46: Rechenmodell
Anlage 14 - Seite 47: Fundstellenhinweise

Anlage A - Seite 48:
- J - 57 : 20 Fotos

JÜRGEN-WILHELM STREICH
Regierungsvermessungsamtmann a.D.
Von der Industrie- und Handelskammer zu Lübeck öffentlich bestellter und vereidigter Sachverständiger
für die Bewertung von bebauten und unbebauten Grundstücken, für Mieten und Pachten
sowie für Erbbaurechte

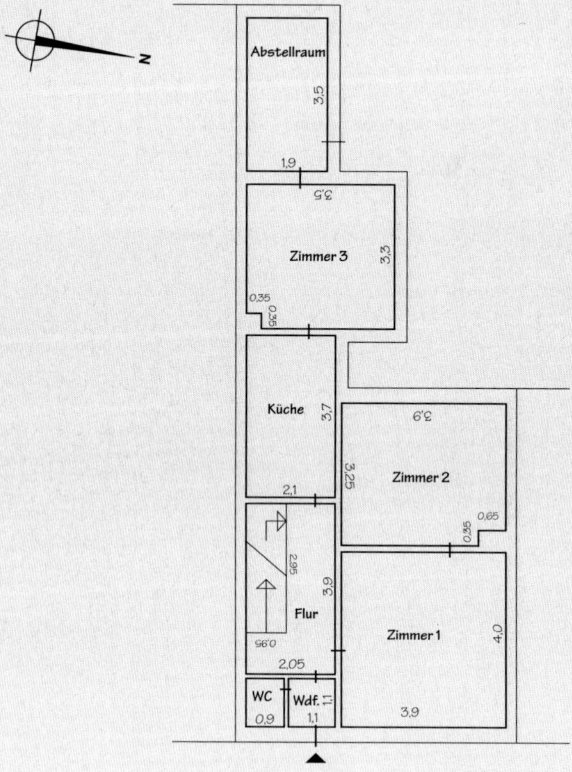

Hansenstr. 26, 23599 Lübeck
Erdgschoss
Skizze zum Aufmaß (keine Bauzeichnung)
Maßstab ca. 1: 100

Anlage 4

JÜRGEN-WILHELM STREICH

Regierungsvermessungsamtmann a.D.

Von der Industrie- und Handelskammer zu Lübeck öffentlich bestellter und vereidigter Sachverständiger
für die Bewertung von bebauten und unbebauten Grundstücken, für Mieten und Pachten
sowie für Erbbaurechte

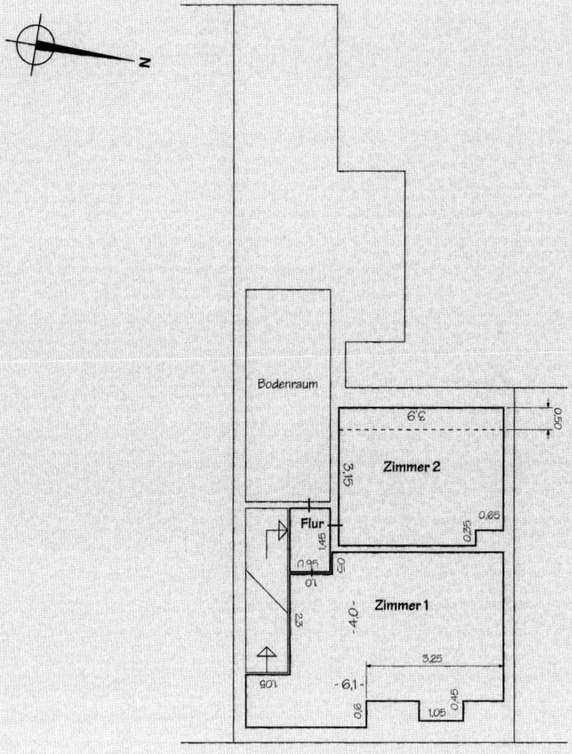

Hansenstr. 26, 23599 Lübeck
Dachgeschoss
Skizze zum Aufmaß (keine Bauzeichnung)
Maßstab ca. 1: 100

Anlage 5

JÜRGEN-WILHELM STREICH
Regierungsvermessungsamtmann a.D.
Von der Industrie- und Handelskammer zu Lübeck öffentlich bestellter und vereidigter Sachverständiger
für die Bewertung von bebauten und unbebauten Grundstücken, für Mieten und Pachten
sowie für Erbbaurechte

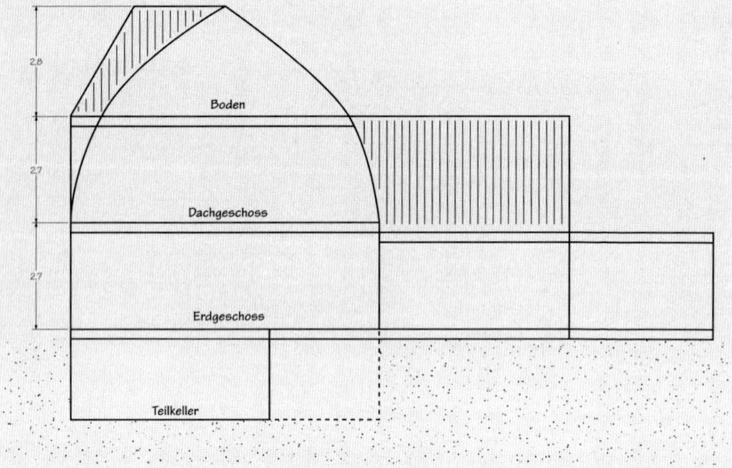

Hansenstr. 26, 23599 Lübeck
Gebäudeschnitt (schematisierte Darstellung)

Anlage 6

JÜRGEN-WILHELM STREICH
Regierungsvermessungsamtmann a.D.
Von der Industrie- und Handelskammer zu Lübeck öffentlich bestellter und vereidigter Sachverständiger
für die Bewertung von bebauten und unbebauten Grundstücken, für Mieten und Pachten
sowie für Erbbaurechte

Hansenstr. 26, 23599 Lübeck

Bebaute Fläche

6,60 ×	8,10	=	53 m²
2,40 ×	1,10	=	3 m²
3,80 ×	3,90	=	15 m²
2,30 ×	3,80	=	9 m²
			80 m²

Unterkellerung 6,60 × 6,50 = 43 m²

Umbauter Raum *(überschlägig nach DIN 277/50)*

KG				43 m² ×	2,3	=	99 m³
EG				53 m² ×	2,70	=	143 m³
				3 m² ×	2,65	=	8 m³
				24 m² ×	2,70	=	65 m³
DG	1/2 ×	(8,10 +	6,50) ×	6,60 ×	2,70	=	130 m³
Boden	1/3 ×	1/2 ×	6,70 ×	6,60 ×	2,80	=	21 m³
	1/3 ×	1/2 ×	2,40 ×	5,00 ×	3,00	=	6 m³
							472 m³
						ca.	475 m³

Anlage 7

JÜRGEN-WILHELM STREICH
Regierungsvermessungsamtmann a.D.
Von der Industrie- und Handelskammer zu Lübeck öffentlich bestellter und vereidigter Sachverständiger
für die Bewertung von bebauten und unbebauten Grundstücken, für Mieten und Pachten
sowie für Erbbaurechte

Hansenstr. 26, 23599 Lübeck

Wohnflächenberechnung *(überschlägig nach DIN 283)*

Erdgeschoss

Windfang		1,10 ×	1,10			=	1,21 m²
WC		0,90 ×	1,10			=	0,99 m²
Flur		2,05 ×	3,90	=	8,00 m²		
	-	0,95 ×	2,95	=	-2,80 m²		
					5,20 m²	=	5,20 m²
Zimmer 1		3,90 ×	4,00			=	15,60 m²
Zimmer 2		3,90 ×	3,25	=	12,68 m²		
	-	0,65 ×	0,35	=	-0,23 m²		
					12,45 m²	=	12,45 m²
Küche		2,10 ×	3,70			=	7,77 m²
Zimmer 3		3,50 ×	3,30	=	11,55 m²		
	-	0,35 ×	0,35	=	-0,12 m²		
					11,43 m²	=	11,43 m²
Abstellraum		1,90 ×	3,50			=	6,65 m²
							61,30 m²

Anlage 8

JÜRGEN-WILHELM STREICH
Regierungsvermessungsamtmann a.D.
Von der Industrie- und Handelskammer zu Lübeck öffentlich bestellter und vereidigter Sachverständiger
für die Bewertung von bebauten und unbebauten Grundstücken, für Mieten und Pachten
sowie für Erbbaurechte

Hansenstr. 26, 23599 Lübeck

Wohnflächenberechnung *(überschlägig nach DIN 283)*

Dachgeschoss

Flur			0,95 ×	1,45			=	1,38 m²	
Zimmer 1			6,10 ×	4,00	=	24,40 m²			
	-		3,25 ×	0,60	=	-1,95 m²			
	+		1,05 ×	0,45	=	0,47 m²			
	-		1,05 ×	2,80	=	-2,94 m²			
	-		1,00 ×	0,50	=	-0,50 m²			
						19,48 m²	=	19,48 m²	
Zimmer 2			3,90 ×	3,15	=	12,29 m²			
	-		0,65 ×	0,35	=	-0,23 m²			
	-	1/2 ×	3,90 ×	0,50	=	-0,98 m²			
						11,08 m²	=	11,08 m²	
								31,94 m²	

EG	=	61,30 m²	(Anlage 8)
DG	=	31,94 m²	
		93,24 m²	
ca.		93 m²	

Anlage 9

Anwendung des Vergleichswertverfahrens – Anm. 40

Unter Bezugnahme auf meine Anmerkung 4 in diesem Buch führe ich zum Vergleichswertverfahren ergänzend aus, dass sich jeder Sachverständige grundsätzlich zunächst um vergleichsgeeignete Preise bemühen sollte, um das Ergebnis des Gutachtens sicher abzustützen. Bei dem im Gutachten Nr. 16 beschriebenen Objekt konnten Vergleichspreise, die direkt zum Preisvergleich geeignet sind, nicht in ausreichender Anzahl beschafft werden. Es waren deshalb Korrekturen erforderlich, wobei durch Hilfskonstruktionen die entsprechenden Korrekturen dimensioniert wurden. Sicherlich sind die dort vorgenommenen Verbesserungen diskussionswürdig, immerhin sind sie jedoch nachvollziehbar. Sachverständige sollten sich bemühen, Zu- und Abschläge nicht einfach aufgrund allgemeinen Erfahrungswissens zu schätzen – was im Ergebnis sicherlich oft richtig ist –, sie sollten immer auch an die Nachvollziehbarkeit des Gutachtens denken.

Da es sich bei dem Objekt in der Hansenstraße um eine vermietete Immobilie handelt, wären natürlich im Idealfall auch nur Kaufpreise anderer vermieteter Einfamilienhäuser heranzuziehen gewesen. Leider stand in diesem Segment nicht genug Vergleichspreismaterial zur Verfügung, so dass durch entsprechende Abschläge im Gutachten dem Umstand der Vermietung Rechnung zu tragen war. Insoweit verweise ich auch auf die Anlage 13 des Gutachtens Nr. 16 und Anmerkung 41.

Bei der Anwendung des Vergleichswertverfahrens sollten nicht nur allgemeine Preisinformationen mitgeteilt werden, vielmehr sind auch die Vergleichsobjekte aufzuführen und deren Auswertung transparent zu machen. Hier besteht insoweit eine Parallele zu Mietwertgutachten, bei denen die ortsübliche Vergleichsmiete zu ermitteln ist. Bei Mietwertgutachten wird in der Regel ausschließlich das Vergleichswertverfahren angewandt.

In dem Gutachten Nr. 16 wurden 11 Vergleichsobjekte aufgelistet, wobei es sich um vermietungsfreie Eigentumsobjekte handelte. Da im Bereich der Hansestadt Lübeck Erbbaurechte sehr umfangreich vergeben worden sind, war bei der Auswahl der Vergleichsobjekte zunächst zu differenzieren nach Eigentums- und Erbbaurechtsobjekten.

Wie schon erläutert, mussten Korrekturen in Ansatz gebracht werden, um eine Vergleichbarkeit zumindest tendenziell herzustellen. Die Anzahl von 11 Vergleichsobjekten ist zwar nicht optimal, jedoch oft schon eine recht erfreuliche Größe. Hier muss kritisch angemerkt werden, dass im Schrifttum und bei Seminarveranstaltungen sehr häufig Forderungen nach größerer Datenzahl gestellt werden. Solche Forderungen sind jedoch häufig praxisfern, da sich gar nicht immer so viele Vergleichsobjekte in dem jeweiligen Ort gebildet haben bzw. ausgewertet worden sind.

Die Frage, wie viele Vergleichsobjekte benötigt werden, kann nicht sicher beantwortet werden, hier kann nur allgemein formuliert werden: „es kommt drauf an".

Die erforderliche Anzahl der Vergleichsobjekte ist mehr oder weniger abhängig von der Qualität der Stichprobe. Streuen die Vergleichspreise in großen Bandbreiten sind mehr Daten erforderlich, dagegen reicht bei geringen Streuungen eine kleinere Stichprobe aus.

Folgende Zahlen mögen dieses erläutern:

Stichprobe 1			Stichprobe 2		
1		80.000,– €	1		70.000,– €
2		90.000,– €	2		90.000,– €
3		100.000,– €	3		100.000,– €
4		110.000,– €	4		110.000,– €
5		120.000,– €	5		130.000,– €
$\bar{x}$		100.000,– €	$\bar{x}$		100.000,– €
s_x	±	15.811,– €	s_x	±	22.361,– €
$s_{\bar{x}}$	±	7.071,– €	$s_{\bar{x}}$	±	10.000,– €
v	±	0,158	v	±	0,224
$\bar{x}$	=	Arithmetisches Mittel			
s_x	=	Standardabweichung			
$s_{\bar{x}}$	=	Mittlerer Fehler des Mittels			
v	=	Variationskoeffizient			

Sowohl aus den fünf Vergleichspreisen der Stichprobe 1 als auch aus den fünf Vergleichspreisen der Stichprobe 2 ergeben sich jeweils Mittelwerte von 100.000,– €. Die Streuungen der beiden Preistableaus sind jedoch unterschiedlich, so dass sich auch abweichende Qualitätskennziffern bezüglich des Mittelwertes errechnen lassen: die Standardabweichung und der Mittlere Fehler des Mittels (Standardabweichung des Mittels) sind die häufigst gebrauchten Prüfmaße für die Qualität einer Stichprobe. Wie die Tabelle zeigt, ergibt sich für die Stichprobe 1 unter Bezugnahme auf den Mittleren Fehler des Mittels eine Bandbreite von

92.929,– € bis 107.071,– €

und für die Stichprobe 2 eine größere Bandbreite von

90.000,– € bis 110.000,– €.

Dieses einfache Zahlenbeispiel mag verdeutlichen, dass die Ergebnisse statistischer Auswertungen generell bezüglich der Genauigkeit zu überprüfen sind. Sowohl die Stichprobe 1 als auch die Stichprobe 2 führen zu Variationskoeffizienten, die größer sind als ± 0,15 und unter Bezugnahme auf die Anlage 13 zum Gutachten Nr. 1 ist festzustellen, dass hier „recht bedenkliche" Ergebnisse ermittelt wurden. Dieses ist auch nicht weiter verwunderlich, da bei diesem Rechenbeispiel mit nur fünf Vergleichspreisen gerechnet wurde. Diese Anzahl reicht grundsätzlich nicht aus. Das Minimum kann mit etwa 8 bis 10 Preisen angenommen werden. Die Anzahl der Vergleichspreise, die ich in dem Gutachten Nr. 16 aufgeführt habe, ist zwar mit 11 nicht unerheblich größer, dennoch ergibt sich auch dort ein im Grunde nicht zufriedenstellender Variationskoeffizient. Die Streuungen des Marktes sind eben doch in der Regel so groß, dass man relativ unsichere Ergebnisse akzeptieren muss. Dieses trifft natürlich nicht nur beim Vergleichswertverfahren, sondern auch bei den übrigen Wertermittlungsverfahren zu, nur wird dort die Problematik nicht so deutlich.

Die Frage nach der Anzahl der erforderlichen Vergleichsdaten kann insoweit beantwortet werden, dass eine Stichprobe in einem solchen Umfang zu wählen ist, dass ein zufriedenstellender Variationskoeffizient erreicht wird.

Schließlich ist noch die Problematik der „Offenlegung der Befundtatsachen" anzusprechen. In dem Gutachten Nr. 16 wurden Vergleichsobjekte teilanonymisiert aufgeführt, wobei der Umfang der Beschreibung der Bewertungsobjekte möglicherweise noch größer gestaltet werden könnte. Wegen der Datenschutzproblematik ist im Regelfall jedoch auf die konkrete Angabe der Vergleichsobjekte zu verzichten, da der Sachverständige in der Regel kein Einverständnis des Verkäufers und Käufers erreichen wird. Da die Überprüfbarkeit von Gutachten ein entscheidendes Kriterium bei forensischer Sachverständigentätigkeit ist, ergibt sich hier das Problem, dass einerseits die Befundtatsachen offenzulegen sind, andererseits die Informationen geschützt und anonymisiert zu verwerten sind. In Bezug auf Mietwertgutachten formuliert WALTERSCHEIDT:

„Ich halte es deshalb für ausreichend, dass eine sogenannte „Teilanonymisierung" durch den Sachverständigen durchgeführt wird... Eine solch detaillierte Beschreibung reicht nach meiner Einschätzung aus, das Gutachten nachvollziehbar zu gestalten. An den Sachverständigen dürfen insoweit keine überhöhten Anforderungen gestellt werden." [93]

Ggf. hat der Sachverständige ergänzende Mitteilungen in das Gutachten aufzunehmen bzw. bei einer gerichtlichen Anhörung zu erläutern:

„Hierzu muss der beauftragte Grundstückssachverständige seine Erhebungen zu den sogenannten Befundtatsachen nach Art, Zeit, Ergebnis und Quelle (Auskünfte) darstellen, weil ansonsten keine Überprüfbarkeit gegeben ist". [94]

Im Gutachten Nr. 16 wurden nur die Straßennamen und jeweilige Stadtteillage angegeben, die Hausnummern wurden nicht bekanntgegeben. Wenn eine Straße mehrere Lagequalitäten aufweist, so sind entsprechende Hinweise zuzüglich mit aufzunehmen. Weist beispielsweise eine Straße im ersten Teil eine beidseitige Bebauung auf und im zweiten Teil eine einseitige Bebauung mit Blick auf eine Grünfläche auf der gegenüberliegenden Straßenseite, so wäre hier entsprechend zu differenzieren.

Bei dem Vergleichsobjekt lfd. Nr. 10 im Gutachten Nr. 16 habe ich sogar auf die Angabe des Straßennamens verzichtet, da in der dortigen Straße sich nur ein oder zwei Doppelhäuser befinden, so dass das Vergleichsobjekt zu leicht identifizierbar gewesen wäre. In der Teilanonymisierung, wie schon 1985 in Bezug auf Mietwertgutachten gefordert [95], ist die Problemlösung zu erkennen.

Schließlich möchte ich noch bemerken, dass im Einzelfall auch die Aufführung von noch weniger Vergleichsobjekten ratsam sein kann, wenn eben nicht mehr Vergleichsobjekte vorliegen oder sich beschaffen lassen. Es muss dann allerdings im Gutachten sehr deutlich gemacht werden, dass es sich nicht um ein „echtes" Vergleichswertverfahren handelt, sondern nur um eine unterstützende Auswertung einiger weniger Kaufpreise. Der gänzliche Verzicht auf Anwendung des Vergleichswertverfahrens bei nur geringen Datenmengen kann nicht empfohlen werden: ein „schlechter" Vergleichswert ist besser als gar keiner.

Vermietungsabschlag beim Einfamilienhaus – Anm. 41

Vermietete Einfamilienhäuser bilden einen anderen Teilmarkt als vermietungsfreie Einfamilienhäuser. Insoweit verweise ich auch auf die im Gutachten Nr. 16 zitierten Formulierungen von KLEIBER [91].

Im Idealfall wären Kaufpreise anderer vermieteter Einfamilienhäuser herangezogen worden, doch wenn sich solche in ausreichender Anzahl nicht im Immobilienmarkt gebildet haben, kann nur auf indirektem Wege der entsprechende Verkehrswert ermittelt werden. Der Ansatz von Abschlägen kann dabei natürlich leichter angegriffen werden, als wenn die entsprechende Qualität (hier Vermietung) direkt durch Vergleichspreise Berücksichtigung gefunden hätte. Der Hinweis auf das Schrifttum kann hier auch nur bedingt weiterhelfen, da die örtlichen Erfahrungswerte in großen Bandbreiten variieren. TEWIS [96] hatte bezüglich vermieteter Eigentumswohnungen Erfahrungswerte tabelliert (Abschlag ca. 10 %), an anderer Stelle wurden bei vermieteten Eigentumswohnungen Abschläge von rd. 24 % mitgeteilt [97].

Bei Anwendung von Abschlägen, die dem Schrifttum entnommen wurden, ist generell vorsichtig zu agieren, da in bestimmten Teilmärkten sich auch ganz andere Marktmechanismen entwickelt haben können. Plausibilitätsprüfungen sind generell angezeigt.

Bei vermieteten 1-Zimmer-Eigentumswohnungen im Bereich der Hansestadt Lübeck ist beispielsweise aktuell zu beobachten, dass vermietete Wohnungen sich besser verkaufen lassen als vermietungsfreie, da solche Wohnungen in der Regel nur von Anlegern erworben werden. Hier steht das Eigennutzungsinteresse weit im Hintergrund. Da solche 1-Zimmer-Eigentumswohnungen z.Zt. recht schwierig vermietbar sind, ist es durchaus verständlich, dass sich eine vermietete Wohnung sogar besser verkaufen lässt als eine vermietungsfreie Wohnung. Hier handelt es sich wieder um ein gutes Beispiel, welches zur Feststellung führt: „Keine Regel ohne Ausnahme".

Abschließend sei hier nochmals jedem Gutachter geraten, keine Genauigkeiten zu suggerieren, die sich aus dem Markt nicht ableiten lassen. Das Rechenmodell (Anlage 13 zu Gutachten Nr. 16) ist deshalb eben auch nur als eine Hilfskonstruktion zu würdigen, letztendlich kann nur im Schätzwege ein plausibles Ergebnis gefunden werden.

GUTACHTEN

des öffentlich bestellten und vereidigten Sachverständigen

JÜRGEN-WILHELM STREICH

aus Lübeck

. Ausfertigung

VERKEHRSWERTGUTACHTEN

FLÄCHEN NÖRDLICH DES FORELLENWEGES

24680 FISCHBEK

Gutachten vom 27. April 2003
Nr. 1/108/02

- Dieses Gutachten umfaßt 16 Seiten -

JÜRGEN-WILHELM STREICH
Regierungsvermessungsamtmann a.D.
Von der Industrie- und Handelskammer zu Lübeck öffentlich bestellter und vereidigter Sachverständiger
für die Bewertung von bebauten und unbebauten Grundstücken, für Mieten und Pachten
sowie für Erbbaurechte

1. Auftrag
Der Verkehrswert des Bewertungsobjektes ist durch ein Sachverständigengutachten zu ermitteln.

2. Verkehrswert
Der Verkehrswert ist im BauGB [1] - Fundstellen siehe Anlage 5 - als der Wert definiert, der im gewöhnlichen Geschäftsverkehr ohne Berücksichtigung persönlicher oder ungewöhnlicher Umstände beim Verkauf zu erzielen ist. Die Wertermittlung führe ich in Anlehnung an die Regularien der WertV [2] durch.

3. Auftraggeber
Amt Fischbek
Der Amtsvorsteher
Schreiben vom 4. Januar 2003 (Herr XXXXXXXX)

4. Bewertungsobjekt
Flächen nördlich des Forellenweges in Fischbek

4.1 Katasterbezeichnung (Katasteramt Bad Segeberg)
Kreis Segeberg, Gemeinde Fischbek, Gemarkung Fischbek,
Flur 3, Flurstück 188/5
Größe: 8.702 m^2
Bestand Nr.: 1.234

4.2 Grundbuchbezeichnung (Amtsgericht Bad Segeberg)
Grundbuch von Fischbek, Blatt 951

4.3 Eingetragener Eigentümer
Frau XXXXXX XXXXXXXX

5. Ortsbesichtigung und Bewertungsstichtag
11. April 2003

6. Beschreibung des Bewertungsobjektes

6.1 Lage - regional
Kreis Segeberg, Gemeinde Fischbek, ca. 3.300 Einwohner, landesplanerisch als Unterzentrum eingestufter Ort, Sitz der Amtsverwaltung, Grund-, Haupt- und Realschule, Entfernung nach Kiel ca. 60 km, zur Kreisstadt Bad Segeberg ca. 20 km, gute Verkehrsanbindung durch die B 123 bzw. A 33 und B 333.

6.2 Lage - örtlich
Lage östlich der Hamburger Straße und nördlich des Forellenweges im Außenbereich, jedoch in unmittelbarer Nähe zu bebauten Grundstücken an der Hamburger Straße bzw. am Schwarzredder, der zum Ortszentrum von Fischbek führt, das nur etwa 600 m weit entfernt gelegen ist.

6.3 Grundstück
Das zu bewertende Grundstück ist Teil einer Fischteichanlage im Zuge der Oberteichanlagen.
Eine intensive gewerbliche Bewirtschaftung findet jedoch nicht mehr statt. Es handelt sich jedoch um reizvolle Außenbereichsflächen mit interessanter Topographie.
Das ca. 8.700 m^2 große Areal besteht überwiegend aus Wasserfläche, tlw. auch als Böschungs- und Uferfläche.
Eine Bebaubarkeit ist weder aus planungsrechtlichen noch aus technischen Gründen (Wasserfläche) erkennbar.

7. Bewertung

7.1 Bauleitplanung

Das zu bewertende Areal liegt nicht im Geltungsbereich einer verbindlichen Bauleitplanung (Bebauungsplan). Im Flächennutzungsplan der Gemeinde Fischbek ist das Areal als Fischteichfläche ausgewiesen. Aus einer Innenbereichssatzung ergibt sich, daß das Gelände planerisch als Außenbereich zu beurteilen ist.
Herr XXXXXXXX von der Amtsverwaltung teilte dem Sachverständigen mit, daß die Gemeinde Interesse am Ankauf der Fläche zur Vervollständigkeit des Grüngürtels „Oberteich" hat.

7.2 Richtwert

Der Gutachterausschuß für Grundstückswerte im Kreis Segeberg hat Bodenrichtwerte ermittelt.
In Fischbek liegt der Richtwert bei

80,- €/m^2

zum Stichtag 31. Dezember 2002.
Dieser Richtwert bezieht sich auf 700 m^2 große unbebaute Grundstücke, die neu mit einem Individualbau bebaut werden können.

7.3 Ableitung aus dem Richtwert

Der Richtwert bezieht sich auf bebauungsfähige Grundstücke. Wenn es sich bei der zu bewertendenen Fläche nicht um eine Wasserfläche handelte, wäre das Areal dennoch nicht als Bauerwartungsland zu beurteilen.

Bauerwartungsland wird in § 4 (2) der WertV [2] wie folgt definiert: „*Bauerwartungsland sind Flächen, die nach ihrer Eigenschaft, ihrer sonstigen Beschaffenheit und ihrer Lage eine bauliche Nutzung in absehbarer Zeit tatsächlich erwarten lassen. Diese Erwartung kann sich insbesondere auf eine entsprechende Darstellung dieser Flächen im Flächennutzungsplan, auf ein entsprechendes Verhalten der Gemeinde oder auf die allgemeine städtebauliche Entwicklung des Gemeindegebiets gründen.*"

Aus der Definition in der WertV ergibt sich, daß man die zu bewertende Fläche nicht als Bauerwartungsland beurteilen kann.

Wenn es sich um Bauerwartungsland handelte, könnte ein Wertansatz von z.B. 15 % des Bodenwertes baureifen Landes angemessen sein [71]. Bezüglich des Prozentsatzes verweise ich auch auf die Anlage 4.
Da es sich jedoch nicht um Bauerwartungsland handelt, ist der Prozentsatz zu reduzieren. Bei einer Halbierung wäre z.B. mit 7,5 % zu rechnen:

7,5 % von 80,- €/m² = 6,-- €/m²

Da es sich nicht um „übliche" Flächen, sondern um Wasserflächen handelt, ist eine weitere Reduzierung angezeigt. Eine diesbezügliche weitere Halbierung führt zu einem Betrag von

3,-- €/m².

7.4 Ableitung aus Erfahrungswerten
Aus dem Schrifttum [98] läßt sich bezüglich Wasserflächen ein Tendenzwert von höchstens 10 % des Wertes der angrenzenden Flächen ableiten, was zu einem Betrag von max.

8,- €/m²

führen würde.

7.5 Ableitung aus landwirtschaftlichen Preisen
Der durchschnittliche Bodenwert rein landwirtschaftlich nutzbarer Flächen liegt im Kreis Segeberg [99] bei etwa

1,10 €/m².

Der Bodenwert von „begünstigtem Agrarland" ist nach Hinweisen der Fachliteratur [86] etwa mit dem Doppelten des Bodenwertes von rein landwirtschaftlich genutzten Flächen anzunehmen.

Aus anderen Quellen [87] ergeben sich Hinweise auf das 2 bis 3fache des Bodenwertes von rein landwirtschaftlich genutzten Grundstücken.

Exakte Erkenntnisse liegen hier nicht vor, so daß ich mit dem 2,5fachen als Ausgangswert rechne.

Mithin ergibt sich folgende Rechnung:

$$1{,}10\ €/m^2 \times 2{,}5 = 2{,}75\ €/m^2$$

7.6 Bodenwert aus Pachtwert

Jährliche Pachtpreise betragen nach Mitteilungen aus dem Schrifttum [98] pro ha Wasserfläche 200 - 500,- DM. Rechnet man mit 500,- DM, ergibt sich für eine Fläche von 8.702 m^2 ein Betrag von 435,- DM.
Im Hinblick auf die geringe Flächengröße von nur 8.702 m^2 (geringe Fläche als Fischgewässer) erhöhe ich den als möglich angenommenen Pachtzins auf ca. 450,- DM (rd. 230,- €).
Kapitalisiert man „auf ewig" mit z.B. 3 %, so ergibt sich folgender Bodenwert:

$$\frac{230,-\ €}{3} \times 100 : 8.702\ m^2 = 0{,}88\ €/m^2$$

7.7 Bodenwert als Fischgewässer

Nach KLEIBER [100] kann der Bodenwert der fraglichen Fläche hilfsweise wie folgt abgeleitet werden:

Wasserflächen = 10 % von Gartenlandpreisen

und

Gartenlandpreise = 10 - 15 % der Baulandpreise ohne Erschlließungskosten

Der zuvor erwähnte Richtwert von 80,- €/m² beinhaltet auch anteilige Erschließungskosten. Nimmt man diese mit 20,- €/m² an, ist wie folgt zu rechnen:

Gartenlandpreise:
10 - 15 % von 60,- €/m² = 7,50 €/m²
Wasserflächen:
10 % von 7,50 €/m² = 0,75 €/m²

7.8 Vergleichspreis aus dem Schrifttum [101]

Für Wasserflächen, deren Dauerhaftigkeit sicher ist, zahlen eingetragene Angelsportvereine

1,50 bis 3,- DM/m²

bzw. gerundet

0,75 bis 1,50 €/m²

7.9 Zusammenstellung

Ableitung aus Richtwert (7.3):
3,-- €/m²

Ableitung aus Erfahrungswerten (7.4.):
höchstens 8,- €/m²

Ableitung aus ldw. Preisen (7.5):
2,75 €/m²

Bodenwert aus Pachtwert (7.6):
0,88 €/m²

Bodenwert als Fischgewässer (7.7):

0,75 €/m²

Vergleichspreise aus dem Schrifttum [7.8]

0,75 bis 1,50 €/m²

Mittelwert aller Zwischenergebnisse (ohne Berücksichtigung von 7.4):

1,60 €/m²

Mittelwert aller Zwischenergebnisse (mit Berücksichtigung von 7.4):

2,52 €/m²

8. Ergebnis

Der Verkehrswert atypischer Flächen läßt sich nicht exakt mathematisch errechnen. Die zuvor errechneten Mittelwerte sind nur als Orientierungshilfen zu verstehen.
Eine differenzierte Ertragswertberechnung aus einer möglichen Bewirtschaftung der Fischteiche wäre denkbar, führte bei dem Bewertungsobjekt jedoch nicht zu wirtschaftlich sinnvollen Ergebnissen, da vor einer professionellen Bewirtschaftung nicht unerhebliche Investitionen zur Reaktivierung als gewerbliche Fischteichanlage erforderlich wären.
Geeignete Vergleichspreise liegen in ausreichender Anzahl nicht vor. Auch ist die konjunkturelle Schwäche des Immobilienmarktes und der stark begrenzte mögliche Interessentenkreis für die fragliche Fläche zu beachten.

Bei freier Abwägung aller Vor- und Nachteile schätze ich den Verkehrswert des Bewertungsobjektes auch im Hinblick auf die relativ geringe Größe (als Freizeit- bzw. Wasserfläche) auf

<u>2,- €/m²</u>

8.702 m² × 2,- €/m² = 17.404,- €

Zwecks Vermeidung der Vortäuschung einer nicht vorhandenen Genauigkeit wird der Verkehrswert gerundet mit

<u>17.500,- €</u>
(Siebzehntausendfünfhundert EURO)

ermittelt.

Das Grundbuch (Abt. II) ist lastenfrei. Im Baulastenbuch liegen keine Eintragungen vor.

Der Sachverständige unterstellt, daß Altlasten nicht vorhanden sind.
Miet- oder Pachtverträge bestehen nach Auskunft des Eigentümers nicht.

Der Sachverständige:

....
(Streich)

<u>Anlagen:</u>
Anlage 1 - Seite 10: Ausschnitt Kreiskarte 1 : 75.000
Anlage 2 - Seite 11: Deutsche Grundkarte 1 : 5.000
Anlage 3 - Seite 12: Katasterlageplan 1 : 1.000
Anlage 4 - Seite 13: Entwicklung des Baulandwertes
Anlage 5 - Seite 14: Fundstellenhinweise

Anlage A - Seite 15:
- B - 16: 4 Fotos

Zur Person des Autors

Jürgen-Wilhelm Streich, Regierungsvermessungsamtmann a.D., Jahrgang 1945, begann nach dem Abitur eine geodätische Ausbildung in der Kataster- und Vermessungsverwaltung des Landes Schleswig-Holstein. Nach erfolgreicher Prüfung mit Befähigung zum gehobenen vermessungstechnischen Verwaltungsdienst war er von 1970 bis 1985 als Geodät im Bereich Immobilienbewertung tätig, zunächst in der Geschäftsstelle des Gutachterausschusses für Grundstückswerte beim Katasteramt in der Hansestadt Lübeck, wo er als Regierungsvermessungsamtmann ausschied.

Seit 1985 arbeitet Jürgen-Wilhelm Streich freiberuflich als öffentlich bestellter und vereidigter Sachverständiger für die Bewertung von bebauten und unbebauten Grundstücken, für Mieten und Pachten sowie Erbbaurechte. Er ist primär im forensischen Bereich tätig, aber auch als Gutachter für Sanierungsträger, Enteignungsbehörden oder privater Auftraggeber.

Jürgen-Wilhelm Streich hat auch als ehrenamtliches Mitglied bei drei Gutachterausschüssen Erfahrungen gesammelt. Er ist Prüfer bei zwei Fachgremien von Industrie- und Handelskammern im Sachgebiet „Bewertung von bebauten und unbebauten Grundstücken". Außerdem ist er Autor zahlreicher Veröffentlichungen in Fachzeitschriften, langjähriger Referent, u. a. für das Institut für Sachverständigenwesen in Köln, Dozent an der Wirtschaftsakademie Kiel und redaktioneller Mitarbeiter des „Informationsdienst für Sachverständige" des Rings Deutscher Makler.

Verwendete Abkürzungen

AIZ	Allgemeine Immobilienzeitung
BGBl.	Bundesgesetzblatt
DAB	Deutsches Architektenblatt
DWW	Deutsche Wohnungswirtschaft
GuG	Grundstücksmarkt und Grundstückswert
NaVKV	Nachrichten der Niedersächsischen Vermessungs- und Katasterverwaltung
RDM-Sv.-Info	Informationsdienst für Sachverständige, Schriften des Ring Deutscher Makler (RDM)
Rdn.	Randnotiz
RGBl.	Reichsgesetzblatt
SH	Schleswig-Holstein
WuM	Wohnungswirtschaft und Mietrecht
ZMR	Zeitschrift für Miet- und Baurecht

Fundstellenhinweise

1 Baugesetzbuch (BauGB) idF der Bekanntmachung vom 27. August 1997 (Bundesgesetzblatt (BGBl.) I S. 2141

2 Wertermittlungsverordnung (WertV) des Bundes vom 6. Dez. 1988 (BGBl. I S. 2209)

3 II. Berechnungsverordnung (II. BV) (BGBl. I 1989, S. 109, zuletzt geändert durch das Gesetz vom 19. Juni 2001 (BGBl. I 2001, S. 1149)

4 SCHUBERT: Betrachtungen über Bodenpreise in Mecklenburg, RDM-Sv.-Info, Nr. 2/94, S. 15

5 SIMON/KLEIBER: Schätzung und Ermittlung von Grundstückswerten, 7. Auflage, 1996, Luchterhand-Verlag

6 Wertermittlungsrichtlinien des Bundes (WertR 91) vom 11. Juni1991, (Bundesanzeiger Nr. 182 a vom 27. September 1991)

7 VOGELS: Grundstücks- und Gebäudebewertung – marktgerecht, 5. Auflage, 1996, Bauverlag, S. 131

8 STREICH/KANNING: Verkehrswert aus dem Sachwert, RDM-Sv.-Info Nr. 4/2001, S. 17

9 Viertes Mietrechtsänderungsgesetz vom 21. Juli 1993,BGBl. I 1993, S. 1257

10 STREICH: Je kleiner - desto teurer, RDM-Sv.-Info, Nr. 1/94, S. 3

11 STREICH: Ortsübliche Vergleichsmiete von Einfamilienhäusern, DWW Nr. 10/1981 S. 250

12 VOGELS: Grundstücks- und Gebäudebewertung - marktgerecht, 5. Auflage, 1996, Bauverlag, S. 157

13 ROSS/BRACHMANN/HOLZNER: Ermittlung des Bauwertes von Gebäuden und des Verkehrswertes von Grundstücken, 28. Auflage, 1997, Oppermann-Verlag, S. 317

14 DR. SOMMER/KRÖLL: Anzuwendende Liegenschaftszinssätze aus einer empirischen Untersuchung, Grundstücksmarkt und Grundstückswert (GuG), Luchterhand-Verlag Nr. 5/95, S. 290

15 Bundesverfassungsgericht, Beschluss vom 11. Oktober 1994, 1 BvR 1398/93, GuG, 1995, S. 51

16 Bundesverfassungsgericht, Beschluß vom 16. Oktober 1996, 1 BvR 1544/96, WuM, 1996, S. 749

17 PETERSEN: Statistik in der Wertermittlung, RDM-Sv-Info, Nr. 5/91, S. 6

18 VOGEL/STREICH: Paradoxe Preisbildung, AIZ, Nr. 2/95, S. 12

19 STREICH: Vergleichswertverfahren bei Eigentumswohnungen, RDM-Sv-Info, Nr. 3/01, S. 11

20 SIMON/KLEIBER: Schätzung und Ermittlung von Grundstückswerten, 7. Auflage, 1996, Luchterhand-Verlag, S. 35, Rdn. 1.133

21 RDM-Sv.-Info, Nr. 1/2002, S. 8

22 DR. W. ROTHKEGEL: Das Schätzungswesen, Kommentar zum Schätzungsamtsgesetz vom 8. Juni 1918, Heymann-Verlag Berlin, S. 45

23 KLEIBER in KLEIBER/SIMON/WEYERS: Verkehrswertermittlung von Grundstücken, 3. Auflage, 1998, Bundesanzeiger-Verlag, S. 678 - 681

24 SIMON/KLEIBER: Schätzung und Ermittlung von Grundstückswerten, 7. Auflage, 1996, Luchterhand-Verlag, S. 74

25 KLOCKE: Lagefaktoren, DAB, 1973, S. 92

26 PETERSEN: Marktorientierte Immobilienbewertung, 4. Auflage, 1999, Boorberg-Verlag, S. 55

27 SCHULZ: Ermittlung der Wertminderung bei Reparaturstau unter Berücksichtigung der Aufwendung einer angemessenen Ersatzlösung, RDM Sv.-Info, Nr. 2/95 S. 3

28 PETERSEN: Vom Reparaturanstau, RDM-Sv.-Info, Nr. 1/02, S. 10

29 SCHNOOR: Berechnung des Quadratmeterpreises in Abhängigkeit von der Grundstücksgröße, RDM-Sv.-Info, Nr. 1/89, S. 22

30 KRÄMER: Bodenwert in Abhängigkeit von der Grundstücksgröße bei Einfamilienhausgrundstücken in Halle/Saale, RDM-Sv.-Info, Nr. 3/97, S. 15

31 Gutachterausschuss für Grundstückswerte in der Stadt Wuppertal, Bodenpreisanalysen 1991

32 Grundstücksmarktbericht 1997 - 2000, Gutachterausschus für Grundstückswerte im Kreis Dithmarschen, 25746 Heide

33 SPRENGNETTER: Sachwert-Marktanpassungs-Gesamtsystem, Stand 1998, Arbeitsmaterialien (Band II), 52. Ergänzung, Seite 3.03/3/1

34 VOGELS: Grundstücks- und Gebäudebewertung - marktgerecht, 5. Auflage, 1996, Bauverlag, S. 78

35 Gutachten für Sanierungsgebiete der Hansestadt Lübeck, Prof. Dr. W. Hagedorn, Dörentrup, Mai 1997

36 Anteil des Bodenwertes am Gesamtwert nach NAEGELI, Praxis der Grundstücksbewertung (MÖCKEL), 39. Nachlieferung, 6/1999, S. 4.1.3/4

37 VOGEL: Die Bewertung von Belastungen in Abt. II des Grundbuchs, RDM-Sv.-Info, Nr. 2/94

38 Zwangsversteigerungsgesetz (ZVG), zuletzt geändert durch Gesetz vom 20. Dez. 1993 (BGBl. I 1993, S. 2182, 2210)

39 PETERSEN: Marktwertverfahren, RDM-Sv.-Info Nr. 2/2002, S. 3

40 VOGELS: Grundstücks- und Gebäudebewertung - marktgerecht, 5. Auflage, 1996, Bauverlag, S. 312

41 KLEIBER in KLEIBER/SIMON/WEYERS: Verkehrswertermittlung von Grundstücken, 3. Auflage, 1998, Bundesanzeiger-Verlag, S.353

42 ALTMEPPEN: Die Wirtschaftlichkeit von Erbbaurechten, Vortrag Nordische Bausachverständigentage, 11. und 12. Oktober 1995 in Wismar

43 STÖBEN: Immobilienpreise in Hamburg und Schleswig-Holstein, Übersicht II/2001, Otto Stöben GmbH, Kiel

44 VOGELS: Grundstücks- und Gebäudebewertung – marktgerecht, 5. Auflage, 1996, Bauverlag, S. 165

45 DR. FISCHER, PROF. DR. LORENZ, DIPL.-ING. BIEDERBECK: Die Erstellung von Gutachten bei Zwangsversteigerungen, Der Rechtspfleger, Heft 7, Juli 2002, S. 337

46 Verordnung über das Erbbaurecht (ErbbauVO) vom 15. Januar 1919, zuletzt geändert durch das Gesetz zur Einführung des Euro (Euro-Einführungsgesetz – Euro EG) vom 9. Juni 1998 (BGBl. S. 1254)

47 V. OEFELE/WINKLER: Handbuch des Erbbaurechts, 2. Auflage Verlag C.H. Beck, S. 67/68

48 Stadtkernatlas Schleswig-Holstein, Karl Wachholz Verlag, Neumünster, S. 100

49 PLAGA: Grundstücksnutzwertanalysen, RDM-Sv.-Info, Nr. 6/92, S. 13

50 BODENSTEIN: Modell Niedersachsen aktualisiert, NaVKV, 1998, Nr. 3, S. 206 - 207 und 214

51 GOMILLE: Modell Niedersachsen, Anwendung in der Praxis, NaVKV, 1989, Nr. 4, S. 221

52 KLEIBER in KLEIBER/SIMON/WEYERS: Verkehrswertermittlung von Grundstücken, 3. Auflage, 1998, Bundesanzeiger-Verlag, S. 1154 - 1235

53 MÖCKEL in GERARDY/MÖCKEL/TROFF u.a.: Praxis der Grundstücksbewertung, Verlag Moderne Industrie, 35. Nachlieferung, 9/1998, S. A.8.1/52

54 WEYERS: Gesamtnutzungsdauer von Hotelgebäuden, GuG, 1993, S. 41

55 TROFF in GERARDY/MÖCKEL/TROFF u.a.: Praxis der Grundstücksbewertung, Verlag Moderne Industrie, 38. Nachlieferung, 4/1999, S. 4.5.4/10

56 VOGELS: Grundstücks- und Gebäudebewertung – marktgerecht, 5. Auflage, 1996, Bauverlag, S. 98 - 99

57 SIMON/KLEIBER: Schätzung und Ermittlung von Grundstückswerten, 7. Auflage, 1996, Luchterhand-Verlag, S. 211

58 OSTERMANN: Die Verkehrswertermittlung von Hotels, GuG, Nr. 3/99, S. 150

59 Grundstücksmarktbericht 2001, Gutachterausschuss für Grundstückswerte in der Hansestadt Lübeck, S. 46

60 OHM, Klaus Joachim, von der Industrie- und Handelskammer zu Kiel öffentlich bestellter und vereidigter Sachverständiger für das Hotel- und Gaststättengewerbe

61 Bürgerliches Gesetzbuch (BGB), geändert durch das Mietrechtsreformgesetz vom 19. Juni 2001, BGBl. I S. 1149

62 Wirtschaftsstrafgesetz (WiStG) von 1954, zuletzt geändert durch das Mietrechtsreformgesetz vom 19. Juni 2001, BGBl. I S. 1167

63 Hinweise zur Erstellung von Mietspiegeln zum 1. Juli 2002, Bundesministerium für Verkehr-, Bau- und Wohnungswesen, Invalidenstr. 44, 10115 Berlin

64 Gutachterausschuss für Grundstückswerte in Hamburg: Der Grundstücksmarkt in Hamburg 2001, Amt für Geoinformation und Vermessung, Postfach 100504, 20003 Hamburg

65 BORCHERT: Ermittlung des Verkehrswertes von Grundstücken mit Freizeit- und Sportanlagen (2. Teil), GuG, Nr. 2/95, S. 71

66 SIMON/KLEIBER: Schätzung und Ermittlung von Grundstückswerten, 7. Auflage, 1996, Luchterhand-Verlag, S. 344, zu Rdn. 5.86

67 MÖCKEL in GERARDY/MÖCKEL/TROFF u.a.: Praxis der Grundstücksbewertung, Verlag Moderne Industrie, 54. Nachlieferung, 4/2002, S. A.8.1/53

68 VOGELS: Grundstücks- und Gebäudebewertung – marktgerecht, 5. Auflage, 1996, Bauverlag, S. 105

69 SPRENGNETTER: Sachwert-Marktanpassungs-Gesamtsystem, Stand 2000/2001, Arbeitsmaterialien (Band II), 62. Ergänzung, Seite 3.03/4.7/1

70 BORCHERT: Ermittlung des Verkehrswertes von Grundstücken mit Freizeit- und Sportanlagen (3. Teil), GuG, Nr. 3/95, S. 154

71 GERARDY in GERADY/MÖCKEL/TROFF u.a.: Praxis der Grundstücksbewertung, Verlag Moderne Industrie, 25. Nachlieferung, 9/1996, S. 3.1.2/8

72 Niedersächsisches Gesetz über das amtliche Vermessungswesen (NVermG) vom 12. Dezember 2002, NaVKV, 2003, Nr. 1, S. 4

73 Geänderte Haftung des gerichtlichen Sachverständigen, RDM-Sv.-Info, Nr. 1/03, S. 22

74 RDM-Experten fordern einheitliche Struktur bei Liegenschaftszinssätzen, AIZ, Nr. 2/03, S. 22

75 Untersuchung des RDM-Sachverständigenausschusses, RDM-Sv.-Info Nr. 1/03, S. 21

76 SCHNOOR: Liegenschaftszinssatz und „Maklerfaktor“, RDM-Sv.-Info Nr. 3/01, S. 9

77 MÖCKEL in GERARDY/MÖCKEL/TROFF u.a.: Praxis der Grundstücksbewertung, Verlag Moderne Industrie, 58. Nachlieferung, 12/2002, S. A. 7.5/1-3

78 SIMON/KLEIBER: Schätzung und Ermittlung von Grundstückswerten, 7. Auflage, 1996, Luchterhand-Verlag, S. 89

79 ROSS/BRACHMANN/HOLZNER: Ermittlung des Bauwertes von Gebäuden und des Verkehrswertes von Grundstücken, 28. Auflage, 1997, Oppermann-Verlag, S. 260

80 RÜCKARDT: Der Beleihungswert, Fritz Knapp Verlag, Frankfurt/M., 2001, S. 40

81 PETERSEN: Marktorientierte Immobilienbewertung, 4. Auflage, 1999, Boorberg-Verlag, S. 20

82 VOGELS: Grundstücks- und Gebäudebewertung – marktgerecht, 5. Auflage, 1996, Bauverlag, S. 48

83 Grundstücksmarktbericht für den Bereich der Stadt Flensburg, Gutachterausschuss für Grundstückswerte in der Stadt Flensburg, 2001, S. 27

84 Anlage 11 zu den WertR [6]

Stichwortverzeichnis